电子元器件详解实用手册

刘冲◎编著

中国铁道出版社有限公司
CHINA RAILWAY PUBLISHING HOUSE CO., LTD.

内 容 简 介

电子元器件是具有独立电路功能的基本单元。任何电子电路都是由电子元器件组成的。

本书系统地描述了电路中的重要概念和电路运行的基本原理，并条分缕析地讲述了当前常用电子元器件的基本结构、原理以及在相关电路中的功能，力求帮助读者建立起对电子电路的完整认知框架；在此基础上，本书拾级而上，针对不同电子元器件经常出现的故障以及故障原因，结合其具体的功能实现进行细致描述，继而将维修技巧融入解决问题的思路中，以实践检修案例的形式体现出来，尝试帮助读者梳理出一条电子元器件使用、检测和维修的学习与实践之路。

本书兼具系统学习和查询之用，适合作为专业硬件维修和电子电路维修从业人员的案头常备手册；除此之外，本书还可作为职业院校相关专业师生的学习参考资料。

图书在版编目（CIP）数据

电子元器件详解实用手册/刘冲编著. —北京：中国铁道出版社有限公司，2022.4
（电子工程师典藏书架）
ISBN 978-7-113-28669-9

Ⅰ.①电… Ⅱ.①刘… Ⅲ.①电子元件-技术手册②电子器件-技术手册 Ⅳ.①TN6-62

中国版本图书馆CIP数据核字（2021）第271007号

书　　名：电子元器件详解实用手册
DIANZI YUANQIJIAN XIANGJIE SHIYONG SHOUCE
作　　者：刘　冲

责任编辑：荆　波　　编辑部电话：（010）51873026　　邮箱：the-tradeoff@qq.com
封面设计：MXK DESIGN STUDIO Q:1765628429
责任校对：焦桂荣
责任印制：赵星辰

出版发行：中国铁道出版社有限公司（100054，北京市西城区右安门西街 8 号）
印　　刷：国铁印务有限公司
版　　次：2022 年 4 月第 1 版　2022 年 4 月第 1 次印刷
开　　本：787 mm×1 092 mm　1/16　印张：26.25　字数：637 千
书　　号：ISBN 978-7-113-28669-9
定　　价：99.00 元

版权所有　侵权必究

凡购买铁道版图书，如有印制质量问题，请与本社读者服务部联系调换。电话：（010）51873174

打击盗版举报电话：（010）63549461

前　　言

一、为什么写这本书

任何电子电气设备的电路板都是由最基本的电子元器件组成的，这些电子电气设备出现的故障通常都是由电路板中的电子元器件故障引起，因此掌握电子元器件的故障维修方法是学会各种电气设备故障维修的基础。

那么如何掌握电子元器件的维修技能呢？其实也不难，只要“多看、多学、多问、多练”即可。

首先，要夯实电路基础知识，透彻理解电路中的重要概念，清楚它们之间的相互关系，还有那些重要的基本定律要熟记于心；我们学习电路的目的是实践应用，这些基础知识正是前人从实践中探索而来，建立起了电路知识的基本框架，并在实践中不断推进和发展。

其次，磨刀不误砍柴工，工具仪表（如万用表、数字电桥、电烙铁、吸锡器等）的使用方法和技巧是必须要掌握的。检修电路板时，如何才能知道电路的工作状态是否正常，哪些电子元器件出现了问题，出现了什么样的问题，如何去维修和焊接，等等，这些都需要借助一些工具仪表，这首先就需要掌握它们的使用方法和技巧。

然后，要掌握常见电子元器件的基本工作原理、好坏判断思路和检测技术，这些是电子元器件检修的基本技能，也是踏入电子电气维修的第一步；本书中我们会结合实践案例掌握电子元器件故障检修思路，梳理实践维修流程，总结检测维修方法并不断积累维修经验。

最后，要掌握基本单元电路的功能和检修技术，随着集成化程度的提升，基本单元电路维修技能的掌握在检修中越来越重要，将各个单元电路的工作原理熟记于心，对于维修时分析判断故障大有帮助。

笔者写作本书就是结合自己多年的维修经验，尝试帮助读者梳理出一条电子元器件使用、检测和维修的学习与实践之路；基于这个目的，笔者会结合实操和图解来展开本书内容的讲解，方便读者快速掌握电子元器件及各种单元电路的相关知识和维修技能。

二、全书学习地图

本书从基础知识、常见电子元器件、常见电路以及维修焊接技术等四个维度对电子电路尤其是电子元器件进行了较为全面的讲解。

第一篇　走进光怪陆离的电子世界；本篇主要讲解了电子电路的基本概念、常用欧姆定律和基尔霍夫定律；并在此基础上详细阐述了电路图的认知规则和万用表等工具的使用方法。

第二篇　电路舞台上的主角和配角；本篇系统讲解了电阻器、电容器、电感器、二极管、三极管等十多种常用电子元器件的功能、特性、结构、原理、标注方法、指标参数、应用电路、常见故障以及检测代换方法。

第三篇　那些像元器件的电路；本篇重点讲解了数字集成电路、放大电路、开关电路、稳压电路、整流电路、升压电路、开关电源电路、放大器电路、滤波电路、振荡电路等常用基本电路的功能结构、工作原理及基本应用。

第四篇 焊接技术是必修课；本篇主要讲解了焊接的基本原理和常用工具的使用技巧，然后以实例为主，重点介绍各种电子元器件焊接技术。

三、本书特色

本书作为一本兼具系统学习和查询之用的使用手册，笔者在写作过程中刻意摒弃枯燥的知识罗列，期望更多地融入一些实操性质的内容；因此也就让本书体现出以下三个方面的特色。

（1）技术实用，内容丰富

本书讲解了各种电子元器件及单元电路的实用知识，同时总结了日常维修中最实用的元器件检测技术。另外，本书还结合实操讲解了使用数字万用表和指针万用表检测电子元器件的方法。

（2）大量实训，增加经验

本书结合了大量的检测实操对电路板中的各种电子元器件的好坏进行了实际检测判断，配备了大量的实践操作图，总结了丰富的实践经验，读者学过这些实训内容，可以轻松掌握电子元器件的好坏判断与检测方法。

（3）实操图解，轻松掌握

本书讲解过程使用了直观图解的同步教学方式，上手更容易，学习更轻松。读者可以一目了然地看清电子元器件的检测判断过程，可以快速掌握所学知识。

四、读者对象

本书适合作为硬件维修和电子电路维修工作人员的参考用书，也可作为职业学校相关专业师生的参考资料和电工从业人员的检测维修手册。

五、检修视频整体下载包

为了帮助读者更加扎实地掌握电子元器件检测维修的重点和难点，笔者特地制作了 15 段现场检修视频，并把它们整理成为一个整体下载包，读者可通过封底二维码与下载链接获取。

六、感谢

一本书能够和读者见面，从选题到写作，再到出版，经历了很多环节，在此感谢中国铁道出版社有限公司以及负责本书的编辑，不辞辛苦，为本书出版所做的大量工作。

刘 冲

2021 年 8 月

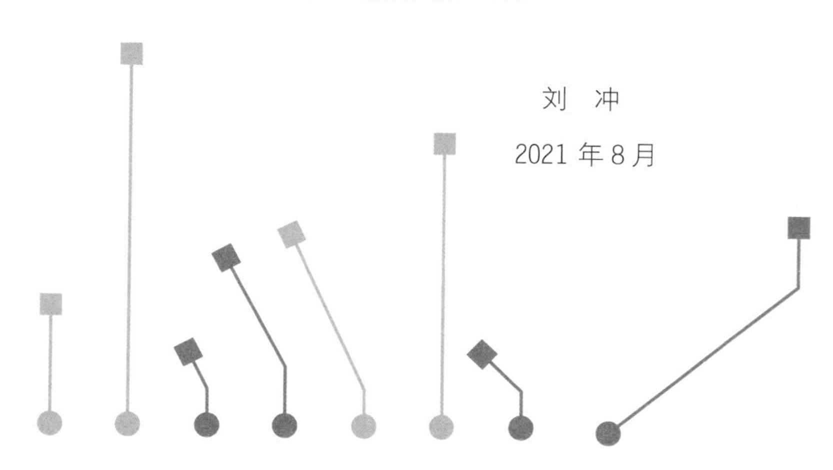

目　录

第一篇　走进光怪陆离的电子世界

第 1 章　基础电路知识

1.1　电路中的重要概念............. 2
1.1.1　什么是电流与电阻 2
1.1.2　电位、电压和电动势指什么..... 3
1.1.3　电路的三种状态.................... 4
1.1.4　电路中的重要分支与结点 5
1.1.5　电流强度与方向.................... 6
1.1.6　电气设备的电功和电功率 7
1.1.7　电位与接地的概念 8

1.2　电阻器与负载电路............. 9
1.2.1　电阻器与负载 9
1.2.2　多个电阻相连 9
1.2.3　电阻器的伏安特性 10

1.3　电源的理想与现实............ 11
1.3.1　理想电源............................11
1.3.2　实际电源............................11
1.3.3　受控电源............................ 12
1.3.4　受控电源的电路模型 13

1.4　直流电与交流电 13
1.4.1　直流电与交流电的对比......... 13
1.4.2　交流电频率与波形图 14
1.4.3　交流电电路......................... 15

第 2 章　欧姆定律和基尔霍夫定律

2.1　欧姆定律 16
2.1.1　欧姆定律的定义.................. 16
2.1.2　伏安法与电阻 16
2.1.3　欧姆定律的应用实例 17

2.2　欧姆定律的局限性............ 18
2.2.1　温度变化 18
2.2.2　线性元器件......................... 18
2.2.3　集总假设 18

2.3　基尔霍夫定律 19
2.3.1　回顾几个概念 19
2.3.2　基尔霍夫电流定律（KCL）.....20
2.3.3　KCL 应用实例 21
2.3.4　基尔霍夫电压定律（KVL）.....21
2.3.5　KVL 应用实例 22

第 3 章　电路和它的小伙伴们

3.1　电路板是电子元器件的家...... 23
3.1.1　什么是电路板 23
3.1.2　印制电路板（PCB）是如何制作的 24

3.2　电路图是电子工程师最好的朋友... 24
3.2.1　电路图的种类 25
3.2.2　电路图的构成要素 28
3.2.3　电路图画图规则...................30
3.2.4　电源线、地线及各种连接线的规则.................................. 34

3.3　电子元器件测量工具——万用表... 36
3.3.1　万用表的结构 37
3.3.2　指针万用表量程的选择方法.... 40
3.3.3　指针万用表的欧姆调零实战.... 40
3.3.4　万用表测量方法 41

第二篇　电路舞台上的主角和配角

第 4 章　五花八门的电阻器

4.1　电阻器的特性与作用.......... 48
4.1.1　电阻器在电路中的特性......... 48
4.1.2　电阻器的分流作用 49
4.1.3　电阻器的分压作用 49
4.1.4　将电流转换成电压 49

4.2　电阻器的符号和主要指标...... 50
4.2.1　电阻器的图形及文字符号 50
4.2.2　电阻器的主要指标 50

4.3　读识电阻器的标注技巧........ 52
4.3.1　读识数标法标注的电阻器 52
4.3.2　读识色标法标注的电阻器 52
4.3.3　如何识别电阻器的首位色环.... 54

4.4　常见的电阻器及性能.......... 55
4.4.1　电阻器的分类 55
4.4.2　金属膜电阻器 56
4.4.3　碳膜电阻器...........................56
4.4.4　玻璃釉电阻器 57
4.4.5　精密线绕电阻器....................57
4.4.6　大功率线绕电阻器 57
4.4.7　熔断电阻器...........................58
4.4.8　贴片电阻器...........................58
4.4.9　排电阻器..............................59
4.4.10　热敏电阻器..........................60
4.4.11　光敏电阻器..........................60
4.4.12　湿敏电阻器..........................61
4.4.13　压敏电阻器..........................61
4.4.14　可变电阻器..........................62

4.5　电阻和欧姆定律 62

4.6　电阻器的串联和并联.......... 63
4.6.1　电阻器的串联 63
4.6.2　电阻器的并联 63

4.7　电阻器应用电路分析.......... 64
4.7.1　限流保护电阻电路分析......... 64
4.7.2　基准电压电阻分级电路分析.... 64

4.8　电阻器常见故障诊断方法...... 65
4.8.1　如何判定电阻器断路 65
4.8.2　如何处理阻值变小故障..........65

4.9　电阻器检测方法 66
4.9.1　固定电阻器的检测方法..........66
4.9.2　熔断电阻器的检测方法..........67
4.9.3　普通贴片电阻器的检测方法....67
4.9.4　贴片排电阻器的检测方法 68
4.9.5　压敏电阻器的检测方法..........69

4.10　电阻器代换标准和方法 69
4.10.1　固定电阻器的代换方法........69
4.10.2　贴片电阻器的代换方法........70
4.10.3　压敏电阻器的代换方法........70
4.10.4　光敏电阻器的代换方法........71

4.11　电阻器动手检测实践 71
4.11.1　主板贴片电阻器动手检测实践 71
4.11.2　贴片排电阻器动手检测实践 74
4.11.3　柱状电阻器动手检测实践 ... 78
4.11.4　熔断电阻器动手检测实践 80
4.11.5　压敏电阻器动手检测实践 81
4.11.6　热敏电阻器动手检测实践 ... 83
4.11.7　电阻器检测经验总结 84

第5章 电位器让控制随心所欲

5.1 电位器的构造和作用 85
5.1.1 电位器构造及原理 85
5.1.2 电位器的主要作用 86

5.2 电位器的符号和主要指标 86
5.2.1 电位器的图形及文字符号 87
5.2.2 电位器的主要指标 87

5.3 电位器的命名规则及标注规则 .. 88
5.3.1 电位器的命名 88
5.3.2 电位器的标注规则 89

5.4 常见的电位器 90
5.4.1 直滑式电位器 90
5.4.2 线绕电位器...........................90
5.4.3 合成碳膜电位器 90
5.4.4 实芯电位器...........................91
5.4.5 金属膜电位器 91
5.4.6 单联电位器与双联电位器 92

5.5 电位器应用电路分析 92
5.5.1 双声道音量控制电位器电路分析.................................92
5.5.2 台灯光线控制电位器电路分析.................................93

5.6 电位器电路常见故障详解 93
5.6.1 电位器转动噪声大故障分析...93
5.6.2 电位器内部引脚开路故障维修.................................94

5.7 电位器的检测方法 94
5.7.1 普通电位器的检测方法..........94
5.7.2 带开关电位器的检测方法 95
5.7.3 双连同轴电位器的检测方法...95

5.8 电位器的选配代换方法 95

5.9 电位器动手检测实践 96
5.9.1 指针万用表检测电位器实践....96
5.9.2 数字万用表检测电位器实践....99
5.9.3 电位器检测经验总结 102

第6章 电容器像个蓄水池

6.1 电容器的原理与特性 103
6.1.1 电容器的原理 104
6.1.2 电容器充、放电原理 104
6.1.3 电容器的隔直流作用 106
6.1.4 电容器的通交流作用 106

6.2 电容器的符号及主要指标 107
6.2.1 电容器的图形符号和文字符号................................. 107
6.2.2 电容器的主要指标 108

6.3 如何读识电容器上的标注 110
6.3.1 读识直标法标注的电容器 ...110
6.3.2 读识数标法标注的电容器 ...110
6.3.3 读识数字符号法标注的电容器 111
6.3.4 读识色标法标注的电容器 111

6.4 常见的电容器 112
6.4.1 纸介电容器......................112
6.4.2 云母电容器......................113
6.4.3 陶瓷电容器......................113
6.4.4 铝电解电容器 114
6.4.5 涤纶电容器......................114
6.4.6 玻璃釉电容器 115
6.4.7 微调电容器......................115
6.4.8 聚苯乙烯电容器 115
6.4.9 贴片电容器......................116
6.4.10 超级电容器......................117

6.5 电容器的串联和并联 117
6.5.1 电容器的串联 117
6.5.2 电容器的并联 118

6.6 电容器应用电路 119
6.6.1 高频阻容耦合电路 119
6.6.2 旁路电容和退耦电容电路 120
6.6.3 电容滤波电路 120
6.6.4 电容分压电路 121
6.7 电容器常见故障诊断 121
6.7.1 通过测量电容器引脚电压诊断电容器故障 121
6.7.2 用万用表欧姆挡诊断电容器故障 122
6.8 电容器的检测方法 122
6.8.1 小容量固定电容器的检测方法 123
6.8.2 大容量固定电容器的检测方法 123
6.8.3 用数字万用表的电阻挡测量电容器的方法 124
6.8.4 用数字万用表的电容测量插孔测量电容器的方法 124
6.9 电容器的代换方法 125
6.9.1 普通电容器的代换方法 125
6.9.2 电解电容器的代换方法 125
6.9.3 贴片电容器的代换方法 126
6.10 电容器动手检测实践 126
6.10.1 薄膜电容器动手检测实践 126
6.10.2 贴片电容器动手检测实践 128
6.10.3 电解电容器动手检测实践 130
6.10.4 纸介电容器动手检测实践 ...131
6.10.5 电容器检测经验总结 132

第7章 电感器让电磁互化

7.1 电感器的特性与作用 133
7.1.1 通电线圈产生磁场 134
7.1.2 电感器的通直流阻交流特性 ... 134
7.1.3 电感器阻碍电流变化的实验 ... 134
7.2 电感器的符号及主要指标 135
7.2.1 电感器的图形符号 135
7.2.2 电感器的主要指标 135
7.3 如何读识电感器上的标注 136
7.3.1 读懂数字符号法标注的电感器 137
7.3.2 读懂数码法标注的电感器 137
7.3.3 读懂色标法标注的电感器 138
7.4 常见的电感器 139
7.4.1 空芯电感器 139
7.4.2 贴片电感器 140
7.4.3 大电流扼流电感器 140
7.4.4 环形电感器 141
7.4.5 屏蔽式电感器 141
7.4.6 共模电感器 142
7.5 电感器的串联和并联 142
7.5.1 电感器的串联 142
7.5.2 电感器的并联 143
7.6 电感器应用电路 143
7.6.1 电感滤波电路 143
7.6.2 抗高频干扰电路 144
7.6.3 电感分频电路 144
7.6.4 LC 谐振电路 145
7.7 电感器常见故障诊断 145
7.7.1 通过检测电感线圈的阻值诊断故障 145
7.7.2 通过检测电感器的标称电感量诊断故障 146
7.8 电感器的检测方法 146
7.8.1 指针万用表测量电感器的方法 146
7.8.2 数字万用表测量电感器的方法 147
7.9 电感器的代换方法 147
7.10 电感器动手检测实践 148
7.10.1 封闭式电感器动手检测实践 ... 148

7.10.2 贴片电感器动手检测实践....150
7.10.3 电源滤波电感器动手检测实践....151
7.10.4 磁环电感器动手测量实践...152
7.10.5 电感器检测经验总结........153

第 8 章 变压器让电压随意变

8.1 变压器的作用与工作原理.....154
8.1.1 变压器的作用....154
8.1.2 变压器的结构....155
8.1.3 变压器的工作原理....156

8.2 变压器的符号及主要指标.....157
8.2.1 变压器的图形符号和文字符号....157
8.2.2 变压器的主要指标....157

8.3 常见的变压器....159
8.3.1 开关变压器....159
8.3.2 自耦变压器....160
8.3.3 音频变压器....160
8.3.4 中频变压器....161

8.4 变压器常见故障诊断....161
8.4.1 变压器开路故障诊断....161
8.4.2 电源变压器短路故障诊断...162
8.4.3 变压器响声大故障诊断....162

8.5 变压器的检测方法....163
8.5.1 通过观察外观检测变压器...163
8.5.2 通过测量绝缘性检测变压器...163
8.5.3 通过检测线圈通 / 断检测变压器....164

8.6 变压器的代换方法....164

8.7 变压器动手检测实践....165
8.7.1 变压器动手检测实践....165
8.7.2 变压器检测经验总结....167

第 9 章 神奇的半导体——二极管

9.1 半导体....168
9.1.1 什么是半导体....168
9.1.2 硅原子结构....169
9.1.3 半导体中的载流子....170
9.1.4 N 型半导体....170
9.1.5 P 型半导体....171
9.1.6 奇妙的 PN 结....172

9.2 二极管的特性与作用....172
9.2.1 PN 结二极管是如何工作的....173
9.2.2 二极管的伏安特性....174

9.3 常见的二极管....175
9.3.1 检波二极管....175
9.3.2 整流二极管....176
9.3.3 开关二极管....176
9.3.4 稳压二极管....177
9.3.5 变容二极管....177
9.3.6 快恢复二极管....178
9.3.7 发光二极管....178
9.3.8 光电二极管....180

9.4 二极管的符号及主要指标.....181
9.4.1 二极管的图形符号和文字符号....181
9.4.2 二极管的主要指标....182

9.5 二极管应用电路....182
9.5.1 二极管检波电路....183
9.5.2 二极管半波整流电路....183
9.5.3 二极管全波整流电路....184
9.5.4 二极管简易稳压电路....184

9.6 二极管常见故障诊断....185
9.6.1 二极管开路故障诊断....185
9.6.2 二极管击穿故障诊断....185
9.6.3 二极管正向电阻值变大故障诊断....186

9.7 二极管的检测方法............186
9.7.1 用指针万用表检测二极管...186
9.7.2 用数字万用表检测二极管...187
9.7.3 电压法检测二极管............188
9.7.4 发光二极管的检测方法.......188
9.7.5 光电二极管的检测方法.......189

9.8 常见二极管代换方法..........189
9.8.1 整流二极管的代换方法.......189
9.8.2 稳压二极管的代换方法........190
9.8.3 开关二极管的代换方法........190
9.8.4 检波二极管的代换方法........190

9.9 二极管动手检测实践..........191
9.9.1 整流二极管动手检测实践...191
9.9.2 稳压二极管动手检测实践...193
9.9.3 开关二极管动手检测实践...194
9.9.4 二极管检测经验总结...........196

第10章 神奇的半导体——三极管

10.1 三极管的结构和原理.......197
10.1.1 三极管的结构..................197
10.1.2 三极管的工作原理............198

10.2 三极管的特性和作用.......199
10.2.1 三极管的接法及电流分配....199
10.2.2 三极管的电流放大作用......200
10.2.3 三极管的3种工作状态......200

10.3 三极管的符号及主要指标...201
10.3.1 三极管的图形符号............201
10.3.2 三极管的主要指标............202

10.4 三极管的分类..............202
10.4.1 NPN型三极管....................203
10.4.2 PNP型三极管....................203
10.4.3 低频小功率三极管............203
10.4.4 高频三极管.......................204
10.4.5 开关三极管.......................204
10.4.6 光敏三极管.......................204

10.5 三极管常见故障诊断.......205

10.6 三极管检测与代换方法.....206
10.6.1 识别三极管的材质.............206
10.6.2 PNP型三极管的检测方法...207
10.6.3 NPN型三极管的检测方法...208
10.6.4 三极管的代换方法.............208

10.7 三极管动手检测实践.......209
10.7.1 区分NPN型和PNP型三极管动手检测实践.................209
10.7.2 用指针万用表判断NPN型三极管极性动手检测实践...210
10.7.3 用指针万用表判断PNP型三极管极性动手检测实践...211
10.7.4 用数字万用表"hFE"挡判断三极管极性动手检测实践...212
10.7.5 直插式三极管动手检测实践...213
10.7.6 贴片三极管动手检测实践...215
10.7.7 三极管检测经验总结........219

第11章 神奇的半导体——场效应管

11.1 结型场效应管的结构及原理...220
11.1.1 结型场效应管的结构.......221
11.1.2 结型场效应管是如何工作的...221

11.2 MOSFET的结构及原理....222
11.2.1 MOSFET的结构.................222
11.2.2 MOSFET是如何工作的.......224
11.3 场效应管的主要指标.......225
11.4 场效应管的检测方法.......226
11.4.1 判别场效应管极性的方法...226
11.4.2 用数字万用表检测场效应管的方法...............................227
11.4.3 用指针万用表检测场效应管的方法...............................227

11.5 场效应管的代换方法 228

11.6 场效应管动手检测实践 229

11.6.1 用数字万用表检测场效应管动手实践 229

11.6.2 用指针万用表检测场效应管动手实践 230

11.6.3 场效应管检测经验总结 232

第12章 神奇的半导体——晶闸管

12.1 晶闸管的结构及原理 233

12.1.1 晶闸管的内部结构 233

12.1.2 晶闸管是如何工作的 234

12.2 常见的晶闸管 234

12.2.1 单向晶闸管 235

12.2.2 双向晶闸管 235

12.3 晶闸管的符号及主要指标 ... 236

12.3.1 晶闸管的文字符号和图形符号 236

12.3.2 晶闸管的主要指标 236

12.4 晶闸管应用电路 237

12.4.1 晶闸管振荡器电路 237

12.4.2 单向晶闸管整流电路 237

12.4.3 双向晶闸管整流电路 238

12.5 晶闸管的检测方法 239

12.5.1 识别单向晶闸管引脚的极性 ...239

12.5.2 单向晶闸管绝缘性的检测方法 239

12.5.3 单向晶闸管触发电压的检测方法 239

12.5.4 识别双向晶闸管引脚的极性 ...239

12.5.5 双向晶闸管绝缘性的检测方法 240

12.5.6 双向晶闸管触发电压的检测方法 240

12.6 晶闸管的代换方法 240

12.7 晶闸管动手检测实践 240

12.7.1 单向晶闸管动手检测实践 241

12.7.2 双向晶闸管动手检测实践 242

12.7.3 晶闸管检测经验总结 244

第13章 继电器轻松实现电路控制

13.1 继电器的功能与作用 246

13.1.1 继电器的结构....................247

13.1.2 继电器的工作原理............247

13.2 常用的继电器 248

13.2.1 电磁继电器 248

13.2.2 舌簧继电器 248

13.2.3 固态继电器 249

13.2.4 热继电器 249

13.2.5 时间继电器 249

13.3 继电器的电路符号及触点形式 250

13.3.1 继电器的电路符号 250

13.3.2 继电器的触点形式 250

13.4 继电器的命名和主要指标 ... 251

13.4.1 继电器的命名....................251

13.4.2 继电器的主要指标 252

13.5 继电器的检测方法 253

13.5.1 电磁继电器的检测方法 253

13.5.2 固态继电器的检测方法 254

13.5.3 舌簧继电器检测方法 254

13.6 继电器动手检测实践 254

13.6.1 继电器动手检测实践 255

13.6.2 继电器检测经验总结 257

第三篇　那些像元器件的电路

第 14 章　集成电路

14.1　数字电路与模拟电路 …… 260
14.1.1　数字信号与模拟信号 …… 260
14.1.2　数字电路与模拟电路的特点 …… 261

14.2　集成电路的基本知识 …… 262
14.2.1　集成电路的特点 …… 262
14.2.2　集成电路的分类 …… 263
14.2.3　集成电路的封装技术 …… 264
14.2.4　集成电路的引脚分布 …… 269
14.2.5　集成电路的主要指标 …… 271

14.3　数字集成电路 …… 272
14.3.1　数字电路的分类 …… 272
14.3.2　门电路 …… 272
14.3.3　译码器 …… 275
14.3.4　触发器 …… 276
14.3.5　移位寄存器 …… 280

14.4　光电耦合器 …… 280
14.4.1　光电耦合器的结构 …… 280
14.4.2　光电耦合器是如何工作的 …… 281
14.4.3　光电耦合器的检测方法 …… 281

14.5　数字集成电路的检测及代换方法 …… 283
14.5.1　数字集成电路故障分析 …… 283
14.5.2　数字集成电路的检测方法 …… 284

14.6　数字集成电路动手检测实践 …… 284
14.6.1　开路检测数字集成电路（对地电阻检测法） …… 285
14.6.2　集成电路检测经验总结 …… 287

第 15 章　放大电路与开关电路

15.1　放大电路 …… 289
15.1.1　放大电路的组成 …… 289
15.1.2　共射极放大电路 …… 290
15.1.3　共集电极放大电路 …… 291
15.1.4　共基极放大电路 …… 292

15.2　多级放大电路 …… 292

15.3　低频功率放大器 …… 293
15.3.1　双电源互补对称功率放大器（OCL 电路） …… 293
15.3.2　单电源互补对称功率放大器（OTL 电路） …… 294
15.3.3　单电源互补对称功率放大器电路故障检修 …… 295

15.4　开关电路 …… 295
15.4.1　开关管的开关特性 …… 295
15.4.2　三极管构成的开关电路 …… 296

第 16 章　电源电路是基础中的基础

16.1　稳压电路 …… 298
16.1.1　集成稳压器的分类与电路符号 …… 299
16.1.2　集成稳压器的主要指标 …… 299
16.1.3　固定稳压电路 …… 299
16.1.4　可调稳压电路 …… 302
16.1.5　精密电压基准集成稳压器 …… 303
16.1.6　稳压二极管构成的稳压电路 …… 304
16.1.7　串联稳压电源 …… 305
16.1.8　具有放大环节的稳压电源 …… 305

16.2　整流滤波电路 …… 307
16.2.1　单相半波整流电路 …… 307

16.2.2 单相全波整流电路........... 308
16.2.3 桥式整流滤波电路...........309

16.3 升压电路................ 310
16.3.1 直流升压电路.................310
16.3.2 交流倍压电路.................312
16.3.3 直流倍压电路.................312
16.3.4 正负电压发生器 313

16.4 逆变电路................ 314
16.4.1 节能灯逆变电路 314
16.4.2 应急灯逆变电路 315
16.4.3 直流（12V）- 交流（220V）逆变器..........................316

16.5 AC/DC 开关电源电路..... 317
16.5.1 AC/DC 开关电源电路常见拓扑结构 317
16.5.2 AC/DC 开关电源电路基本结构.............................. 324
16.5.3 AC/DC 开关电源电路工作原理.............................. 325

16.6 DC/DC 开关电源电路..... 329
16.6.1 DC/DC 开关电源电路常见拓扑结构原理................. 329
16.6.2 DC/DC 开关电源工作原理.... 332
16.6.3 LED 背光 DC/DC 电源电路工作原理 334

16.7 集成稳压器动手检测实践... 336
16.7.1 用电阻法检测集成稳压器... 336
16.7.2 用电压法检测集成稳压器... 337

第 17 章 运算放大器用途广

17.1 集成运算放大器 340
17.1.1 集成运算放大器的结构及原理 341
17.1.2 集成运算放大器的分类 342
17.1.3 集成运算放大器的电路符号及主要指标 343
17.1.4 常用集成运算放大器 343

17.2 运算放大器的正反馈与负反馈.................. 345
17.2.1 运算放大器的负反馈 345
17.2.2 运算放大器的正反馈 346
17.2.3 理想运算放大器和理想运算放大器的条件................ 347
17.2.4 运算放大器中的虚短和虚断含义 347

17.3 常用运算放大器电路 348
17.3.1 比较放大器 348
17.3.2 反相放大器 349
17.3.3 同相放大器 349
17.3.4 反相加法器 350
17.3.5 同相加法器 351
17.3.6 减法器............................. 352
17.3.7 差分放大电路................... 352
17.3.8 反相加法器 353
17.3.9 电压 - 电流转换电路 354

17.4 运算放大器的类型 355

17.5 集成运算放大器动手检测实践.................. 358

第 18 章 滤波电路谁都离不了

18.1 无源滤波器电路 360
18.1.1 电容滤波原理...................360
18.1.2 电感滤波原理...................361
18.1.3 RC 滤波电路 363
18.1.4 LC 滤波电路 363
18.1.5 π 型 LC 滤波电路............ 364

18.2 4 种基本类型的滤波器..... 364
18.2.1 低通滤波器 365
18.2.2 高通滤波器 366
18.2.3 带通滤波器 366
18.2.4 带阻滤波器 367

18.3 有源滤波器电路 367

18.4 集成滤波器电路 368

第 19 章 好似心脏的振荡器与晶振

19.1 什么是振荡器 369

19.2 RC 振荡器 370
- 19.2.1 RC 移相式振荡器 370
- 19.2.2 RC 桥式振荡器 371

19.3 555 定时器 372
- 19.3.1 555 定时器的工作原理 372
- 19.3.2 555 定时器应用电路 373

19.4 LC 振荡器 374
- 19.4.1 电感三点式 LC 振荡器 374
- 19.4.2 电容三点式 LC 振荡器 374

19.5 晶体振荡器 375
- 19.5.1 晶振的原理 375
- 19.5.2 晶振的符号及等效电路 376
- 19.5.3 晶振的种类 376
- 19.5.4 晶振的命名方法和重要指标 378
- 19.5.5 晶振的检测与代换方法 379

19.6 晶振动手检测实践 381
- 19.6.1 晶振动手检测实践（电压法）..................... 381
- 19.6.2 晶振动手检测实践（电阻法）..................... 383
- 19.6.3 晶振检测经验总结 384

第四篇 焊接技术是必修课

第 20 章 焊接技术与实践

20.1 焊接基础 386
- 20.1.1 焊接原理 386
- 20.1.2 手工焊接工具 387
- 20.1.3 焊料、焊剂与清洗液 389
- 20.1.4 焊接操作正确姿势 391
- 20.1.5 电烙铁的使用方法 392
- 20.1.6 吸锡器的使用方法 392
- 20.1.7 焊接操作的基本方法 393

20.2 直插式元器件焊接技术 395
- 20.2.1 直插式元器件引脚处理方法 395
- 20.2.2 直插式元器件焊接操作方法 397

20.3 贴片式元器件焊接技术 398
- 20.3.1 贴片电阻器焊接技术 398
- 20.3.2 贴片电容器焊接技术 399
- 20.3.3 贴片二极管、贴片三极管、贴片场效应管焊接技术 399
- 20.3.4 两面引脚贴片集成电路焊接技术 401
- 20.3.5 四面引脚贴片集成电路焊接技术 401

20.4 BGA 拆焊技术 402
- 20.4.1 植锡工具的选用 402
- 20.4.2 植锡操作 404
- 20.4.3 BGA 芯片的定位与焊接...... 404

20.5 电路板焊接问题处理 405
- 20.5.1 铜箔导电线路断裂问题处理... 405
- 20.5.2 焊盘脱落问题处理............ 406
- 20.5.3 脱焊导致接触不良产生打火问题处理 406
- 20.5.4 电路板漏电问题处理 406

走进光怪陆离的电子世界

本篇对电子电路的相关基础知识进行了详细的讲解，对常用的定理、定律进行了讲述，同时还讲解了电子元器件的检测工具（万用表）的使用技巧，以及印制电路板（PCB）和电路图的构成要素、画图规则进行分析。

通过本篇内容的学习，应透彻理解电子电路的基本知识，熟练运用欧姆定律、基尔霍夫定律，扎实掌握万用表的使用方法及电路图的读图方法。

第1章 基础电路知识

要想学好电路，必须打好基础，对电路中的基本概念有透彻的了解，这也是我们进行本书接下来学习的必由之路。在本章中我们将重点介绍电流、电阻、电位等电路重要概念，继而适当扩展，针对电阻器与负载电路、理想电源与现实电源、直流电与交流电等内容展开翔实的描述。

1.1 电路中的重要概念

本节重点介绍电流、电阻、电位、电动势、电流强度及接地等电路重要概念，并介绍电路的三种状态以及电路的分支与结点等知识；本节内容是非常重要的基础知识，我们力求用图文搭配的形式把它们描述清楚，帮助读者透彻理解电路中的重要概念。

1.1.1 什么是电流与电阻

电流与电阻是电路中的重要概念，理解这两个概念并清楚它们之间的关系对掌握电路知识非常重要，如图 1-1 所示为电流和电阻的基本知识。

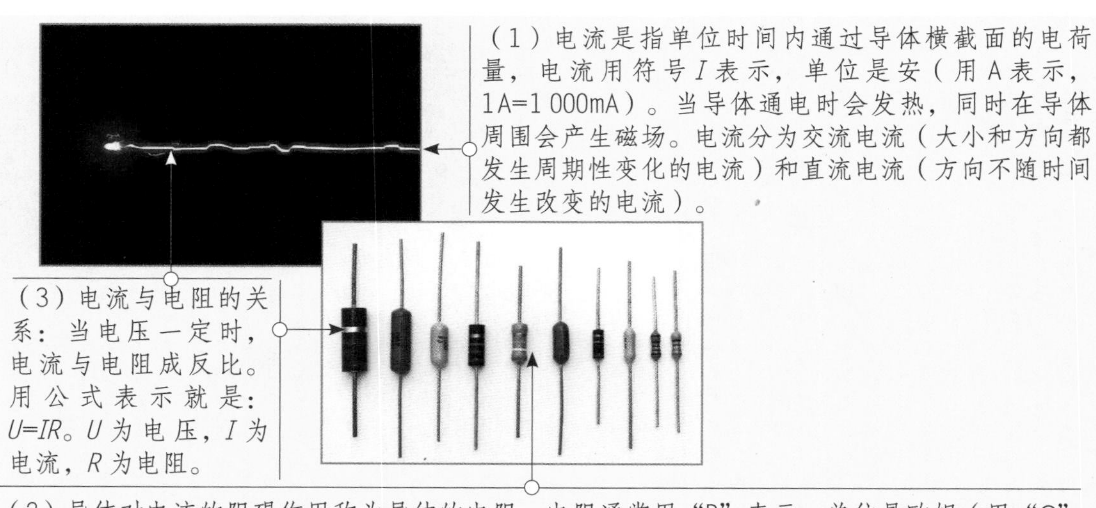

（1）电流是指单位时间内通过导体横截面的电荷量，电流用符号I表示，单位是安（用A表示，1A=1 000mA）。当导体通电时会发热，同时在导体周围会产生磁场。电流分为交流电流（大小和方向都发生周期性变化的电流）和直流电流（方向不随时间发生改变的电流）。
（3）电流与电阻的关系：当电压一定时，电流与电阻成反比。用公式表示就是：$U=IR$。U为电压，I为电流，R为电阻。
（2）导体对电流的阻碍作用称为导体的电阻。电阻通常用“R”表示，单位是欧姆（用“Ω”来表示）。导体的电阻越大，表示导体对电流的阻碍作用越大。电阻的主要物理特征是变电能为热能，也可说它是一个耗能元器件，电流经过它就产生热能。导体电阻的大小与导体的尺寸、材料、温度有关。

图 1-1　电流与电阻的基本知识

1.1.2 电位、电压和电动势指什么

电位是用来描述电场中某一点的相对位置和电势高低的，电压表示电场做功的能力，而电动势则表示了外力（非电场力）做功的能力。它们三者的物理意义是不同的，图 1-2 更清晰地展示了电位、电压和电动势基本知识和差异。

（1）电位是指该点与指定的零电位的电压大小差距。电位也称电动势，单位为伏特（V），用符号 U 或 ϕ 表示。

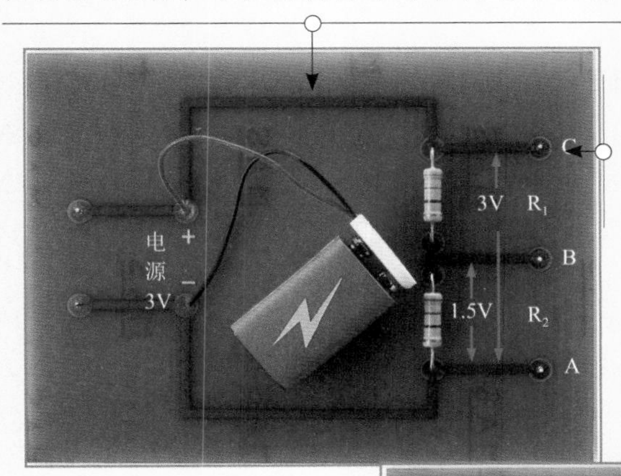

（2）电路中电阻 R_1 和 R_2 电阻值相同，若以 A 为参考点，则 A 点的电位为 0V（ϕ_A=0V），B 点的电位为 1.5V（ϕ_B=1.5V），C 点的电位为 3V（ϕ_C=3V）

（3）电路中电阻 R_1 和 R_2 电阻值相同，若以 B 为参考点，则 B 点的电位为 0V（ϕ_B=0V），A 点的电位为 −1.5V（ϕ_A=−1.5V），C 点的电位为 1.5V（ϕ_C=1.5V）

（4）电压是指电路中两点的电位的大小差距，所以电压也称为电位差（电动势差），它是衡量单位电荷在静电场中由于电动势不同所产生的能量差的物理量。电压的单位是伏特（V）。

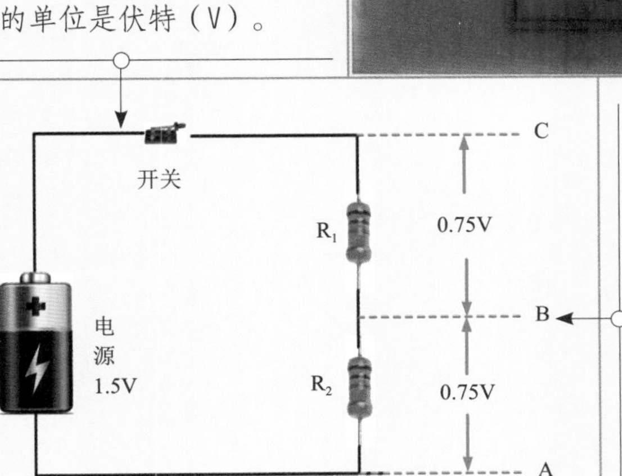

（5）在闭合电路中，任意两点 AB 之间的电压就是指这两点之间电位的差值。公式为：$U_{AB}=\phi_A-\phi_B$。若以 A 点为参考点，ϕ_A=0V，ϕ_B=0.75V，ϕ_C=1.5V。则 A 与 B 间的电压为 0.75V，即加在电阻 R_2 两端的电压为 0.75V。C 点的电位为 1.5V，则 C 与 A 间的电压为 1.5V。也就是加在电阻 R_1 和 R_2 两端的电压为 1.5V。B 与 C 间的电压为 1.5V−0.75V=0.75V，即加在电阻 R_1 两端的电压为 0.75V。

图 1-2 电位、电压和电动势基本知识

（6）我们可以从水的重力势能来理解电动势。由于不同抽水机的抽水本领不同，致使单位质量的水所增加的重力势能就不同。同理，不同电源非静电力做功的本领不同，致使单位正电荷所增加的电动势能不同。

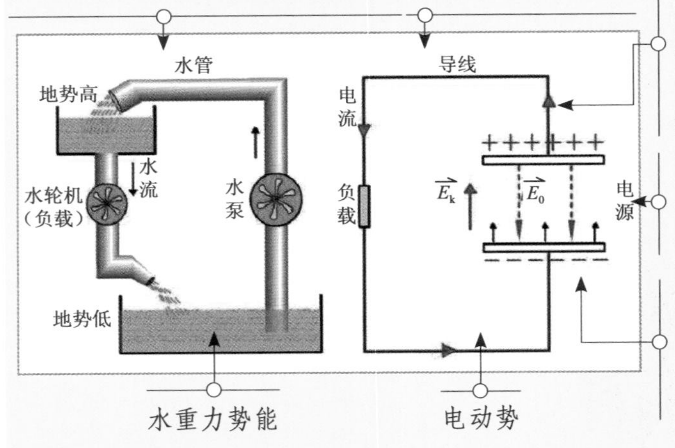

（7）电路中因其他形式的能量转换为电能所引起的电位差，叫作电动势，用字母 E 表示，单位是伏特（V）。电动势是反映电源把其他形式的能转换成电能的本领的物理量。

（8）电动势的方向规定为从电源的负极经过电源内部指向电源的正极，即与电源两端电压的方向相反。

（9）电动势等于电源加在外电路的电压（$U_{外}$）与电源的内电压（$U_{内}$）之和，即 $E=U_{内}+U_{外}=IR+Ir$，R 为外电路总电阻，r 为电源的内电阻。

图 1-2　电位、电压和电动势基本知识（续）

1.1.3 电路的三种状态

电路由电气设备与连接单元组成，在电路连接成电流回路的过程中，还有三种状态，这三种状态各有各的特点，如图 1-3 所示。

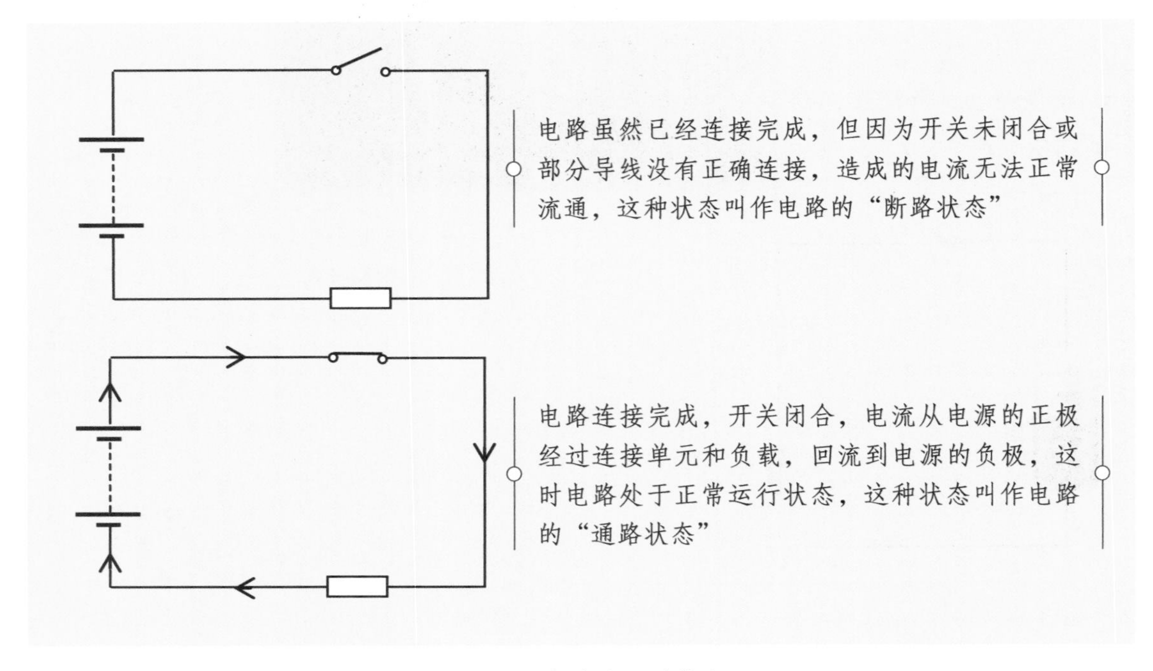

电路虽然已经连接完成，但因为开关未闭合或部分导线没有正确连接，造成的电流无法正常流通，这种状态叫作电路的“断路状态”
电路连接完成，开关闭合，电流从电源的正极经过连接单元和负载，回流到电源的负极，这时电路处于正常运行状态，这种状态叫作电路的“通路状态”

图 1-3　电路的三种状态

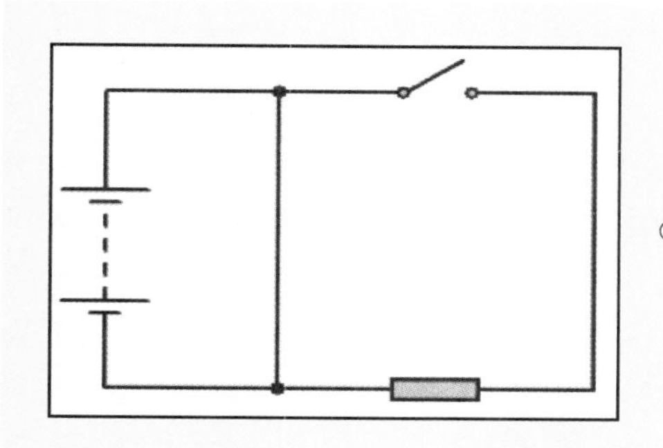

电路连接时意外地将电源正、负极直接连接在一起，这样电流不经过负载直接从电源的正极回流到负极，这时因为导线的电阻极小，会导致电流强度极大，瞬间损坏电气设备，还有可能造成导线起火，这种状态叫作电路的“短路状态”。

图 1-3 电路的三种状态（续）

1.1.4 电路中的重要分支与结点

电路并非都是我们前面所见的单一负载电路，大部分电路都有很多支路。本节我们就来认识电路中的回路、支路和结点，如图 1-4 所示。

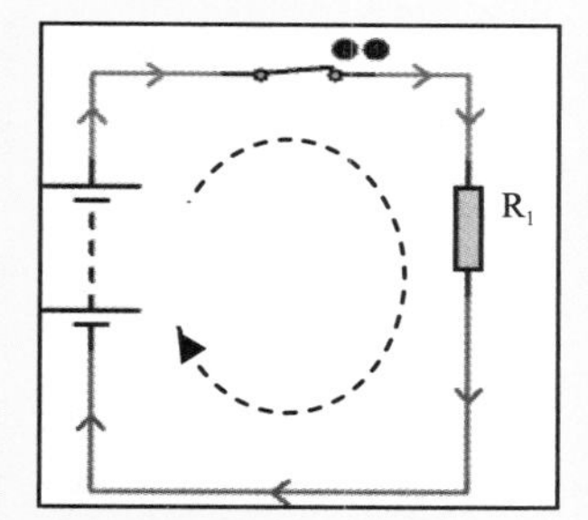

电路中闭合的电流通路，叫作电流“回路”。一般电路中都会有多条回路。

电路任何包含电源和负载的分支，都叫作电路的“支路”，但通常将首位相接（串联）的所有元器件看作一条支路，如图所示，电源与 R_1 是一条支路，电源与 R_2 和 R_3 形成了另一条支路。

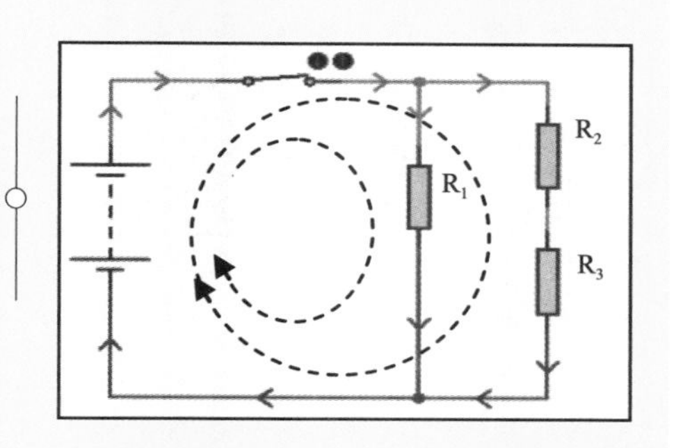

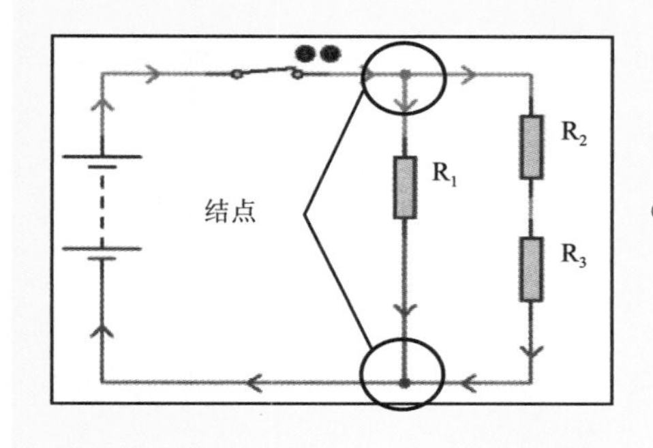

在拥有多条支路的电路中，3 条或 3 条以上支路汇集的点，叫作电路的“结点”。

图 1-4 电路中的重要分支与结点

1.1.5 电流强度与方向

电流强度在上一章中我们已经介绍过，电子在电路中的移动除了强度的大小还有流动的方向，在进行电路分析时，也经常会用到电流的方向，如图 1-5 所示。

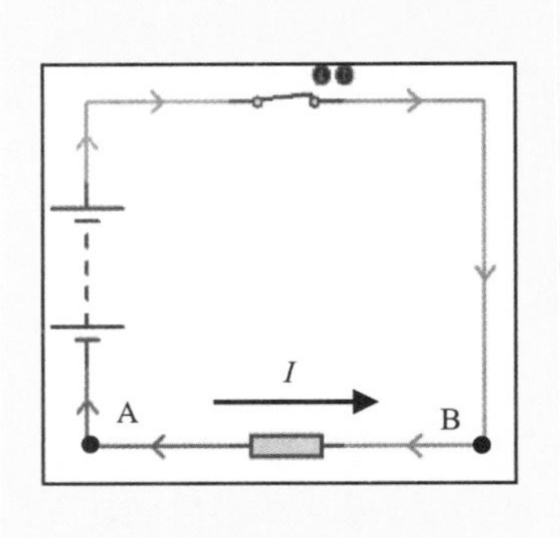

在进行电路分析时，电流的方向是从电源的正极出发流向电源的负极，如图所示。在此回路上的电流方向是电路上箭头的方向，这个叫作电流的实际方向。有时候不容易分辨电流的方向，这时可以先假设一个电流方向，这个叫作电流的参考方向，如图中设 A 点到 B 点的电流方向为从 A 到 B，那么负载上的电流方向，就应该如图中 I 的方向。经过计算如果得到的电流强度为正数，则说明参考方向与实际方向一致；如果得到的电流强度为负数，则说明参考方向与实际方向相反。

图 1-5 电流强度与方向

下面进行一个实例分析，如图 1-6 所示。

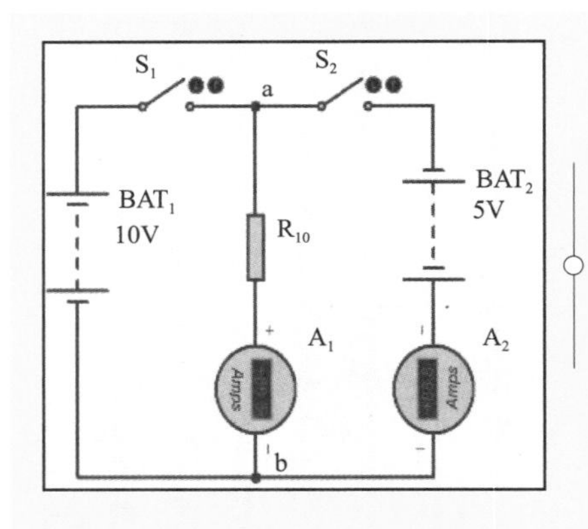

首先准备一个电路，如左图所示。电源 BAT_1:10V BAT_2:5V，负载 R：10Ω，还有开关 S_1 和 S_2，电流表 A_1 和 A_2 分别测量不同回路的电流强度和数值的正负。点 a 和点 b 分别为负载 R 的两端。

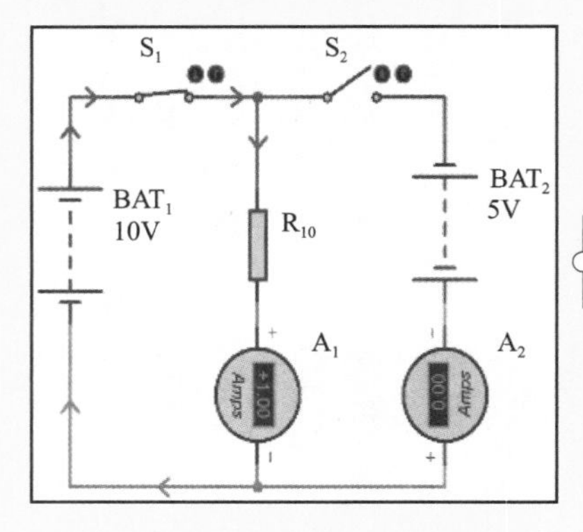

第一步，打开 S_1，电流从 BAT_1 的正极流向负极，负载上的电流方向为点 a 到点 b，简称为 ab。

图 1-6 电流强度与方向实验

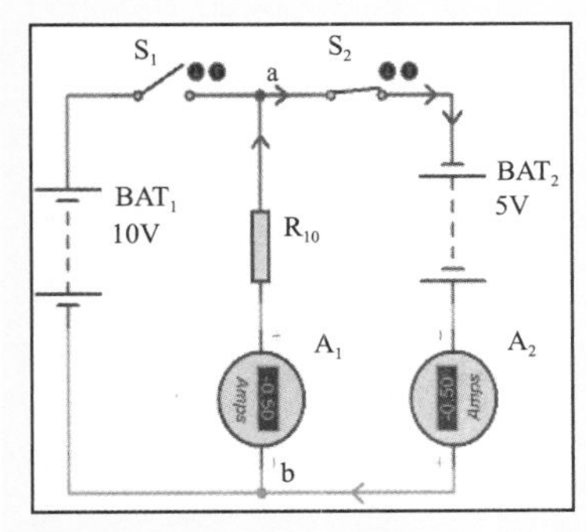

第二步，关闭 S_1，打开 S_2，电流从 BAT_2 的正极流向负极，负载 R 的电流方向为 ba。

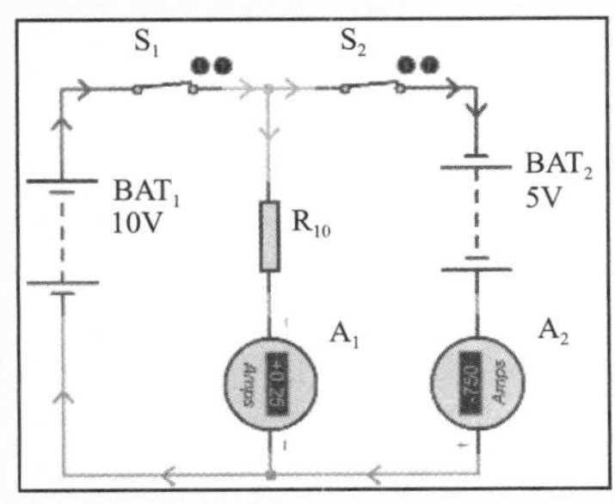

如果同时打开 S_1 和 S_2，那么负载 R 上的电流方向会怎样呢？我们可以先设定一个参考方向，如图所示，假设电流 I_R 的方向为 ab。当接通电路时，可以从电流表 A_1 上观察到，R 上的电流方向为 ab，数值为 +0.25，与我们所设定的参考方向一致，说明我们设定的参考方向与电流的实际方向是一致的。反之，如果数值为 −0.25，则说明参考方向与实际方向相反。

图 1-6　电流强度与方向实验（续）

1.1.6 电气设备的电功和电功率

电功、电功率的基本知识如图 1-7 所示。

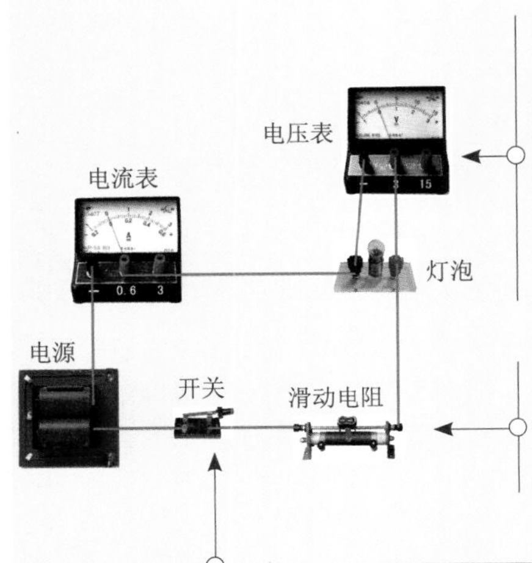

（1）电功是指电流将电能转换成其他形式能量的过程所做的功，用 W 表示，单位为焦耳（J）。电流做功的过程实际上就是电能转换成其他能量的过程。电流做了多少功就有多少电能转化为其他形式的能。也就消耗了多少电能，获得多少形式的能。电流所做的功与电压、电流和通电时间成正比，即 $W=UIt=I^2Rt=UQ$（Q 为电荷）。

（2）每个用电器都有一个正常工作的电压值叫作额定电压，用电器在额定电压下正常工作的功率叫作额定功率，用电器在实际电压下工作的功率叫作实际功率。

（3）电流在单位时间内做的功叫作电功率，用来表示消耗电能的快慢（电流做功快慢）的物理量，用 P 表示，单位为瓦特（W）。图中灯泡功率的大小数值等于它在 1s 内所消耗的电能。如果在 t 时间内消耗的电能为 W，那么灯泡的电功率就是：$P=W/t=UI=I^2R=U^2/R$。

图 1-7　电功、电功率的基本知识

1.1.7 电位与接地的概念

电压和电动势的概念已经讲过，但在进行电路分析时，经常使用电压和电位的概念，如图 1-8 所示。

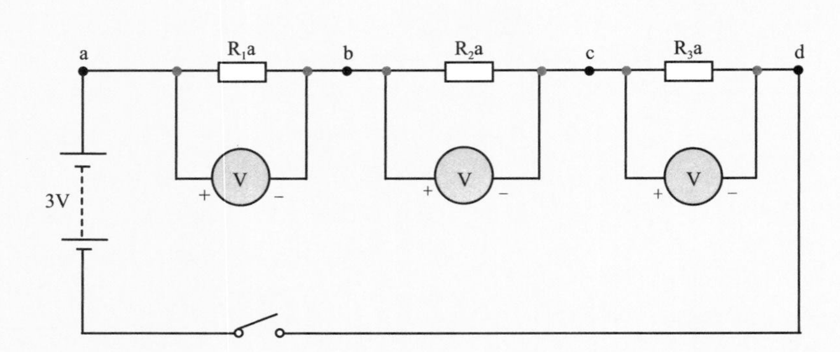

元器件两端的电势差就是该元器件的电压，而电位则是电路上任意点到零点间的电压值。为了详述这个概念，我们准备了这个电路，电源为 3V 负载 $R_1=R_2=R_3=1\Omega$。我们在 3 个负载上分别接上电压表，来观察不同点间的电压的变化。a、b、c、d 四个点如图所示。

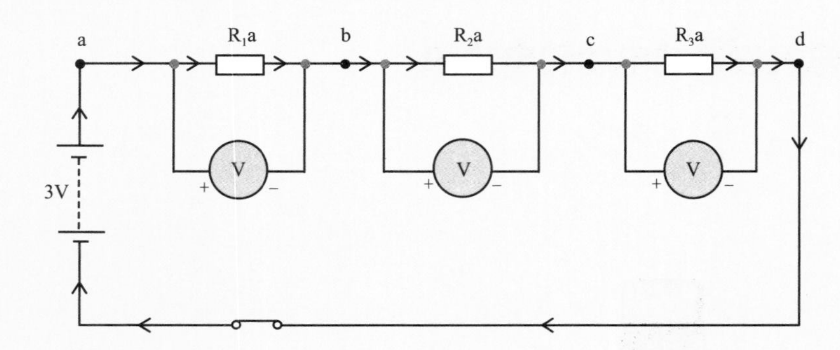

想知道电路中某一点的电位，需要先设定一个参考点也就是零电位点，设这个点的电位为“0”。这样其他点的电位就可以算出了。比如设 d 点为零点，求 a 点的电位。化简后可以看出，ad 两点指向的正是电源的正、负极，如果 d 点为 0，那么 a 点的电位应该等于电源的电压等于 3V。电位同样有方向之分，如果设 c 点为零点，那么 a 点的电位为 2V，b 点的电位为 1V，而 d 点的电位为 -1V，当电位数值为负值时，说明该点比零点更接近于电源的负极。

一般不规定零电位点时，默认电源的负极为零电位。在进行电路分析时，“接地”同样表示零电位点，这与电器的地线或避雷针之类的保护过载还是有所不同的。

图 1-8　电位与接地

1.2 电阻器与负载电路

负载是电路知识中经常用到的重要概念；由于电路的功能是实现能量转化，所以在电路中会有很多负载设备。本节将重点讲解电阻器相关的负载电路。

1.2.1 电阻器与负载

负载就是电路中连接在电源两端的电子元器件，无论是灯泡、电阻还是电动机，只要是消耗电能的都可以叫作负载，如图 1-9 所示。

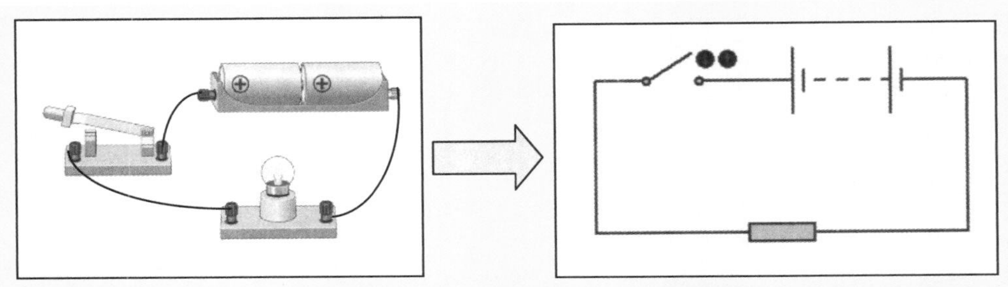

在电路中不同的电气设备可以将电能转化为不同形式的能量，比如灯泡将电能转化为光，电动机将电能转化为动能，电阻器将电能转化为热能，这样的设备或元器件都可以叫作负载。为了分析电路时简化电路，所以一般的负载电路中，我们只用电阻器来代替负载设备。

图 1-9 电阻与负载

1.2.2 多个电阻相连

在电路中如果只有一个负载，那么它与电源只能通过引脚首尾相连，但如果有多个负载，那么就会有多种不同的连接方法，在分析电路时，首先要能够清楚元器件的连接方式，如图 1-10 所示。

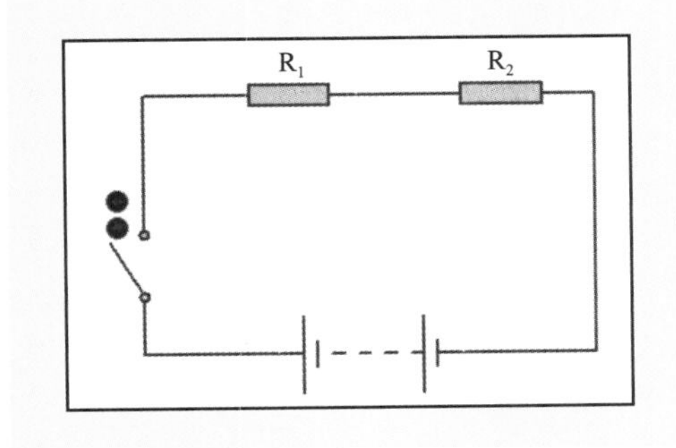

串联：两个负载引脚头尾相连，称为 R_1 余 R_2 串联。

图 1-10 多个电阻相连

并联：两个负载引脚头与头、尾与尾相连，称为 R_1 余 R_2 并联。

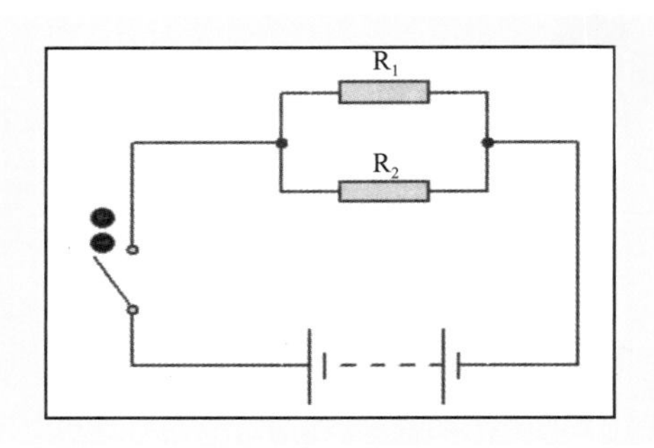

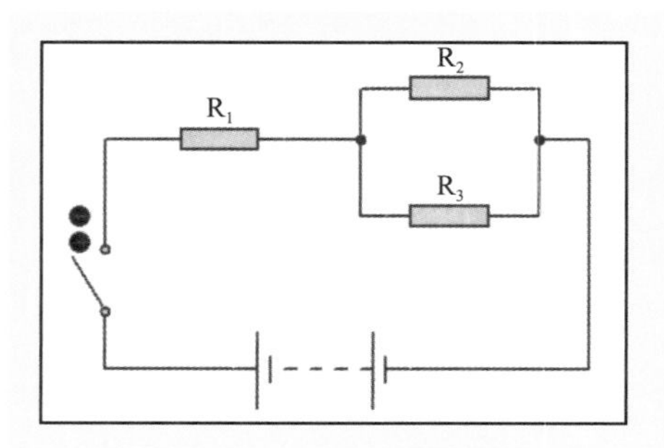

串并联：两个负载 R_2 与 R_3 先并联，在与 R_1 串联，称为三个负载间的串并联。

并串联：两个负载 R_2 与 R_3 先串联，在与 R_1 并联联，称为三个负载间的并串联。

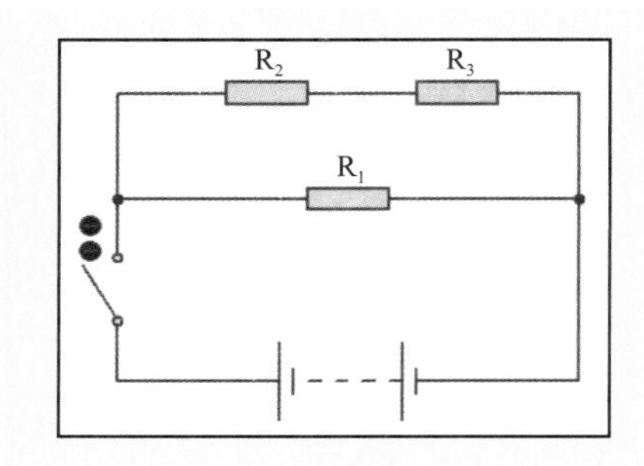

图 1-10　多个电阻相连（续）

1.2.3 电阻器的伏安特性

除了一些特殊功能的电阻器外，一般电阻器在电路中主要起到调节电路中电流强度的作用，理论是电阻的伏安特性应该是一条直线，如图 1-11 所示。

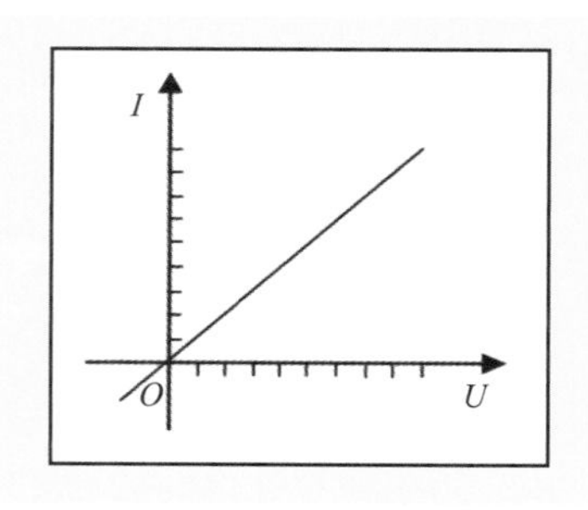

在理想状态下，电阻器中的电流强度，随着电阻器两端电压的变化而变化，电压升高电流强度就会增大，电压降低电流强度就会降低，当电压降为 0 时，电流也会随着降为 0。

图 1-11　电阻器的伏安特性

但在实际使用时，因为电阻器中电流逐渐增加，其自身的温度升高，带来电阻值增加，所以实际上电阻器的伏安特性是如右图所示的一条曲线。这种用电流与电压为坐标系表示元器件属性的方法叫作“伏安特性”，掌握伏安特性对我们研究元器件有很大的帮助。

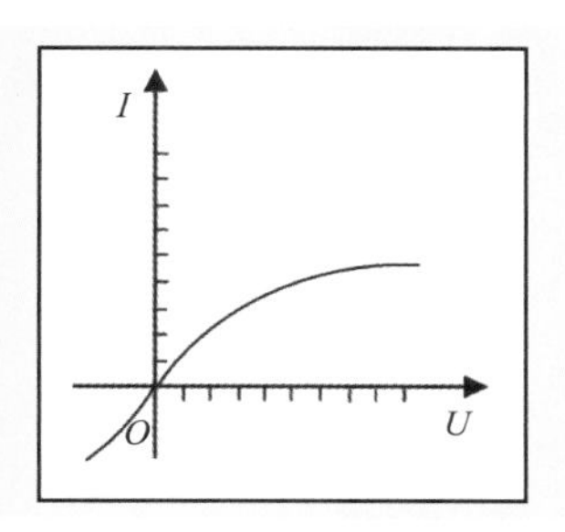

图 1-11　电阻器的伏安特性（续）

1.3 电源的理想与现实

电源是电路中的重要部件，但是在不同的使用场景中，我们会对电源有不同的视角和对待方式；本节主要讲解理想电源、实际电源和受控电源等 3 种电源形式的特点。

1.3.1 理想电源

当我们进行电路设计或电路分析时，通常不考虑电源内部发生的变化，而只把作为电压或电流的稳定提供者看待，这种电源其实只在理想状态中才能出现，如图 1-12 所示。

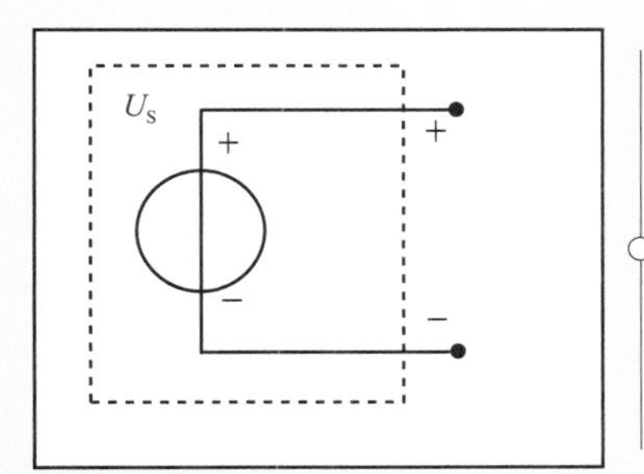

理想电压源的输入电压不随外部电路变化改变，在任意时间点的电压变化如右图所示，在电路图中理想电压源的表示方法如左图所示。

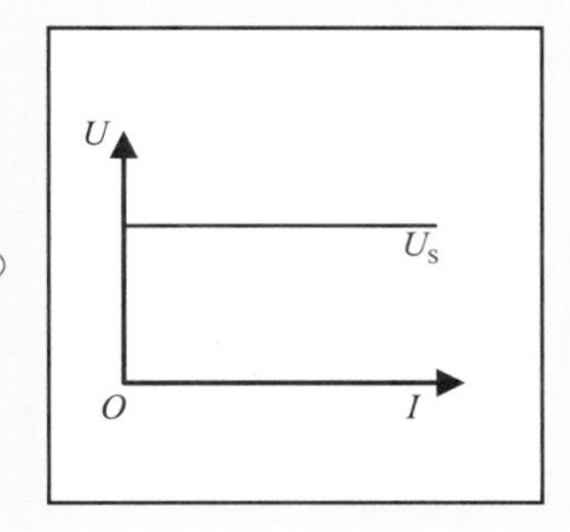

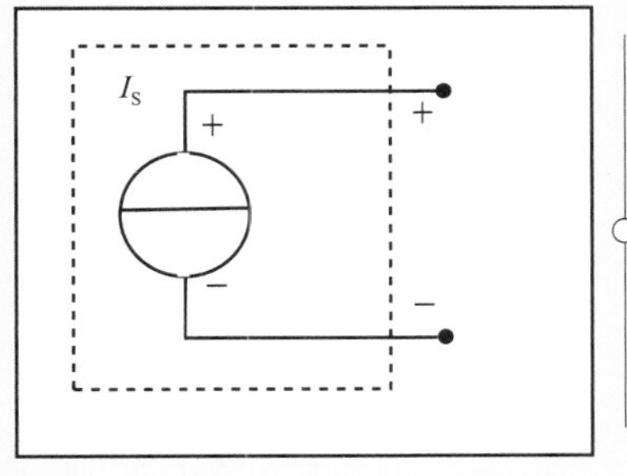

理想电流源的输入电流不随外部电路变化改变，在任意时间点的电流变化如右图所示，在电路图中理想电流源的表示方法如左图所示。

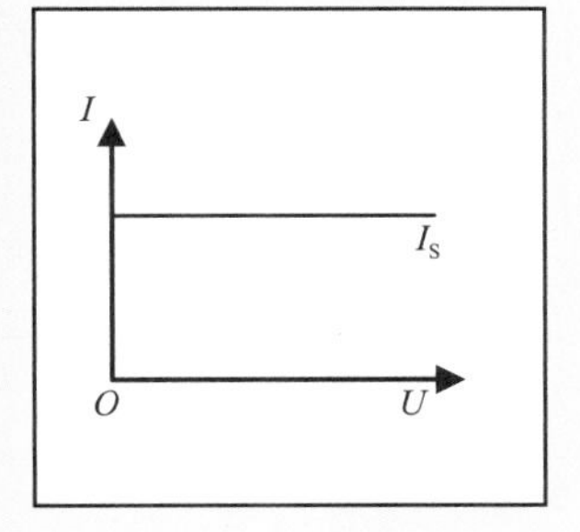

图 1-12　理想电源

1.3.2 实际电源

实际电源如干电池或蓄电池等设备，在电路中除了提供电流外，在其自身内部同时发生着电流交换的变化，在需要精确计算电源内部变化对整个电路影响时，必须考虑到实际电源与理想电源的差别，如图 1-13 所示。

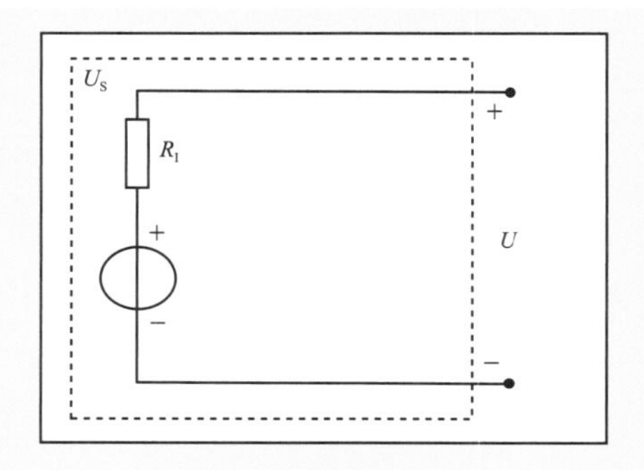

实际电压源在电路分析时，可以用一个理想电压源串联一个电池内电阻 R_I 来表示，实际输入的电压也必须用理想电压减去内电阻的电压来表示，实际电压 $U=U_S-U_R$。

实际电流源在电路分析时，同样可以用一个理想电流源并联一个内电阻 R_I 来表示，实际的输入电流同样必须减去内电阻的电流，实际电流 $I=I_S-I_R$。

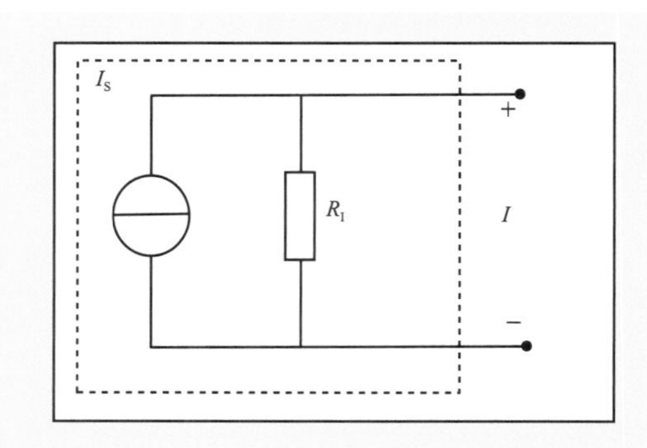

图 1-13　实际电源

1.3.3 受控电源

在进行电路分析时，还有一种电源也会出现，那就是受控电源。最典型的受控电源就是晶体三极管和场效应晶体管。上一小节中介绍的理想电源与实际电源，在电路中的主要用途是提供电流和电压的输入，称为独立电源。受控电源则是元器件内部发生的电流或电压的变化，称为非独立电源，如图 1-14 所示。

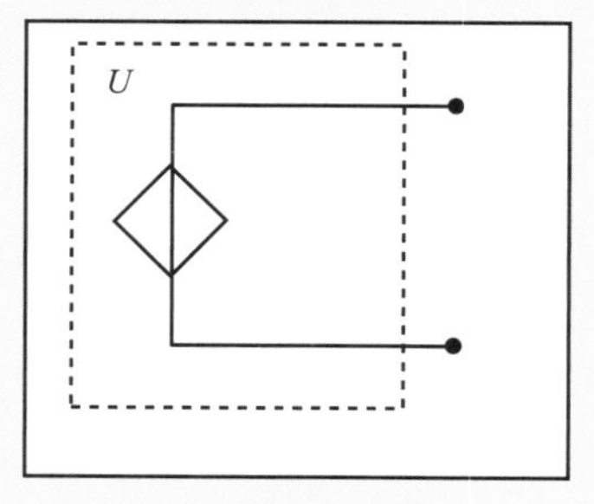

受控电压源的表示如左图所示，输入端的电压受到控制端的影响，控制端可以是电流控制也可以是电压控制。

图 1-14　受控电源

受控电流源的表示如右图所示，输入端的电流受到控制端的影响，控制端可以是电流控制也可以是电压控制。

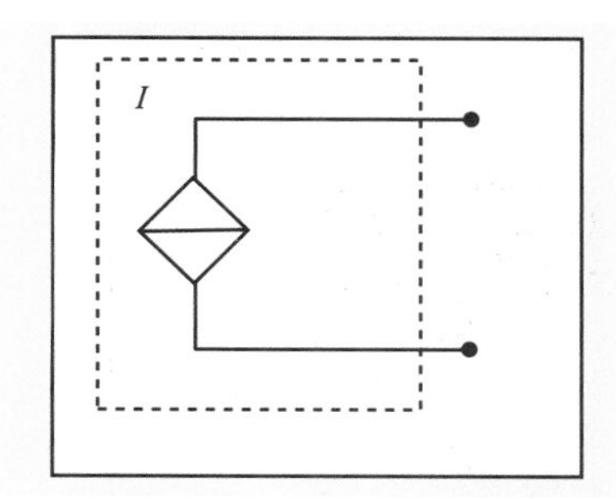

图 1-14 受控电源（续）

1.3.4 受控电源的电路模型

受控电源虽然是一个元器件，但为了方便进行分析，受控端与控制端常表示为一对 4 个端钮的电路模型，控制端一对端钮为 U_1 或 I_1，受控端一对端钮为 U_I 或 I_I，如图 1-15 所示。

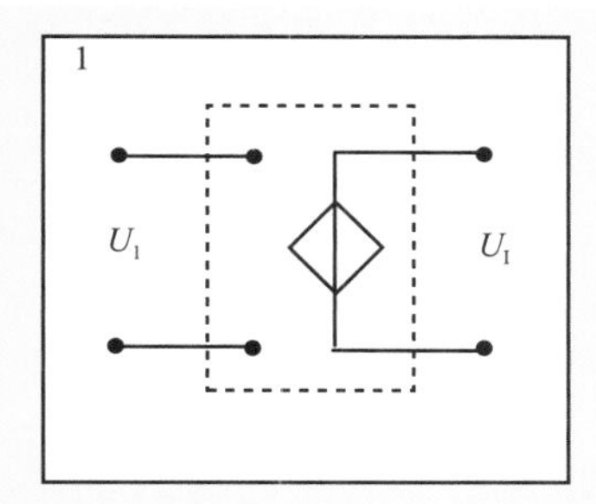

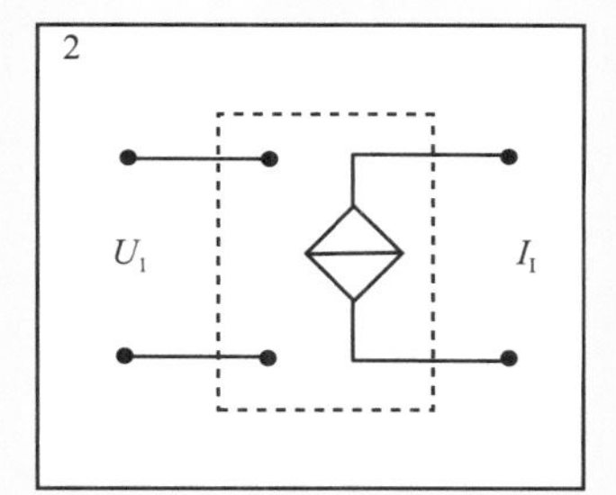

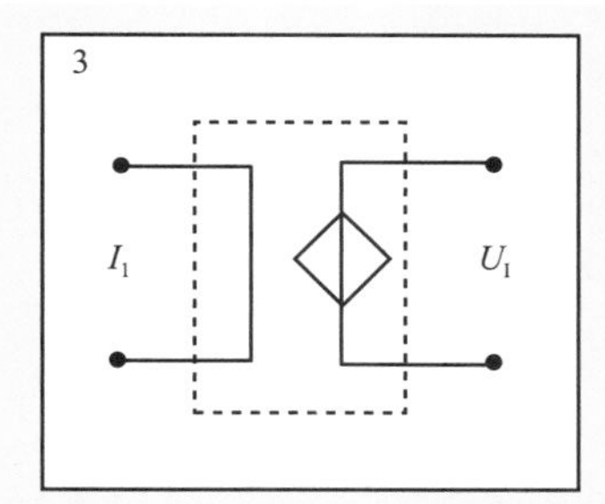

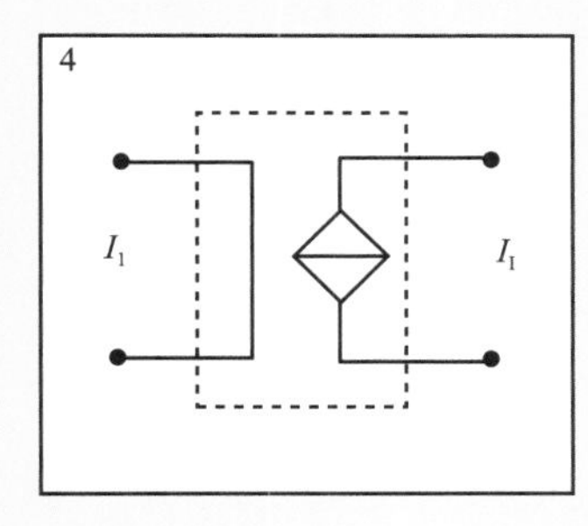

受控电源分为电流源和电压源，通过控制方式可以分为 4 种情况，如图 1 为电压控制电压源，图 2 为电压控制电流源，图 3 为电流控制电压源，图 4 为电流控制电流源。

图 1-15 受控电源的电路模型

1.4 直流电与交流电

从电源角度通俗地讲，交流电就是正负极在不停地交替变化，直流电则正负极一直保持不变；本节主要讲解直流电、交流电两种电源的特点并重点分析交流电的频率、波形及电路。

1.4.1 直流电与交流电的对比

在日常生活中，常用的电源有两种，一是直流电源，二是交流电源，如图 1-16 所示。

直流电源的特点是，电流从电源的正极流向电源的负极，在此期间不会发生大小和方向上的改变。最常见的直流电源就是我们做实验用的干电池，其电压与时间变化如右图所示。

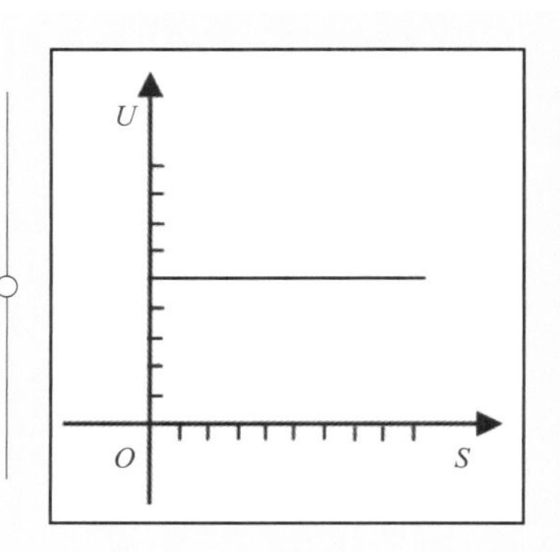

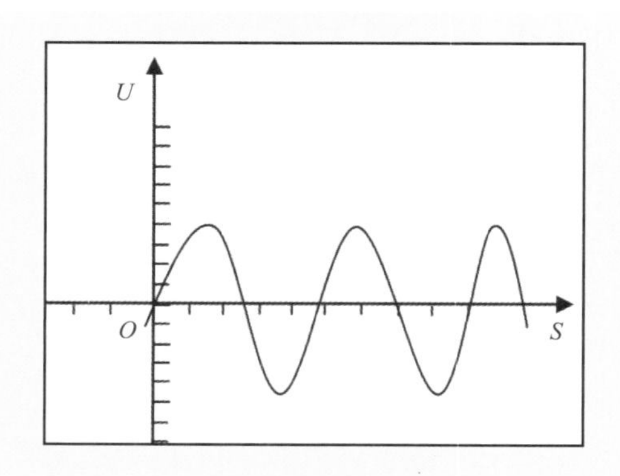

直流电源的特点是，电流从电源的正极流向电源的负极，在此期间不会发生大小和方向上的改变。最常见的直流电源就是我们做实验用的干电池，其电压与时间变化如右图所示。

图 1-16　直流电与交流电

1.4.2 交流电频率与波形图

想要了解交流电，就必须引入一个新的概念“频率”，频率是描述物体在单位时间内完成重复运动次数的物理量，单位是赫兹（Hz）。交流电的频率描述的是交流电每秒振荡次数，如图 1-17 所示。

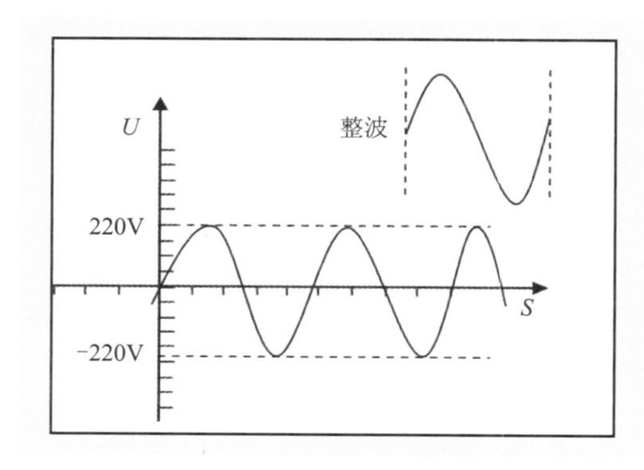

我们以 220V/50Hz 市民用电（正选交流电）为例，220V 是指此电源的振荡幅度为 ±220V。而电源从 0V 开始向最大的 220V 增加，再从 220V 减小到 -220V，最后从 -220V 回到 0V，这样的过程称为一个完整振荡，也就是一个整波，50Hz 的意思是每秒电源振荡 50 个整波。

图 1-17　交流电频率与波形图

我们用仿真电路中的示波仪来测量对比一下9V直流电和9V/1Hz交流电的波形，如右图所示，可以看见直流电的波形始终没有变化，而交流电则在±9V之间振荡，频率是每秒一个整波。

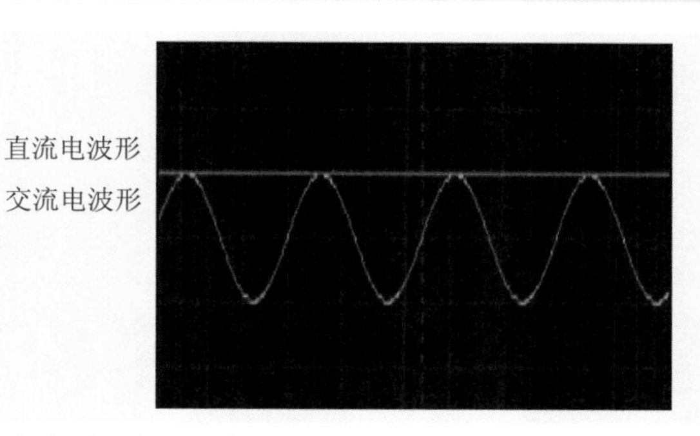

图1-17　交流电频率与波形图（续）

1.4.3 交流电电路

由于直流电与交流电本身有着巨大差异，所以直流电路和交流电路也具有不同的电子元器件。比如，在直流电路中常用带有正、负极性的元器件，元器件按照正极与电源正极相连，负极与电源负极相连的方法接入电路，而交流电路中则必须使用交流电元器件才能正常发挥作用，如图1-18所示。

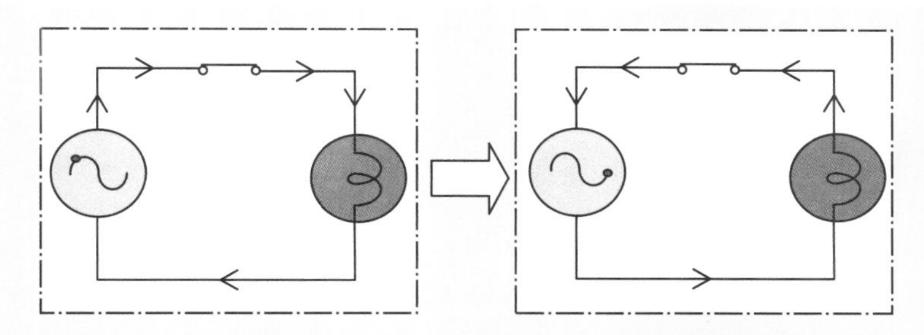

我们来做一个简单电路，来验证一下交流电路中的元器件。首先将一个灯泡（交流电元器件，部分正负极）接入交流电路中，观察发现当电源从0到正再回到0时灯泡被点亮，电源从0到负再回到0时灯泡又一次被点亮。当电源的频率足够高时，肉眼就无法看出灯泡其实是在一亮一暗间闪亮，这就是照明电路的基本原理。

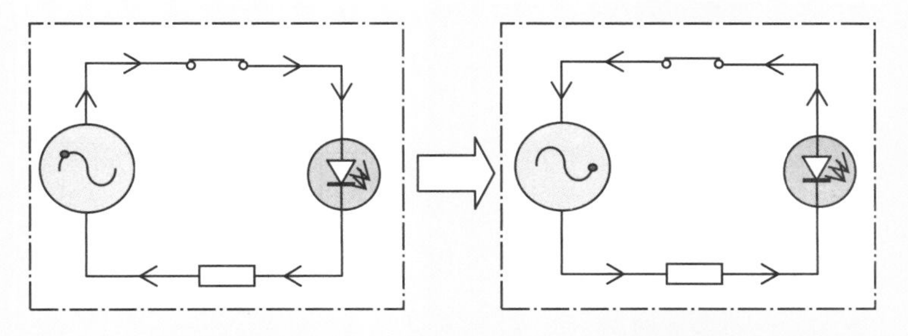

再将灯泡换成有正、负极之分的发光二极管，同样观察电路的变化。当电源从0到正再回到0的过程中，当符合发光二极管的点亮电流时，发光二极管被点亮。而从0到负再回到0的过程中，发光二极管始终无法点亮。这是因为二极管的正向导通性，使得电源在负时，电路相当于断路状态。

图1-18　交流电电路

第2章 欧姆定律和基尔霍夫定律

磨刀不误砍柴工，学习欧姆定律和基尔霍夫定律就是在“磨刀”，这两条定律是我们做电路分析的基础，它们清晰地告诉我们不同电路中电流、电压和电阻的相互关系。把欧姆定律和基尔霍夫定律学清楚明白后，学习后面的知识才能得心应手。

2.1 欧姆定律

欧姆定律是电学中重要的基本规律，它是通过实验总结和归纳得到的规律。欧姆定律反映了在一定条件下电流强度与电压的因果关系以及电流强度与电阻的制约关系。

2.1.1 欧姆定律的定义

德国物理学家乔治·西蒙·欧姆在1826年提出了“欧姆定律”，欧姆定律的内容是：在同一电路中，通过某段导体的电流与这段导体两端的电压成正比，与这段导体的电阻成反比，如图2-1所示。

$$I=\frac{U}{R}$$

欧姆定律的公式如左图所示，导体中的电流 I（单位A），等于导体两端电压 U（单位V），除以导体的电阻 R（单位Ω）。

图2-1 欧姆定律

欧姆定律公式的变形如图2-2所示。

$$U=RI$$

通过欧姆定律的公式，我们很容易得到它的两个变形公式“$U=I\cdot R$”和“$R=U/I$”。

$$R=\frac{U}{I}$$

图2-2 欧姆定律公式变形

2.1.2 伏安法与电阻

通过欧姆定律的公式，我们看出只要知道电流、电压、电阻中的任意两个物理量就可以计算出第三个，如图 2-3 所示。

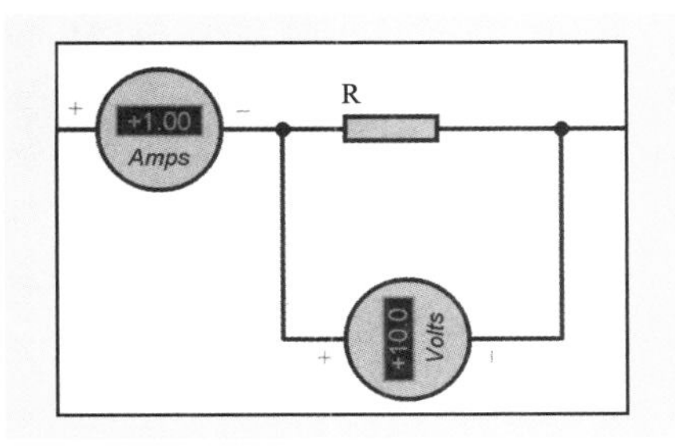

当已知电路中电流为 1A，电压为 10V 时，我们使用公式 $R=UI$ 来计算，可以得知，电阻 R 的电阻值为 10V×1A=10Ω。这个不用测量而是通过计算来得到电阻器电阻值的方法，称为“伏安法”。

用伏安法测量电阻，虽然是我们经常使用的，但必须注意的是，电阻是物体本身具有的物理量，在环境不变的情况下，它不会随着电流或电压而变化。并且从它的定义 $R=\rho \cdot L/S$ 可知，电阻只与自身的材料和形状有关，其中 ρ 为物体的材料电阻系数，L 为物体的长度，S 为横截面的面积。

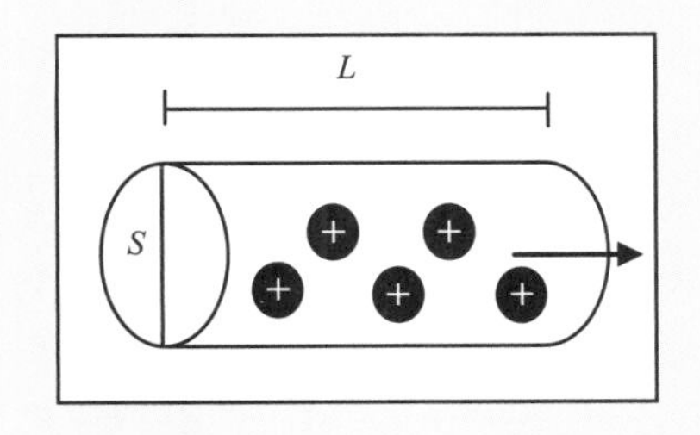

图 2-3　伏安法与电阻

2.1.3 欧姆定律的应用实例

在符合条件的电路中，使用欧姆定律来计算电流、电压或电阻非常方便，如图 2-4 所示。

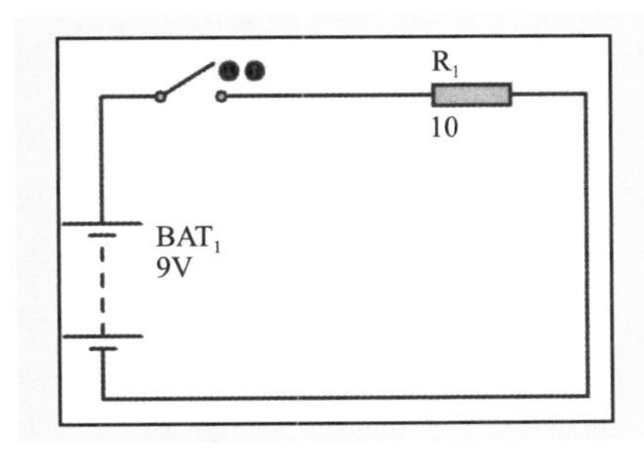

我们通过两个实例来加深欧姆定律的使用方法。如左图所示，电源 BAT_1=9V，电阻 R_1=10Ω，求通过电阻 R_1 的电流强度 I。电路中只有一个元器件，R_1 两端的电压就等于电源电压，所以 $I=U/R$，I=9V/10Ω=0.9A。

在电路中，我们无须测量电阻器的电阻值，用伏安法可以简单方便地得到它。如右图所示，电源 BAT_1=9V，电路中的电流强度为 0.3A，求通过电阻 R_1 的电阻值。电路中只有一个元器件，通过 R_1 的电流就是整个电路的电流，所以 $R=U/I$，R=9V/0.3A=30Ω。使用伏安法计算电阻时，可以进一步改变电源的电压，测量出电流后用同样的方法计算，这样可以提高准确性。

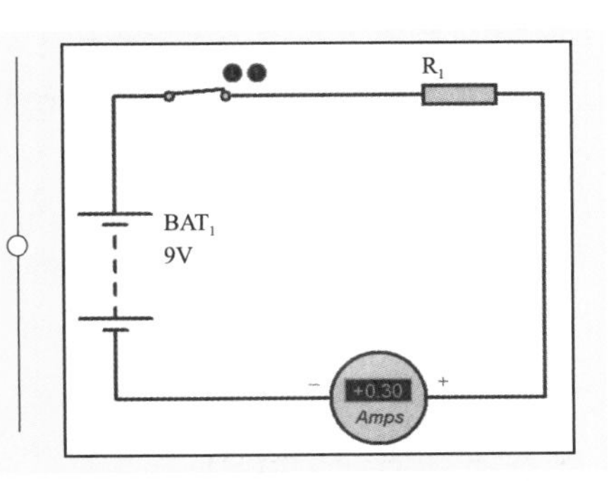

图 2-4　计算电路中的变量

2.2 欧姆定律的局限性

欧姆定律只适用于像金属导电和电解液导电等纯电阻电路，在气体导电电路和半导体元件等中欧姆定律将不适用；下面本节将讲解欧姆定律的一些局限性。

2.2.1 温度变化

温度变化对欧姆定律的影响如图 2-5 所示。

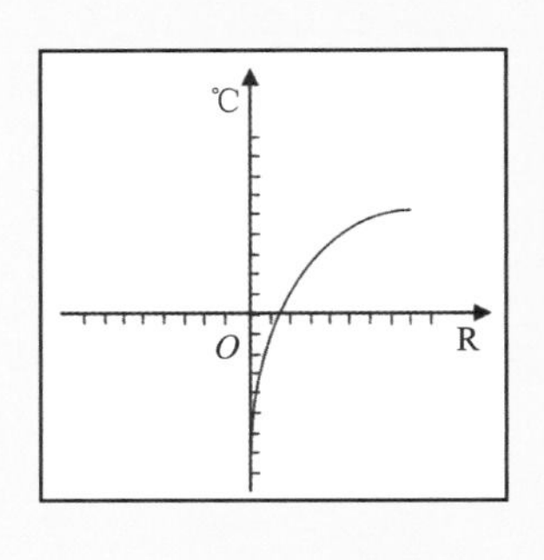

当环境温度变化不大时，欧姆定律可以有效地计算电路中电流与电压的变化，但当温度下降到一定程度时，金属导体内电阻几乎变为 0，这种现象做作“超导”现象，在超导条件下，导体两端即使不加电压，也可以有电流存在。

图 2-5 温度变化对欧姆定律的影响

2.2.2 线性元器件

线性元器件对欧姆定律的影响如图 2-6 所示。

一般认为欧姆定律只适合线性元器件或非线性元器件的呈线性变化部分。右图所示为元器件的伏安曲线图，电流与电压成正比的称为线性元器件或欧姆元器件，不符合这个特性的做作非线性元器件或非欧姆元器件，既然是非欧姆元器件，自然也就不适用欧姆定律了，比如晶体三极管。

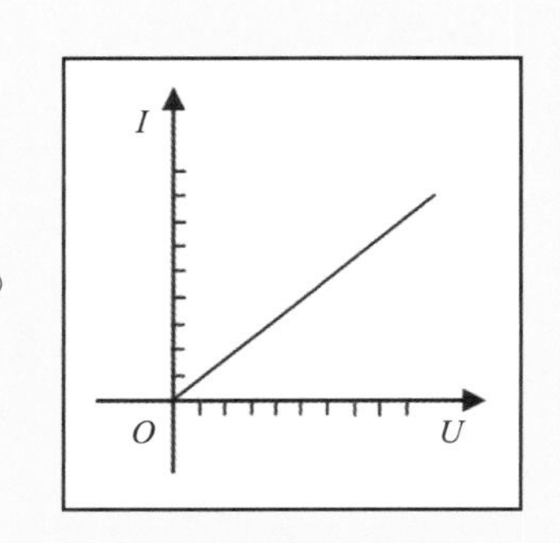

图 2-6 线性元器件对欧姆定律的影响

2.2.3 集总假设

集总假设对欧姆定律的影响如图 2-7 所示。

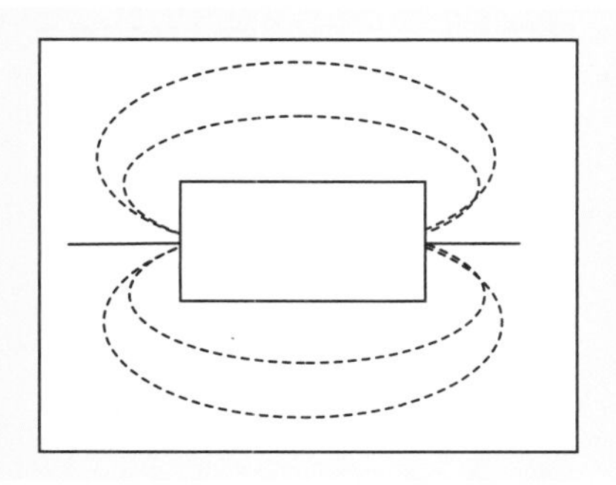

在实际生活中，电阻、电容和电感三者是相互依存的，当电流通过左图的电阻时，电阻周围产生了电磁场，这就是电感的原理，磁场的产生和消失，又变成了能量的储存和释放，这就是电容的原理。电容和电感也具有同样的特性，只是这样的附属属性相对较小，我们一般忽略它。

我们在进行电路分析或电路设计时，都会假设元器件只有一种属性发生作用，电阻器不具有电容和电感属性，电容器不具有电阻和电感属性，电感器不具有电阻和电容属性，这样的假设做作"集总假设"，只有在集总假设的元器件上，欧姆定律才是准确的。

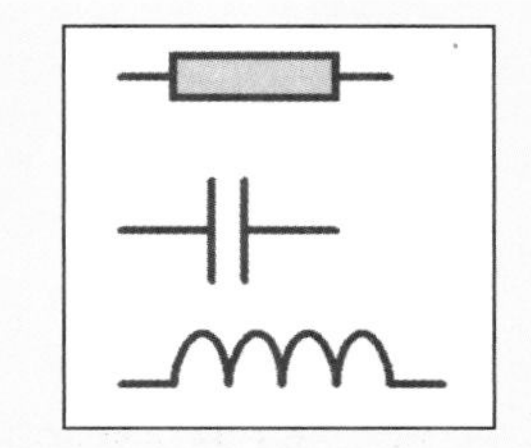

图 2-7　集总假设对欧姆定律的影响

2.3 基尔霍夫定律

基尔霍夫定律是电路中电压和电流所遵循的基本规律，是分析计算电路的基础；基尔霍夫定律其实包含了电压定律和电流定律，电压定律的本质是能量守恒，电流定律的本质是电荷守恒。下面本节将详细分析基尔霍夫电压和电流定律及应用。

2.3.1 回顾几个概念

基尔霍夫定律描述的是电路中节点和支路上电流和电压的变化关系。首先回顾几个重要的概念：支路、回路、节点，如图 2-8 所示。

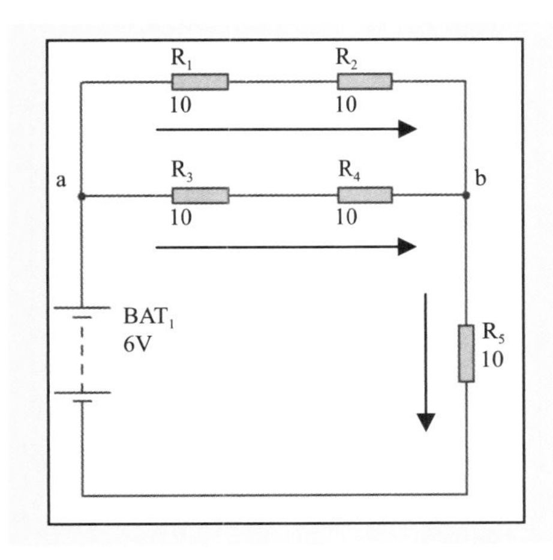

支路：理论上电路中每一个两端元器件都可以成为一条支路，但在实际分析时，我们将首尾串联的一系列元器件看作是一条支路，这样比较容易理解和分析，相对的一端与电源相连的元器件看作干路。图中 R_5 所在就是干路，R_1R_2 和 R_3R_4 分别为两条支路。

节点：两条或以上支路相接的点，叫作节点。图中两个节点是 a 和 b。

图 2-8　支路、回路、节点的概念

回路：由之路和干路一起构成的闭合通路，叫作回路。我们仿真上图的电路，可以看到右图电流分别流过两条支路和干路，组成了两条回路，即 $R_1R_2R_5$ 路和 $R_3R_4R_5$ 路。

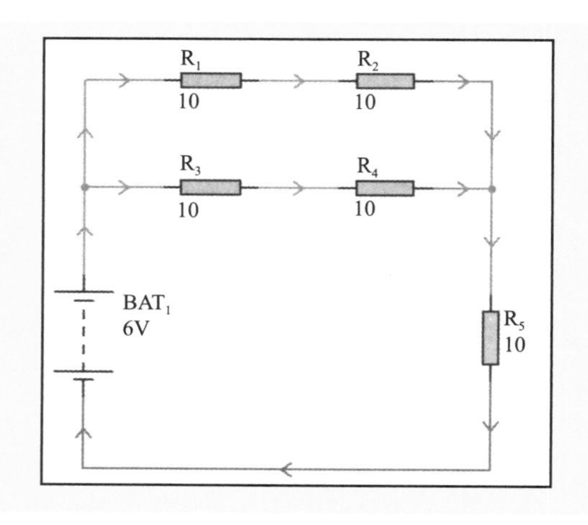

图 2-8　支路、回路、节点的概念（续）

2.3.2 基尔霍夫电流定律（KCL）

基尔霍夫电流定律简称 KCL，其内容是：对于集总参数电路的任意节点，在任意时刻流入该点的电流总和等于流出该点的电流总和，如图 2-9 所示。

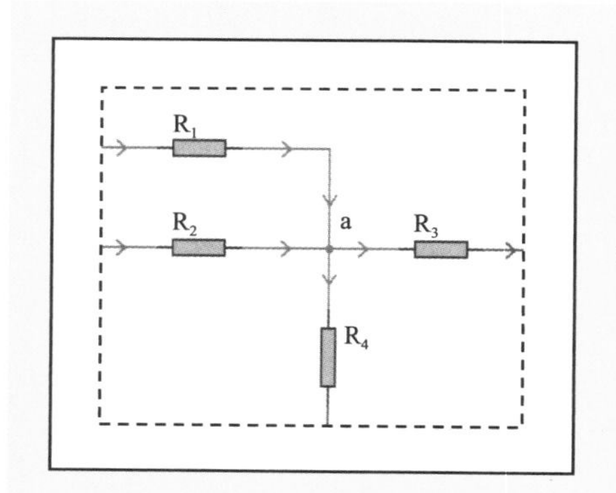

如果左图是闭合电路的一部分，那么在 t 时刻，流入 a 点的电流 i_1+i_2 等于流出电流 i_3+i_4。也可以说在任意时刻流入和流出节点电流的代数和等于 0，即 $i_1+i_2-i_3-i_4=0$。

如果节点有 m 个支路，第 k 条支路的电流为 $Ik(t)$，$k=1,2,3,\cdots m$，则 $\sum_{k=1}^{m} i_k(t)=0$。

在使用 KCL 时，需要注意以下几点：
（1）电路必须是集总参数电路。
（2）在满足 KCL 条件的电路中，无论电源是什么源，在任意时刻都适用。
（3）在列写 KCL 方程之前，必须先设定电流的参考方向。如右图所示，设定电流方向后，即可确定 i_1、$-i_2$、i_3 的方向。

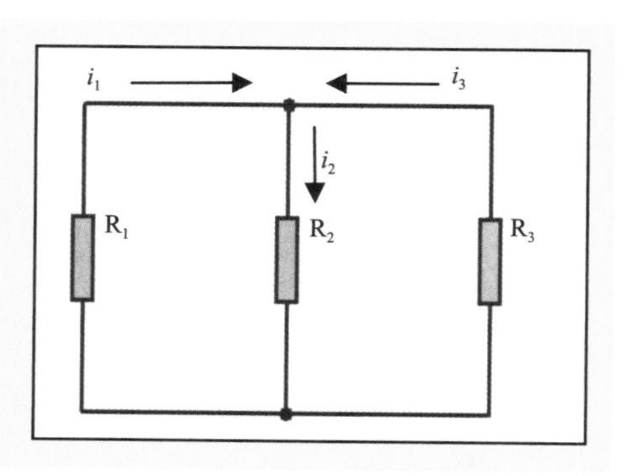

图 2-9　基尔霍夫电流定律

2.3.3 KCL 应用实例

我们通过一个实例来演示 KCL 的实际用法，如图 2-10 所示。

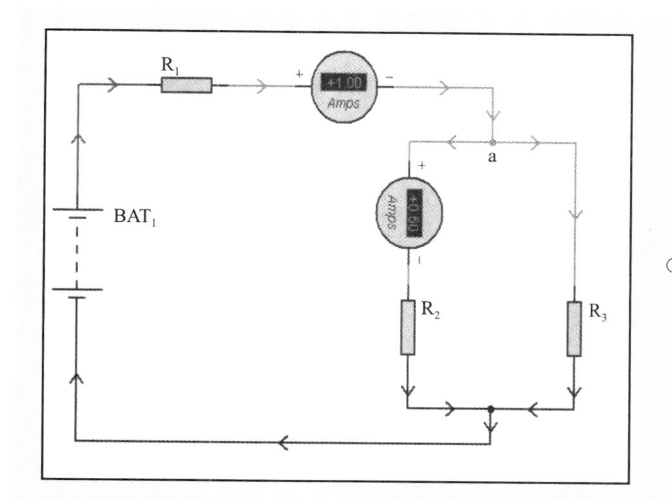

如左图所示，知道流过电阻 R_1 的电流 i_1=1A，流过电阻 R_2 的电流 i_2=0.5A，求流过电阻 R_3 的电流 i_3。

我们通过节点 a 的电流方向写出 KCL 方程：$i_1-i_2-i_3=0$，所以 $i_3=i_1-i_2$=0.5A。

还是这个电路，如果知道 i_2 和 i_3 的电流，求 i_1，同样是使用 $i_1-i_2-i_3=0$ 的方程，求得 i_1=1A。

通过这个实例我们看到，当节点有多条支路时，利用 KCL 电流定律计算某一条支路的电流是最为方便的。

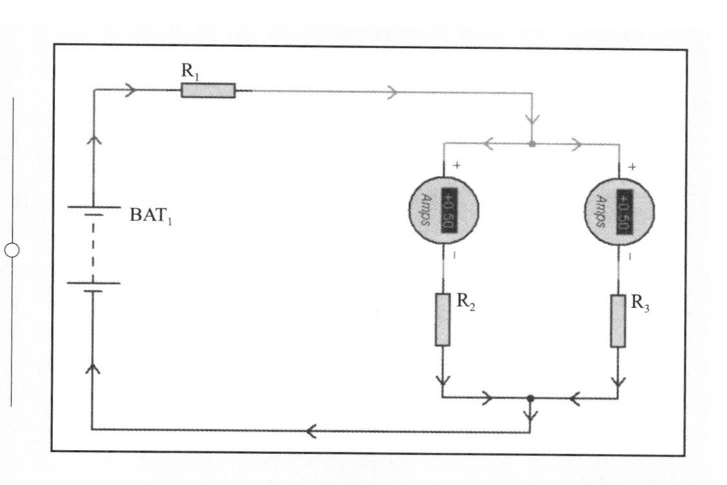

图 2-10 KCL 的实际用法

2.3.4 基尔霍夫电压定律（KVL）

基尔霍夫电压定律简称 KVL，是描述支路与干路电压关系的定律。其内容是：集总参数电路的任意时刻，所有支路（元器件）电压的代数和等于零，如图 2-11 所示。

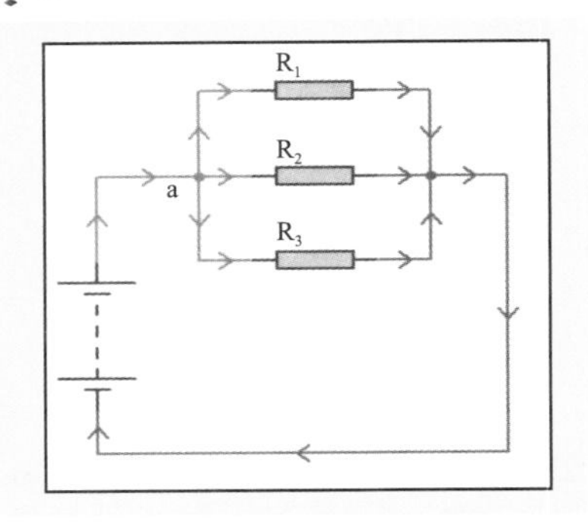

有了 KCL 学习的经验后，先设定电流的参考方向。如左图所示，参照 a 点的电流流入流出设定干路电流 i，经过 R_1 的电流 $-i_1$，经过 R_2 的电流 $-i_2$，经过 R_3 的电流 $-i_3$。同时也确定了电压的方向 u、$-u_1$、$-u_2$、$-u_3$。

根据所有支路电压的代数和等于零，所以：

$u-u_1-u_2-u_3=0$

KVL 的数学表达式为：当回路中有 m 个元器件时，任意时刻 t 的函数代数和为 0，其中 k 代表其中一个元器件。

$$\sum_{k=1}^{m} u_k(t)=0$$

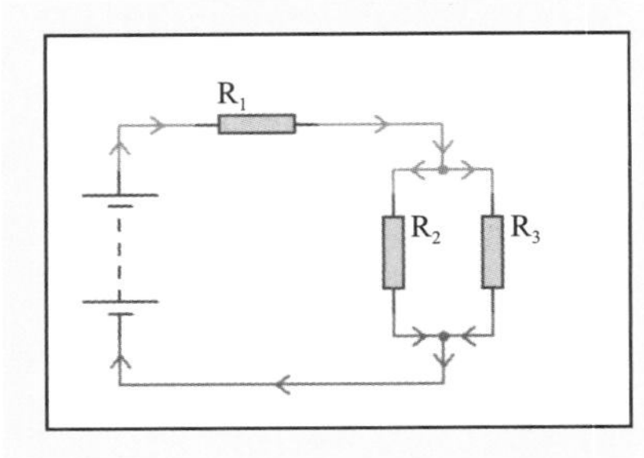

同样，KVL 也要注意以下几点：

（1）电路必须是集总参数电路。

（2）任何电源类型都适用于 KVL 定律。

（3）列写方程之前，必须先设定电流的参考方向，与参考方向相同的为正，相反的为负。

图 2-11　基尔霍夫电压定律

2.3.5 KVL 应用实例

我们举一个实例，来演示 KVL 在实际使用中的用法，如图 2-12 所示。

我们用上一节中的电路来举例。电流方向如右图所示。根据 KVL 写出方程：R_1 两端电压 u_1 加上 R_2 两端电压 $-u_2$，加上 R_3 两端电压 $-u_3$ 等于 0。所以 $u_1-u_2-u_3=0$。

已知 u_1=8V，u_2=4V，所以 $u_3=u_1-u_2$=4V。

同理，只要知道三条支路上任意两条的电压，即可通过 KVL 方程求出第三条支路电压。

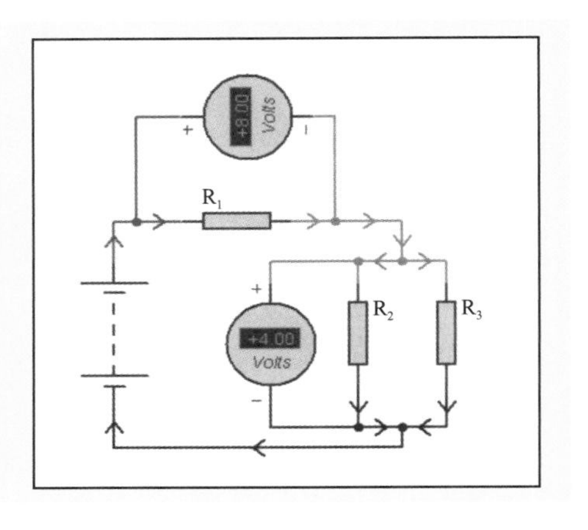

图 2-12　KVL 在实际使用中的用法

第3章 电路和它的小伙伴们

工欲善其事，必先利其器；要掌握电子元器件的检测与维修，还有一些基本的知识和技能要做好贮备，例如要认识电路板，要掌握电路图的识图方法，还要学会电子元器件检测工具的使用方法。本章会重点讲解电路图的识图方法以及数字万用表和指针万用表的使用方法。

3.1 电路板是电子元器件的家

电路板是由各种各样的不同电子元器件组成的，也可以说电路板是电子元器件的“家”，要学习电子元器件的相关知识，首先到它们的“家”里面看一下很有必要。本节将重点讲解电路板及电路板的制作过程。

3.1.1 什么是电路板

电路板也称为印制电路板（Printed Circuit Board，PCB），它是为各种电子元器件、集成电路等提供固定、装配的机械支撑，是实现电子元器件间电气连接的组装板，如图 3-1 所示。

（1）电路板本身是一种绝缘的基板，在电路板上有元器件安装孔、连接导线（铜箔）、装配焊接电子元器件引脚的焊盘。在电路板的一面安装电子元器件，另一面用来焊接元器件引脚。在焊接面往往刷一层绝缘漆。

（a）电路板元器件面（正面）

（2）正规厂生产的电路板正反面都有电子元器件的图形符号及编号，但有一些厂家生产的电路板只在元器件安装面提供图形符号及编号。

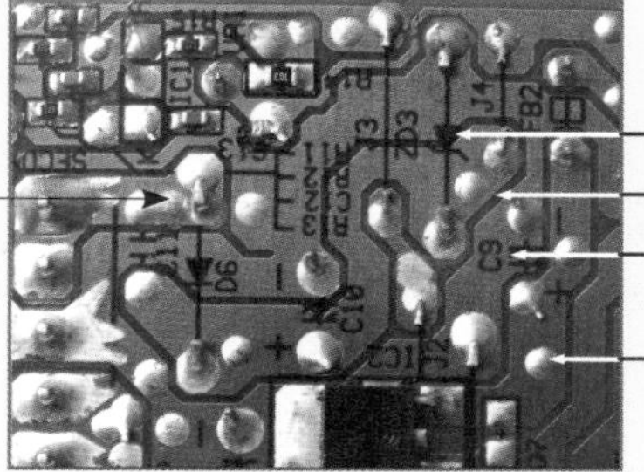

（b）电路板布线面（背面）

图 3-1 电路板的结构

印制电路板的出现，给电子工业带来了重大改革，极大地促进了电子产品的更新换代。印制电路板（PCB）具有许多独特的功能和优点，概括起来有：

（1）可以实现电路中各个元器件间的电气连接，代替复杂的布线，减少了传统方式下的接线工作量，简化了电子产品的装配、焊接、调试工作；

（2）缩小了整机体积，降低了产品成本，提高了电子设备的质量和可靠性；

（3）具有良好的一致性，可以采用标准化设计，有利于焊接的机械化，提高了生产率；

（4）印制电路板有较好的机械性能和电气性能，使电子设备实现单元组合化，将整块经过装配调试的印制电路板作为一个备件，便于整机产品的互换与维修。

3.1.2 印制电路板（PCB）是如何制作的

制作印制电路板（PCB）常用的原料是玻璃纤维和树脂。把结构紧密、强度高的玻纤布浸入树脂中，硬化就得到隔热绝缘、不易弯曲的 PCB 基板。在基板的表面覆上一层铜，这样的 PCB 也称为覆铜基板。覆铜工艺很简单，一般可以用压延与电解的办法制造。所谓压延就是将高纯度的铜用碾压法贴在 PCB 基板上，因为环氧树脂与铜箔有极好的黏合性，铜箔的附着强度和工作温度较高，可以在 260℃的熔锡中浸焊而不起泡。电解法在初中化学已经学过，$CuSO_4$ 电解液经过电解可以得到铜，电解法能较好地控制铜箔厚度，铜箔的厚度一般在 0.3mm 左右。制作精良的 PCB 成品板非常均匀，光泽柔和（电路板表面刷有一层阻焊剂，阻焊剂的颜色决定了电路板的颜色），如图 3-2 所示。

在制作好的覆铜基板上描出设计好的导电部分，并用保护材料保护起来。将铜箔放到腐蚀液中，没有保护的铜质被电解，留下的铜线就是需要的导电线。最后在电路板上打孔，刷阻焊剂，印刷电子元器件图形符号及编号，这样电路板就制作完成了。

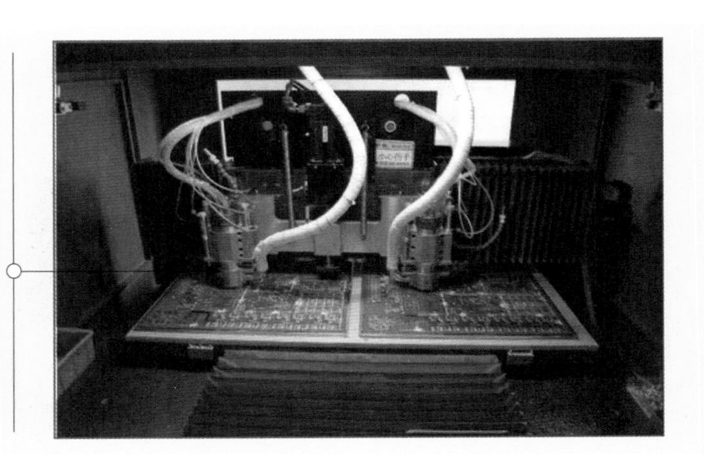

图 3-2 制作印刷电路板

早期的电路板大多是单层板，就是电子元器件集中在电路板的一面（正面），布线在另一面（背面），常用在电路结构稍简单的电子设备中。在电路复杂的设备中，还常用双面板（正面及背面都有布线）和多层板。

3.2 电路图是电子工程师最好的朋友

电路图是人们为了研究和工程的需要，用约定的符号绘制的一种表示电路结构的图形。通过电路图可以知道实际电路的情况。这样，在分析电路时，就不必把实物翻来覆去地琢磨，而只要拿着一张图纸即可。

在设计电路时，也可以从容地在纸上或计算机上进行，确认完善后再进行实际安装，通过调试、改进，直至成功；而现在，我们可以应用先进的计算机软件来进行电路的辅助设计，甚至进行虚拟的电路实验，大大提高了工作效率。图 3-3 所示为某设备电路图。

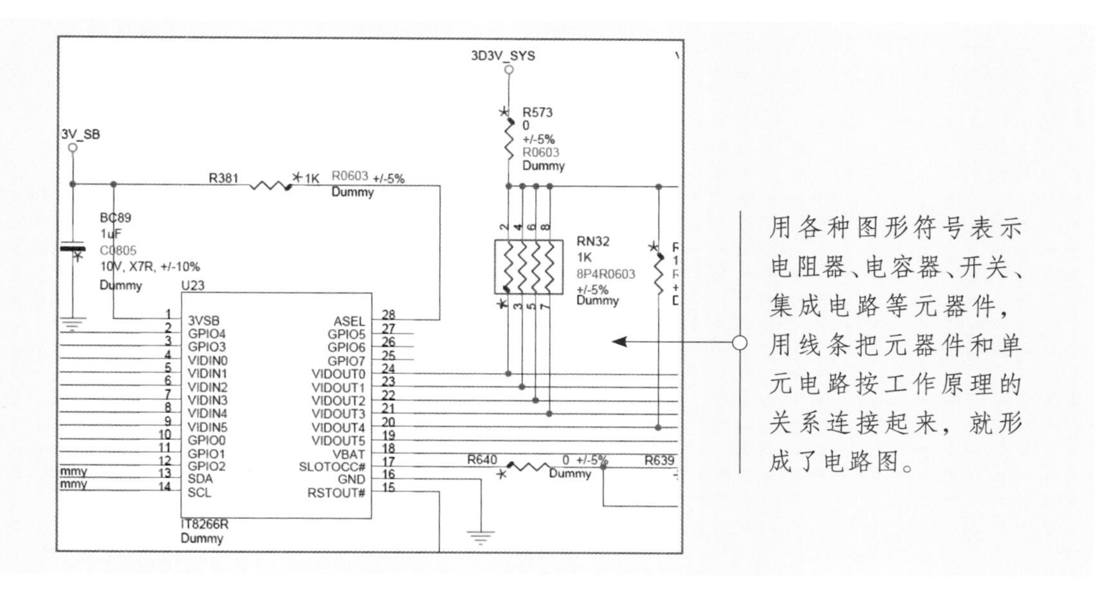

图 3-3　某设备电路图

3.2.1 电路图的种类

常用的电路图主要有电路原理图、电路方框图、电路装配图和印制电路板图等，了解不同电路图的特点和作用，在维修电子设备时，可以根据需要从不同的电路图中获取设备电路的全方位信息。

1. 电路原理图

电路原理图是用来体现电子电路的工作原理的一种电路图。由于电路原理图直接体现了电子电路的结构和工作原理，所以一般用在设计、分析电路中。图 3-4 所示为 ATX 电源的部分电路原理图。

2. 电路方框图

电路方框图是一种用方框和连线来表示电路工作原理和构成概况的电路图。和电路原理图相比，电路方框图只是简单地将电路按照功能划分为几个部分，将每一个部分描绘成一个方框，在方框中加上简单的文字说明，在方框间用连线（有时用带箭头的连线）说明各个方框之间的关系；而电路原理图则详细地绘制了电路的全部元器件和它们的连接方式。

所以，电路方框图只能用来体现电路的大致工作原理，而电路原理图除了详细地表明电路的工作原理外，还可以用来作为采集元器件、制作电路的依据。图 3-5 所示为 UPS 电源电路方框图。

（1）在电路原理图中，用符号代表各种电子元器件，它给出了产品的电路结构、各单元电路的具体形式和单元电路之间的连接方式；给出了每个元器件的具体参数，为检测和更换元器件提供依据；给出了许多工作点的电压、电流参数等，为快速查找和检修电路故障提供方便。除此之外，还提供了一些与识图有关的提示、信息等。

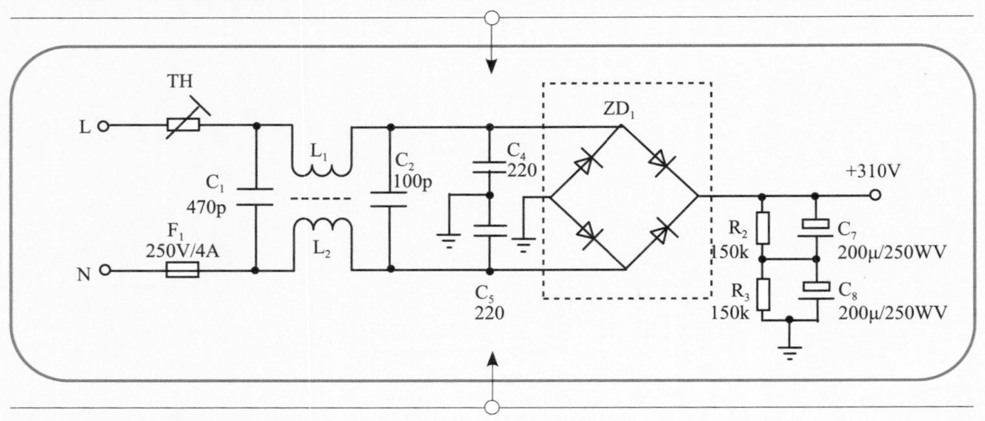

（2）用户在分析电路时，通过识别图纸上的各种电路元器件符号，以及它们之间的连接方式，可以了解电路的工作原理和实现的功能。

图 3-4 ATX 电源的部分电路原理图

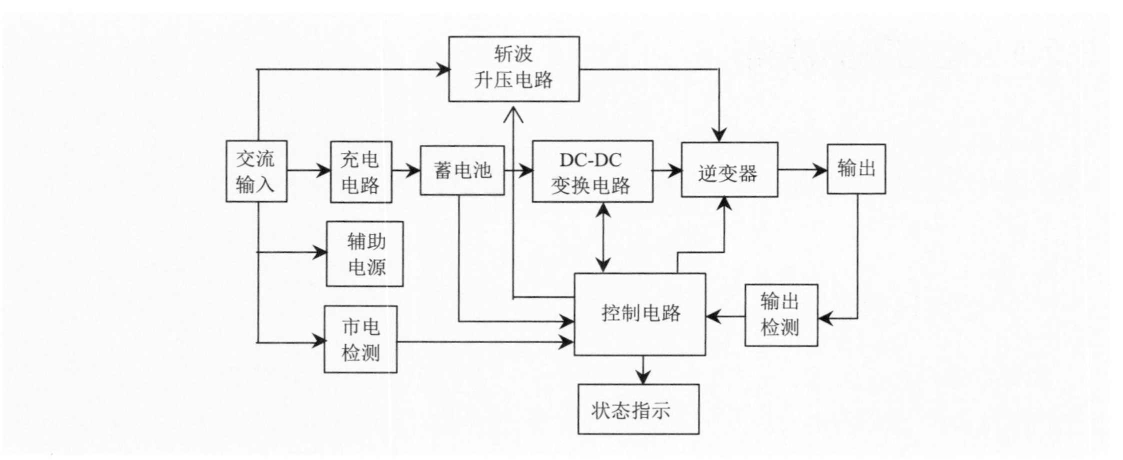

图 3-5 UPS 电源电路方框图

3. 电路装配图

电路装配图是为了进行电路装配而采用的一种图纸，图上的符号往往是电路元器件的实物外形图。装配电路时，只要照着图上所画的元器件的形状，把一些电路元器件连接起来就能完成电路装配。这种电路图一般是供初学者使用的。图 3-6 所示为某数码相机的部分电路装配图。

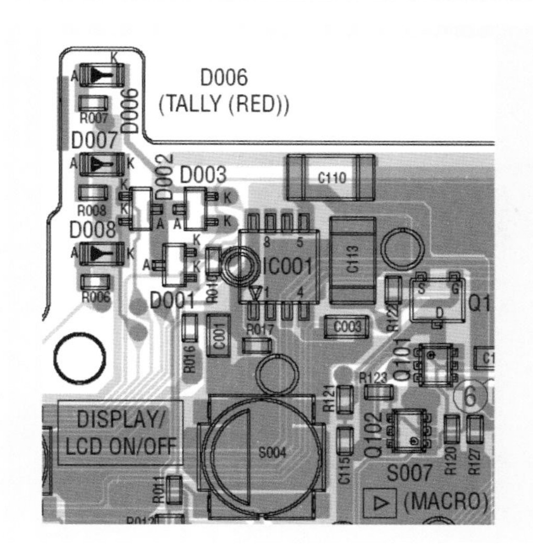

图 3-6　某数码相机的部分电路装配图

4. 印制电路板图

印制电路板图也称为印刷线路板图，它和电路装配图属于同一类的电路图，都是供装配实际电路使用的。图 3-7 所示为某电路印制电路板的正面和背面图。

（1）印制电路板是在一块绝缘板上先覆上一层金属箔，再将电路不需要的金属箔腐蚀掉，剩下的部分金属箔作为电路元器件之间的连接线，然后将电路中的元器件安装在这块绝缘板上，利用板上剩余的金属箔作为元器件之间导电的连线，完成电路的连接。

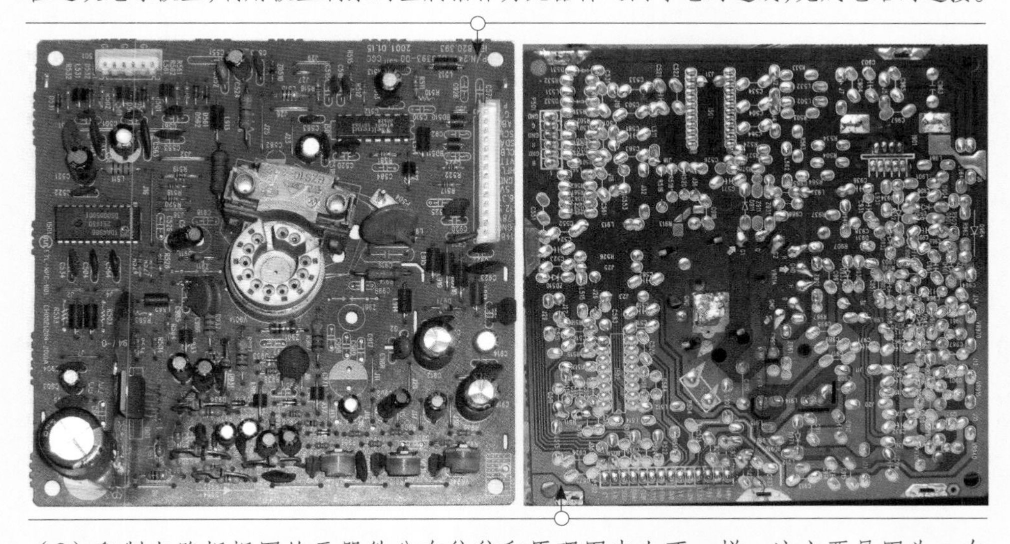

（2）印制电路板板图的元器件分布往往和原理图中大不一样。这主要是因为，在印制电路板的设计中，主要考虑所有元器件的分布和连接是否合理，要考虑元器件体积、散热、抗干扰、抗耦合等诸多因素，综合这些因素设计出来的印制电路板，从外观看很难和原理图完全一致；而实际上却能更好地实现电路的功能。

图 3-7　某电路印制电路板的正面和背面图

随着科技发展，现在印制电路板的制作技术已经有了很大的发展；除了单面板、双面板外，还有多面板，已经大量运用到日常生活、工业生产、国防建设、航天事业等许多领域。例如，计算机中的主板，多采用6层板。

3.2.2 电路图的构成要素

电路原理图主要由元器件图形符号、文字符号、连线、结点、注释性字符等几大部分构成。

1. 图形符号

图形符号是构成电路图的主体，它表示实际电路中的元器件，它的形状与实际的元器件不一定相似，甚至完全不一样。但是它一般都表示出元器件的特点，而且引脚的数目都和实际元器件保持一致。

例如，在图3-4的电路原理图中，小长方形“—□—”表示电阻器，两道短杠“—| |—”表示电容器，一个小三角和一个短杠“—▷|—”表示二极管等。各个元器件图形符号之间用连线连接起来，就可以反映出各种电路的结构。

2. 文字符号

文字符号是构成电路图的重要组成部分。为了进一步强调图形符号的性质，同时也为了分析、理解和阐述电路图的方便，在各个元器件的图形符号旁边，标注有该元器件的文字符号。

例如，在图3-4所示的原理图中，文字符号“C”表示电容器，“R”表示电阻器，“L”表示电感器等。在一张电路图中，相同的元器件往往会有许多个，这也需要用文字符号将它们加以区别，一般在该元器件文字符号的后面加上序号。

再如在图3-4中，电容器分别以“C_1”“C_2”表示，电阻器分别以“R_2”“R_3”表示等。

3. 连线

连线表示实际电路中的导线，在原理图中虽然是一根线，但在常用的印制电路板中往往不是线而是各种形状的铜箔块，就像电路原理图中的许多连线在印制电路板图中并不一定都是线形的，也可以是一定形状的铜膜。图3-8所示为某主板接口电路图。

4. 结点

结点表示几个元器件引脚或几条导线之间相互的连接关系。所有和结点相连的元器件引脚、导线，不论数目多少，都是导通的。如图3-4电路原理图中的电容器C_2与电感器L_1、L_2、电容器C_4等都是连通的。

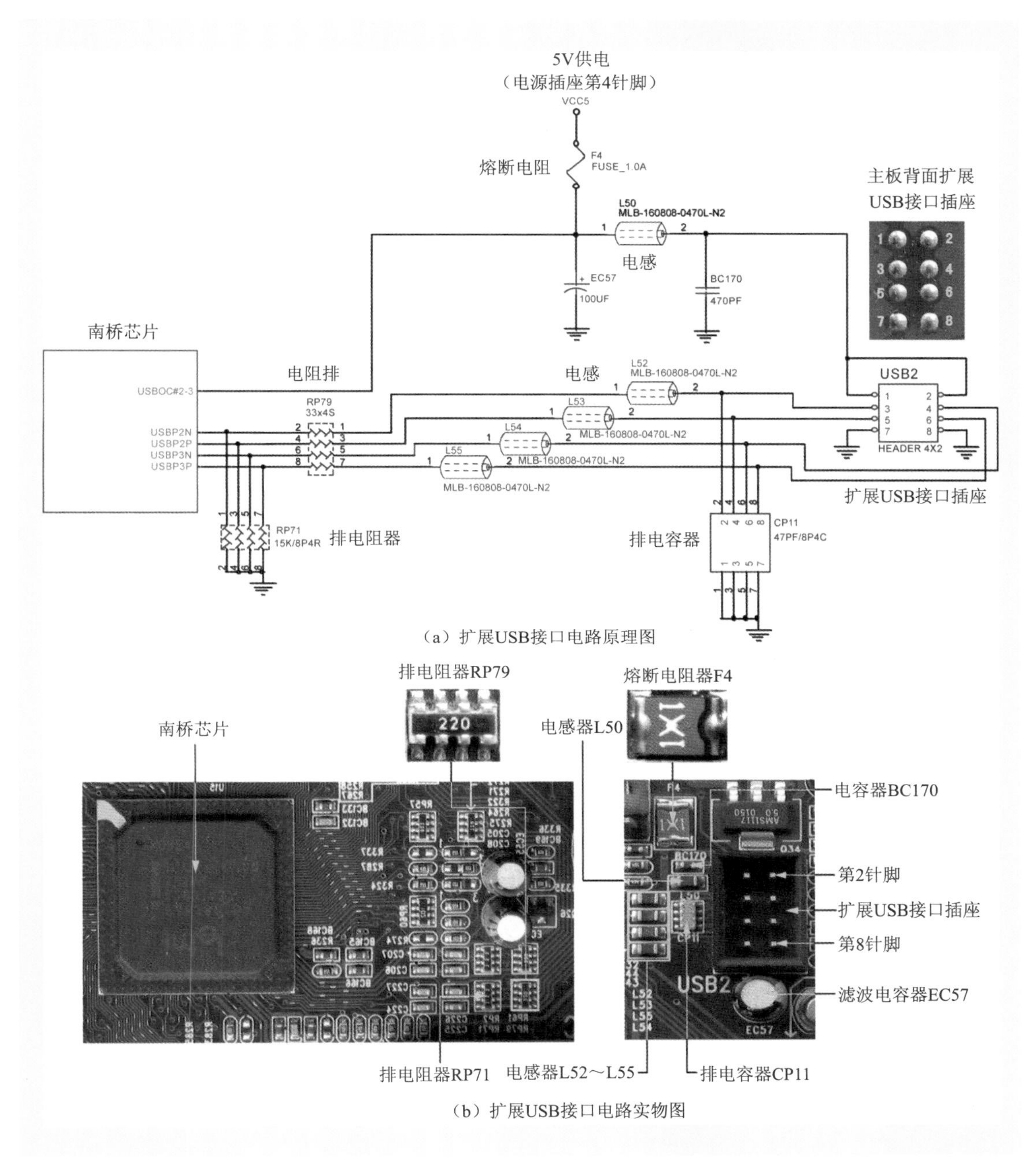

图 3-8　某主板接口电路图

5．注释性字符

注释性字符在电路中十分重要，主要用来说明元器件的数值大小或者具体型号，通常标注在图形符号和文字符号旁边，它也是构成电路图的重要组成部分。如图 3-4 电路原理图中电容器 C_1 下面的“470p”表示电容器的容量为 470pF，电阻器 R_2 下面的“150k”表示电阻器的电阻值为 150 kΩ 等。

图 3-9 所示为某电路图的组成元素图解。

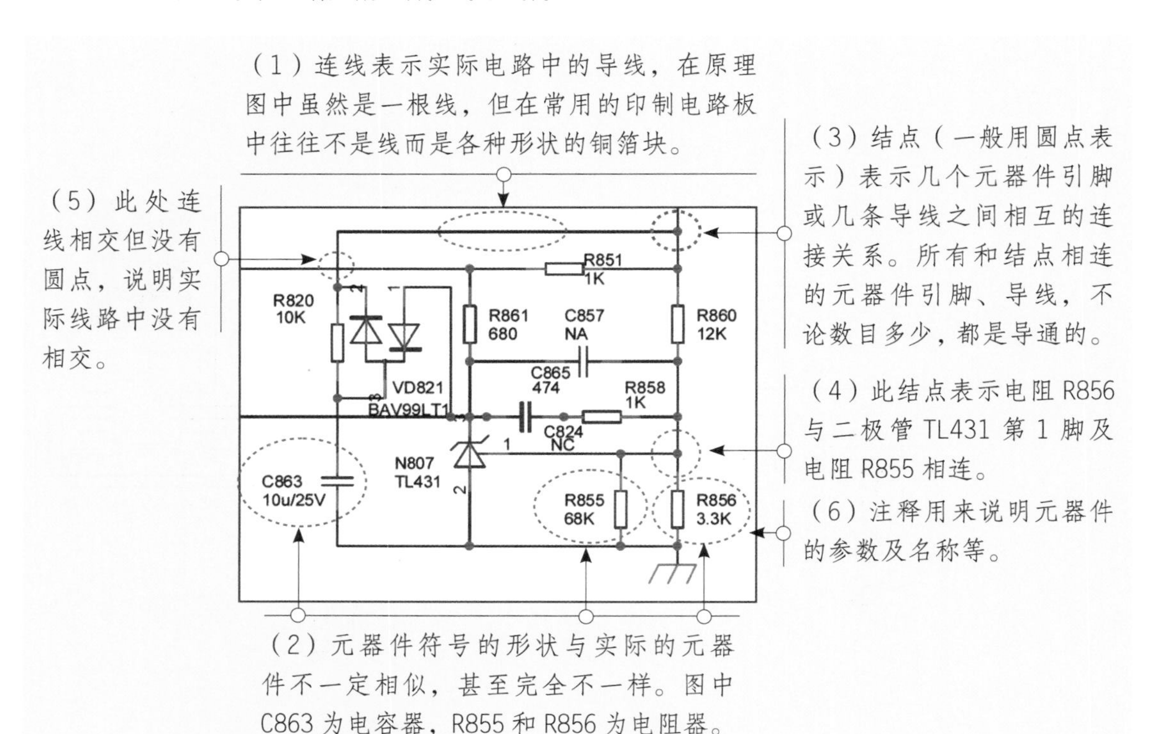

（1）连线表示实际电路中的导线，在原理图中虽然是一根线，但在常用的印制电路板中往往不是线而是各种形状的铜箔块。
（3）结点（一般用圆点表示）表示几个元器件引脚或几条导线之间相互的连接关系。所有和结点相连的元器件引脚、导线，不论数目多少，都是导通的。
（5）此处连线相交但没有圆点，说明实际线路中没有相交。
（4）此结点表示电阻 R856 与二极管 TL431 第 1 脚及电阻 R855 相连。
（6）注释用来说明元器件的参数及名称等。
（2）元器件符号的形状与实际的元器件不一定相似，甚至完全不一样。图中 C863 为电容器，R855 和 R856 为电阻器。
R851
1K
R820
10K
R861
680
C857
NA
R860
12K
C865
474
VD821
BAV99LT1
R858
1K
C824
NC
N807
TL431
C863
10u/25V
R855
68K
R856
3.3K

图 3-9　电路图组成元素

3.2.3 电路图画图规则

为了准确、清晰地表达电子设备的电路结构，电路图在制作过程中除了使用统一规定的图形符号和文字符号外，还要遵守一定的画图规则。掌握这些规则，对读懂电路图非常重要。

1. 电路图中信号处理方向规则

在电路中所处理的信号，都是从输入端输入，最后由输出端输出。虽然各个电路图的结构功能和复杂程度千差万别，有的电路图只有简单的一条信号通道，有的电路图具有多条互相牵涉的信号通道，但信号处理方向基本相同，即从左到右。也就是说，电路中对信号进行处理的各个单元电路，按照从左到右的方向排列，这是最常见的排列形式。但也有些电路图的信号处理流程按照从上到下的方向排列。图 3-10 所示为显示器电源电路方框图。

2. 电路图中的元器件图形符号的放置方向规则

在电路图中，元器件的图形符号经常会根据绘图需要，正向放置，或横向放置，或竖向放置，或朝上放置，或朝下放置等，但不论如何放置，图形符号代表的元器件不会改变。不管如何放置，在看电路图时，只要清楚主要元器件图形符号的连接端如何连接即可。图 3-11 所示为电路图中的元器件采用不同的方式放置。

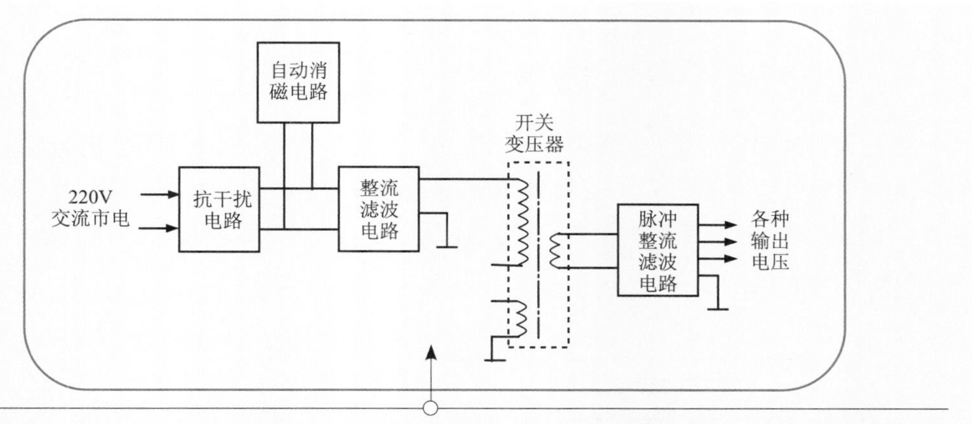

（1）图中信号处理方向是从左到右，220V 交流市电从左侧输入经过抗干扰电路、整流滤波电路、开关变压器、脉冲整流滤波电路，最后从右侧输出各种电压。

（2）有些电路图中具有反馈电路，反馈信号的方向一般与主电路通道的流程方向相反。如果主电路的信号处理流程方向从左到右，则反馈信号的方向为从右到左；如果主电路的信号处理流程方向从上到下，则反馈信号的方向为从下到上。

图 3-10　显示器电源电路方框图

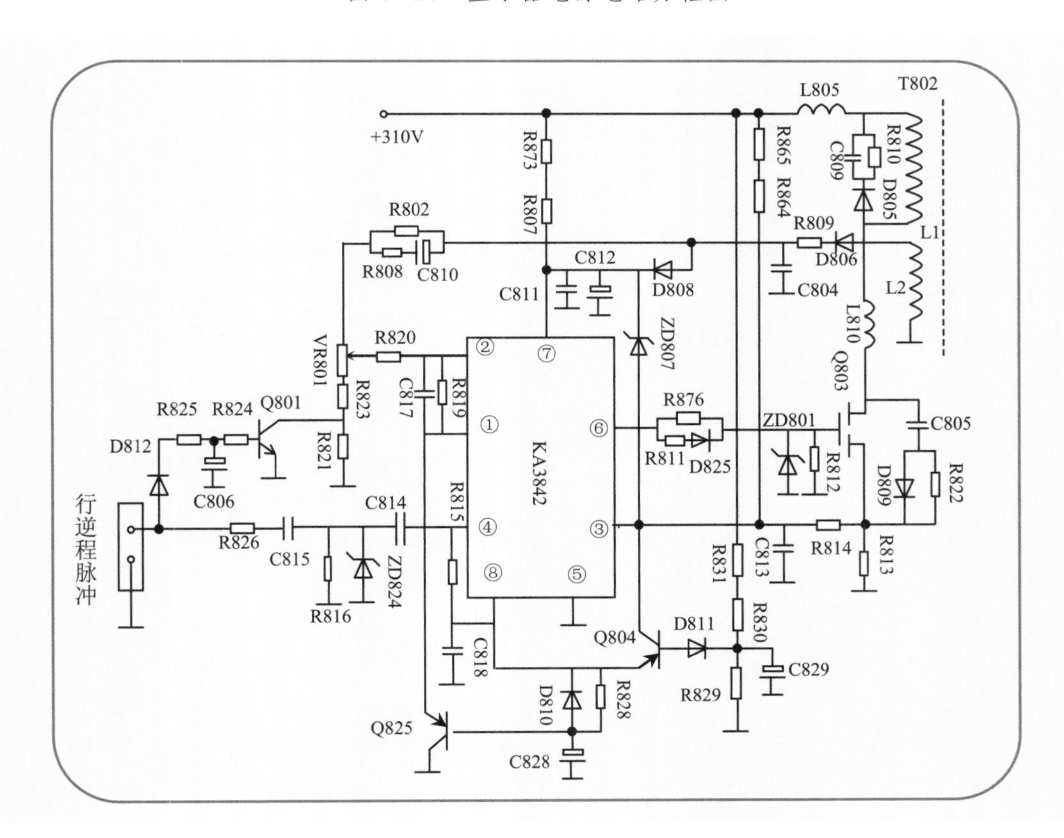

图 3-11　电路图中的元器件放置采用不同的位置

图 3-11 中的二极管 D808、D805、D806、D825、D811、D809 等分别采用不用的方式放置，但它们的二极管特性不变。

3. 集中画法与分散画法规则

有些元器件内部包含若干个相同组成部分（如 LM358 就包含 2 个相同的运算放大器），在制作电路图的过程中会根据需要采用集中画法或分散画法。因此在看电路图时，需要分清分散或集中的图形符号，以便正确读图。图 3-12 和图 3-13 所示为多组联动开关和集成运算放大器的分散和集中画法。

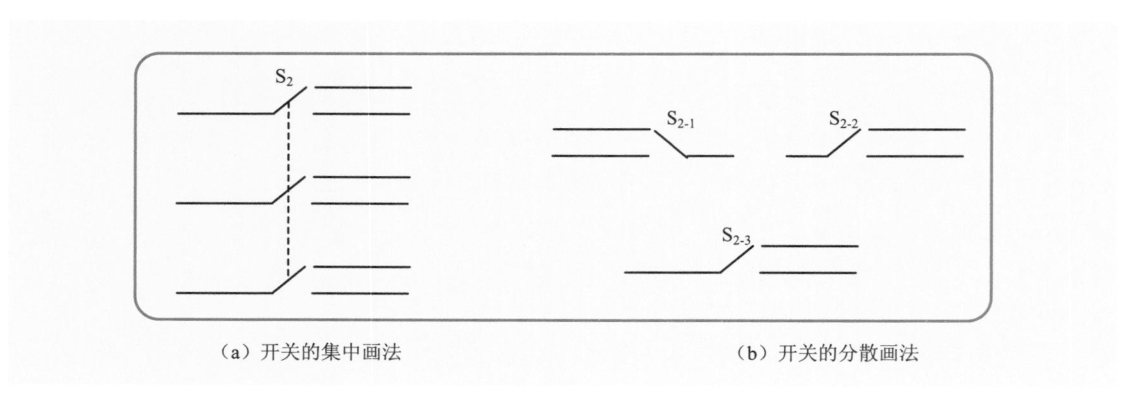

图 3-12　多组联动开关的集中与分散画法

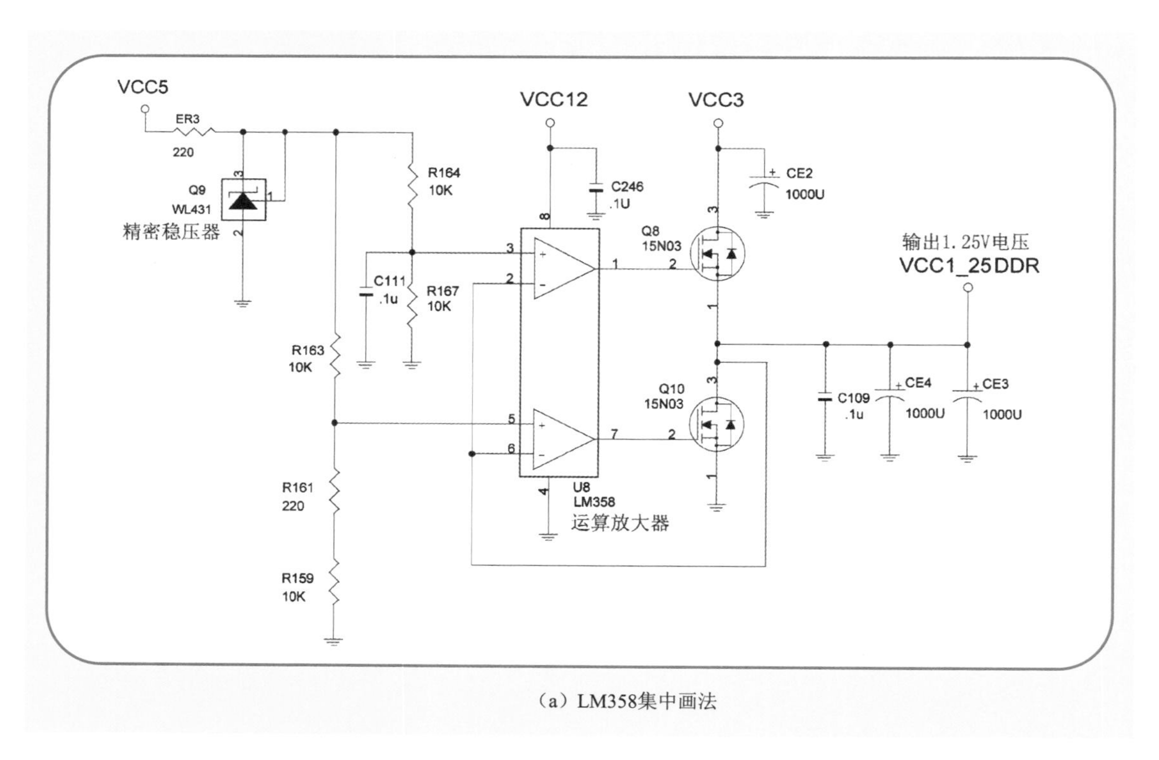

图 3-13　集成运算放大器的集中和分散画法

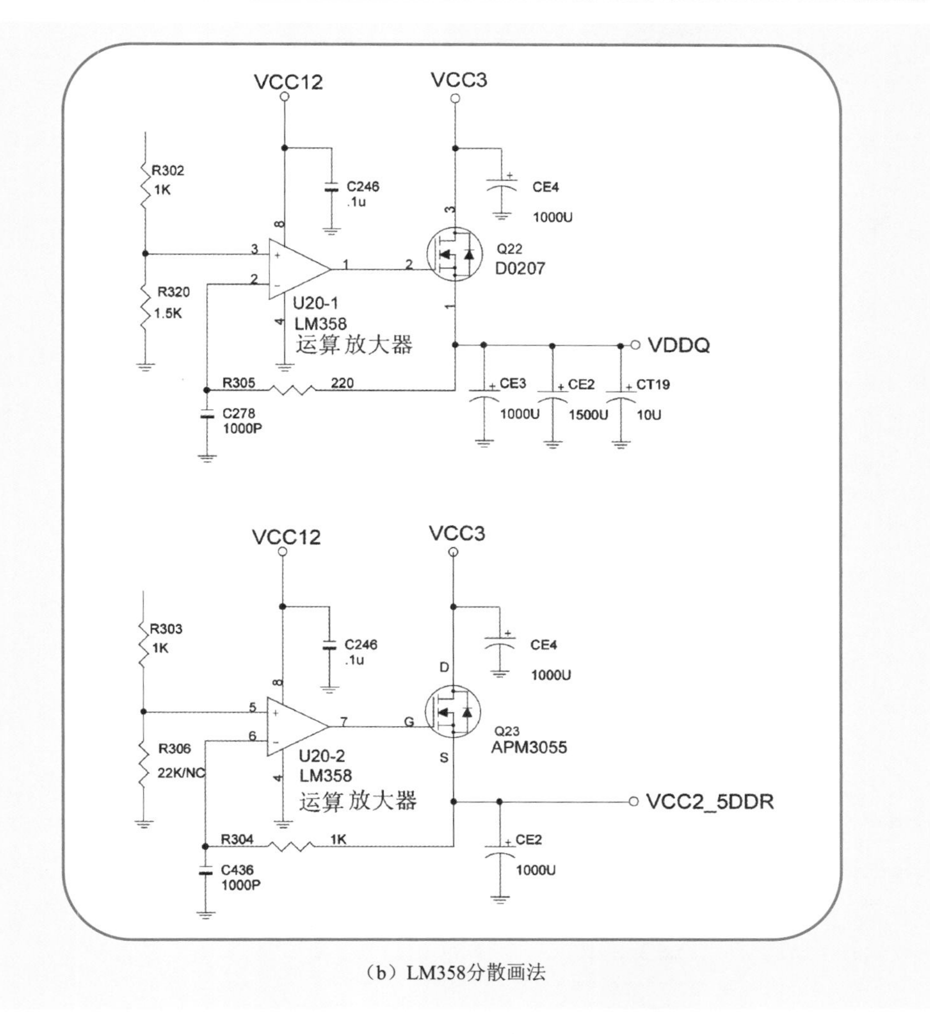

（b）LM358分散画法

图 3-13　集成运算放大器的集中和分散画法（续）

4. 操作性元器件的状态规则

在电路中，开关、继电器等具有可动部分的操作性元器件，在电路图中的图形符号所表示的均为不工作状态，即开关处于断开状态。图 3-14 所示为继电器处于未吸合状态，其常开触点处于断开位置，其常闭触点处于闭合位置。

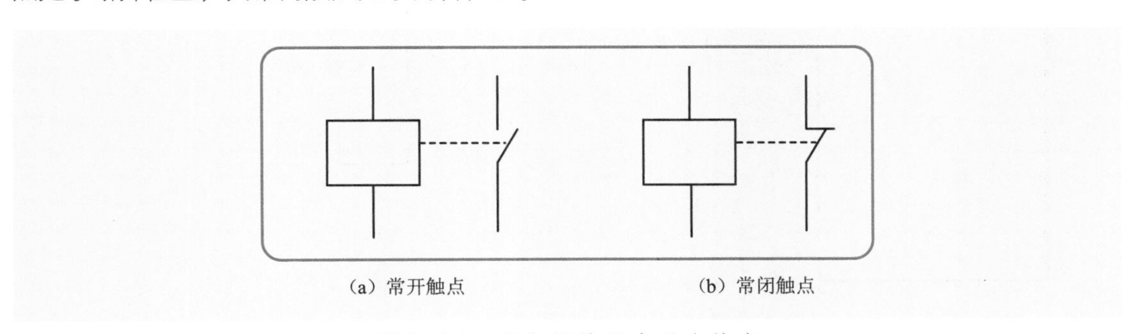

（a）常开触点　　（b）常闭触点

图 3-14　继电器处于未吸合状态

3.2.4 电源线、地线及各种连接线的规则

在电路中，电源线与地线是两种非常重要的连接线，如果这两种线布置不当会引起系统内的干扰噪声。在维修电路时，我们需要仔细分辨电路图中哪些是电源线，哪些是地线。接下来本节将讲解电源线、地线及各种连接线的画图规则，便于大家更加清晰地分辨电路图中的连接线。

1. 导线的连接与交叉规则

在电路图中，元器件间的连接导线用实线表示。导线在电路图中，有的交叉，有的相连。在电路图中相连的导线中间有个小黑点，而交叉的导线没有小黑点。图 3-15 所示为连接的导线和交叉的导线。

图 3-15 连接导线和交叉的导线

另外，在电路图中，有些使电路图看起来更加易看，连接导线用简化的画法。如图 3-16 所示的电路图中，南桥芯片与 IDE 接口插座之间的部分连接线就用了简化的画法，在它们之间用一条粗的直线将表示导线分别对应连接到另一端对应的位置，表示这里有 16 条导线分别将南桥芯片与 IDE 接口插座的 PDD0 与 PDD0、PDD1 与 PDD1 至 PDD15 与 PDD15 连接在一起，而这 16 条导线之间并不连续。

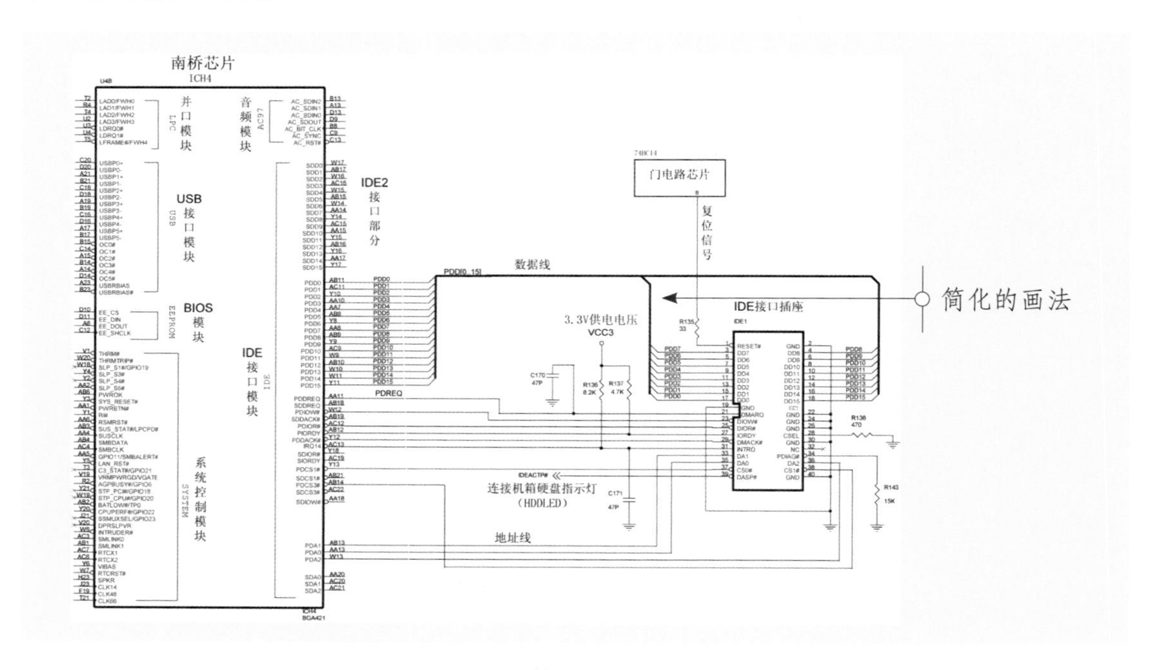

图 3-16 简易画法的电路图

2. 连接导线的中断画法规则

在电路图中，当连接导线的两端相距较远、中间相隔较多的图形区域时，一般采用中断加标记的画法。如图 3-17 所示的主板音频电路图中采用了多处中断画法。

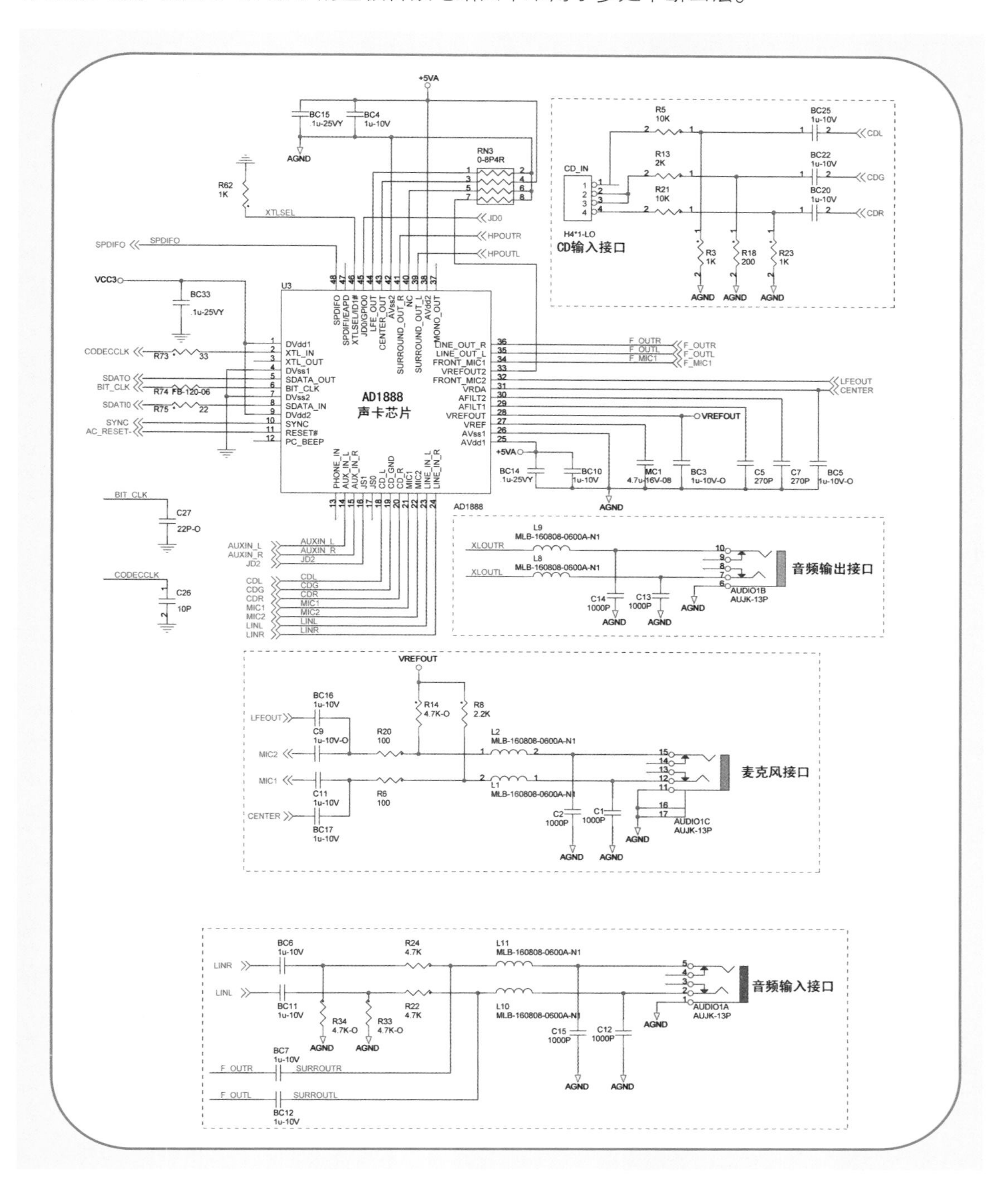

图 3-17 主板音频电路图

图 3-17 中的 CD 输入接口电路与 AD1888 声卡芯片间就采用了中断画法，中断的两端有相

同的“CDL”“CDR”“CDG”。读电路图时，应理解为两个“CDL”端，或两个“CDR”端，或两个“CDG”之间分别有一条连接导线。

3．电源线与地线的表示规则

在电路图中，通常将电源线或电源中的正电源引线安排在元器件的上方，将地线或双电源中的负电源引线安排在元器件的下方。另外，比较复杂的电路图中往往不将所有地线连在一起，而是一个个孤立的接地符号，此时应理解为所有接地线符号是连接在一起的，有些电路图中的电源线也采用这种分散表示的画法，应理解为所有标示相同的电源线都是连接在一起的。图 3-18 所示为显示器部分电路图中的地线。

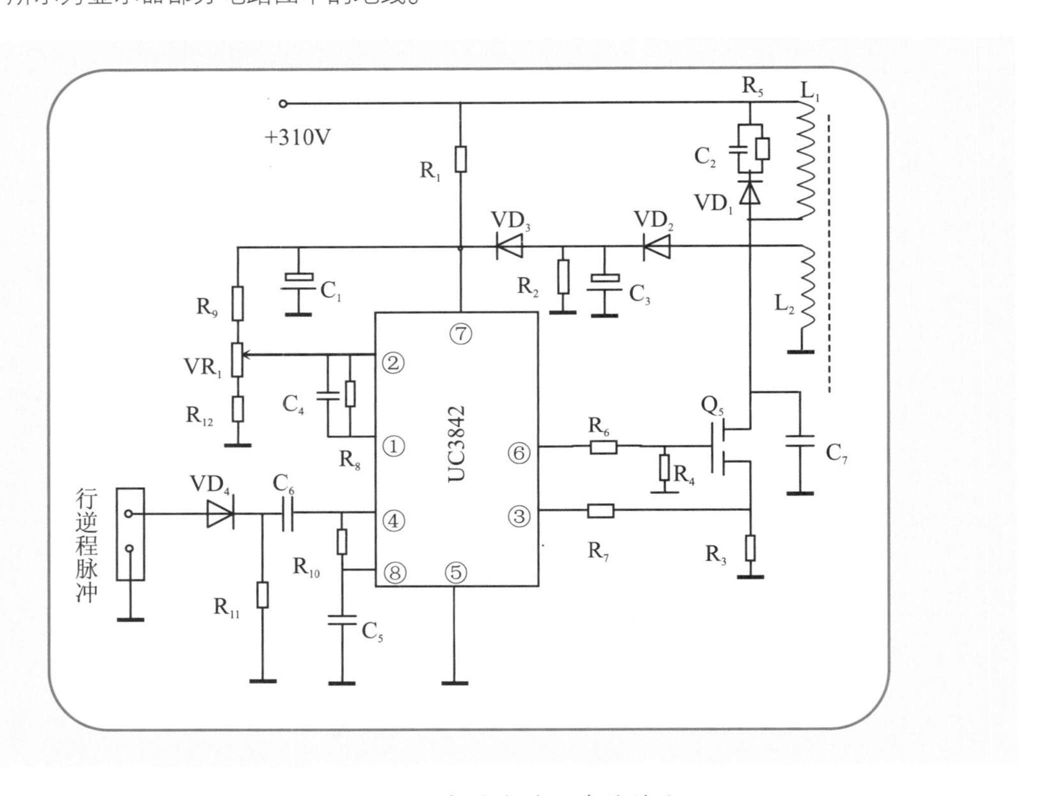

图 3-18　显示器部分电路图中的地线

提示：一般情况下接地符号是向下引出的，但有时由于绘图布局的需要，接地符号也可以向上、向左或向右引出。

3.3 电子元器件测量工具——万用表

万用表是一种多功能、多量程的测量仪表，万用表有很多种，目前常用的有指针万用表和数字万用表两种，如图 3-19 所示。

万用表可测量直流电流、直流电压、交流电流、交流电压、电阻和音频电平等，是电工和电子维修中必备的测试工具。

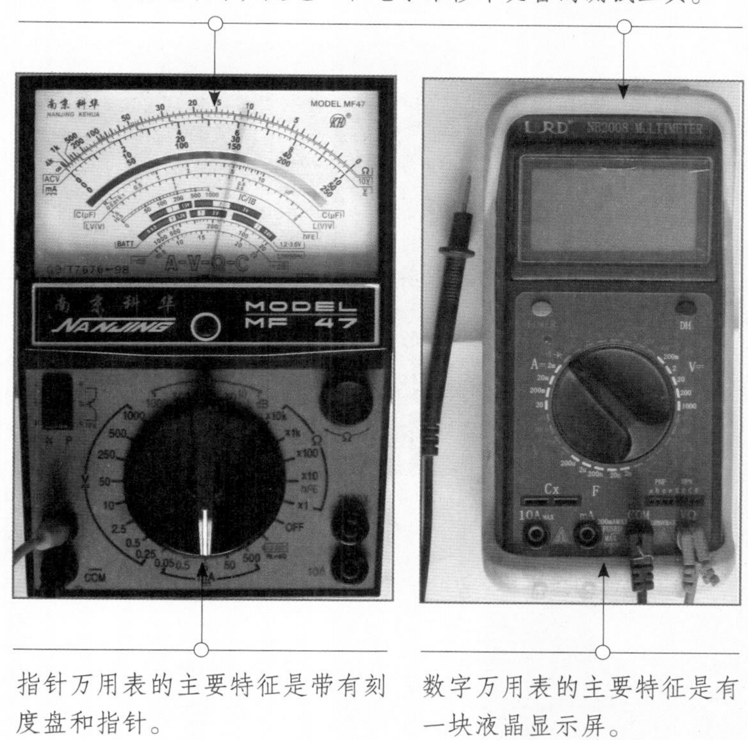

指针万用表的主要特征是带有刻度盘和指针。

数字万用表的主要特征是有一块液晶显示屏。

图 3-19　万用表

3.3.1 万用表的结构

万用表是较为精密的电子元器件测量仪器，复杂挡位选择和密密麻麻的刻度都代表着不同的测量场景和结果，因此在正式学习万用表的使用方法之前，我们很有必要先来熟悉数字万用表和指针万用表的结构，为后续的检测学习打下基础。

1. 数字万用表的结构

数字万用表具有显示清晰，读取方便，灵敏度高、准确度高，过载能力强，便于携带，使用方便等优点。数字万用表主要由液晶显示屏、功能旋钮、表笔插孔及三极管插孔等组成，如图 3-20 所示。

其中，功能旋钮可以将万用表的挡位在电阻挡（Ω）、交流电压挡（V~）、直流电压挡（V-）、交流电流挡（A~）、直流电流挡（A-）、温度挡（℃）和二极管挡之间进行转换；COM 插孔用来插黑表笔，A、mA、VΩHz℃插孔用来插红表笔，测量电压、电阻、频率和温度时，红表笔插入 VΩHz℃插孔，测量电流时，根据电流大小红表笔插入 A 或 mA 插孔；温度传感器插孔用来插温度传感器表笔；三极管插孔用来插三极管，检测三极管的极性和放大系数。

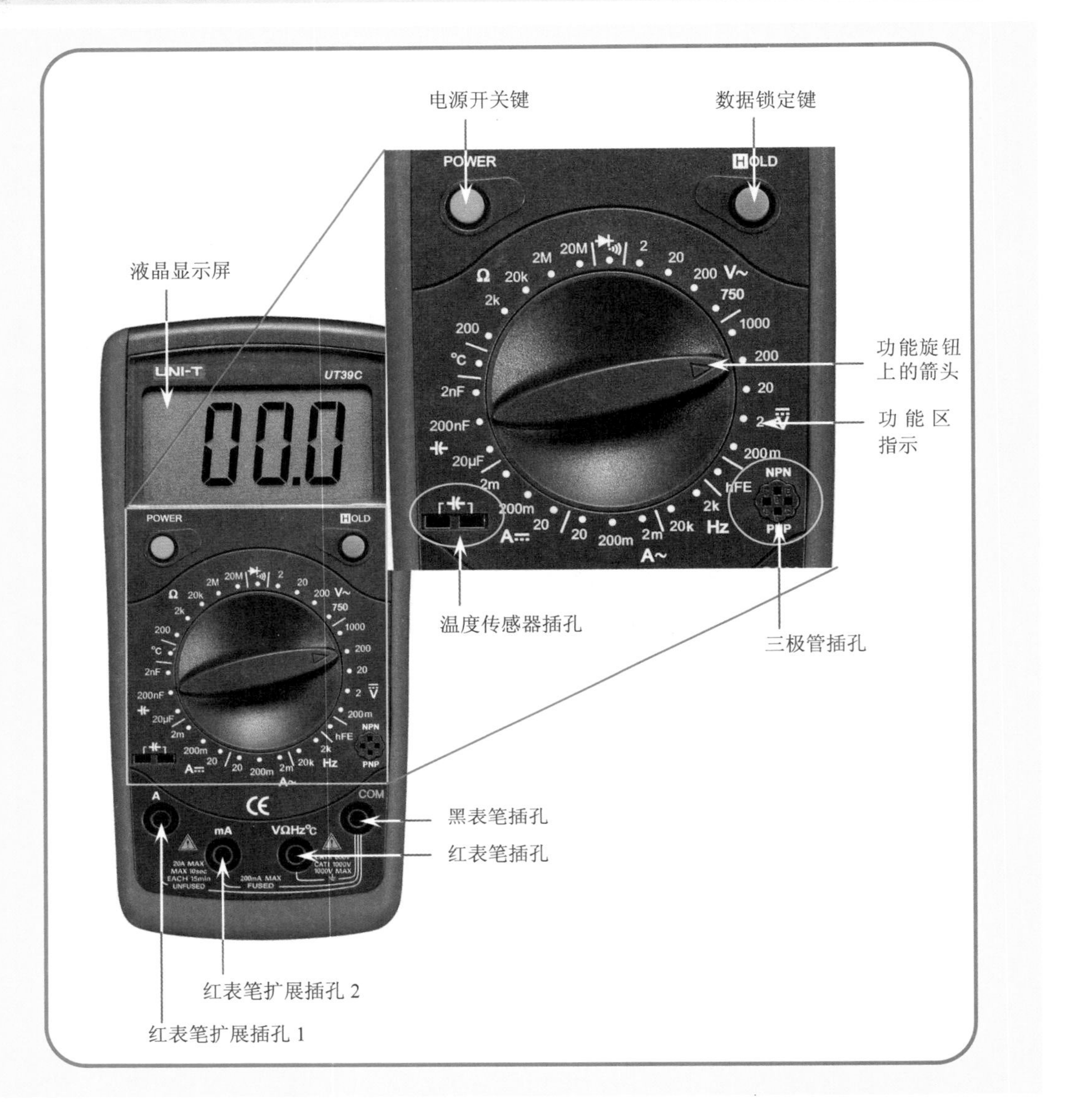

图 3-20　数字万用表的结构

2. 指针万用表的结构

指针万用表可以显示出所测电路连续变化的情况，且指针万用表电阻挡的测量电流较大，特别适合在路检测元器件。图 3-21 所示为指针万用表表体，其主要由功能旋钮、欧姆调零旋钮、表笔插孔及三极管插孔等组成。其中，功能旋钮可以将万用表的挡位在电阻挡（Ω）、交流电压挡（V~）、直流电压挡（V-）、交流电流挡（A~）、直流电流挡（A-）之间进行转换；COM 插孔用来插黑表笔，+、10A、2500V 插孔用来插红表笔，测量 1 000V 以内电压、电阻、500mA 以内电流时，红表笔插 + 插孔，测量大于 500mA 以上电流时，红表笔插 10A 插孔；测量 1 000V

以上电压时，红表笔插 2500V 插孔；三极管插孔用来插三极管，检测三极管的极性和放大系数。欧姆调零旋钮用来给欧姆挡置零。

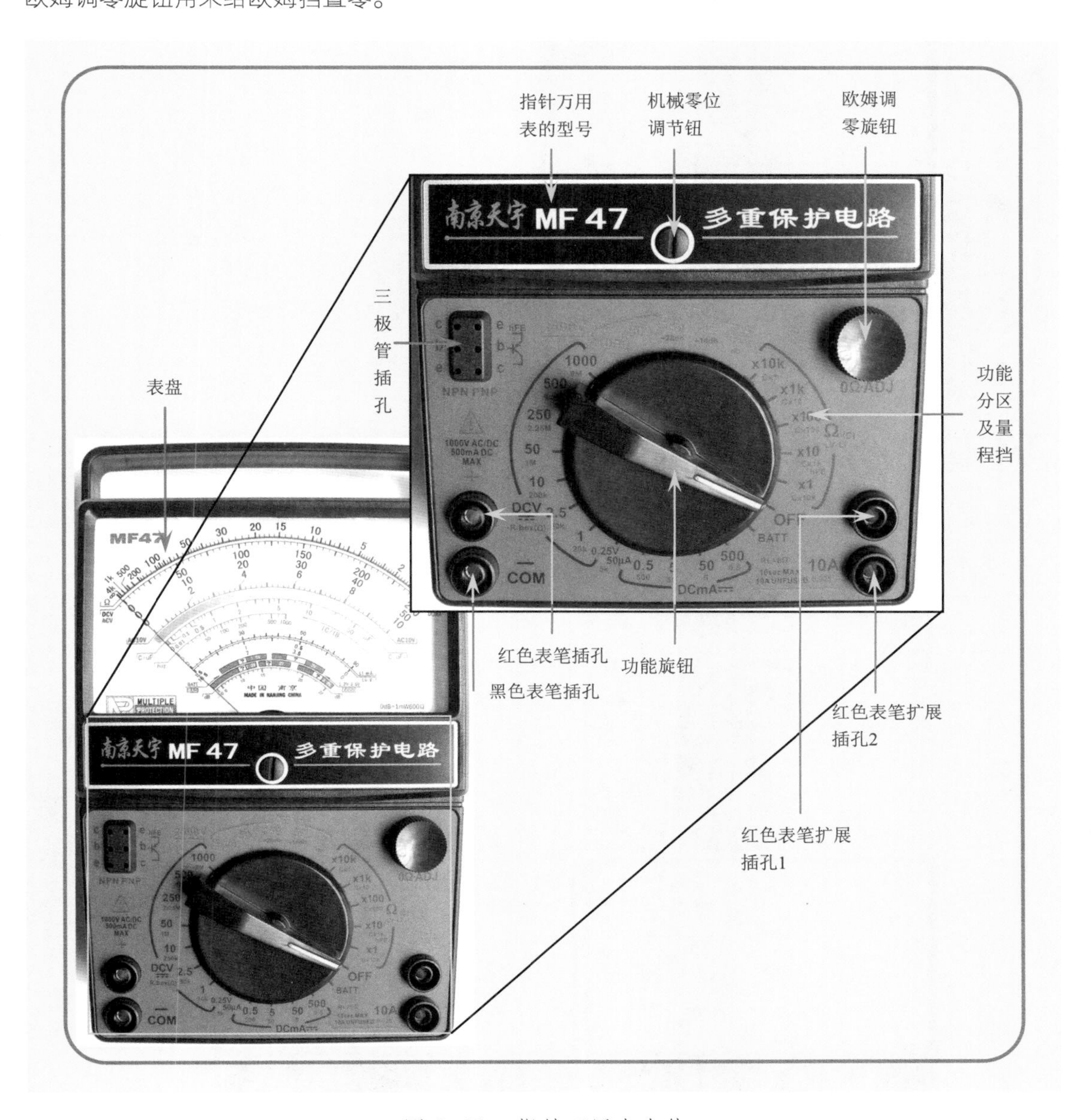

图 3-21　指针万用表表体

图 3-22 所示为指针万用表表盘，表盘由表头指针和刻度等组成。

第一条刻度为电阻值刻度，读数从右向左读。

第二条刻度为交、直流电压电流刻度，读数从左向右读。

机械调零旋钮，当万用表水平放置时，若指针不在交直流挡标尺的零刻度位，可以通过机械调零旋钮使指针回到零刻度。

图 3-22　指针万用表表盘

3.3.2　指针万用表量程的选择方法

使用指针万用表测量时，首先要选择合适的量程，这样才能测量准确。指针万用表量程的选择方法如图 3-23 所示。

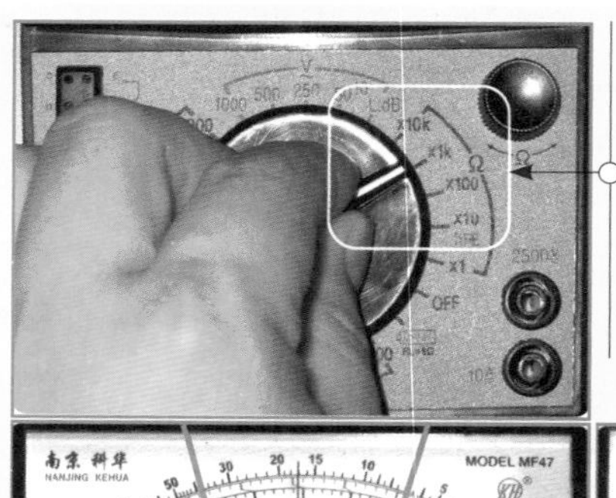

第 1 步：试测。首先粗略估计所测电阻阻值，然后选择合适的量程，如果被测电阻不能估计其值，一般情况下将开关拨在 R×100 或 R×1k 挡的位置进行初测。

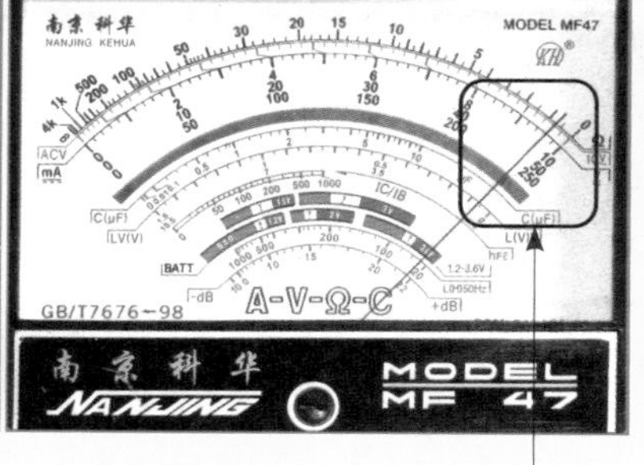

第 2 步：选择正确的挡位。看指针是否停在中线附近，如果是，说明挡位合适。

如果指针太靠近零位，则要减小挡位；如果指针太靠近无穷大位，则要增加挡位。

图 3-23　指针万用表量程的选择方法

3.3.3　指针万用表的欧姆调零实战

量程选准后，在正式测量之前必须调零，具体步骤如图 3-24 所示。

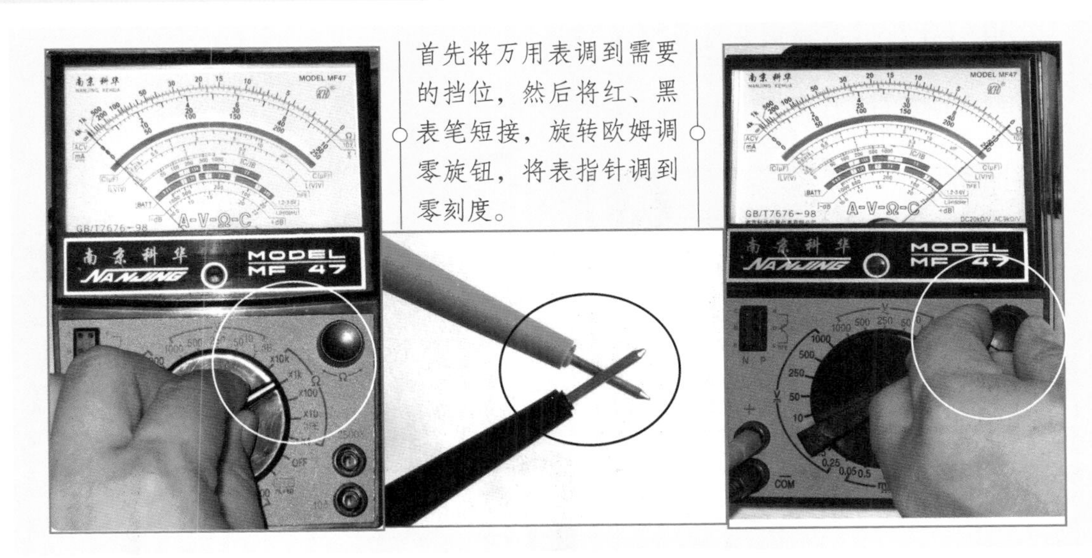

首先将万用表调到需要的挡位，然后将红、黑表笔短接，旋转欧姆调零旋钮，将表指针调到零刻度。
南京科华
NANJING
MODEL MF 47

图 3-24　指针万用表的欧姆调零

注意：如果重新换挡，在测量之前也必须调零一次。

3.3.4 万用表测量方法

使用万用表不但可以测量电阻、电流、电压等基本电路参数，还可以根据不同的测量结果判断电子元器件的好坏，接下来本节将通过实例来讲解数字/指针万用表的测量方法，并分享具体测量中的实践经验。

1. 用指针万用表测量电阻方法

用指针万用表测量电阻的方法如图 3-25 所示。

注意：指针万用表在正式测量之前的必要步骤是调零，后续讲解中不再赘述。

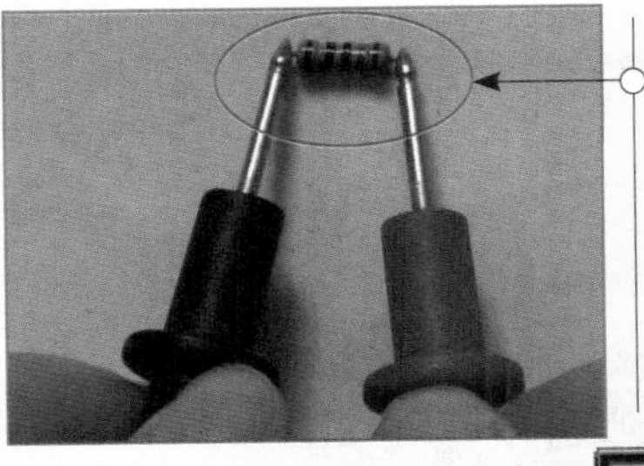

第 1 步：测量时应将两表笔分别接触待测电阻的两极（要求接触稳定踏实），观察指针偏转情况。如果指针太靠左，那么需要换一个稍大的量程。如果指针太靠右，那么需要换一个较小的量程。直到指针落在表盘的中部（因表盘中部区域测量更精准）。

第 2 步：读取表针读数，然后将表针读数乘以所选量程倍数，如选用“R×1k”挡测量，指针指示 17，则被测电阻值为 17×1k = 17kΩ。

图 3-25　用指针式万用表测量电阻的方法

2. 用指针万用表测量直流电流方法

用指针万用表测量直流电流的方法如图 3-26 所示：

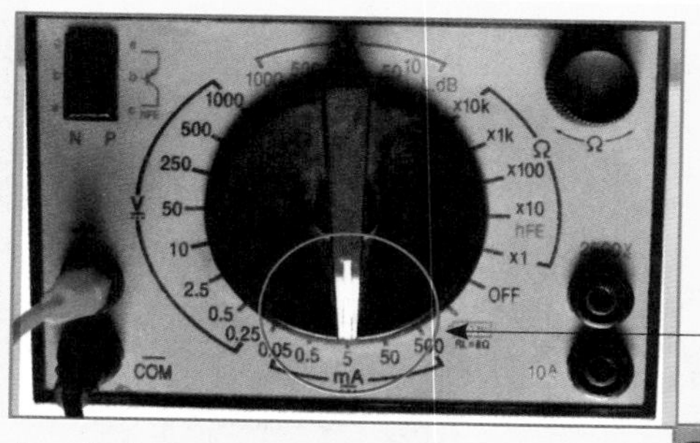

第 1 步：把转换开关拨到直流电流挡，估计待测电流值，选择合适量程。如果不确定待测电流值的范围需选择最大量程，待粗测量待测电流的范围后改用合适的量程。断开被测电路，将万用表串接于被测电路中，不要将极性接反，保证电流从红表笔流入，黑表笔流出。

第 2 步：根据指针稳定时的位置及所选量程，正确读数。读出待测电流值的大小。为万用表测出的电流值，万用表的量程为 5mA，指针走了 3 个格，因此本次测得的电流值为 3mA。

图 3-26　用指针万用表测量直流电流的方法

3. 用指针万用表测量直流电压方法

测量电路的直流电压时，选择万用表的直流电压挡，并选择合适的量程。当被测电压数值范围不清楚时，可先选用较高的量程挡，不合适时再逐步选用低量程挡，使指针停在满刻度的 2/3 处附近为宜。

用指针万用表测量直流电压的方法如图 3-27 所示。

第 2 步：读数。根据选择的量程及指针指向的刻度读数。本次所选用的量程为 0～50V，共 50 个刻度，因此读数为 19V。

第 1 步：把功能旋钮调到直流电压挡 50V 量程，将万用表并接到待测电路上，黑表笔与被测电压的负极相接，红表笔与被测电压的正极相接。

图 3-27　用指针万用表测量直流电压的方法

4. 用数字万用表测量直流电压方法

用数字万用表测量直流电压的方法如图 3-28 所示。

第 1 步：因为本次是对电压进行测量，所以将黑表笔插入万用表的“COM”孔，将红表笔插入万用表的“VΩ”孔。

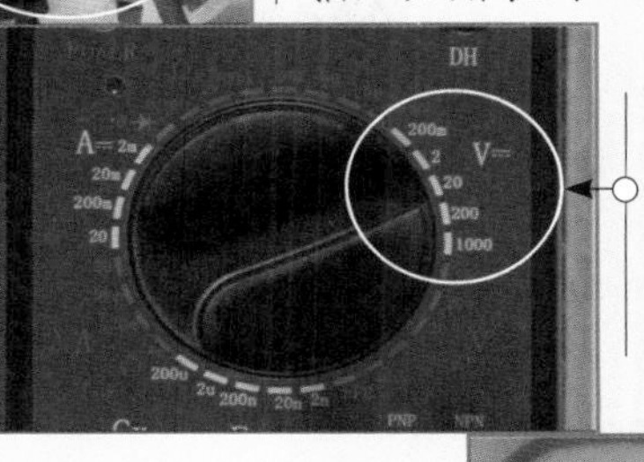

第 2 步：将挡位旋钮调到直流电压挡“V-”，选择一个比估测值大的量程。

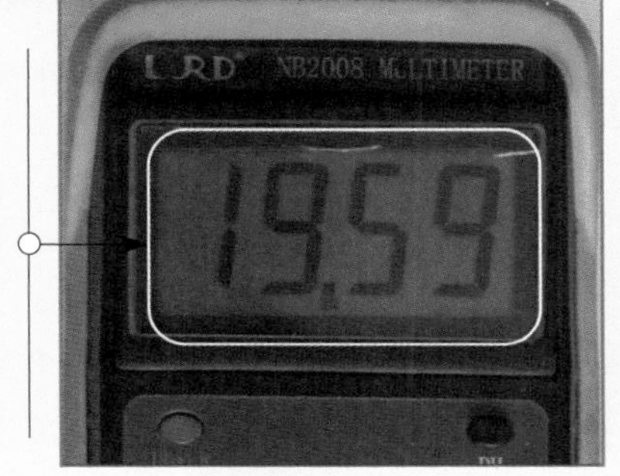

第 3 步：将两表笔分别接电源的两极，正确的接法是红表笔接正极，黑表笔接负极。读数，若测量数值为“1.”，说明所选量程太小，需改用大量程。如果数值显示为负，代表极性接反（调换表笔）。表中显示的 19.59 即为测量的电压。

图 3-28　用数字万用表测量直流电压的方法

5. 用数字万用表测量直流电流方法

用数字万用表测量直流电流的方法如图 3-29 所示。

提示： 交流电流的测量方法与直流电流的测量方法基本相同，不过需将功能旋钮调到交流挡位。

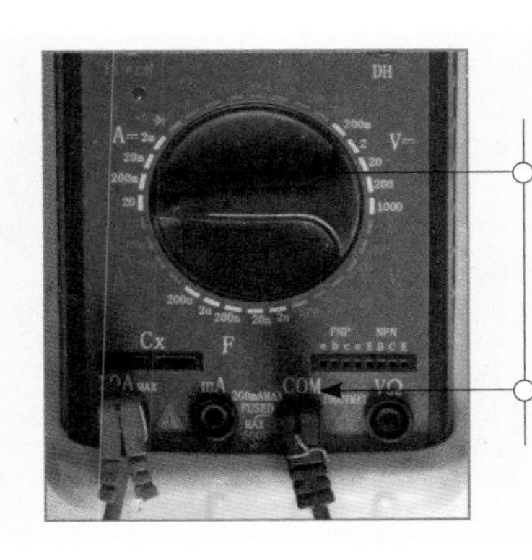

第 1 步：测量电流时，先将黑表笔插入“COM”孔。若待测电流估测大于 200 mA，则将红表笔插入“10A”插孔，并将功能旋钮调到直流“20A”挡；若待测电流估测小于 200 mA，则将红表笔插入“200mA”插孔，并将功能旋钮调到直流 200 mA 以内适当量程。

图 3-29　用数字万用表测量直流电流的方法

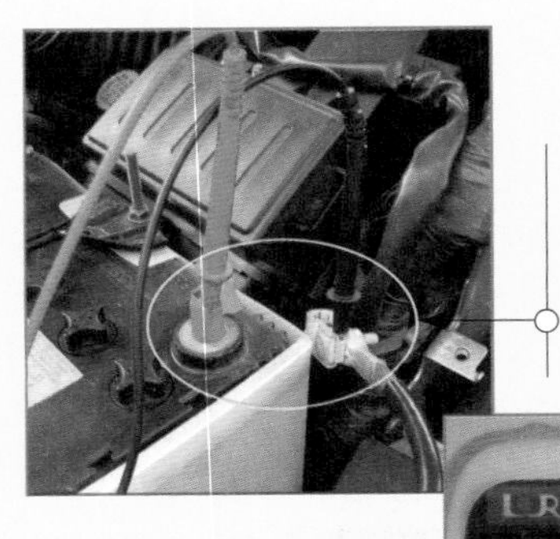

第 2 步：将万用表串联接入电路中，使电流从红表笔流入，黑表笔流出，保持稳定。

第 3 步：读数，若显示为“1.”，则表明量程太小，需要加大量程，本次电流的大小为 4.64A。

图 3-29　用数字万用表测量直流电流的方法（续）

6. 用数字万用表测量二极管方法

用数字万用表测量二极管的方法如图 3-30 所示。

提示：一般锗二极管的压降为 0.15 ～ 0.3V，硅二极管的压降为 0.5 ～ 0.7V，发光二极管的压降为 1.8 ～ 2.3V。如果测量的二极管正向压降超出这个范围，则二极管损坏。如果反向压降为 0，则二极管被击穿。

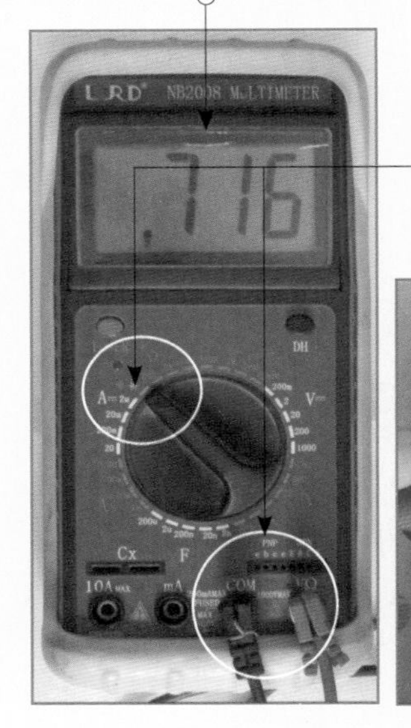

第 2 步：用红表笔接二极管正极，黑表笔接二极管负极（有黑圈的一端为负极），测量其压降。

图 3-30　用数字万用表测量二极管的方法

第4步：将两表笔对调再次测量。

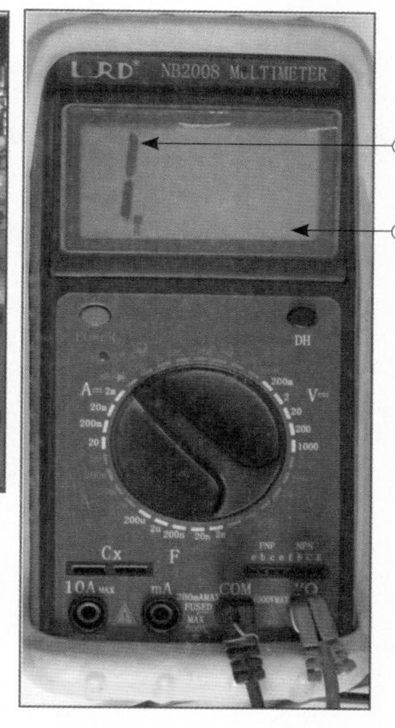

第5步：读取读数为1（无穷大）。

第六步：由于该硅二极管的正向压降约为0.716V，与正常值0.7V接近，且其反向压降为无穷大。该硅二极管的质量基本正常。

图3-30 用数字万用表测量二极管的方法（续）

电路舞台上的主角和配角

本篇共 10 章内容，主要对电阻器、电位器、电容器、电感器、变压器、二极管、三极管、场效应晶体管、晶闸管、继电器等电子元器件的特性、结构、作用、原理、标注方法、指标参数等基本知识进行了详细讲解。同时，还分析了相应电子元器件的应用电路和常见故障，总结了故障检测和代换方法等；最后通过典型故障维修实操帮助读者梳理了思路。

通过本篇内容的阅读，应清楚常用电子元器件的基本用途和用法，掌握元器件标注读识、好坏检测和代换方法等。

第 4 章 五花八门的电阻器

电阻器在电路里的用途很多，大致可以归纳为降低电压、分配电压、限制电流和向各种元器件提供必要的工作条件（电压或电流）等几类。同时电阻器在电路板中的占比很高，它是很重要的电子元器件。本章在了解电阻器的特征、作用、参数、标注规则、分类的基础上，重点讲解电阻器在应用中的常见电路、好坏检测方法以及代换方法等内容。

4.1 电阻器的特性与作用

电阻器是电路中应用最广泛的一种电子元器件，在电子设备中约占电子元器件总数的30%。图 4-1 所示为电路中一些常见的电阻器，在后续的讲解和实例中它们会不断出现。

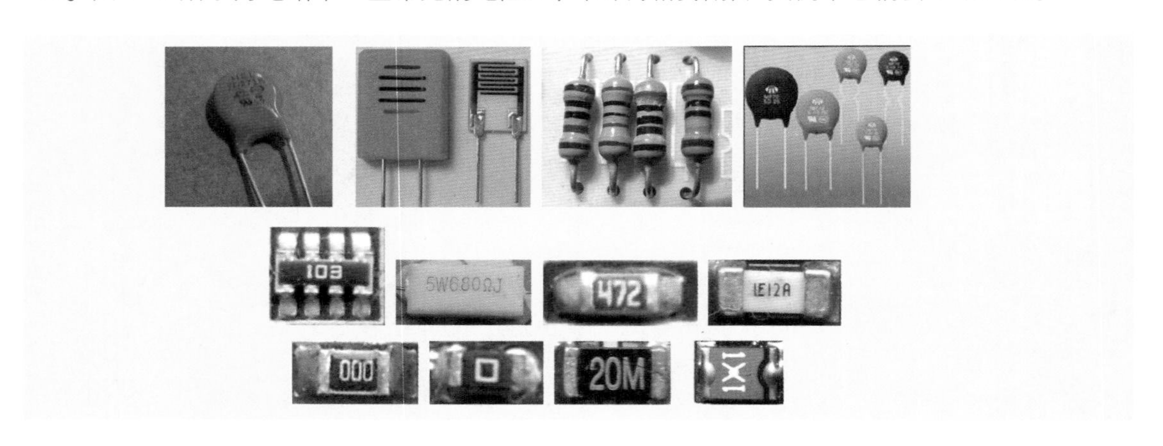

图 4-1　电路中常见的电阻器

4.1.1 电阻器在电路中的特性

在电子电路中，电阻有两个基本作用：限制电路中的电流和调节电路中的电压。而限流和分压这两种作用在电路中可以通过各种各样的方式来实现。例如，电阻可以调整电路中的工作电流和信号电平、提供压降、在振荡器及定时器电路中作为阻尼，充当数字电路中总线和连线的终端、为放大器提供反馈网络，在数字电路中充当上拉元器件和下拉元器件等。

电阻会消耗电能，当有电流流过它时会发热。如果当流过它的电流太大时会因过热而烧毁。

在交流电路或直流电路中，电阻器对电流所起的阻碍作用是一样的，这种特性大大方便了电阻电路的分析。

交流电路中，同一个电阻器对不同频率的信号所呈现的阻值相同，不会因为交流电的频率不同而出现电阻值的变化。电阻器不仅在正弦波交流电的电路中阻值不变，对于脉冲信号、三角波信号处理和放大电路中所呈现的电阻值也一样。了解这一特性后，分析交流电路中电阻器的工作原理时，就可以不必考虑电流的频率以及波形对其的影响。

4.1.2 电阻器的分流作用

当流过一只元器件的电流太大时，可以用一只电阻器与其并联，起到分流作用，如图 4-2 所示。

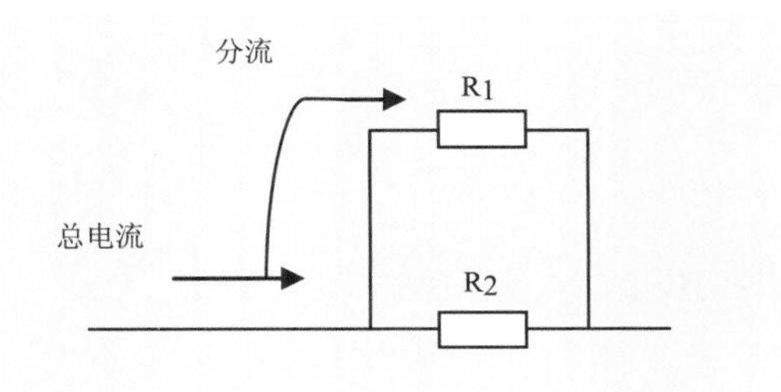

图 4-2　电阻器的分流

4.1.3 电阻器的分压作用

当用电器额定电压小于电源电路输出电压时，可以通过串联一只合适的电阻器分担一部分电压。如图 4-3 所示的电路中，当接入合适的电阻后，额定电压 10V 的电灯 L 便可以在输出电压为 15V 的电路中工作了。这种电阻称为分压电阻。

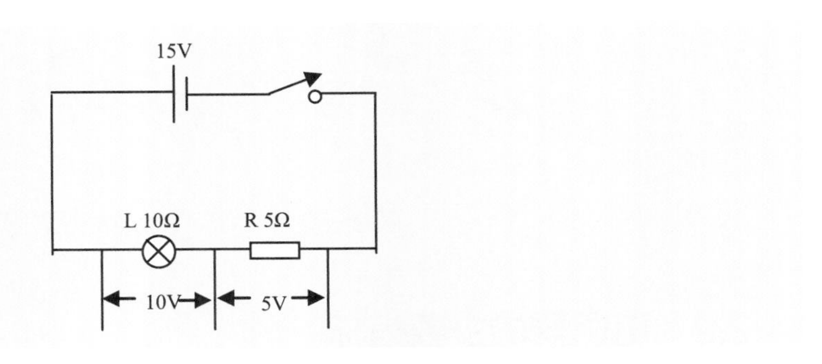

图 4-3　电阻器的分压

4.1.4 将电流转换成电压

当电流流过电阻时就在电阻两端产生了电压，三极管的集电极负载电阻就是这一作用。如

图 4-4 所示，当电流流过该电阻时转换成该电阻两端的电压。

图 4-4　集电极负载电阻

4.2 电阻器的符号和主要指标

了解了电阻器的表示符号，就可以在复杂的电路图中的清晰地找到各种电阻器；理解了电阻器的性能指标，就可以弄懂电路图中标注的参数中，哪些是有用的。本节将详细讲解电阻器的表示符号和性能指标。

4.2.1 电阻器的图形及文字符号

电阻器在电路图中一般用字母“R”“RT”“RS”“RV”等文字符号来表示。在电路图中每个电子元器件还有其电路图形符号，电阻器的电路图形符号如图 4-5 所示。

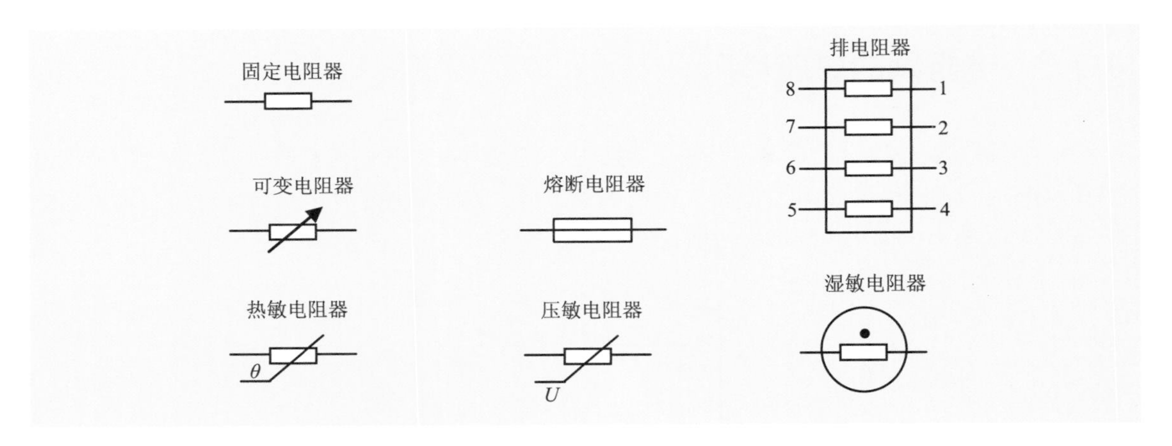

图 4-5　电阻器的电路图形符号

4.2.2 电阻器的主要指标

电阻器的主要指标有标称阻值、精度误差、额定功率、最高工作电压、温度系数等。

1．标称阻值

电阻器上标注的电阻值被称为标称阻值。电阻值基本单位是欧姆，用字母“Ω”表示，此外还有千欧（kΩ）和兆欧（MΩ）。它们之间的换算关系为 1 MΩ=10^3kΩ=10^6Ω。

2. 精度误差

电阻器实际阻值与标注阻值之间存在的差值称为电阻器的偏差（温度为 25℃时）。为了理解精度误差的意义，假定一个 100Ω 的电阻的精度误差为 10%。那么这个电阻的电阻值实际上在 90Ω 和 110Ω 之间；如果另一个 100Ω 电阻的精度误差为 1%，其电阻值实际上在 99Ω 和 101Ω 之间。

根据电阻器的精度范围，常把电阻器分为 5 个精度等级。表 4-1 所示为各等级的电阻器的精度范围，供读者使用。

表 4-1　电阻器精度等级

允许误差	±0.001%	±0.002%	±0.005%	±0.01%	±0.02%	±0.05%	±0.1%
级别	E	X	Y	H	U	W	B
允许误差	±0.2%	±0.5%	±1%	±2%	±5%	±10%	±20%
级别	C	D	F	G	J(Ⅰ)	K(Ⅱ)	M(Ⅲ)

3. 额定功率

电阻器的额定功率是指电阻器在规定的湿度和温度下长期连续工作而不改变其性能所允许承受的最大功率。如果电阻器上所加电功率超过额定值，电阻器的阻值会发生变化，甚至可能被烧毁。为了保证安全使用，一般选用其额定功率比它在电路中消耗的功率高 1~2 倍。

电阻器额定功率单位为瓦，用字母“W”表示。电阻器标称的额定功率有：1/16W、1/10W、1/8W、1/4W、1/2W、1W、2W、5W、10W、15W、25W、50W、100W、200W、250W、300W 等。在电路中，电阻器的功率可以用公式 $P=UI$ 来计算。

图 4-6 所示为常用额定功率电阻器在电路图中的表示方法。

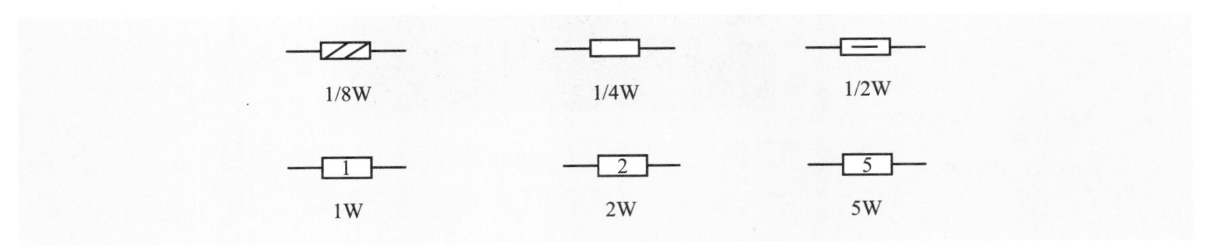

图 4-6　一些特定功率的电阻器在电路中的电路符号

4. 最大工作电压

电阻器的最大工作电压是指允许加到电阻器两端的最大连续工作电压。在实际工作中，若工作电压超过规定的最大工作电压值，电阻器内部可能会产生火花，引起噪声，最后导致热损坏或电击穿。一般 1/8W 的碳膜电阻器或金属膜电阻器，最高工作电压不能超过 150V 或 200V。

5. 电阻温度系数

电阻温度系数是指温度由标准温度（一般为室温 25℃）每变化 1℃所引起的电阻值相对

变化，单位为 ppm/℃。例如一个阻值为 100Ω，温度系数为 100ppm/℃的电阻器，当温度变化 10℃时，其阻值变为：100Ω×（1+100ppm/℃ ×10/1 000 000ppm/℃）=100.1Ω。

温度系数越小，电阻器的稳定性越好。阻值随着温度升高而增大的为正温度系数，反之为负温度系数。

4.3 读识电阻器的标注技巧

电阻的阻值标注法通常有色标法、数标法。色标法在一般的电阻器上比较常见，数标法通常用在贴片电阻器上。

4.3.1 读识数标法标注的电阻器

数标法用 3 位数或 4 位数表示阻值。如果是 3 位数字表示，则前 2 位表示有效数字，第 3 位数字是倍率；如果是 4 位数字表示，则前 3 位表示有效数字，第 4 位数字是倍率，如图 4-7 所示。

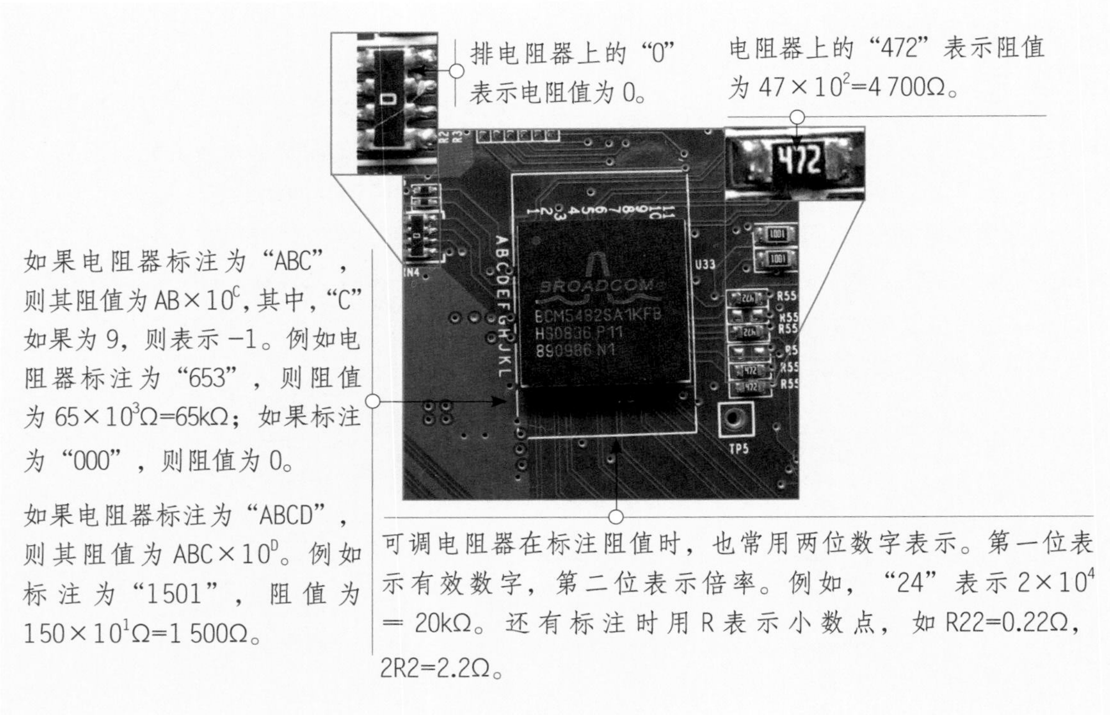

排电阻器上的“0”表示电阻值为 0。

电阻器上的“472”表示阻值为 47×10^2=4 700Ω。

如果电阻器标注为“ABC”，则其阻值为 AB×10^C，其中，“C”如果为 9，则表示 -1。例如电阻器标注为“653”，则阻值为 65×10^3Ω=65kΩ；如果标注为“000”，则阻值为 0。

如果电阻器标注为“ABCD”，则其阻值为 ABC×10^D。例如标注为“1501”，阻值为 150×10^1Ω=1 500Ω。

可调电阻器在标注阻值时，也常用两位数字表示。第一位表示有效数字，第二位表示倍率。例如，“24”表示 2×10^4 = 20kΩ。还有标注时用 R 表示小数点，如 R22=0.22Ω，2R2=2.2Ω。

图 4-7 数标法标注电阻器

4.3.2 读识色标法标注的电阻器

色标法是指用色环标注阻值的方法，色标法使用最多，普通的色环电阻器用四环表示，精密电阻器用五环表示，紧靠电阻体一端头的色环为第一环，露着电阻体本色较多的另一端头为末环。

如果色环电阻器用四环表示，前面两位数字是有效数字，第三位是 10 的倍幂， 第四环是色环电阻器的误差范围，如图 4-8 所示。

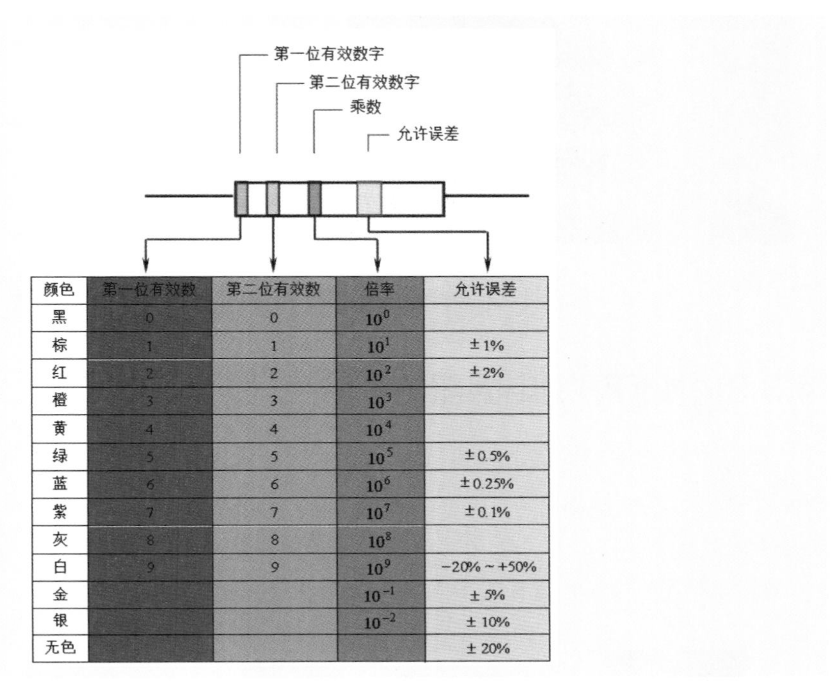

颜色	第一位有效数	第二位有效数	倍率	允许误差
黑	0	0	10^0	
棕	1	1	10^1	±1%
红	2	2	10^2	±2%
橙	3	3	10^3	
黄	4	4	10^4	
绿	5	5	10^5	±0.5%
蓝	6	6	10^6	±0.25%
紫	7	7	10^7	±0.1%
灰	8	8	10^8	
白	9	9	10^9	−20% ~ +50%
金			10^{-1}	± 5%
银			10^{-2}	± 10%
无色				± 20%

图 4-8　四环电阻器阻值说明

如果色环电阻器用五环表示，前面三位数字是有效数字，第四位是 10 的倍幂，第五环是色环电阻器的误差范围，如图 4-9 所示。

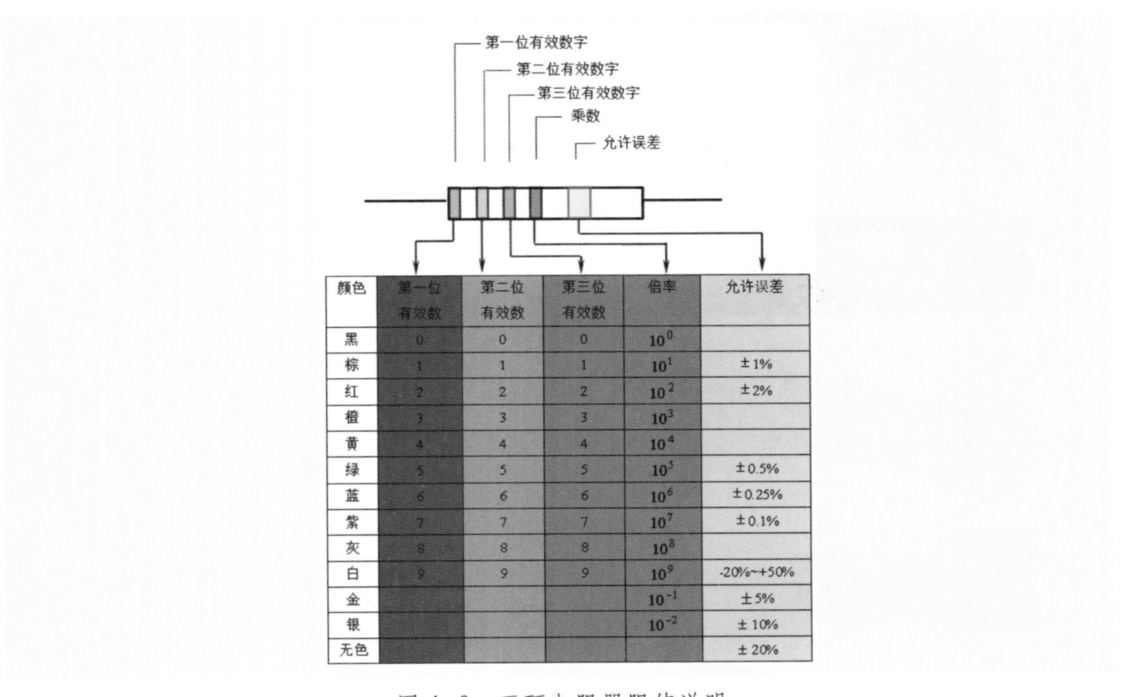

颜色	第一位有效数	第二位有效数	第三位有效数	倍率	允许误差
黑	0	0	0	10^0	
棕	1	1	1	10^1	±1%
红	2	2	2	10^2	±2%
橙	3	3	3	10^3	
黄	4	4	4	10^4	
绿	5	5	5	10^5	±0.5%
蓝	6	6	6	10^6	±0.25%
紫	7	7	7	10^7	±0.1%
灰	8	8	8	10^8	
白	9	9	9	10^9	-20%~+50%
金				10^{-1}	±5%
银				10^{-2}	± 10%
无色					± 20%

图 4-9　五环电阻器阻值说明

根据电阻器色环的读识方法，可以很轻松地计算出电阻器的阻值，如图 4-10 所示。

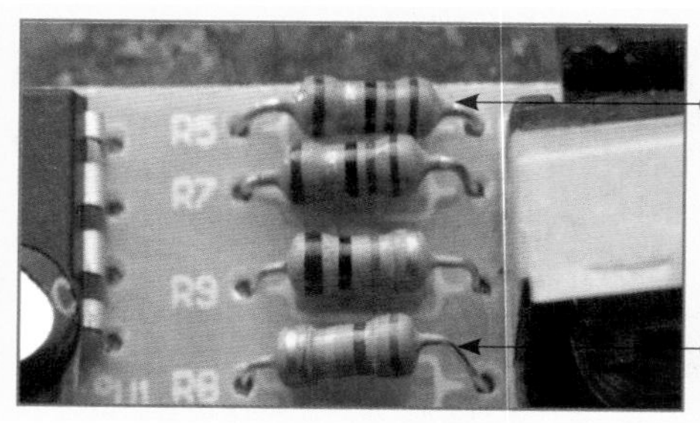

电阻器的色环为：棕、绿、黑、白、棕五环，对照色码表，其阻值为 150×10⁹Ω，误差为 ±1%。

电阻器的色环为：灰、红、黄、金四环，对照色码表，其阻值为 82×10⁴Ω，误差为 ±5%。

图 4-10　计算电阻阻值

4.3.3 如何识别电阻器的首位色环

经过上述阅读聪明的朋友会发现一个问题，我怎么知道哪个是首位色环啊？不知道哪个是首位色环，又怎么去核查？下面介绍首字母辨认的方法，并通过表格列示出基本色码对照表供读者使用。

首色环判断方法大致有如下几种，如图 4-11 所示。

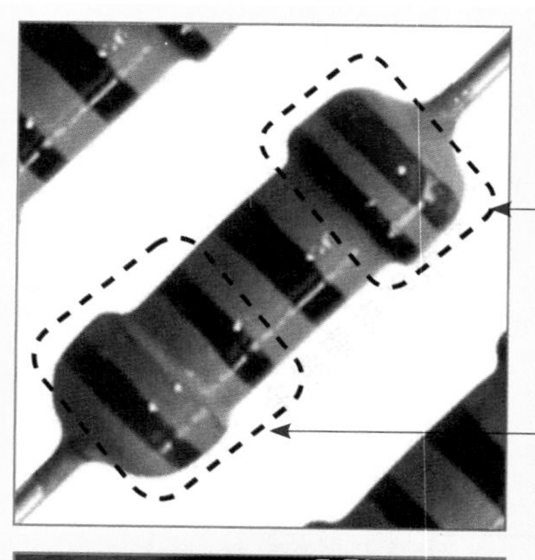

（1）首色环与第二色环之间的距离比末位色环与倒数第二色环之间的间隔要小。

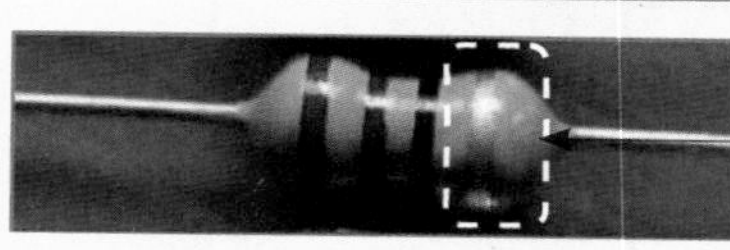

（2）金、银色环常用于表示电阻误差范围的颜色，即金、银色环一般放在末位，与之对立的即为首位。

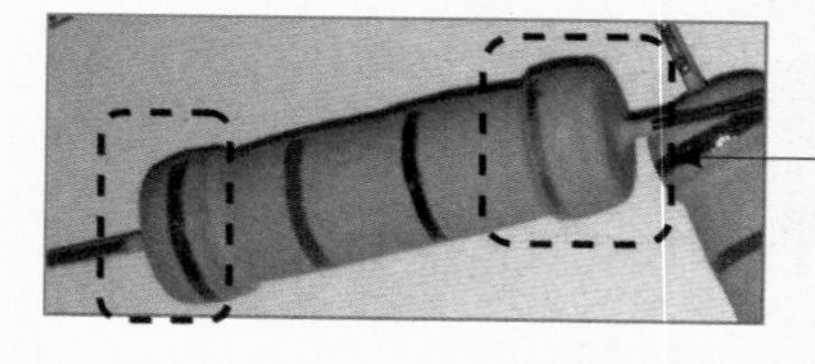

（3）与末位色环位置相比首位色环更靠近引线端，因此可以利用色环与引线端的距离来判断哪个是首色环。

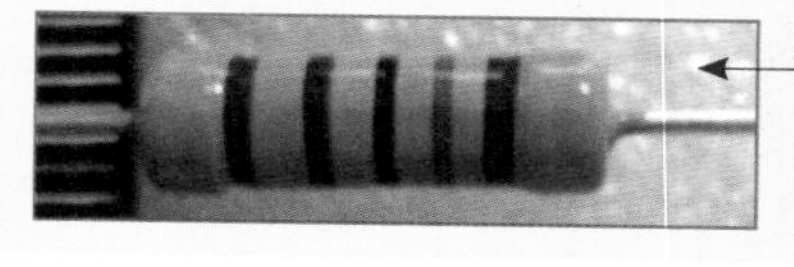

（4）如果电阻器上没有金、银色环，并且无法判断哪个色环更靠近引线端，可以用万用表检测一下，根据测量值即可判断首位有效数字及位乘数，对应的顺序就全都知道了。

图 4-11　判断首位色环

4.4 常见的电阻器及性能

电阻器的种类有很多，而有着不同的分类依据，我们从工作实践中筛选了金属膜电阻器、碳膜电阻器、熔断电阻器、贴片电阻器、排电阻器、热敏电阻器、压敏电阻器、可变电阻器等14种常见的电阻器，并详细讲解了这些电阻器的特点及作用。

4.4.1 电阻器的分类

电阻器的种类较多且分类方式不一，如果按照值可否调节可将电阻器分为固定电阻器、可调电阻器、特殊电阻器等。其中，阻值固定不可跳动的电阻称为固定电阻器；阻值在一定范围内连续可调的电阻称为可调电阻器，如图4-12所示。

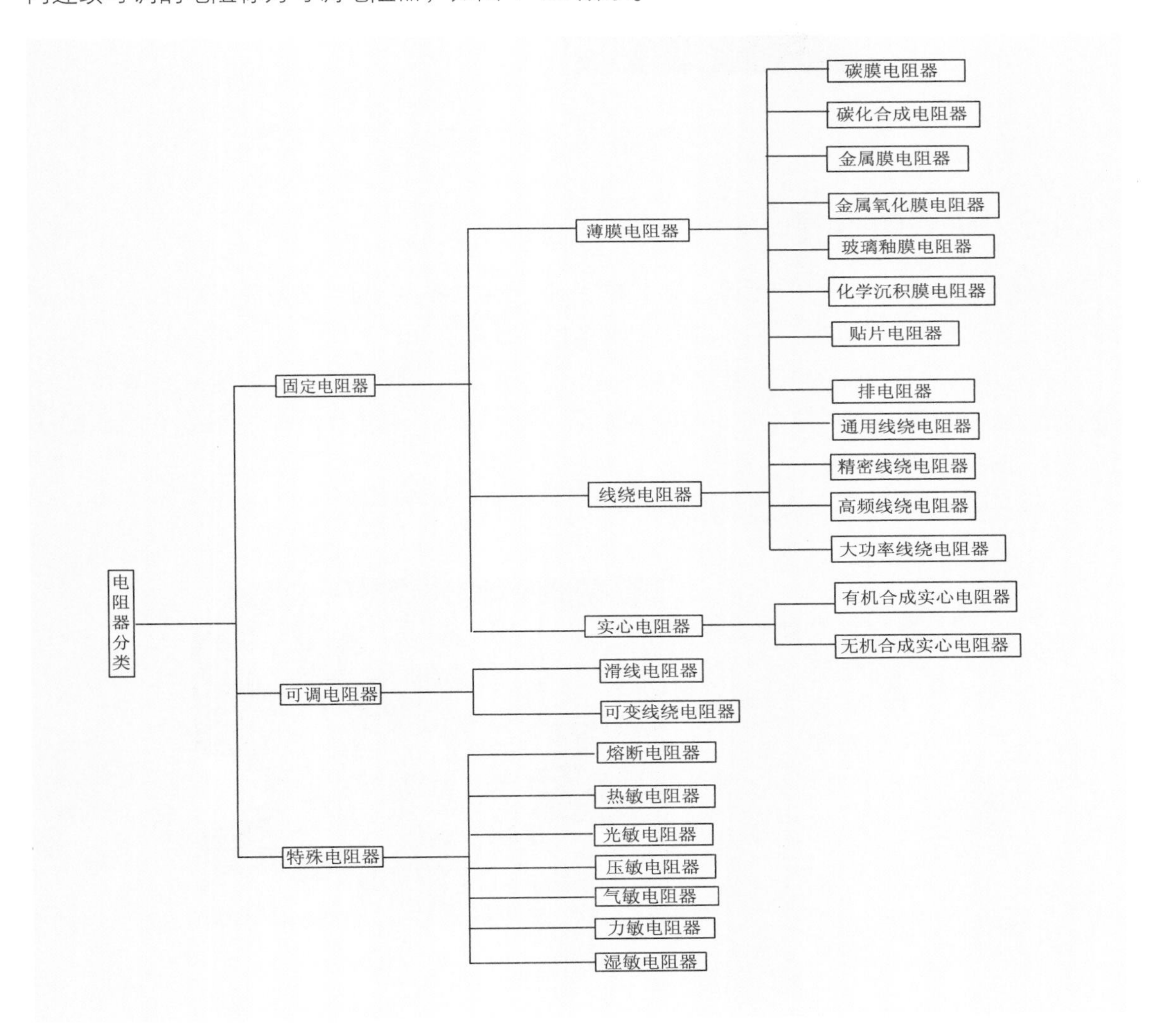

图4-12 电阻器的分类

4.4.2 金属膜电阻器

金属膜电阻器是用碱金属制成的，将金属在真空中加热至蒸发，然后沉积在陶瓷棒或片上。通过仔细调整金属膜的宽度、长度和厚度来控制电阻值。金属膜电阻器非常便宜、尺寸较小，被认为是所有电阻器中综合性能最好的电阻器。和碳膜电阻器相比，它具有更低的温度系数，更低的噪声、更好的线性、更好的频率特性和精度（精度可达到 0.01%），如图 4-13 所示。

金属膜电阻器体积小、噪声低，稳定性良好，但成本略高。

图 4-13　金属膜电阻器

4.4.3 碳膜电阻器

碳膜电阻器是最普通的电阻器，是在陶瓷衬底上涂特殊的碳混合物薄膜而制成的。利用刻槽的方法或改变碳膜的厚度，可以得到不同阻值的碳膜电阻器。

碳膜电阻器有较低的电阻温度系数和较小的误差，碳膜电阻器的温度系数值为 100~200ppm，一般情况下是负值。碳膜电阻器的阻值为 1Ω~10MΩ。额定功率有 0.125W、0.25W、0.5W、1W、2W、5W、10W 等。

图 4-14 所示为常见的碳膜电阻器。

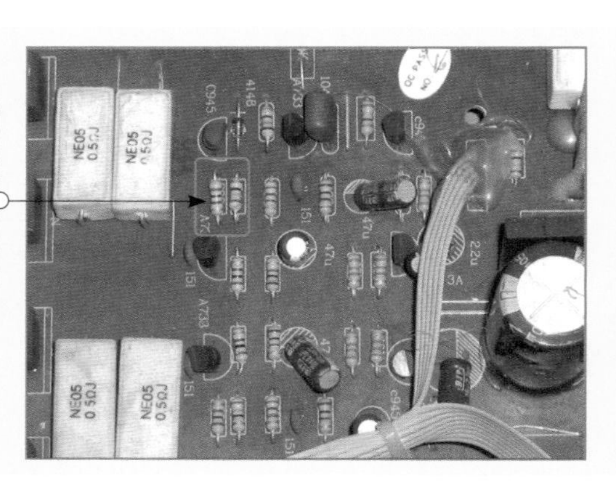

碳膜电阻器，电压稳定性好，造价低，因此普遍适用于各种电路中。

图 4-14　碳膜电阻器

4.4.4 玻璃釉电阻器

玻璃釉电阻器通过贵金属银、钯、钌、铑等的金属氧化物（氧化钯、氧化钌等）和玻璃釉黏合剂混合成浆料，涂覆在绝缘骨架上，经高温烧结而成，外形结构有圆柱形和片状两种，如图 4-15 所示。

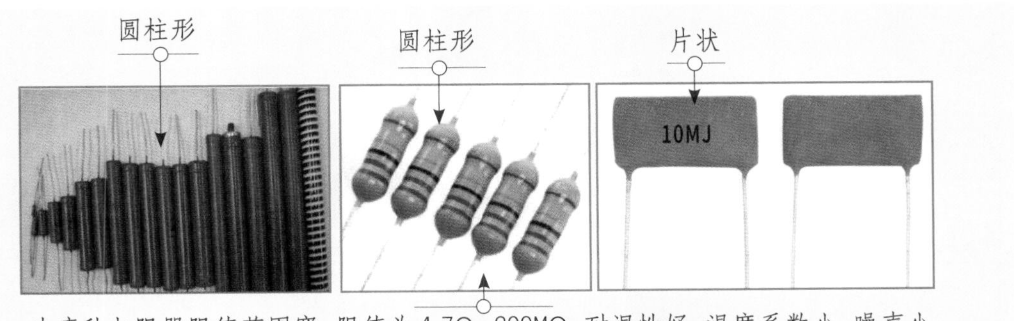

玻璃釉电阻器阻值范围宽，阻值为 4.7Ω~200MΩ；耐湿性好，温度系数小，噪声小，高频特性好。

图 4-15　玻璃釉电阻器

4.4.5 精密线绕电阻器

精密线绕电阻器是人工制造的、非常稳定的高精度电阻器，是将镍铬合金线绕在有玻璃质涂层覆盖的陶瓷管上制成的，如图 4-16 所示。

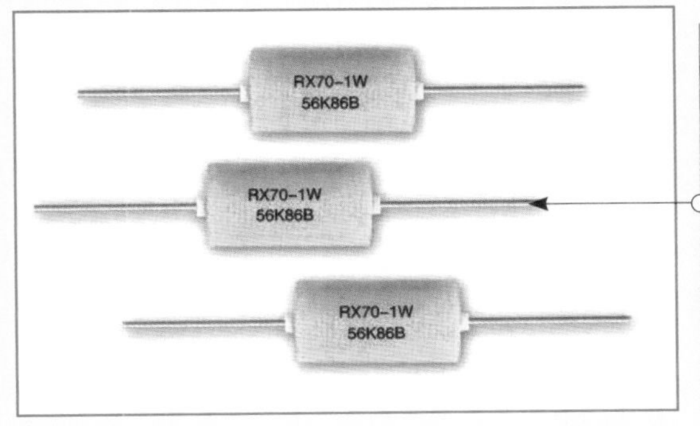

精密线绕电阻器的温度系数非常低（达到 3ppm/℃），精度误差达到 0.005% 的精确度。精密线绕电阻器噪声非常小，只有接触噪声，其功率和容量通常较小，但不适合在高于 50kHz 的频率下使用，一般用于高精度的直流应用中。

图 4-16　精密线绕电阻器

4.4.6 大功率线绕电阻器

大功率线绕电阻器与精密线绕电阻器相似，只不过被设计为能承受大得多的功率。它们单位体积所能承受的功率比任何其他种类的电阻器大得多。一些功率特别大的电阻器就像加热元器件，工作时需要为其添加冷却装置。图 4-17 所示为大功率线绕电阻器。

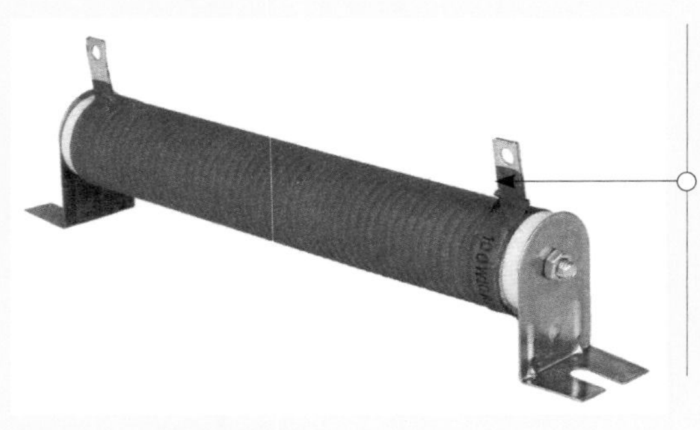

大功率线绕电阻器是用康铜、锰铜或镍铬合金丝在陶瓷骨架上绕制而成的一种电阻器，表面有保护漆或玻璃釉。优点：噪声小，不存在电流噪声和非线性。温度系数小，稳定性好，功率大。

图 4-17 大功率线绕电阻器

4.4.7 熔断电阻器

熔断电阻器又称保险电阻器，常见的有贴片熔断电阻器和圆柱形熔断电阻器，如图 4-18 所示。当电路遇到大的冲击电流和故障时，可使熔断电阻器熔断开路，起到保护电路的作用。

(a) 贴片熔断电阻器

熔断电阻器具有电阻器和过流保护熔断丝双重作用。在正常情况下，熔断电阻器具有普通电阻器的功能。在工作电流异常增大时，熔断电阻器会自动断开，起到保护其他元器件不被损毁的作用。

(b) 圆柱形熔断电阻器

图 4-18 熔断电阻器

4.4.8 贴片电阻器

贴片电阻器是金属玻璃釉电阻器中的一种，它是将金属粉和玻璃釉粉混合，采用丝网印刷法印在基板上制成的电阻器。贴片电阻器是手机、计算机主板及各种电器的电路板上应用数量最多的一种元器件，形状为矩形，颜色为黑色，电阻器体上一般标注有白色数字，如图 4-19 所示。

（1）贴片电阻器的阻值一般直接用 3 位或 4 位数字标识（参考数标法的相关内容）。如图中标注 330，阻值即为 $33\times10^0=33\Omega$；如标注为 103，则阻值为 $10\times10^3=10000\Omega=10k\Omega$。如标注为 1501，即为 $150\times10^1=1\,500\Omega$；另外，1Ω 以下的用 R 表示小数点，如 1R5，阻值为 1.5Ω。

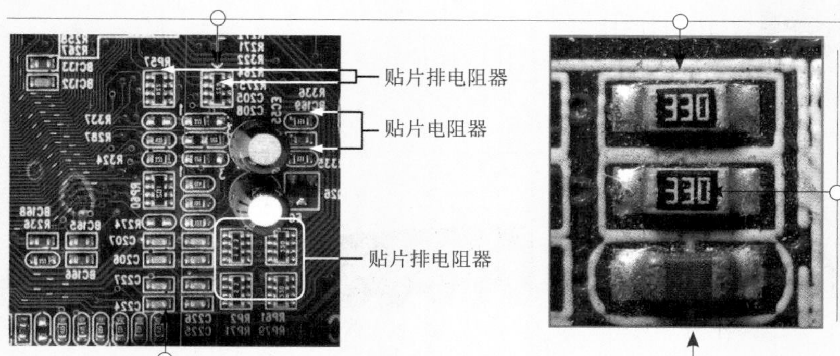

（3）贴片电阻器耐潮湿、耐高温、耐温度系数小。贴片元器件具有体积小、重量轻、安装密度高、抗震性强、抗干扰能力强、高频特性好等优点。

（2）贴片电阻器的额定功率主要有：1/20W、1/16W、1/8W、1/10W、1/4W、1/2W、1W 等，以 1/16W、1/8W、1/10W、1/4W 应用最多，一般功率越大，电阻体积也越大，功率级别是随着尺寸逐步递增的。另外相同的外形，颜色越深，功率值也越大。

图 4-19　贴片电阻器

贴片电阻器的封装尺寸用 4 位的整数表示。前面两位表示贴片电阻器的长度，后面两位表示贴片电阻器的宽度。根据长度单位的不同有两种表示方法，即英制表示法和公制表示法。例如，0603 是英制表示法，表示长度为 0.06mil，宽度为 0.03mil；再如，1005 是公制表示法，表示长度为 1.0mm，宽度为 0.5mm。业内的惯例是用英制表示。目前最小的贴片电阻为 0201，最大的为 2512。

如表 4-2 所示为贴片电阻封装代码代表的尺寸。

表 4-2　贴片电阻封装尺寸

英制（mil）	公制（mm）	长（L）(mm)	宽（W）(mm)	高（T）(mm)	正电极（mm）	背电极（mm）	功率（W）
0201	0603	0.60±0.05	0.30±0.05	0.23±0.05	0.10±0.05	0.15±0.05	1/20
0402	1005	1.00±0.10	0.50±0.10	0.30±0.10	0.20±0.10	0.25±0.10	1/16
0603	1608	1.60±0.15	0.80±0.15	0.40±0.10	0.30±0.20	0.30±0.20	1/10
0805	2012	2.00±0.20	1.25±0.15	0.50±0.10	0.40±0.20	0.40±0.20	1/8
1206	3216	3.20±0.20	1.60±0.15	0.55±0.10	0.50±0.20	0.50±0.20	1/4
1210	3225	3.20±0.20	2.50±0.20	0.55±0.10	0.50±0.20	0.50±0.20	1/3
1812	4832	4.50±0.20	3.20±0.20	0.55±0.10	0.50±0.20	0.50±0.20	1/2
2010	5025	5.00±0.20	2.50±0.20	0.55±0.10	0.60±0.20	0.60±0.20	3/4
2512	6432	6.40±0.20	3.20±0.20	0.55±0.10	0.60±0.20	0.60±0.20	1

4.4.9 排电阻器

排电阻器（简称排阻）是一种将按一定规律排列的分立电阻器，集成在一起的组合型电阻器，也称集成电阻器或电阻器网络，如图 4-20 所示。

排电阻器最常见的为 8 引脚内置 4 个电阻的排电阻器和 10 引脚内置 8 个电阻的排电阻器。排电阻器常使用的标注为“220”“330”“472”等，一般会用在接口电路及上拉电阻。

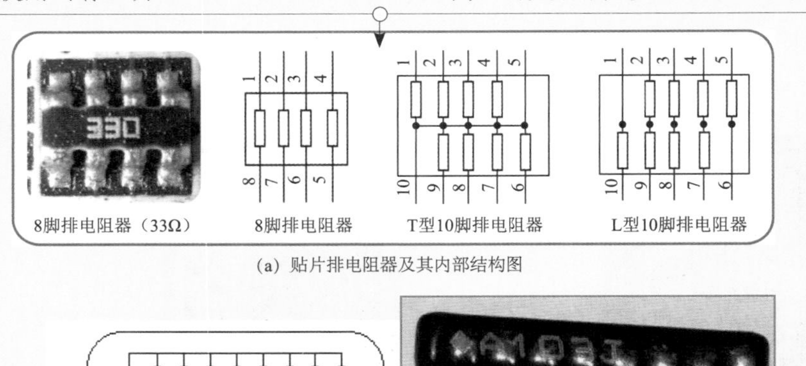

(a) 贴片排电阻器及其内部结构图

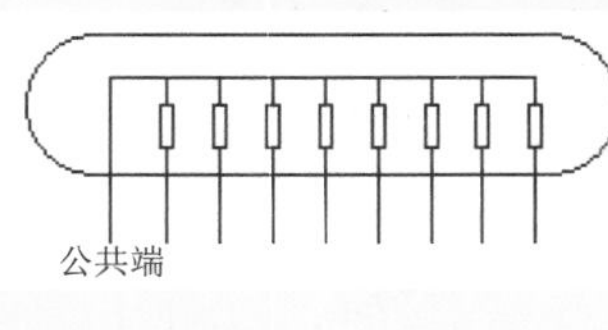

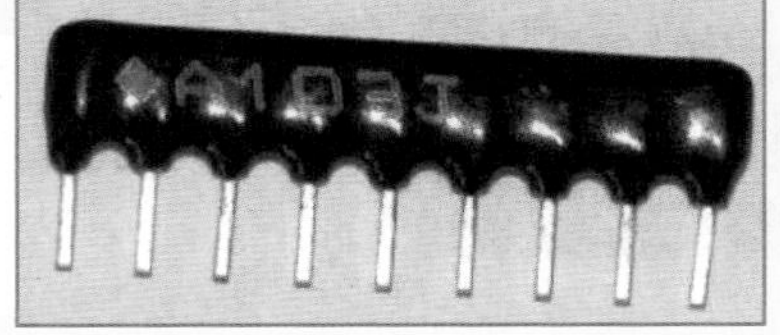

(b) 直插式排电阻器及其内部结构

图 4-20　排电阻器

4.4.10 热敏电阻器

热敏电阻器是指电阻值随着其温度的变化而显著变化的热敏元器件，热敏电阻器大多是由单晶或多晶半导体材料制成的，如图 4-21 所示。热敏电阻器包括负的温度系数热敏电阻器（NTC）和正的温度系数热敏电阻器（PTC）。

（1）PTC 热敏电阻器（正的温度系数）是一种典型具有温度敏感性的半导体电阻，超过一定温度时，其电阻值随着温度的升高呈阶跃性的增高。PTC 热敏电阻器居里温度一般有 80℃、100℃、120℃、140℃等几种。一般情况下，居里温度要超过最高使用环境温度 20℃～40℃。

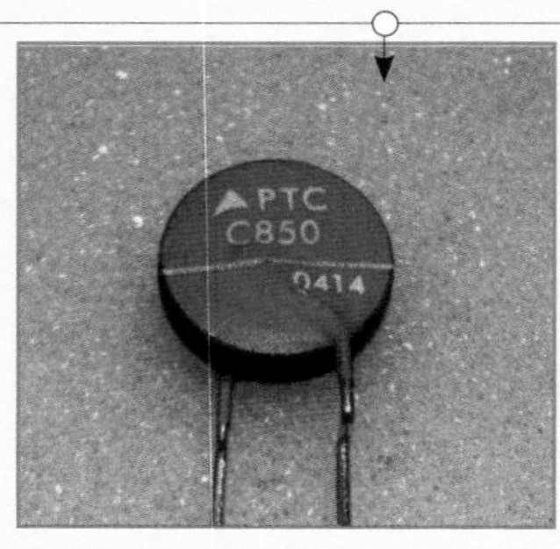

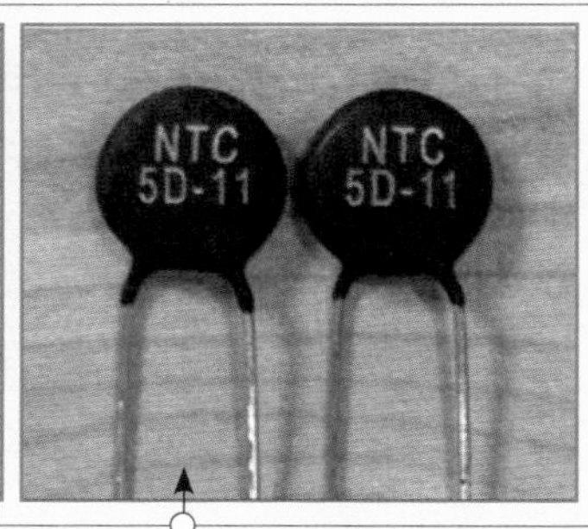

（2）NTC 热敏电阻（负的温度系数）也是一种典型具有温度敏感性的半导体电阻，其电阻值随着温度的升高呈阶跃性的减小。

图 4-21　热敏电阻器

4.4.11 光敏电阻器

光敏电阻器是一种对光敏感的元器件，又称光导管，光敏电阻器是利用半导体的光电效应制成的一种电阻值随着入射光的强弱而改变的电阻器，如图 4-22 所示。

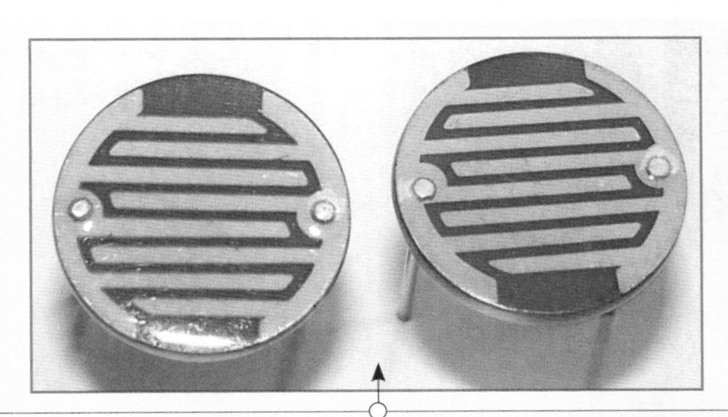

光敏电阻器常用的制作材料一般为硫化镉，另外还有硫化铝、硒、硫化铅和硫化铋等材料。这些制作材料具有在特定波长的光照射下，其阻值迅速减小的特性，而当光照减弱时阻值会显著增大。这是由于光照产生的载流子都参与导电，在外加电场的作用下做漂移运动，电子奔向电源的正极，空穴奔向电源的负极，从而使光敏电阻器的阻值迅速下降。

图 4-22　光敏电阻器

4.4.12 湿敏电阻器

湿敏电阻器是一种对环境湿度敏感的元器件，其电阻值能随着环境的相对湿度变化而变化，一般由基体、电极和感湿层等组成，有的还配有防尘外壳，如图 4-23 所示。

（1）湿敏电阻器广泛应用于空调器、录音机、洗衣机、微波炉等家用电器及工业、农业等方面，做湿度检测和湿度控制用。

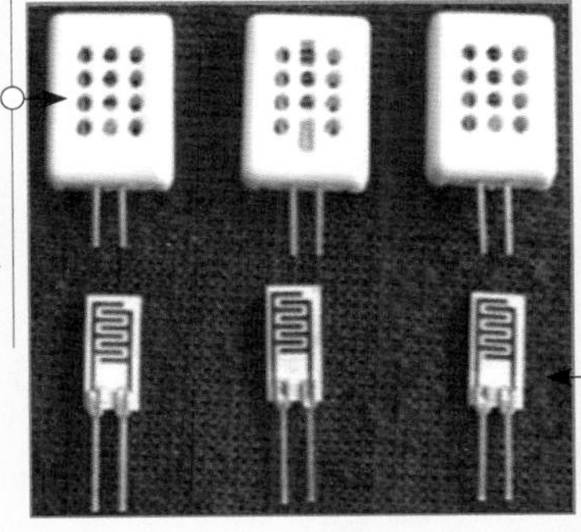

（2）湿敏电阻器可分为正电阻湿度特性和负电阻湿度特性。正电阻湿度特性即湿度增大时，电阻值也增大。负电阻湿度特性即湿度增大时，电阻值减小。

图 4-23　湿敏电阻器

4.4.13 压敏电阻器

压敏电阻器是指对电压敏感的电阻器，是一种半导体器件，其制作材料主要是氧化锌。压敏电阻器的最大特点是当加在它上面的电压低于其阈值 U_N 时，流过的电流极小，相当于一只关死的阀门，当电压超过 U_N 时，流过它的电流激增，相当于阀门打开。利用这一功能，可以抑制电路中经常出现的异常过电压，保护电路免受过电压的损害。压敏电阻器的外形如图 4-24 所示。

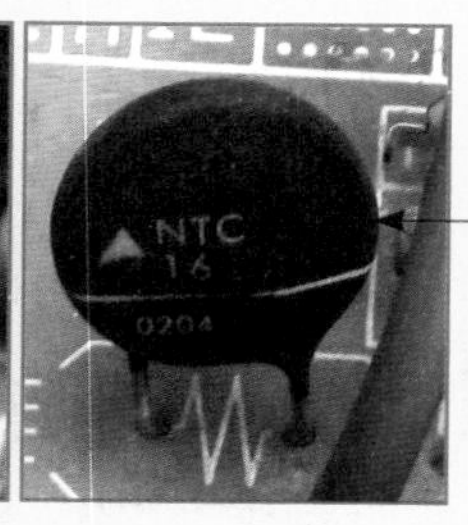

压敏电阻器主要用在电气设备交流输入端，用作过电压保护。当输入电压过高时，其阻值将减小，使串联在输入电路中的熔断管熔断，切断输入，从而保护电气设备。

图 4-24　压敏电阻器

4.4.14 可变电阻器

可变电阻器通常称为电位器，因为它的主要用途是作为可调分压器。可变电阻器一般有 3 个引脚，其中有两个定片引脚和一个动片引脚，设有一个调整口，可以通过改变动片，调节电阻值。可变电阻器的外形如图 4-25 所示。

根据用途的不同，可变电阻器的电阻材料可以是金属丝、金属片、碳膜或导电液。对于一般大小的电流，常用金属型的可变电阻器，在电流很小的情况下，则使用碳膜型。

图 4-25　可变电阻器

4.5 电阻和欧姆定律

电路中的电阻是用来限制电路中的电流流动或形成电压的设备，如果在一个电阻两端施加直流电压，可以通过欧姆定律计算出流过电阻器的电流。

欧姆定律的标准式为：

$$I=\frac{U}{R}$$

即在同一电路中，通过某段导体的电流与这段导体两端的电压成正比，与这段导体的电阻成反比。

注意　公式中物理量的单位：I 的单位是安培（A）、U 的单位是伏特（V）、R 的单位是欧姆（Ω）。

变形公式为：

$$U=IR;R=\frac{U}{I}$$

从以上的变形公式我们可知：

（1）当导体的电阻 R 一定时，导体两端的电压增加几倍，通过这段导体的电流就增加几倍；这反映了导体的电阻一定时，导体中的电流跟导体两端的电压成正比例关系；

（2）当电压一定时，导体的电阻增加到原来的几倍，则导体中的电流就减小为原来的几分之一；这反映了电压一定时，导体中的电流跟导体的电阻成反比例的关系。

4.6 电阻器的串联和并联

串联电路和并联电路是构成形形色色复杂电路的基本电路，而纯电阻串联和并联的电路是各种串并联的基础。下面将对纯电阻串联和并联的电路进行讲解，以便读者进一步学习。

4.6.1 电阻器的串联

两只电阻器首尾连接后与电源连接，也可以是更多个电阻器的串联，如图 4-26 所示。

（1）当电路有多个电阻器串联时，电路总电阻是各个电阻阻值之和，$R=R_1+R_2$。

（2）流入电路中的总电流和各个分电阻的电流相等，即串联电路电流处处相等，$I=I_1=I_2$。

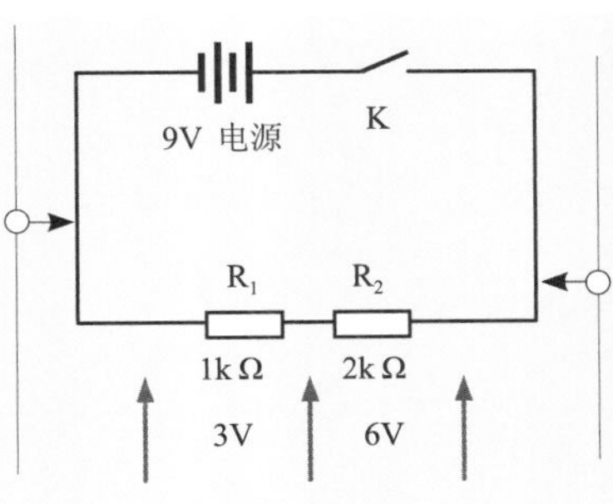

（3）电路的总电压等于各串联电阻器上的电压之和，$U=U_1+U_2$。

（4）阻值相对较大的电阻器是电阻电路分析中的主要对象，串联电阻电路分析时要抓住这一主要特征。

图 4-26　电阻器的串联

图 4-26 中，电路总电阻为：$R=R_1+R_2=1+2=3\text{k}\Omega$；总电流为：$I=I_1=I_2=9/3\,000=0.003\text{A}$；两个电阻两端的电压为：$U_1=R_1\times I_1=1\,000\times 0.003=3\text{V}$，$U_2=R_2\times I_2=2\,000\times 0.003=6\text{V}$。$R_1$ 和 R_2 两端的电压之和为：$U_1+U_2=3\text{V}+6\text{V}=9\text{V}$，正好是电源总电压 9V。

4.6.2 电阻器的并联

两只电阻器头与头连接，尾与尾连接后接入电源连接，也可以是更多只电阻器的并联，如图 4-27 所示。

（1）电阻器并联相当于增加了电阻的横截面积。总电阻 R 的倒数等于各并联电阻的倒数之和，即 $1/R=1/R_1+1/R_2$。

（2）电阻并联电路中，各个电阻两端电压相等，即 $U=U_1=U_2$。

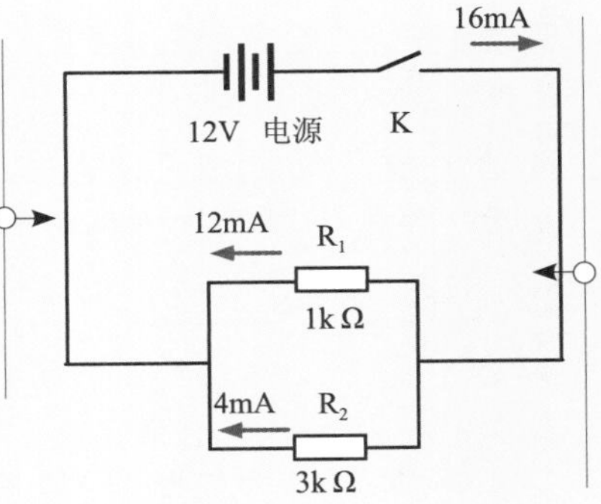

（3）流入并联电路节点的电流是流入各电阻的电流之和，即总电流 $I=I_1+I_2$。

（4）阻值相对较小的电阻器是并联电路分析的主要对象，在对并联电阻电路分析时需抓住这一主要现象。

图 4-27　电阻器的并联

图 4-7 中，电路总电阻为：$1/R=1/R_1+1/R_2$，$R=R_1R_2/(R_1+R_2)=1\times3/(1+3)=0.75\text{k}\Omega$；总电压为：$U=U_1=U_2=12\text{V}$；分别流过两个电阻的电流为：$I_1=U_1/R_1=12/1\,000=0.012\text{A}=12\text{mA}$，$I_2=U_2/R_2=12/3\,000=0.004\text{A}=4\text{mA}$，总电流中总电流为：$I=U/R=12/750=0.016\text{A}$，正好是流过电阻 R_1 和 R_2 的电流之和。

4.7 电阻器应用电路分析

在本章的开始我们已经讲过，电阻器在电路中发挥着降低电压、分配电压和限制电流的作用。下面我们就结合具体的电路图来分析电阻器组成的电路是如何发挥以上作用的。

4.7.1 限流保护电阻电路分析

图 4-28 所示为一组常见的发光二极管限流保护电阻电路。VD 是一个发光二极管，该二极管随着电流强度的增大而增大亮度，但如果流经二极管的电流太大将烧毁二极管。为了保护二极管的安全，串联一个电阻 R，通过改变电路电阻的大小可以起到限流保护的作用。

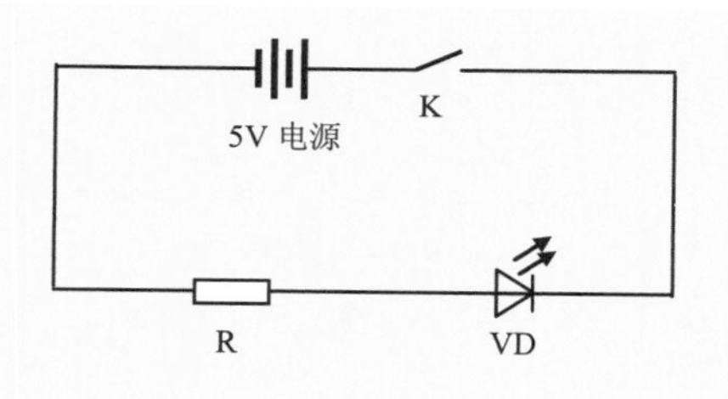

图 4-28 二极管限流保护电阻

例如，可调光照明灯的电路，为了控制灯泡的亮度，在电路中接一个限流电阻，通过改变电阻的阻值大小调节电流的大小，进而调节灯泡的亮度。

4.7.2 基准电压电阻分级电路分析

图 4-29 所示为基准电压电阻分级电路。电路中，R_1、R_2、R_3 构成一个变形的分压电路，基准电压加到此电压上。

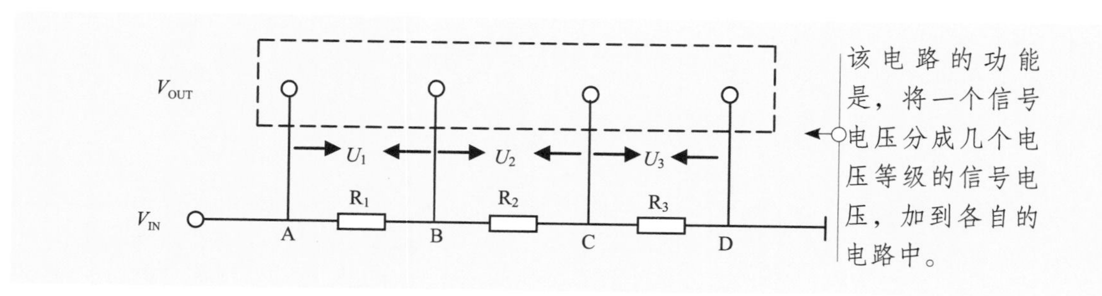

图 4-29 基准电压电阻分级电路

其中，输入电压等于输出电压之和，即 $U=U_1+U_2+U_3$。电阻值比等于其两端的电压之比，即 $R_1:R_2:R_3=U_1:U_2:U_3$。

4.8 电阻器常见故障诊断方法

在具体的电路分析中，电阻器故障一般包括断路故障、阻值变小故障等，下面本节将详细分析这两种故障形成的原因和检测方法。

4.8.1 如何判定电阻器断路

断路又称开路（但也有区别，开路是电键没有接通；断路是不知道哪个地方没有接通）。断路是指因为电路中某一处因断开而使电流无法正常通过，导致电路中的电流为零。中断点两端电压为电源电压，一般对电路无损害。图 4-30 所示为通过测量电阻器是否有阻值判断电阻器是否开路。

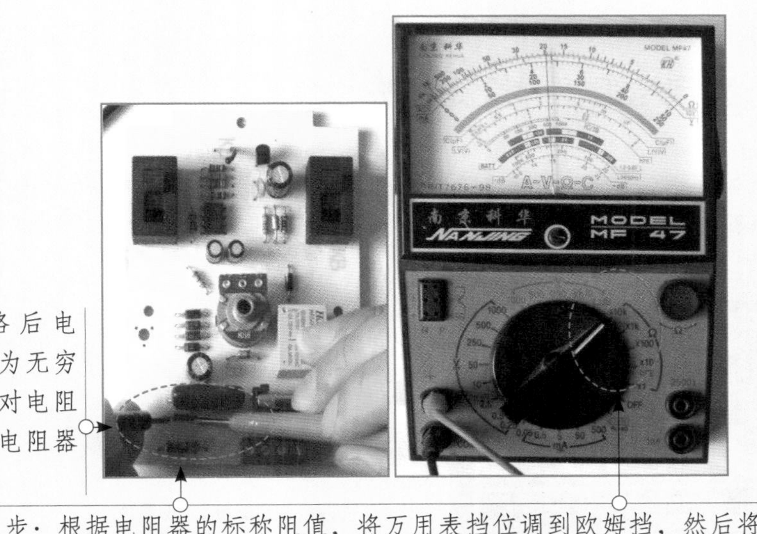

第 1 步：开路后电阻器两端阻值为无穷大，可以通过对电阻值的检测判断电阻器是否开路。
南京科华
NANJING
MODEL MF 47
A-V-Ω-C
第 2 步：根据电阻器的标称阻值，将万用表挡位调到欧姆挡，然后将两只表笔接电阻器的两端来检测是否有电压。

图 4-30　电阻器两端阻值的检测

由图 4-30 可知，测得电阻两端有固定阻值，证明该电阻器未发生断路。

提示：开路后电阻器两端不会有电流流过，因此电阻器两端不再有电压；因此可以用万用表检测电阻器两端是否有电压来判断电阻器开路与否。

4.8.2 如何处理阻值变小故障

电阻器阻值变小故障的处理方法，如图 4-31 所示。

此类故障比较常见，由于温度、电压、电路的变化超过限值，使电阻阻值变大或变小，用万用表检查时可发现实际阻值与标称阻值相差很大，而出现电路工作不稳定的故障。这类故障的处理方法一般更换新的电阻器，就可以彻底消除故障。

图 4-31　阻值变化的电阻器

4.9 电阻器检测方法

不同电阻器采用的检测方法略有不同，但是总体上来说主要还是通过检测电阻器的阻值来判断好坏；接下来本节将重点讲解固定电阻器、熔断电阻器、贴片电阻器、压敏电阻器的好坏检测方法。

4.9.1 固定电阻器的检测方法

电阻器的检测相对于其他元器件的检测来说要相对简便，将万用表调至欧姆挡，两表笔分别与电阻器的两引脚相接，即可测出实际电阻值，如图 4-32 所示。

第 1 步：开始可以采用在路检测，如果测量结果不能确定测量的准确性，就将其从电路中焊下来，开路检测其阻值。

第 2 步：首先将万用表调至欧姆挡并调零，然后将两表笔分别与电阻器的两引脚相接，即可测出实际电阻值。

第 3 步：测量电阻时没有极性限制，表笔可以接在电阻的任意一端。为了使测量的结果更加精准，应根据被测电阻标称阻值来选择万用表量程。

第 4 步：根据电阻误差等级不同，算出误差范围，若实测值已超出标称阻值，说明该电阻器已经不能继续使用了；若仍在误差范围内，电阻仍可继续可用。

图 4-32　固定电阻器的检测方法

4.9.2 熔断电阻器的检测方法

熔断电阻器可以通过观察外观和测量阻值来判断好坏，如图 4-33 所示。

第 1 步：在电路中，多数熔断电阻器的开路可根据观察做出判断。例如，若发现熔断电阻器表面烧焦或发黑（也可能会伴有焦味），可断定熔断电阻器已被烧毁。

第 3 步：将万用表的挡位调到 R×1 挡，并调零。然后两表笔分别与熔断电阻器的两引脚相接测量阻值。

第 2 步：对于熔断电阻器的检测，可借助指针万用表欧姆挡的“R×1”挡来测量。

图 4-33　熔断电阻器的检测方法

判断：若测得的阻值为无穷大，则说明此熔断电阻器已经开路。若测得的阻值与 0 接近，说明该熔断电阻器基本正常。如果测得的阻值较大，则需要开路进行进一步测量。

4.9.3 普通贴片电阻器的检测方法

普通贴片电阻器的检测方法如图 4-34 所示。

第 2 步：将万用表的红、黑表笔分别接在待测的电阻器两端进行测量。通过万用表测出阻值，观察阻值是否与标称阻值一致。如果实际值与标称阻值相距甚远，证明该电阻器已经出现问题。

第 1 步：待测的普通贴片电阻器，电阻标注为 101，即标称阻值为 100Ω，因此选用万用表的“R×1”挡或数字万用表的 200 挡进行检测。

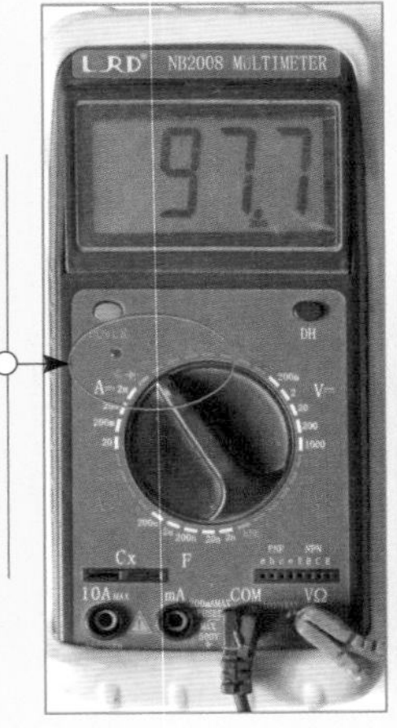

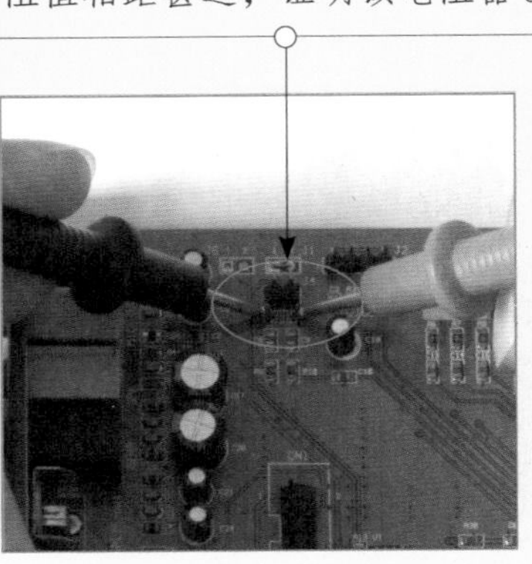

图 4-34 普通贴片电阻器的检测方法

4.9.4 贴片排电阻器的检测方法

如果是 8 引脚的排电阻器，则内部包含 4 个电阻器，如果是 10 引脚的排电阻器，可能内部包含 10 个电阻器，所以在检测贴片电阻器时需注意其内部结构。贴片排电阻器的检测方法如图 4-35 所示。

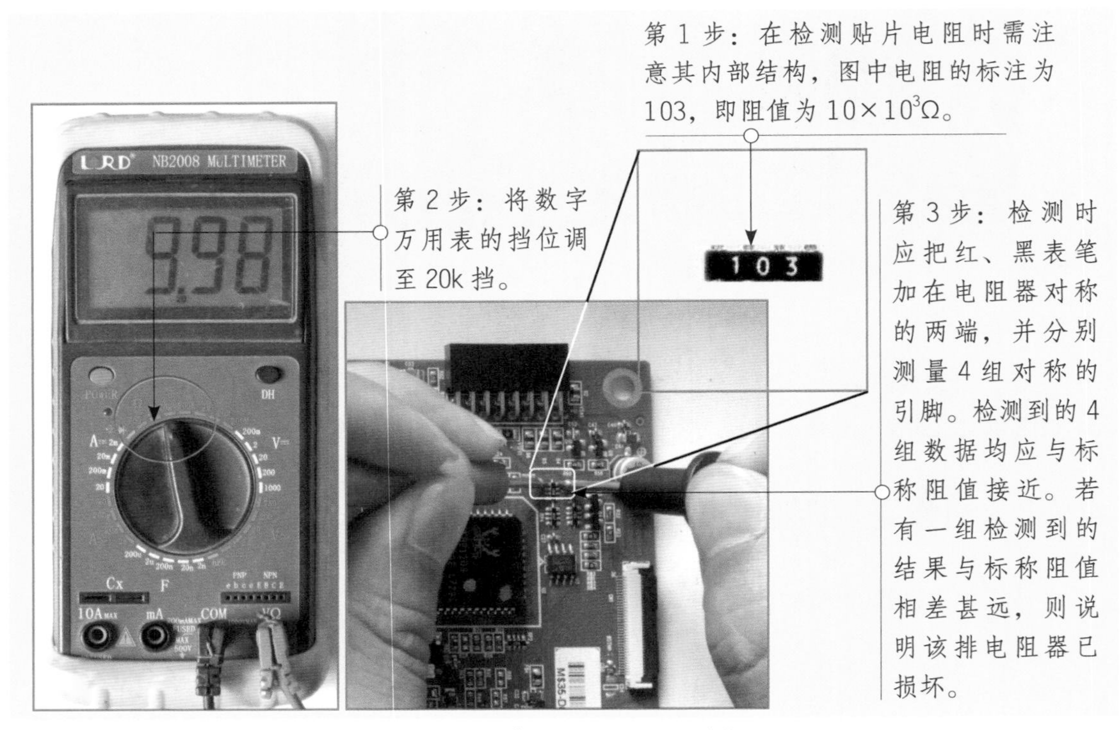

第 1 步：在检测贴片电阻时需注意其内部结构，图中电阻的标注为 103，即阻值为 10×10³Ω。
第 2 步：将数字万用表的挡位调至 20k 挡。
第 3 步：检测时应把红、黑表笔加在电阻器对称的两端，并分别测量 4 组对称的引脚。检测到的 4 组数据均应与标称阻值接近。若有一组检测到的结果与标称阻值相差甚远，则说明该排电阻器已损坏。
103

图 4-35 贴片排电阻器的检测方法

4.9.5 压敏电阻器的检测方法

压敏电阻器的检测方法如图 4-36 所示。

选用万用表的 R×1k 或 R×10k 挡，将两表笔分别加在压敏电阻器的两端，测出压敏电阻器的阻值，交换两表笔再测量一次。若两次测得的阻值均为无穷大，说明被测压敏电阻器质量合格，否则证明其漏电严重而不可使用。

图 4-36 压敏电阻器的检测方法

4.10 电阻器代换标准和方法

在电子元器件出现故障时，如果我们暂时找不到完全相同的可用电子元器件，用其他元器件代换是常用的故障维修策略，但是不同电阻器的代换标准和方法是不同的，下面本节将重点讲解固定电阻器、贴片电阻器、压敏电阻器、光敏电阻器等常见电子元器件的代换标准和方法。

4.10.1 固定电阻器的代换方法

固定电阻器的代换方法如图 4-37 所示。

（1）普通固定电阻器损坏后，可以用额定阻值、额定功率均相同的金属膜电阻器或碳膜电阻器代换。

图 4-37 固定电阻器的代换方法

（2）碳膜电阻器损坏后，可以用额定阻值及额定功率相同的金属膜电阻器代换。

（3）如果手头没有同规格的电阻器更换，也可以用电阻器串联或并联的方法做应急处理。需要注意的是，代换电阻器必须比原电阻器有更稳定的性能，更高的额定功率，但阻值只能在标称容量允许的误差范围内。

图 4-37　固定电阻器的代换方法（续）

4.10.2 贴片电阻器的代换方法

贴片电阻器的代换方法如图 4-38 所示。

贴片电阻器损坏后代换时应注意两点：一是贴片电阻器的型号参数要相同（注意电阻器上数字标注要一样）；二是贴片电阻器的体积大小要一样。

图 4-38　贴片电阻器的代换方法

4.10.3 压敏电阻器的代换方法

压敏电阻器的代换方法如图 4-39 所示。

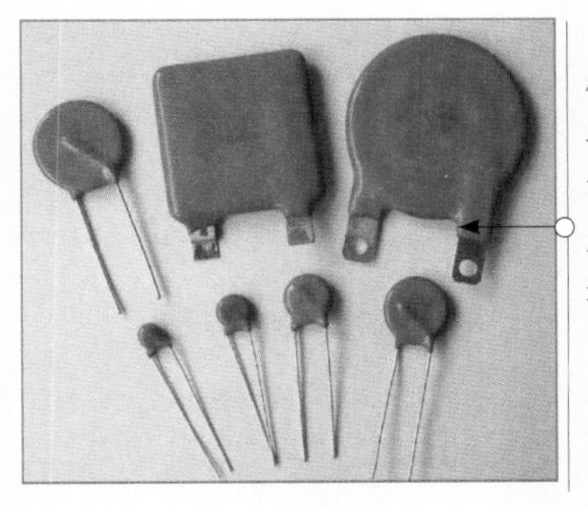

压敏电阻器一般应用于过电压保护电路。选用时，压敏电阻器的标称电压、最大连续工作时间及通流容量在内的所有参数都必须合乎要求。标称电压过高，压敏电阻器将失去保护意义，而过低则容易被击穿。应更换与其型号相同的压敏电阻器或用与其参数相同的其他型号压敏电阻器来代换。

图 4-39　压敏电阻器的代换方法

4.10.4 光敏电阻器的代换方法

光敏电阻器的代换方法如图 4-40 所示。

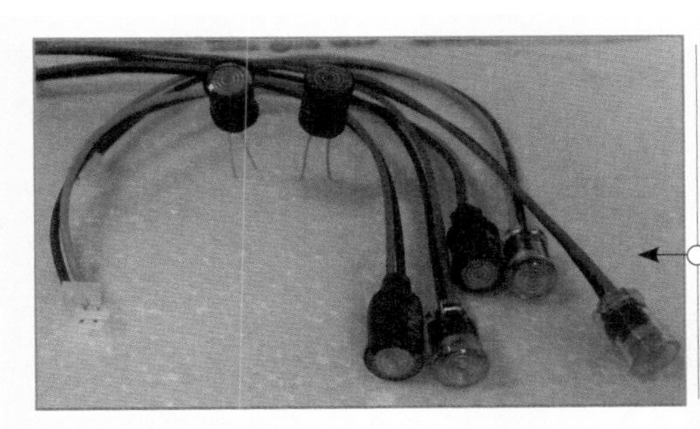

（1）首先满足应用电路所需的光谱特性，其次要求代换电阻器的主要参数要相近，偏差不能超过允许范围。

（2）光谱特性不同的光敏电阻器，例如红外光光敏电阻器、可见光光敏电阻器、紫外光光敏电阻器，即使阻值范围相同，也不能相互代换。

图 4-40　光敏电阻器的代换方法

4.11 电阻器动手检测实践

前面内容主要学习了电阻器的基本知识、应用电路、故障判断及检测思路等，本节将主要通过各种电阻器的检测实战来讲解电阻器的检修方法。

4.11.1 主板贴片电阻器动手检测实践

主板中常用的电阻器主要为贴片电阻器、贴片排电阻器和贴片熔断电阻器等。对于这些电阻器，一般可采用在路检测（直接在电路板上检测），也可采用开路检测（元器件不在电路中或者电路断开无电流情况下进行检测）。下面将实测主板中的电阻器。

检测主板中的贴片电阻器时，一般情况下，先采用在路测量，如果在路检测无法判断好坏的情况下，再采用开路测量。

测量主板中贴片电阻器的方法如图 4-41 所示。

❶ 根据电阻器的标注，读出电阻器的阻值。图中标注为“330”，它的阻值应为“33Ω”（33×10^0）

❷ 观察待测电阻器有无烧焦、有无虚焊等情况。如果有，则说明电阻器损坏。

❸ 将主板板的电源断开，如果测量主板 CMOS 电路中的电阻器，应把电池也卸下。

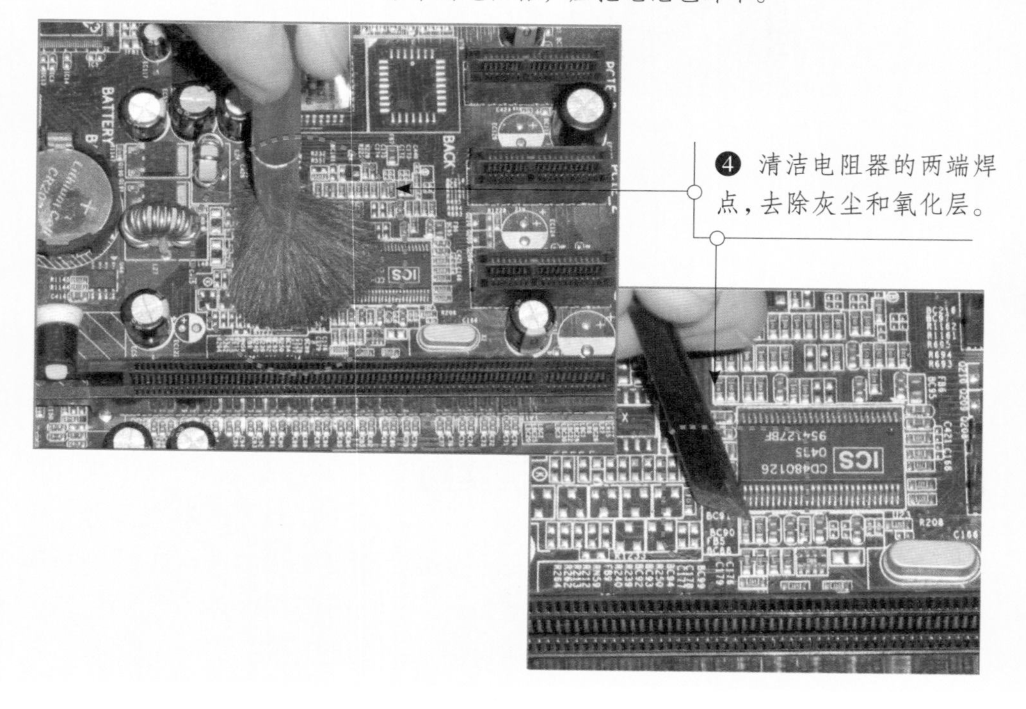

❹ 清洁电阻器的两端焊点，去除灰尘和氧化层。

图 4-41　测量主板中的贴片电阻器

❺ 清洁完成后，开始准备测量。根据电阻器的标称阻值将数字万用表调到欧姆挡“200”量程。

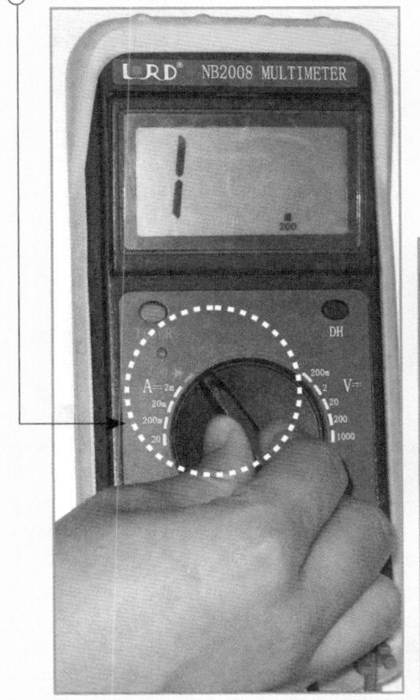

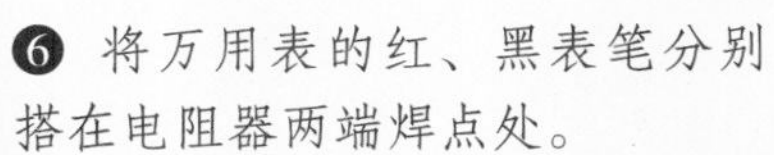

❻ 将万用表的红、黑表笔分别搭在电阻器两端焊点处。

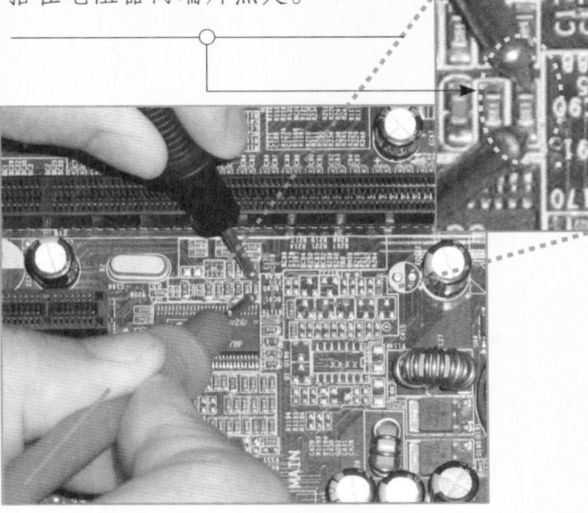

❼ 观察万用表显示的数值，然后记录测量值“27.8”。

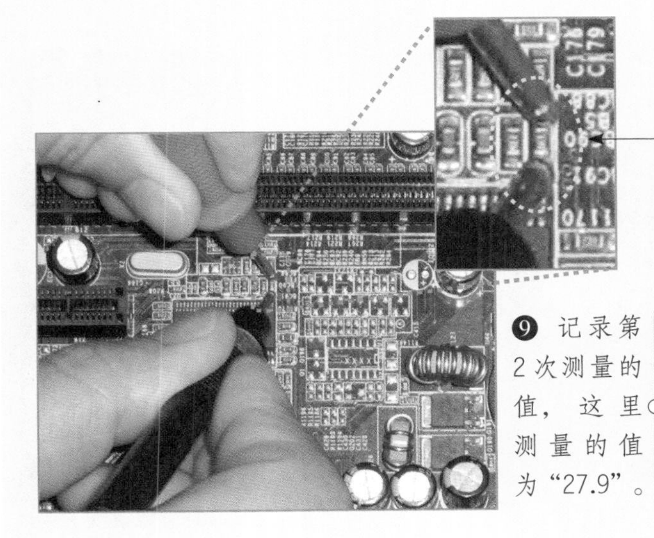

❽ 将红、黑表笔互换位置，再次测量。

❾ 记录第2次测量的值，这里测量的值为“27.9”。

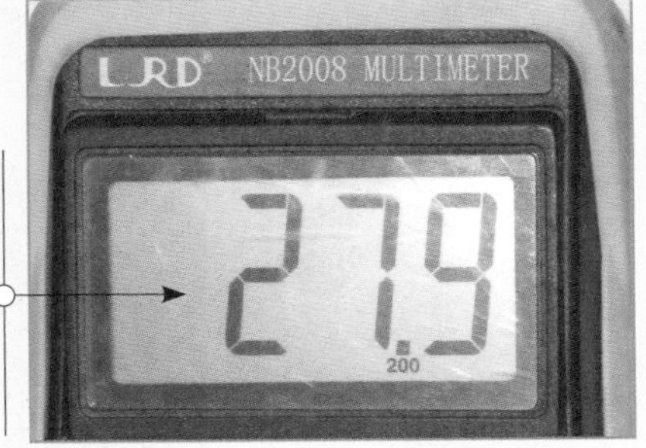

图 4-41　测量主板中的贴片电阻器（续）

注意：万用表所设置的量程要尽量与电阻标称阻值近似，如使用数字万用表，测量标称阻值为“100Ω”的电阻器，则最好使用“200”量程；若待测电阻器的标称阻值为“60kΩ”，则选择“200k”的量程。总之，所选量程与待测电阻器阻值尽可能相对应，这样才能保证测量的准确。

总结：比较两次测量的阻值，取较大的作为参考值，这里取“27.9”。由于其和 33Ω 比较接近，因此可以断定该电阻器正常。

提示：如果测量的参考阻值大于标称阻值，则可以断定该电阻器损坏；如果测量的参考阻值远小于标称阻值（有一定阻值），此时并不能确定该电阻器损坏，还有可能是由于电路中并联有其他小阻值电阻器而造成的，这时就需要采用脱开电路板检测的方法进一步检测证实。

4.11.2 贴片排电阻器动手检测实践

贴片排电阻器的检测方法与贴片电阻器的检测方法相同，也分为在路检测和开路检测两种，实际操作时一般都先采用在路检测，只有在路检测无法判断其好坏时才采用开路检测。

测量液晶显示器电路中贴片排电阻器的方法如图 4-42 所示。

❶ 首先对排电阻器进行观察，如果有明显烧焦、虚焊等情况，基本可以判定存在故障。如果待测排电阻器外观上没有明显问题，根据排电阻器的标称阻值读出电阻器的阻值，本次测量的排电阻器标称为 103，即它的阻值为 10kΩ，也就是说其 4 个电阻器的阻值都是 10kΩ。

❸ 清洁完毕即可开始测量，根据排电阻器的标称阻值调节万用表的量程。此次被测排电阻器标称阻值为 10kΩ，根据需要将量程选择在 20kΩ。并将黑表笔插入 COM 孔，红表笔插入 VΩ 孔。

❷ 清理待测电阻器各引脚的灰土，如果有锈渍也可以拿细砂纸打磨一下，否则会影响检测结果。清理时不可太过用力，以免将器件损坏。

注意：在路检测贴片排电阻器时，首先要将排电阻器所在的供电电源断开，如果测量主板 CMOS 电路中的排电阻器，还应把 CMOS 电池卸下。

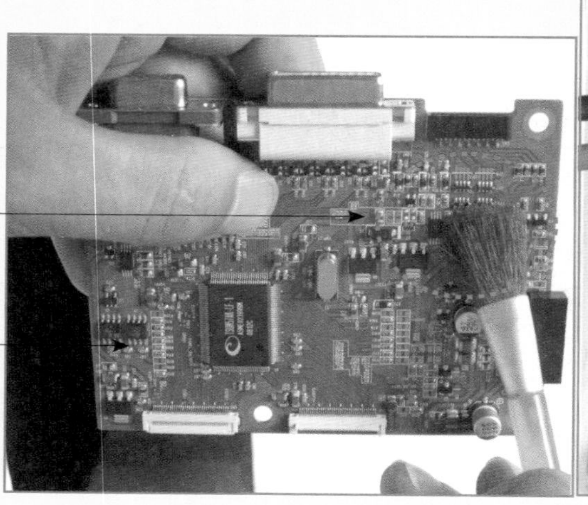

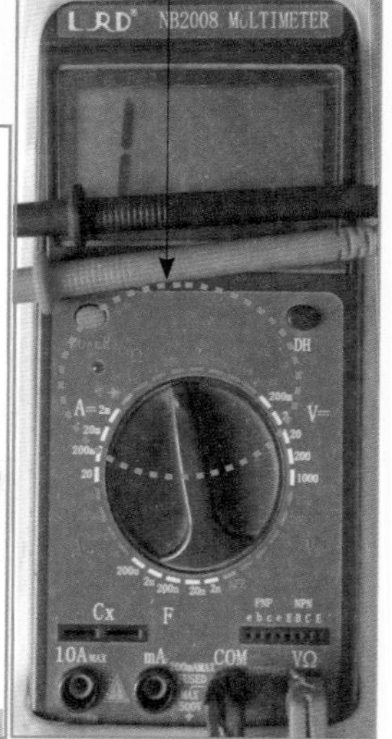

图 4-42　排电阻器的测量

❹ 将万用表的红、黑表笔分别搭在排电阻器第一组（从左侧记为第一，然后顺次下去）对称的焊点上观察万用表显示的数值，记录测量值 9.94。

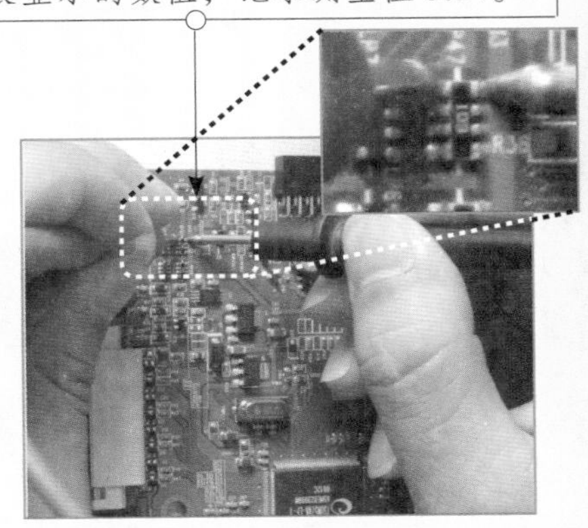

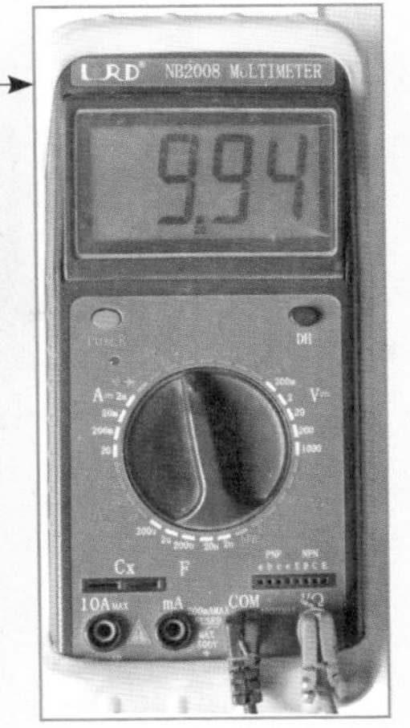

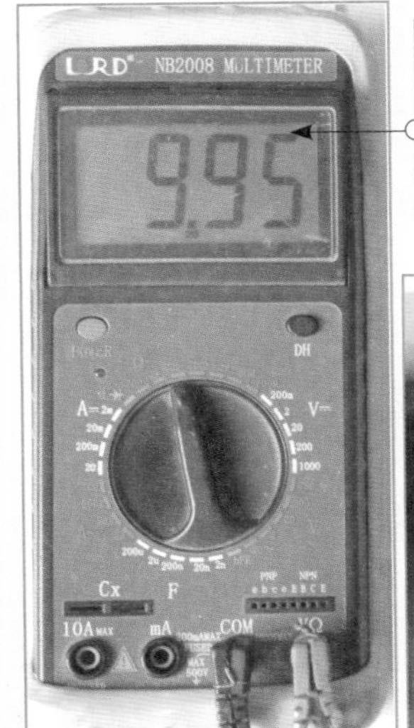

❺ 将红、黑表笔互换位置，再次测量，记录第 2 次测量的值 9.95，取较大值作为参考。

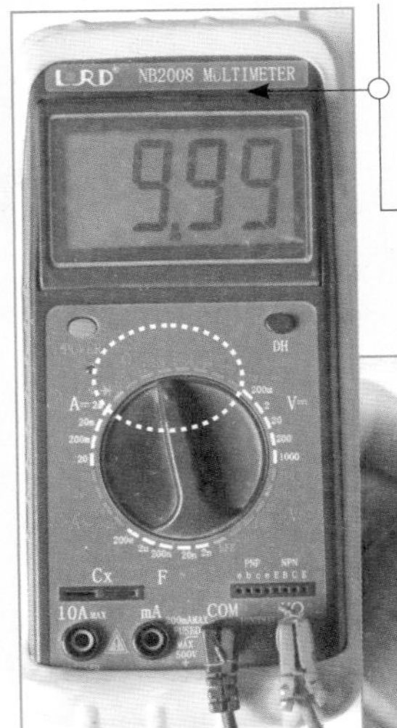

❻ 将万用表的红、黑表笔分别搭在贴片排电阻器第二组的两个脚的焊点上，测量的阻值为 9.99。

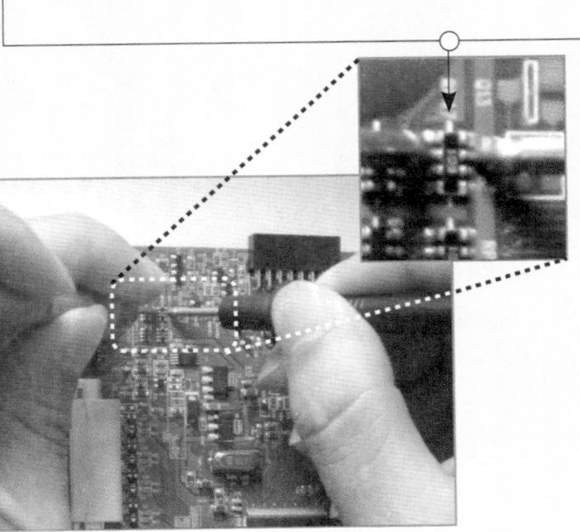

图 4-42　排电阻器的测量（续）

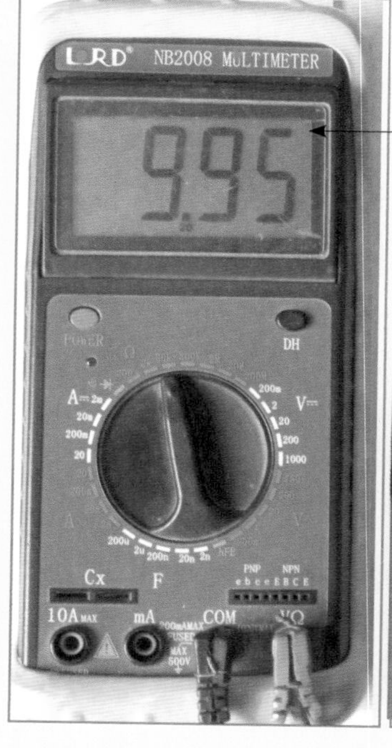

❼ 将万用表的红、黑表笔对调后，再次测量其阻值，测量的阻值为9.95。

❽ 将万用表的红、黑表笔分别搭在贴片排电阻器第三组的两个脚的焊点上，测量的阻值为9.95。

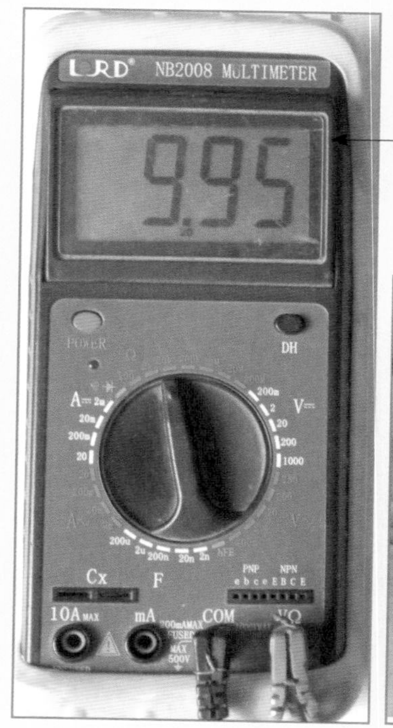

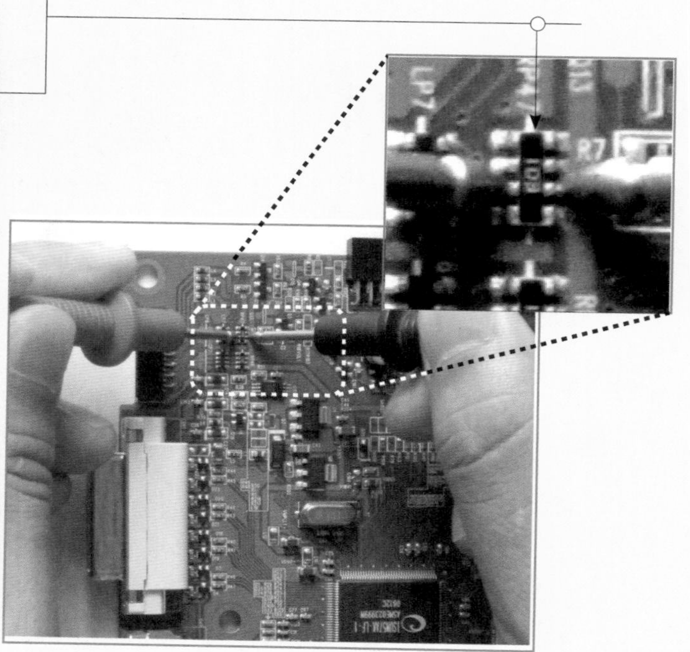

图4-42 排电阻器的测量（续）

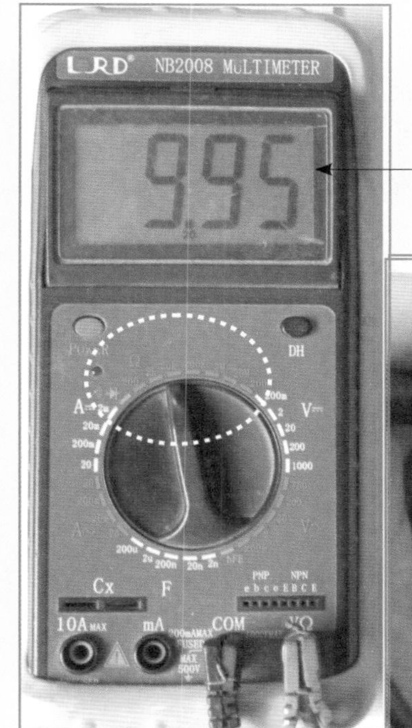

❾ 将万用表的红、黑表笔对调后，再次测量其阻值，测量的阻值为9.95。

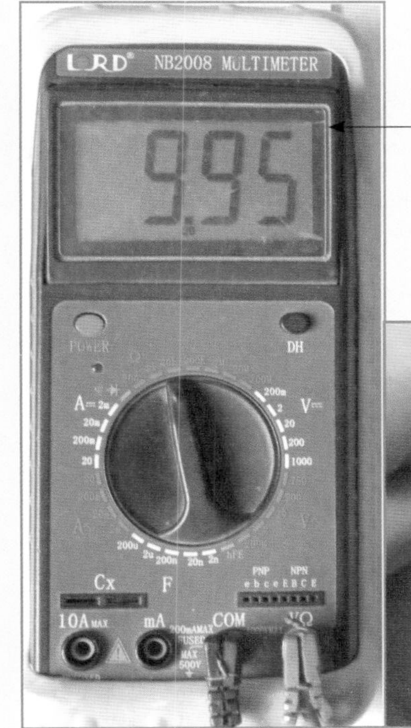

❿ 将万用表的红、黑表笔分别搭在贴片排电阻器第四组的两个脚的焊点上，测量的阻值为9.95。

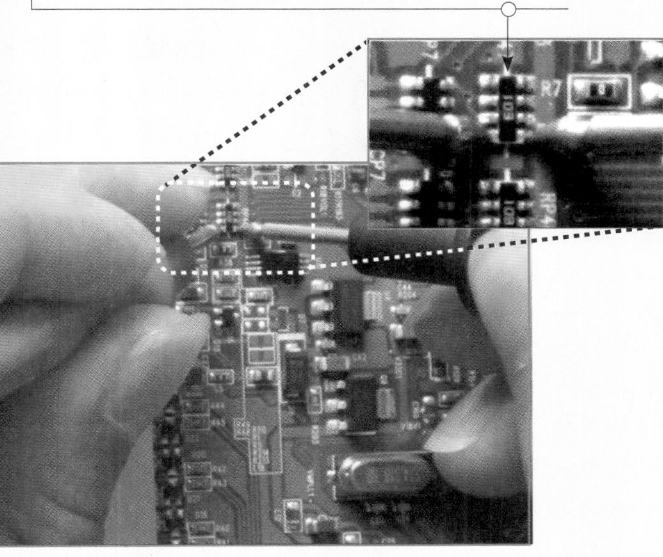

图4-42　排电阻器的测量（续）

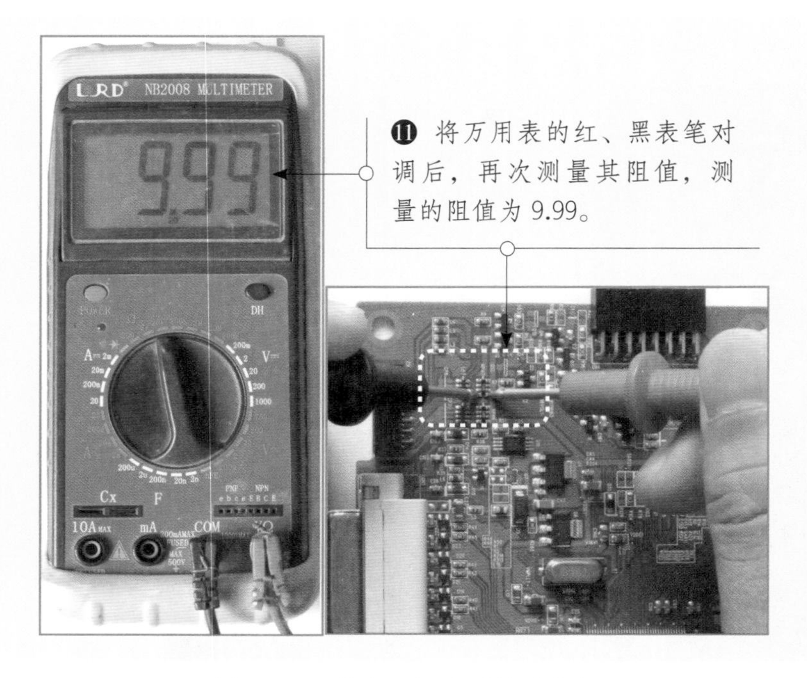
NB2008 MULTIMETER
9.99
⓫ 将万用表的红、黑表笔对调后，再次测量其阻值，测量的阻值为 9.99。

图 4-42　排电阻器的测量（续）

总结：这 4 次测量的阻值分别为 9.95kΩ、9.99kΩ、9.95kΩ、9.99kΩ 与标称阻值 10kΩ 相差不大，因此该排电阻器可以正常使用。

4.11.3 柱状电阻器动手检测实践

有些柱状固定电阻器开路或阻值增大后其表面会有很明显的变化，比如裂痕、引脚断开或颜色变黑，此时通过直观检查法就可以确认其好坏。如果从外观无法判断好坏，则需要用万用表对其进行检测来判断其是否正常。用万用表测量电阻器同样分为在路检测和开路检测两种方法。其中，开路测量一般将电阻器从电路板上取下或悬空一个引脚后对其进行测量。下面用开路检测的方法测量柱状电阻器，如图 4-43 所示。

❶ 记录电阻器的标称阻值，如果是直标法直接根据标注就可以知道电阻的标称阻值，而如果是色环电阻还需根据色环查出该电阻的标称阻值，本次开路测量的电阻器采用的并不是直标法而是色环标注法。该电阻器的色环顺序为红黑黄金，即该电阻器的标称阻值为 200kΩ，允许误差在 ±5%。

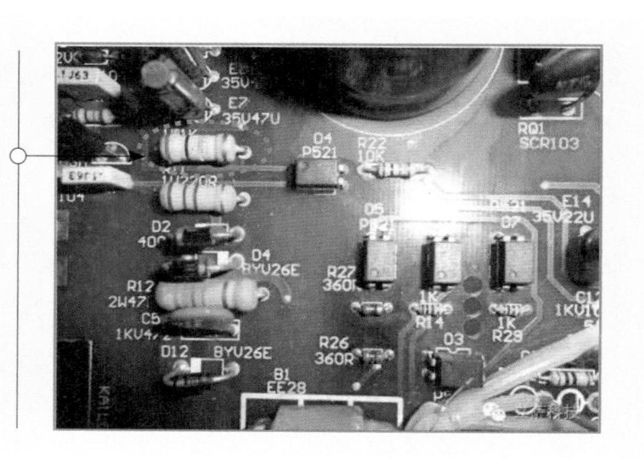

图 4-43　柱状电阻器开路测量

❹ 根据电阻器的标称阻值调节万用表的量程。因为被测电阻器为200kΩ，允许误差在 ±5%，测量结果可能比200kΩ大，所以应选择2M的量程进行测量。测量时，将黑表笔插入COM孔中，红表笔插入VΩ孔。

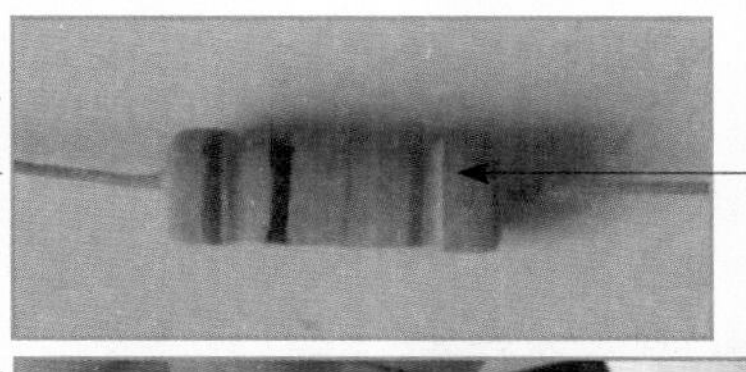

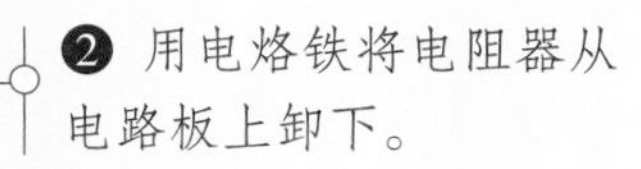

❷ 用电烙铁将电阻器从电路板上卸下。

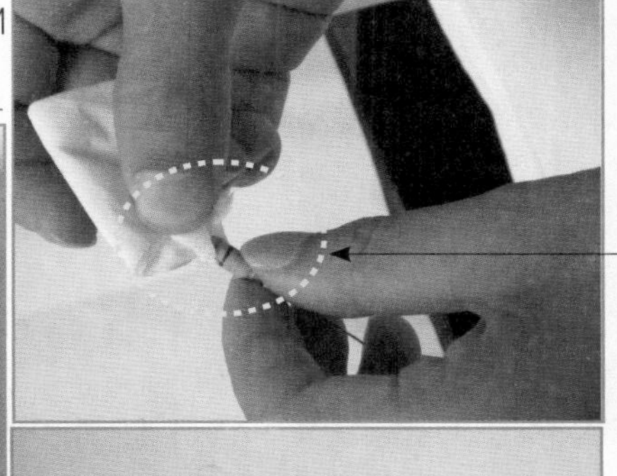

❸ 清理待测电阻器引脚上的灰土，如果有锈渍，拿细砂纸打磨一下，否则会影响检测结果。如果问题不大，拿纸巾轻轻擦拭即可。擦拭时不可太过用力，以免将其引脚折断。

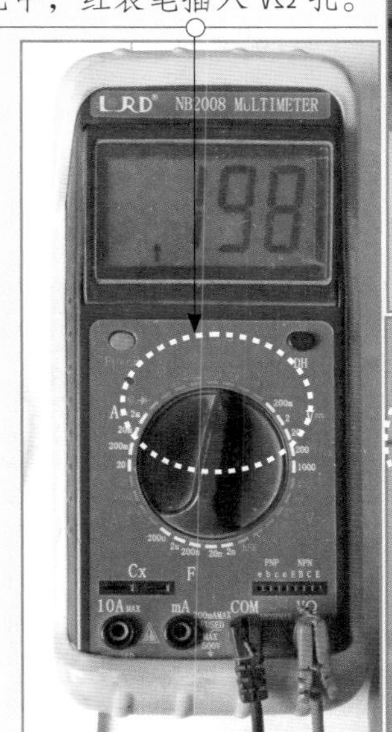

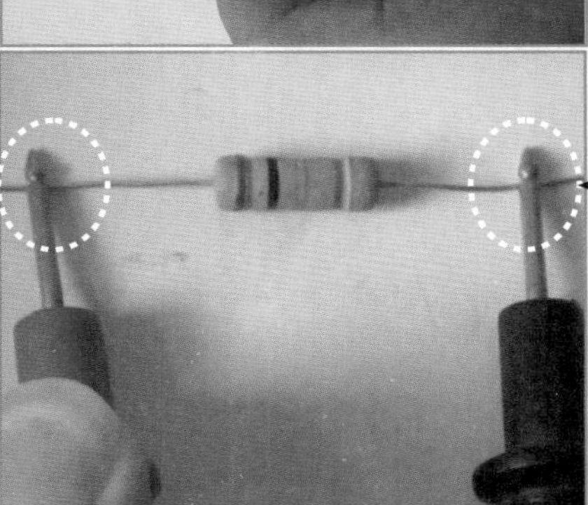

❺ 打开数字万用表电源开关，将万用表的红、黑表笔分别搭在电阻器两端的引脚处，不用考虑极性问题，测量时人体一定不要同时接触两引脚，以免因和电阻器并联而影响测量结果。测量的数值为0.198MΩ。

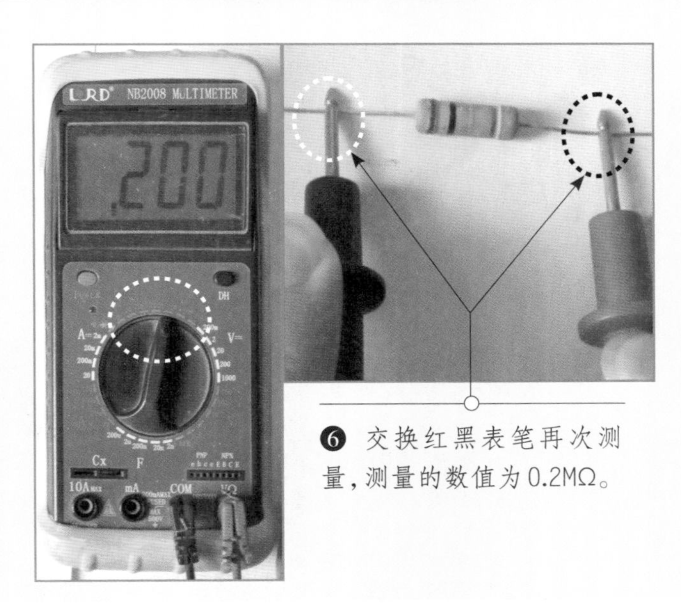

❻ 交换红黑表笔再次测量，测量的数值为0.2MΩ。

图 4-43 柱状电阻器开路测量（续）

总结：取较大的数值作为参考，这里取“0.2M”，0.2MΩ=200kΩ。该值与标称阻值一致，因此可以断定该电阻器可以正常使用。

4.11.4 熔断电阻器动手检测实践

熔断电阻器一般有贴片熔断电阻器和直插式熔断电阻器两种。熔断电阻器的检测一般采用在路检测，只有很少的时候需要开路检测。下面用实例讲解其测量方法，如图 4-44 所示。

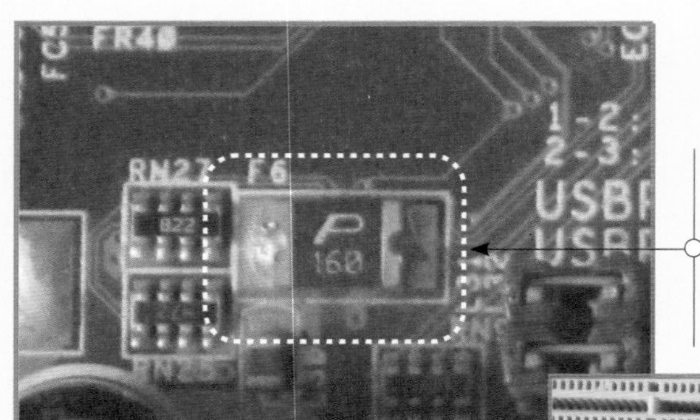

❶ 首先断开供电电源，观察熔断电阻器，看其是否损坏，有无烧焦、虚焊等情况，如果有，则熔断电阻器已经损坏。

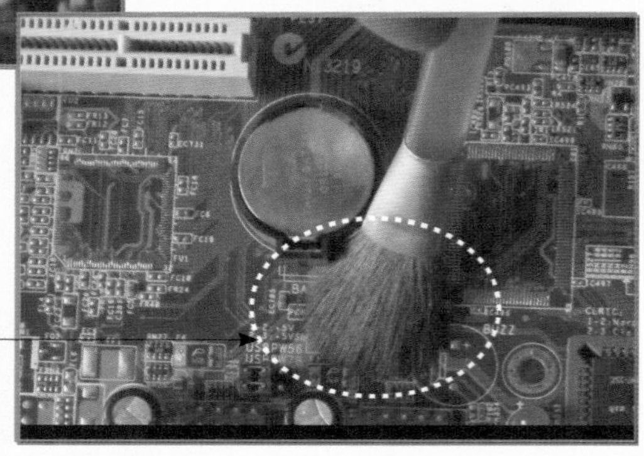

❷ 将熔断电阻器两端焊点及其周围清除干净，去除灰尘和氧化层，准备测量。

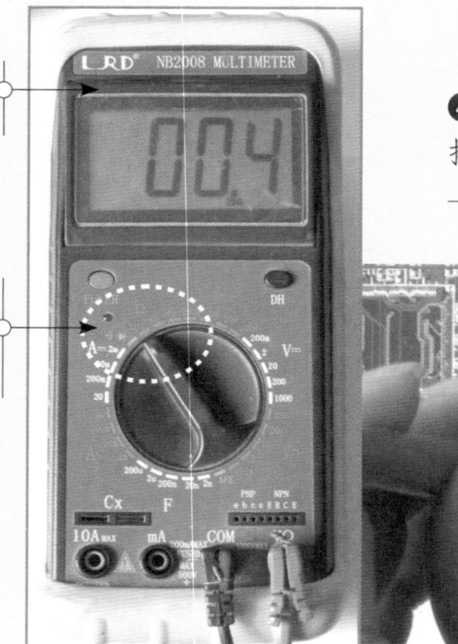

❺ 观察测量的数值为 0.4。

❸ 选择数字万用表欧姆挡的 200 挡测量。

❹ 将万用表的红、黑表笔分别搭在熔断电阻器两端焊点处。

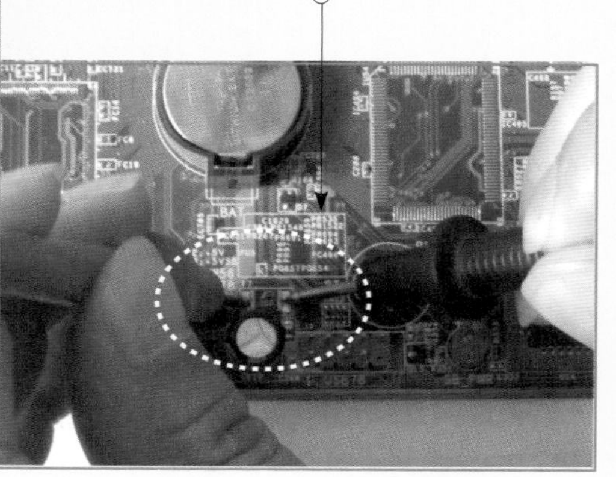

图 4-44 熔断电阻器的检测

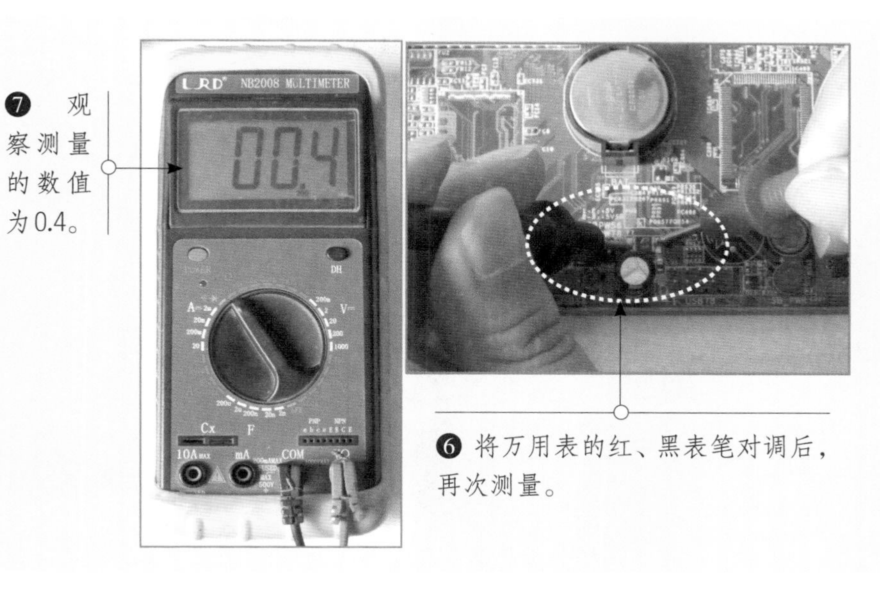

❼ 观察测量的数值为0.4。
❻ 将万用表的红、黑表笔对调后，再次测量。

图 4-44　熔断电阻器的检测（续）

总结：取两次测量结果均为 0.4Ω，与标称值 0Ω 进行比较。由于 0.4Ω 非常接近于 0Ω，因此该熔断电阻器基本正常。

提示：如果两次测量结果熔断电阻器的阻值均为无穷大，则熔断电阻器已损坏；如果测量熔断电阻器的阻值较大，则需要采用开路检测进一步检测熔断电阻器的质量。

4.11.5 压敏电阻器动手检测实践

压敏电阻器主要用于电气设备交流输入端，用作过电压保护。当输入电压过高时，其阻值将减小，使串联在输入电路中的熔断管熔断，切断输入，从而保护电气设备。

压敏电阻器损坏后，其表面会有很明显的变化，比如颜色变黑等，此时通过直观检查法就可以确认其好坏。如果从外观无法判断好坏，则用万用表对其进行检测。其检测过程如图 4-45 所示。

❶ 将电路板的电源断开，然后观察压敏电阻器是否损坏，有无烧焦发黑、有无开裂、有无引脚断裂或虚焊等情况。如果有，则压敏电阻器损坏。

图 4-45　测量压敏电阻器

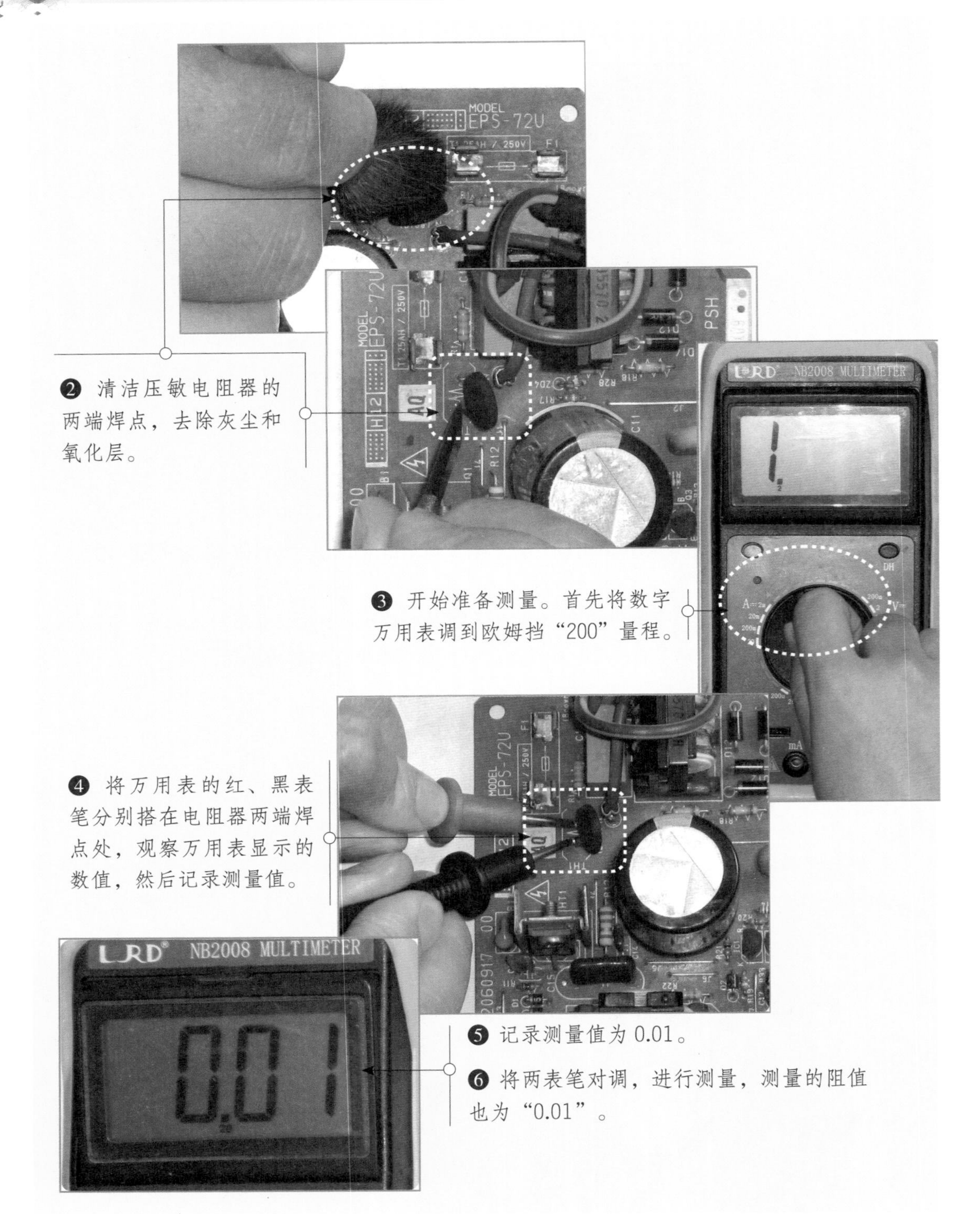

MODEL
EPS-72U
❷ 清洁压敏电阻器的两端焊点，去除灰尘和氧化层。
NB2008 MULTIMETER
❸ 开始准备测量。首先将数字万用表调到欧姆挡“200”量程。
❹ 将万用表的红、黑表笔分别搭在电阻器两端焊点处，观察万用表显示的数值，然后记录测量值。
NB2008 MULTIMETER
0.01
❺ 记录测量值为 0.01。
❻ 将两表笔对调，进行测量，测量的阻值也为“0.01”。

图 4-45　测量压敏电阻器（续）

总结：由于 0.01Ω 接近于 0Ω，因此可以判断此压敏电阻器正常。

4.11.6 热敏电阻器动手检测实践

主板中的热敏电阻器主要用在 CPU 插座附近，用来检测 CPU 的工作温度，此热敏电阻器一般为 NTC 负温度系数热敏电阻器。

检测此热敏电阻器时，需要同时给电阻器加热，同时观察电阻器阻值的变化。热敏电阻器的测量方法如图 4-46 所示。

❶ 将主板的电源断开，然后对热敏电阻器进行观察，看待测热敏电阻器是否损坏，有无烧焦、有无引脚断裂或虚焊等情况。如果有，则热敏电阻器损坏。

❷ 清洁热敏电阻器的两端焊点，去除灰尘和氧化层，并保证热敏电阻器处于常温状态。

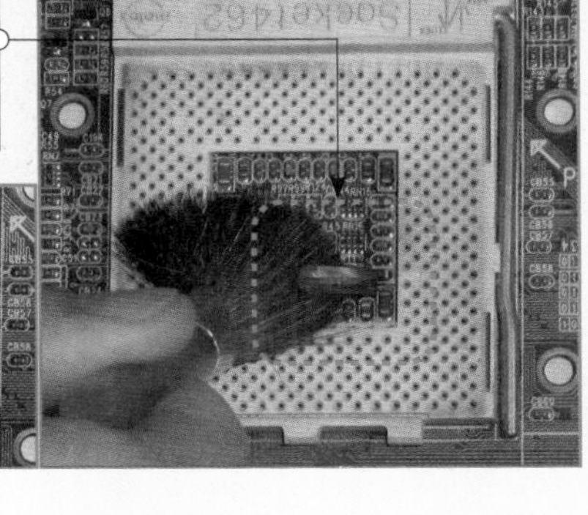

❸ 将数字万用表调到欧姆挡“20k”挡（根据热敏电阻器的标称阻值调），然后将万用表的红、黑表笔分别搭在热敏电阻器两端焊点处。

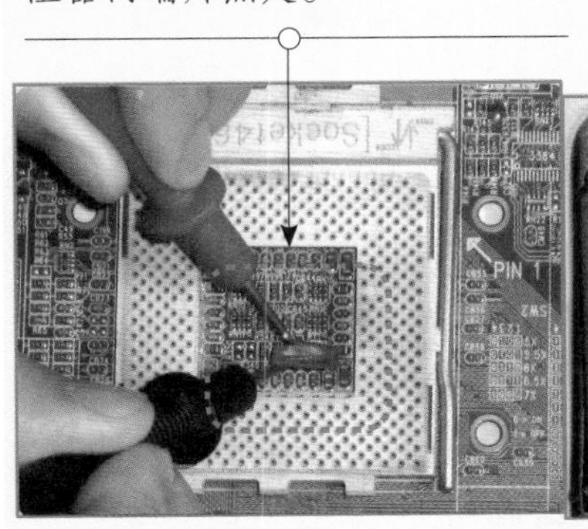

❹ 观察万用表显示的数值，记录常温下的阻值为 7.34kΩ。

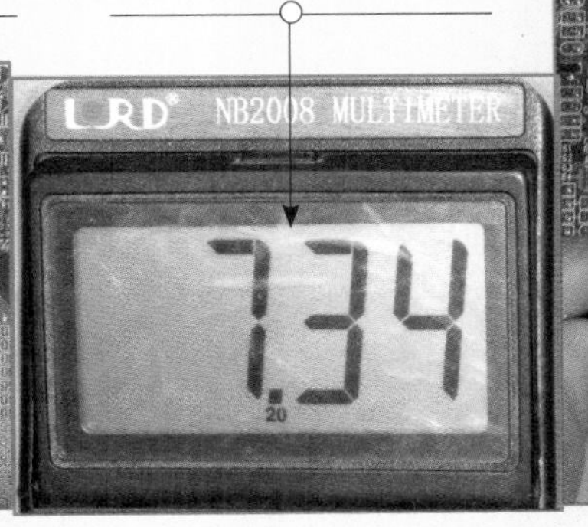

❺ 将加热的电烙铁靠近热敏电阻器给它加温。注意，电烙铁加热时不要将烙铁紧挨电阻器，以免烫坏热敏电阻器。

图 4-46 测量热敏电阻器

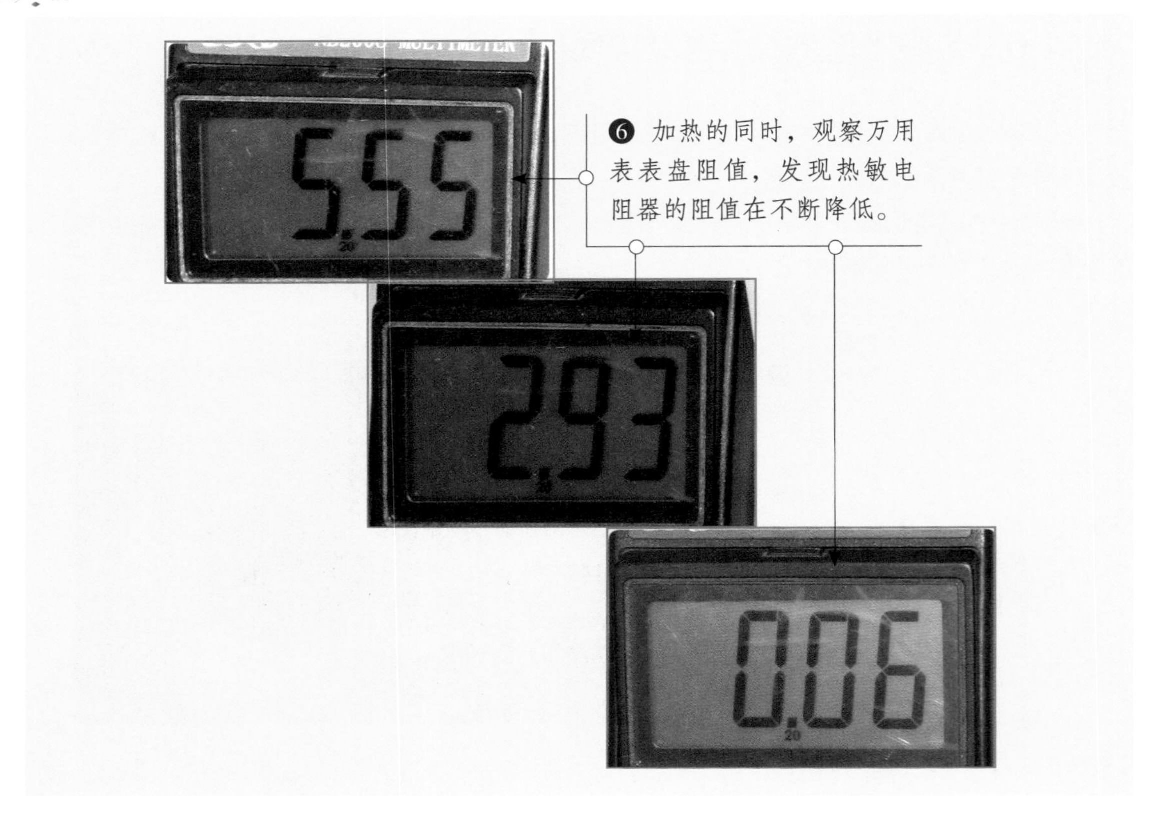

5.55
2.93
0.06
❻ 加热的同时，观察万用表表盘阻值，发现热敏电阻器的阻值在不断降低。

图 4-46　测量热敏电阻器（续）

总结：由于常温下测量的热敏电阻器的阻值比温度升高后的阻值大，说明该热敏电阻器属于负温度系数热敏电阻器，其工作正常。

提示：如果温度升高后所测得的热敏电阻器的阻值与正常温度下所测得的阻值相等或相近，则说明该热敏电阻器性能失常；如果待测热敏电阻器工作正常，并且在正常温度下测得的阻值与标称阻值相等或相近，则说明该热敏电阻器无故障；如果正常温度下测得的阻值趋近于 0 或趋近于无穷大，则可以断定该热敏电阻器已损坏。

4.11.7 电阻器检测经验总结

经验一：用万用表测量电阻器分为在路检测和开路检测两种方法。其中，开路测量一般将电阻器从电路板上取下或悬空一个引脚后对其进行测量。

经验二：在检测熔断电阻器时，如果两次测量结果熔断电阻器的阻值均为无穷大，则熔断电阻器已损坏；如果测量熔断电阻器的阻值较大，则采用开路检测进一步检测熔断电阻器的质量。

经验三：在用指针万用表检测电阻器时，首先选择合适的欧姆挡，然后进行调零后再进行测量。

第5章 电位器让控制随心所欲

通常我们在收音机、音箱、功放及一些控制设备中会看到调节音量的旋钮，这些旋钮连接的就是电位器。电位器的作用是调节电压和电流的大小，要掌握电位器的维修检测方法，首先要掌握各种电位器的构造、特性、参数、标注规则等基本知识，然后还需掌握电位器在电路中的应用特点，电位器好坏检测、代换方法等内容，本章将一一进行讲解。

5.1 电位器的构造和作用

电位器是具有3个引出端、阻值可按某种变化规律调节的电阻元器件。电位器可以采用不同的电阻元器件，做成不同的物理形式。一些电位器被设计成通过控制旋钮经常手动调节的电位器，另一些则被设计成偶尔用旋具微调一个电路的电位器。

5.1.1 电位器构造及原理

电位器实际上是一个可变电阻器，它是一种可调的电子元器件，由一个电阻体和一个转动或滑动系统组成，如图5-1所示。

当电阻体的两个固定触点之间外加一个电压时，通过转动系统改变触点在电阻体上的位置，达到改变电阻体有效部位的电阻值，从而改变输出电压。电位器适用于电阻值经常调整且要求电阻值稳定可靠的场合。

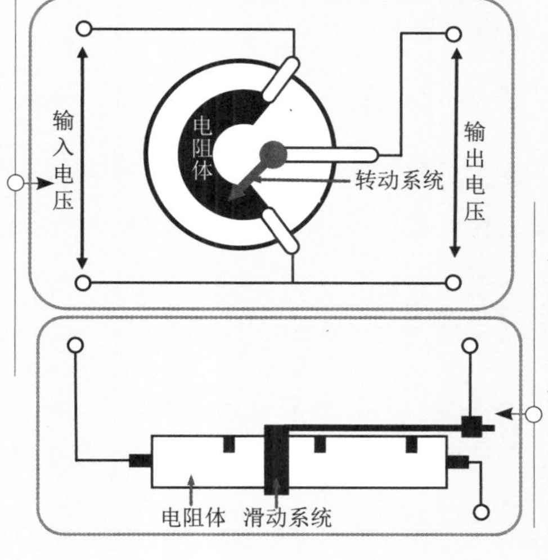

当电位器外加一个电压时，通过滑动系统改变触点在电阻体上的位置，达到改变电阻体有效部位的电阻值，从而改变输出电压。

图5-1　电位器原理图

5.1.2 电位器的主要作用

电位器的主要用途是在电路中用作分压器或变阻器，用来调节电压（含直流电压与交流电压）和电流的大小。在收音机中用作音量、音调控制，在电视机中用作音量、亮度、对比度控制等，如图 5-2 所示。

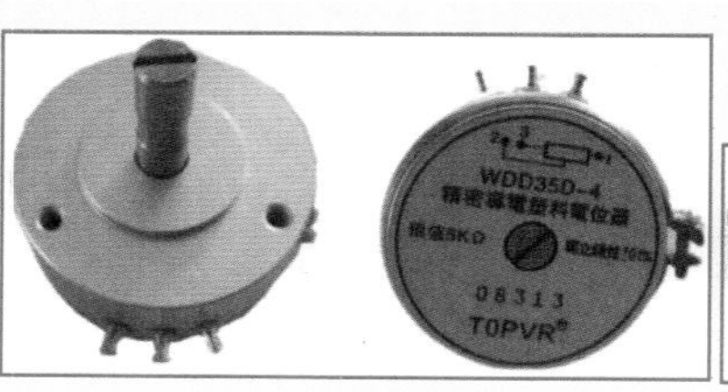

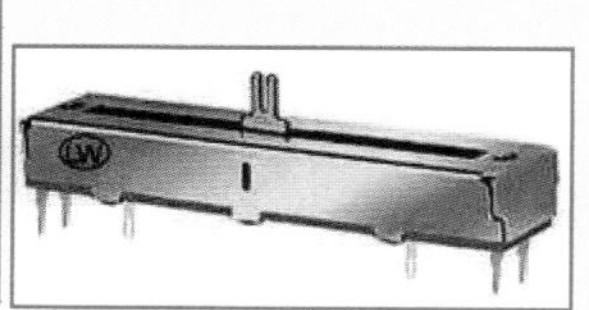

图 5-2 常见的电位器实物

1．电位器的调压作用

电位器的本质是一个阻值连续可调的电阻器，当调节电位器的调节旋钮或滑柄时，动触点在电阻体上滑动。此时，电位器的输出电压因电阻体的有效阻值发生改变而改变。也就是说，通过对电位器内部有效阻值的调节，可起到对输出电压的调节作用。

例如，电视机、录音机中的音量控制电位器，吊扇的转速控制电位，都是电位器调压作用的实际体现。

2．电位器用作变阻器

电位器在用作变阻器时，接入上要稍做改变，应把它接成两端器件（一端接电阻体，另一端接旋钮或滑柄连接的输出端），这样在电位器的行程范围内，即可获得一个平滑连续变化的电阻值。

3．电位器用作电流控制器

当电位器作为电流控制器使用时，其中一个选定的电流输出端必须是滑动触点引出端。方法同用作变阻器时的接法。本质上说，电位器用作电流控制器就是利用电位器可用作变阻器的延伸。

5.2 电位器的符号和主要指标

了解电位器的符号及参数指标，可以在复杂的电路图中分辨出各种不同的电位器，并明白标注的参数所表达的意义，对于我们分析电路很有用处。下面本节将讲解电位器的符号和性能指标。

5.2.1 电位器的图形及文字符号

电位器是电子电路中最常用的电子元器件之一，一般用字母“RP”表示。电位器的电路图形符号如图 5-3 所示。

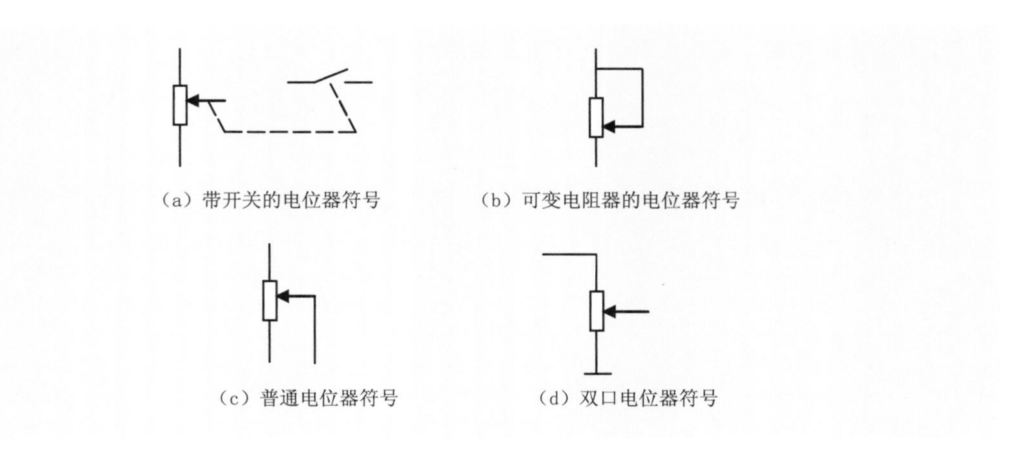

图 5-3 电位器图形符号

5.2.2 电位器的主要指标

电位器在工作电路中起着十分重要的作用，了解电位器的主要指标将有助于人们更好地解决与电位器相关的故障。电位器的主要指标有：标称阻值、额定功率、阻值变化规律、额定工作电压和动噪声。

1. 标称阻值

标称阻值通常是指电位器上标注的电阻值，它等于电阻体两个固定端之间的电阻值。电阻值的基本单位是欧姆，用“Ω”表示。在实际应用中，还常用千欧（kΩ）和兆欧（MΩ）来表示。

2. 额定功率

电位器的额定功率是指在标准大气压和一定的环境温度下，在交流电路或直流电路中电位器连续正常工作不改变其性能所允许的最大功率。功率用 P 表示，单位为瓦特（W）。

3. 电阻值变化规律

电阻值变化规律是指作为分压器使用时，输出电压与电位器的旋转角度的对应关系。电路中常见电位器的电阻值变化规律有线性变化型、指数变化型和对数变化型。

（1）线性变化型电位器是导体介质分布均匀的一种电阻值，其电阻值与电阻体长度成正比，多用于电路中的分压。此种电位器常用字母 A 表示。

(2)指数变化型电位器是导体介质分布并不均匀的一种电阻体。起初转动时阻值的变化会比较小，随着角度的增大，阻值的变化也会比较大，与电位器的旋转角度呈指数对应关系，多用于对音量的调节。此种电位器常用 B 表示。

(3)对数变化型电位器同样是对电阻体材料分布进行特别处理制成的，在刚开始旋转对数变化型电位器的旋钮时，阻值的变化很大，而当转动角度继续增大时，阻值的变化却较小，与电位器的旋转角度呈对数关系。此种电位器常用 C 表示。

4. 额定工作电压

电位器的额定电压是指在标准大气压和一定的环境温度下，电位器能长期可靠地进行工作所能承受的最大工作电压。工作电路中的实际电压应不高于电位器额定电压，以免事故的发生。

5. 动噪声

动噪声是指电位器在外加电压的作用下，其动触点在电阻体上滑动时产生的电噪声。噪声的大小与接触点和电阻体之间的接触状态、旋钮旋转速度、电阻体电阻率的不均匀变化以及外加电压的稳定性等有关。

5.3 电位器的命名规则及标注规则

当我们观察电位器时，如果要快速了解其性能，那么掌握其命名规则和标注规则就变得非常重要；除此之外，轻松识别各种电位器上标注的参数，还可以帮我们更精准地维修代换电位器。

5.3.1 电位器的命名

国产电位器型号命名一般由四部分构成，依次分别代表名称、材料、分类和序号，如图 5-4 所示。

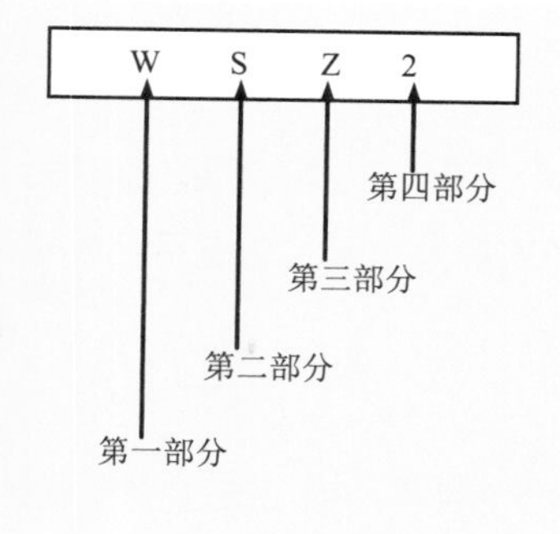

图 5-4 电位器命名示意

第一部分为名称，电位器用 W 表示。

第二部分为电阻体材料，S 表示有机实心。

第三部分为分类，Z 表示直滑式低功率。

第四部分为序号，2 表示同类产品的序列号。

可见，WSZ2 为第 2 类直滑式低功率有机实心电位器。

为了方便读者查阅，表 5-1 和表 5-2 分别列出了电阻体材料符号意义对照和电位器类别符号意义对照。

表 5-1　电阻体材料符号意义对照

符　　号	材　　料	符　　号	材　　料
D	导电材料	N	无机实心
F	复合膜	S	有机实心
H	合成碳膜	X	线绕
I	玻璃轴膜	Y	氧化膜
J	金属膜		

表 5-2　电位器类别符号意义对照

符　　号	类　　别	符　　号	类　　别
B	片式类	P	旋转功率类
D	多圈旋转精密类	T	特殊类
H	组合类	W	螺杆驱动预调类
G	高压类	X	旋转低功率类
J	单圈旋转精密类	Y	旋转预调类
M	直滑式	Z	直滑式低功率类

5.3.2 电位器的标注规则

电位器的标注一般都采取直标法，用字母和数字直接标注在电位器上，一般标注的内容有电位器的型号、标称阻值和额定功率等。有时电位器还将电位器的输出特性的代号（其中，Z 表示指数、D 表示对数、X 表示线性）标注出来。如图 5-5 所示，该电位器采用直标法分别标出了电位器的型号和标称阻值。

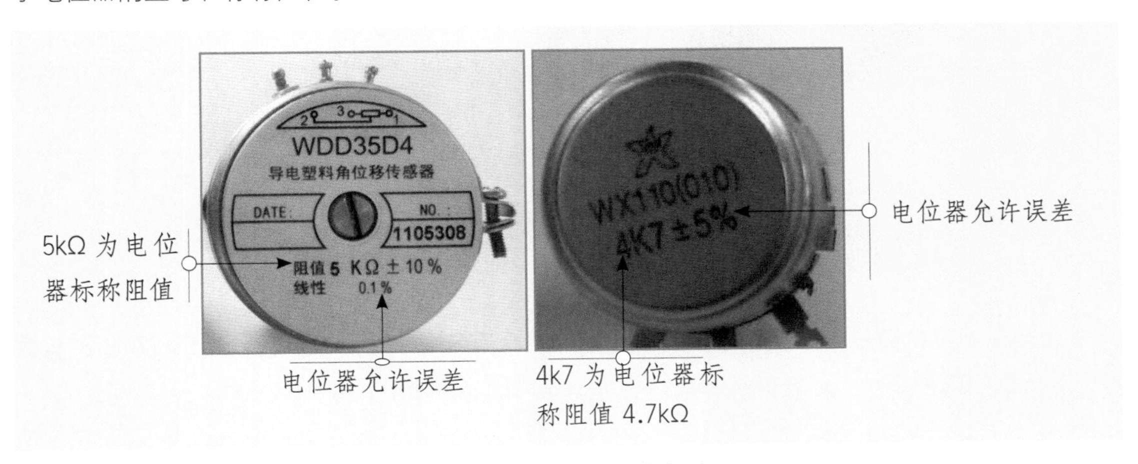

图 5-5　电位器的直标法

5.4 常见的电位器

电位器的种类很多，常见的电位器包括直滑式电位器、线绕电位器、合成碳膜电位器、实芯电位器、金属膜电位器、单联电位器与双联电位器等。

5.4.1 直滑式电位器

直滑式电位器是一种采用直接滑动方式改变阻值大小的电位器，一般用于对音量的控制。图 5-6 所示为一直滑式电位器。

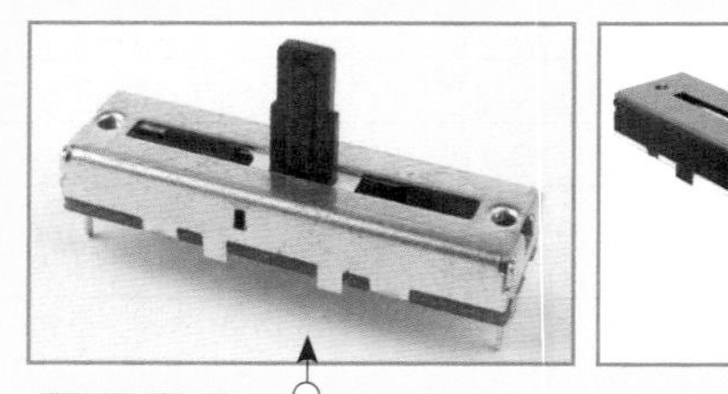
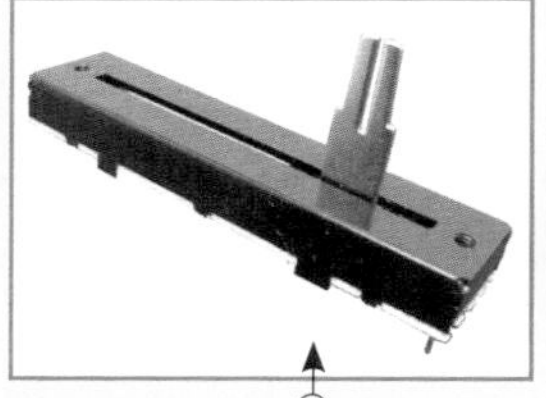
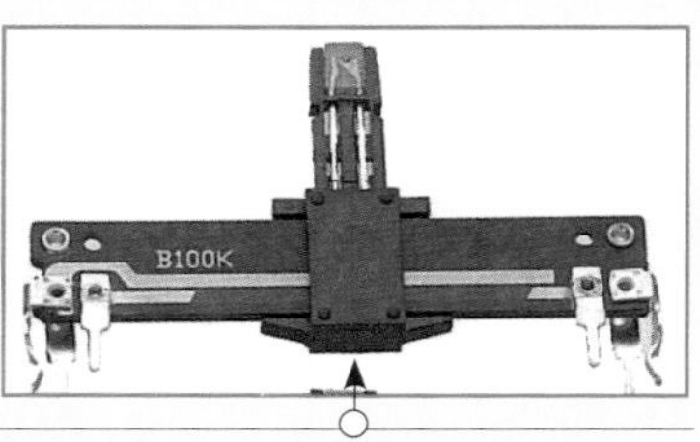

滑动拨杆即改变阻值，电压跟着电阻一起改变，从而达到对音量的调控。

图 5-6　直滑式电位器

5.4.2 线绕电位器

线绕电位器是用康铜丝和镍铬合金丝绕在一个环状支架上制成的。图 5-7 所示为线绕电位器。

线绕电位器用途广泛，可制成普通型、精密型和微调型电位器，且额定功率做得比较大，电阻的温度系数小、噪声低、耐高压、稳定性好。

图 5-7　线绕电位器

5.4.3 合成碳膜电位器

合成碳膜电位器是目前使用最多的一种电位器，其电阻体是用炭黑、石墨、石英粉、有机黏合剂等配制的悬浮液，涂在胶纸板或纤维板上制成的。其外形如图 5-8 所示。

合成碳膜电位器阻值变化范围大、分辨率高、使用寿命长、价格低廉，但对温度和湿度的适应性差、滑动噪声大，比较常见的有片状可调电位器和小型精密合成碳膜电位器。

图 5-8　合成碳膜电位器

5.4.4 实芯电位器

实芯电位器中比较常见的是有机实芯电位器，是用石英粉、炭黑、石墨、有机黏合剂等材料混合加热后压在塑料基体上，再经加热聚合制成的；其外形如图 5-9 所示。

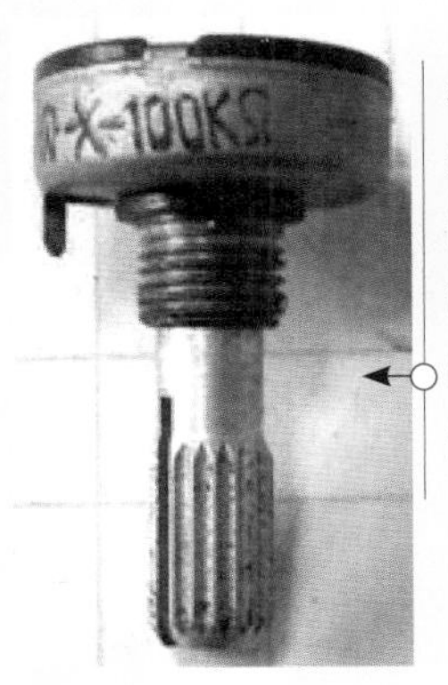

有机实芯电位器可靠性高、体积小、阻值范围宽、耐磨耐热能力强；但是耐压低、噪声大、温度系数高。

图 5-9　实芯电位器

5.4.5 金属膜电位器

金属膜电位器的电阻体采用真空技术沉积技术，将合金膜、金属复合膜、金属氧化膜、氧化钽膜材料沉淀在陶瓷基体上制成。图 5-10 所示为常见的金属膜电位器。

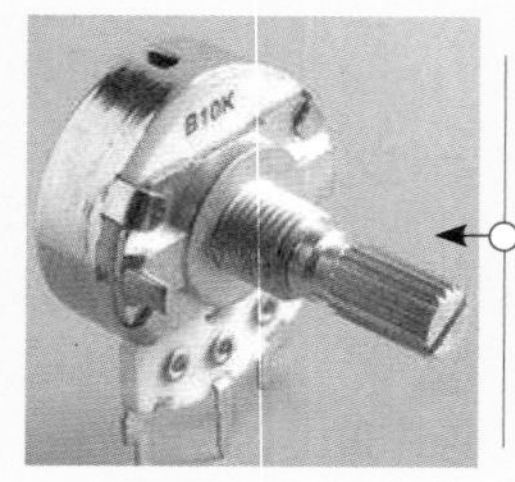

金属膜电位器分辨率高、耐高温、平滑性好、温度系数小、噪声小；但其阻值范围变换较窄，价格较贵，耐磨性也不是很好。

图 5-10　金属膜电位器

5.4.6 单联电位器与双联电位器

单联电位器由一个独立的转轴控制一组电位器，如图 5-11 所示。双联电位器通常是将两个规格相同的电位器装在同一转轴上，调节转轴时，两个电位器的滑动触点同步转动，也有部分双联电位器为异步异轴，如图 5-12 所示。

单联电位器一般用在单声道收音机等设备中。

图 5-11　单联电位器

双联电位器一般用于高级收音机、电视机、录音机中，作音量控制之用。

图 5-12　双联电位器

5.5 电位器应用电路分析

了解了常用电位器，我们再来分析一下电位器是如何在电路中体现其作用；音量控制电路和光线控制电路刚好可以满足我们的要求。

5.5.1 双声道音量控制电位器电路分析

图 5-13 所示为双声道音量控制电路，RP_1 和 RP_2 分别是左右声道的音量控制电位器，且同轴。当转柄转动时左右声道音量同步改变，且量相等。双声道中要求左右放大器工作状态要始终保持一致，所以这种同轴电位器就是最佳的选择。

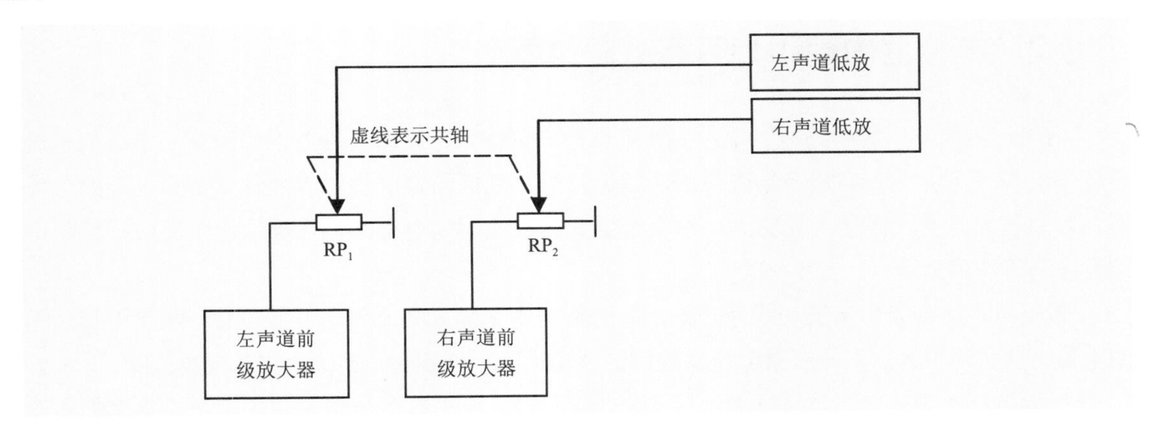

图 5-13　双声道音量控制电路

5.5.2 台灯光线控制电位器电路分析

图 5-14 所示为台灯光线控制电位器电路，RP 为该电路的控制电位器。当旋转电位器的旋钮时，输出电压随着电阻体的改变而改变，进而改变输出电流，以达到调控光线的作用。

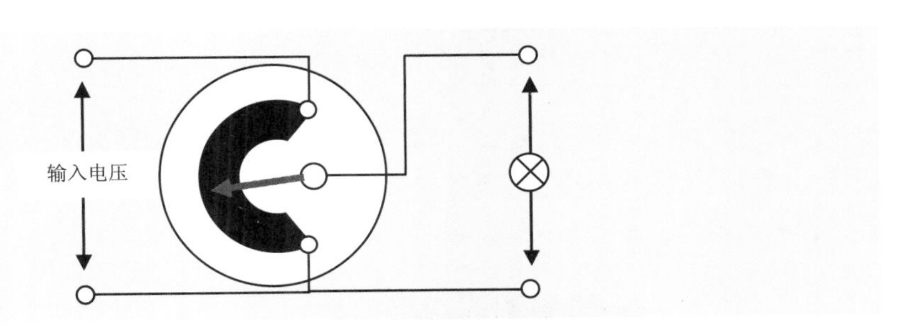

图 5-14　台灯光线控制电位器电路

5.6 电位器电路常见故障详解

电位器常见的故障有转动噪声大、引脚内部断路等；下面我们分析这两种故障的产生原因和检测方法。

5.6.1 电位器转动噪声大故障分析

一般音量电位器或音调电位器使用一段时间后，或多或少都会出现转动噪声大的故障，转动噪声大的主要原因是由于电阻体碳膜的磨损。碳膜磨损后使动片触点与电阻体之间接触不良，电阻值忽小忽大，输出电压跟着受到影响，从而产生“嗞嗞”的声响。在用万用表对电位器进行检测时，会发现指针有跳跃现象。

5.6.2 电位器内部引脚开路故障维修

当电位器内部引脚断路时，电位器将不再起任何作用，旋转转轴或推动滑柄时电路的电流电压不会有任何变化。当用万用表检测两固定引脚之间或固定引脚与滑动触点引脚之间的阻值时，其阻值为无穷大或接近无穷大。对于音量电位器控制的声道而言，电位器内部引脚开路可能会出现无声的故障。

碳膜电阻体会因过电流烧毁而开路，此时检测两引脚之间或固定引脚与滑动触点引脚之间的阻值时会呈无穷大。对于音量电位器控制的声道而言，碳膜烧毁开路会出现无声故障。

引脚内部断路或电阻体烧坏而造成开路的电位器，一般很难修理，可采用直接更换的方法解决故障问题。

5.7 电位器的检测方法

各种电位器的检测方法大同小异，主要思路是检测电位器内部电阻的阻值，同时旋转电位器旋钮，通过观察其阻值的变化来判断电位器的好坏。

5.7.1 普通电位器的检测方法

测量时，根据标称阻值的大小选用万用表适合的电阻挡，将两表笔分别接在电位器的两个固定引脚焊片上（没有极性要求），测量电位器的总阻值是否与标称阻值相同或在标称阻值允许的误差范围内，如图 5-15 所示。

第 1 步：将万用表挡位调到欧姆挡的 R×1 挡，并进行调零。

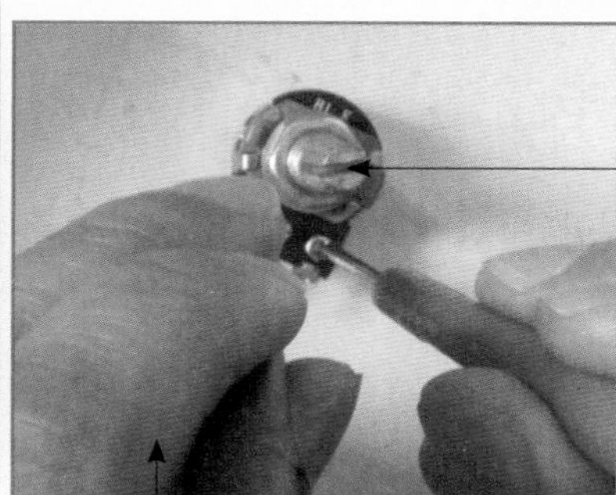

第 2 步：将两表笔分别接在电位器开关的两个外接焊片上，接通电位器开关进行测量。

判断：如果测出电位器的阻值为无穷大或远大于、远小于标称阻值，说明电位器存在开路或变值已不适合再度使用。

图 5-15　普通电位器的检测

测量完标称阻值后要对电位器的稳定性进行检测，将其中一支表笔与电位器中心头相接，另一支表笔接在固定端中的任一端（无论接哪一端都不会对检测造成影响）。慢慢旋转电位器旋钮，使旋钮从其中一端旋转到另一端，观察万用表指针变化。

正常情况下，万用表指针应按照一定规律发生改变，或是线性变化型，或是指数变化型，以及对数变化型。需要结合电位器给定的线性变化规律做出判断。直滑式电位器的检测方法与此相同。

5.7.2 带开关电位器的检测方法

对于带开关的电位器，首先用检测普通电位器的方法对电位器主体进行监测，经过以上检测后还应对开关进行检测。选用万用表的 R×1 挡，将两表笔分别接在电位器开关的两个外接焊片上。接通开关，此时万用表显示的阻值应由无穷大变为零。断开开关后，阻值会由零变回无穷大。若非如此，则说明电位器的开关已损坏。

此外，还要对开关的灵活性进行检测，接通或断开开关时应有清脆的“咔哒”声，且旋动或按压阻力应恒定，不应有松动。

5.7.3 双连同轴电位器的检测方法

用普通电位器的检测方法分别检测两个电位器，查看其阻值是否和标称阻值一致，且做好旋动角度与阻值变化的记录。双连同轴电位器的标称阻值应相同，且旋转相同的角度阻值变化应相同；否则说明该双连同轴电位器性能不佳，不宜使用。

5.8 电位器的选配代换方法

不同的电位器有着不同的使用要求，这是电位器代换的首要原则；其次相同的参数指标和阻值线性变化规律也是电位器选配代换时要着重考虑的。

1．根据使用要求选用电位器

电位器损坏严重时，要更换新品，可根据应用电路的具体要求来选择电位器的电阻体材料、结构、类型、规格、调节方式。

比如，计算机中的电位器一般选用贴片式多圈电位器或单圈电位器，而音响系统的音调控制多采用直滑式电位器。

2．合理选择电位器的参数

根据电路要求和设备要求选好电位器的规格和类型后，还要根据实际情况合理选择电位器参数，让额定功率、标称阻值、允许误差、分辨率、最高工作电压、动噪声等完全符合要求。

3．根据阻值变化规律选用电位器

电位器阻值的变化规律有线性变化型、指数变化型和对数变化型，应选择和原电位器拥有相同的线性变化规律的新品。

5.9 电位器动手检测实践

前面内容主要学习了电位器的基本知识、应用电路、故障判断及检测思路等；本节将主要通过各种电位器的检测实战来讲解电位器的检修方法。

5.9.1 指针万用表检测电位器实践

开路法检测电位器是指将电位器从电路板上拆下，然后进行检测的方法。该方法的优点是可以排除电路板上其他元器件对测量造成的影响，只是操作起来比较麻烦。

开路法检测电位器的具体方法如图 5-16 所示。

❶ 观察电位器的外观，看其是否有焦黑、虚焊、引脚断裂等明显损坏。如果有，则电位器可能已经损坏。经检查本次检测的电位器外观基本正常。

❷ 对电位器的各引脚进行清洁，以保证测量的准确性。拿纸巾对各引脚轻轻擦拭即可。

❸ 根据电位器的标称阻值，选择适当的挡位。将万用表的功能旋钮旋至 R×100 挡，然后将两表笔短接，并旋转调零按钮进行调零。

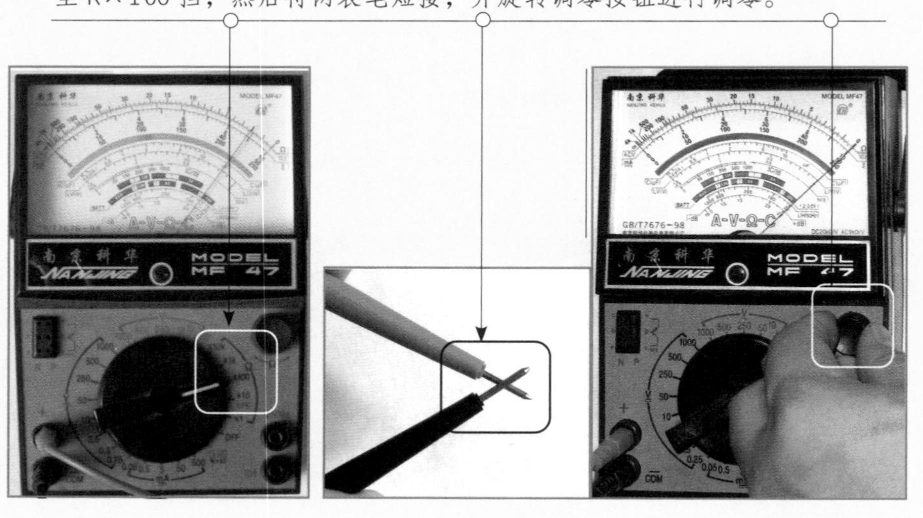

图 5-16　测量电位器阻值

❹ 将万用表的红、黑表笔分别搭在电位器两个定片的引脚上（无极性限制），测得阻值为“9.8×100Ω”，与最大标称阻值基本接近。但此时，并不能说明该电位器真的就没有问题，还需要进一步进行测量。如果此时测得的阻值与标称阻值相差较大，则说明该电位器已经出现故障。

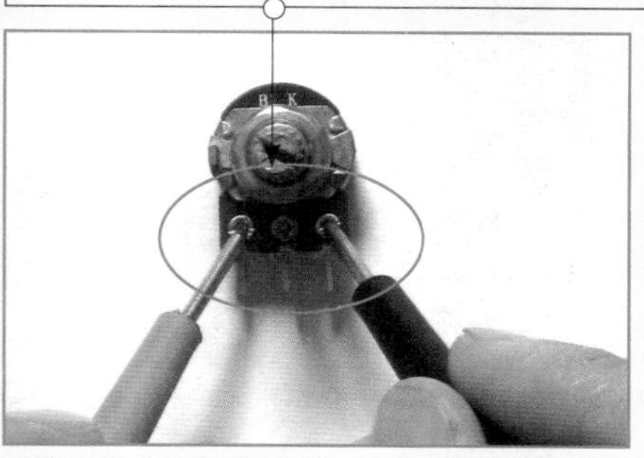

❺ 将电位器上的转柄转向其中一端直至不能转动为止，此时测量定片与动片之间的阻值或为9.98×100Ω或为0Ω。将黑表笔接在电位器的任意一个定片引脚上，将红表笔接在电位器的动片引脚上（中间的引脚），测得此时的阻值为9.98×100Ω。

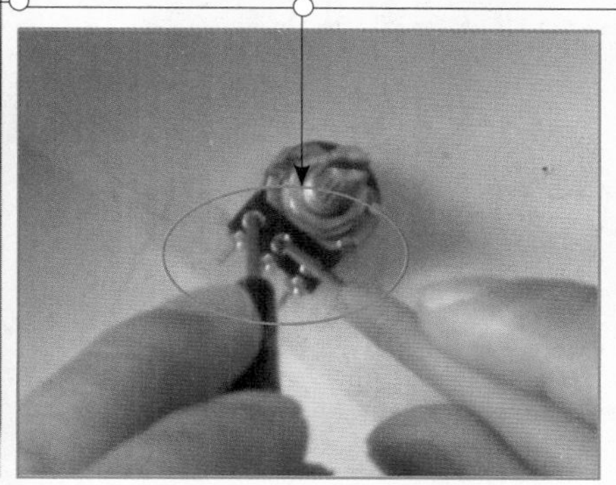

❻ 向另一端旋转旋钮，发现此时阻值在逐渐减小。

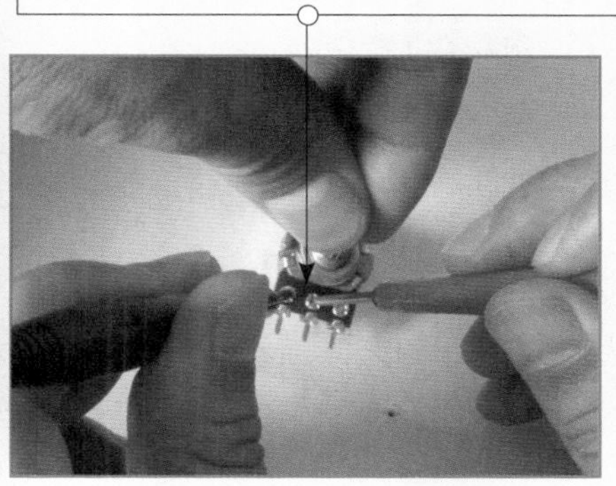

图5-16 测量电位器阻值（续）

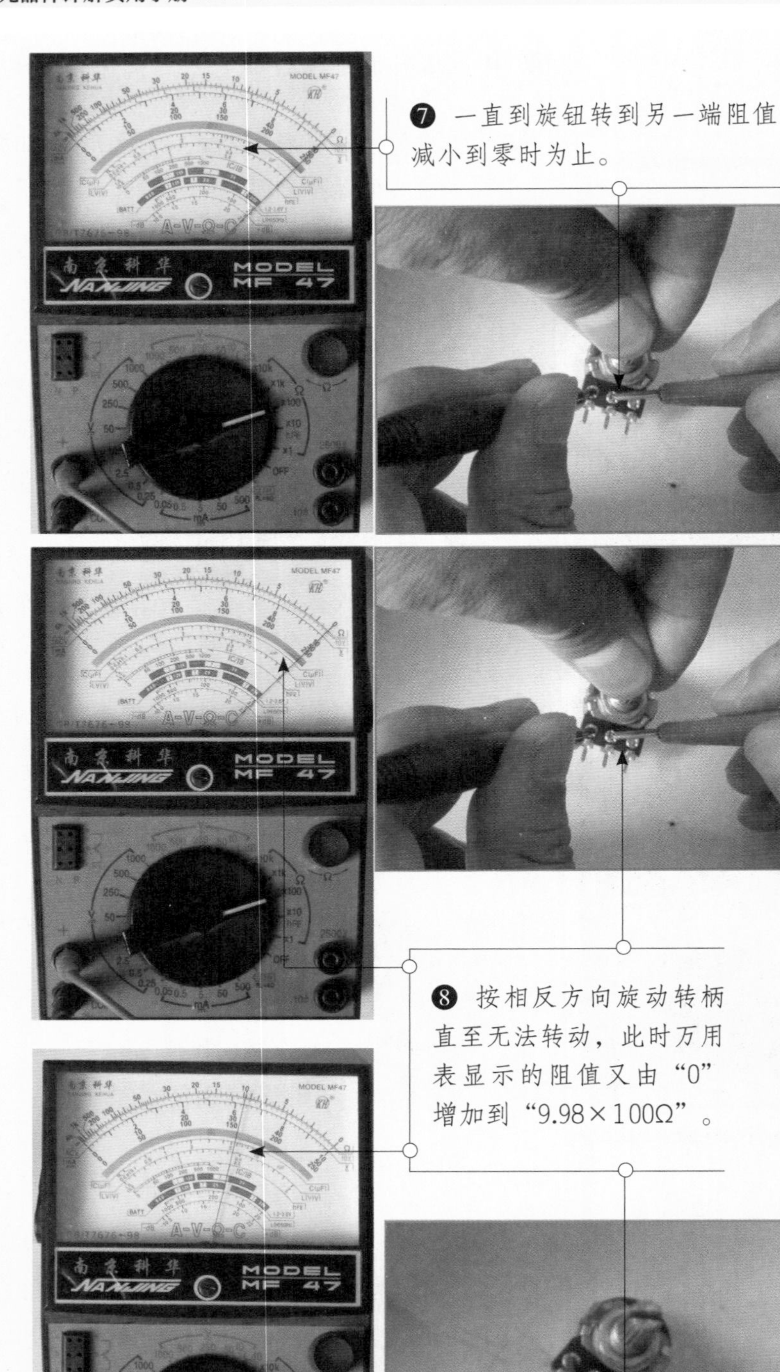

❼ 一直到旋钮转到另一端阻值减小到零时为止。
❽ 按相反方向旋动转柄直至无法转动，此时万用表显示的阻值又由“0”增加到“9.98×100Ω”。

图 5-16 测量电位器阻值（续）

总结：由于电位器动片与定片间的最大阻值“0.98kΩ”与电位器的额定阻值十分接近，动片与定片间的最小阻值为 0，且旋动转柄时阻值呈一定规律变动，因此判断此电位器工作基本正常。

在转动转柄时，还应注意阻值是否会随着转柄的转动而灵敏地变化，如果阻值的变化需要往复多次才能实现，则说明电位器的动片与定片之间存在接触不良的情况。

5.9.2 数字万用表检测电位器实践

用数字万用表检测电位器的方法如图 5-17 所示。

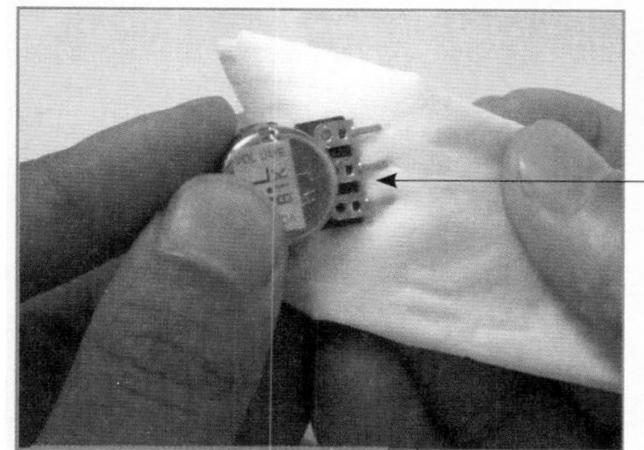

❶ 观察电位器的外观，看是否有焦黑、虚焊、引脚断裂等明显损坏。如果有，则电位器可能已经损坏。经检查本次检测的电位器外观基本正常。对电位器的各引脚进行清洁，以保证测量的准确性。拿纸巾对各引脚轻轻擦拭即可。

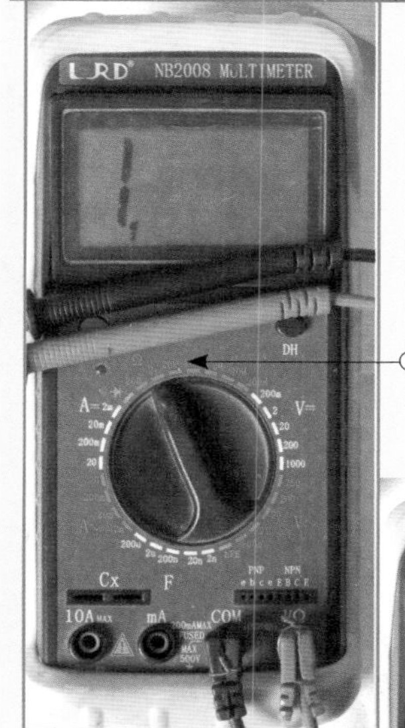

❷ 根据电位器的标称阻值，选择适当的挡位。本次测量的电位器标称阻值为1kΩ，因此选择数字万用表的2k挡，并将红表笔插入VΩ孔，黑表笔插入COM孔。

❸ 将万用表的红、黑表笔分别搭在电位器两个定片的引脚上（无极性限制），测得阻值为“950Ω”，与最大标称阻值基本接近。但此时，并不能说明该电位器真的就没有问题，还需要进一步进行测量。

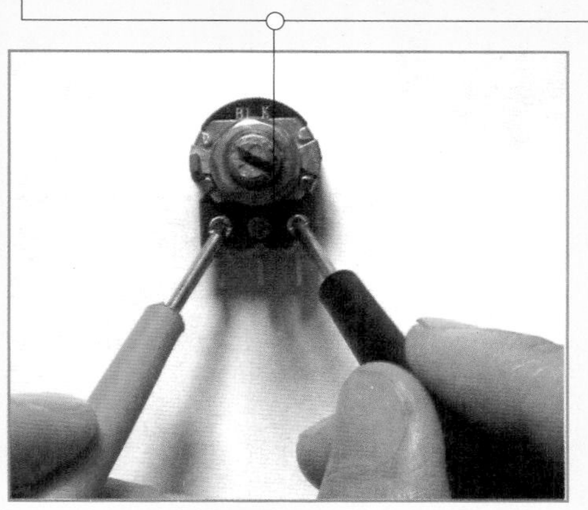

图 5-17　测量电位器

❹ 将电位器上的转柄转向其中一端直至不能转动为止。此时测量定片与动片之间的阻值为 9.50×100Ω 或为 0Ω。将黑表笔接在电位器的任意一个定片引脚上，将红表笔接在电位器的动片引脚上（中间的引脚），测得此时的阻值为 3Ω。理论上此次测量的阻值应为 0，但是没有绝对精确的测量下，3Ω 和 950Ω 来讲已经很接近于 0 了。因此此次测量结果基本可靠。

❺ 向另一端旋转旋钮发现此时阻值在逐渐增大，直到旋钮转到另一端阻值增大到 950Ω。

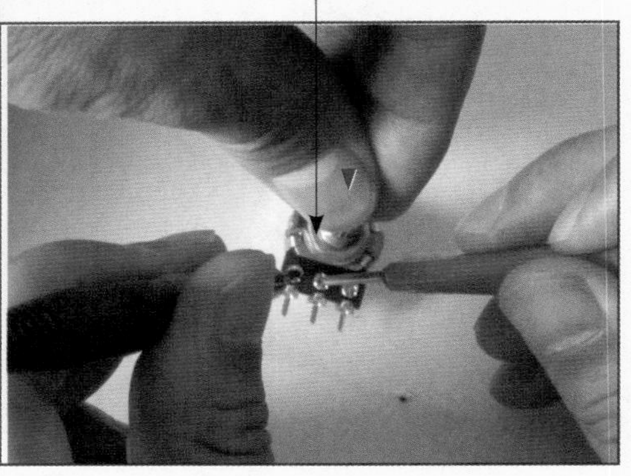

图 5-17　测量电位器（续）

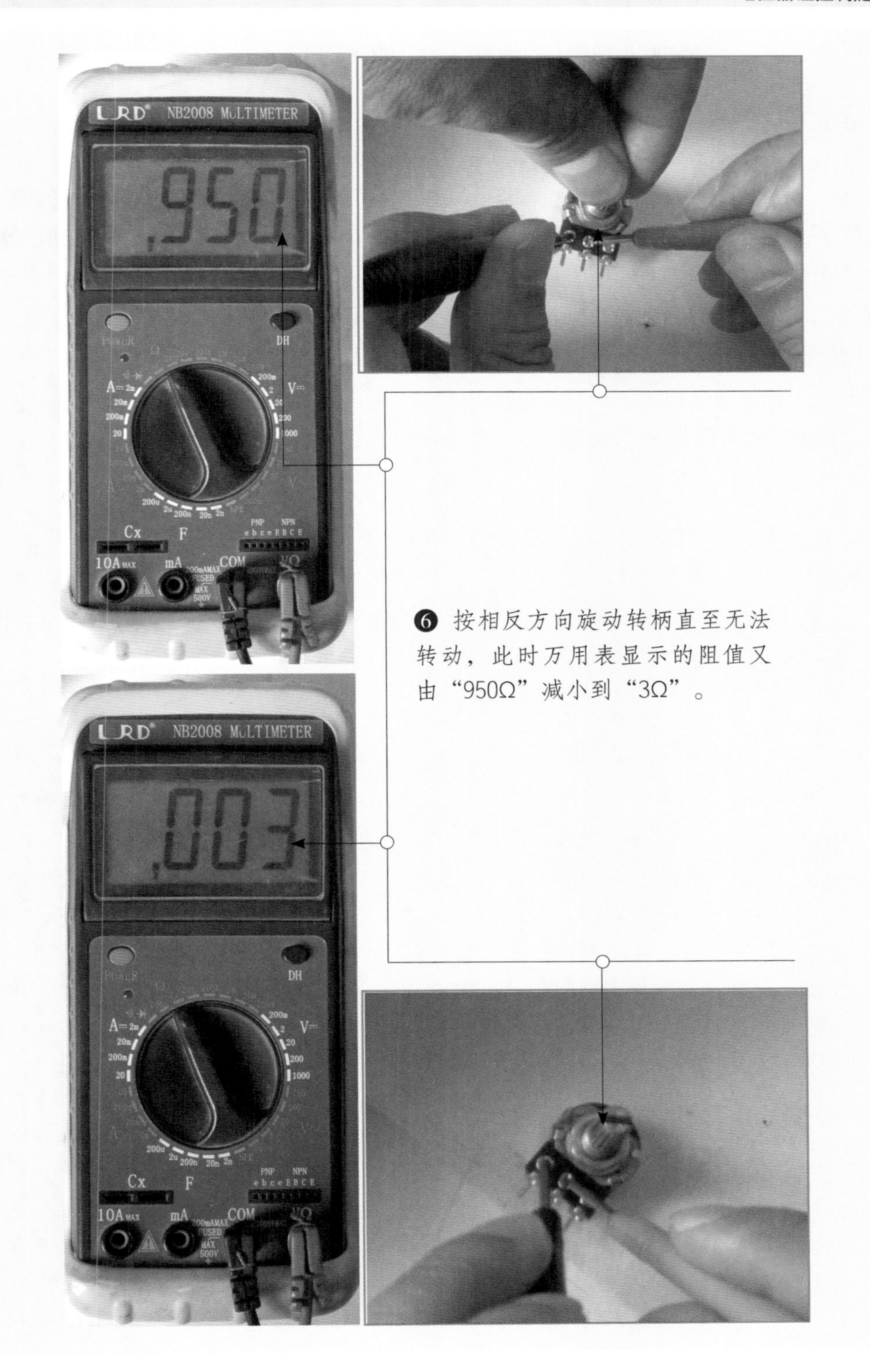
NB2008 MULTIMETER
.950
.003
❻ 按相反方向旋动转柄直至无法转动，此时万用表显示的阻值又由“950Ω”减小到“3Ω”。

图 5-17 测量电位器（续）

总结：由于电位器动片与定片间的最大阻值“0.95kΩ”与电位器的额定阻值十分接近，动片与定片间的最小阻值为 3Ω 接近于 0，且旋动转柄时阻值呈一定规律变动，因此判断此电位器基本正常。

5.9.3 电位器检测经验总结

经验一：对于电位器的接触不良问题，可以先拆开外壳检查磨损的程度。如果只是轻度磨损造成的不良接触，可用无水乙醇、四氯化碳将碳膜擦洗干净，然后适当调整滑臂在碳膜上的压力即可继续使用。

经验二：电位器引脚内部断路或电阻体烧坏而造成开路的电位器，一般很难修理，可采用直接更换的方法解决故障问题。

经验三：测量电位器时，不但要测量电位器的最大阻值，还要测量电位器的旋钮旋转时的电阻值，看看阻值是否变化才能判断电位器的好坏。

第6章 电容器像个蓄水池

电容器是电路中引用最广泛的元器件之一，正如本章章名所讲，电容器是电能的蓄水池。打开一块电路板即可看到大大小小、各式各样的电解电容器、贴片电容器等。电容器同时也是易发故障的电子元器件之一，要掌握电容器的维修检测方法，首先要掌握各种电容器的构造、特性、参数、标注规则等基本知识，然后还需掌握电容器在电路中的应用特点、电容器好坏检测、代换方法等内容，接下来本章将重点讲解。

6.1 电容器的原理与特性

电容器的特性要比电阻器复杂得多，在电路分析中电容器作用分析也比对电阻作用的分析要难得多。掌握电容器的基本特性是分析电容器电路基础中的基础。

在电路中，电容器是一种重要的储能元器件。图6-1所示为电路中常见的电容器。

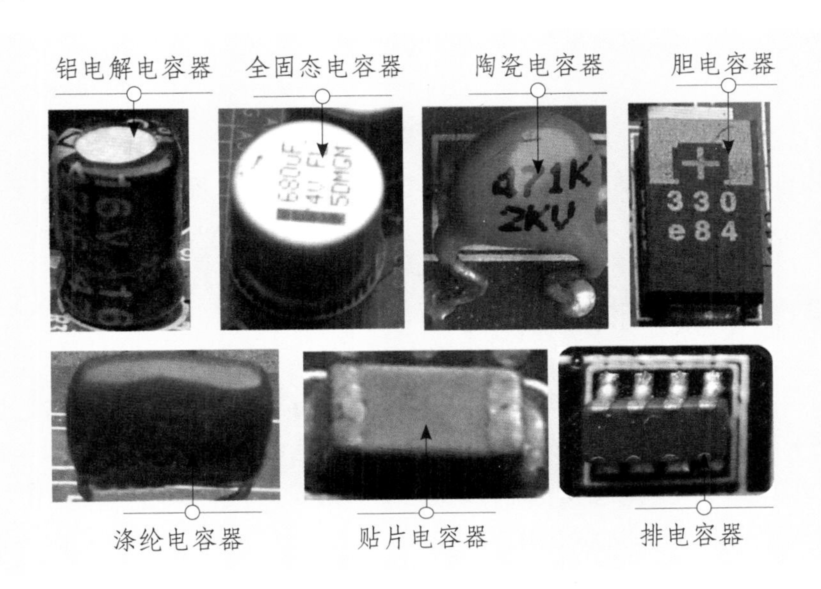

图6-1 电路中常见的电容器

6.1.1 电容器的原理

要理解电容器的原理，首先看一个实验。如图 6-2 所示，A、B 各是绝缘后的圆盘金属板的侧向视图。

（1）让 A 板通电携带电荷，A 板内就产生了静电电压，并在 A 板周围形成电场。把 A 板移向不带电的 B 板，A 板的电压会立即下降，A 板的外电场进入 B 板，电场作用使 A、B 板的接近处聚积着异号电荷。

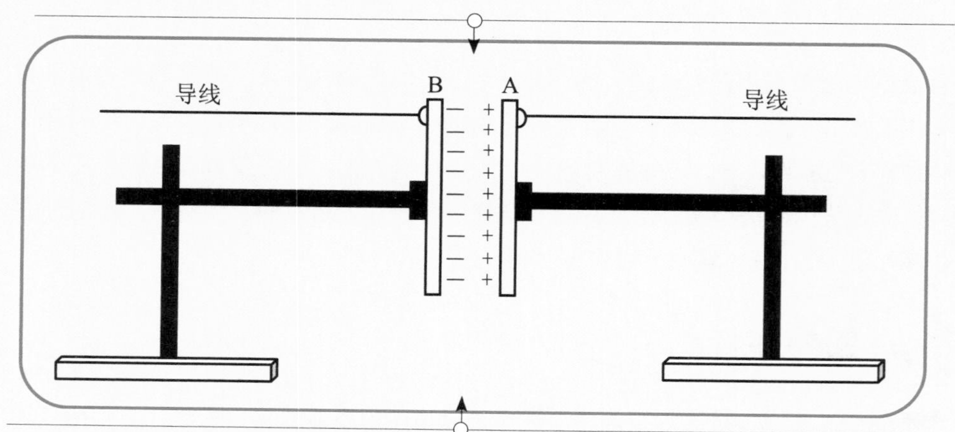

（2）此时，A 板原来所携带的大部分非常规电荷都会转移到 A、B 板接近处，并与对面 B 板处的异号电荷面对面稳定地相互吸引着。这样，A 板内的其他地方非常规电子减少，非常规的电子运动伴生的波就较少，导致 A 板的电压降低，电容量增大，又可以容纳更多的电荷。这就是电容的储能原理。

图 6-2 电容器原理

实际的电容器是在两金属箔片之间夹上一层绝缘薄膜（电介质），如陶瓷、云母、塑料等，然后密封后构成。

6.1.2 电容器充、放电原理

电容器的主要物理特征是储存电荷。由于电荷的储存意味着能的储存，因此也可以说电容器是一个储能元器件，确切地说是储存电能。

一般来说，电荷在电场中会受力而移动，当导体之间有了介质，则阻碍电荷移动，而使得电荷累积在导体上，造成电荷的累积储存。

电容器的另一个基本特性就是充、放电。那么电容器是如何充、放电的呢？

1. 电容器充电过程

电容器的充电过程如图 6-3 所示。

（1）充电过程即是电容器存储电荷的过程，当开关 K_1 闭合，电容器与直流电源接通后，与电源正极相连的金属极板上的电荷便会在电场力的作用下，向与电源负极相连的金属极板跑去，使得与电源正极相连的金属极板失去电荷带正电，与电源负极相连的金属极板得到电荷带负电（两金属极板所带电荷大小相等，符号相反），电容器开始充电。

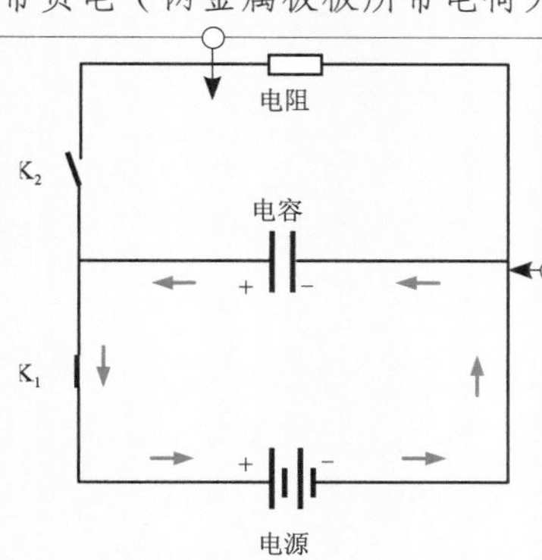

（2）在电路中，电荷的移动形成电流，由于同性电荷的排斥作用，使得电荷移动刚开始时，电流最大，之后逐渐减小；而电容器带电量在电荷移动开始最小（为 0），在电荷移动过程中，带电量逐渐增加，两金属极板间电压逐渐增大，当其增大至与电源电压相等时，充电完毕，电流减小为零。

图 6-3　电容器的充电过程

简单来说，电容器充电，电流流入电容器，电容器两端电压上升，电荷被储存在电容器中。

2. 电容器放电过程

电容器的放电过程如图 6-4 所示。

（1）放电过程即是电容器释放储存电荷的过程，当开关 K_2 闭合，充电完毕的电容器位于一个无电源的闭合通路中时，带负电的金属极板上的电荷便会在电场力的作用下，向带正电的金属极板上跑去，使得正负电荷中和掉，电容器开始放电。

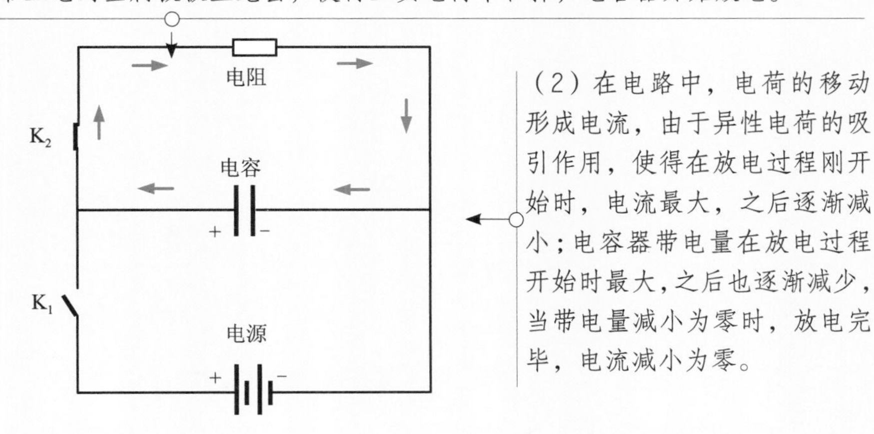

（2）在电路中，电荷的移动形成电流，由于异性电荷的吸引作用，使得在放电过程刚开始时，电流最大，之后逐渐减小；电容器带电量在放电过程开始时最大，之后也逐渐减少，当带电量减小为零时，放电完毕，电流减小为零。

图 6-4　电容器的放电过程

简单来说，电容器放电，电流流出电容器，电容器两端电压下降，电容器中电荷被释放。

3. 电容器充、放电的特点及规律

电容器充、放电的规律如下：

（1）电容器充、放电是需要时间的。这是由于电容器的充、放电过程，实质是电容器上电荷的积累和消散的过程，由于电荷量的变化需要时间，所以充、放电也是需要时间的。

（2）在充电的开始阶段，充电电流较大，电压上升较快，随着电压的增长，充电电流逐渐减小，且电压的上升速度变缓，而向着电源电压趋近。从理论上来说，要使电容器完全充满，完成充电的全过程需要很长的时间。一般 15~25 s 可以充 90% 以上，从工程的观点看就完全可以认为充、放电已经结束。

（3）在放电的开始阶段，电容器的电压及电流的变化也是较快的，而后期变得缓慢。

（4）在电容器刚刚开始充电或刚刚开始放电的瞬间，电容器的端电压及储存的电荷都将保持着充、放电开始前的数值。例如，充电前电容器的电压为 0V，则开始充电的瞬间电容器的电压仍保持为 0V；而放电前如果电容器的电压为电源电压 E，则放电开始瞬间仍保持为 E，即电容器的端电压在充、放电开始的瞬间是不能突变的，电容器的这一特点非常重要，必须牢记。

6.1.3 电容器的隔直流作用

电容器阻止直流“通过”，是电容器的一项重要特性，叫作电容器的隔直特性。前面已经介绍了电容器的结构，电容器是由两个相互靠近的导体极板中间夹一层绝缘介质构成的。电容器的隔直特性与其结构密切。图 6-5 所示为电容器直流供电电路图。

（1）当开关 S 未闭合时，电容上不会有电荷，也不会有电压，电路中也没有电流流过。

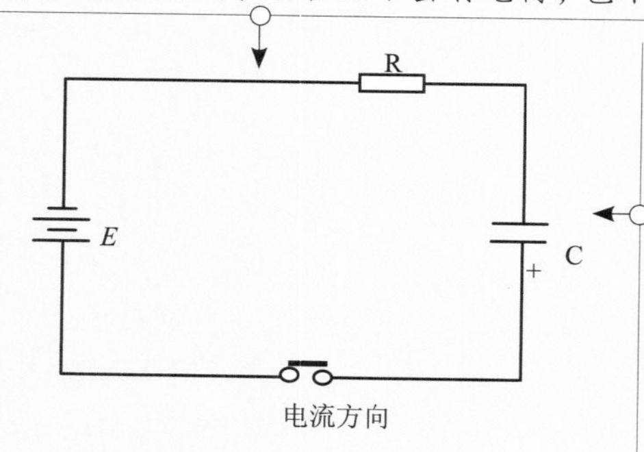

（2）当开关 S 闭合时，电源对电容进行充电，此时电容器两端分布着相应的电荷。电路中形成充电电流，当电容器两端电压与电源两端电压相同时充电结束，此时电路中就不再有电流流动。因此，电容可起到隔直流的作用，在直流电路中，可将其看作开路。

图 6-5 电容器直流供电电路图

注意：直流电刚加到电容器上时电路中是有电流的，只是充电过程很快结束，具体时间长短与时间常数 R 和 C 之积有关。

6.1.4 电容器的通交流作用

电容器具有让交流电“通过”的特性，被称为电容器的通交作用。

假设交流电压正半周电压致使电容器 A 面布满正电荷，B 面布满负电荷，如图 6-6（a）所示；而交流电负半周时交流电将逐渐中和电容器 A 面正电荷和 B 面负电荷，如图 6-6（b）所示。一周期完成后电容器上电量为零，如此周而复始，使得自由电子通过电路在电容器 C_2 的两个极板上来回运动，电路中便形成了电流。

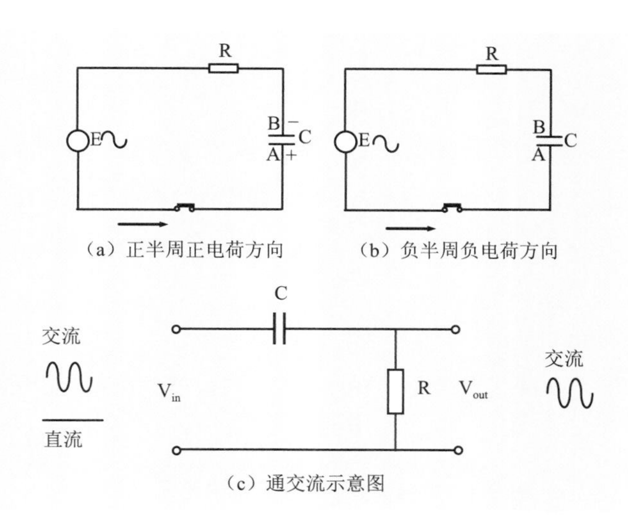

图 6-6　电容器交流供电电路图

注意：实际上交流电流并不是从电容器的两极板之间直接通过，只不过由于交替变化的电压，使电路中的自由电子不断地运动形成电流。电路分析中为了方便起见，将电容器看成一个能够直接通过交流电流的元器件。

6.2 电容器的符号及主要指标

了解电容器的符号及主要参数指标，可以在复杂的电路图中分辨出各种不同的电容器，并明白标注的参数所表达的意义，对于我们分析电路很有用处。

6.2.1 电容器的图形符号和文字符号

电容器是电子电路中最常用的电子元器件之一，一般用“C”文字符号表示。在电路图中每个电子元器件还有其电路图形符号，电容器的电路图形符号如图 6-7 所示。

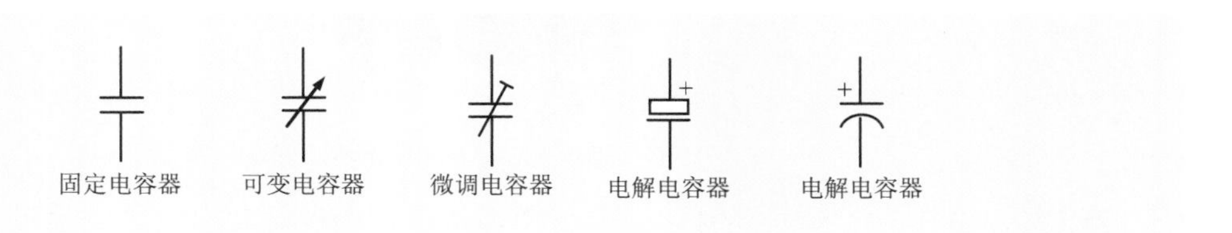

图 6-7　电容器图形符号

6.2.2 电容器的主要指标

电容器的主要参数有：标称容量、允许误差、额定电压、温度系数、漏电电流、绝缘电阻、损耗正切值和频率特性。

1. 标称容量

电容器上标注的电容量被称为标称容量。电容器的基本单位是法拉，用字母“F”表示，此外还有毫法（mF）、微法（μF）、纳法（nF）和皮法（pF）。它们之间的关系为：$1F=10^3mF=10^6\mu F=10^9nF=10^{12}pF$。

2. 允许误差

电容器实际容量与标注容量之间存在的差值被称为电容器的误差。电容器允许误差和标识符号如表 6-1 所示。

表 6-1 电容器允许误差和标识符号

标识符号	E	Z	Y	H	U	W	B	C
允许误差	±0.005%	-20~80%	±0.002%	±100%	±0.02%	±0.05%	±0.1%	±0.25%
标识符号	D	F	G	J	K	M	N	无
允许误差	±0.5%	±1%	±2%	±5%	±10%	±20%	±30%	±20%

3. 额定电压

额定电压是指电容器在正常工作状态下，能够持续加在其两端最大的直流电电压或交流电电压的有效值。通常情况下，电容器上都标有其额定电压，如图 6-8 所示。

图 6-8 电容器上标有的额定电压

额定电压是一个非常重要的参数，通常电容器都是工作在额定电压下，如果工作电压大于额定电压，那么电容器将有被击穿的危险。

另外，有一些贴片电解电容器用字母来表示额定电压，如表 6-2 所示。

表 6-2 贴片电解电容器额定电压表示法

字　母	额定电压（V）	字　母	额定电压（V）
e	2.5	D	20
G	4	E	25
J	6.3	V	35
A	10	H	50
C	16		

4. 温度系数

温度系数是指在一定环境温度范围内，单位温度的变化对电容器容量变化的影响。温度系数分为正的温度系数和负的温度系数。其中，具有正的温度系数的电容器随着温度的增加电容量增加，反之具有负的温度系数的电容器随着温度的增加电容量则减少。温度系数越低，电容器越稳定。

相关小知识：在电容器电路中有很多电容器进行并联。并联电容器有以下规律，几个电容器有正的温度系数，而另外几个电容器有负的温度系数。这样做的原因在于：在工作电路中的电容器自身温度随着工作时间的增加而增加，致使一些温度系数不稳定的电容器的电容发生改变而影响正常工作，正负温度系数的电容器混并后一部分电容器随着工作温度的增高而电容量增高，而另一部分电容器随着温度的增高而电容却减少。这样，总的电容量则更容易被控制在某一范围内。

5. 漏电电流

理论上电容器有通交阻直的作用，但在有些时候，如高温高压等情况下，当给电容器两端加上直流电压后仍有微弱电流流过，这与绝缘介质的材料密切相关。这一微弱的电流被称为漏电电流，通常电解电容器的漏电电流较大，云母电容器或陶瓷电容器的漏电电流相对较小。漏电电流越小，电容器的质量就越好。

6. 绝缘电阻

电容器两极间的阻值即为电容器的绝缘电阻。绝缘电阻等于加在电容器两端的直流电压与漏电电流的比值。一般，电解电容器的漏电电阻相对于其他电容器的绝缘电阻要小。

电容器的绝缘电阻与电容器本身的材料性质密切相关。

7. 损耗正切值

损耗正切值又称为损耗因数，用来表示电容器在电场作用下消耗能量的多少。在某一频率的电压下，电容器有效损耗功率和电容器无功损耗功率的比值，即为电容器的损耗正切值。损耗正切值越大，电容器的损耗越大，损耗较大的电容器不适于在高频电压下工作。

8. 频率特性

频率特性是指在一定外界环境温度下，电容器在不同频率的交流电源下，所表现出电容器的各种参数随着外界施加的交流电的频率不同而表现出不同的性能特性。对于不同介质的电容器，其最适的工作频率也不同。例如，电解电容器只能在低频电路中工作，而高频电路只能用容量较小的云母电容器等。

6.3 如何读识电容器上的标注

电容器的参数标注方法主要有直标法、数字符号法和色标法三种。

6.3.1 读识直标法标注的电容器

直标法是指用数字或符号将电容器的有关参数（主要是标称容量和耐压）直接标示在电容器的外壳上，这种标注法常见于电解电容器和体积稍大的电容器上。直标法的标注方法如图 6-9 所示。

（1）电容上如果标注为“68μF 400V”，表示容量为 68μF，耐压为 400V。

（2）有极性的电容通常在负极引脚端会有负极标识“-”，颜色和其他地方不同。

图 6-9 直标法标注电容器的标注方法

6.3.2 读识数标法标注的电容器

数标法是指用数字和字母标注的电容器，不同电容器的标注方法如图 6-10 所示。

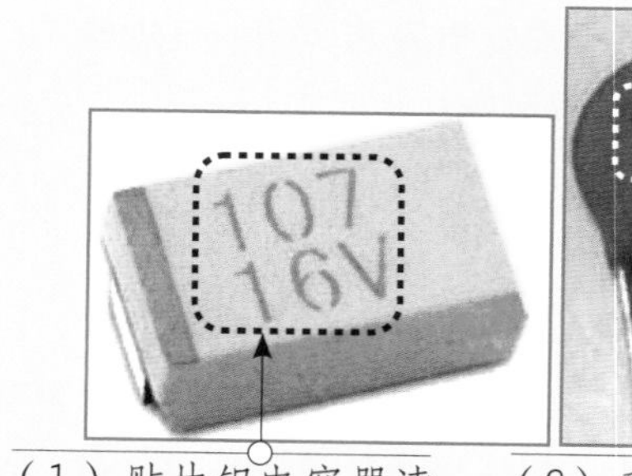

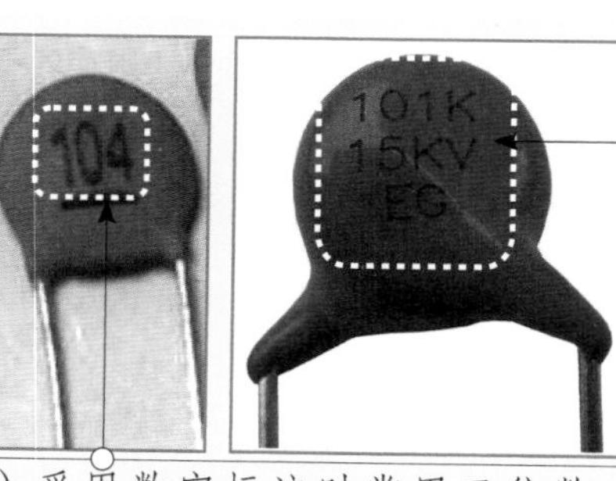

（1）贴片钽电容器读识：107 表示 10×10^7 = 100 000 000pF=100μF，16V 为耐压参数。

（2）采用数字标注时常用三位数，前两位数表示有效数，第三位数表示倍乘率，单位为 pF。例如，104 表示 10×10^4 = 100000pF=0.1μF。

（3）如果数字后面跟字母，则字母表示电容容量的误差，其误差值含义为：G 表示 ±2 %，J 表示 ±5 %，K 表示 ±10 %；M 表示 ±20%；N 表示 ±30%；P 表示 +100 %，-0 %；S 表示 +50 %，-20 %；Z 表示 +80%，-20%。

图 6-10 数标法标注电容器的方法

（4）贴片铝电解电容器读识：1000 表示电容容量，单位为 μF，即容量为 1 000μF，10V 表示耐压参数，RVT 表示产品系列（使用温度范围：−55℃～+105℃，寿命 1000 小时）。

图 6-10　数标法标注电容器的方法（续）

6.3.3 读识数字符号法标注的电容器

将电容器的容量用数字和单位符号按一定规则进行标称的方法，称为数字符号法。具体方法是：容量的整数部分＋容量的单位符号＋容量的小数部分。容量的单位符号 F（法）、mF（毫法）、μF（微法）、nF（纳法）、pF（皮法）。数字符号法标注电容器的方法如图 6-11 所示。

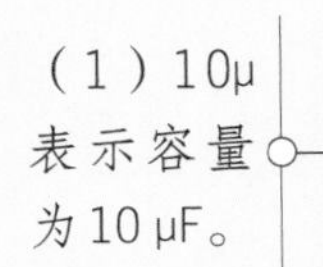

（1）10μ 表示容量为 10 μF。

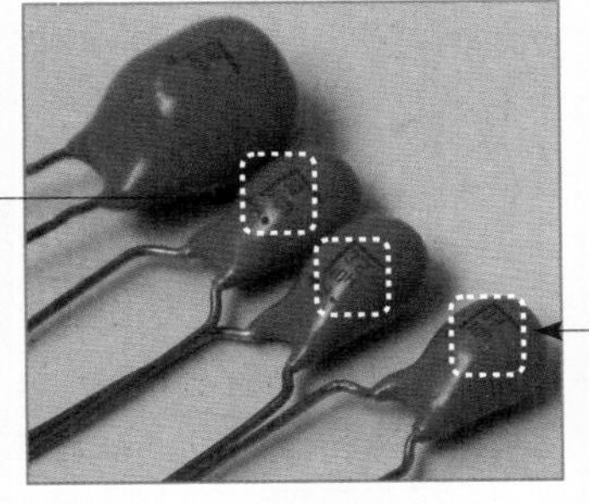

（2）例如，18P 表示容量是 18pF、SP6 表示容量是 5.6 pF、2n2 表示容量是 2.2 纳法（2 200 pF）、4m7 表示容量是 4.7 毫法（4 700 μF）。

字母表示额定电压，V 表示 35 V。“226”为容量，前两位数表示有效数，第三位数表示倍乘率，单位为 pF。如：226 表示 22×10^6 ＝ 22 000 000pF=22μF。

图 6-11　数字符号法标注电容器的方法

6.3.4 读识色标法标注的电容器

采用色标法的电容器又称为色标电容器，即用色码表示电容器的标称容量。电容器色环识别的方法如图 6-12 所示。

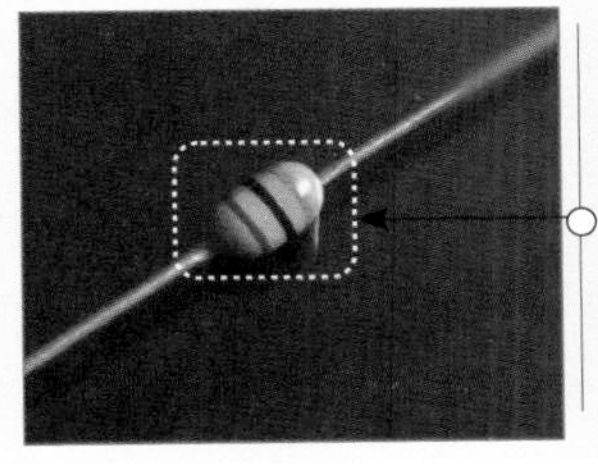

色环顺序自上而下，沿着引线方向排列；分别是第一、二、三道色圈，第一、二颜色表示电容器的两位有效数字，第三颜色表示倍乘率，电容器的单位规定用 pF。

图 6-12　电容器色环识别的方法

表 6-3 所示为色环颜色和表示的数字的对照。

表 6-3　色环的含义

色环颜色	黑色	棕色	红色	橙色	黄色	绿色	蓝色	紫色	灰色	白色
表示数字	0	1	2	3	4	5	6	7	8	9

例如，色环颜色分别为黄色、紫色、橙色，它的容量为 47×10^3pF=47 000pF。

6.4 常见的电容器

电容器种类繁多，分类方式也不同，如图 6-13 所示。

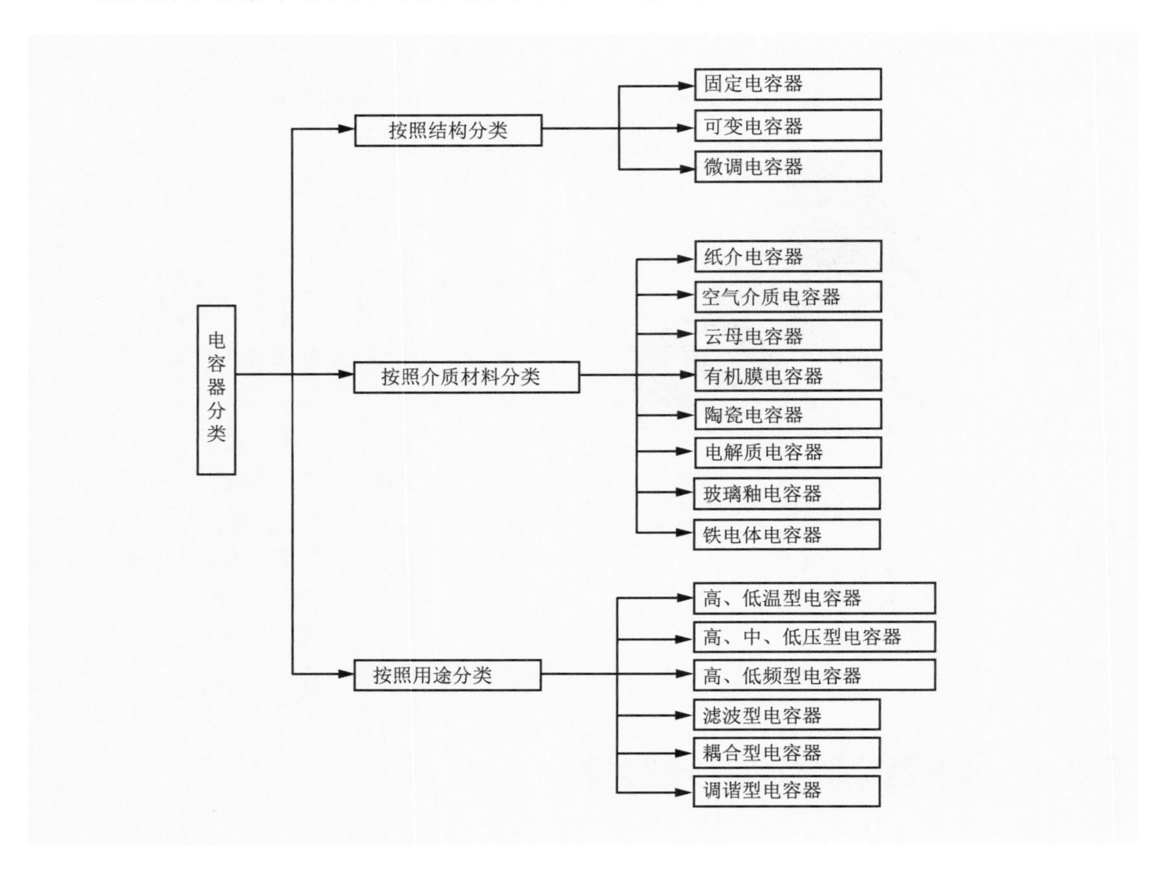

图 6-13　电容器种类

6.4.1 纸介电容器

纸介电容器是由介质厚度很薄的纸作为介质，铝箔作为电极，经过掩绕，浸渍用外壳封装或环氧树脂灌封组成的电容器。纸介电容器属于无极性固定电容器，其外形如图 6-14 所示。

(2) 纸介电容器一般用在频率较低的电路中作旁路、耦合、滤波等。

(1) 纸介电容器的价格低、体积大、损耗大且稳定性差，并存在较大的固有电感，因而不宜在频率较高的场合使用。不过纸介电容器的比率电容较大，电容量范围宽（为 50pF～50μF），工作电压高，成本低而被广泛应用。

图 6-14 纸介电容器

6.4.2 云母电容器

云母电容器用金属箔或者在云母片上做的电极板，极板和云母一层一层叠合后，然后压铸在胶木粉或封固在环氧树脂中制成。常见的云母电容器如图 6-15 所示。

(1) 云母电容器的电容量一般为 10pF～0.1μF，额定电压为 100V～7kV。

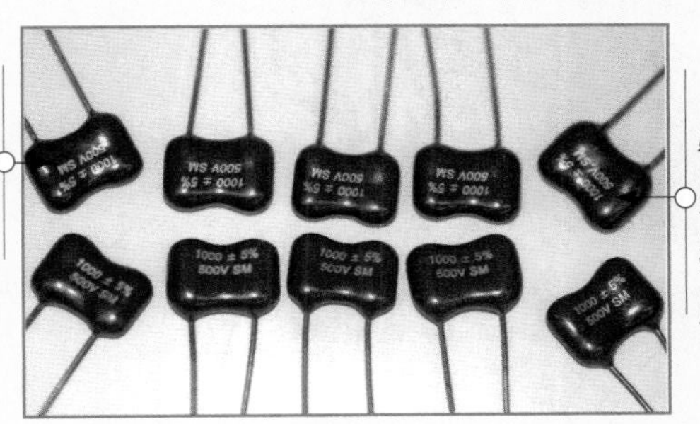

(2) 云母电容器的特点是介质损耗小，绝缘电阻大、温度系数小，适用于高频电路。

图 6-15 云母电容器

6.4.3 陶瓷电容器

陶瓷电容器又称瓷介电容器，以陶瓷为介质，涂敷金属薄膜经高温烧结而制成的电极，然后在电极上焊上引出线，外表涂以保护磁漆，或用环氧树脂及酚醛树脂包封制成。常见的陶瓷电容器如图 6-16 所示。

（1）陶瓷电容器的电容量范围一般在 10pF~4.7μF，额定电压在 50~500V。

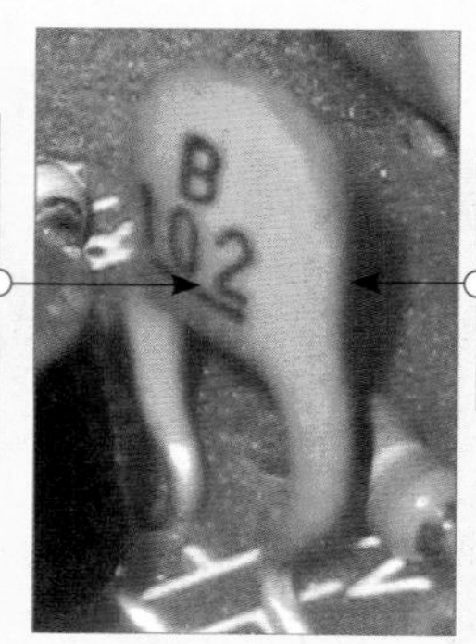

（2）陶瓷电容器损耗小，稳定性好且耐高温，温度系数范围宽，且价格低、体积小。

图 6-16　陶瓷电容器

6.4.4 铝电解电容器

铝电解电容器由铝圆筒做负极，里面装有液体电解质，插入一片弯曲的铝带作正极而制成，如图 6-17 所示。

（1）铝电解电容器的电容量一般为 0.1~500 000μF，额定电压在 6.3~450V。

（2）铝电解电容器的特点是容量大、漏电大、稳定性差，适用于低频电路或滤波电路，有极性限制，使用时不可接反。

图 6-17　铝电解电容器

电解电容器的两极一般是由金属箔构成的，为了减小电容器的体积通常将金属箔卷起来。我们知道将导体卷起来就会出现电感，电容量越大的电容器，金属箔就越长，卷得就越多，这样等效电感也就越大。理论上电容器在高频下工作，容抗应该更小，但由于频率增高的同时感抗也在加大，会大到不可小视的地步，所以，电解电容器是一种低频电容器，容量越大的电解电容器其高频特性越差。

6.4.5 涤纶电容器

涤纶电容器由两片金属箔做电极，夹在极薄的涤纶介质中，卷成圆柱形或者扁柱形芯子构成，如图 6-18 所示。

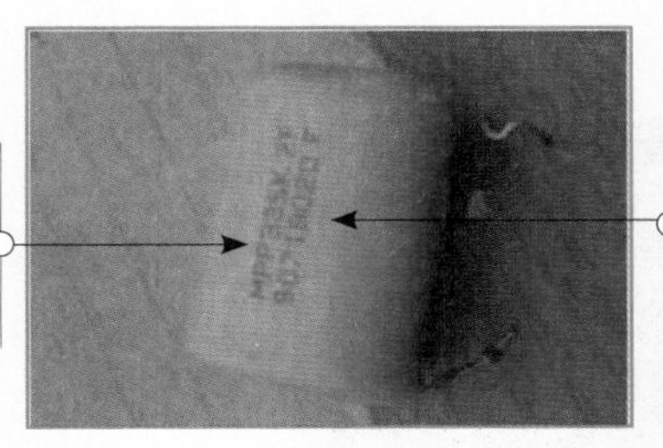

（2）涤纶电容器体积小、容量大、稳定性较好，适宜做旁路电容。

图 6-18　涤纶电容器

6.4.6 玻璃釉电容器

玻璃釉电容器是一种常用电容器件，如图 6-19 所示。此种电容器的介质是玻璃釉粉加压制成的薄片，通过调整釉粉的比例，可得到不同特性的电容器。

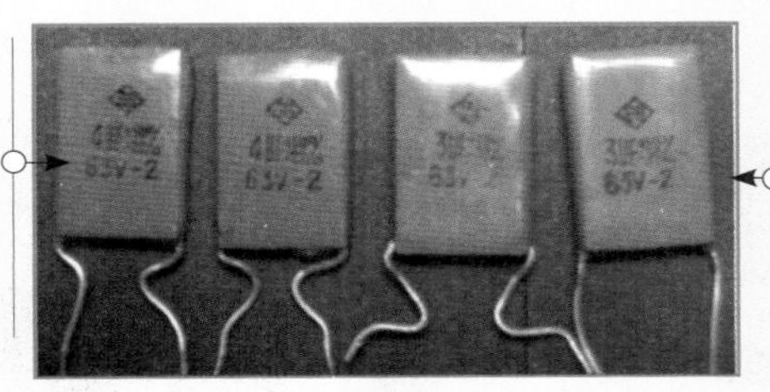

（1）玻璃釉电容器主要用于半导体电路和小型电子仪器中的交、直流电路或脉冲电路。
（2）玻璃釉电容器的电容量一般为 10pF～0.1μF，额定电压为 63～400V。

图 6-19　玻璃釉电容器

6.4.7 微调电容器

微调电容器的电容量可在某一小范围内将其容量进行调整，并可在调整后固定于某个值上。常见的微调电容器如图 6-20 所示。

微调电容器主要用于调谐电路。

图 6-20　微调电容器

6.4.8 聚苯乙烯电容器

聚苯乙烯电容器是以非极性的聚苯乙烯薄膜为介质制成的电容器。其电性能优良，绝缘电阻高，可以在高频下使用，并可部分地代替云母电容器。图 6-21 所示为一聚苯乙烯电容器。

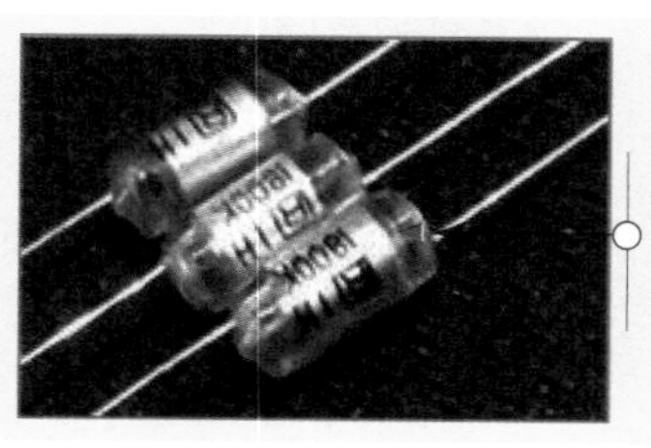

聚苯乙烯电容器的电容量范围一般为 10pF～1μF，额定电压为 100V～30kV。

图 6-21　聚苯乙烯电容器

6.4.9 贴片电容器

贴片电容器是电路板上应用数量较多的一种元器件，形状为矩形，有黄色、青色、青灰色，以半透明浅黄色者为常见（陶瓷电容器）。容量在皮法级的小容量电容体上一般无标识，容量在微法级的电容体上才有标识。图 6-22 所示为贴片电容器。

图 6-22　贴片电容器

贴片电容器的封装可分为无极性和有极性两类。

（1）无极性贴片电容器最常见的是 0805 和 0603，数字表示电容器的尺寸。贴片电容器的封装尺寸用 4 位整数表示。前两位表示贴片电容器的长度，后两位表示贴片电容器的宽度。表 6-4 所示为贴片电容器封装代码表示的尺寸。

表 6-4　贴片电容器封装尺寸

尺寸代码	长 (*L*)(mm)	宽 (*W*)(mm)	高 (*T*)(mm)
0402	1.00±0.05	0.50±0.05	0.55
0603	1.52±0.25	0.76±0.25	0.76
0805	2.00±0.20	1.25±0.20	1.40
1206	3.20±0.30	1.60±0.30	1.80
1210	3.20±0.30	2.50±0.30	2.20
1808	4.50±0.40	2.00±0.20	2.20
1812	4.50±0.40	3.20±0.30	3.10
2225	5.70±0.50	6.30±0.50	6.20

（2）有极性贴片电容器俗称电解电容，由于其紧贴电路板，所以温度稳定性要求较高，所以电解电容以钽电容居多，根据其耐压不同，又可分为 A、B、C、D 四个系列，A 类封装尺寸为 3216，耐压为 10V；B 类封装尺寸为 3528，耐压为 16V；C 类封装尺寸为 6032，耐压为 25V；D 类封装尺寸为 7343，耐压为 35V。

6.4.10 超级电容器

超级电容器是指介于传统电容器和充电电池之间的一种新型储能装置，它既具有电容器快速充、放电的特性，同时又具有电池的储能特性，如图 6-23 所示。

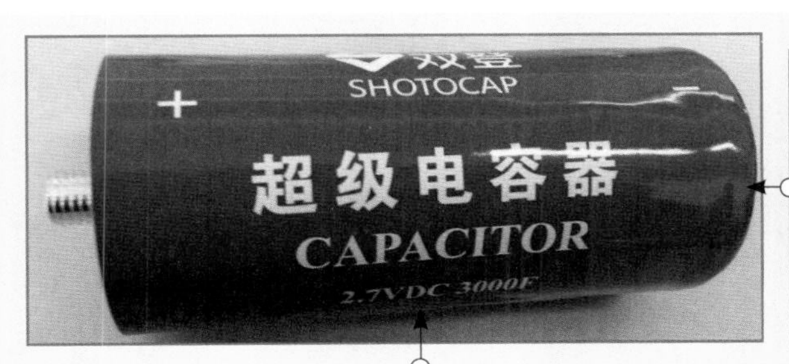

SHOTOCAP
+
超级电容器
CAPACITOR
2.7VDC 3000F
（1）超级电容器是通过电极与电解质之间形成的界面双层来储存能量的，且储能过程是可逆的，一般可以反复充、放电数十万次。
（2）超级电容器具有功率密度高、充放电时间短、循环寿命长、工作温度范围宽，能够满足无人机等弹射装置对高功率电源的要求。

图 6-23　超级电容器

6.5 电容器的串联和并联

电容器串联与并联的作用是有所不同的。简言之，串联之后的总电容量比每个电容器的电容量要小，而并联之后的总电容量则会比每个电容器的容量大；因此根据容量需求来选择串联或者是并联，是改变电容容量的常用方式。

6.5.1 电容器的串联

电容器的串联与电阻的串联形式相同，两只电容器连接后再与电源连接。当然也可以是更多只电容的串联，如图 6-24 所示。

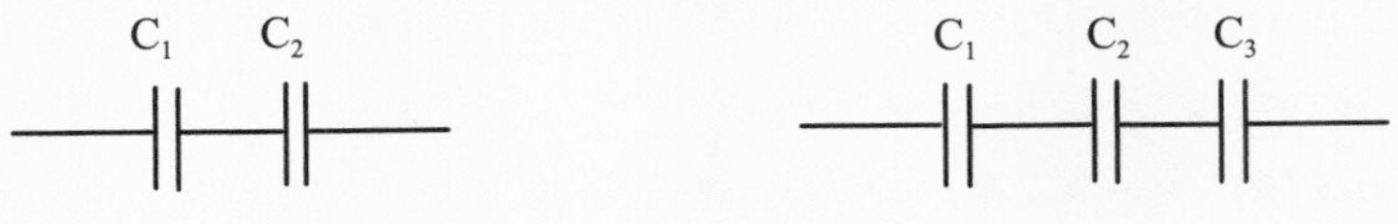

C_1 C_2
C_1 C_2 C_3

图 6-24　电容器的串联示意

电容器串联的一些基本特性与电阻电路相似，但由于电容器的某些特殊功能，电容器电路也有其本身独特的特性：

（1）串联后电容器电路基本特性仍未改变，仍具有隔直流通交流的作用；

（2）流过各串联电容器的电流相等；

（3）电容器容量越大，两端电压越小；

（4）电容器越串联电容量越小（相当于增加了两极板间距，同时 $U=Q/C$）。

电容器串联的意义：由于电容器制作工艺的难易程度不同，所以并不是每种电容量的电容器都直接投入生产。比如，常见的电容器有 22 nF、33 nF、10 nF（1F=1 000 mF，1 mF=1 000 μF，1 μF=1 000 nF，1 nF=1 000 pF），但是却很少见 11 nF。再如想要调试一个振荡电路，正好需要 11 nF，就可以通过两个 22 nF 的电容器进行串联。这和电阻的并联使用是一个道理。

关于极性电容器的串联：两个有极性的电容器的正极或负极接在一起相串联时（一般为同耐压、同容量的电容器），可作为无极电容器使用。其容量为单只电容器的 1/2，耐压为单只电容器的耐压值。

6.5.2 电容器的并联

电容器的并联也与电阻器的并联方式相同，两个以上电容器采用并接的方式与电源连接构成一并联电路，如图 6-25 所示。

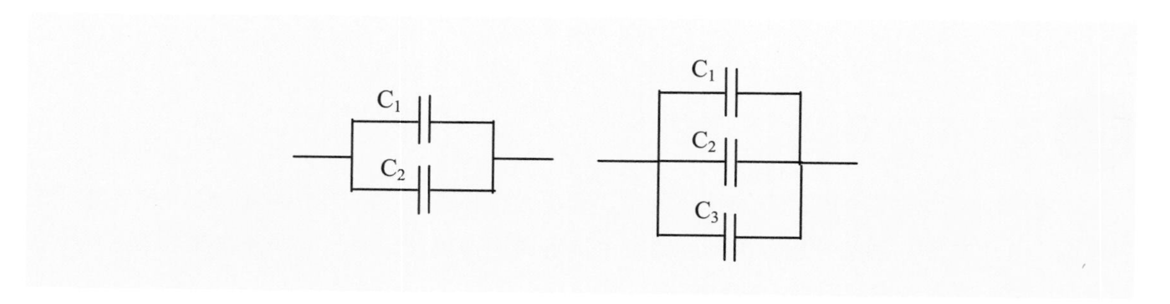

图 6-25 电容器的并联示意

电容器的并联同样与电阻器的并联在某些方面很相似。由于电容器本身的特性，电容器并联电路也有其本身的特性：

（1）由于电容器的隔直作用，所有参与电容器并联的电路分路均不能通过直流电流，也就是相当于对直流形同开路；

（2）电容器并联电路中的各电容器两端的电压相等，这是绝大多数并联电路的公共特性；

（3）随着并联电容器数量的增加，电容量会越来越大。并联电路的电容量等于各电容器电容量之和；

（4）在并联电路中，电容量大的电容器往往起关键作用。因为电容量大的电容器容抗小，当一个电容器的容抗远大于另一个电容器时，相当于开路；

（5）并联分流，主线路上的电流等于各支路电流之和。

电容器并联的意义：并联电容器又称为移相电容器，主要用于补偿电力系统感性负荷的无功功率，以提高功率因数，改善电压质量，降低线路损耗，也有稳定工作电路的作用。电容器并联后总容量等于它们相加，但是效果比使用一个电容器好。电容器内部通常是由金属一圈一圈缠绕的，电容量越大，金属圈越多，这样等效电感也就越大。而用多个小容量的电容器并联方式获得的等效的大电容则可以有效地减少电感的分布。

6.6 电容器应用电路

在电容器的具体应用电路中，常见的有高频阻容耦合电路、旁路电容和退耦电容电路、电容滤波电路以及电容分压电路等四种，它们涵盖了电容器的主要作用；掌握电容器的应用电路原理对分析电容器电路，找到电路故障大有帮助。

6.6.1 高频阻容耦合电路

耦合电路的作用之一是让交流信号毫无损耗地通过，然后作用到后一级电路中。高频耦合电路是耦合电路中很常见的一种，图 6-26 所示为一个高频阻容耦合电路图。在该电路中，其前级放大器和后级放大器都是高频放大器。C 是高频耦合电容，R 是后级放大器输入电阻（后级放大器内部），R、C 构成了我们所要介绍的阻容耦合电路。

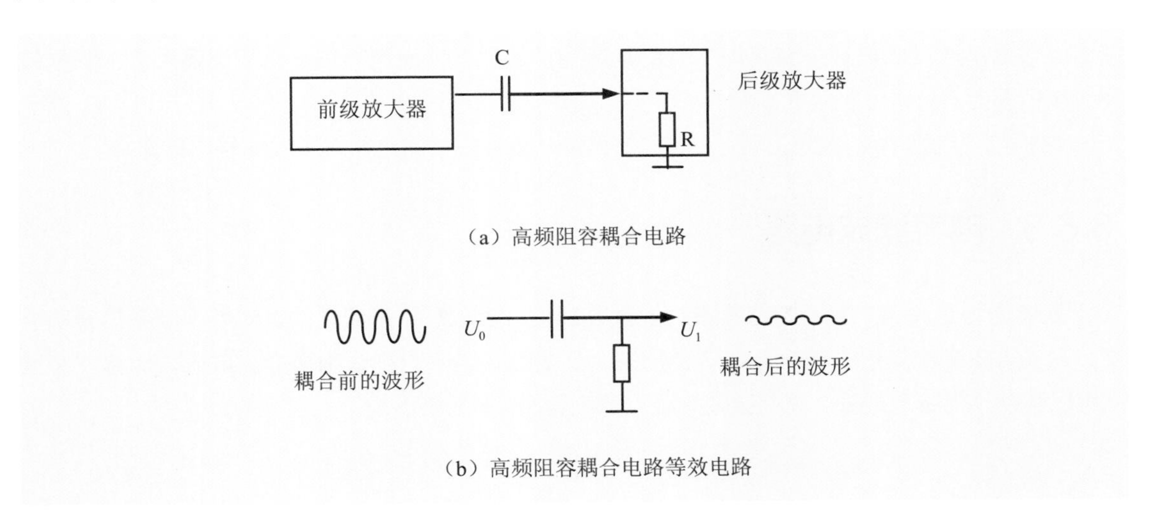

图 6-26　高频阻容耦合电路及其等效电路

由等效电路可以看出，电容 C 和电阻 R 构成一个典型的分压电路。加到这一分压电路中的输入信号 U_0 是前级放大器的输出信号，分压电路输出的是 U_1。U_1 越大，说明耦合电路对信号的损耗就越小，耦合电路的性能就越好。

根据分压电路特性可知，当放大器输入电阻 R 一定时，耦合电容容量越大，其容抗越小，其输出信号 U_0 就越大，也就是信号损耗小就越小。所以，一般要求耦合电容的容量要足够大。

6.6.2 旁路电容和退耦电容电路

对于同一个电路来说，旁路电容是把输入信号中的高频噪声作为滤除对象，将混有高频电流和低频电流的交流电中的高频成分旁路掉的电容。该电路称为旁路电容电路，退耦电容是把输出信号的干扰作为滤除对象。图 6-27 所示为一旁路电容和退耦电容电路。

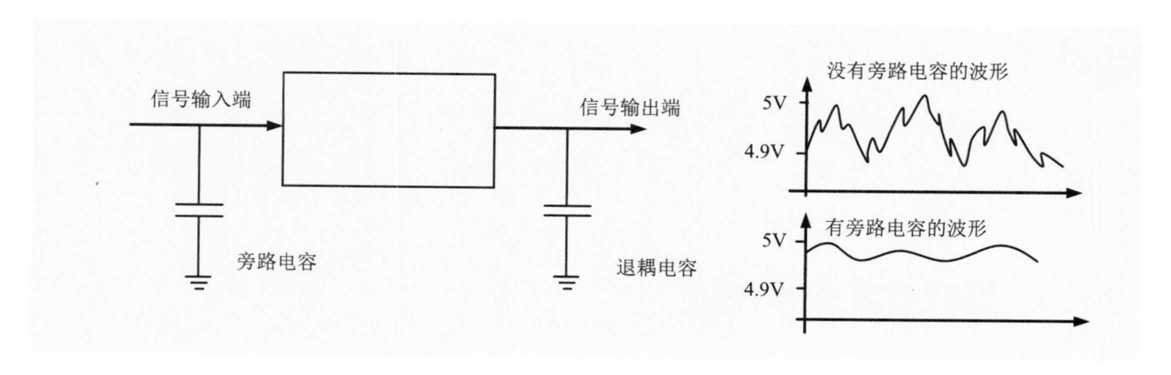

图 6-27　旁路电容和退耦电容电路

旁路电容电路和退耦电容电路的核心工作理论如下：

当混有低频和高频的交流信号经过放大器被放大时，要求通过某一级时只允许低频信号输入到下一级，而不需要高频信号进入，则在该级的输入端加一个适当容量的接地电容，使较高频信号很容易通过此电容被旁路掉（频率越高阻抗越低）；而低频信号由于电容对它的阻抗较大而被输送到下一级进行放大。

退耦电容电路的工作理论同上，同样是利用一适当规格的电容对干扰信号进行滤除。

6.6.3 电容滤波电路

滤波电路是利用电容对特定频率的等效容抗小、近似短路来实现的，对特定频率信号率除外。在要求较高的电器设备中，如自动控制、仪表等，必须想办法削弱交流成分，而滤波装置就可以帮助改善脉动成分。简易滤波电路示意图如图 6-28 所示。

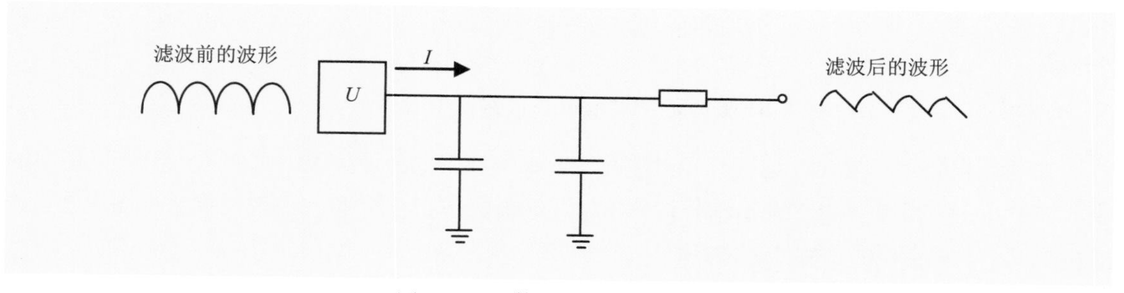

图 6-28　简易滤波电路示意

滤波电容的等效理解：给电路并联一小电阻（如 2Ω）接地，那么输入直流成分将直接经该电阻流向地，后级工作电路将收不到前级发出的直流信号；同理，经电源并电容（$X_C=1/2\pi fC$），当噪声频率与电容配合使 X_C 足够小（如也是个位数），则噪声交流信号将直接通过此电容流量接地而不会干扰到后级电路。

电容量越大低频越容易通过，电容量越小高频越容易通过。具体用在滤波中，大容量电容滤去低频，小容量电容滤去高频。

6.6.4 电容分压电路

我们可以用电阻器构成不同的分压电路，其实电容器也可以构成分压电路。图 6–29 所示为由 C_1 和 C_2 构成的分压电路。

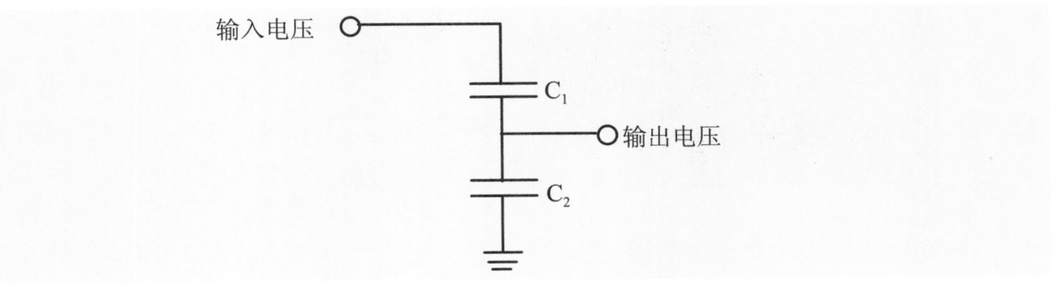

图 6–29　电容分压电路

采用电容器构成的分压电路的优势是可以减小分压电路对交流信号的损耗，这样可以更有效地利用交流信号。对某一频率的交流信号，电容器 C_1 和 C_2 会有不同的容抗，这两个容抗就构成了对输入信号的分压衰减，这就是电容分压的本质。

6.7 电容器常见故障诊断

判断电容器的好坏，有一套从实践中总结出来的规范流程；我们首先要检查电容器外观，观察其是否有鼓包，破损、漏液等现象，如果有，则基本可以说明电容器已经损坏；如果外观无恙，再通过万用表检测其是否被击穿（击穿后阻值非常小）以及电容量是否变小等。

6.7.1 通过测量电容器引脚电压诊断电容器故障

通过测量电容器引脚电压判断电容器好坏的方法如图 6–30 所示。

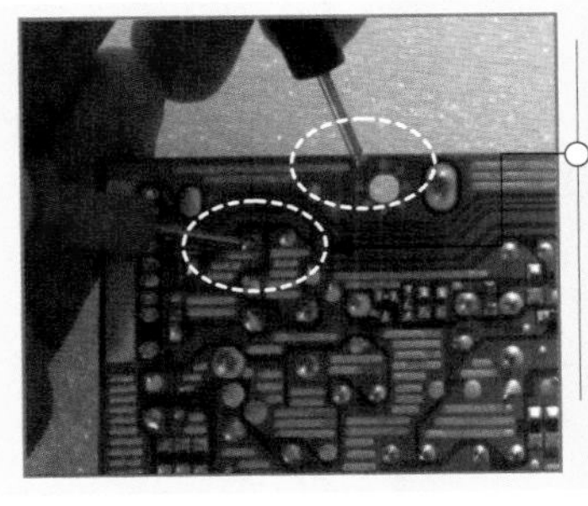

用万用表的直流电压挡测量电路中的电容器，其两个引脚之间的直流电压一定不相等，如果测量结果相等，说明电容器已经被击穿。

图 6–30　测量电容器引脚电压

6.7.2 用万用表欧姆挡诊断电容器故障

用万用表欧姆挡检测电容器好坏的方法如图 6-31 所示。

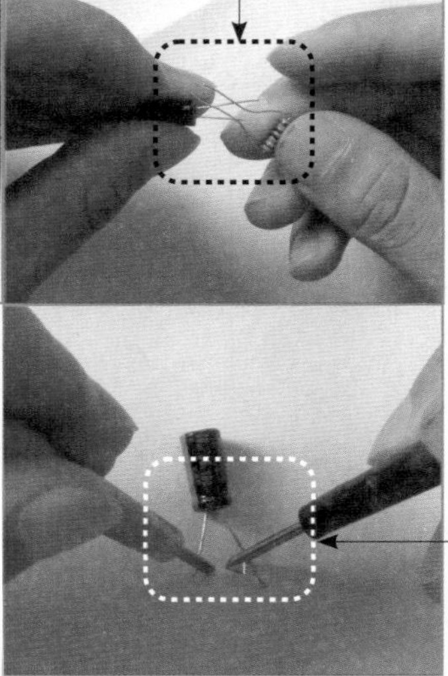

第 2 步：每次测试前，需将电容器放电，可以用一个电阻器连接到电容器的两端，也可以用镊子同时夹住电容器的两个引脚进行放电。

第 1 步：对于电容器的好坏检测一般要用指针万用表的欧姆挡，通常选用指针万用表的 R×10、R×100、R×1k 挡进行测试判断。

第 3 步：检测时，将指针万用表的红、黑表笔分别接电容器的负极，由表针的偏摆来判断电容器质量。若表针迅速向右摆起，然后慢慢向左退回原位，则说明电容器是好的。如果表针摆起后不再回转，说明电容器已经击穿。如果表针摆起后逐渐退回到某一位置停留，则说明电容器已经漏电。

第 5 步：将黑表笔接电容器的负极，红表笔接电容器的正极，表针迅速摆起，然后逐渐退回至某处停留不动，则说明电容器是好的，凡是表针在某一位置停留不稳或停留后又逐渐慢慢向右移动的电容器已经漏电，不能继续使用了。表针一般停留并稳定在 50 ~ 200k 刻度内。

第 4 步：有些漏电的电容器，用上述方法不易准确判断出好坏，可采用 R×10k 挡进行判断。

图 6-31 用万用表欧姆挡检测电容器好坏的方法

6.8 电容器的检测方法

业余条件下，对电容器好坏的检查判定，主要是通过观察和万用表来进行。其中，观察判断主要是观察电容器是否有漏液、爆裂或烧毁的情况，如果有，则说明电容器有问题，需要更换同型号的电容器。下面详细讲解用万用表检测电容器好坏的方法。

6.8.1 小容量固定电容器的检测方法

一般 0.01μF 以下的固定电容器为小容量电容，其大多是瓷片电容器、薄膜电容器等。因电容器容量太小，用万用表进行检测，只能定性地检查其绝缘电阻，即有无漏电、内部短路或击穿现象，不能定量判定质量。

用万用表检测 0.01μF 以下固定电容器的方法如图 6-32 所示。

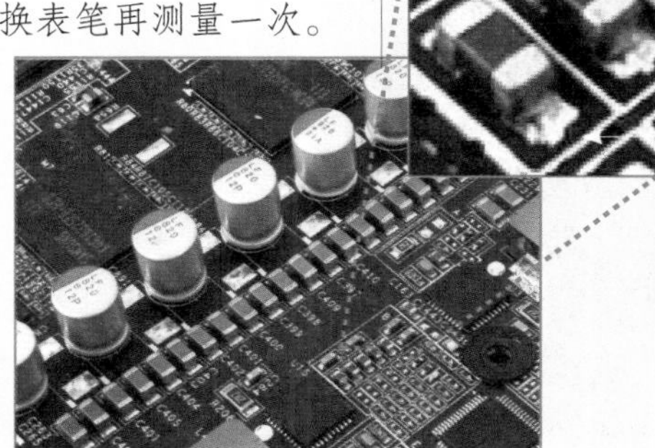

步骤：将用万用表功能旋钮旋至 R×10k 挡，用两表笔分别接电容器的两个引脚，观察万用表的指针有无偏转，然后交换表笔再测量一次。
判断：二次检测中，阻值都应为无穷大。若能测出阻值（指针向右摆动），则说明电容器漏电损坏或内部击穿。

图 6-32 用万用表 0.01μF 以下固定电容器的方法

6.8.2 大容量固定电容器的检测方法

为了检测方便，我们将 0.01μF 以上容量的固定电容器称为大容量电容，其检测方法如图 6-33 所示。

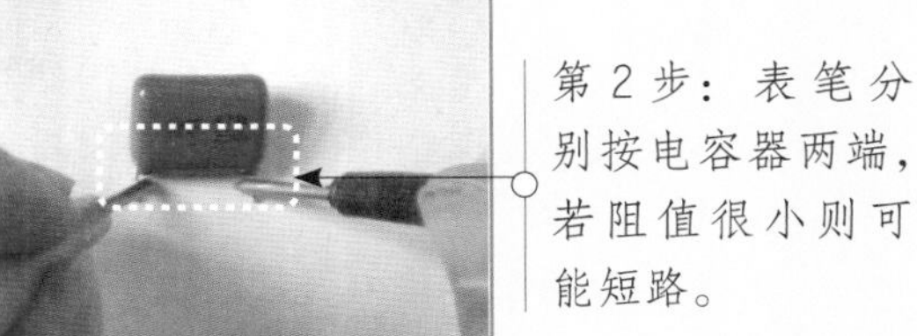

第 3 步：快速交换两表笔，观察表针向右摆动后能否再回到无穷大位置，若不能回到无穷大位置，说明电容器有问题。

第 2 步：表笔分别按电容器两端，若阻值很小则可能短路。

图 6-33 用万用表检测 0.01μF 以上固定电容器的方法

6.8.3 用数字万用表的电阻挡测量电容器的方法

用数字万用表电阻挡测量电容器的方法如图 6-34 所示。

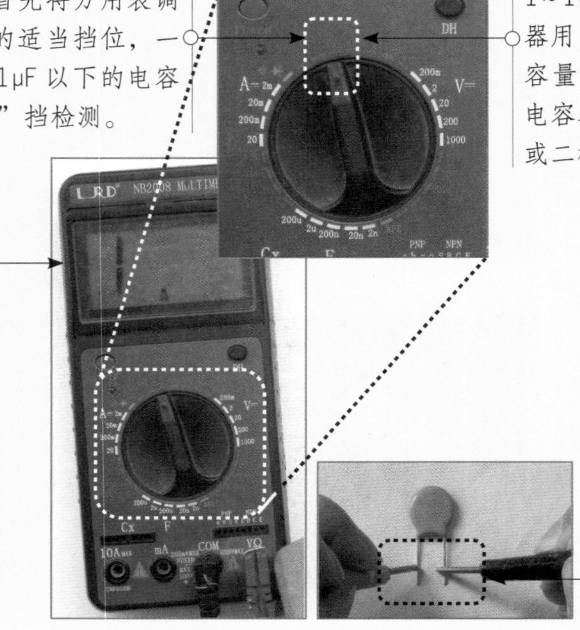

第 1 步：首先将万用表调到欧姆挡的适当挡位，一般容量在 1μF 以下的电容器用“20k”挡检测。
1～100μF 内的电容器用“2k”挡检测，容量大于 100μF 的电容器用“200”挡或二极管挡检测。
判断：如果显示值从“000”开始逐渐增加，最后显示溢出符号“1”，表明电容器正常；如果万用表始终显示“000”，则说明电容器内部短路；如果始终显示“1”（溢出符号），则可能电容器内部极间断路。
第 2 步：用万用表的两表笔，分别与电容器的两端相接（红表笔接电容器的正极，黑表笔接电容器的负极）。

图 6-34 用数字万用表的电阻挡测量电容器的方法

6.8.4 用数字万用表的电容测量插孔测量电容器的方法

用数字万用表的电容测量插孔测量电容器的方法如图 6-35 所示。

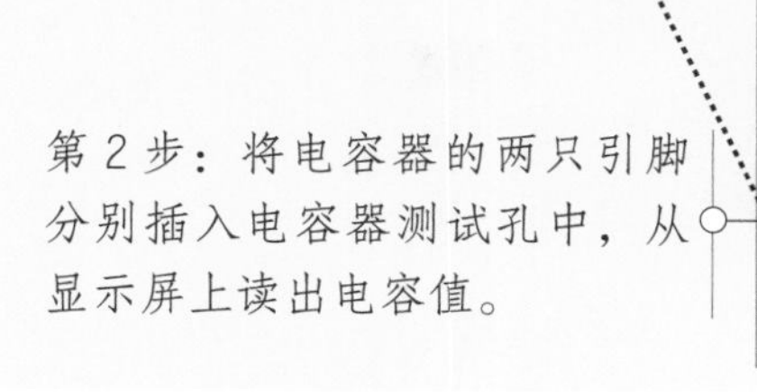

第 1 步：将功能旋钮旋到电容挡，量程大于被测电容器容量，将电容器的两极短接放电。
判断：将读出的值与电容器的标称值比较，若相差太大，说明该电容器容量不足或性能不良，不能再使用。
第 2 步：将电容器的两只引脚分别插入电容器测试孔中，从显示屏上读出电容值。

图 6-35 用数字万用表的电容测量插孔测量电容器的方法

6.9 电容器的代换方法

电容器损坏后，原则上应使用与其类型相同、主要参数相同、外形尺寸相近的电容器来更换。但若找不到同类型电容器，也可以用其他类型的电容器代换。

6.9.1 普通电容器的代换方法

普通电容器代换时，原则上应选用同型号、同规格电容器代换。如果选不到相同规格的电容器，可以选用容量基本相同，耐压参数相等或大于原电容器参数的电容器代换。特殊情况需要考虑电容器的温度系数。普通电容器的代换方法如图 6-36 所示。

玻璃釉电容器或云母电容器损坏后，可以用与其主要参数相同的陶瓷电容器代换。纸介电容器损坏后，可以用与其主要参数相同但性能更优的有机薄膜电容器或低频陶瓷电容器代换。

图 6-36 普通电容器的代换方法

6.9.2 电解电容器的代换方法

电解电容器的代换方法如图 6-37 所示。

一般的电解电容器通常可以用耐压值较高，容量相同的电容器代换。用于信号耦合、旁路的铝电解电容器损坏后，也可以用与其主要参数相同但性能更优的电解电容器代换。

图 6-37 电解电容器的代换方法

6.9.3 贴片电容器的代换方法

贴片电容器的代换方法如图 6-38 所示。

（1）无极性的陶瓷贴片电容器代换时，选择颜色相同，大小相同的贴片电容器代换即可。

（2）有极性的贴片电解电容器代换时，先查看电容器标注，计算出电容器容量、额定电压等参数，然后用相同型号、容量、额定电压、尺寸等参数一致的电容器来代换。

图 6-38 贴片电容器的代换方法

6.10 电容器动手检测实践

前面内容主要学习了电容器的基本知识、应用电路、故障判断及检测思路等，本节将主要通过各种电容器的检测实战来讲解电容器的检修方法。

6.10.1 薄膜电容器动手检测实践

打印机电路中的薄膜电容器主要应用在打印机的电源供电电路板中，测量薄膜电容器时，可以采用在路法测量电容器的工作电压，同时也可以采用开路法测量电容器的好坏。通常在路测量无法准确判断好坏的情况下，才采用开路测量。另外，对于电解电容器也可以采用同样的方法来测量。

开路测量薄膜电容器的方法如图 6-39 所示。

❶ 首先将打印机的电源断开，然后对薄膜电容器进行观察，看待测电容器是否损坏，有无烧焦、有无虚焊等情况。如果有，则电容器损坏。

❷ 如果待测电容器外观没有问题，将待测薄膜电容器从电路板上卸下，并清洁电容器的两端引脚，去除两端引脚下的污物，可确保测量时的准确性。

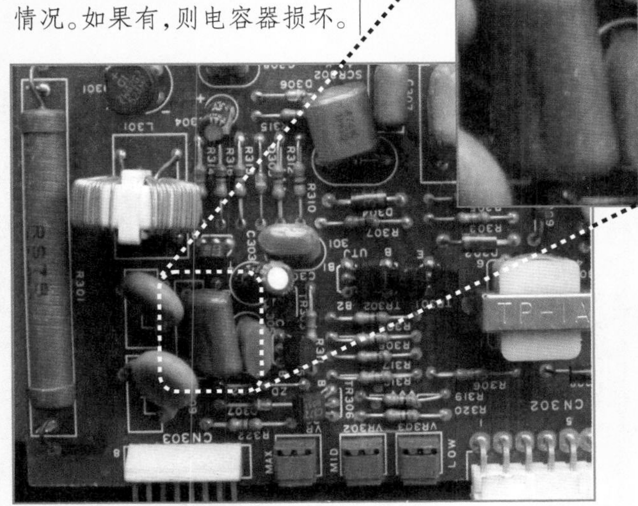

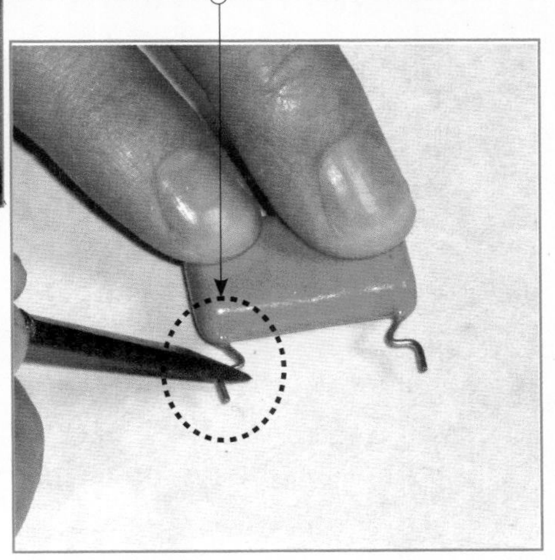

❸ 将功能旋钮旋至 R×10k 挡，并调零，然后将万用表的两表笔分别接电容器的两个引脚进行测量。观察万用表的表盘，发现接触的瞬间指针有一个小的偏转，表针静止后指针变为无穷大。

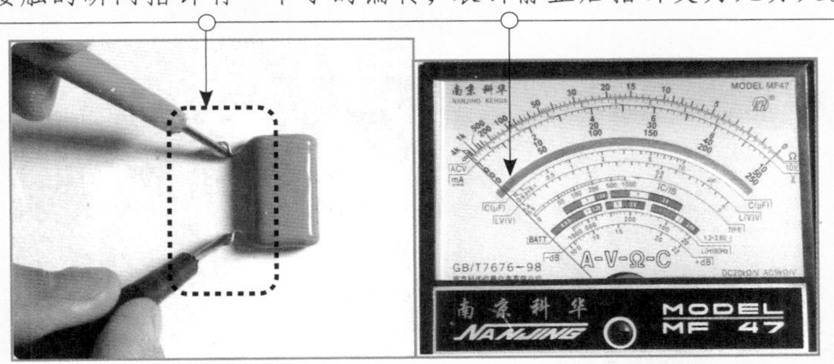

❹ 将万用表的两表笔对调再次进行测量。观察万用表的表盘，发现接触的瞬间指针依然是有一个小的偏转，表针静止后指针变为无穷大。

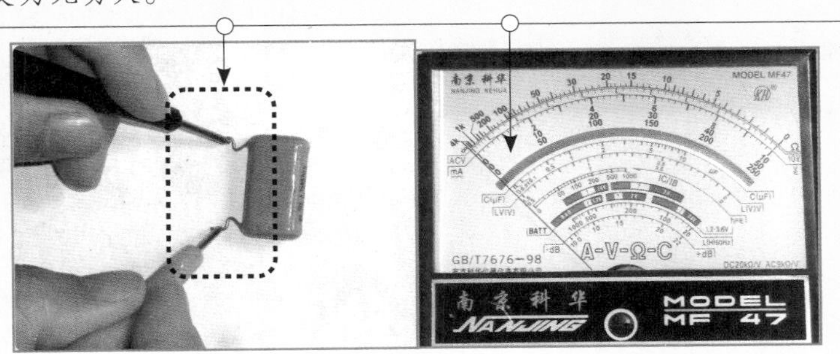

图 6-39　开路测量薄膜电容器的方法

总结：经观察，两次表针均先朝顺时针方向摆动，然后又慢慢地向左回归到无穷大，因此该电容器功能基本正常。若测出阻值较小或为零，则说明电容器已漏电损坏或存在内部击穿；若指针从始至终未发生摆动，则说明电容器两极之间已发生断路。

6.10.2 贴片电容器动手检测实践

数字万用表一般都有专门用来测量电容器的插孔，但贴片电容器并没有一对可以插进去的合适引脚，因此只能使用万用表的欧姆挡对其进行粗略的测量。

用数字万用表检测贴片电容器的方法如图 6-40 所示。

❶ 观察电容器有无明显的物理损坏。如果有损坏，则说明电容器已发生损坏。如果没有，用毛刷将待测贴片电容器的两极擦拭干净，避免残留在两极的污垢影响测量结果。

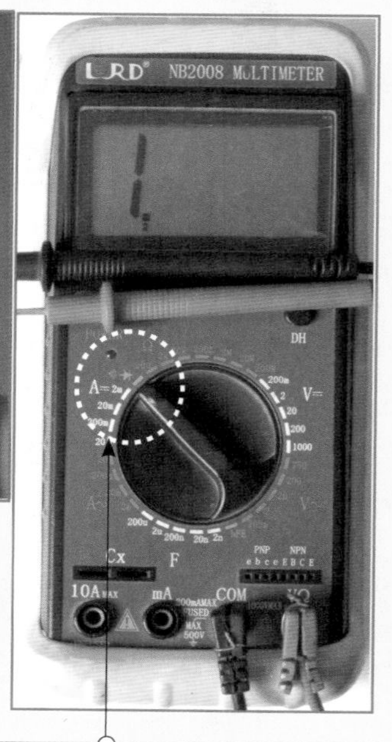

❷ 为了测量的精确性，可用镊子对其进行放电。

❸ 选择数字万用表的二极管挡，并将红表笔插入万用表的 VΩ 孔，黑表笔插入万用表的 COM 孔。

图 6-40 用数字万用表检测贴片电容器的方法

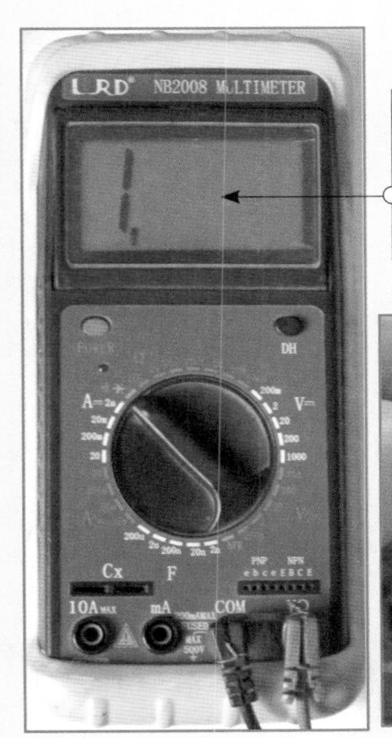

❺ 观察表盘读数变化，表盘先有一个闪动的阻值，静止后变为1。

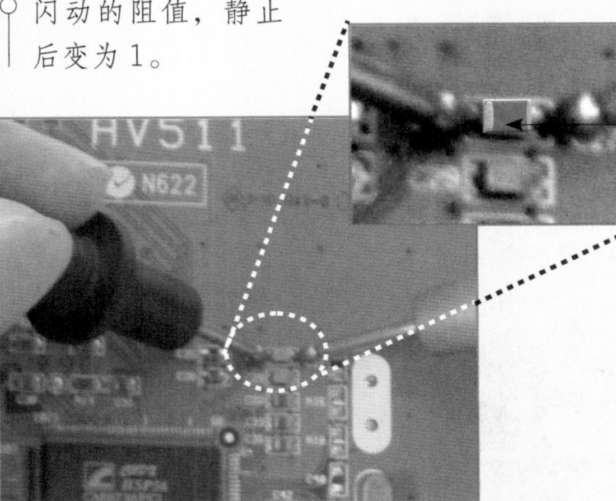

❹ 将红、黑表笔分别接在贴片电容器的两极。

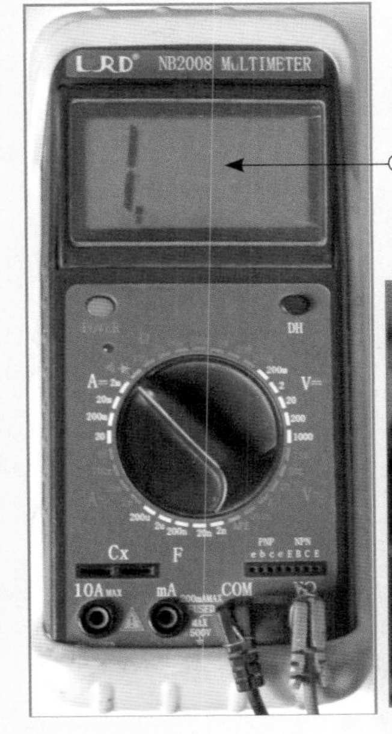

❼ 观察表盘读数变化，表盘先有一个闪动的阻值，静止后变为1。

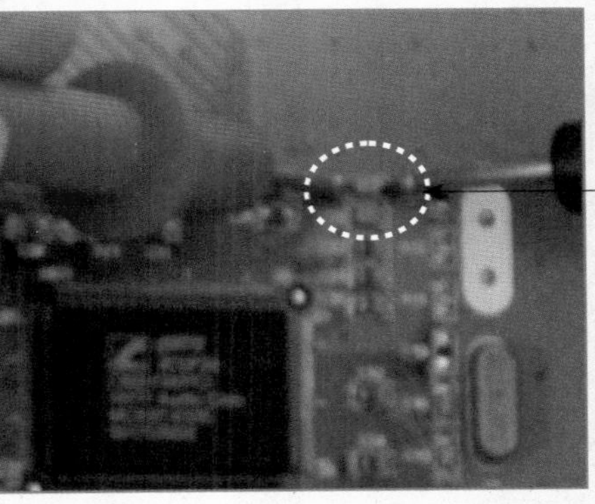

❻ 交换两表笔再测量一次，注意观察表盘读数变化。

图 6-40 用数字万用表检测贴片电容器的方法（续）

总结：两次测量数字表均先有一个闪动的数值，然后变为“1.”即阻值为无穷大，所以该电容器基本正常。如果用上述方法检测，万用表始终显示一个固定的阻值，说明电容器存在漏电现象；如果万用表始终显示“000”，说明电容器内部发生短路；如果始终显示“1.”（不存在闪动数值，直接为“1.”），电容器内部极间已发生断路。

6.10.3 电解电容器动手检测实践

一般数字万用表中都带有专门的电容器挡，用来测量电容器的容量，下面就用数字万用表中的电容挡测量电容器的容量。

具体测量方法如图 6-41 所示。

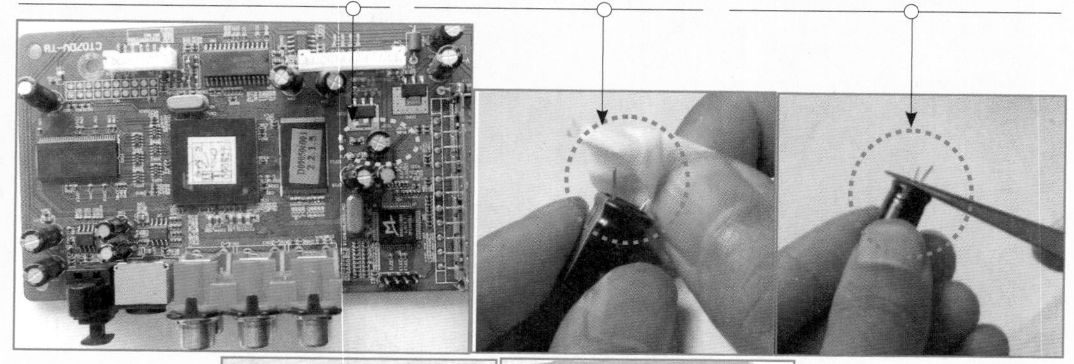

❶ 观察主板的电解电容器，看待测电解电容器是否损坏，有无烧焦、有无针脚断裂或虚焊等情况。
❷ 将待测电解电容器卸下。卸下后先清洁电解电容器的引脚。
❸ 对电解电容器进行放电，将小阻值电阻器的两个引脚与电解电容器的两个引脚相连进行放电，或用镊子夹住两个引脚进行放电。

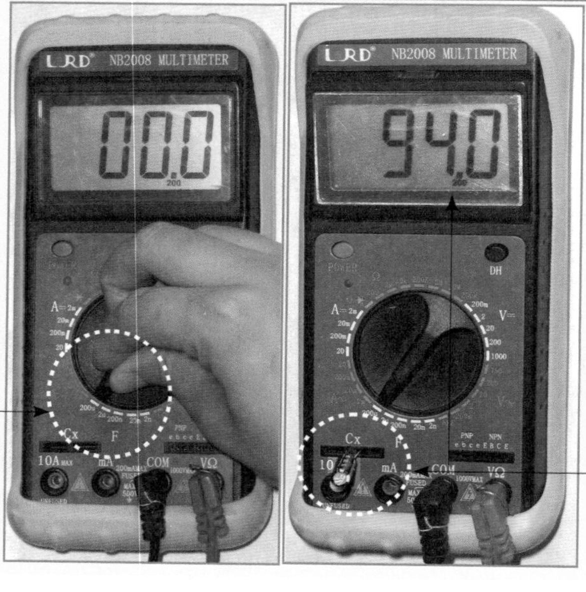

❺ 将电解电容器插入万用表的电容测量孔中，然后观察万用表的表盘，显示测量的值为“94.0”。

图 6-41　液晶电视机电路中的电解电容器现场测量实操

总结：由于测量的容量值“94μF”与电容器的标称容量“100μF”比较接近，因此可以判断电容器正常。

提示： 如果拆下电容器的引脚太短或是贴片固态电容器无法利用万用表的电容插孔进行测量，可以将电容器的引脚接长再进行测量。

如果测量的电容器的容量与标称容量相差较大或为0，则电容器损坏。

6.10.4 纸介电容器动手检测实践

打印机中的纸介电容器主要应用在打印机的电源供电电路板中，由于纸介电容器的容量相对较小，因此一般用指针万用表来检测。

测量纸介电容器的方法如图6-42所示。

❶ 将电源断开，然后对纸介电容器进行观察，看待测电容器是否损坏，有无烧焦、虚焊等情况。

❷ 清洁电容器的两端引脚，去除两端引脚下的污物，可确保测量时的准确性。

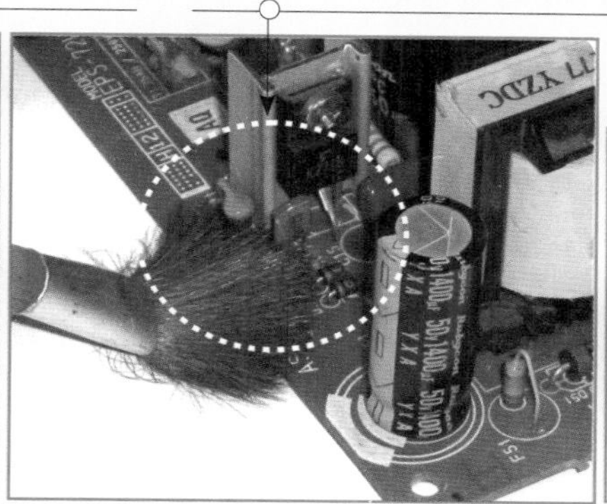

❸ 用斜口钳将纸介电容器的其中一个引脚剪断（防止干扰）。

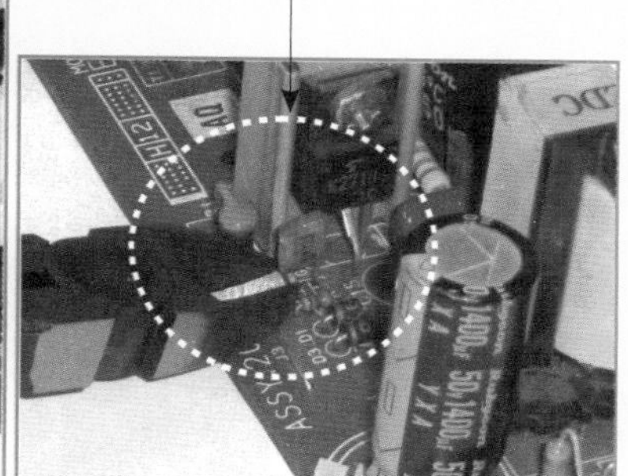

❹ 用两表笔分别任意接电容的两个引脚，发现指针指在了无穷大处。

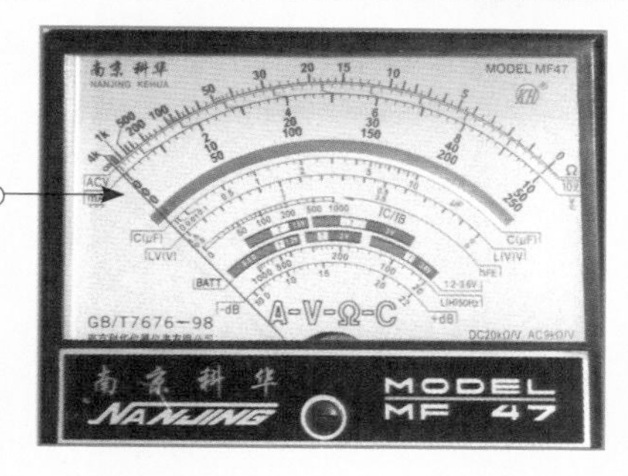

❺ 接着将两只表笔对调进行测量，发现电容器的阻值依然为无穷大。

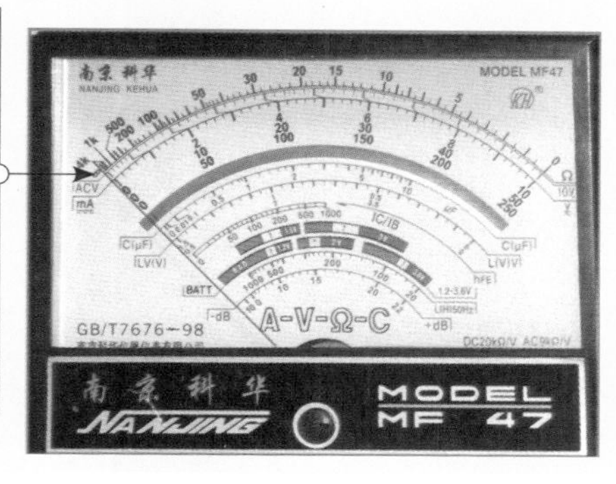

图6-42 测量纸介电容器

判断：由于两次测量中，阻值都为无穷大，因此可以判断此纸介电容器正常。

提示：如果测量时，万用表的指针向右摆动，并测出阻值（没有回到无穷大处），则说明电容器漏电损坏或内部击穿。

6.10.5 电容器检测经验总结

经验一：用万用表测量电容器的阻值时，如果万用表的指针向右摆动，并测出阻值，并且万用表的指针没有回到无穷大处，则说明电容器漏电损坏或内部击穿。

经验二：用万用表测量电容器阻值时，如果表笔接触到电解电容器引脚后，表针摆动到一个角度后随即向回较微摆动一点，即并未摆回到无穷大或较大的阻值，说明该电解电容器漏电严重；如果表笔接触到电解电容器引脚后，表针并未摆动，仍提示阻值很大或趋于无穷大，则说明该电解电容器中的电解质已干涸，失去电容量。

经验三：开路检测电容器时，如果拆下电容器的引脚太短或是贴片固态电容器无法利用万用表的电容插孔进行测量，可以将电容器的引脚接长再进行测量。

第7章 电感器让电磁互化

在一些滤波电路、振荡电路等电路中经常会看到电感器的身影，特别是在电源电路中，电感器也是电路故障检测的重点元器件之一。要掌握电感器的维修检测方法，首先要掌握各种电感器的构造、特性、参数、标注规则等基本知识，然后还需掌握电感器在电路中的应用特点、电感器好坏检测、代换方法等内容，下面重点讲解。

7.1 电感器的特性与作用

电感器是一种能够把电能转化为磁能并储存起来的元器件，其主要功能是抑制流过它的电流突然变化。当电流从小到大变化时，电感器阻止电流的增大。当电流从大到小变化时，电感器阻止电流减小；因此电感器的作用就是阻止高频信号通过，同时允许低频信号通过。

电感器常与电容器配合在一起工作，在电路中主要用于滤波（阻止交流干扰）、振荡（与电容器组成谐振电路）、波形变换等。图 7-1 所示为电路中常见的电感器。

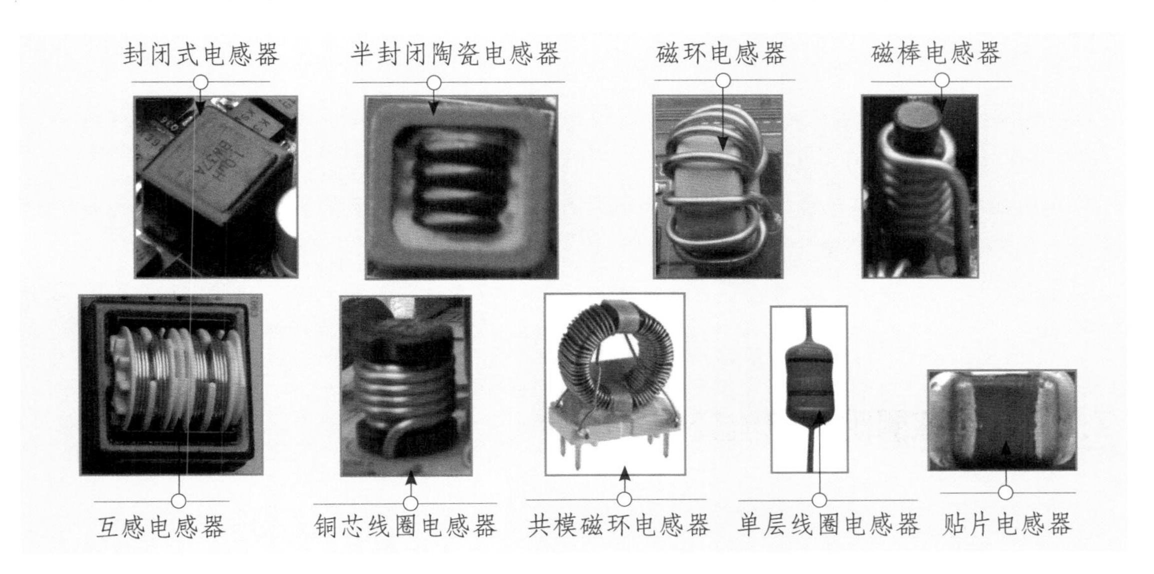

图 7-1　电路中常见的电感器

7.1.1 通电线圈产生磁场

电感器的特性之一就是通电线圈会产生磁场，且磁场大小与电流的特性息息相关。磁场的方向符合右手定则，也就是说用右手握住线圈让四指指向电流流动的方向，大拇指所指的方向就是磁场的北极方向。通电线圈的磁场方向与电流方向之间的关系如图 7-2 所示。

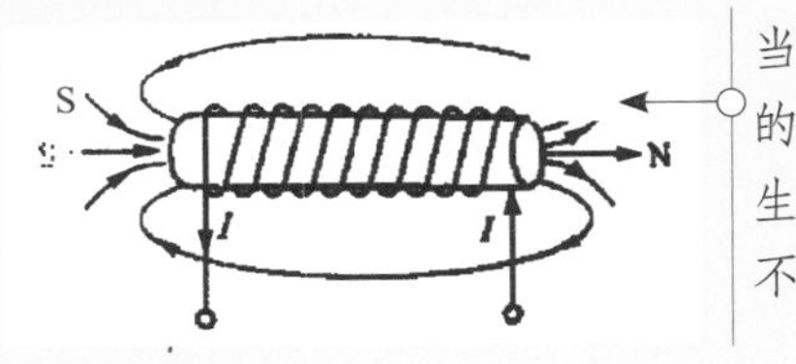

当电感中通过的是恒值的直流电时，线圈将产生一个方向不变且大小不变的磁场。

图 7-2 通电线圈的磁场方向与电流方向的关系

磁场的大小与直流电的大小成正比。直流电流越大，磁场越强。

当电感中通过的是交流电流时，由于交流电流自身的方向在不断改变，所以交流电产生的磁场也在不断变化。磁场强度仍与交流电流的大小成正比。

7.1.2 电感器的通直流阻交流特性

通直作用是指电感对直流电而言呈通路，如果不记线圈自身的电阻，那么直流可以畅通无阻地通过电感。一般而言，线圈本身的直流电阻是很小的，为简化电感电路的分析而常常忽略不计。

当交流电通过电感器线圈时，线圈两端将产生自感电动势，自感电动势的方向与外加电压的方向相反，阻碍交流电的通过。所以电感器对交流电有阻碍作用，阻碍交流电的是电感线圈产生的感抗，它同电容的容抗类似。

电感器的感抗大小与两个因素有关，电感器的电感量和交流电的频率。感抗用 X_L 表示，计算公式为 $X_L=2\pi fL$（f 为交流电的频率，L 为电感器的电感量）。

由此可知，在流过电感器的交流电频率一定时，感抗与电感器的电感量成正比；当电感器的电感量一定时，感抗与通过的交流电的频率成正比。

7.1.3 电感器阻碍电流变化的实验

感抗的存在可以用以下一实验来证明（图中虚线表示感应电流的方向，实线表示电源电流方向，D 为小灯泡；L 为电感器，E 为电源）。实验原理图如图 7-3 所示。

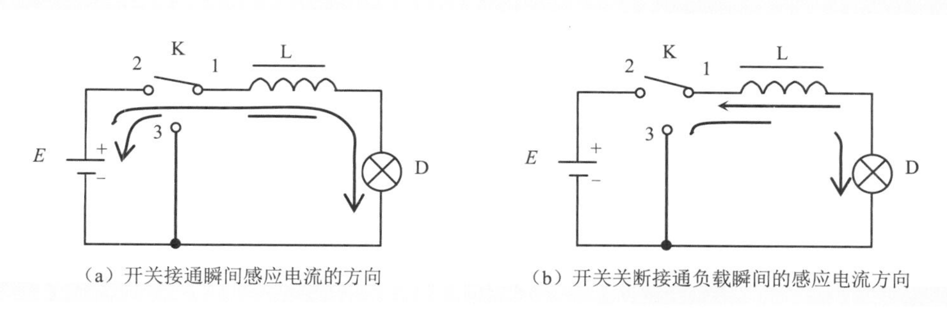

图 7-3 感抗的存在的实验原理图

在图 7-3(a)中 K_{1-2} 未接通时，电灯处于熄灭状态；当开关 K_{1-2} 闭合后，小灯泡会逐渐变亮，而不是瞬间达到最亮程度。这说明电流在通过电感时有一个缓慢增大的过程。将开关 K_{1-2} 断开立即转到 K_{1-3}，小灯泡先是变得更亮，然后才慢慢熄灭。这说明电流在电感中有一个缓慢减小的过程。这一现象可以用楞次定律来解释，当线圈中电流突变时，电感线圈就产生感应电流阻碍原来电流的变化。

7.2 电感器的符号及主要指标

了解电感器的符号及主要参数指标，可以在复杂的电路图中分辨出各种不同的电感器，并明白标注的参数所表达的意义，它是我们分析电路的基础。

7.2.1 电感器的图形符号

电感器一般用字母“L”表示。在电路图中每个电子元器件还有其电路图形符号，电感器的电路图形符号如图 7-4 所示。

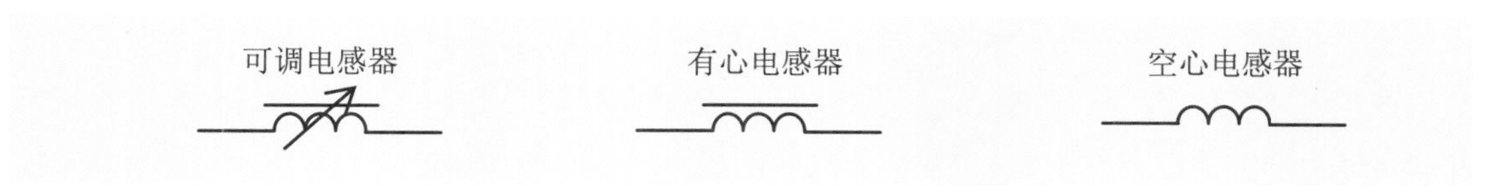

图 7-4 电感器的图形符号

7.2.2 电感器的主要指标

电感器的主要指标包括电感量、允许误差、品质因数、固有电容及额定电流等。

1. 电感量

电感量是电感器的一个重要参数，电感量的大小主要取决于线圈的直径、匝数、绕制方式，有无磁芯及磁芯的材料等。通常，线圈圈数越多、绕制的线圈越密集，电感量就越大。有磁芯的线圈比无磁芯的线圈电感量大；磁芯导磁率越大的线圈，电感量也越大。电感器的用途不同所需的电感量也就不同。

电感量 L 是线圈本身的固有特性，电感量的基本单位是亨利（简称亨），用字母“H”表示。常用的单位还有毫亨（mH）和微亨（μH），它们之间的关系是：$1H=10^3mH$，$1mH=10^3\mu H$。

2. 允许误差

允许误差是指电感器上的标称电感量与实际电感量的允许误差值。一般用于振荡电路或滤波电路中的电感器精度要求比较高，允许误差为 ±0.2% ～ ±0.5%；而用于耦合电路或高频阻流电路的电感量精度要求不是太高，允许误差为 ±10% ～ 15%。

另外，一些贴片电感器常用字母来表示误差，如表 7-1 所示。

表 7-1　允许误差字符含义

字　符	误　差	字　符	误　差
F	±1%	K	±10%
G	±2%	L	±15%
H	±3%	M	±20%
J	±5%		

3. 品质因数

品质因数也称 Q 值或优值，是衡量电感器品质的主要参数，是指在某一频率的交流电压下，电感器工作时所呈现的感抗与其等效损耗电阻之间的比值。电感器的品质因数越高，效率就越高。电感器的品质因数受到一些因素的限制，如线圈导线的直流电阻、线圈骨架的介质损耗、铁心和屏蔽引起的损耗以及高频工作时的集肤效应等。因此线圈的 Q 值不可能做得很高。

4. 固有电容

固有电容是指线圈绕组的匝与匝之间、多层绕组层与层之间分布的电容。电感器分布的固有电容越小就越稳定。这些电容可以等效成一个与线圈并联的电容 C_0，即由 L、R 和 C_0 组成的并联谐振电路，其谐振频率（f_0）又称为线圈的固有频率。通常在使用时应使工作频率远低于电感器的固有频率，这就需要减小线圈的固有电容。减少线圈骨架的直径，用细导线绕制线圈或采用间绕法都可以有效地减少线圈的固有电容。

5. 额定电流

额定电流是指电感器在正常工作时所允许通过的最大电流值。若工作电流超过额定电流，电感器就会因发热而使性能参数发生改变，甚至还会因过电流而烧毁。

7.3 如何读识电感器上的标注

电感器的标注方法主要有数字符号法、数码法、色标法等几种，下面详细介绍。

7.3.1 读懂数字符号法标注的电感器

数字符号法是将电感器的标称值和偏差值用数字和文字符号法按一定的规律组合标示在电感体上。采用文字符号法表示的电感通常是一些小功率电感，单位通常为 nH 或 pH。用 pH 做单位时，“R”表示小数点：用“nH”做单位时，“N”表示小数点。数字符号法标注的电感器如图 7-5 所示。

（1）R47 表示电感量为 0.47μH，而 4R7 则表示电感量为 4.7μH；10N 表示电感量为 10nH。

（2）前三位表示电感量，220 表示电感量，前两位为有效数字，第三位为 10 的倍数，22×10^0=22μH。字母表示误差，K 表示误差为 ±10%。

（3）1R5 表示电感量，为 1.5μH，M 表示误差为 ±20%。

图 7-5 数字符号法标注的电感器

7.3.2 读懂数码法标注的电感器

数码法标注的电感器，前两位数字表示有效数字，第三位数字表示倍乘率，如果有第四位数字，则表示误差值。这类电感器的电感量的单位一般都是微亨（μH）。数码法标注的电感器如图 7-6 所示。

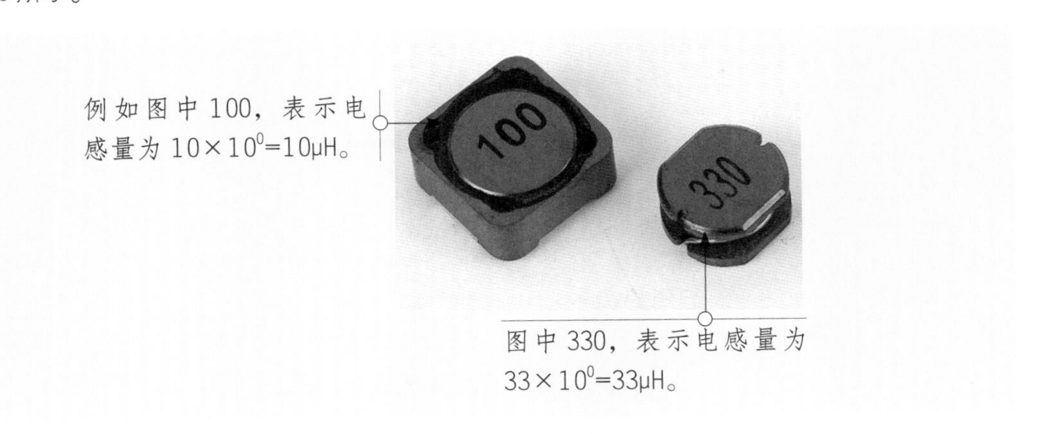

例如图中 100，表示电感量为 10×10^0=10μH。
100
330
图中 330，表示电感量为 33×10^0=33μH。

图 7-6 数码法标注的电感器

7.3.3 读懂色标法标注的电感器

在电感器的外壳上，用色环表示电感量的方法称为色标法。电感器的色标法同电阻器的色标法。即第一个色环表示第一位有效数字，第二个色环表示第二位有效数字，第三个色环表示倍乘数，第四个色环表示允许误差。比如，当电感器的色标分别为“红黑橙银”时，对照色码表可知，其电感量为 20×10^3μH，允许误差为 ±10%。

在色环标称法中，色环的基本色码意义可对照表 7-2。

表 7-2 基本色码对照

颜色	第一位有效数字	第二位有效数字	倍乘率	误差
黑色	0	0	100	±20%
褐色	1	1	101	±1%
红色	2	2	102	±2%
橙色	3	3	103	±3%
黄色	4	4	104	±4%
绿色	5	5	105	
蓝色	6	6	106	
紫色	7	7	107	
灰色	8	8	108	
白色	9	9	109	
无色				±20%
银色				±10%
金色				±5%

按照表 7-2 计算出如图 7-7 所示的色环电感器的电感量。

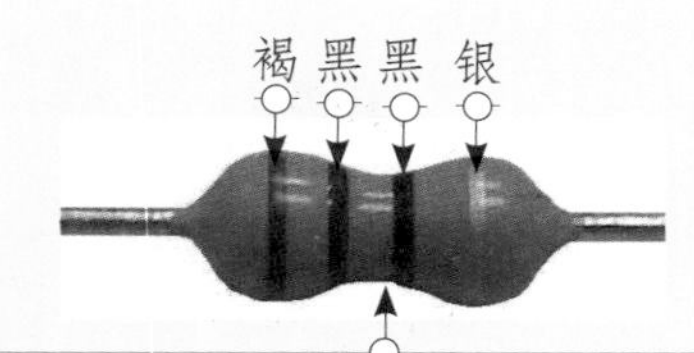

此电感器的色环为褐色、黑色、黑色、银色，即第一位有效数字为 1（褐色），第二位有效数字为 0（黑色），倍乘率为 100（黑色），误差为 ±10%（银色），因此此电感器的电感量为 10×10^0=10μH，允许误差为 ±10%。

图 7-7 计算色环电感器的电感量

7.4 常见的电感器

电感器的种类繁多分类方式不一。图 7-8 所示为电感器的分类。

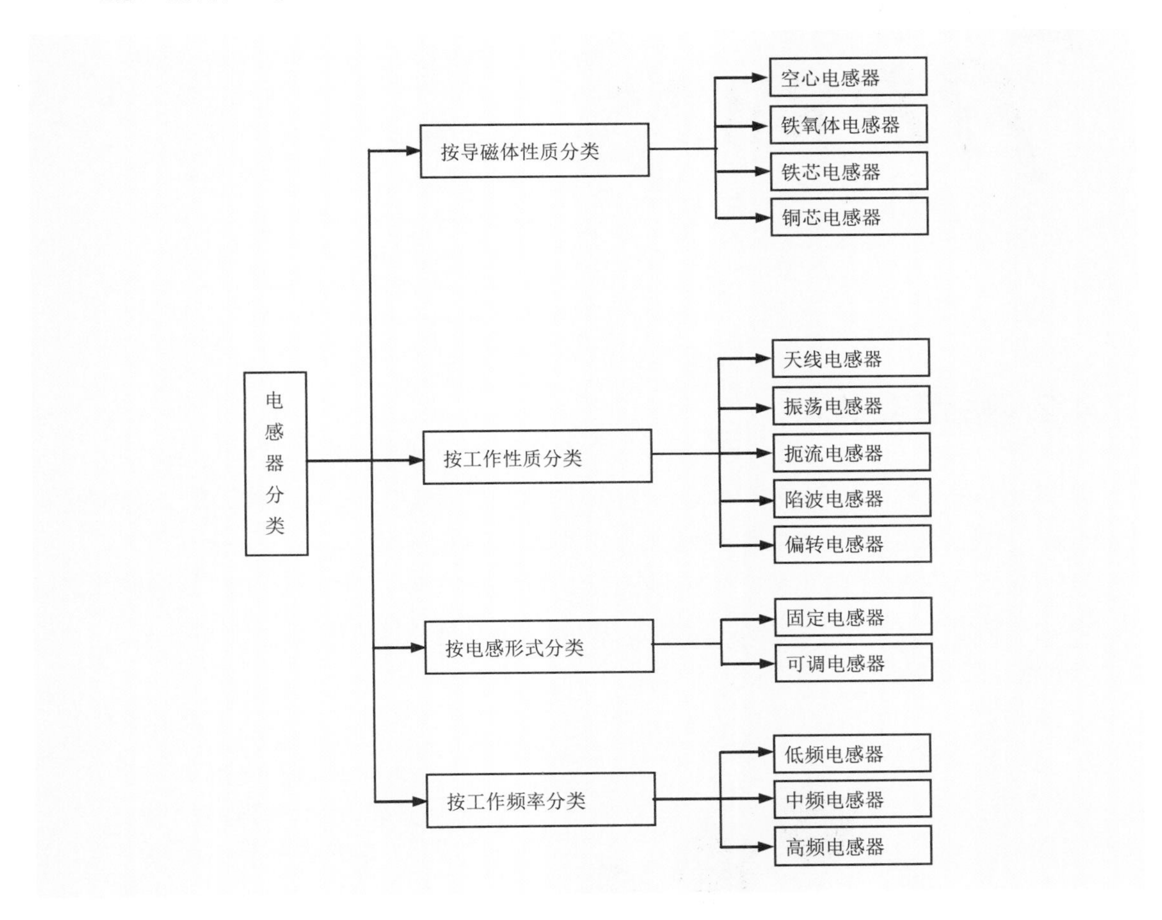

图 7-8 电感器的分类

7.4.1 空芯电感器

空芯电感器中间没有磁芯，如图 7-9 所示。通常电感量与线圈的匝数成正比，即线圈匝数越多电感量越大，线圈匝数越少电感量越小。在需要微调空芯线圈的电感量时，可以通过调整线圈之间的间隙得到自己需要的数值。但此处需要注意的是，通常对空芯线圈进行调整后要用石蜡加以密封固定，这样可以使电感器的电感量更加稳定而且还可以防止受潮损坏。

空芯电感器用于要求高品质因数的高频电路中，因为它不会产生损耗与失真。由于空芯电感器电感值较小，一般用于射频谐振电路、调频电路、门控电路，以及脉冲发生器、对讲机、遥控玩具等电路及设备中。

图 7-9　空芯电感器

7.4.2 贴片电感器

贴片电感器又称为功率电感、大电流电感。贴片电感器具有小型化、高品质、高能量储存和低电阻的特性，由在陶瓷或微晶玻璃基片上沉淀金属导片而制成。

贴片电感器有圆形、方形和矩形等封装形式，颜色多为黑色。带铁芯电感器（或圆形电感），从外形上看易于辨识。但有些矩形电感器，从外形上看，更像是贴片电阻元器件。图 7-10 所示为电路板中常见的贴片电感器。

贴片电感器一般用于高密度 PCB，如计算机、手机等。贴片电感器的较小的几何尺寸和较短引线还可以减少 EMI 辐射和信号的交叉耦合。因此用于 EMI 电路、LC 谐振电路、A/D 转换电路、RF 放大电路、信号发生器等电路中。

图 7-10　电路板中常见的贴片电感器

7.4.3 大电流扼流电感器

大电流扼流电感器主要利用铁氧体铁心或粉末铁芯体，在匝数少、体积小的条件下可获得比较大的电感值。匝数少使得直流电阻低，这是大电流应用中比较关键的一个特性，如图 7-11 所示。

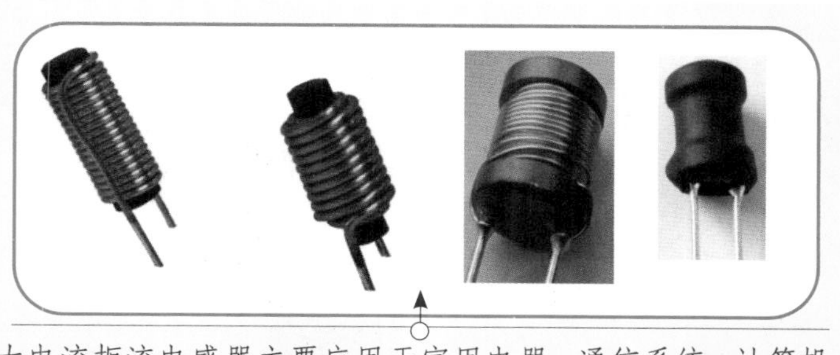

大电流扼流电感器主要应用于家用电器、通信系统、计算机、DC-AC 电源、开关电源等电路和设备中。

图 7-11　大电流扼流电感器

7.4.4 环形电感器

环形电感器的基本结构是在磁环上绕制线圈制成的，磁环是由铁氧化体或粉末铁心体制成。环形铁氧化体可获得较大的电感量，而且自屏蔽性比较好。环形电感器一般匝数比较少，这使得它的直流电阻比其他密绕螺线管电感器的电阻小。

环形电感器不易受其他组件的电磁干扰，因为线圈的感应电流与外界干扰抵消。

如图 7-12 所示，磁环的存在大大提高了线圈电感器的稳定性，磁环的大小以及线圈的缠绕方式都会对电感器造成很大的影响。

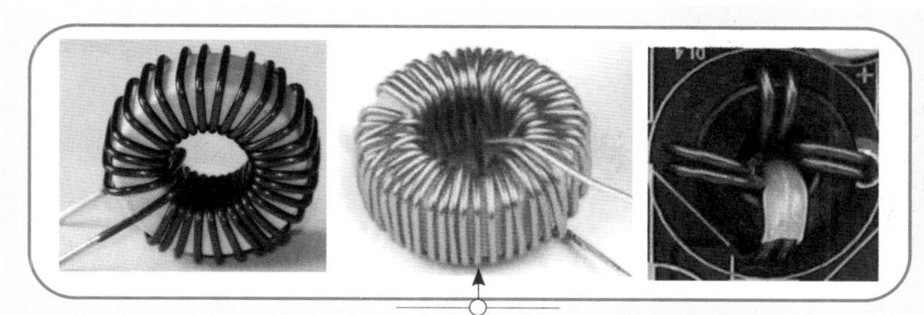

环形电感器多用于供电电路、音频电路、汽车电子、带通滤波器等。

图 7-12　环形电感器

7.4.5 屏蔽式电感器

屏蔽式电感器是一种将线圈完全密封在一绝缘盒中制成的。这种电感器是为了减少或防止磁耦合及电磁干扰。特别是在高密度的电路板中（如计算机主板），为避免信号耦合会使用大量的屏蔽式电感器。电路板中常见的屏蔽式电感器如图 7-13 所示。

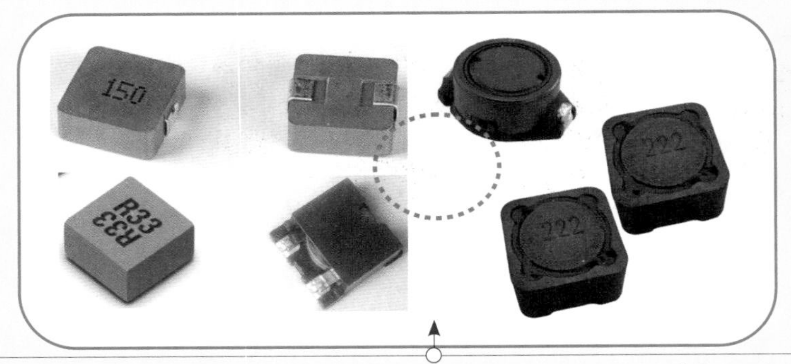

由于屏蔽式电感器性能更加稳定，所以在DC/DC转换电路、计算机、电信设备、手机、滤波电路等电路中应用较多。

图 7-13　屏蔽式电感器

7.4.6 共模电感器

共模电感器用于消除交流电中的高频干扰信号（共模噪声），防止其进入开关电源电路，同时也防止开关电源的脉冲信号不会对其他电子设备造成干扰。共模电感器由4组线圈对称绕制而成，一般采用铁氧化体磁心，如图7-14所示。

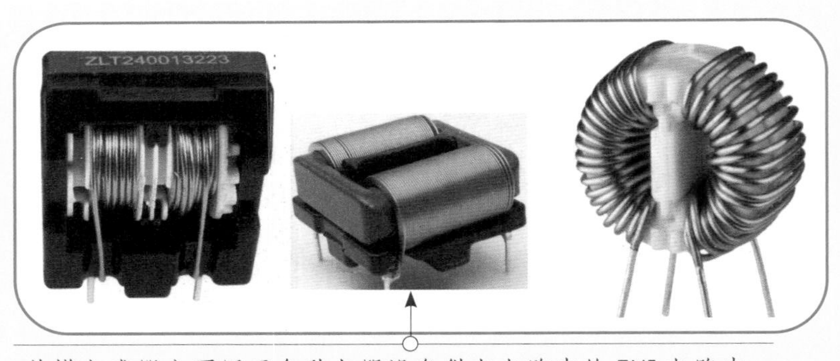

共模电感器主要用于各种电器设备供电电路中的EMI电路中。

图 7-14　共模电感器

7.5 电感器的串联和并联

电感器的串并联形式与电阻器相似，但是串并联后电感量的变化则恰恰与电阻器相反，这一点请读者注意对比学习和记忆，并在实践中做到熟练掌握。

7.5.1 电感器的串联

电感器的串联与电阻串联形式相同，两只电感器连接然后与电源连接。当然也可以是更多只电感器的串联，如图 7-15 所示。

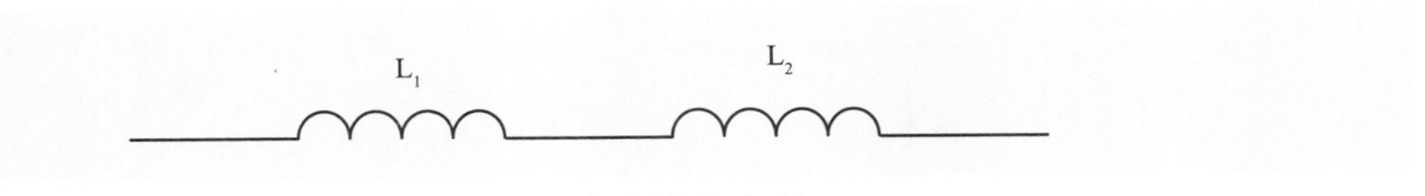

图 7-15　电感器的串联

电感器串联后的总电感量为各串联电感量之和，即 $L=L_1+L_2+\cdots$。

7.5.2 电感器的并联

电感器的并联也与电阻的并联方式相同，两个或两个以上的电感器采用并接的方式与电源连接构成电路，称为电感器的并联电路，如图 7-16 所示。

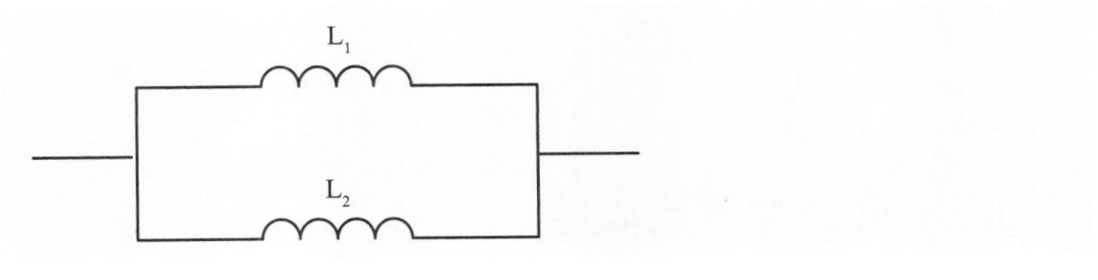

图 7-16　电感器的并联

电感器并联后的总电感量为各并联电感器电感量的倒数之和，即 $1/L=1/L_1+1/L_2+\cdots$。

7.6 电感器应用电路

在实践中，常见的电感器应用电路主要包括电感滤波电路、抗高频干扰电路、电感分频电路以及 LG 谐振电路，它们在不同的应用领域发挥着重要的作用；掌握电感器的应用电路原理对分析电感器电路，找到电路故障大有帮助。

7.6.1 电感滤波电路

滤波电路常用于滤除整流电路输出的直流电压中的交流成分，保留其直流成分，使输出电压纹波系数降低，波形变得比较平滑。滤波电路一般由电抗元器件组成，其中电感器就常用在滤波电路中。图 7-17 所示为电感器组成的滤波电路。

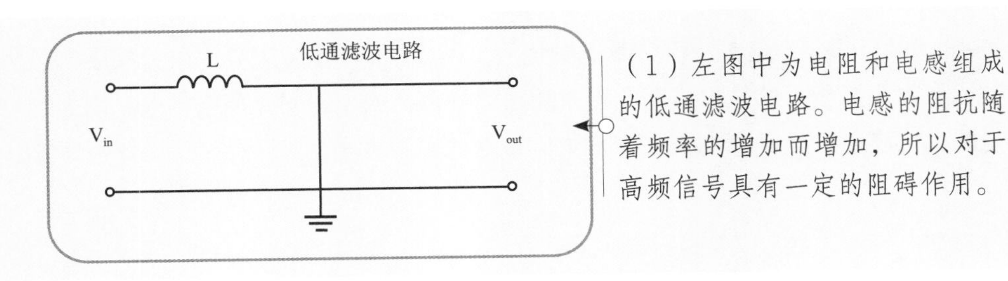

低通滤波电路
L
Vin
Vout
（1）左图中为电阻和电感组成的低通滤波电路。电感的阻抗随着频率的增加而增加，所以对于高频信号具有一定的阻碍作用。

图 7-17　电感滤波电路图

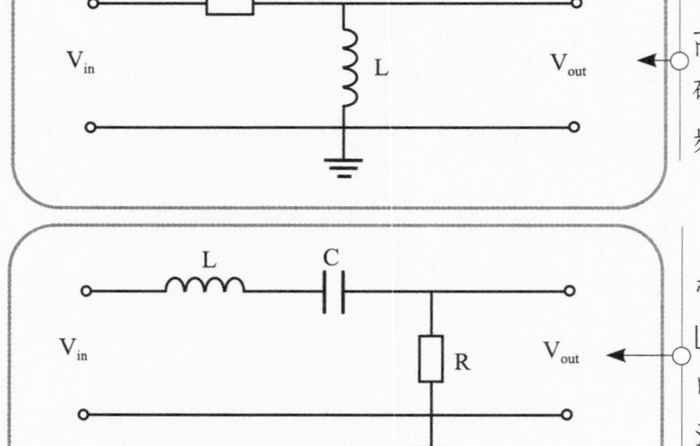

（2）左图中为电阻和电感组成的高通滤波电路。高通滤波电路阻碍低频信号，电路中电感器为低频提供了一个到地的旁路。

（3）左图中为电阻、电容、电感组成的带通滤波电路。在此滤波电路中，电感器L和电阻器R可以看成一个低通滤波电路，电容器C和电阻器R可以看成一个高通滤波电路。带通滤波电路仅允许很窄频带的信号通过。

图 7-17　电感滤波电路图（续）

7.6.2 抗高频干扰电路

图 7-18 所示为高频抗干扰电感电路，L_1、L_2 是电感器，L_3 为变压器。由于电感器的高频干扰作用比较强，所以在经过 L_1、L_2 时，高频电压大部分会被消耗，从而得到更纯的低频电压。

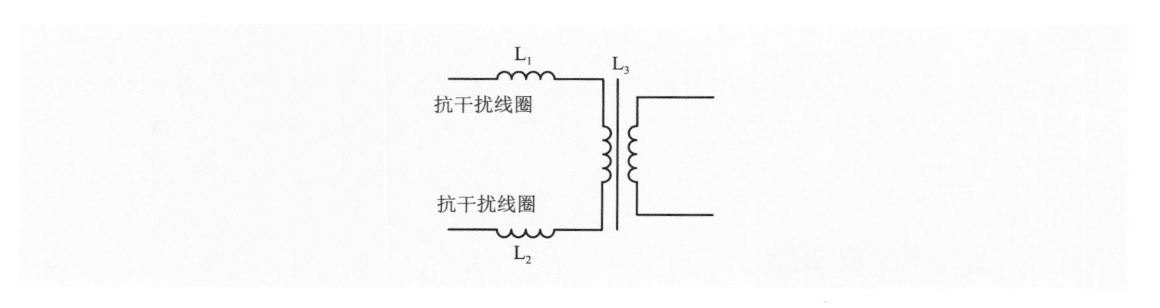

图 7-18　抗高频干扰电路

7.6.3 电感分频电路

电感器可以用于分频电路以区分高低频信号。图 7-19 所示为来复式收音机中高频阻流圈电路，线圈 L 对高频信号感抗很强而电容对高频信号容抗很小，因此高频信号只能通过电容进入检波电路。检波后的音频信号经过 VT 放大即可通过 L 到达耳机。

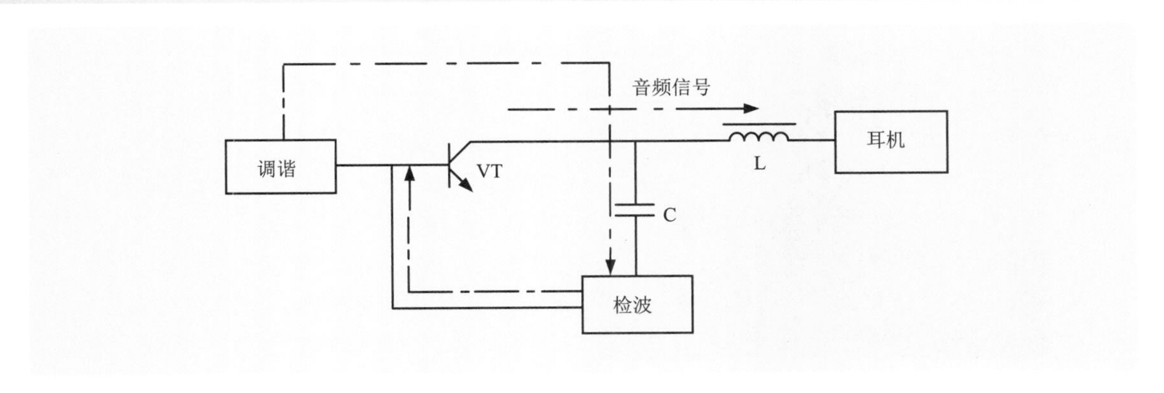

图 7-19 来复式收音机中高频阻流圈电路

7.6.4 LC 谐振电路

图 7-20 所示为收音机高放电路，这是由电感器与电容器组成的谐振选频电路。可变电感器 L 与电容器 C_1 组成调谐回路，通过调节 L 即可改变谐振频率，从而达到选台的作用。

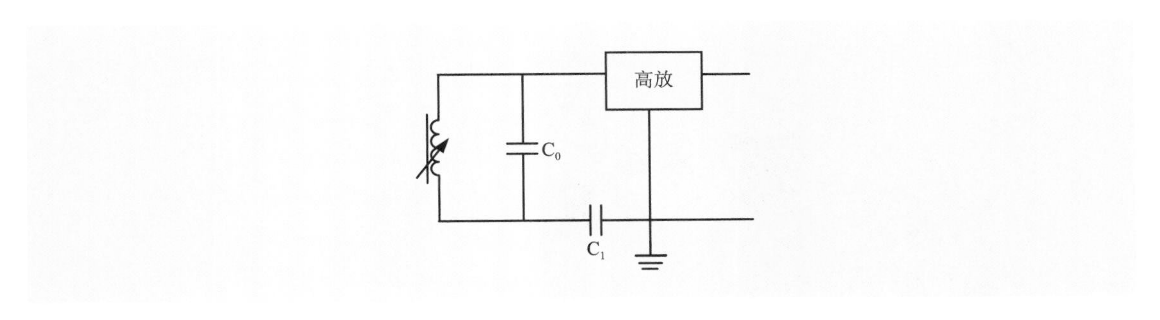

图 7-20 LC 谐振电路

7.7 电感器常见故障诊断

对于电感器好坏的诊断首先要看电感器的外观是否有破裂、线圈松动、错位、引脚松动等现象。如果外观上没有什么明显的破损现象，就需要用万用表进行检测。

7.7.1 通过检测电感线圈的阻值诊断故障

对于电感器的检测要用万用表的欧姆挡。电感线圈的电阻值与电感线圈所用漆包线的粗细、圈数多少有关，如图 7-21 所示。

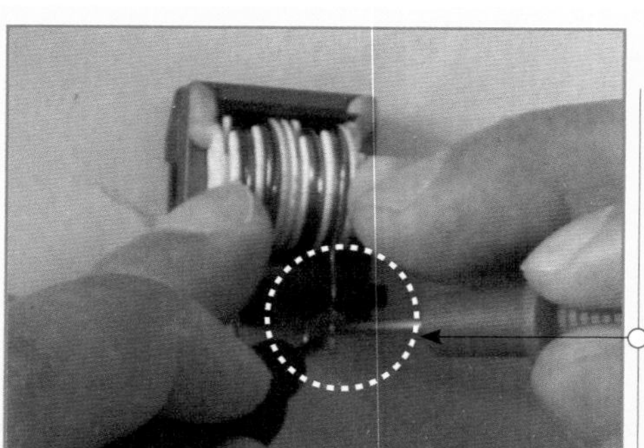

在检测电感时，首先应该分辨出电感的每个引脚与哪个线圈相连，然后进行检测。要检测一次绕组和二次绕阻的电阻值，如有电阻值且比较小，一般就认为是正常的。如果阻值为 0 则是短路，如果电阻值为∞则是断路。若电阻值小于∞但大于 0，说明有漏电现象。

图 7-21　通过检测电感线圈的电阻值诊断故障

7.7.2 通过检测电感器的标称电感量诊断故障

检测电感器的标称电感量之前，首先对电感器的外观进行检查，然后对电感器的标注信息进行读取，获得待测电感器的标称电感量，如图 7-22 所示。

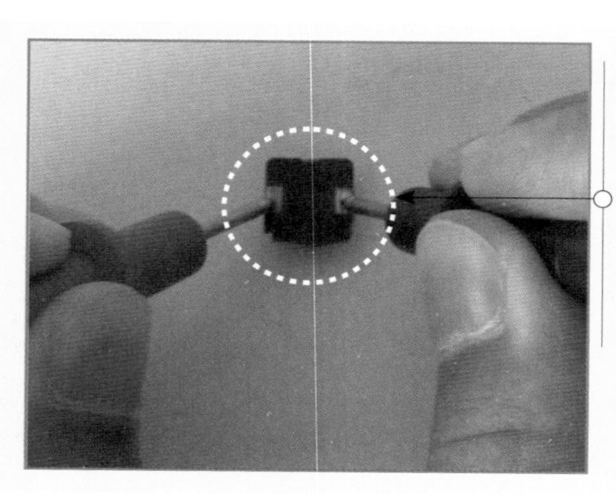

测量时，利用万用表的 H 挡测量待测电感器的电感量，然后将测量值与标称值进行比对。如果相差不大，说明该电感器没有问题。如果检测到标称容量为 0，有可能是该电感器内部线圈断路了。

图 7-22　测量电感器的电感量

7.8 电感器的检测方法

业余条件下对电感器好坏的检查常用电阻法进行检测。一般来说，电感器的线圈匝数不多，直流电阻很低，因此，用万用表的电阻挡进行检查很实用。

7.8.1 指针万用表测量电感器的方法

用指针万用表检测电感器的方法如图 7-23 所示。

第 1 步：首先将万用表的挡位旋至欧姆挡的“R×10”挡，然后对万用表进行调零校正。

判断：如果电感器的阻值趋于 0Ω 时，则表明电感器内部存在短路的故障；如果被测电感器的阻值趋于无穷大，选择最高阻值量程继续检测，阻值若仍趋于无穷大，则表明被测电感器已损坏。

第 2 步：将万用表的红、黑表笔分别接在电感器的引脚上。此时，会测得当前电感器的阻值。在正常情况下，电感应能够测得一个固定的阻值。

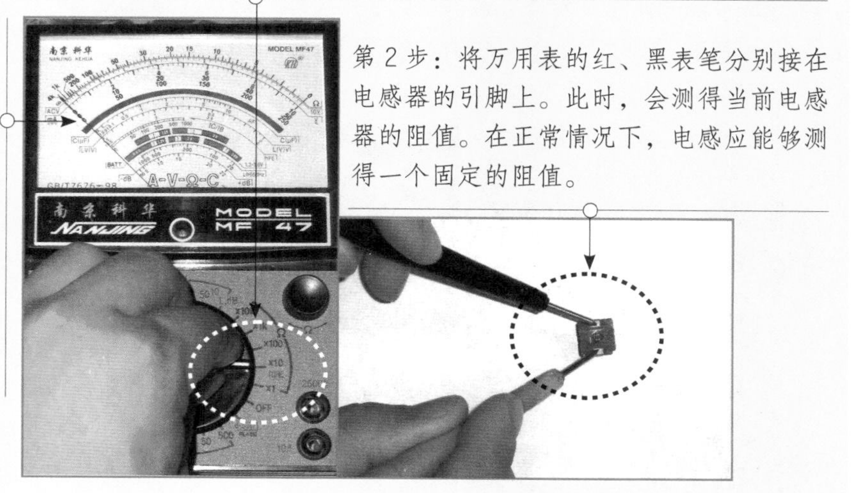

图 7-23　用指针万用表检测电感器的方法

7.8.2 数字万用表测量电感器的方法

用数字万用表检测电感器时，将数字万用表调到二极管挡（蜂鸣挡），然后把表笔放在两个引脚上，观察万用表的读数。

用数字万用表测量电感器的方法如图 7-24 所示。

（1）贴片电感器此时的读数应为零，若万用表读数偏大或为无穷大，则表示电感器损坏。

（2）电感线圈匝数较多，线径较细的线圈读数会达到几十到十几百，通常情况下线圈的直流电阻只有几欧姆。

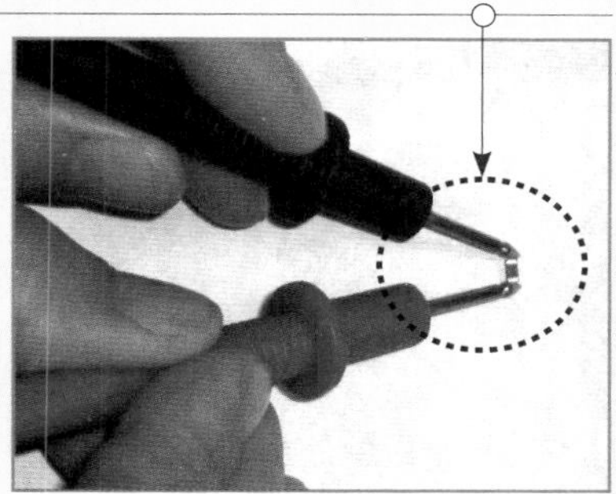

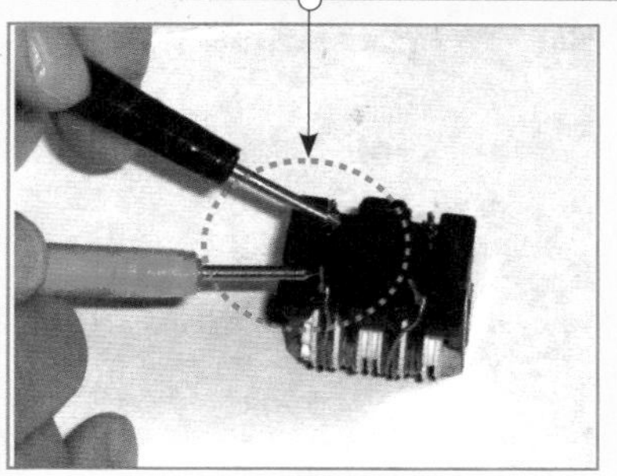

图 7-24　用数字万用表测量电感器的方法

如果电感器损坏，多表现为发烫或电感磁环明显损坏。若电感线圈不是严重损坏，而又无法确定时，可用电感表测量其电感量或用替换法来判断。

7.9 电感器的代换方法

电感器损坏后，原则上应使用与其性能类型相同、主要参数相同、外形尺寸相近的电感器来更换。但若找不到同类型电感器，也可以用其他类型的电感器代换。

代换电感器时，首先应考虑其性能参数（如电感量、额定电流、品质因数等）及外形尺寸是否符合要求。不同类型电感器的代换方法如图 7-25 所示。

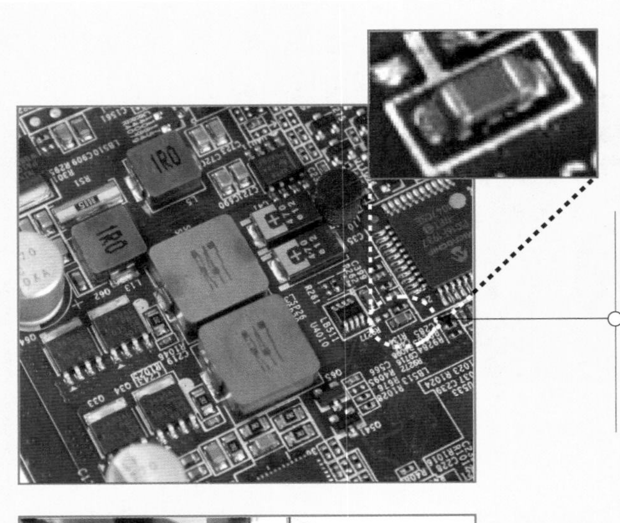

（1）贴片式小功率电感元器件，由于其体积小、线径细、封装严密，一旦通过的电流过大，内部温度上升后热量不易散发。因此，出现断路或者匝间短路的概率较大。代换时只要体积大小相同即可。

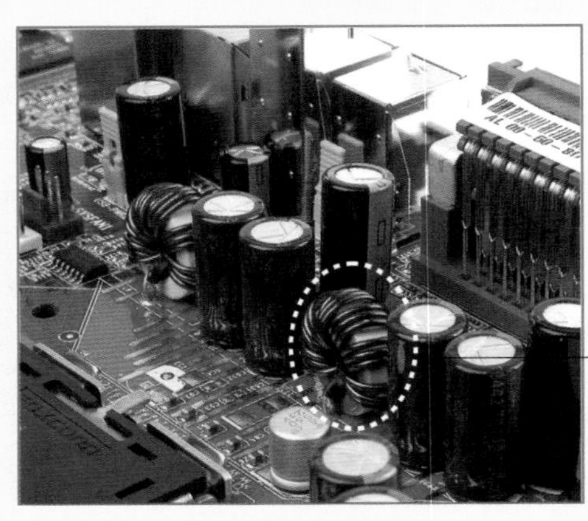

（2）体积大、铜线粗的大功率储能电感器，其损坏概率很小，如果要代换这种电感元器件，必须要外表上印有的型号相同，对应的体积、匝数、线径都相同才能代换。

图 7-25　几种常用的电感器的代换方法

7.10 电感器动手检测实践

前面内容主要学习了电感器的基本知识、应用电路、故障判断及检测思路等，本节将主要通过各种电感器的检测实战来讲解电感器的检修方法。

7.10.1 封闭式电感器动手检测实践

封闭式电感器是一种将线圈完全密封在一绝缘盒中制成的。这种电感器减少了外界对其自身的影响，性能更加稳定。封闭式电感器可以使用数字万用表测量，也可以使用指针万用表进行检测，为了测量准确，可对电感器采用开路测量。由于封闭式电感器结构的特殊性，只能对电感器引脚间的阻值进行检测以判断其是否发生断路。

用数字万用表检测电路板中封闭式电感器的方法如图 7-26 所示。

❶ 首先断开电路板的电源，然后对封闭式电感器进行观察，看待测电感器是否损坏，有无烧焦、虚焊等情况；如果有，则电感器可能已损坏。

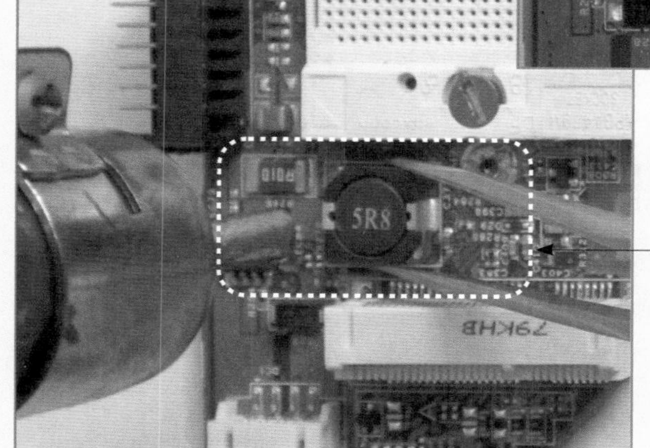

❷ 用电烙铁将待测封闭式电感器从电路板上焊下，并清洁封闭式电感器两端的引脚，去除两端引脚上存留的污物，确保测量时的准确性。

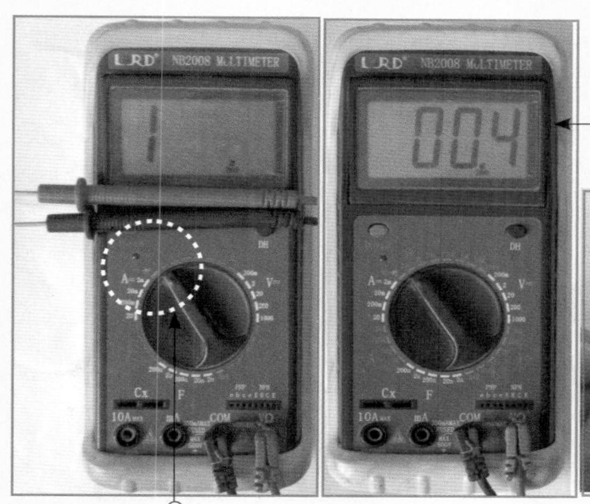

❺ 观察数字万用表的读数为 0.4。

❹ 将万用表的红、黑表笔分别搭在待测封闭式电感器两端的引脚上，检测两引脚间的阻值。

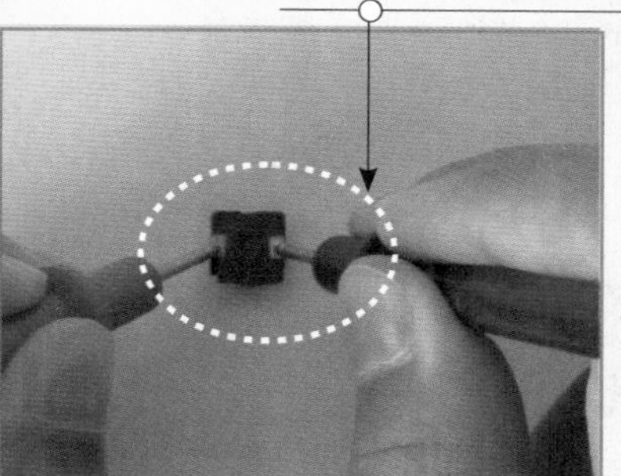

❸ 将数字万用表旋至欧姆挡的“200”挡。

图 7-26　用数字万用表检测电路板中封闭式电感器的方法

总结：由于测得封闭式电感器的阻值非常接近于00.0，因此可以判断该电感器没有断路故障。

7.10.2 贴片电感器动手检测实践

主板中的贴片电感器主要在键盘/鼠标接口电路、USB 接口电路、南北桥芯片组附近。主板中的贴片电感器可以使用数字万用表测量，也可以使用指针万用表进行检测，为了测量准确，通常采用开路测量。

用数字万用表测量主板贴片电感器的方法如图 7-27 所示。

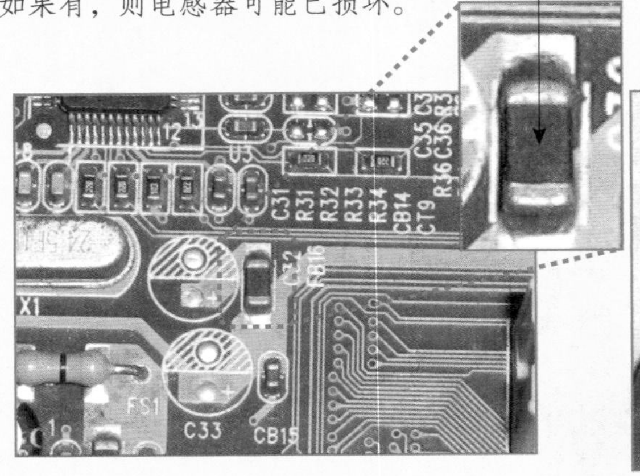
❶ 首先将主板的电源断开，然后对电感器进行观察，看待测电感器是否损坏，有无烧焦、虚焊等情况；如果有，则电感器可能已损坏。
C35
C36
R36
C31
R31
R32
R33
R34
CB14
CT9
X1
FS1
C33
CB15

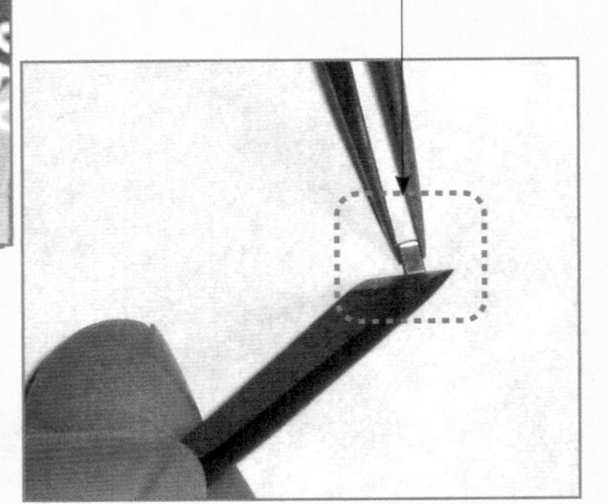
❷ 将待测贴片电感器从电路板上焊下，并清洁电感器的两端，去除两端引脚下的污物，确保测量时的准确性。

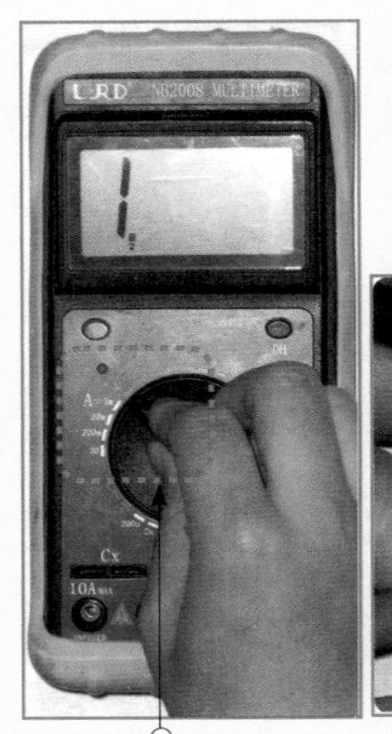
NB2008 MULTIMETER
1.
❸ 将数字万用表的功能旋钮旋至二极管挡。

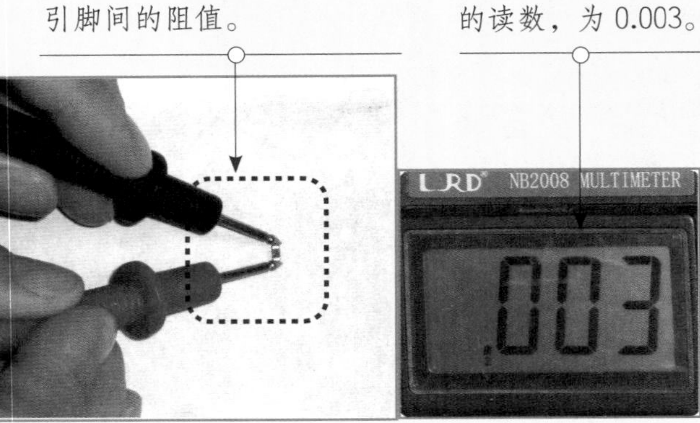
❹ 将万用表的红、黑表笔分别搭在待测贴片式电感器两端的引脚上，检测两引脚间的阻值。
❺ 观察数字万用表的读数，为 0.003。
NB2008 MULTIMETER
.003

图 7-27　用数字万用表测量主板贴片电感器的方法

总结：由于测量的电感器的读数接近于 0，因此判断此电感器正常。

提示： 如果测量时，万用表的读数偏大或为无穷大，则表示电感器损坏。

7.10.3 电源滤波电感器动手检测实践

打印机电路中的电源滤波电感器主要应用在打印机的电源供电板中，打印机电路中的电源滤波电感器一般使用指针万用表进行检测，为了测量准确，通常采用开路测量。

用指针万用表测量打印机电路中的电源滤波电感器的方法如图 7-28 所示。

❶ 将打印机电路板的电源断开，然后对电源滤波电感器进行观察，看待测电感器是否损坏，有无烧焦、有无虚焊等情况。如果有，则电感器损坏。

❷ 将待测电源滤波电感器从电路板上焊下，并清洁电感器的两端引脚，去除两端引脚下的污物，确保测量时的准确性。

❸ 将功能旋钮旋至欧姆挡的 R×10 挡并调零，然后将万用表的红、黑表笔分别搭在电源滤波电感器中的第一组电感的两个引脚上。

❹ 观察表盘，测得当前电感器的阻值接近于 0。

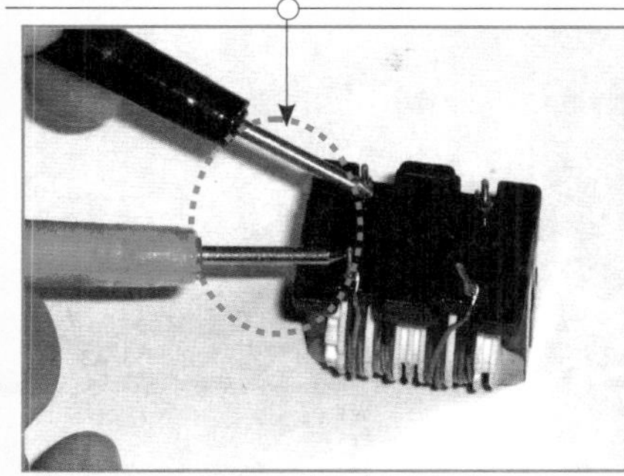

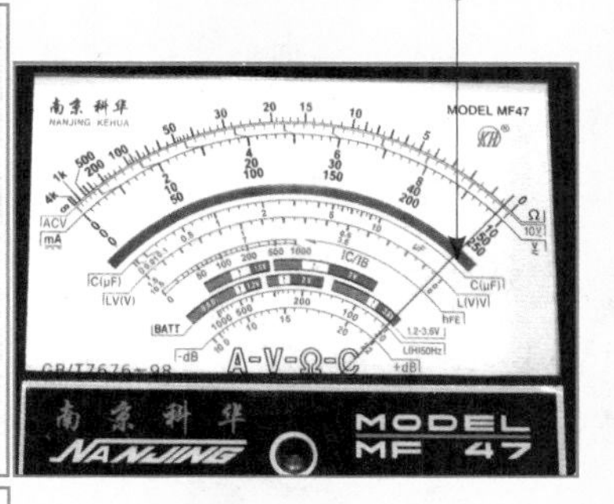

❺ 测完第一组电感器后，将万用表的红、黑表笔分别搭在电源滤波电感器中的第二组电感器的两个引脚上。

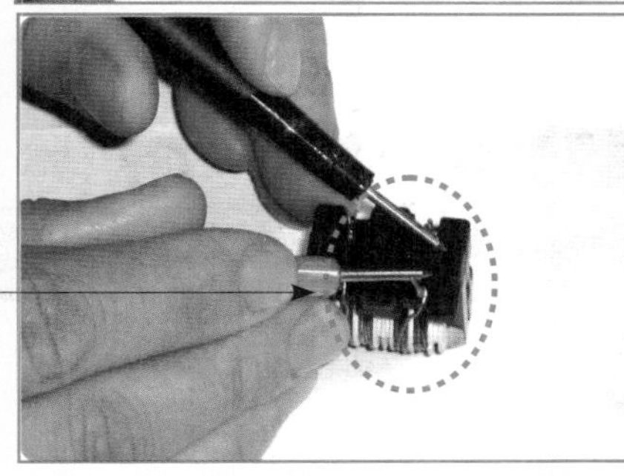

❻ 观察表盘，测得当前电感器的阻值也接近于0。

图 7-28 测量打印机电路中的电源滤波电感器的方法

总结：由于测量的电源滤波电感器中的两组电感器的阻值均接近于 0，因此可以判断，此电源滤波电感器正常。

提示： 对于电感量较大的电感器，由于起线圈圈数较多，直流电阻相对较大，因此万用表可以测量出一定阻值。另外，如果被测电感器的阻值趋于无穷大，选择最高阻值量程继续检测，阻值趋于无穷大，则表明被测电感器已损坏。

7.10.4 磁环电感器动手测量实践

主板中的磁环 / 磁棒电感器主要应用在各种供电电路。为了测量准确，主板中的磁环 / 磁棒电感器，通常采用开路测量。

用指针万用表测量主板磁环电感器的方法如图 7-29 所示。

❶ 将主板的电源断开，然后对磁环电感器进行观察，看待测电感器是否损坏，有无烧焦、有无虚焊等情况。

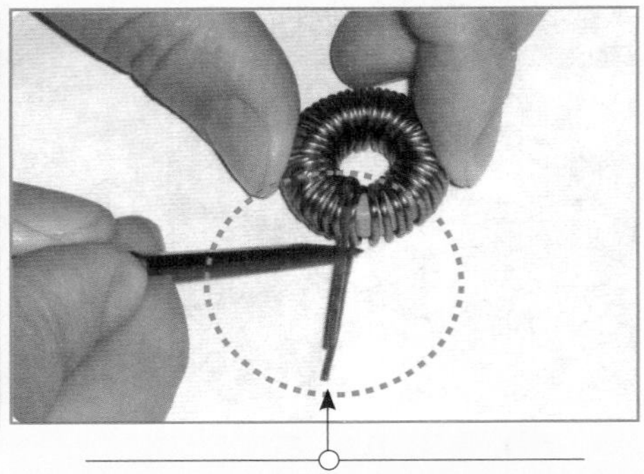

❷ 将待测磁环电感器从电路板上焊下，并清洁电感器的两端引脚，去除两端引脚下的污物，确保测量时的准确性。

❸ 将功能旋钮旋至欧姆挡的 R×1 挡并调零，然后将万用表的红、黑表笔分别搭在磁环电感器的两端引脚上测量。

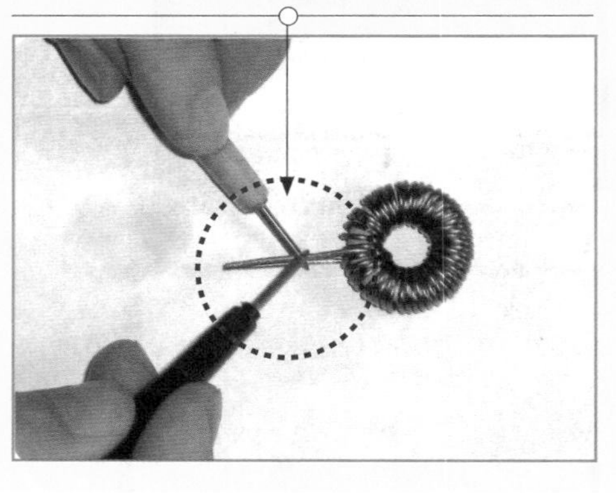

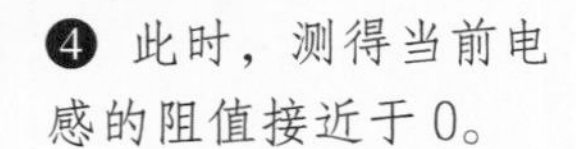

❹ 此时，测得当前电感的阻值接近于 0。

图 7-29　测量主板磁环电感器

总结：由于测量的磁环电感器的阻值接近于 0，因此可以判断，此电感器没有断路故障。

7.10.5 电感器检测经验总结

经验一：用万用表测量电感器的阻值时，如果万用表的读数偏大或为无穷大，则表示电感器损坏。

经验二：对于电感量较大的电感器，由于起线圈圈数较多，直流电阻相对较大，因此万用表可以测量出一定阻值。另外，如果被测电感器的阻值趋于无穷大，选择最高阻值量程继续检测，阻值趋于无穷大，则表明被测电感器已损坏。

经验三：用万用表测量电感器的阻值时，如果电感器的阻值趋于 0Ω 时，则表明电感器内部存在短路的故障。

第 8 章 变压器让电压随意变

我们经常用的手机电源以及各种设备的电源中都会采用的一个元器件，就是变压器。变压器是电压变换的一个重要元器件，同时也是故障易发的元器件。要掌握变压器的维修检测方法，首先要掌握各种变压器的构造、特性、参数、标注规则等基本知识，然后还需掌握变压器在电路中的应用特点、变压器好坏检测、代换方法等内容，本章将一一讲解。

8.1 变压器的作用与工作原理

变压器（Transformer）是利用电磁感应的原理来改变交流电压的装置，它可以把一种电压的交流电能转换成相同频率的另一种电压的交流电，变压器主要由初级线圈、次级线圈和铁芯（磁芯）组成。生活中变压器无处不在，大到工业用电、生活用电等电力设备，小到手机、各种家电、计算机等的供电电源都会用到变压器。图 8-1 所示为电路中常见的变压器。

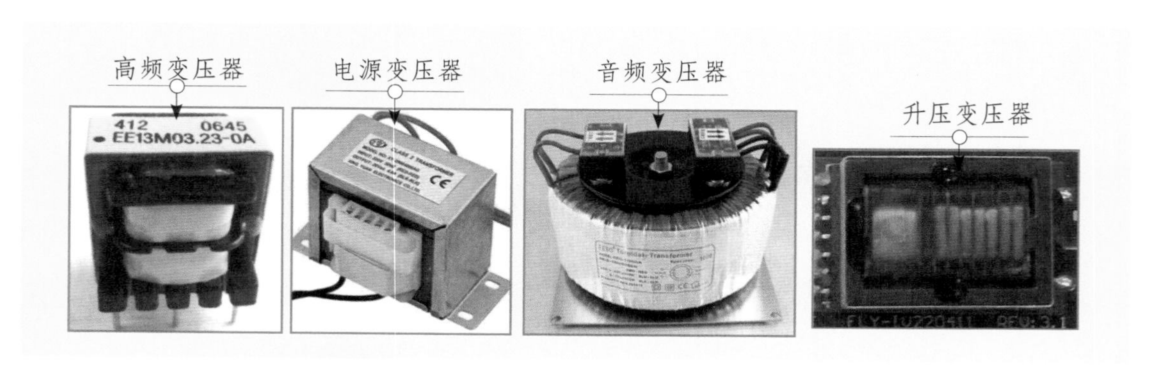

图 8-1　电路中常见的变压器

8.1.1 变压器的作用

变压器是一种交流电能的变换装置，能将某一数值的交流电压、电流转变为同频率的另一数值的交流电压、电流，使电能传输、分配和使用，做到安全经济。

小知识：电能在长途运输时，通常为了减少能量的损失，采用输送电压的方法，而不是直接将电流输送到用户。原因在于电流经过电阻时会产生热量而造成能量损失。

8.1.2 变压器的结构

通常情况下，变压器是由闭合的铁芯及铜质漆包线制成的线圈构成。

1. 铁芯

铁芯的作用是构成磁路，加强两个线圈间的磁耦合。为了减少铁内涡流和磁滞损耗，铁芯由涂漆的硅钢片或铁氧体材料压制成一定形状的片状叠积而成。典型的硅钢片是由“E”形和“I”形的薄层组成，如图 8-2 所示。具有这样铁芯的变压器通常称为“EI”变压器。

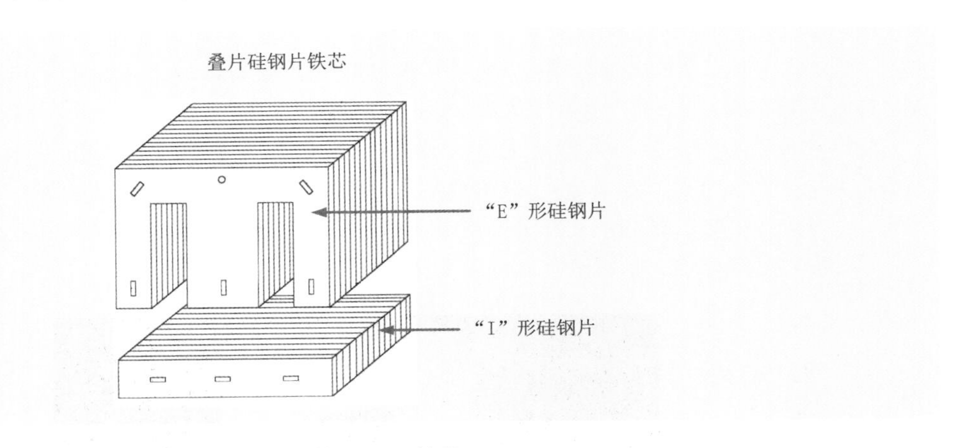

图 8-2　铁芯

2. 绕组

绕组的作用是构成电路，通常用铜线、漆包线或铝线绕制，一般小功率变压器其绕组是由坚固的铜线和漆包线组成，大功率变压器可能由铜线和铝线叠加组成。图 8-3 所示为变压器的绕组。

图 8-3　变压器的绕组

绕组绕的圈数称为匝，用 N 表示。根据用途的不同，需要不同的绕制工艺布来制作，绕组的多少及线圈的匝数决定着变压器的功能。

在使用中，有一个绕组与电源相连通，称为初级绕组，简称初级，初级绕组的匝数用 N_1 表示；与负载相连通的绕组称为次级绕组，简称次级，次级绕组的匝数用 N_2 表示。初级、次级绕组套装在由铁心构成的同一闭合磁路中。为适应不同的需要，次级绕组可以由两个或多个构成。

8.1.3 变压器的工作原理

基本的变压器是一个两端口设备，它能把一个交流电压转变为一个升高的或降低的交流输出电压。图 8-4 所示为简化的变压器。

（1）当一个正弦交流电压 U_1 加在变压器初级线圈的两端时，导线中就产生了交变电流 I_1，并在线圈 N_1 中产生交变磁通 Φ，Φ 沿着铁心穿过次级线圈 N2 形成闭合的磁路。在次级线圈中变感应出互感电压 U_2。同时 Φ 也会在初级线圈上感应出一个自感电动势 e_1，e_1 的方向与所加电压 U_1 方向相反而幅度相近，从而抑制了初级线圈中的电流。为了保持 Φ 的存在往往会消耗一部分电能。尽管次级线圈没接负载，但在初级线圈中仍会有一定的电流，这个电流被称为“空载电流”。

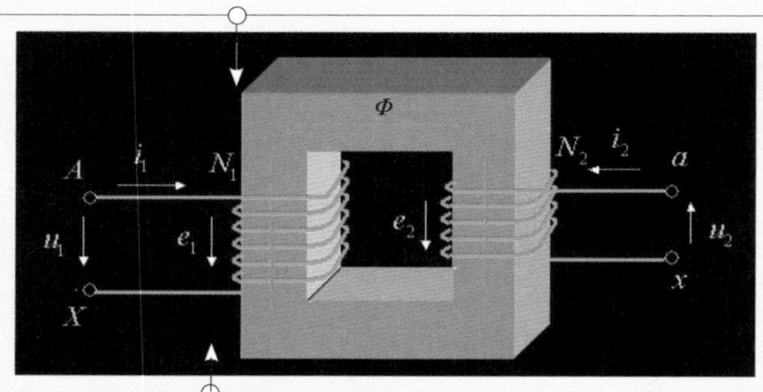

（2）当次级接上负载时，次级线圈就形成了闭合电路，此时次级电路产生了电流 I_2。下面分析自感电动势 e、电压 U、电流 I 及匝数 N 之间的关系。

图 8-4　简化的变压器

前面介绍过如果不计铁芯和线圈的损耗，输入与输出电压间有以下关系。

（1）电动势关系

由于电磁感应现象，初级线圈和次级线圈中具有相同的 $\Delta\Phi/t$。根据电磁感应定律有：

$$e_1=N_1\frac{\Delta\Phi}{\Delta t}、e_2=N_2\frac{\Delta\Phi}{\Delta t}$$

所以，$$\frac{e_1}{e_2}=\frac{N_1}{N_2}$$

（2）电压关系

如果不计初级线圈和次级线圈的内阻，则有：

$$U_1=e_1，U_2=e_2$$

$$\text{所以，}\frac{U_1}{U_2}=\frac{N_1}{N_2}$$

只要匝数不同，即可得到不同的输出电压，这就是变压器的变压原理。

当 $N_2>N_1$ 时，$U_2>U_1$，这种变压器叫作升压变压器；

当 $N_2<N_1$ 时，$U_2<U_1$，这种变压器叫作升压变压器。

（3）电流关系

由于不存在各种电磁能量损失，输入功率等于输出功率 $P_1=P_2$，即 $U_1I_1=U_2I_2$，

$$\text{所以，}\frac{I_2}{I_1}=\frac{U_1}{U_2}=\frac{N_1}{N_2}$$

在理想变压器中，变压器高压线圈匝数多而通过的电流小，低压线圈匝数少而通过的电流大。因为次级线圈回路电流产生的磁场与初级线圈回路电流产生的磁场方向相反，次级线圈回路电流和初级线圈回路电流的相位相差 180°。

8.2 变压器的符号及主要指标

由于涉及绕组，电压器的符号较为复杂；了解变压器的符号及主要参数指标，可以在复杂的电路图中分辨出各种不同的变压器，对于我们分析电路原理和检测电路故障大有帮助。

8.2.1 变压器的图形符号和文字符号

在电路中变压器常用字母“T”表示，其图形符号如表 8-1 所示。

表 8-1 常见的变压器电路符号

单二次绕组变压器	多次绕组变压器	二次绕组带中心轴头变压器
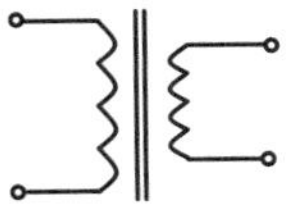	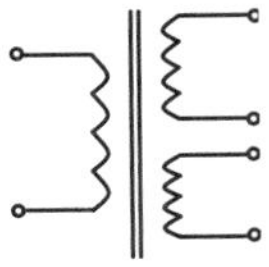	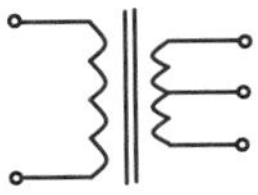

8.2.2 变压器的主要指标

变压器在工作电路中起着十分重要的作用，了解变压器的性质将有助于我们更好地使用和解决与变压器相关的故障。变压器常用的参数主要如下。

1．电压比

如果忽略铁芯和线圈的损耗，设变压器的初级线圈匝数为 N_1，次级线圈匝数为 N_2。在初级线圈上加一交流电压 U_1 后，在次级线圈两端产生的感应电动势 U_2 与 N_1 和 N_2 有如下关系：

$$U_1/U_2=N_1/N_2=n;\ U_2=U_1N_2/N_1$$

式中：n 为变压比。

其中：

变压比 $n<1$ 的变压器主要用作升压；

变压比 $n>1$ 的变压器主要用作降压；

变压比 $n=1$ 的变压器主要用作隔离电压。

2. 额定功率

额定功率是指变压器长期安全稳定工作所允许负载的最大功率。次级绕组的额定电压与额定电流的乘积称为变压器的容量，即为变压器的额定功率，一般用 P 表示。变压器的额定功率为一定值，由变压器的铁心大小、导线的横截面积这两个因素决定。铁心越大，导线的横截面积越大，变压器的功率也就越大。

如果变压器初级输入功率为 P_s，次级输出功率为 P_p，变压器的效率为 n，则它们之间的关系式为：$P_s=n\times P_p$。

3. 额定频率

变压器的额定频率是指在变压器设计时确定使用的频率，变压器铁心的磁通密度与频率密切相关。

4. 绝缘电阻

绝缘电阻表示变压器各线圈之间、各线圈与铁心之间的绝缘性能。绝缘电阻的高低与所使用的绝缘材料的性能、温度高低和潮湿程度有关。变压器的绝缘电阻越大，性能越稳定。绝缘电阻公式如下：

$$R=\frac{U}{i_3}$$ （R 为绝缘电阻，U 为施加电压，i_3 为漏电电流）

5. 电压调整率

电源变压器的电压调整率表示变压器负载电压与空载电压差别的参数。电压调整率越小，表明电压器线圈的内阻越小，电压稳定性越好。电压调整率公式如下：

$$\Delta U=\frac{U_{20}-U_2}{U_{20}}$$ （ΔU 为电压调整率，U_{20} 为空载电压，U_2 为负载电压）

6. 变压器的效率

在额定功率时，变压器的输出功率和输入功率的比值叫作变压器的效率，即

$$\eta=P_2/P_1$$

式中：η 为变压器的效率；P_1 为输入功率；P_2 为输出功率。

7. 频率响应

频率响应，该参数是用来衡量变压器传输不同频率信号的能力。

在高频段和低频段，由于初级绕组的电感、漏电等会造成变压器传输信号的能力下降，使频率响应变差。

8. 温升

温升是指变压器通电后，当其工作温度上升到稳定值时，高出环境温度部分的数值。温升越小，变压器的使用就越安全。

该参数一般针对有功率输出要求的变压器，如电源变压器，此时要求变压器的温升越小越好。

8.3 常见的变压器

变压器的种类很多，分类方式也不一。一般可以按冷却方式、绕组数、防潮方式、电源相数或用途进行划分。

按冷却方式划分，变压器可分为油浸（自冷）变压器、干式（自冷）变压器和氟化物（蒸发冷却）变压器。

按绕组数划分，变压器可分为双绕组变压器、三绕组变压器、多绕组变压器以及自耦变压器等。

按防潮方式划分，变压器可分为开放式变压器、密封式变压器和灌封式变压器。

按铁心或线圈结构划分，变压器可分为壳式变压器、芯式变压器、环形变压器、金属箔变压器。

按电源相数划分，变压器可分为单相变压器、三相变压器、多相变压器。

按用途划分，变压器可分为电源变压器、调压变压器、高频变压器、中频变压器、音频变压器和脉冲变压器。

下面对几种电路中常见的变压器进行介绍。

8.3.1 开关变压器

开关变压器是指开关电源里所用的变压器，它是工作在开关脉冲状态下。开关变压器工作频率为十几到几十千赫兹，铁芯一般采用铁氧体材料。

开关变压器通常和开关管一起构成一个自激（或他激）式的间歇振荡器，从而把输入直流电压调制成一个高频脉冲电压。图 8-5 所示为开关变压器。

开关变压器的种类很多，又分为单激式开关变压器和双激式开关变压器，两种开关变压器的工作原理和结构并不是一样的。单激式开关变压器的输入电压是单极性脉冲，其还分正反激电压输出；而双激式开关变压器的输入电压是双极性脉冲，一般是双极性脉冲电压输出。

图 8-5　开关变压器

8.3.2 自耦变压器

自耦变压器是指它的初级绕组和次级绕组在同一条绕组上的变压器，即初级、次级绕组直接串联，自行耦合的变压器。这样的变压器看起来仅有一个绕组，故也称 “单绕组变压器”，如图 8-6 所示。

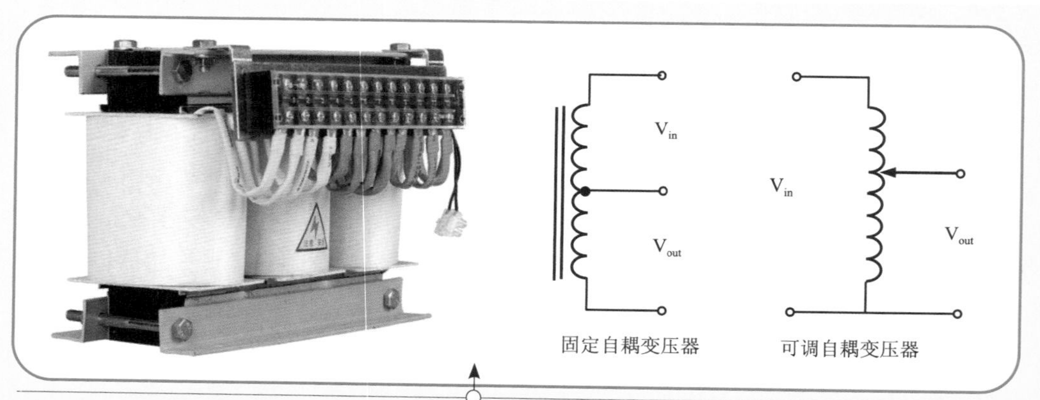

（1）与标准变压器相同，自耦变压器可用于升压或降压以及阻抗匹配的场合，然而，其初级绕组和次级绕组不像标准变压器一样是电绝缘的，因为它们的初级绕组和次级绕组是同一线圈，这两个线圈之间没有电绝缘。

（2）自耦变压器通常用于阻抗匹配中，也用在少量地提高或减少电源电压的电路中。自耦变压器根据结构可分为可调压式和固定式。

图 8-6　自耦变压器

8.3.3 音频变压器

音频变压器又称为低频变压器，是一种工作在音频范围内的变压器，常用于信号的耦合以及阻抗的匹配。在一些纯功放电路中，对变压器的品质要求比较高。图 8-7 所示为常用音频变压器。

音频变压器主要分为输入变压器和输出变压器，通常它们分别接在功率放大器输出级的输入端和输出端。

图 8-7　音频变压器

8.3.4 中频变压器

中频变压器又称为“中周”，是超外差式收音机特有的一种元器件。整个结构都装在金属屏蔽罩中，下有引出脚，上有调节孔。图 8-8 所示为常见的中频变压器。

中频变压器不仅具有普通变压器变换电压、电流及阻抗的特性，还具有谐振某一特定频率的特性。

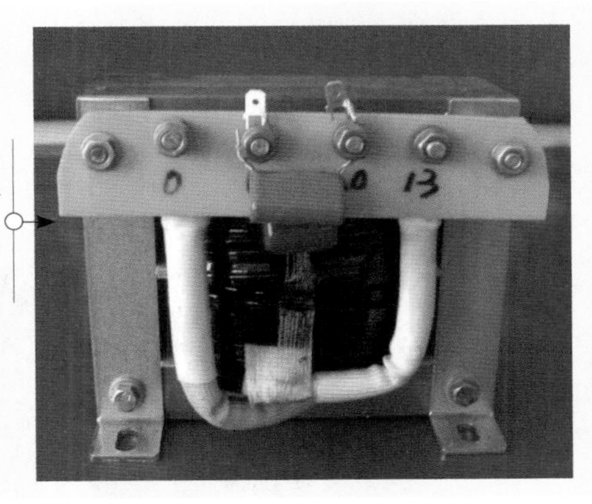

图 8-8　中频变压器

8.4 变压器常见故障诊断

由于变压器的引线断线或者线圈绝缘不够好等原因，经常会出现开路或者短路故障；除此之外，变压器响声大也是比较常见的故障现象；接下来我们详细了解一下变压器的故障诊断思路。

8.4.1 变压器开路故障诊断

无论是初级线圈还是次级线圈开路，变压器次级线圈都会无电压输出。变压器开路时无输出电压，初级输入电流很小或无输入电流。变压器开路故障诊断方法如图 8-9 所示。

（1）产生开路的主要原因很多，如外部引线断线、引线与焊片脱焊、线包经碰撞断线和受潮后发生内部霉断等。

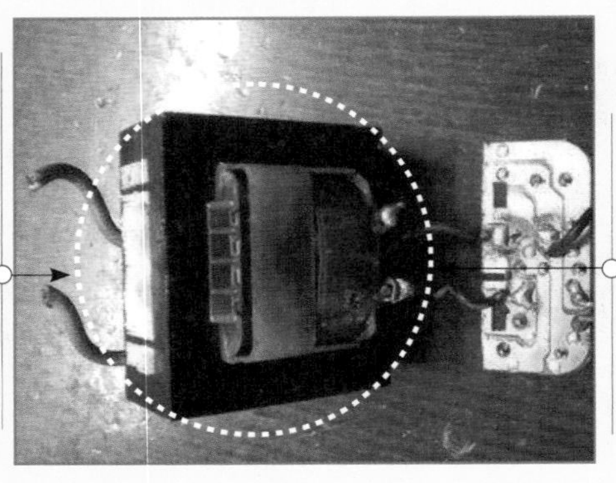

（2）变压器开路故障一般引出线断线最常见，应该细心检查，把断线处重新焊接好。如果是内部断线或外部都能看出有烧毁的痕迹，那只能换新件或重绕。

图 8-9　变压器开路故障诊断方法

8.4.2 电源变压器短路故障诊断

变压器短路故障一般由变压器线圈的绝缘不好造成，当变压器绕组发生短路时，所产生的现象是变压器温度过高、有焦臭味、冒烟、输出电压降低、输出电压不稳定等。若发现这些现象时，则应立即切断电源，进行检查。

电源变压器短路故障诊断方法如图 8-10 所示。

（1）切断变压器的一切负载，接通电源，看变压器的空载温升，如果温升较高（烫手），说明一定是内部局部短路。如果接通电源 15 ~ 30min，温升正常，说明变压器正常。

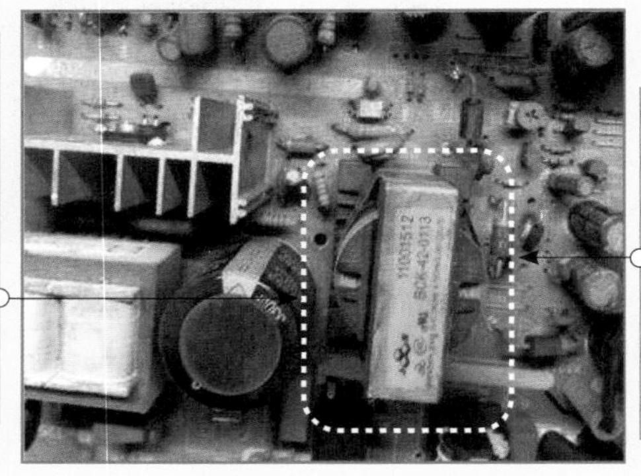

（2）在变压器电源回路内串接一只 1 000W 灯泡，接通电源时，灯泡只发微红，表明变压器正常。如果灯泡较亮，表明变压器内部有局部短路现象。

图 8-10　电源变压器短路故障诊断方法

8.4.3 变压器响声大故障诊断

变压器响声大故障诊断方法如图 8-11 所示。

变压器正常工作时应该听不到特别大的响声，如果有响声，说明变压器的铁心没有固定紧，或者变压器过载。对于这种故障应首先减小负载来诊断。如果故障依旧，就需要断电检查铁心。

图 8-11　变压器响声大故障诊断方法

8.5 变压器的检测方法

上一小节了解了变压器的故障诊断，接下来我们具体讲解一下变压器故障检测的常用方法，包括外观观察、绝缘性检测以及线圈通 / 断检测等，掌握这些基本的维修方法可以快速高效地处理变压器的故障。

8.5.1 通过观察外观检测变压器

通过观察外观检测变压器的方法如图 8-12 所示。

第 1 步：要检查变压器外观是否有破损，观察线圈引线是否断裂，脱焊，绝缘材料是否有烧焦痕迹，铁心紧固螺杆是否有松动，硅钢片有无锈蚀，绕组线圈是否有外露等。如果有这些现象，说明变压器有故障。

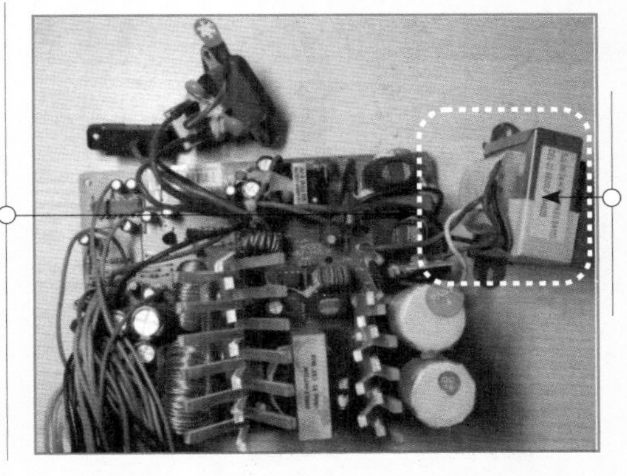

第 2 步：在空载加电后几十秒内用手触摸变压器的雾铁心，如果有烫手的感觉，则说明变压器有短路点存在。

图 8-12　通过观察外观检测变压器的方法

8.5.2 通过测量绝缘性检测变压器

通过测量绝缘性检测变压器的方法如图 8-13 所示。

变压器的绝缘性测试是判断变压器好坏的一种方法。测试绝缘性时，将指针万用表的挡位调到 R×10k 挡。然后分别测量铁心与初级，初级与各次级、铁心与各次级、静电屏蔽层与初次级、次级各绕组间的电阻值。如果万用表指针均指在无穷大位置不动，说明变压器正常。否则，说明变压器绝缘性能不良。

图 8-13　通过测量绝缘性检测变压器的方法

8.5.3 通过检测线圈通 / 断检测变压器

通过检测线圈通 / 断检测变压器的方法如图 8-14 所示。

如果变压器内部线圈发生断路，变压器就会损坏。检测时，将指针万用表调到 R×1 挡进行测试。如果测量某个绕组的电阻值为无穷大，则说明此绕组有断路性故障。

图 8-14　通过检测线圈通断检测变压器的方法

8.6 变压器的代换方法

电源变压器的代换方法如图 8-15 所示。

（1）一般电源电路可选用“E”型铁芯电源变压器。高保真音频功率放大器的电源电路，则应选用“C”型变压器或环型变压器。

（2）当电源变压器损坏后，可选用铁心材料、输出功率、输出电压相同的电源变压器代换。在选择电源变压器时，要与负载电路相匹配，电源变压器应留有功率余量，输出电压应与负载电路供电部分的交流输入电压相同。

图 8-15　电源变压器的代换方法

8.7 变压器动手检测实践

前面内容主要学习了变压器的基本知识、工作原理、故障判断及检测思路等，本节将主要通过各种变压器的检测实战来讲解变压器的检修方法。

8.7.1 变压器动手检测实践

各电路中的变压器检测方法基本相同，下面以打印机电路中变压器为例进行讲解。打印机电路中常用的变压器为电源变压器，对于电源变压器，一般采用开路检测。下面将实测打印机电路中的变压器。

打印机电路中变压器的测量方法如图 8-16 所示。

❶ 将打印机电路板的电源断开，然后对电源变压器进行观察，看待测变压器是否损坏，有无烧焦、虚焊等情况。

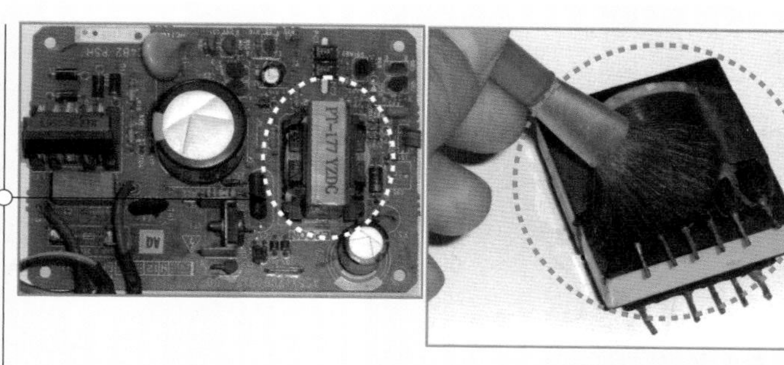

❷ 将待测电源变压器从电路板上焊下，并清洁变压器的引脚，去除引脚下的污物，确保测量时的准确性。

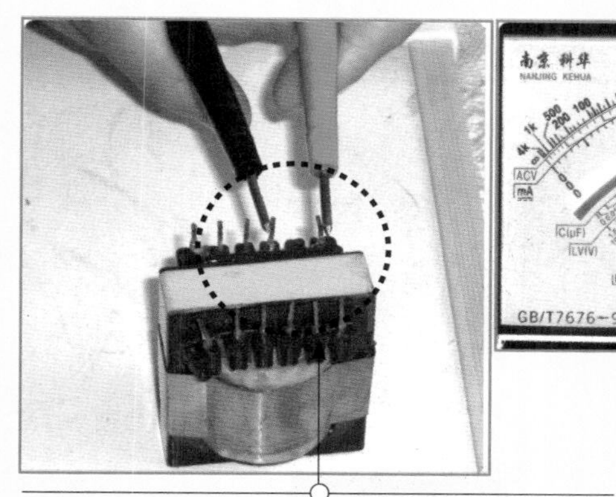

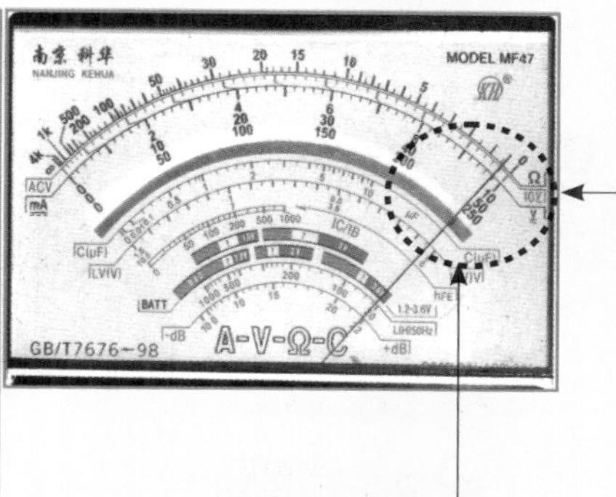

提示：如果测量的值为0或无穷大，则说明此绕组短路或断路。

❸ 将挡位调至 R×1 挡并调零，然后将万用表的红、黑表笔分别搭在电源变压器中的初级绕组中的第一组引脚上（测量的电源变压器初级绕组有11个引脚，其内部包含5个初级绕组）。

❹ 观察表盘，测得当前变压器的阻值为“0.5”。

图 8-16 打印机电路中变压器测量方法

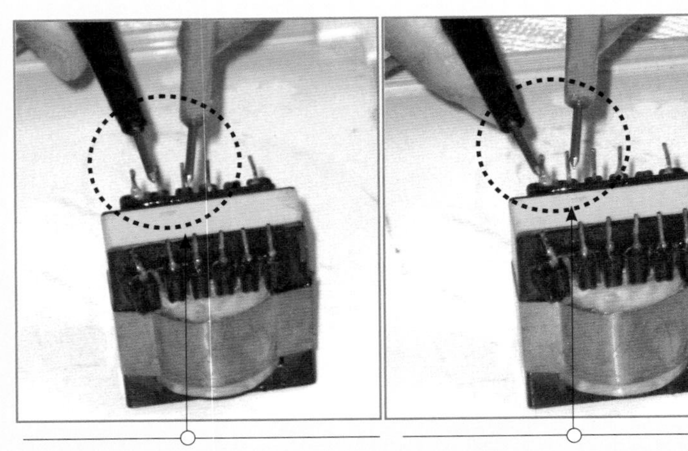

❺ 用同样的方法测量初级绕组的其他两组初级绕组，测量值分别为“1”和“1.5”。

❻ 由于初级绕组中的 3 个绕组的电阻值为一定值，因此可以判断此变压器的初级绕组正常。

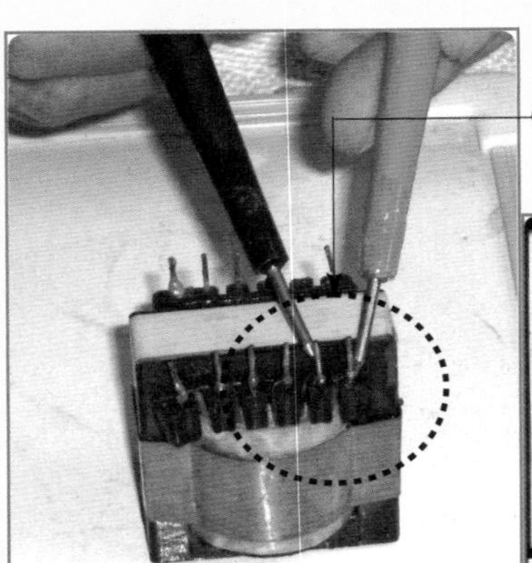

❼ 用同样的方法测量次级绕组中的 3 组绕组，测量的值分别为“0.5”“1”“0.8”。

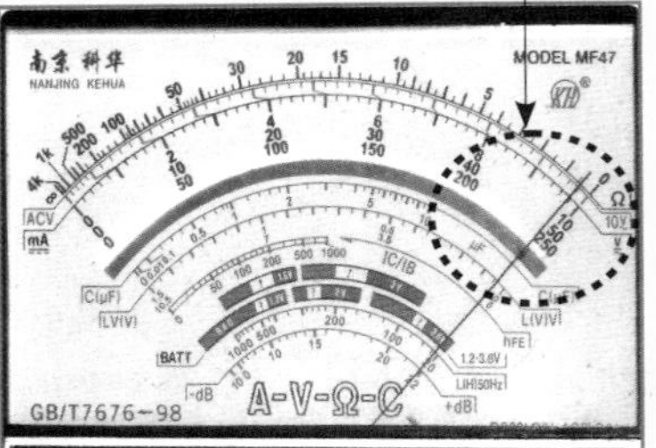

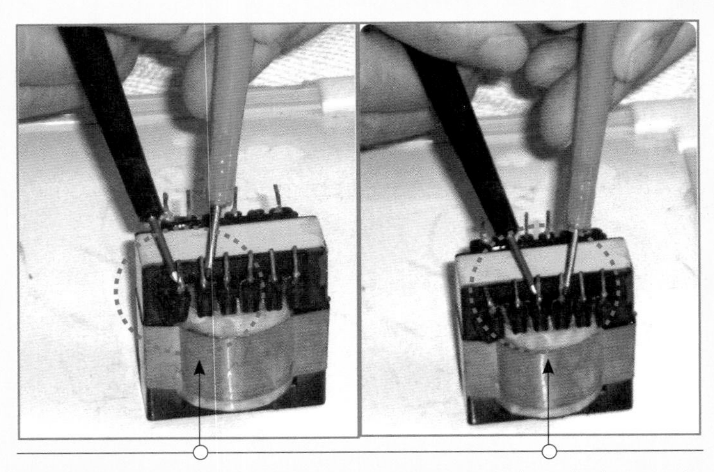

❽ 由于次级绕组中的 3 个绕组的电阻值为一定值，因此可以判断此变压器的次级绕组正常。

图 8-16　打印机电路中变压器测量方法（续）

测量完初级和次级绕组后，将万用表调到欧姆挡的 R×10k 挡，并进行调零校正。然后用万用表分别测量初级绕组和次级绕组与铁心间的绝缘电阻，测量的阻值均为无穷大。

总结：由于初级绕组和次级绕组与铁心间的绝缘电阻均为无穷大，说明变压器的绝缘性正常。

8.7.2 变压器检测经验总结

经验一：电压法检查变压器时，在加电情况下，用万用表交流电压挡，测量变压器次级交流电压。若测得为零，再测量变压器初级电压，若有 220V 电压，说明变压器有故障。

经验二：电阻法检测变压器时，用万用表电阻挡，分别测量变压器初级和次级电阻值。初级绕组电阻一般为 50~150Ω，次级绕组电阻一般小于几欧姆。如果阻值过大，说明有故障。

经验三：变压器损坏后，一般只能更换。对有内置温度保险的变压器，可仔细拆开绕组外的保护层，找到温度保险，直接连通温度保险的两个引脚，可作为应急使用。

第9章 神奇的半导体——二极管

二极管是诞生最早的半导体器件之一，其特性是单向导电，只允许电流单一方向流过，反向则会阻断；该特性决定了二极管的应用非常广泛，几乎在所有的电子电路中，都要用到二极管。

本章首先系统地讲解各种二极管特性、参数、标注规则等基础知识，然后在此基础上告诉读者二极管在电路中的应用特点和检测代换方法；最后通过翔实的步骤展示二极管检测维修实战。

9.1 半导体

当今科技的发展日新月异，其中一个非常重要的材料对科技发展起到了很大的作用，它就是半导体材料。各种电子设备中都在使用由半导体材料制成的各种电子器件，如二极管、三极管、集成电路等，如图 9-1 所示。

图 9-1 半导体材料制成的元器件

9.1.1 什么是半导体

半导体是指常温下导电性能介于导体与绝缘体之间的材料。半导体的导电性能比导体差而比绝缘体强。但半导体与导体、绝缘体的区别不仅在于导电力的不同，更重要的是它具有独特的性质。

我们称纯净的半导体为本征半导体，其电阻率通常很高，但适当地掺入极微量的“杂质”元素，其导电性能就显著地增加，这是半导体最显著、最突出的特性——“掺杂特性”，也是半导体具有非凡力之源。

利用这种特性，科学家给半导体加入适量的某种特定的杂质元素，精确控制它的导电能力，用以制作各种各样的半导体器件，如图 9-2 所示。

（1）很多半导体对光十分敏感，当有光照射在半导体上时，这些半导体就像导体一样，导电能力很强；当没有光照射时，这些半导体就像绝缘体一样不导电。这种特性称为“光敏性”。光电二极管、光电三极管和光敏电阻等，就是利用半导体的这种特性制成的。

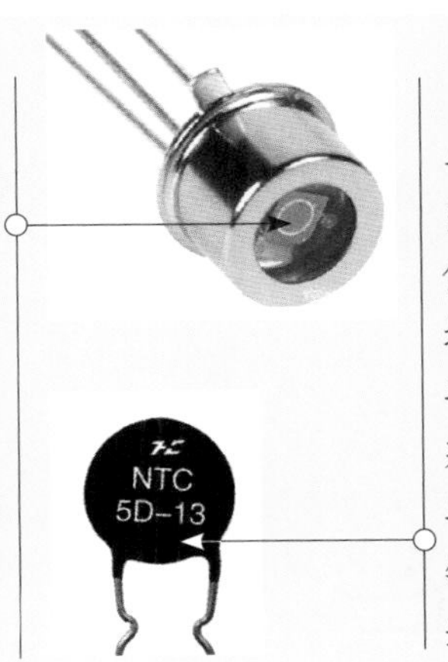

（2）半导体的导电能力还与温度有着密切的关系。当环境温度升高时，半导体的导电能力就会显著地增加；当环境温度下降时，半导体的导电能力就会显著地下降。这种特性称为半导体的“热敏性”。热敏电阻就是利用半导体的这种特性制成的。

图 9-2　各种半导体器件

9.1.2 硅原子结构

自然界所有的物质都是由原子构成，原子分为原子核和电子两部分，带负电的电子围绕带正电的原子核旋转。在电子设备中，硅是最重要的半导体，其他材料如锗灯有时会被用到，但它们的应用没有那么广泛。硅在纯净状态时的独特原子结构具有在电子设备制造中非常有用的重要特性。图 9-3 所示为硅原子结构。

（1）硅和锗都是四价元素，以硅为例，围绕硅原子核旋转的电子共有 14 个。最外层轨道上有 4 个电子，导电性能主要由它们来决定，称为价电子。

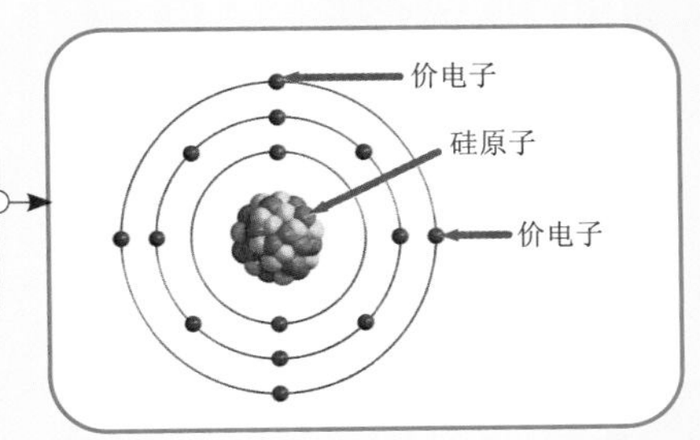

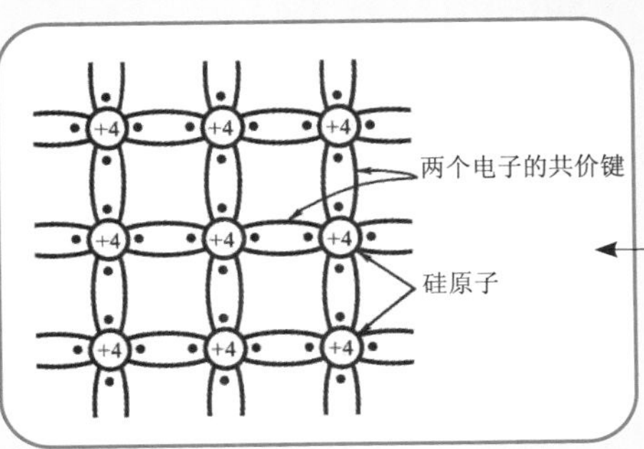

（2）每个原子的 4 个价电子不仅受自身原子核的作用，也受相邻原子核吸引，使一对价电子为相邻原子核共有，形成共价键。共价键中的电子不是自由的，不能自由运动。

图 9-3　硅原子结构

9.1.3 半导体中的载流子

我们知道，金属之所以具有良好的导电性能，是因为金属中有大量可以自由移动的电子。而上述讨论可以发现，共价键中的电子不是自由的，不能自由运动，即本征半导体是不导电。

当温度升高或受光照时，由于本征半导体共价键对电子的约束能力不像绝缘体那样紧，价电子从外界获得能量，少数价电子会挣脱共价键的束缚，变成了自由电子，同时还产生相同数量的空位，这个空位称为空穴。空穴的运动是自由的，而且带正电，因此空穴与自由电子一样可以参与导电，它们是成对出现的，所以称为电子 - 空穴对。我们将自由电子和空穴统称为载流子，如图 9-4 所示。

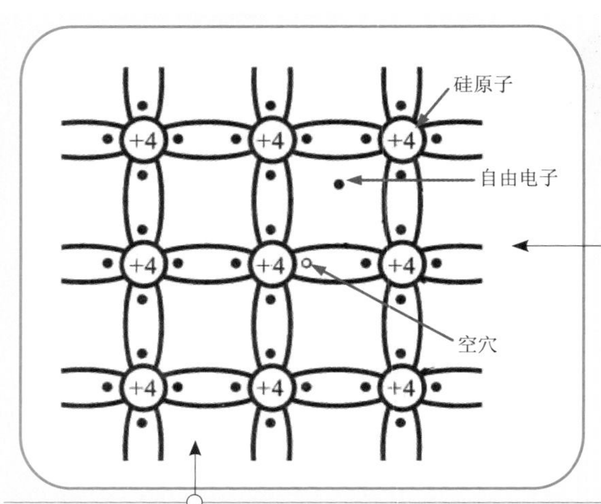

（1）我们将产生自由电子和空穴的过程称为本征激发，又称为热激发。如果半导体中自由电子和空穴相遇，自由电子填补到空穴的位置上去，自由电子和空穴就成对地消失了，这个现象叫作复合。

（2）本征激发和复合是一对逆过程。当温度升高或光照强度增加时，本征激发与复合会达到一个动态平衡，即激发等于复合，半导体内将维持一定数量的载流子。

（3）如果温度升高或光照变强，则激发加剧，半导体内载流子增多，半导体的导电性能就会提高。

图 9-4　半导体中的载流子

9.1.4 N 型半导体

在本征半导体内部，自由电子和空穴总是成对出现，因此本征半导体对外呈电中性。热激发虽然能产生少量自由电子，但是本征半导体的导电性能还是很差，且对温度变化很敏感，因此，不能直接用来制造半导体器件。

如果在本征半导体中掺入少量的杂质，半导体的导电能力就会发生显著变化，这样构成的半导体称为杂质半导体。我们常见的二极管、三极管、场效应晶体管等半导体器件都是由杂质半导体制成的。

例如，在本征半导体硅（或锗）中掺入微量五价元素（如磷）后，就可以形成 N 型半导体，如图 9-5 所示。

（1）掺入的五价杂质原子取代了某些硅原子的位置，与相邻的4个硅原子组成共价键，有一个多余的价电子不能构成共价键，这个价电子所受的束缚力很小，很容易在常温下变成自由电子，而这种产生自由电子的过程不产生空穴，所以N型半导体中自由电子占多数，称其为“多数载流子”，简称为“多子”；空穴占少数，称其为“少数载流子”，简称为“少子”，即自由电子为多子，空穴为少子。

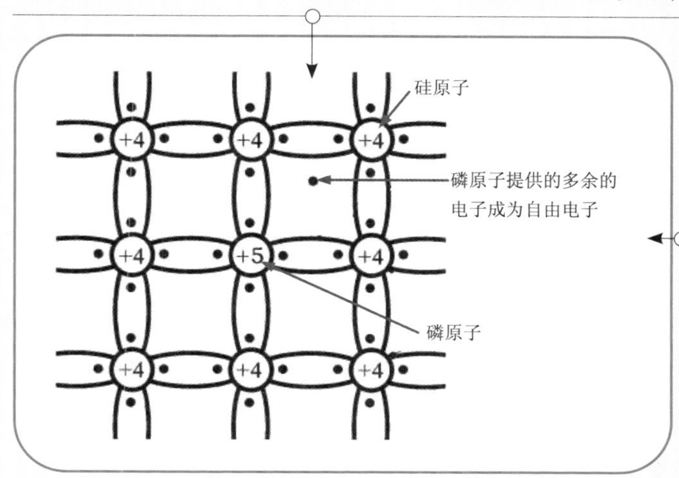

（2）因此在这种半导体中，自由电子数远大于空穴数，故此类半导体也称为电子型半导体。虽然N型半导体中自由电子的数量远多于空穴，但半导体中正、负电荷数是相同的，故N型半导体不带电，呈电中性。

图9-5　N型半导体原子结构

9.1.5 P型半导体

在本征半导体硅（或锗）中掺入微量三价元素（如硼）后，就可以形成P型半导体，如图9-6所示。

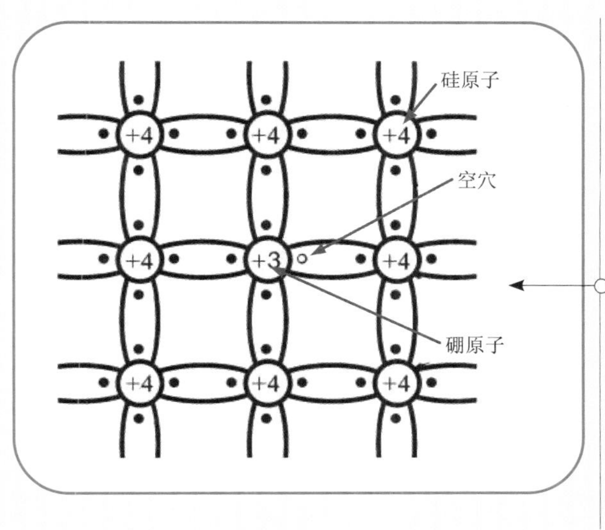

（1）因为硼原子只有3个价电子，它与周围硅原子组成共价键时，因缺少一个电子，在晶体中就会多出来一个空穴。这个空穴和本征激发产生的空穴都是载流子。

（2）因此半导体中空穴的浓度大大增加了，因此称这种杂质半导体为空穴型半导体或P型半导体，在P型半导体中空穴占多数，称为多数载流子，自由电子占少数，称为少数载流子。

图9-6　P型半导体原子结构

9.1.6 奇妙的 PN 结

当我们将 P 型半导体和 N 型半导体单独使用时，它们并没有任何特别的地方，但是将 P 型半导体和 N 型半导体结合在一起时，奇妙的现象就发生了。

由于两种半导体交界面处载流子浓度的差异，半导体中的载流子开始做扩散运动，此时 P 型半导体区的多子——空穴，以及 N 型半导体区域的多子——电子，均从高浓度区域向低浓度区域扩散。扩散的结果是：P 型半导体区域一侧因失去空穴而留下不能移动的负离子，N 型半导体区域一侧因失去电子而留下不能移动的正离子。这些不能移动的带电粒子通常称为空间电荷，它们在两种半导体的交界面处形成了一个很薄的空间电荷区（又称为耗尽层），这就是我们所说的 PN 结，如图 9-7 所示。

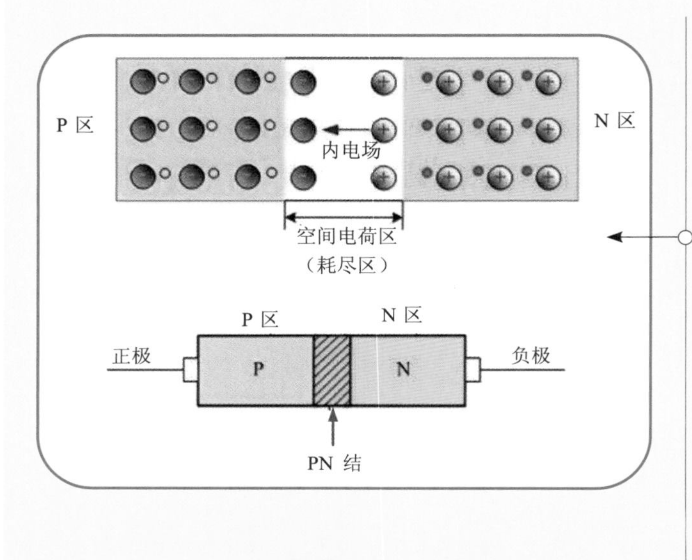

（1）PN 结具有内电场，方向由 N 区指向 P 区。这个电场是由于载流子扩散运动形成的，故称为内电场。

（2）PN 结果有一个很重要的性质，即单向导电性：当外加正向电压（P 区一端接正电压）时，PN 结处于导通状态，如同开关闭合，结电阻很小；当外加反向电压（P 区一端接负电压）时，PN 结处于截止状态，如同开关打开，结电阻很大。当反向电压加大到一定程度，PN 结会发生击穿而损坏。

图 9-7　PN 结

9.2 二极管的特性与作用

二极管又称晶体二极管，它是最常用的电子元器件之一。其最大的特性是单向导电，在电路中，电流只能从二极管的正极流入，负极流出。利用二极管的单向导电性，可以把方向交替变化的交流电变换成单一方向的脉冲直流电。另外，二极管在正向电压作用下电阻很小，处于导通状态，在反向电压作用下，电阻很大，处于截止状态，如同一只开关。利用二极管的开关特性，可以组成各种逻辑电路（如整流电路、检波电路、稳压电路等）。图 9-8 所示为电路中常见的二极管。

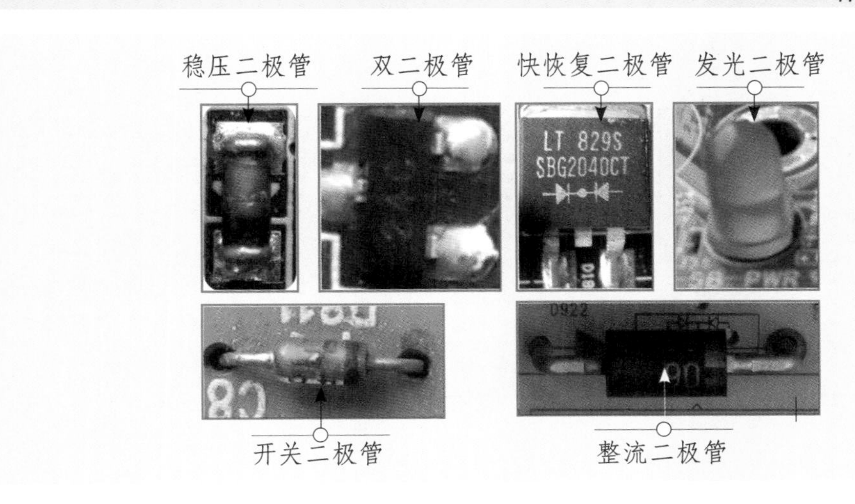

图 9-8　电路中常见的二极管

9.2.1 PN 结二极管是如何工作的

一个 PN 结二极管是把 N 型硅和 P 型硅夹在一起构成的。事实上，制造者先生成 N 型硅晶体，然后把它突然变成 P 型硅晶体，用玻璃或塑料将结合的晶体封装，N 型一侧成为阴极，P 型一侧成为阳极。

当一个二极管如图 9-9 所示连接到电池时，二极管被正向偏置而导通。

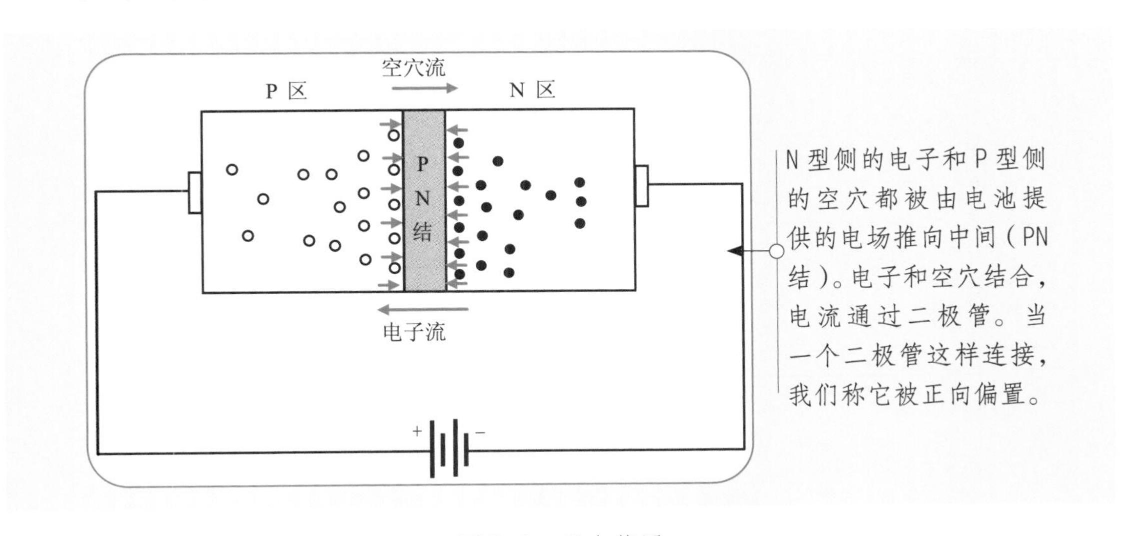

空穴流
P 区
N 区
P
N
结
电子流
+
−
N 型侧的电子和 P 型侧的空穴都被由电池提供的电场推向中间（PN 结）。电子和空穴结合，电流通过二极管。当一个二极管这样连接，我们称它被正向偏置。

图 9-9　正向偏置

当一个二极管如图 9-10 所示连接到电池时，二极管被反向偏置而截止。

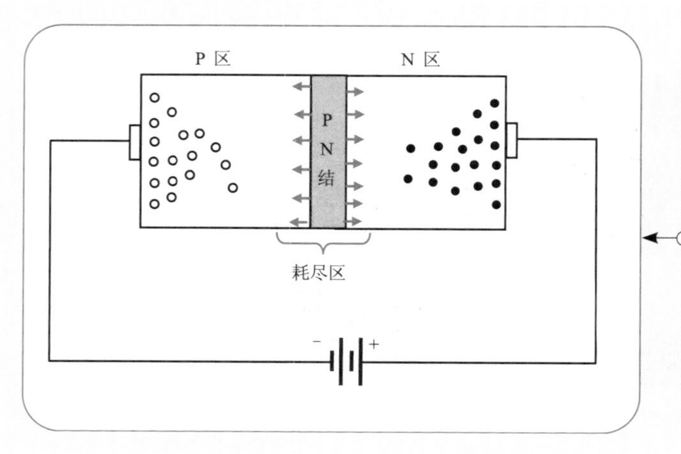

P 区
N 区
P
N
结
耗尽区
-
+
P 型侧的空穴被向左推，N 型侧的电子被向右推。这导致 PN 结附近出现了一个没有载流子的空区域，称为耗尽区。这个耗尽区具有绝缘特性，它阻碍电流通过二极管。当一个二极管这样连接，我们称它被反向偏置。

图 9-10　反向偏置

9.2.2 二极管的伏安特性

二极管的单向导电性并不总是满足的，也就是说，当它被加上偏压时，它需要一个最小的电压才能导通。对于典型的硅二极管来说，至少需要 0.5V 的电压，否则，二极管将不导通。需要一个特定电压才能导通的这个特性，在二极管作为电压敏感开关时非常有用。锗二极管与硅二极管不同，通常只要求至少 0.2V 的电压就能使其导通。

我们将加在二极管两端的电压和流过二极管的电流之间的关系称为二极管的伏安特性。图 9-11 所示为二极管的伏安特性曲线。

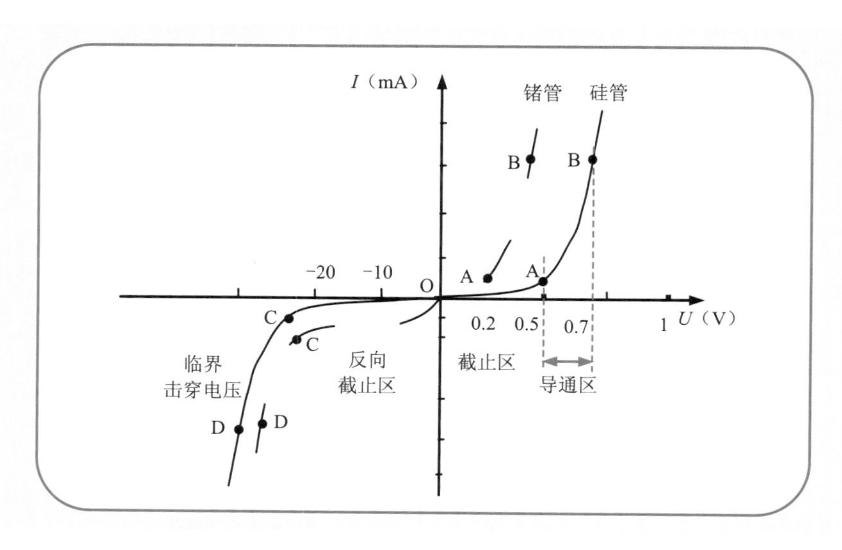

图 9-11　二极管的伏安特性曲线

1. 正向特性

正向特性曲线如图 9-11 中第一象限所示。以硅二极管为例，在起始阶段（OA），外加正向电压很小，二极管呈现的电阻很大，正向电流几乎为零，曲线 0A 段称为截止区（也称为死区）。使二极管开始导通的临界电压称为开启电压。一般硅二极管的开启电压为 0.5V，锗二极管的开启电压为 0.2V。

当正向电压超过开启电压后，电流随着电压的上升迅速增大，二极管电阻变得很小，进入正向导通状态（AB）。AB 端曲线较陡，电压与电流的关系近似线性，AB 段称为导通区。导通后二极管两端的正向电压称为正向压降（或管压降），这个电压比较稳定，几乎不随流过的电流大小而变化。一般硅二极管的正向压降约为 0.7V，锗二极管的正向压降约为 0.3V。

2. 反向特性

反向特性曲线如图 9-11 中第三象限所示。二极管加反向电压时，在起始的一段范围内（0C），只有很少的少数载流子，也就是很小的反向电流，且不随反向电压的增大而改变，这个电流称为反向饱和电流或反向漏电流。0C 段称为反向截止区。一般硅二极管的反向电流为 0.1μA，锗二极管为几十微安。

反向饱和电流随着温度的升高而急剧增加，硅二极管的反向饱和电流要比锗二极管的反向饱和电流小。在实际应用中，反向电流越小，二极管的质量越好。

当反向电压增大到超过某一值时（图中的 C 点），反向电流急剧增大，这一现象称为反向击穿，所对应的电压为反向击穿电压。

9.3 常见的二极管

在具体的电路中，基于二极管单向导电的特性，其应用非常广泛，这也就决定了二极管种类繁多；常见的二极管包括整流二极管、开关二极管、稳压二极管、检波二极管、变容二极管、快恢复二极管、发光二极管、光电二极管等，本节中将重点讲解这些二极管的特点及作用。

9.3.1 检波二极管

检波（也称解调）二极管的作用是利用其单向导电性将高频或中频无线电信号中的低频信号或音频信号分检出来的器件。检波二极管常用锗材料制成，通常以 100mA 电流为界限，电流小于 100mA 的称为检波。图 9-12 所示为检波二极管。

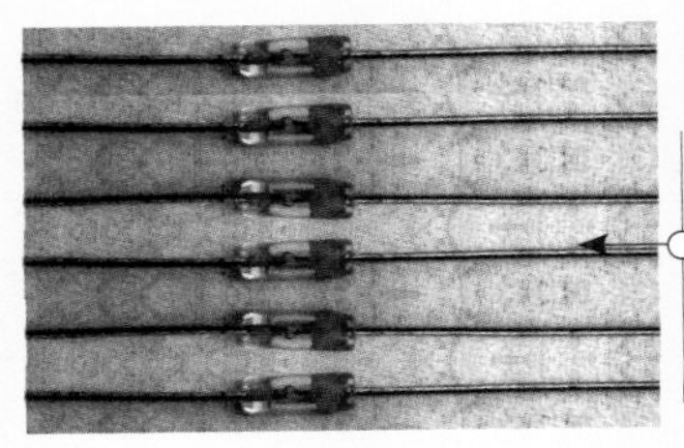

检波二极管广泛应用于半导体收音机、收录机、电视机及通信等设备的小信号电路中，它具有较高的检波效率和良好的频率特性。

图 9-12　检波二极管

9.3.2 整流二极管

将交流电能转变为直流电能的二极管称为整流二极管，整流二极管具有明显的单相导电性，主要用于整流电路。利用二极管的单向导电功能将交流电变为直流电。

整流二极管多为硅面接触型结构，结面积较大，能通过较大电流。通常高压大功率整流二极管都用高纯度单晶硅制造，主要用于各种低频整流电路中。图 9-13 所示为整流二极管。

由于整流二极管的正向电流一般较大，所以整流二极管多为面接触型二极管，其结面积大、结电容大，击穿电压高，反向漏电电流小，高温性能良好，但工作频率低。

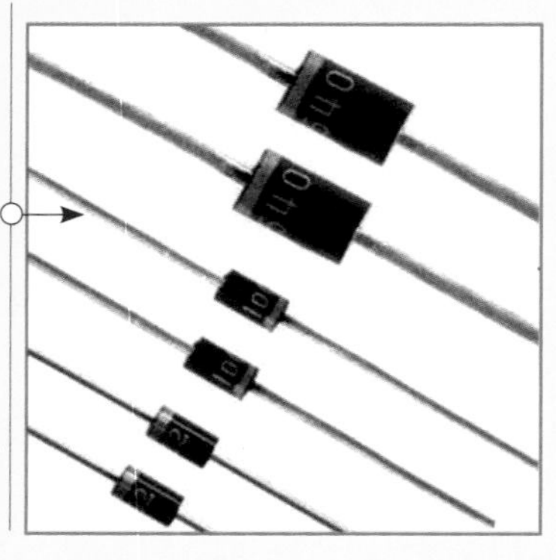

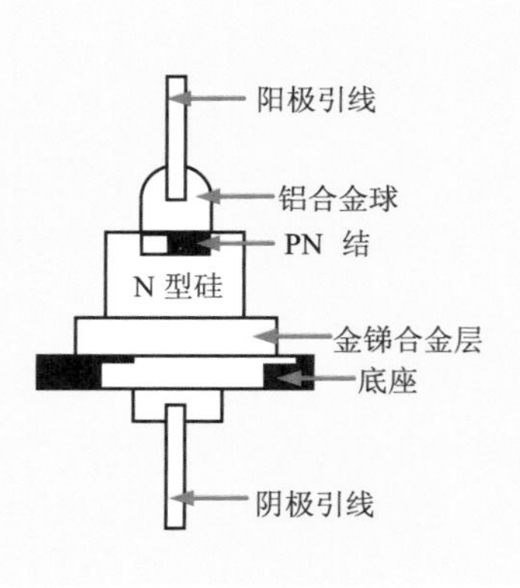

图 9-13　整流二极管

9.3.3 开关二极管

开关二极管利用二极管的单向导电性，在半导体 PN 结加上正向偏压后，在导通状态下，电阻很小（几十到几百欧）；加上反向偏压后截止，其电阻很大（硅管在 100MΩ 以上）。开关二极管利用正向偏压时二极管电阻很小、反向偏压时电阻很大的单向导电性，在电路中对电流进行控制，起到接通或关断的开关作用。开关二极管的正向电阻很小，反向电阻很大，开关速度很快，如图 9-14 所示。

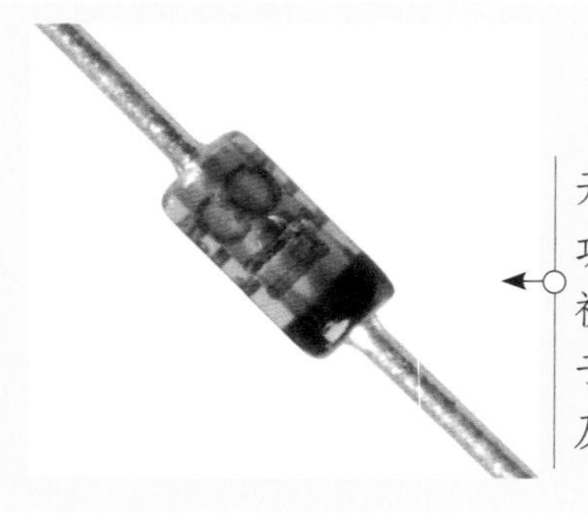

开关二极管按功率不同可分为小功率和大功率两种。小功率开关二极管主要用于电视机，收音机；大功率开关二极管主要用于电源电路做续流、高频整流、桥式整流及其他开关电路。

图 9-14　开关二极管

9.3.4 稳压二极管

稳压二极管利用二极管反向击穿时端电压不变的原理来实现稳压限幅、过载保护。稳压二极管加正向电压时二极管导通，有较大的正向电流流过二极管；加反向电压时，只有很小的反向电流流过二极管。当反向电压达到一定程度时，反向电流会突然增大，这时二极管便进入击穿区，其内阻很小，反向电流在很大范围内变化时，二极管两端的反向电压能保持不变，相当于一个恒压源。这种现象称为齐纳效应，如图 9-15 所示。

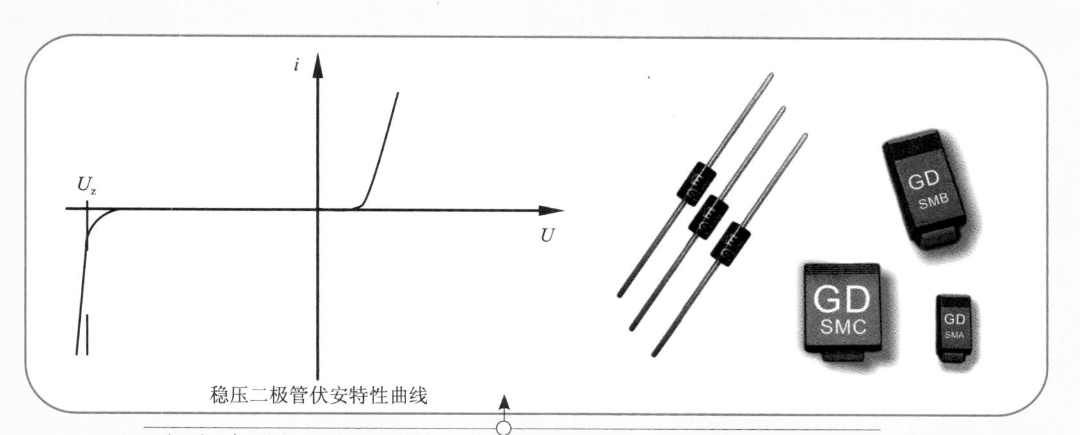

（1）在反相电压较低时，稳压二极管截止；在反向电压增大到 U_z 时，电流突然增大，曲线变得很陡，稳压二极管两端的电压大小基本不变，电压稳定。当稳压二极管处于稳压状态时，稳定电压有微小的变化，就可以引起稳压二极管很大的反向电流变化。

（2）U_z 是稳压二极管的稳压值。不同的稳压二极管，稳压值不同。

（3）当稳压二极管处于反向击穿状态时，只要流过 PN 结的工作电流不大于最大稳定电流，稳压二极管就不会损坏。

图 9-15 稳压二极管

9.3.5 变容二极管

变容二极管是利用 PN 结反向偏置时结电容大小随着外加电压而变化的特性制成的。因此它可作为一个可变电容器。当施加的反向电压增加时，PN 结的宽度增加，从而减小它的电容，如图 9-16 所示。

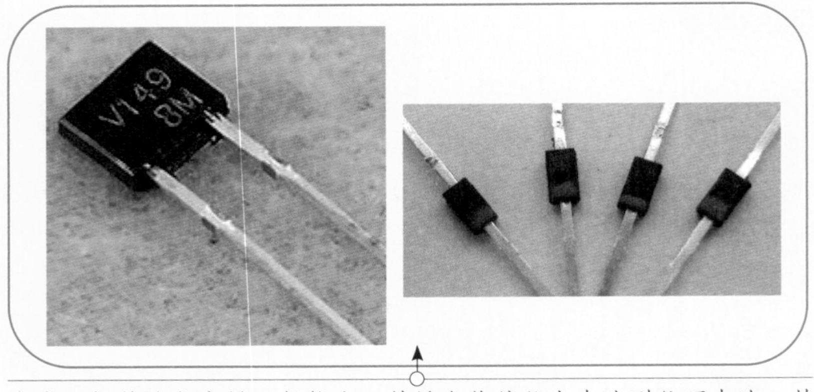

变容二极管的电容量一般较小，其最大值从几十皮法到几百皮法，其低电容值通常将它的使用限制于高频率的射频电路中，而所加的电压用来改变振荡器电路中的电容。反向电压可以通过调整一个分压器来获得，其作用是改变振荡器的频率。

图 9-16 变容二极管

9.3.6 快恢复二极管

快恢复二极管的内部结构与普通二极管不同，它是在 P 型、N 型硅材料中间增加了基区 I，构成 P-I-N 硅片。因基区很薄，反向恢复电荷很小，所以快恢复二极管的反向恢复时间较短，同时还降低了瞬态正向压降，使管子能承受很高的反向工作电压。快恢复二极管（简称 FRD）是一种具有开关特性好、反向恢复时间短等特点的半导体二极管。图 9-17 所示为常见的快恢复二极管。

快恢复二极管主要用于开关电源、PWM 脉宽调制器、变频器等电子电路中，可作为高频整流二极管、续流二极管或阻尼二极管使用。

图 9-17 快恢复二极管

9.3.7 发光二极管

发光二极管是一种能发光的半导体器件，是由镓与砷、磷、氮、铟的化合物制成的二极管，当电子与空穴复合时能辐射出可见光，因此可以用来制成发光二极管。磷砷化镓二极管发红光，磷化镓二极管发绿光，氮化硅二极管发黄光，铟镓氮二极管发蓝光。

1. 常见的发光二级管

发光二极管正向电压为 1.5 ~ 3V 时，发光二极管主要用于指示，可组成数字或符号的 LED 数码管。图 9-18 所示为电子电路中常见的发光二极管。

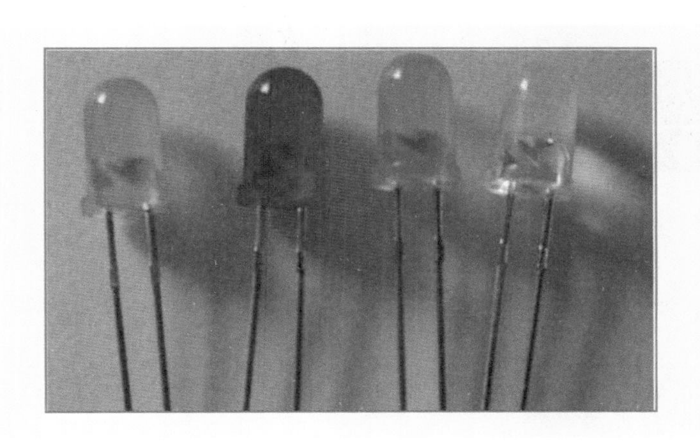

图 9-18 发光二极管

2. 发光二极管的结构

发光二极管的结构实际上就是一个两边高掺杂的 PN 结，但是半导体材料必须是能够发光的化合物半导体，如铝砷化镓、铝磷化镓等。发光二极管通常由环氧树脂、LED 芯片、金线、阳极杆和阴极杆等组成，如图 9-19 所示。

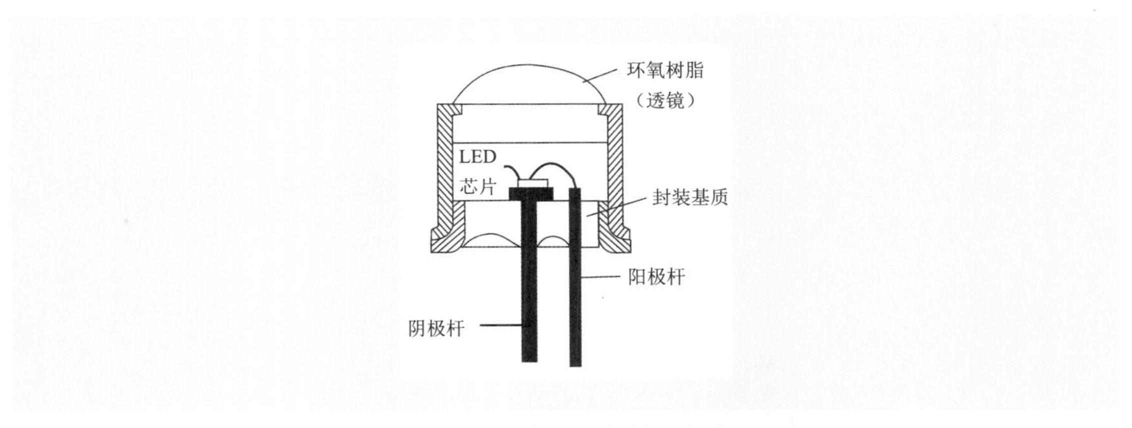

图 9-19 发光二极管的结构

3. 发光二极管是如何工作的

发光二极管的工作原理如图 9-20 所示。

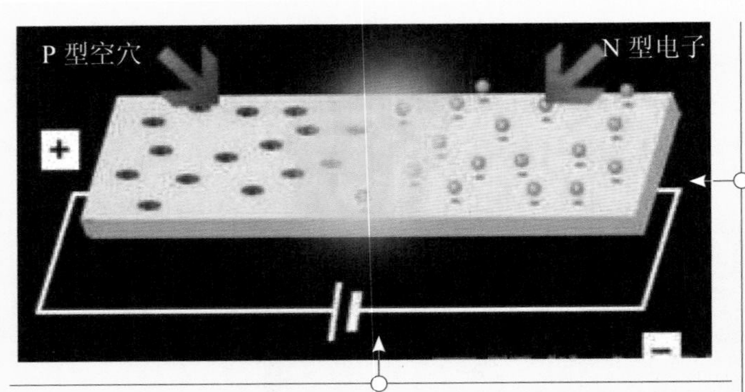

（1）发光二极管与普通二极管一样是由一个PN结组成的，也具有单向导电性。当给发光二极管加上正向电压后，从P区注入N区的空穴和由N区注入P区的电子，在PN结附近数微米内分别与N区的电子和P区的空穴发生复合，并把多余的能量以光子的形式发射出来，从而把电能直接转换为光能。

（2）发光二极管的发光颜色和发光效率与制作LED的材料和工艺有关，不同的半导体材料中电子和空穴所处的能量状态不同。当电子和空穴复合时释放出的能量多少不同，释放出的能量越多，则发出的光的波长越短。

（3）目前广泛使用的有红、绿、蓝3种。其中，发红色光的二极管使用的铝砷化镓材料，发绿光的二极管使用的铝磷化镓材料，发蓝光的二极管使用的硒化锌材料。

图 9-20 发光二极管的工作原理

9.3.8 光电二极管

光电二极管（Photo-Diode）也称为光敏二极管，实际上它是一个光敏电阻器，对光的变化非常敏感，光电二极管的管芯是一个具有光敏特征的PN结，它具有单方向导电特性，可以通过光照的强弱来改变电路中的电流。

1. 常见的光电二极管

光电二极管可以将光信号转换成电信号。有光照时，其反向电流随着光照强度的增加而上升，可用于光的测量或作为能源（光电池）。图 9-21 所示为常见的光电二极管。

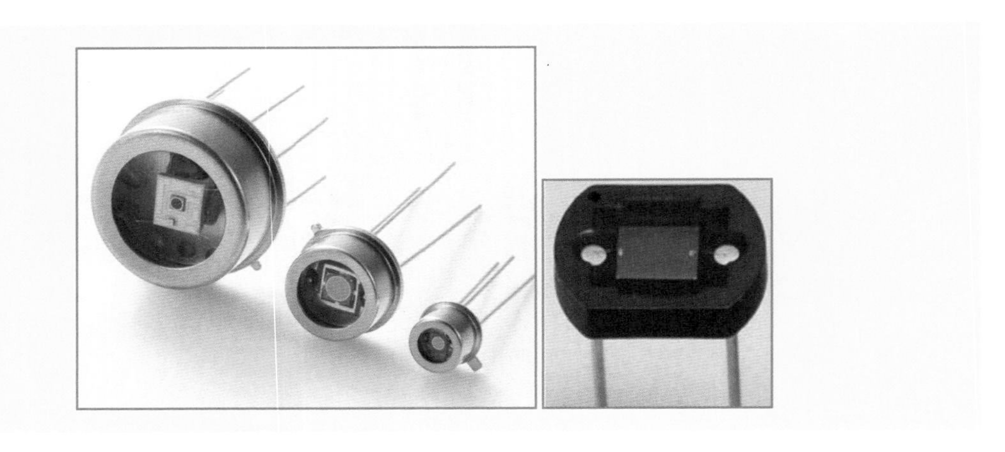

图 9-21 光电二极管

2．光电二极管的结构

光电二极管的管芯是一个具有光敏特征的 PN 结，受光照后产生电流的一种光电器件。光电二极管一般由玻璃透镜、管芯（PN 结或 PIN 结）、外壳、引线等组成，如图 9-22 所示。

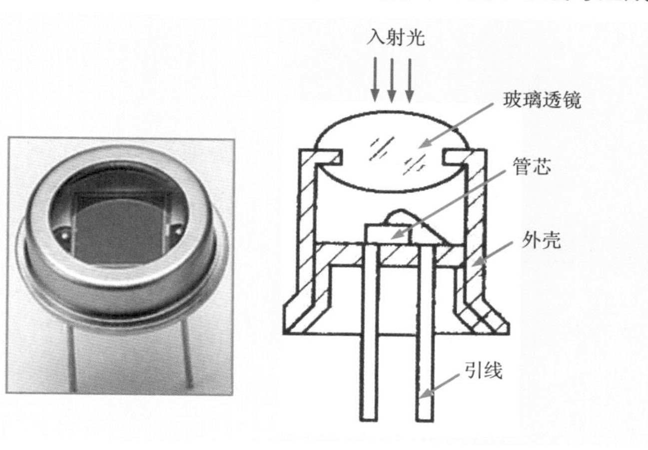

图 9-22 光电二极管的结构

3．光电二极管是如何工作的

光电二极管的发光核心是硅 PN 结或 PIN 结。图 9-23 所示为光电二极管的 PN 结。

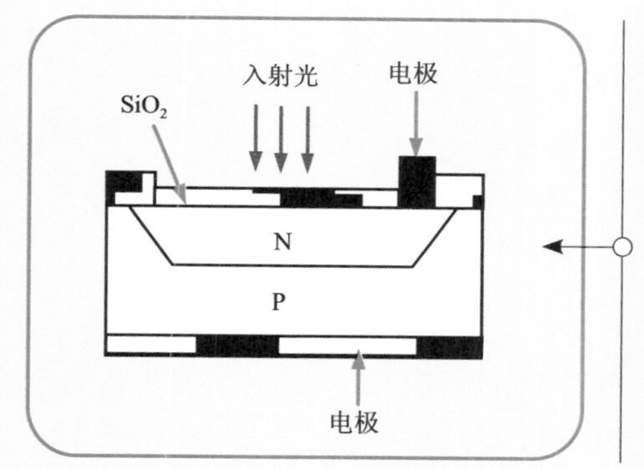

当一个具有充足能量的光子冲击到二极管上，它将激发一个电子，从而产生自由电子（同时有一个带正电的空穴）。这样的机制也称为内光电效应。如果光子的吸收发生在结的耗尽层，则该区域的内电场将会消除其间的屏障，使得空穴能够向着阳极的方向运动，电子向着阴极的方向运动，于是就产生了光电流。如果在外电路上接上负载，负载上就获得电信号，而且这个电信号随着光的变化而相应变化。

图 9-23 光电二极管的工作原理

9.4 二极管的符号及主要指标

由于二极管的种类繁多，因此不同二极管的图形符号各有差异，这就需要读者更细致地学习和区分，并充分了解二极管的参数指标，以便于在具体的电路分析中做到得心应手。

9.4.1 二极管的图形符号和文字符号

二极管是电子电路中比较常用的电子元器件之一，一般用“D”或“VD”文字符号表示。在电路图中，每个电子元器件都有其电路图形符号，二极管的电路图形符号如图 9-24 所示。

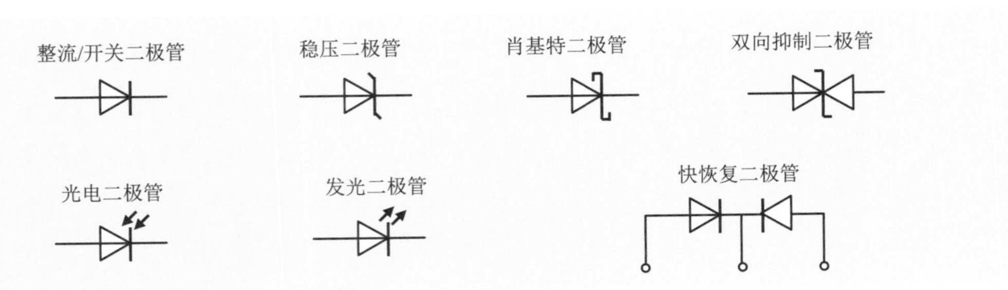

图 9-24　二极管图形符号

9.4.2 二极管的主要指标

二极管的指标主要包括门槛电压、最高工作频率、最大正向电流以及反向电流。

1．门槛电压

将二极管的正极接在高电位端，负极接在低电位端，当所加正向电压到达一定程度时，二极管就会导通。这里需要补充的是，当加在二极管两端的正向电压比较小时，二极管仍不能导通，流过二极管的正向电流很小。只有当正向电压达到某一数值以后，二极管才能真正导通。这一电压值就被称为门槛电压。

2．最高工作频率

最高工作频率可以表示二极管具有良好的单向导电性的最高工作频率，它一般由二极管的工艺结构决定。

3．最大正向电流

最大正向电流是指在不损坏二极管的前提下，二极管正常工作时可通过的最大正向电流。最大正向电流的决定因素是 PN 结的面积大小、材料和散热条件。一般而言，PN 结的面积越大，最大正向电流越大。

4．反向电流

反向电流是指给二极管加上规定的反向偏置电压的情况下，通过二极管的反向电流值。反向电流的大小反映了二极管的单向导电性能。反向电流越小，二极管的单向导电性能越好。

9.5 二极管应用电路

了解了二极管的表示符号和常见的二极管，接下来我们拾级而上，聚焦于体现二极管作用的应用电路上，它们包括检波电路、整流电路、稳压电路等，下面本节将用 4 个小节的篇幅介绍着几个常见二极管电路。

9.5.1 二极管检波电路

图 9-25 所示为二极管检波电路，VD 为检波二极管，C_1 为高频滤波电容，R 为负载电阻，C_2 为隔直电容。

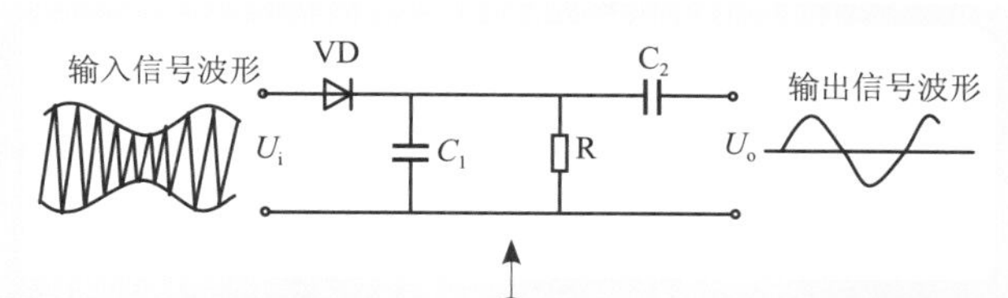

图中，调制信号 U_i 为高频调幅信号，载波为高频信号。经检波二极管 VD 检波，电容 C_1 滤波和 C_2 隔直后得到音频信号 U_o。

图 9-25　检波电路

9.5.2 二极管半波整流电路

半波整流电路是利用二极管的单向导电特性，将交流电转换成单向脉冲性直流电的电路。半波整流电路是用一只整流二极管构成的电路。图 9-26 所示为简易的二极管半波整流电路。

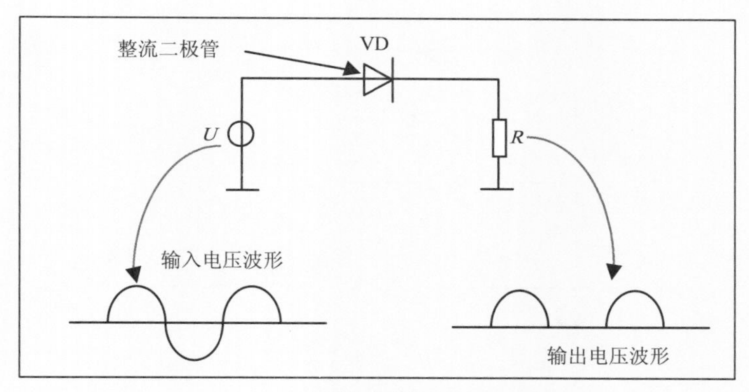

（a）阻性负载的波形

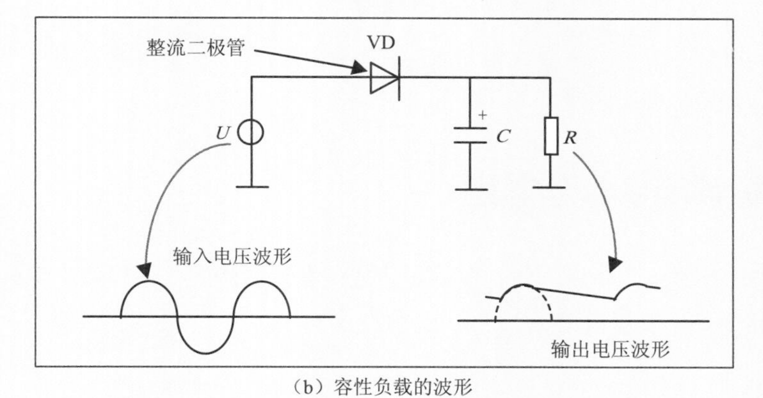

（b）容性负载的波形

图 9-26　二极管半波整流电路

9.5.3 二极管全波整流电路

全波整流电路是指在交流电的半个周期内，电流流过一个整流器件（如整流二极管），而在另一个半周内，电流流经第二个整流器件，并且两个整流器件的连接能使流经它们的电流以同一方向流过负载。全波整流前后的波形与半波整流所不同，是在全波整流中利用交流的两个半波，这就提高了整流器的效率，并使已整电流易于平滑。图 9-27 所示为简易的二极管全波整流电路。

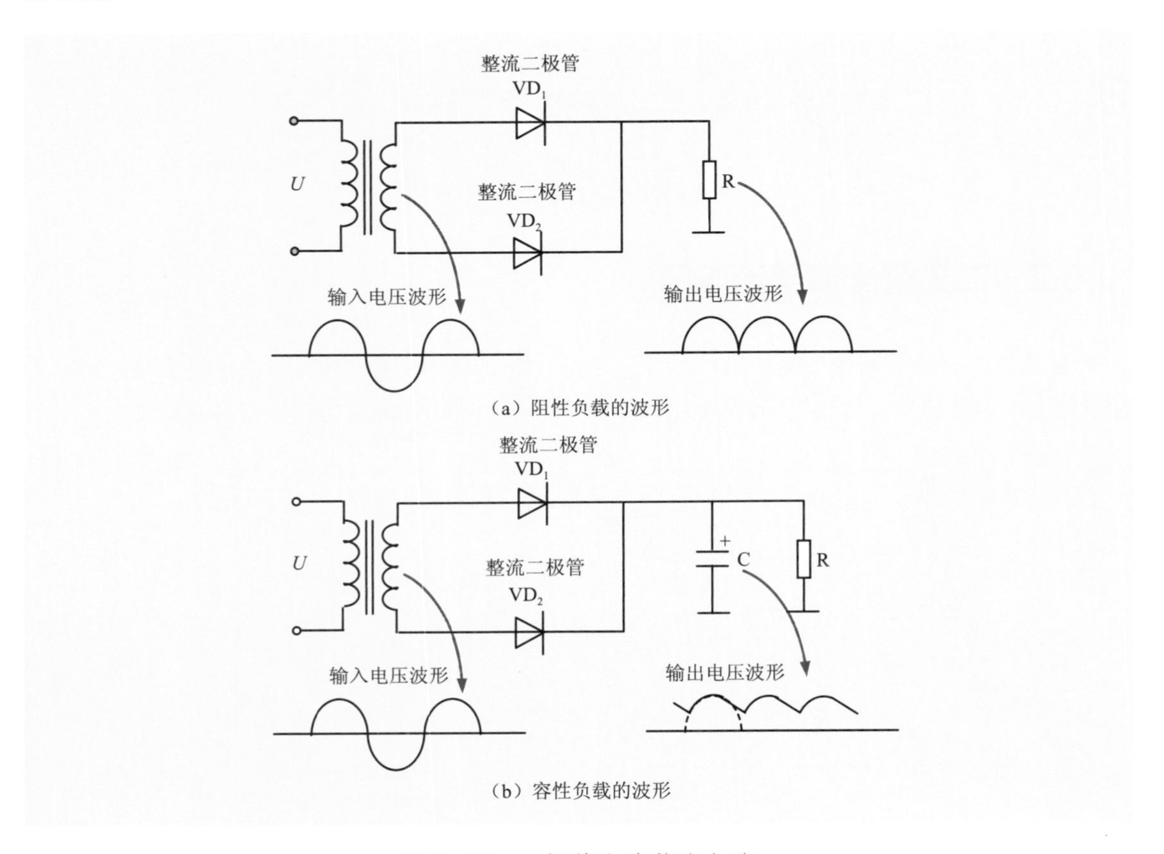

图 9-27　二极管全波整流电路

全波整流电路最少由两个整流器合并而成，最典型的全波整流电路是由 4 个二极管组成的整流桥，一般用于电源的整流。

9.5.4 二极管简易稳压电路

稳压电路的作用是稳定电压，防止电源电压或负载电流的改变使提供给负载的电压发生变化。图 9-28 所示为一个稳压电路。

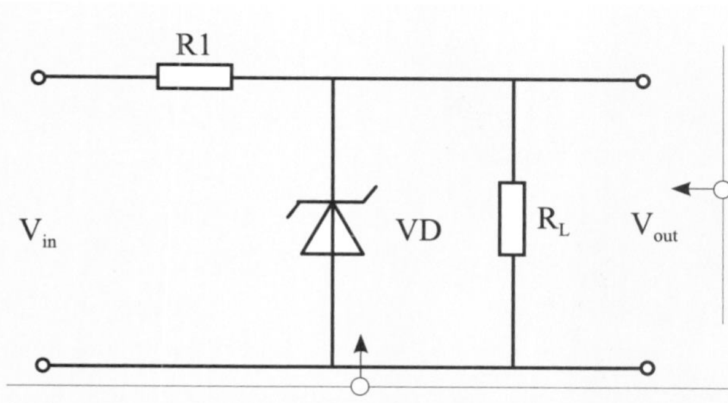

（1）在大多数的应用中，稳压二极管与一个电阻串联工作在反偏向下是标准的电路结构。在这种结构中，稳压二极管VD像一个减压阀，在保证它的电压恒定的情况下，通过所需的电流。

（2）如果线路电压增加，将引起线路的电流增加。由于负载R_L电压是常数，线路电流的增加会导致稳压管中的电流增加，这样便保持了负载电流的恒定。如果线路电压减小，将导致线路电流减小，稳压管中的电流减小。

图9-28 二极管稳压电路

9.6 二极管常见故障诊断

二极管常见的故障有开路故障、击穿故障以及正向电阻变大故障；下面我们讲解一下这些常见故障的诊断方法。

9.6.1 二极管开路故障诊断

二极管开路是指二极管的正、负极之间已经断开，其故障诊断方法如图9-29所示。

（1）用万用表测量阻值时，二极管正向和和反向阻值均为无穷大。

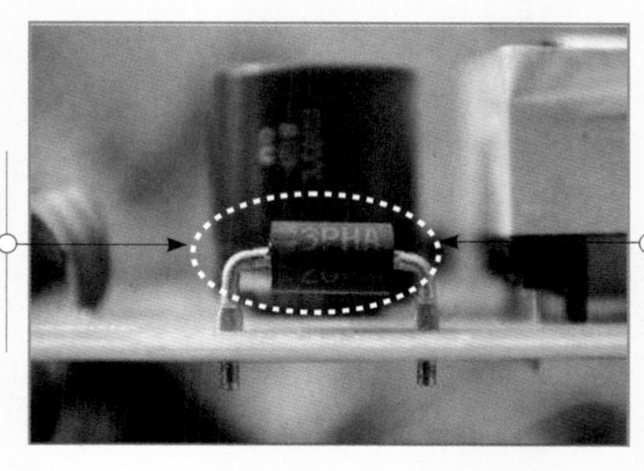

（2）二极管开路后，会造成二极管的负极没有电压输出。遇到这种情况时需要更换电路中的二极管。

图9-29 二极管开路故障诊断方法

9.6.2 二极管击穿故障诊断

二极管击穿故障是比较常见的故障，击穿之后二极管正、负极之间变成通路。

二极管击穿故障诊断方法如图9-30所示。

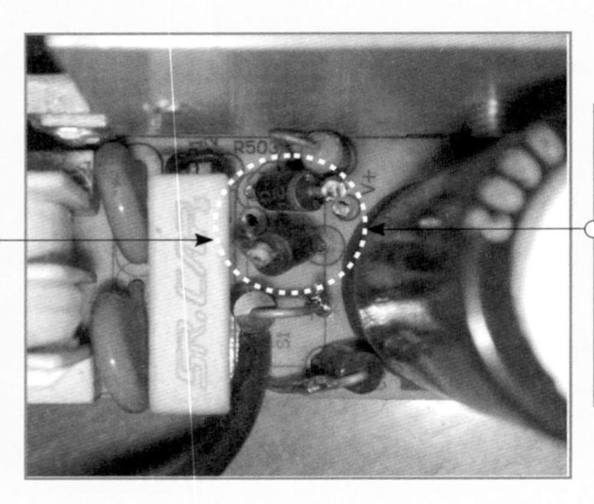

（2）用万用表测量二极管的阻值，当正、反向阻值一样大或者十分接近时，说明电路中的二极管击穿了。
（1）被击穿的二极管正、负极之间的电阻可能为零，也可能存在一定的电阻值，但是负极将没有正常的信号电压输出，有时会出现电路中过电流的现象。二极管击穿后通常需要更换二极管来排除故障。

图 9-30　二极管击穿故障诊断方法

9.6.3 二极管正向电阻值变大故障诊断

二极管正向电阻值变大是指信号在二极管上的压降增大，造成二极管负极输出信号电压下降，故障诊断方法如图 9-31 所示。

（1）正向电阻值变大的二极管会因此发热，过热会烧坏。
（2）如果二极管正向电阻值太大，会导致二极管单相的导电性变差，只有更换二极管来恢复电路。

图 9-31　二极管正向电阻值变大故障诊断方法

9.7 二极管的检测方法

二极管的检测要以二极管的结构特点和特性作为理论依据，特别是二极管正向电阻小、反向电阻大这一特性。

9.7.1 用指针万用表检测二极管

用指针万用表对二极管进行检测的方法如图 9-32 所示。

判断一：如果两次测量中，一次阻值较小，另一次阻值较大（或为无穷大），则说明二极管基本正常。阻值较小的一次测量结果是二极管的正向电阻值，阻值较大（或为无穷大）的一次为二极管的反向电阻值。且在阻值较小的那一次测量中，用指针万用表黑表笔所接二极管的引脚为二极管的正极，红表笔所接引脚为二极管的负极。

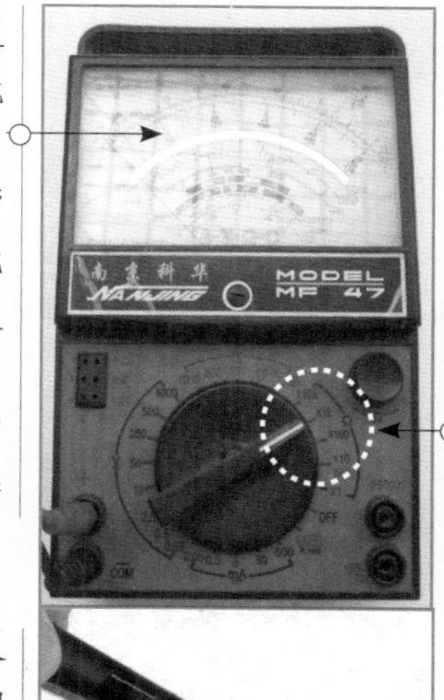

第1步：将指针万用表置于R×1k挡，并对指针万用表做调零校正。

判断二：如果测得二极管的正、反向电阻值都很小，则说明二极管内部已击穿短路或漏电损坏，需要替换新管。如果测得二极管的正、反向电阻值均为无穷大，则说明该二极管已开路损坏，需要替换新管。

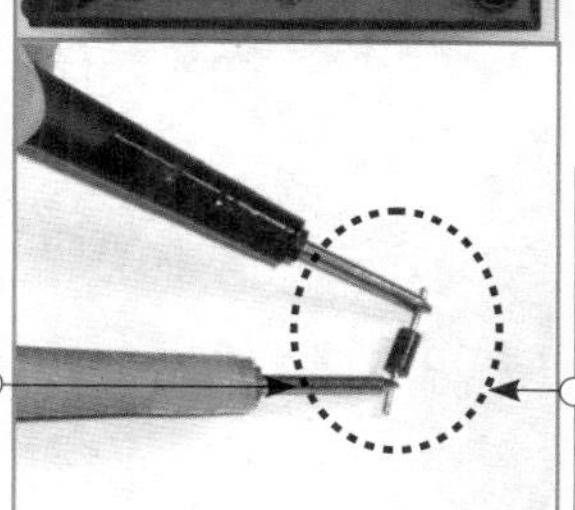

第2步：将万用表的两表笔分别接二极管的两个引脚，测量出一个结果后，对调两表笔再次进行测量。

图 9-32　用指针万用表对二极管进行检测的方法

注意： 检测检波二极管时，用 R × 100 挡测量，因为 R × 1 挡电流较大，R × 10 挡电压较高，容易造成检波二极管损坏。

9.7.2 用数字万用表检测二极管

用数字万用表对二极管进行检测的方法如图 9-33 所示。

第1步：将数字万用表的挡位调到二极管挡。

第2步：将两表笔分别接二极管的两个引脚，测量出一个结果后，对调两表笔再次进行测量。

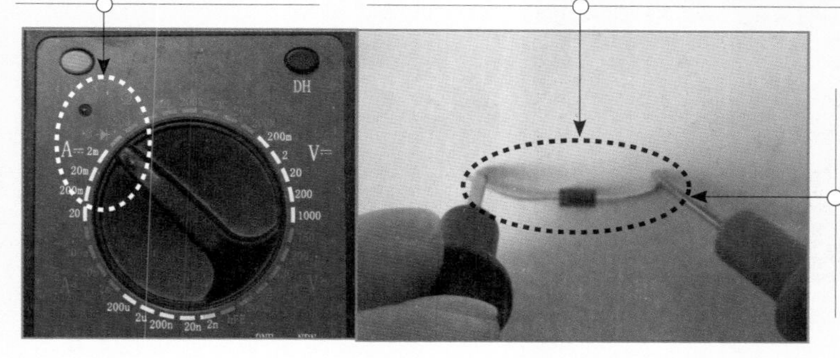

判断：如果正、反向二次检测中，显示屏显示数均小，数字表有蜂鸣叫声，表明二极管击穿短路；如果均无显示（只显示1），表明二极管开路。

图 9-33　用数字万用表对二极管进行检测的方法

提示：对正向电阻变大和反向电阻变小的二极管，一般情况下，用数字万用表不能有效检测出来，不如指针万用表有效。

9.7.3 电压法检测二极管

通过在路检测二极管正向压降可以判断二极管是否正常，如图 9-34 所示。

（1）在电路加电的情况下，测量二极管的正向压降。二极管的正向压降为 0.5 ～ 0.7V，如果在电路加电的情况下，二极管两端正向电压远远大于0.7V，该二极管肯定开路损坏。

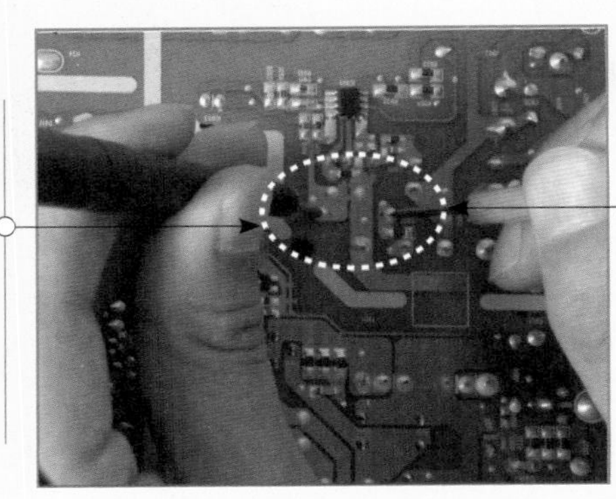

（2）测量方法：使用万用表电压挡(20V 挡或 25V 挡），用红表笔接二极管的正极，黑表笔接二极管的负极进行测量。

图 9-34　检测二极管正向压降

9.7.4 发光二极管的检测方法

通常采用测量发光二极管的正、反向电阻值来判断是否正常。正常的发光二极管正向电阻值为一个固定值，反向电阻值为无穷大，如图 9-35 所示。

第 1 步：将指针式万用表的功能旋钮旋至“R×10k”挡,并调零。

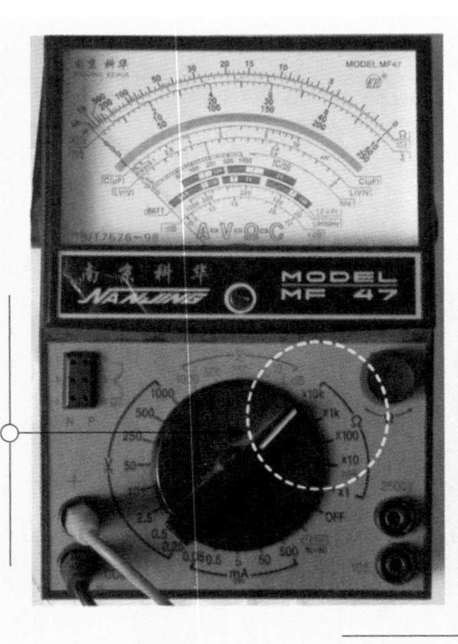

第 2 步：用红表笔接二极管的正极，黑表笔接二极管的负极，测量其正向电阻值。

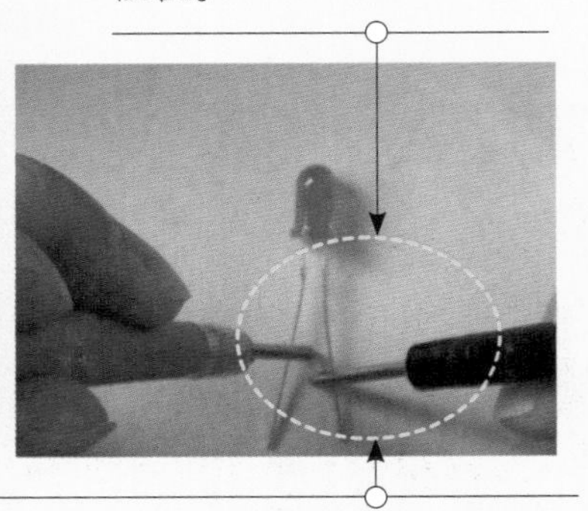

第 3 步：调换两表笔，测量其反向电阻值。

图 9-35　发光二极管的检测方法

如果该发光二极管正向电阻值为一固定，反向电阻值为无穷大，因此该待测二极管的功能基本正常。

如果待测二极管的正向电阻值和反向电阻值均为无穷大，则二极管很可能有断路故障。如果待测二极管正向电阻值和反向电阻值都接近于0，则二极管已被击穿短路。如果二极管正向电阻值和反向电阻值相差不大，则说明二极管已经失去了单向导电性或单向导电性不良。

9.7.5 光电二极管的检测方法

光电二极管主要通过检测其正反向电压值来判断好坏。其检测方法如下：

（1）将指针万用表挡位调到R×1k挡，然后将红表笔接光电二极管的正极，黑表笔接负极，测量其正向电阻值。正常的光电二极管的正向电阻值约为10kΩ，如果阻值太大或太小，则说明光电二极管损坏；

（2）将两表笔对调测量光电二极管的反向电阻值。在无光照情况下，正常的光电二极管的反向电阻值应为无穷大；有光照时，反向电阻值随着光照强度增加而减小，如果阻值可达到几kΩ或1kΩ以下，则说明光电二极管是好的；若反向电阻值都是∞或为零，则说明光电二极管损坏。

9.8 常见二极管代换方法

由于二极管的使用非常广泛且种类繁多，因此在具体的二极管维修实践中，检测代换是经常用到的维修策略，我们掌握一些二极管的基本维修检测方法可以快速高效地处理二极管的故障。

9.8.1 整流二极管的代换方法

整流二极管的代换方法如图9-36所示。

（1）当整流二极管损坏后，可以用同型号的整流二极管更换。如果没有同型号的整流二极管，可以用参数相近其他型号的整流二极管代换。

（2）代换整流二极管时，主要应考虑其最大整流电流、最大反向工作电流、截止频率及反向恢复时间等参数。通常，高耐压值（反向电压）的整流二极管可以代换低耐压值的整流二极管，而低耐压值的整流二极管不能代换高耐压值的整流二极管。整流电流值高的二极管可以代换整流电流值低的二极管，而整流电流值低的二极管则不能代换整流电流值高的二极管。

图9-36 整流二极管的代换方法

9.8.2 稳压二极管的代换方法

稳压二极管的代换方法如图 9-37 所示。

（1）稳压二极管损坏后，应采用同型号的稳压二极管更换。如果没有同型号的稳压二极管，可以用参数相同的稳压二极管更换。

（2）更换稳压二极管时，主要应考虑其稳定电压、最大稳定电流、耗散功率等参数。一般具有相同稳定电压值的高耗散功率稳压二极管可以代换耗散功率低的稳压二极管，但不能用耗散功率低的稳压二极管来代换耗散功率高的稳压二极管。例如，1W、6.2V 的稳压二极管可以用 2W、6.2V 的稳压二极管代换。

图 9-37　稳压二极管的代换方法

9.8.3 开关二极管的代换方法

开关二极管的代换方法如图 9-38 所示。

（1）开关二极管损坏后，应采用同型号的开关二极管更换。如果没有同型号的开关二极管，可以用与其主要参数相同的其他型号的开关二极管代换。

（2）更换开关二极管时，应考虑其正向电流、最高反向电压、反向恢复时间等参数。一般高速开关二极管可以代换普通开关二极管，反向击穿电压高的开关二极管可以代换反向击穿电压低的开关二极管。

图 9-38　开关二极管的代换方法

9.8.4 检波二极管的代换方法

检波二极管的代换方法如图 9-39 所示。

检波二极管损坏后，最好选用同型号、同规格的检波二极管更换。如果没有同型号的检波二极管更换时，可以选用半导体材料相同，主要参数相近的检波二极管代换。也可用损坏了一个 PN 结的锗材料高频晶体管代换。

图 9-39　检波二极管的代换方法

9.9 二极管动手检测实践

前面内容主要学习了二极管的基本知识、应用电路、故障判断及检测思路等，本节将主要通过各种二极管的检测实战来讲解二极管的检修方法。

9.9.1 整流二极管动手检测实践

整流二极管主要用在电源供电电路板中，电路板中的整流二极管可以采用开路测量，也可以采用在路测量。

整流二极管开路测量的方法如图 9-40 所示。

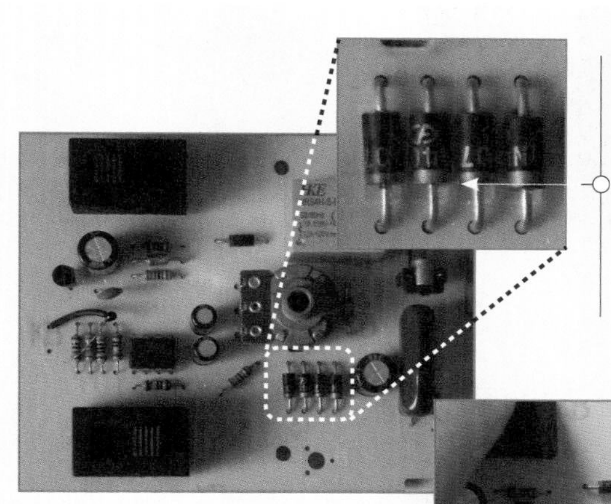

❶ 将待测整流二极管的电源断开，然后对待测整流二极管进行观察，看待测二极管是否损坏，有无烧焦、虚焊等情况。如果有，整流二极管已损坏。

❷ 用一小毛刷清洁整流二极管的两端，去除两端引脚下的污物，以避免因油污的隔离作用而使表笔与引脚间的接触不实影响测量结果。

图 9-40　整流二极管开路测量的方法

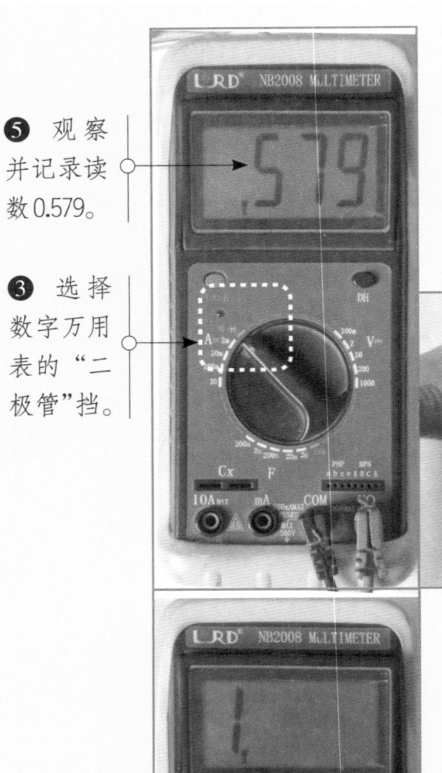
NB2008 MULTIMETER
❺ 观察并记录读数0.579。
❸ 选择数字万用表的"二极管"挡。

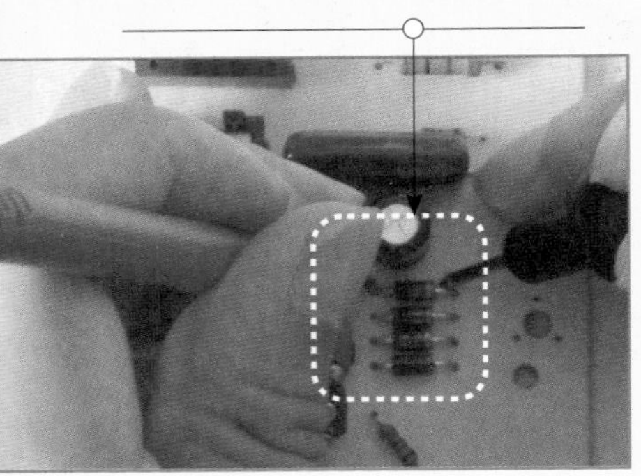
❹ 将数字万用表的红表笔接待测整流二极管正极，黑表笔接待测整流二极管负极。

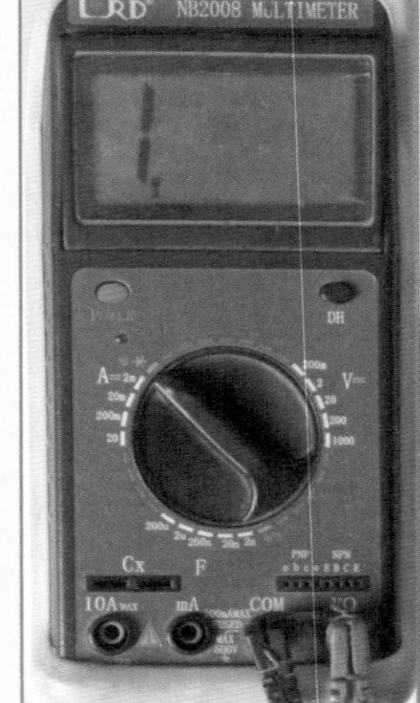
NB2008 MULTIMETER

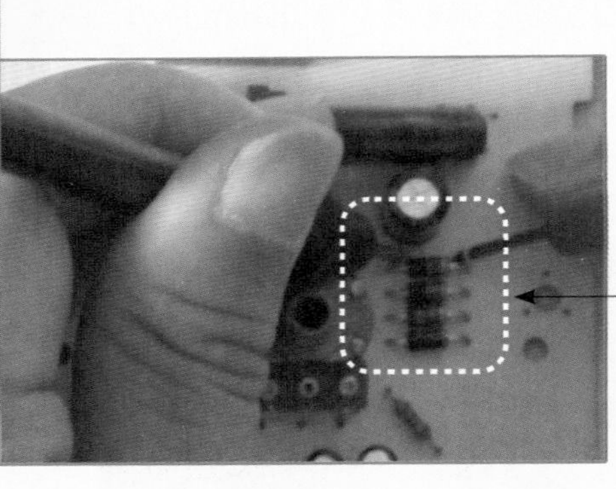
❻ 交换万用表的红表笔继续测量二极管的反向电阻值。

图 9-40　整流二极管开路测量的方法（续）

总结：经检测，待测整流二极管正向电阻为一固定值，反向电阻为无穷大，因此该整流二极管的功能基本正常。

测试分析：如果待测整流二极管的正向阻值和反向阻值均为无穷大，则整流二极管很可能有断路故障。如果测得整流二极管正向阻值和反向阻值都接近于0，则整流二极管已被击穿短路。如果测得整流二极管正向阻值和反向阻值相差不大，则说明整流二极管已经失去了单向导电性或单向导电性不良。

9.9.2 稳压二极管动手检测实践

主板中的稳压二极管主要用在内存供电电路等电路中。主板中的稳压二极管可以采用开路测量，也可以采用在路测量。为了测量准确，通常用指针万用表开路测量。

开路测量主板中的稳压二极管的方法如图 9-41 所示。

❶ 首先将主板的电源断开，然后对稳压二极管进行观察，看待测稳压二极管是否损坏，有无烧焦、虚焊等情况。

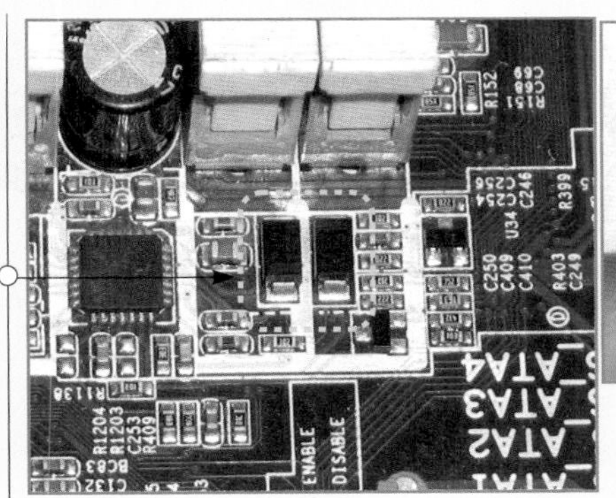

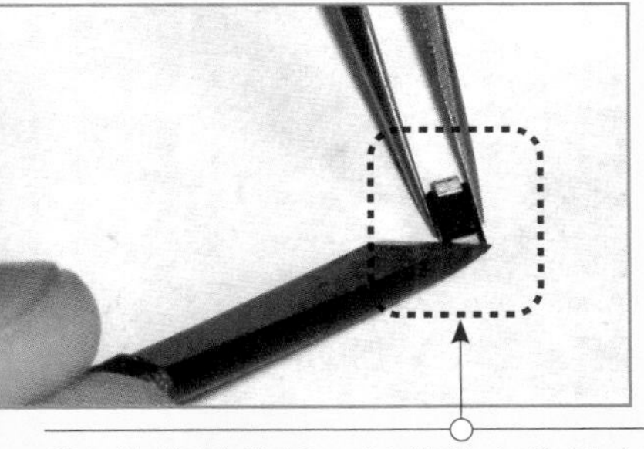

❷ 将待测稳压二极管从电路板上焊下，并清洁稳压二极管的两端，去除两端引脚下的污物，确保测量时的准确性。

❸ 将功能旋钮旋至欧姆挡的 R×1k 挡，然后将万用表的红、黑表笔分别搭在二极管的两个引脚上。

❹ 观察表盘，测得当前二极管的阻值为 6kΩ。

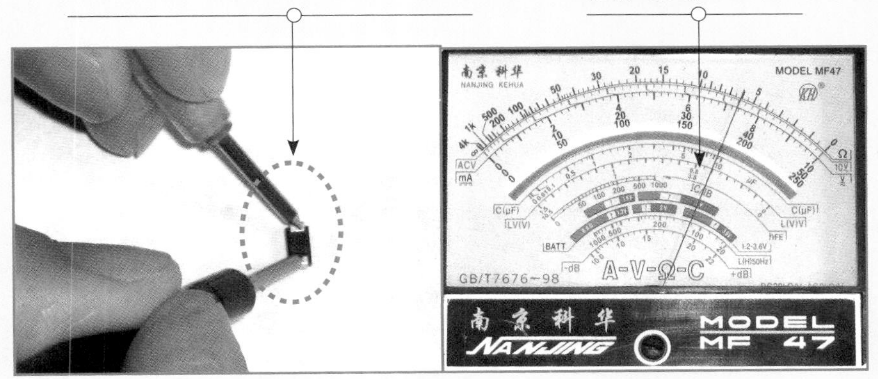

测量分析：由于测量的阻值为一个固定值，因此当前黑表笔（接万用表负极）所检测的一端为二极管的正极，红表笔（接万用表正极）所检测的一端为二极管的负极。

图 9-41　开路测量主板中的稳压二极管的方法

❺ 将万用表的黑表笔接稳压二极管的负极引脚，红表笔接稳压二极管的正极引脚。

❻ 观察测量结果，发现其反向阻值为无穷大。

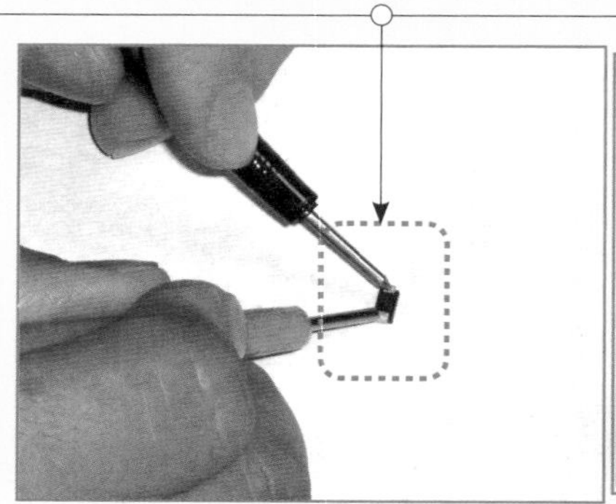

图 9-41　开路测量主板中的稳压二极管的方法（续）

提示： 如果测量的阻值趋于无穷大，则表明当前接黑表笔一端为二极管的负极，红表笔一端为二极管的正极。

总结：由于稳压二极管的正向阻值为一个固定阻值，而反向阻值趋于无穷大，因此可以判断此稳压二极管正常。

提示： 如果测量的正向阻值和反向阻值都趋于无穷大，则稳压二极管有断路故障；如果稳压二极管正向阻值和反向阻值都趋于 0，则稳压二极管被击穿短路；如果稳压二极管正向阻值和反向阻值都很小，可以断定该二极管已被击穿；如果稳压二极管正向阻值和反向阻值相差不大，则说明稳压二极管失去单向导电性或单向导性不良。

9.9.3 开关二极管动手检测实践

电路中的开关二极管可以采用开路测量，也可以采用在路测量。为了测量准确，通常用指针万用表开路进行测量。

电路中的开关二极管检测方法如图 9-42 所示。

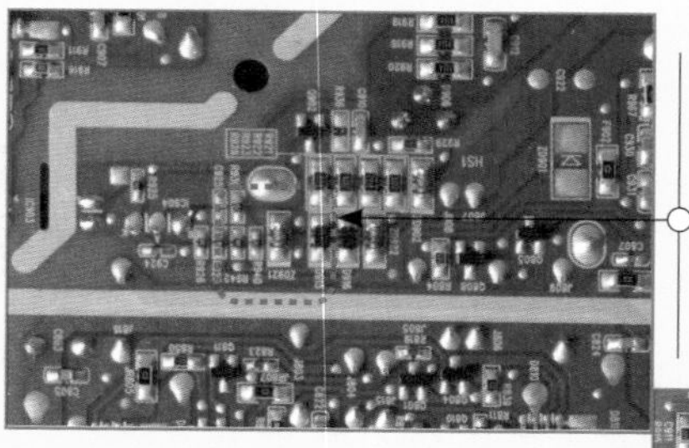

❶ 首先将待测开关二极管的电源断开，然后对待测开关二极管进行观察，看待测开关二极管是否损坏，有无烧焦、虚焊等情况。

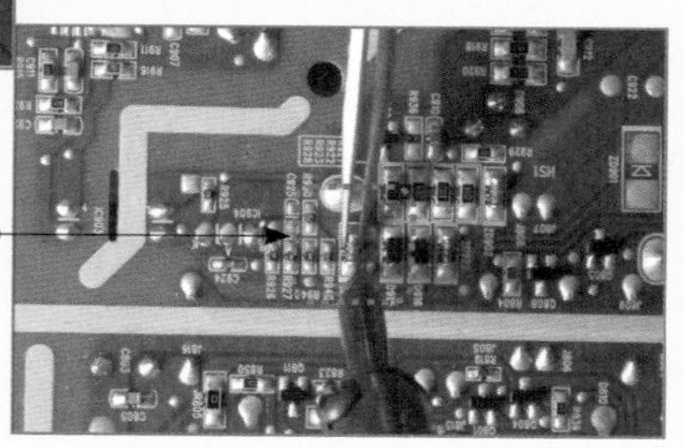

❷ 用电烙铁将待测开关二极管焊下来，此时需用小镊子夹持着开关二极管，以避免被电烙铁传来的热量烫伤。

图 9-42　电路中的开关二极管检测方法

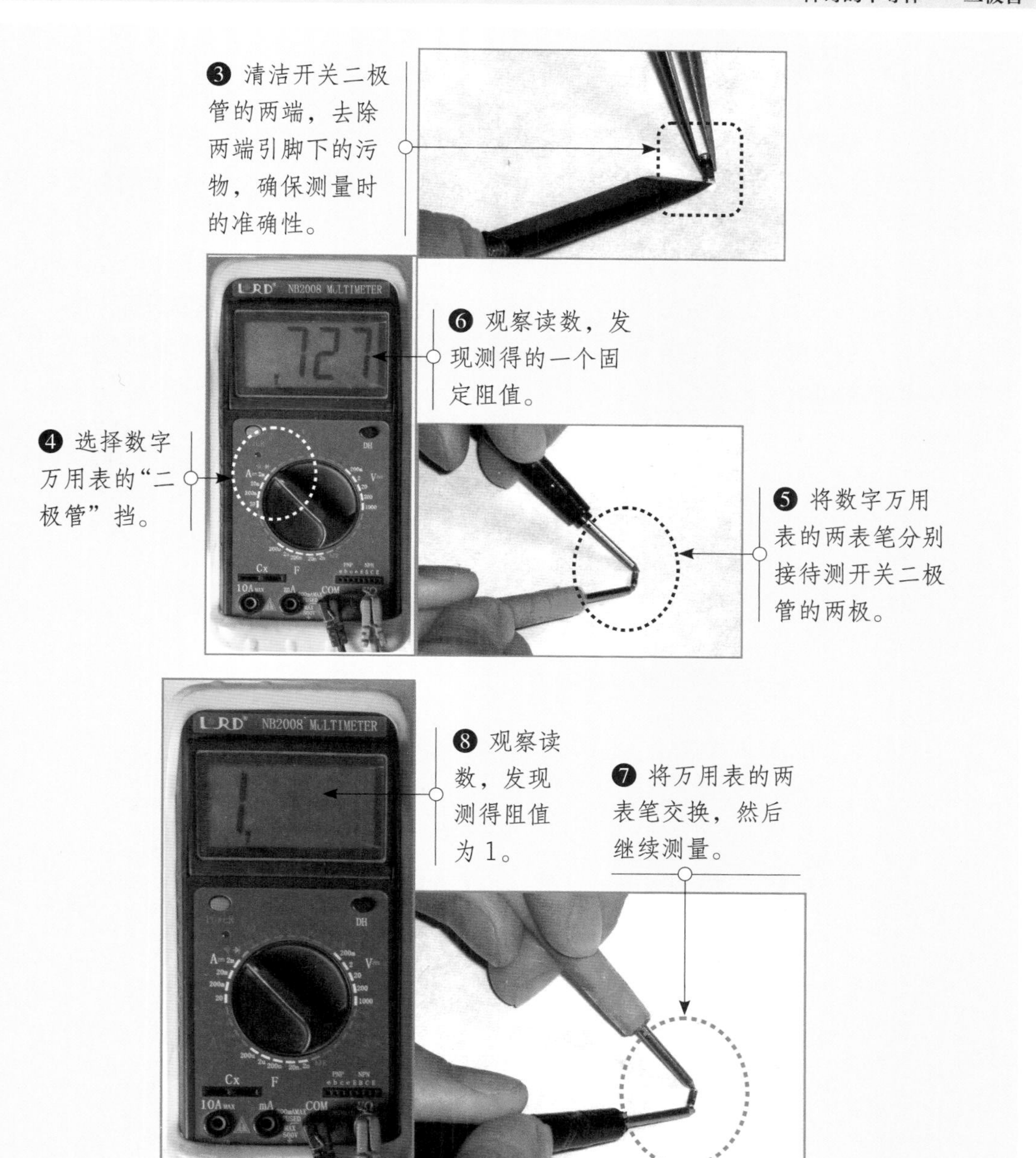

❸ 清洁开关二极管的两端，去除两端引脚下的污物，确保测量时的准确性。
NB2008 MULTIMETER
❻ 观察读数，发现测得的一个固定阻值。
❹ 选择数字万用表的“二极管”挡。
❺ 将数字万用表的两表笔分别接待测开关二极管的两极。
NB2008 MULTIMETER
❽ 观察读数，发现测得阻值为1。
❼ 将万用表的两表笔交换，然后继续测量。

图 9-42　电路中的开关二极管检测方法（续）

总结：两次检测中出现固定阻值的那一次的接法即为正向接法（红表笔所接的为万用表的正极），经检测待测开关二极管正向电阻为一固定电阻值，反向电阻为无穷大（1）。因此该开关二极管的功能基本正常。

提示：如果待测开关二极管的正向阻值和反向阻值均为无穷大，则二极管很可能有断路故障。如果测得开关二极管正向阻值和反向阻值都接近于0，则二极管已被击穿。如果测得开关二极管正向阻值和反向阻值相差不大，则说明二极管已经失去了单向导电性或单向导电性不良。

9.9.4 二极管检测经验总结

经验一：用指针万用表检测二极管的好坏，应注意指针的偏转幅度。如果二次检测中，指针都有较大幅度偏转，接近右端0处，表明二极管击穿短路；如果二次检测中，指针都没有偏转，表明开路。

经验二：用数字表检测二极管的好坏时，如果正反向二次检测中，显示屏显示数均小，数字表有蜂鸣叫声，表明二极管击穿短路；如果均无显示（只显示1），表明二极管开路。

经验三：用万用表测量二极管的阻值时，如果测量的正向阻值和反向阻值都趋于无穷大，则二极管有断路故障。

第 10 章 神奇的半导体——三极管

三极管是电流放大器件，它可以把微弱的电信号变成一定强度的信号，因此在电路中被广泛应用。要掌握三极管的维修检测方法，首先要掌握各种三极管的构造、特性、参数、标注规则等基本知识，然后还需掌握三极管在电路中的应用特点、三极管好坏检测和代换方法等内容，本章将重点讲解这些内容。

10.1 三极管的结构和原理

三极管是一种半导体器件，它既可以用作电控制的开关，也可以用作放大器。三极管的优点是以类似水龙头控制水流的方式控制电流，利用加在三极管一个控制端的小电压或小电流可以控制通过三极管另两端的大电流。三极管经常用于开关电路、放大器电路等电路中。图 10-1 所示为电路中常见的三极管。

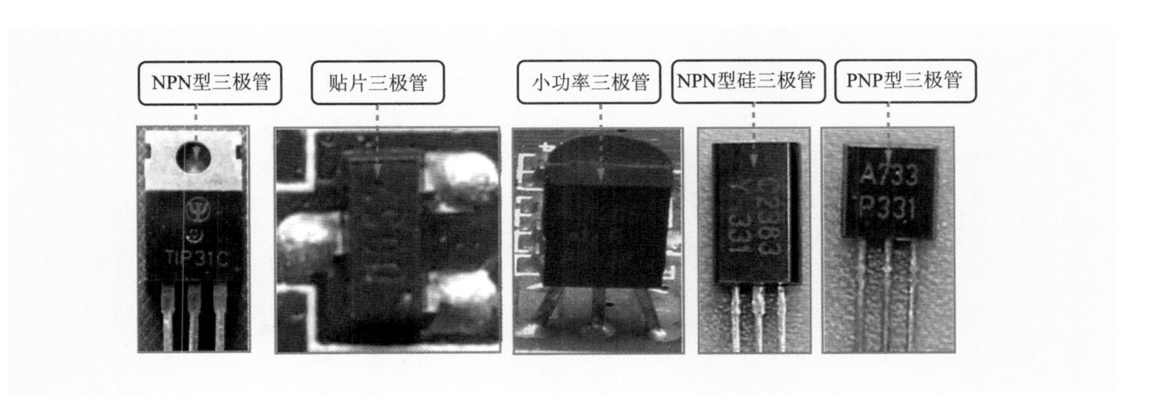

图 10-1 电路中常见的三极管

10.1.1 三极管的结构

三极管是在半导体锗或硅的单晶上制备两个能相互影响的 PN 结，两个 PN 结把整块半导体分成三部分，组成一个 PNP（或 NPN）结构。中间的 N 区（或 P 区）是基区，两边的区域是发射区和集电区，这三部分各有一条电极引线，分别叫基极 B、发射极 E 和集电极 C。根据排列方式三极管有 PNP 和 NPN 两种，图 10-2 所示为三极管结构示意图和电路符号。

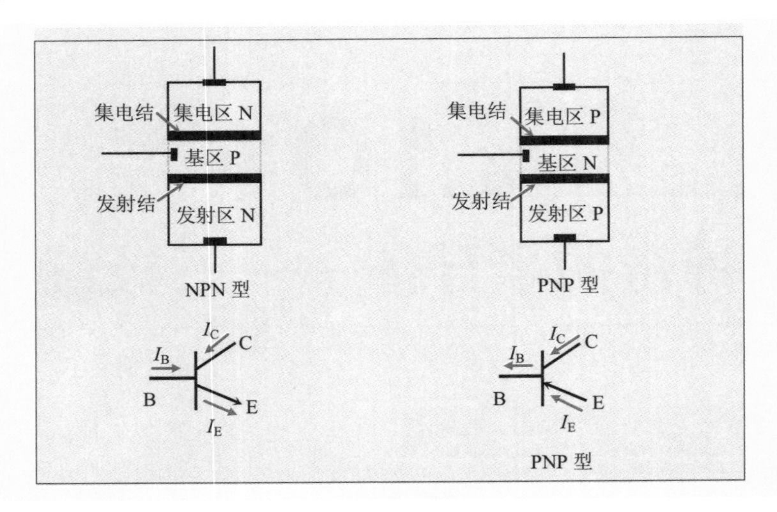

图 10-2　三极管结构示意及电路符号

10.1.2 三极管的工作原理

三极管是如何工作呢？图 10-3 所示为一个 NPN 型三极管的工作原理。

（2）当 NPN 三极管 B 极输入一个正电压，如图（b）所示，由于电场作用，E 极 N 区负电子被 B 极 P 区正电子吸引出来涌向（扩散）到基区，因为基区做得很薄，所以只有一部分负电子与正电子碰撞（复合）产生基极电流，另一部分负电子则在集电结附近聚集，由于电场作用聚集在集电结的负电子穿过（漂移）集电结，到达集电区后与聚集在 C 极（N 型半导体端）的正电子碰撞产生集电极电流。

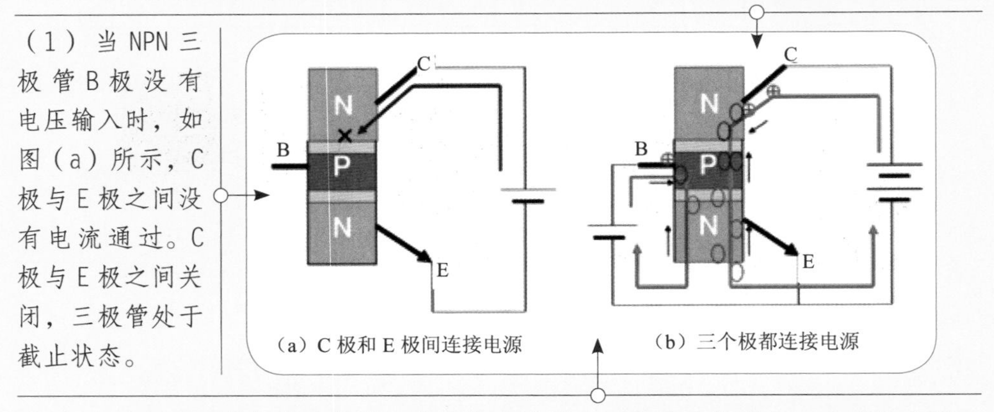

（3）由此可见，基极电流越大，集电极电流越大，即集电极输入一个小的电流，集电极就可以得到一个大的电流，三极管此刻处于放大状态。

（4）需要注意的是，当基极电流到达一定程度，集电极电流不再升高。这时三极管失去电流放大作用，集电极和发射极之间的电压很小，集电极和发射极之间相当于开关的导通状态，此刻三极管处于饱和状态。

图 10-3　NPN 型三极管的工作原理

PNP 型三极管的工作原理如图 10-4 所示。

（2）当 PNP 型三极管 B 极输入一个负电压，如图（b）所示，由于电场作用，E 极 P 区正电子被 B 极 N 区负电子吸引出来涌向（扩散）到基区，因为基区做得很薄，所以只有一部分负电子与正电子碰撞（复合）产生基极电流，另一部分正电子则在集电结附近聚集，由于电场作用聚集在集电结的正电子穿过（漂移）集电结，到达集电区后与聚集在 C 极（P 型半导体端）的负电子碰撞产生集电极电流。

（1）当 PNP 型三极管 B 极没有电压输入时，如图（a）所示，C 极与 E 极之间没有电流通过。C 极与 E 极之间关闭，三极管处于截止状态。

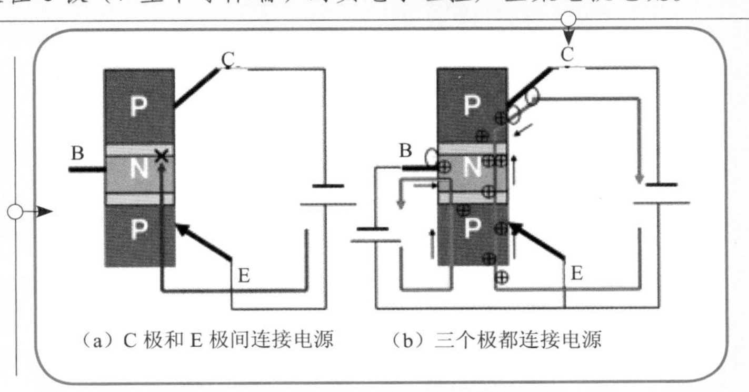

（a）C 极和 E 极间连接电源　（b）三个极都连接电源

图 10-4　PNP 型三极管的工作原理

注意以下两点：

（1）对于一个 NPN 型三极管，无论基极电压多大，集电极 C 的电压必须比发射极 E 大零点几伏；否则，电流将不能通过集电极与发射极。而对于 PNP 型三极管，发射极电压必须比集电极电压大零点几伏。

（2）对于一个 NPN 型三极管，基极 B 和发射极 C 之间有一个 0.6V 的压降。而对于 PNP 型三极管，基极 B 和发射极 C 之间有一个 0.6V 的电压升。在操作上这意味着对于 NPN 型三极管，基极电压要比发射极电压至少高 0.6V；否则，三极管将不能通过集电极－发射极电流。对于 PNP 型三极管，基极电压要比发射极电压至少小 0.6V，否则，它将不能通过发射极－集电极电流。

10.2 三极管的特性和作用

电流放大特性是三极管最基本也最重要的特性，所有三极管的具体应用都是围绕这个特性展开的；本节中我们会先向读者介绍三极管在电路中的接法，这是三极管电路分析的基础，然后重点讲解三极管的电流放大原理及三种工作状态。

10.2.1 三极管的接法及电流分配

在对三极管的电流放大作用进行讲解之前，首先了解一下三极管在电路中的接法，以及各电极上电流的分配。下面以 NPN 型三极管为例进行介绍，图 10-5 所示为一个三极管各电极电流分配示意图。

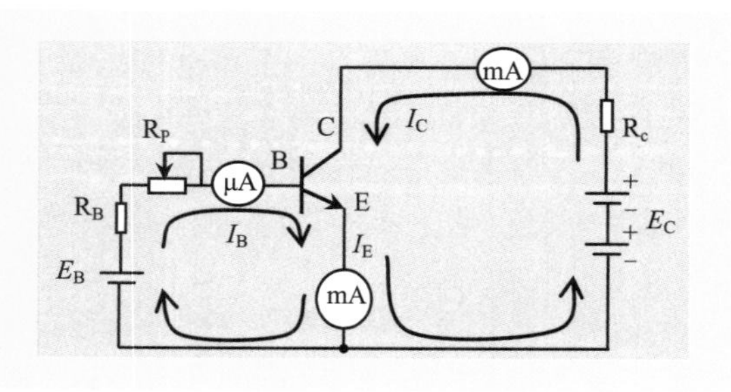

图 10-5　三极管各电极电流分配示意

在图 10-5 中，电源 E_C 给三极管集电结提供反向电压，电源 E_B 给三极管发射结提供正向电压。电路接通后，就有三支电流流过三极管，即基极电流 I_B、集电极电流 I_C 和发射极电流 I_E。其中三支电流的关系为：$I_E = I_B+I_C$，这对 PNP 型三极管同样适用。这个关系符合节点电流定律：流入某节点的电流之和等于流出该节点电流之和。

注意：PNP 型三极管的电流方向刚好和 NPN 型三极管的电流方向相反。

10.2.2 三极管的电流放大作用

对于三极管来说，在电路中最重要的特性就是对电流的放大作用。如图 10-5 所示，通过调节可变电阻 R_P 的阻值，可以改变基极电压的大小，从而影响基极电流 I_B 的大小。三极管具有一个特殊的调节功能，即使 $I_C / I_B \approx \beta$，β 为三极管一固定常数（绝大多数三极管的 β 值为 50 ~ 150），也就是通过调节 I_B 的大小可以调节 I_C 的变化，进一步得到对发射极电流 I_E 的调控。

需要补充的是，为使三极管放大电路能够正常工作，需要为三极管加上合适的工作电压。对于图 10-5 中 NPN 型三极管而言，要使图中的 $U_B > U_E$、$U_C > U_B$，这样电流才能正常流通。假使 $U_B > U_C$，那么 I_C 就要掉头了。

综上可知，三极管的电流放大作用，实质上是一种以小电流操控大电流的作用，并不是一种使能量无端放大的过程，该过程遵循能量守恒。

10.2.3 三极管的 3 种工作状态

图 10-6 所示为三极管的典型输出特性曲线，该特性曲线描述了基极电流 I_B 和发射极到集电极的电压 U_{EC} 对发射极电流 I_E 或集电极电流 I_C 的影响。由图可见，三极管的特性曲线分为截止、饱和、放大三个区域。

（1）截止区。I_B=0 的特性曲线以下区域称为截止区。在此区域中，集电结处于反偏，$U_{BE} \leqslant 0$，发射结反偏或零偏，即 $U_C > U_E \geqslant U_B$。电流 I_C 很小（等于反向穿透电流 I_{CEO}）。工作在截止区时，三极管在电路中像一个断开的开关，在这种工作状态下只有很小的泄漏电流流过。

（2）饱和区。特性曲线靠近纵轴的区域是饱和区。当 $U_{CE} < U_{BE}$ 时，发射结、集电结均处于正偏，即 $U_B > U_C > U_E$。在饱和区 I_B 增大，I_C 几乎不再增大，三极管失去放大作用。规定 U_{CE}=U_{BE} 时的状态称为临界饱和状态。此时，三极管集电极与发射极间的电压称为集－射饱和压降，用 U_{CES} 表示。U_{CES} 很小，通常中小功率硅管 U_{CES} < 0.5V，硅管 U_{CES} 在 0.8V 左右。工作在饱和区时，三极管的集电极电流达到最大，三极管像一个从集电极到发射极闭合的开关。

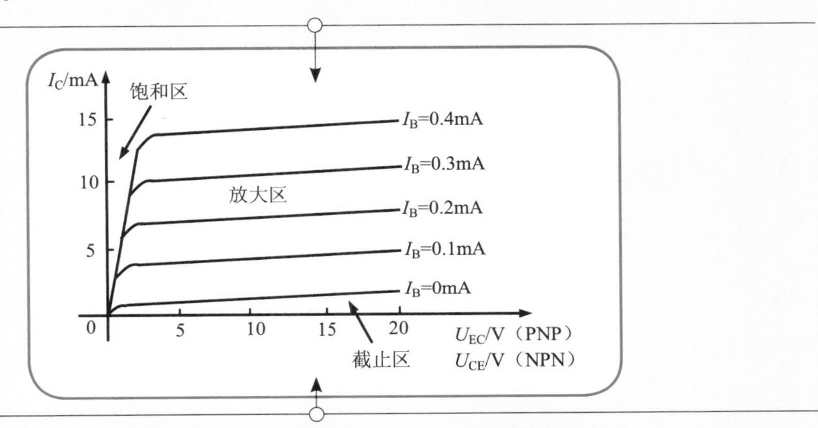

（3）放大区。在截止区以上，介于饱和区与截止区之间的区域为放大区。在此区域内，特性曲线近似于一簇平行等距的水平线，I_C 的变化量与 I_B 的变化量基本保持线性关系，即在此区域内，三极管具有电流放大作用。此外，集电极电压对集电极电流的控制作用也很弱，当 U_{CE} > 1V 后，即使再增加 U_{CE}，I_C 几乎不再增加，此时，若 I_B 不变，则三极管可以看作一个恒流源。在放大区，三极管的发射结处于正向偏置状态，集电结处于反向偏置状态。

图 10-6　三极管的三种工作状态

10.3 三极管的符号及主要指标

在具体的电路实践中，通过三极管的图形符号及参数指标来判断三极管的特性和在电路中发挥的作用，对于我们快速高效地分析电路原理，找到故障原因非常有用。

10.3.1 三极管的图形符号

三极管是电子电路中最常用的电子元器件之一，一般三极管用“Q”或“VT”文字符号表示。三极管的电路图形符号如图 10-7 所示。

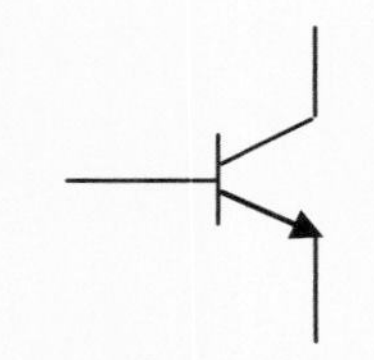

(a) 新 NPN 型晶体管电路符号

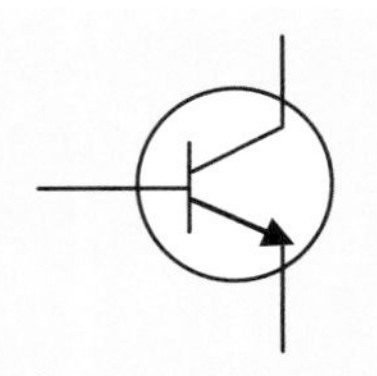

(b) 旧 NPN 型晶体管电路符号

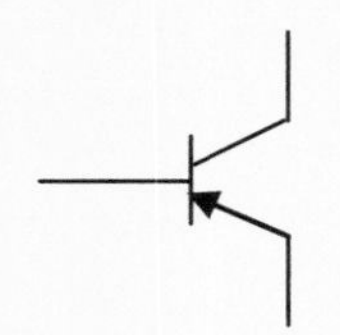

(c) 新 PNP 型晶体管电路符号

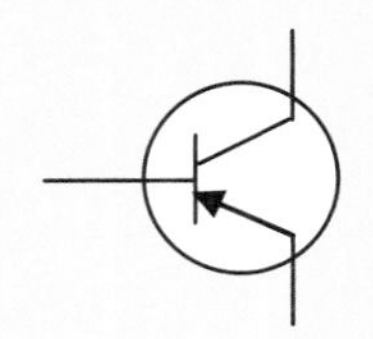

(d) 旧 PNP 型晶体管电路符号

图 10-7 三极管的图形符号

10.3.2 三极管的主要指标

三极管的主要指标如表 10-1 所示。

表 10-1 三极管的主要指标

指标名称	说明
共射放大系数（β）	共射放大系数（β）指共射极电路中，三极管对直流电的放大能力。β 值越大，三极管的放大能力越大，由于制作工艺的限制，β 值不可能无限制地做大，β 值越大三极管的稳定性越难控制。通常情况下，三极管的 β 值为 50 ~ 150
集－射击穿电压（U_{CEO}）	集－射击穿电压（U_{CEO}）是指基极开路，集电极与发射极间在指定条件下所能承受的最高反向耐压。如果工作电压因故障反向升高超过此电压，三极管将有被击穿的危险
集电极最大允许耗散功率（P_{CM}）	集电极最大允许耗散功率（P_{CM}）是指三极管因受热而引起的参数变化不超过规定允许值时，集电极所消耗的最大功率。可用增加散热片的方法提高三极管功率
集电极最大允许电流（I_{CM}）	在集电极允许耗散功率（I_{CM}）的范围内，能连续通过发射极的直流电流的最大值，为集电极最大允许电流。

10.4 三极管的分类

三极管的种类很多，具体分类方法如下：

按照制造材料分，可分为硅三极管和锗三极管。

按照导电类型分，可分为 NPN 型和 PNP 型。其中，硅三极管多为 NPN 型，锗三极管多为 PNP 型。

按照工作频率分，可分为低频三极管和高频三极管。一般低频三极管用于处理频率在 3MHz 以下的电路中，而高频三极管的工作频率可达到几百兆赫。

按照三极管消耗功率的大小分，可分为小功率管和大功率管。一般小功率管的额定功耗在 1W 以下，而大功率管的额定功耗可达几十瓦以上。

按照功能分，可将三极管分为开关管、功率管、达林顿管、光敏管等。

接下来，我们介绍一些常见的三极管。

10.4.1 NPN 型三极管

NPN 型三极管内部结构的图形符号及 NPN 型三极管的外形如图 10-8 所示。

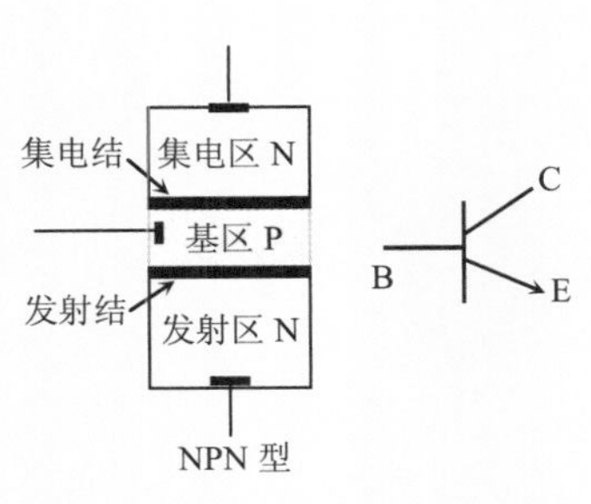

(a) NPN型晶体管内部结构的图形符号

NPN 型三极管用一个小的输入电流和正向电压在基极控制非常大的集电极－发射极电流。
20N60C3
CJ439
TOSHIBA
K2746
538

(b) NPN型三极管的外形

图 10-8　NPN 型三极管

10.4.2 PNP 型三极管

PNP 型三极管内部结构的图形符号如图 10-9（a）所示，PNP 型三极管的外形如图 10-9（b）所示。

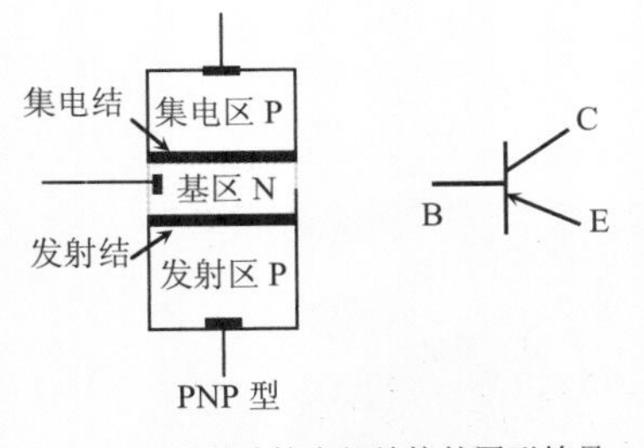

(a) PNP型晶体管内部结构的图形符号

PNP 型三极管用一个小的基极输出电流和基极负电压来控制非常大的发射极－集电极电流。
S9015
C 118

(b) PNP型晶体管的外形

图 10-9　PNP 型三极管内部结构和外形

10.4.3 低频小功率三极管

低频小功率三极管多用于低频放大电路，如收音机的功放电路，其外形如图 10-10 所示。

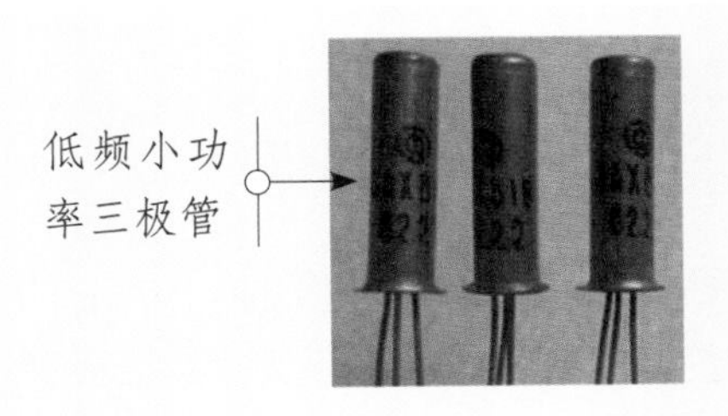

图 10-10　低频小功率三极管

10.4.4 高频三极管

高频三极管的工作频率很高，通常采用金属壳封装，金属外壳可以起到屏蔽作用。图 10-11 所示为常见的高频三极管。

图 10-11　高频三极管

10.4.5 开关三极管

开关三极管工作在截止区和饱和区，相当于电路的关断和导通。开关三极管具有完成断路和接通的作用，被广泛应用于开关电路中，用来控制电路的开启或关闭。开关三极管的外形如图 10-12 所示。

开关三极管突出的优点是开关速度快、体积小、可以用很小的电流控制很大的电流通/断，这大大提高了操作的安全性。

图 10-12　开关三极管

10.4.6 光敏三极管

光敏三极管和普通三极管相似，也有电流放大作用，只是它的集电极电流不仅受基极电路和电流控制，同时也受光辐射的控制。图 10-13 所示为光敏三极管外形。

光敏三极管通常基极不引出，但一些光敏三极管的基极有引出，用于温度补偿和附加控制等作用。

图 10-13　光敏三极管

10.5 三极管常见故障诊断

三极管的损坏，主要是指其 PN 结的损坏。按照三极管工作状态的不同，造成三极管损坏的具体情况是：工作于正向偏置的 PN 结，一般为过电流损坏，不会发生击穿；而工作于反向偏置的 PN 结，当反偏电压过高时，将会使 PN 结因过电压而击穿。

三极管在工作时，电压过高、电流过大都会令其损坏。而在电路板上只能通过万用表测量阻值或者测量直流电压的方法来判断是否击穿或开路。

通过测量三极管各引脚电阻值诊断故障的方法如图 10-14 所示。

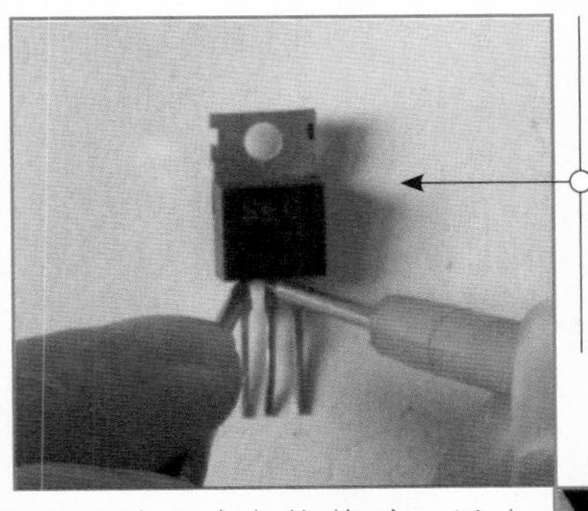

（1）利用三极管内 PN 结的单向导电性，检查各极间 PN 结的正、反向电阻值，如果相差较大，说明管子是好的。如果正、反向电阻值都大，说明管子内部有断路或者 PN 结性能不好。如果正、反向电阻都小，说明管子极间短路或者击穿了。

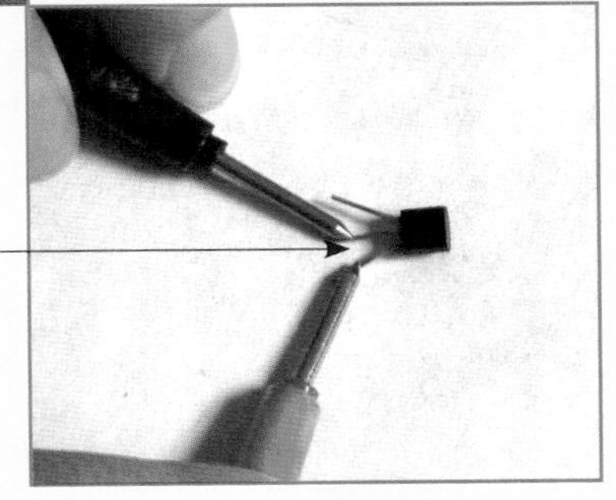

（2）测量 PNP 型小功率锗管时，用万用表 R×100 挡测量，将红表笔接集电极，黑表笔接发射极，相当于测量三极管集电结承受反向电压时的阻值，高频管读数应在 50kΩ 以上，低频管读数应在几千到几十千欧姆内，测量 NPN 型锗管时，表笔极性相反。

图 10-14　测量各种三极管的阻值

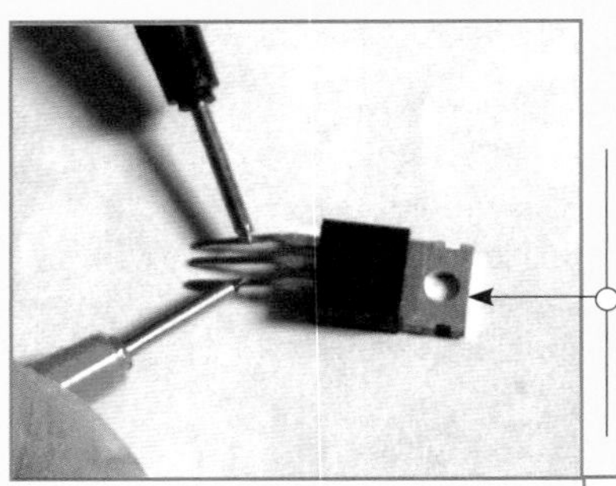

(3) 测量 NPN 型小功率硅管时，用万用表 R×1k 挡测量，将负表笔接集电极，正表笔接发射极，由于硅管的穿透电流很小，阻值应在几百千欧姆以上，一般表针不动或者微动。

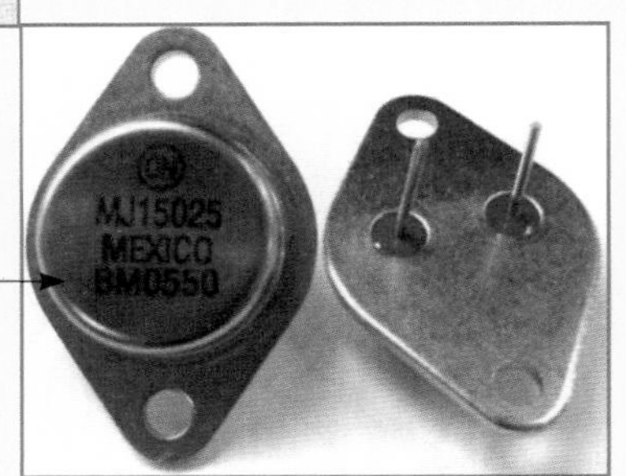

(4) 测量大功率三极管时，由于 PN 结大，一般穿透电流值较大，用万用表 R×10 挡测量集电极与发射极间反向电阻，阻值应在几百欧姆以上。

图 10-14 测量各种三极管的阻值（续）

诊断方法：如果测得阻值偏小，说明管子穿透电流过大。如果测试过程中表针缓缓向低阻方向摆动，说明管子工作不稳定。如果用手捏管壳，阻值减小很多，说明管子热稳定性很差。

10.6 三极管检测与代换方法

三极管在实践中发挥着非常重要的作用，使用也比较广泛，因此其故障发生率也是所有电子元器件中较高的，检测代换是经常用到的维修策略，掌握三极管的检修方法和代换原则可以快速高效地处理三极管的故障。

10.6.1 识别三极管的材质

由于硅三极管的 PN 结压降约为 0.7V，而锗三极管的 PN 结压降约为 0.3V，所以可以通过测量 b-e 结正向电阻的方法来区分锗管和硅管。

1. 识别 PNP 型三极管的材料

识别 PNP 型三极管为锗管还是硅管的方法如图 10-15 所示。

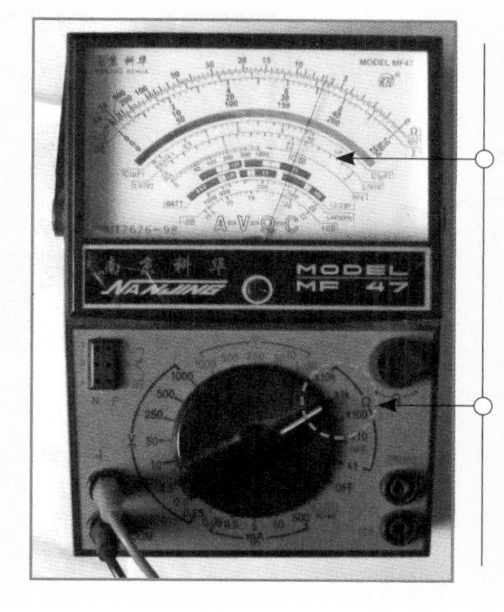

用指针万用表欧姆挡的R×1k挡测量，将红表笔接基极b，黑表笔接发射极e，然后观察测量的电阻值。如果测量的电阻值小于1kΩ，则三极管为锗管；如果测量的电阻值为5～10kΩ，则三极管为硅管。

图 10-15　识别 PNP 型三极管为锗管还是硅管的方法

2．识别 NPN 型三极管的材料

识别 NPN 型三极管为锗管还是硅管的方法如图 10-16 所示。

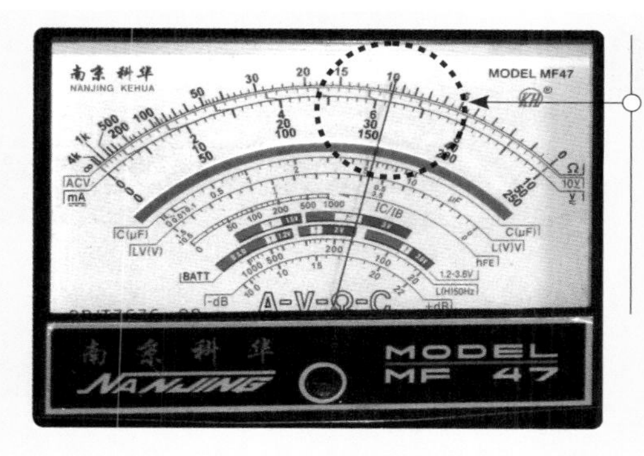

用指针万用表欧姆挡的R×1k挡测量，将红表笔接基极e，黑表笔接发射极b，然后观察测量的电阻值。如果测量的电阻值小于1kΩ，则三极管为锗管；如果测量的电阻值为5～10kΩ，则三极管为硅管。

图 10-16　识别 NPN 型三极管为锗管还是硅管的方法

10.6.2　PNP 型三极管的检测方法

PNP 型三极管的测量方法如图 10-17 所示。

提示： 黑表笔接三极管的B极，红表笔接C极，测量的为集电结的反向电阻。将红黑表笔反过来测量的为集电结的正向电阻。

黑表笔接三极管的B极，红表笔接E极，测量的为发射结的反向电阻。将红黑表笔反过来测量的为发射结的正向电阻。

方法：用指针万用表的R×1k挡，分别测量三极管集电结的反向电阻、正向电阻和发射结的反向电阻、正向电阻。

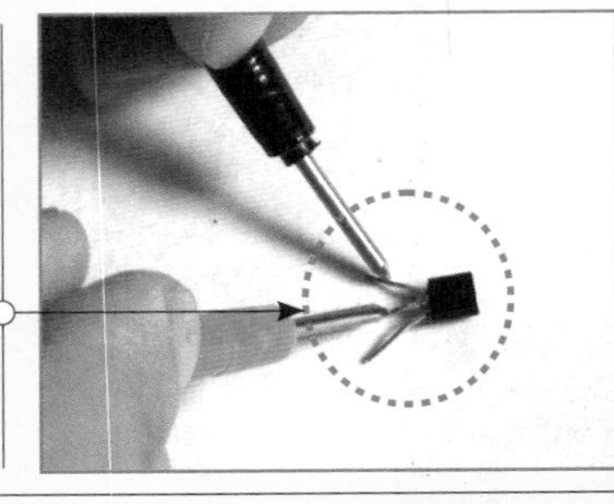

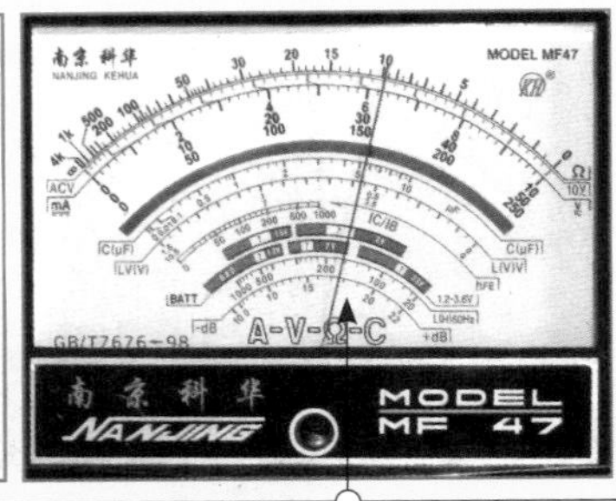

判断：将集电结和发射结的正、反向电阻进行比较。如果集电结、发射结的反向电阻小于正向电阻，且集电结和发射结的正向电阻相等，则该PNP型三极管正常。

图 10-17　测量PNP型三极管好坏的方法

10.6.3 NPN型三极管的检测方法

NPN型三极管的测量方法如图10-18所示。

方法：用指针万用表的R×1k挡，分别测量三极管集电结的反向电阻、正向电阻和发射结的反向电阻、正向电阻。

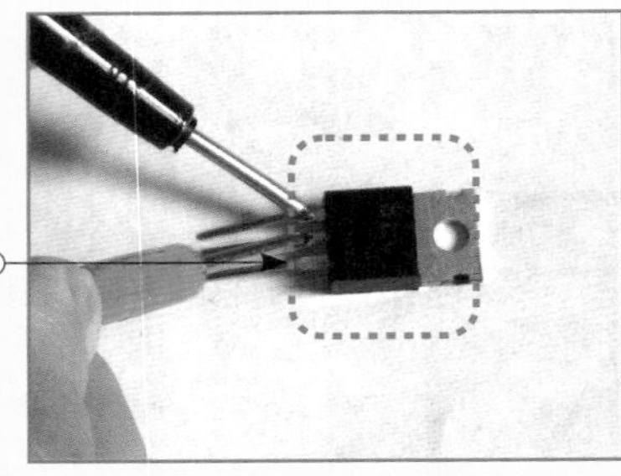

判断：将集电结和发射结的正、反向电阻进行比较。如果集电结、发射结的反向电阻大于正向电阻，且集电结和发射结的正向电阻相等，则该NPN型三极管正常。

图 10-18　NPN型三极管的测量方法

10.6.4 三极管的代换方法

三极管的代换方法如图10-19所示。

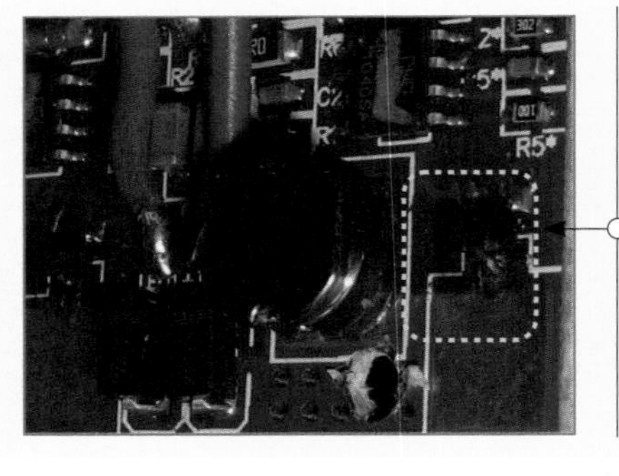

三极管损坏后，最好选用同类型（材料相同、极性相同）、同特性（参数值和特性曲线相近）、同外形的三极管替换。如果没有同型号的三极管，则应选用耗散功率、最大集电极电流、最高反向电压、频率特性、电流放大系数等参数相同的三极管代换。

图 10-19　三极管的代换方法

10.7 三极管动手检测实践

前面内容主要学习了三极管的基本知识、特性和作用、故障判断以及检测思路等，本节将主要通过各种三极管的检测实战来讲解三极管的检修方法。

10.7.1 区分 NPN 型和 PNP 型三极管动手检测实践

区分 NPN 型三极管和 PNP 型三极管的方法如图 10-20 所示。

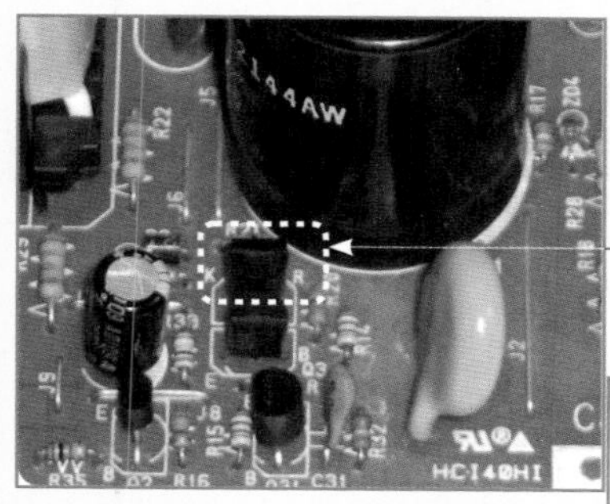

❶ 首先将电路板的电源断开，然后对三极管进行观察，看待测三极管是否损坏，有无烧焦、有无虚焊等情况。

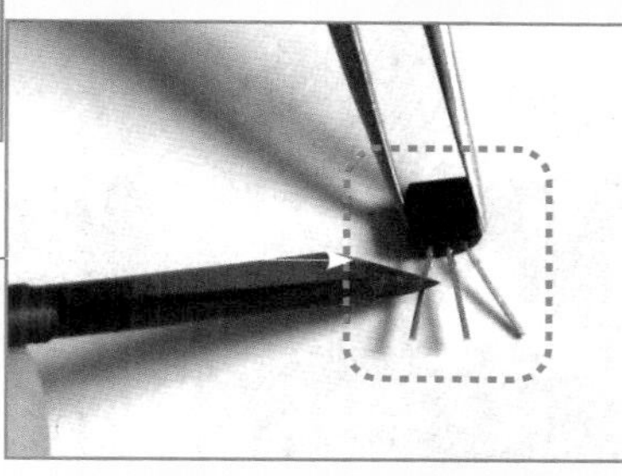

❷ 将待测三极管从电路板上卸下，并清洁三极管的引脚，去除引脚上的污物，确保测量时的准确性。

❸ 选用欧姆挡的 R×1k 挡，然后将指针万用表的黑表笔接在三极管某一只引脚上不动，红表笔接另外任一只引脚。

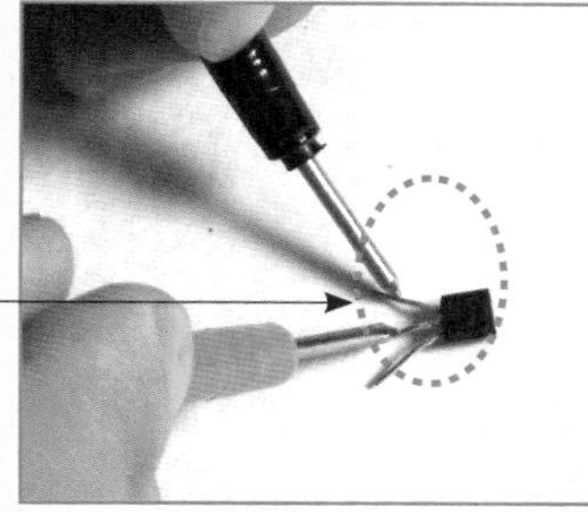

❹ 观察表盘，测得的电阻值为 10kΩ。

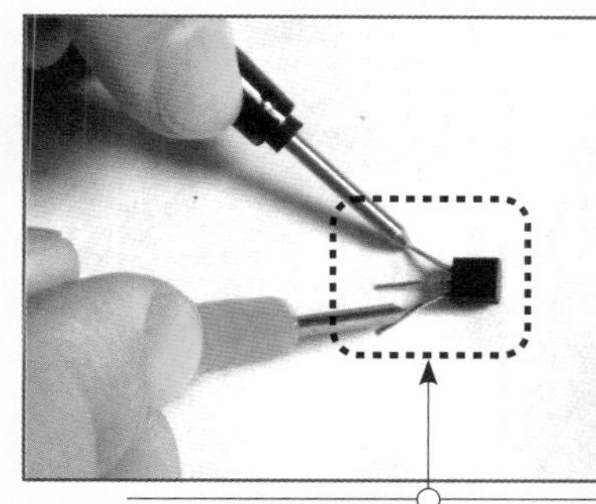

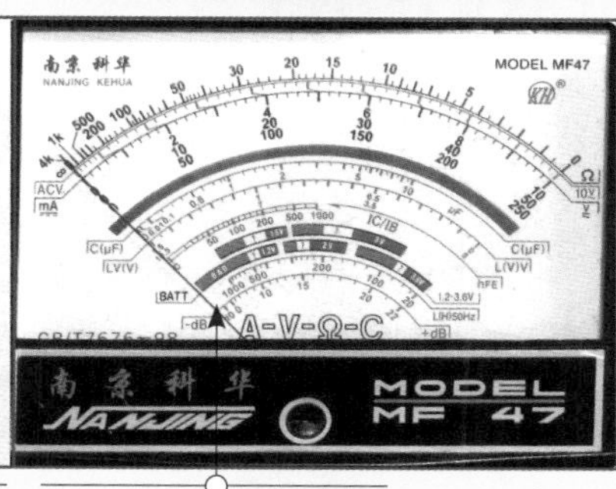

❺ 黑表笔不动，红表笔接第三个引脚测量。

❻ 观察表盘，测量的电阻值为无穷大。

图 10-20　区分 NPN 型三极管和 PNP 型三极管的方法

❼ 由于两次测量的电阻值，一个大一个小，因此需要重新测量。将万用表的黑表笔换到其他引脚上，将红表笔接另外两个引脚中的任一个。

❽ 观察表盘，测量的电阻值为无穷大。

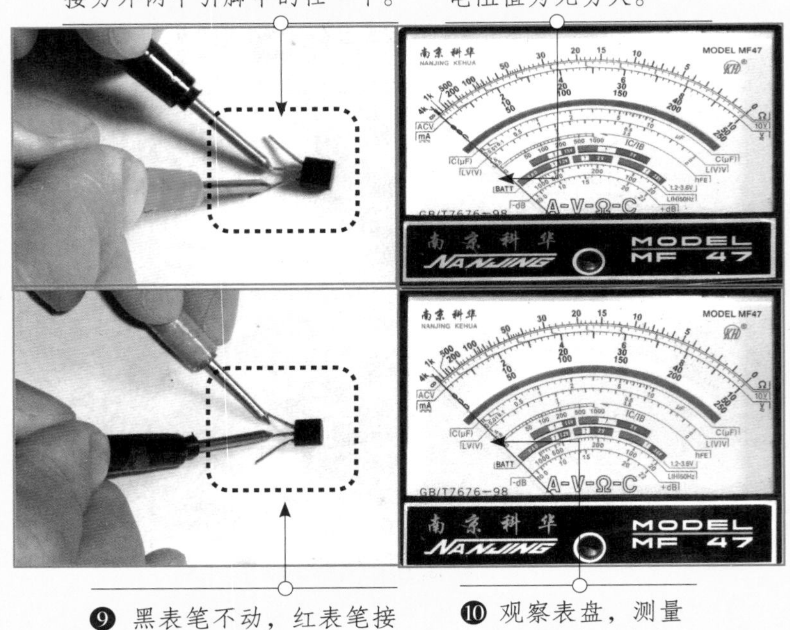

❾ 黑表笔不动，红表笔接第三个引脚测量。

❿ 观察表盘，测量的电阻值为无穷大。

图 10-20　区分 NPN 型三极管和 PNP 型三极管的方法（续）

总结：由于两次测量的电阻值都很大，因此可以判断此三极管为 PNP 型三极管，且黑表笔接的引脚为三极管的基极。

提示：如果在二次测量中，万用表测量的电阻值都很小，则该三极管为 NPN 型三极管，且黑表笔接的电极为基极（B 极）。

10.7.2 用指针万用表判断 NPN 型三极管极性动手检测实践

判断 NPN 型三极管的集电极和发射极的方法如图 10-21 所示。

总结：在两次测量中，指针偏转量最大的一次（电阻值为“150k”的一次），黑表笔接的是集电极，红表笔接的是发射极。

❶ 将万用表功能旋钮置于 R×10k 挡并调零，然后将万用表的红、黑表笔分别接三极管基极外的两个引脚，并用一只手指将基极与黑表笔相接触。

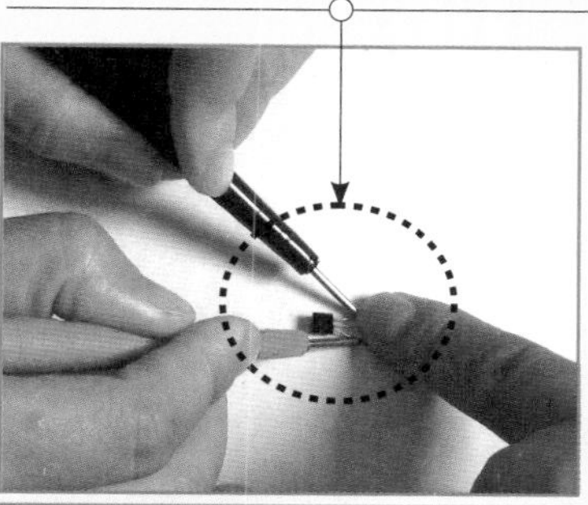

❷ 观察表盘，测得电阻值为“150k”。

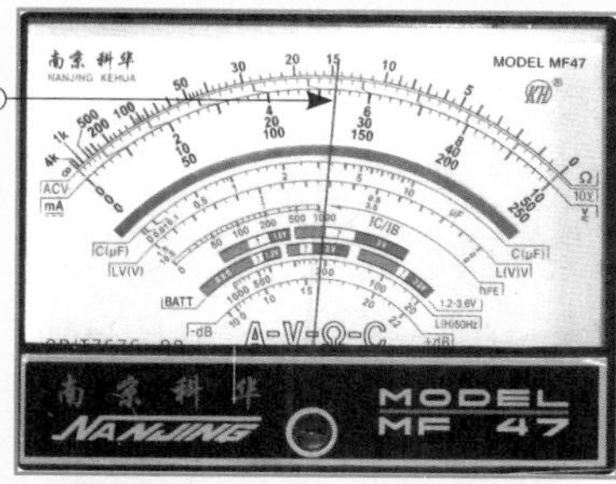

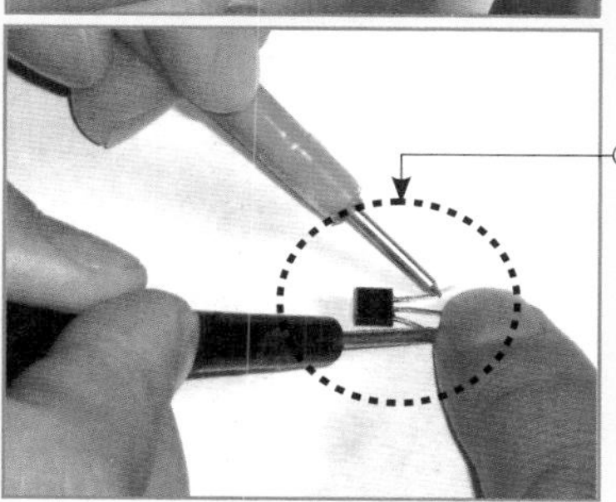

❸ 将红、黑表笔交换再重测一次，同样用一只手指将基极与黑表笔相接触。

❹ 观察表盘，发现测得的电阻值为“180k”。

图 10-21　判断 NPN 型三极管的集电极和发射极的方法

10.7.3 用指针万用表判断 PNP 型三极管极性动手检测实践

判断 PNP 型三极管的集电极和发射极的方法如图 10-22 所示。

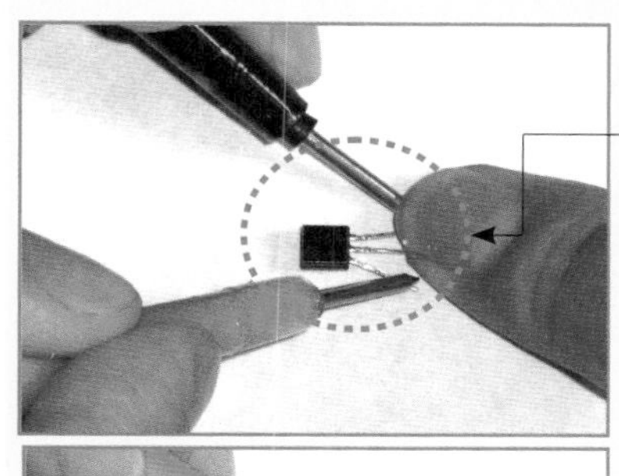

❶ 将万用表的红、黑表笔分别接三极管基极外的两个引脚，并用一只手指将基极与黑表笔相接触。

❷ 观察表盘，测得电阻值为“500k”。

❸ 将红、黑表笔交换再重测一次，同样用一只手指将基极与黑表笔相接触。

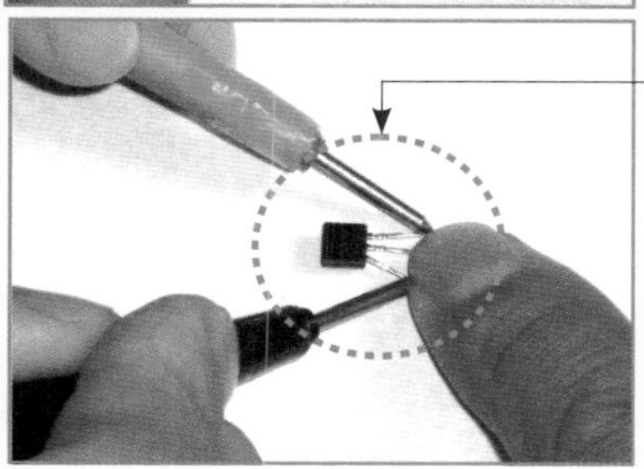

❹ 观察表盘，发现测得的电阻值为无穷大。

图 10-22　判断 PNP 型三极管的集电极和发射极的方法

总结：在两次测量中，指针偏转量最大的一次（电阻值为“500K”的一次），黑表笔接的是发射极，红表笔接的是集电极。

10.7.4 用数字万用表“hFE”挡判断三极管极性动手检测实践

目前，指针万用表和数字万用表都有三极管“hFE”测试功能。万用表面板上也有三极管插孔，插孔共有8个，按三极管电极的排列顺序排列，每四个一组，共两组，分别对应NPN型和PNP型。

判断三极管各引脚极性的方法如图10-23所示。

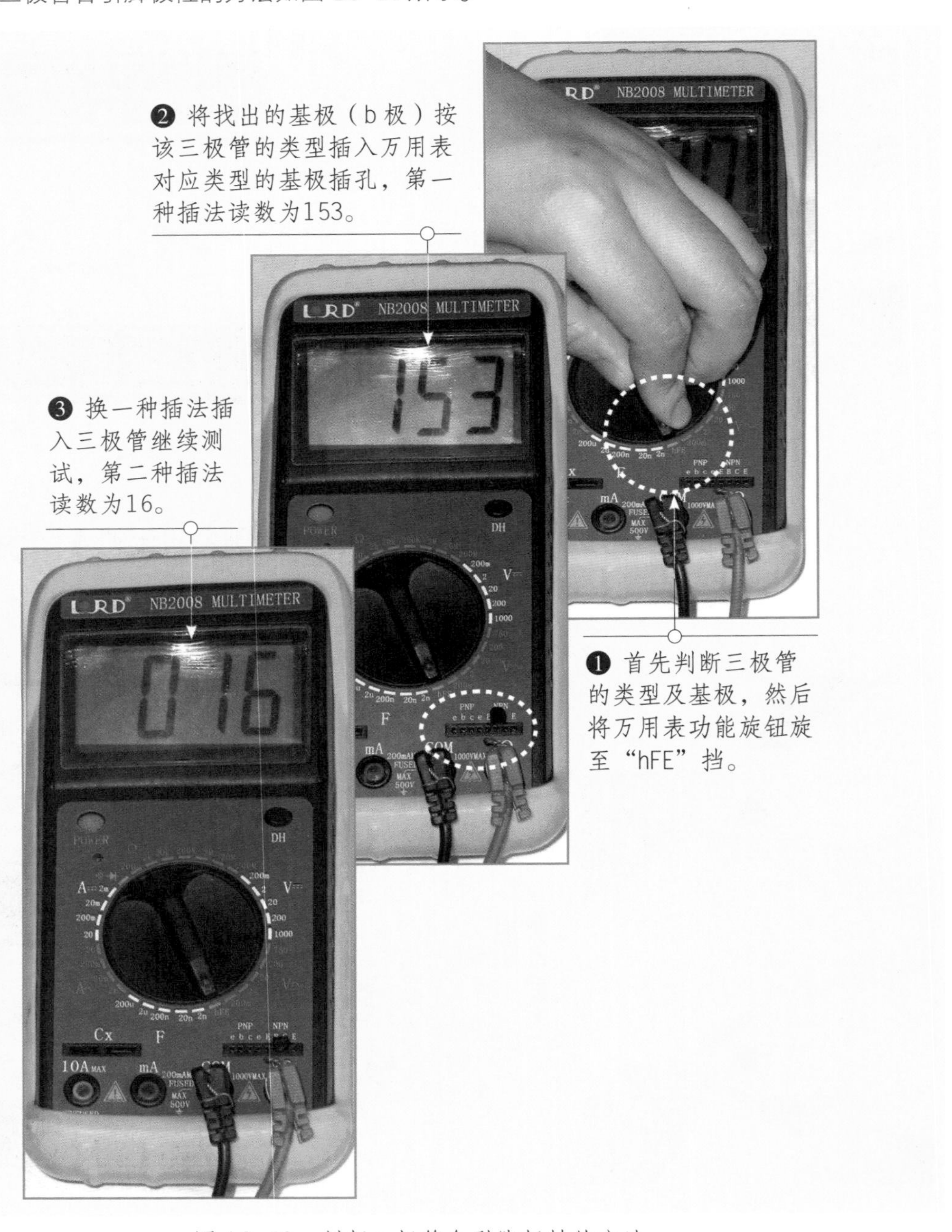

❷ 将找出的基极（b极）按该三极管的类型插入万用表对应类型的基极插孔，第一种插法读数为153。
❸ 换一种插法插入三极管继续测试，第二种插法读数为16。
❶ 首先判断三极管的类型及基极，然后将万用表功能旋钮旋至“hFE”挡。
NB2008 MULTIMETER
153
016

图10-23 判断三极管各引脚极性的方法

总结：对比两次测量结果，其中“hFE”值为“153”一次的插入法中，三极管的电极符合万用表上的排列顺序（值较大的一次），由此确定三极管的集电极和发射极。

10.7.5 直插式三极管动手检测实践

直插式三极管一般应用在打印机的电源供电电路板中，为了准确测量，一般采用开路测量。

打印机电路中的直插式三极管的测量方法如图 10-24 所示。

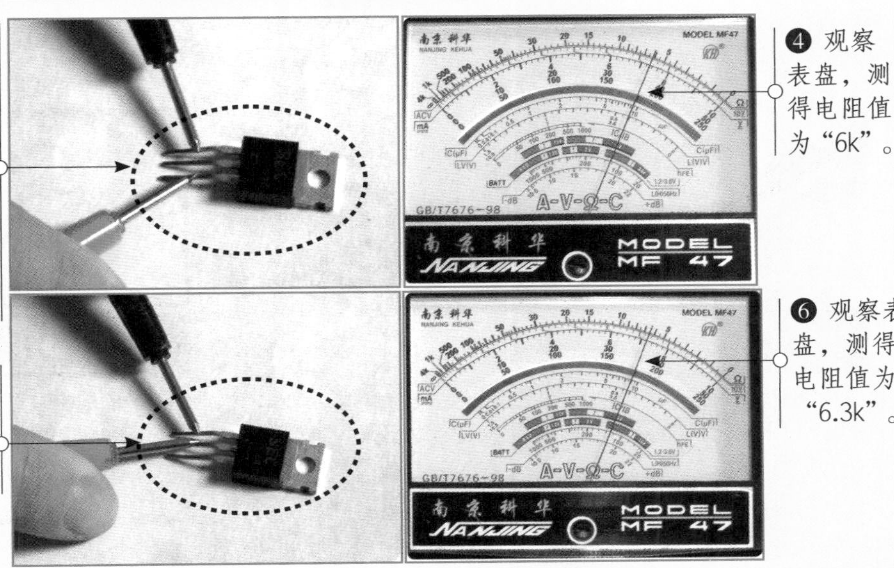

❷ 将待测三极管从电路板上卸下，并清洁三极管的引脚，去除引脚上的污物，确保测量时的准确性。
❶ 首先将电路板的电源断开，然后对三极管进行观察，看待测三极管是否损坏，有无烧焦、虚焊等情况。
❸ 选用 R×1k 挡并调零，然后将指针万用表的黑表笔接在三极管某一个引脚上不动，红表笔接另外两个引脚中的一个测量。
❹ 观察表盘，测得电阻值为“6k”。
❺ 黑表笔不动，红表笔接剩下的那个引脚测量。
❻ 观察表盘，测得电阻值为“6.3k”。
南京科华
NANJING
MODEL MF47
A-V-Ω-C
测量分析 1：由于两次测量的电阻值都比较小，因此可以判断，此三极管为 NPN 型三极管。且黑表笔接的引脚为三极管的基极 B。

图 10-24 测量直插式三极管

❼ 选用 R×10k 挡并调零，然后将万用表的红、黑表笔分别接三极管基极外的两个引脚，并用一只手指将基极与黑表笔相接触。

❽ 观察表盘，测得电阻值为“170k”。

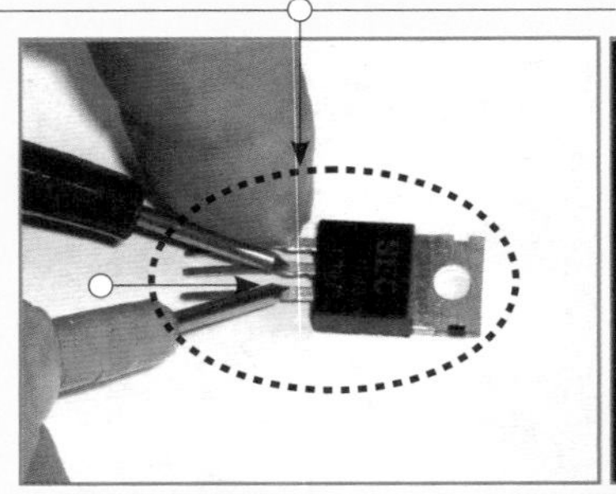

❾ 将红、黑表笔交换再重测一次。同样用一只手指将基极与黑表笔相接触。

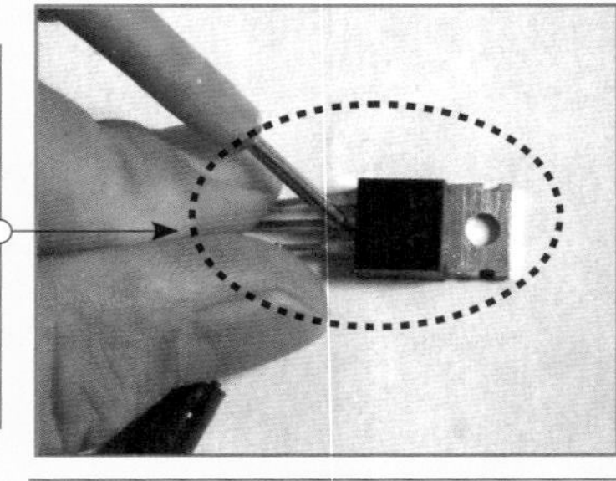

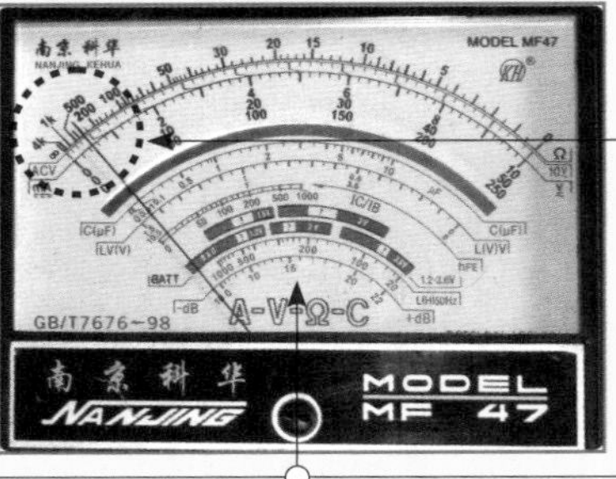

❿ 观察表盘，测得电阻值为“3000k”。

测量分析 2：在两次测量中，指针偏转量最大的一次（电阻值为“170k”的一次），黑表笔接的是发射极，红表笔接的是集电极。

⓫ 选用 R×1k 挡并调零，然后将万用表的黑表笔接在三极管的基极（B）引脚上，红表笔接在三极管的集电极（C）引脚上。

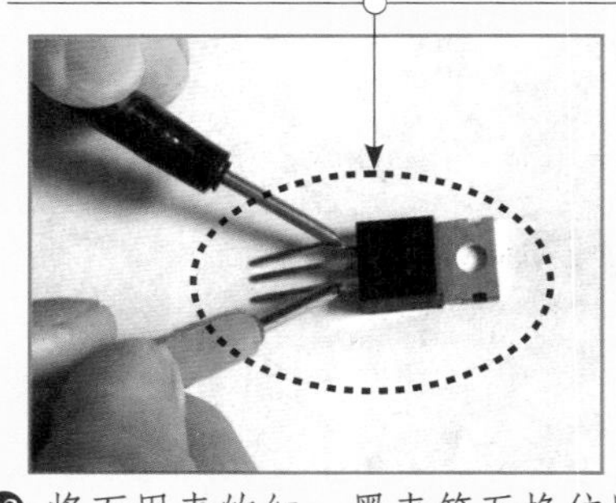

⓬ 观察表盘，发现测量的三极管集电结的反向电阻的电阻值为“6.3k”。

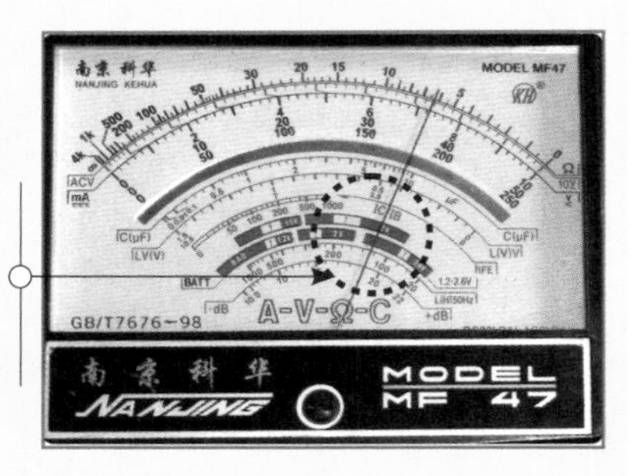

⓭ 将万用表的红、黑表笔互换位置，红表笔接在三极管的基极(B)引脚上，黑表笔接在三极管的集电极(C)引脚上。

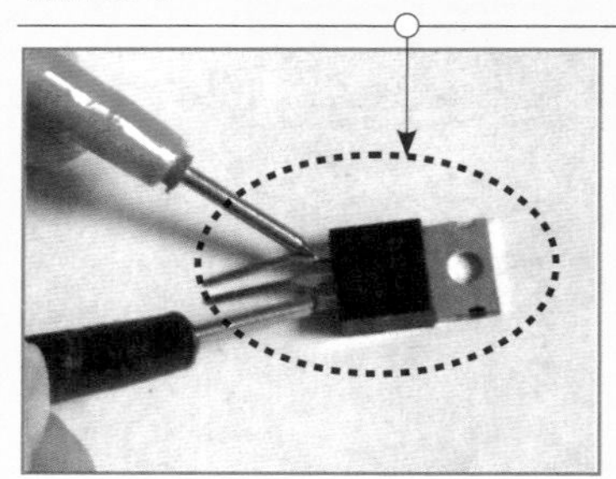

⓮ 发现测量的三极管集电结的正向电阻的电阻值为“无穷大”。

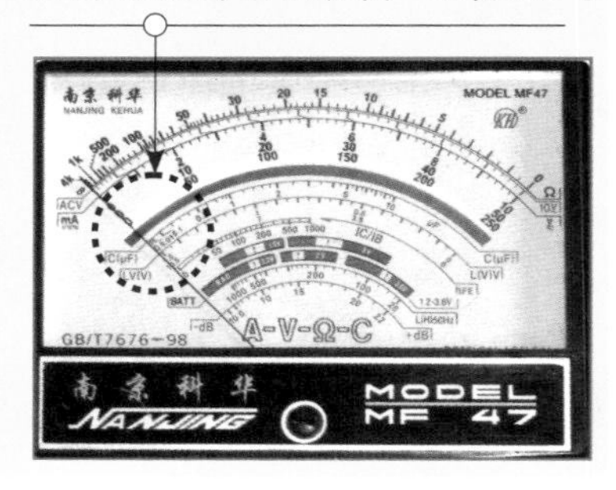

图 10-24　测量直插式三极管（续）

⑮ 将万用表的黑表笔接在三极管的基极（B）引脚上，红表笔接在三极管的发射极（E）的引脚上。

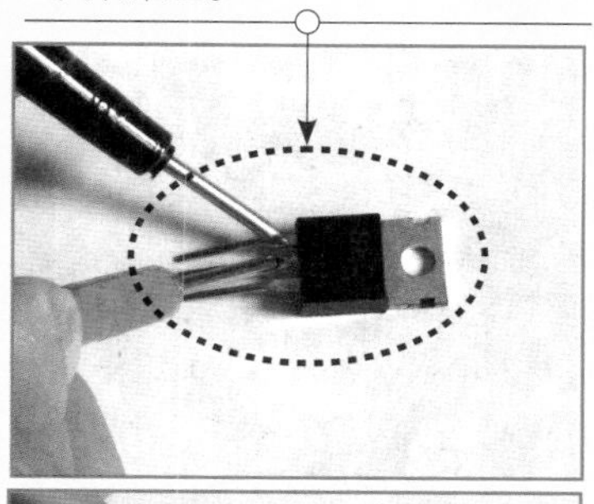

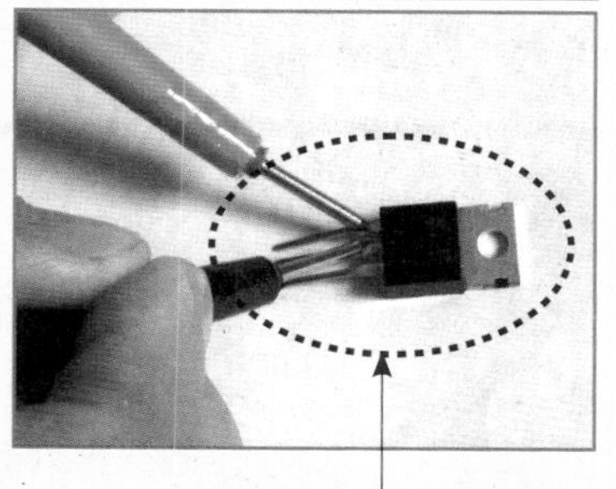

⑰ 再将万用表的红、黑表笔互换位置，红表笔接在三极管的基极（B）引脚上，黑表笔接在三极管的发射极（E）的引脚上测量。

⑯ 观察表盘，发现测量的三极管（NPN）发射结反向电阻的电阻值为“6.1K”。

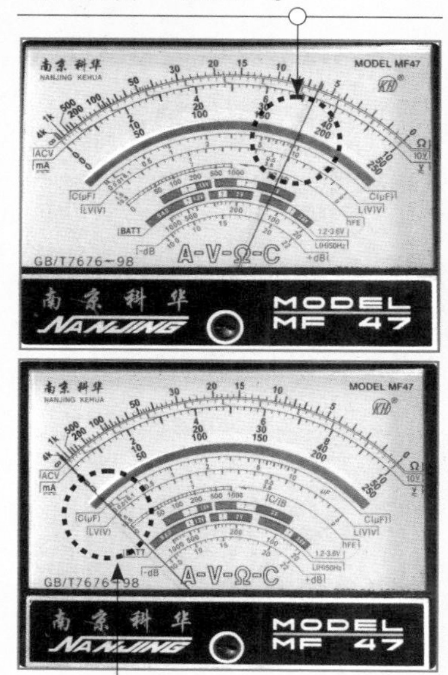

⑱ 观察表盘，发现测量的三极管(NPN)发射结正向电阻的电阻值为无穷大。

图 10-24 测量直插式三极管（续）

总结：由于测量的三极管集电结的反向电阻的电阻值为“6.3k”，远小于集电结正向电阻的电阻值无穷大。另外，三极管发射结的反向电阻的电阻值为“6.1k”，远小于发射结正向电阻的电阻值无穷大。且发射结正向电阻与集电结正向电阻的电阻值基本相等，因此可以判断该NPN型三极管正常。

10.7.6 贴片三极管动手检测实践

由于电路板设计的要求小型化，所以在很多电路板中都会用贴片三极管取代个头大的直插式三极管。在主板电路中，会看到很多贴片式三极管，对于这样的三极管，为了准确测量，一般采用开路测量。

主板电路中的贴片三极管的测量方法如图 10-25 所示。

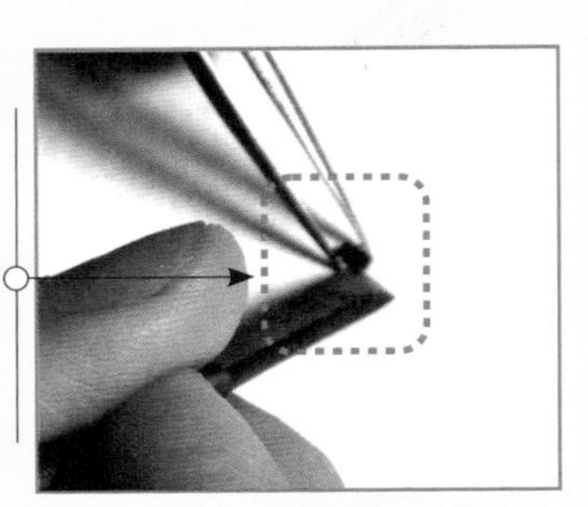

❶ 首先将电路板的电源断开，然后对三极管进行观察，看待测三极管是否损坏，有无烧焦、虚焊等情况。

❷ 将待测三极管从电路板上卸下，并清洁三极管的引脚，去除引脚上的污物，确保测量时的准确性。

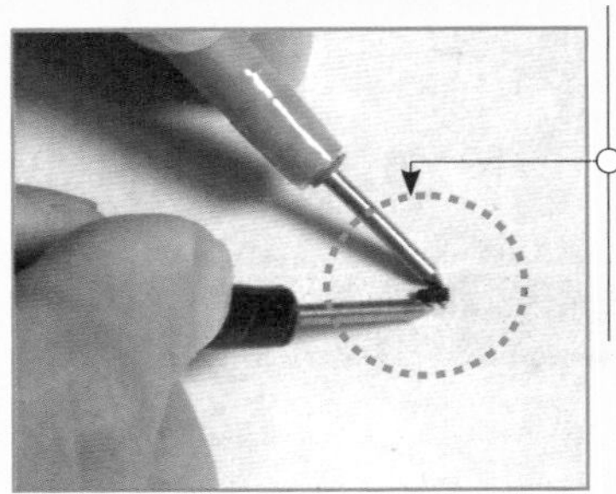

❸ 选用 R×1k 挡并调零，然后将指针万用表的黑表笔接在三极管某一个引脚上不动，红表笔接另外两个引脚中的一个测量。

❹ 观察表盘，测得电阻值为“8k”。

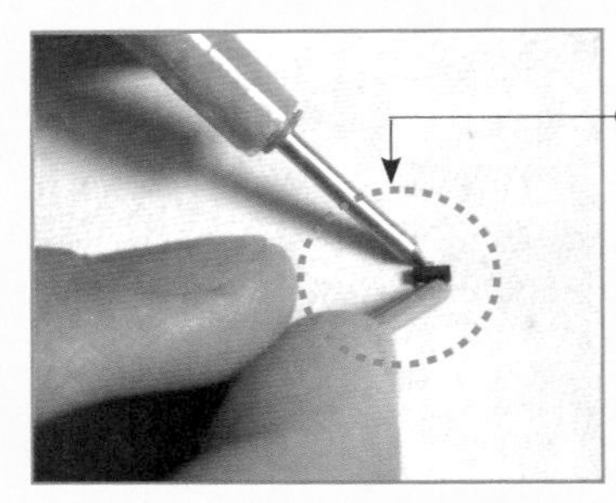

❺ 黑表笔不动，红表笔接剩下的那个引脚测量。

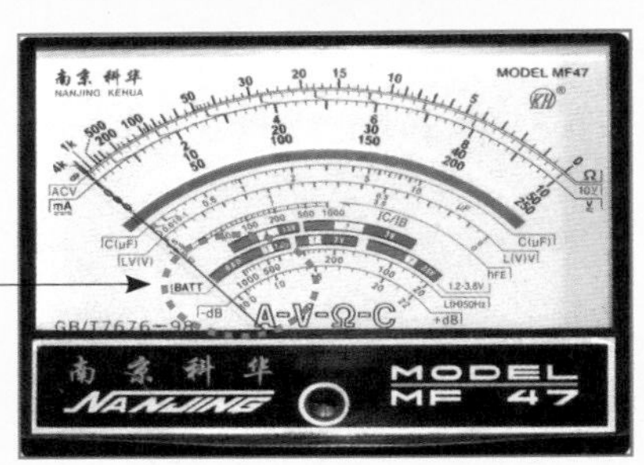

❻ 观察表盘，测得电阻值为无穷大。

测量分析 1：由于两次测量的电阻值，一个大一个小，因此需要重新测量。

❼ 将万用表的黑表笔换到另一个引脚上不动，红表笔接另外两个引脚中的一个测量。

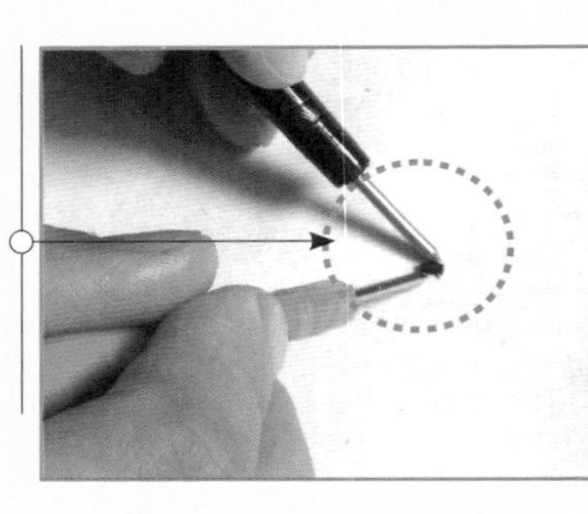
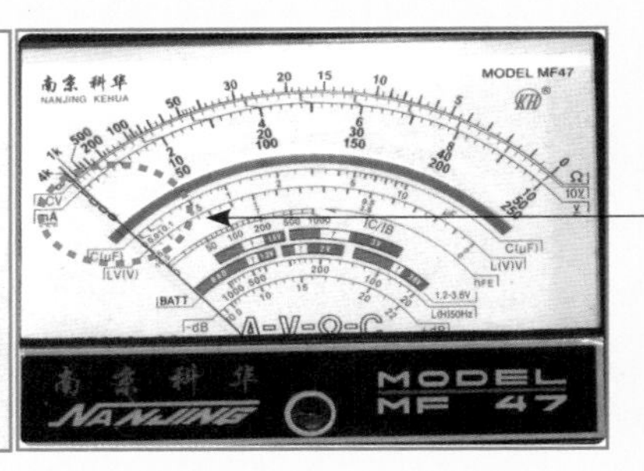

❽ 观察表盘，测得电阻值为无穷大。

图 10-25　主板电路中的贴片三极管的测量方法

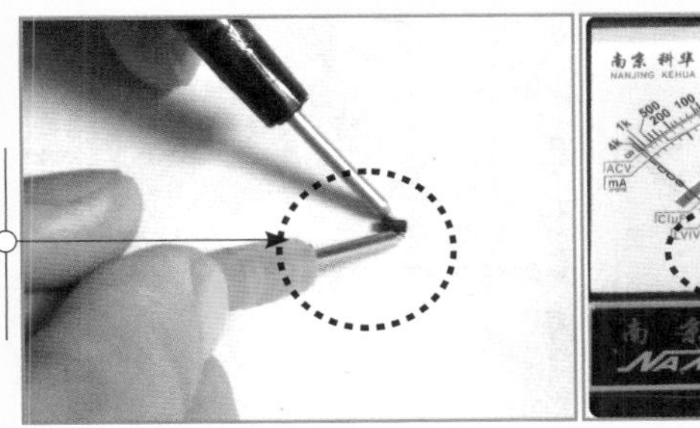

❾ 黑表笔不动，红表笔接剩下的那个引脚测量。

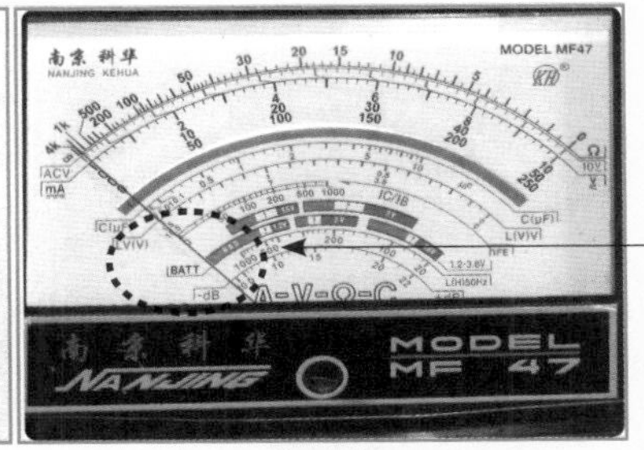

❿ 观察表盘，测得电阻值为无穷大。

测量分析 2：由于两次测量的电阻值都比较大，因此可以判断，此三极管为 PNP 型三极管。且黑表笔接的引脚为三极管的基极 b。

⓫ 选用 R×10k 挡并调零，然后将万用表的红、黑表笔分别接三极管基极外的两个引脚，并用一只手指将基极与黑表笔相接触。

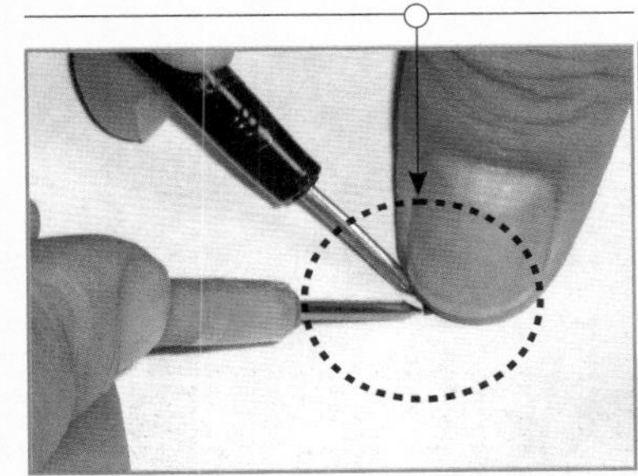

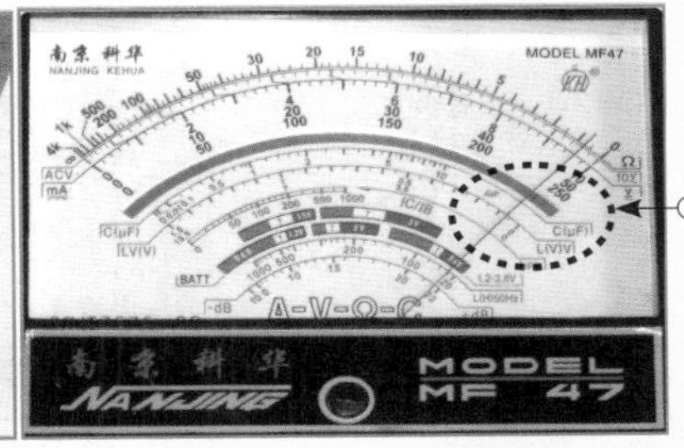

⓬ 观察表盘，测得电阻值为 4k。

⓭ 将红、黑表笔交换再重测一次。

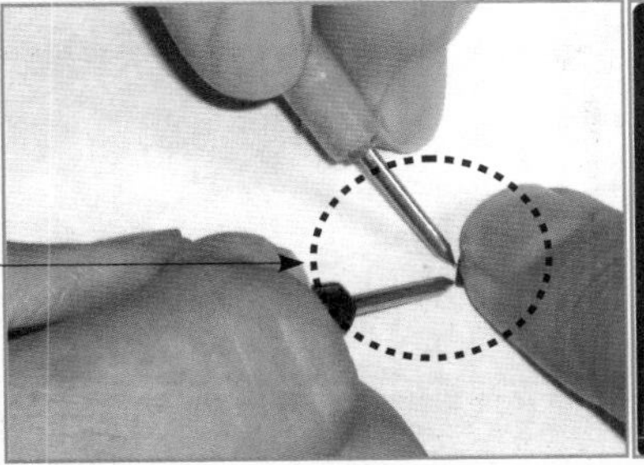

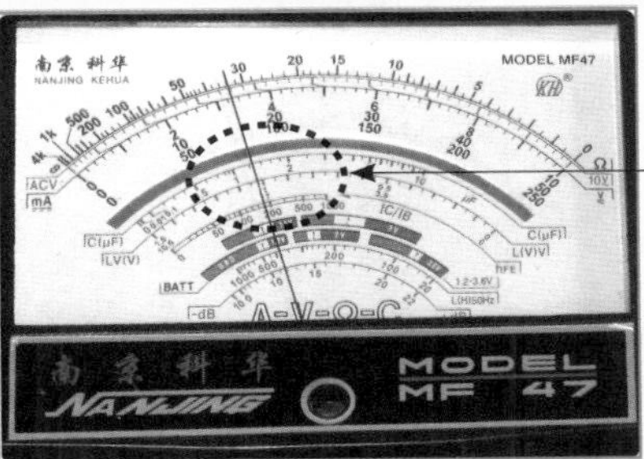

⓮ 观察表盘，测得电阻值为 320k。

测量分析 3：在两次测量中，指针偏转量最大的一次（电阻值为“4k”的一次），黑表笔接的是集电极 c，红表笔接的是发射极 e。

⓯ 选用 R×1k 挡并调零，然后将万用表的黑表笔接在三极管基极（B）引脚上，红表笔接在三极管发射极（E）的引脚上。

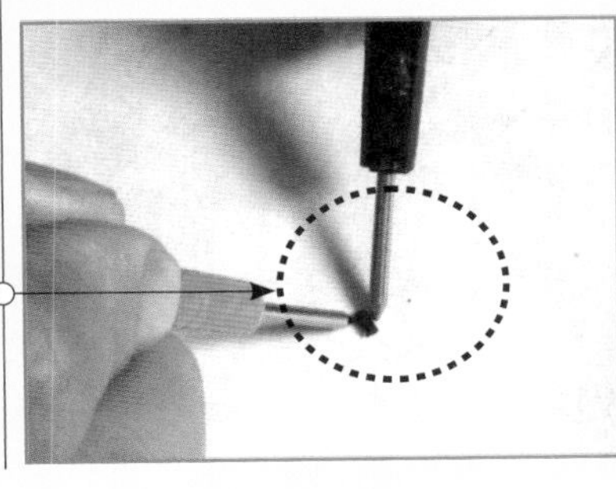

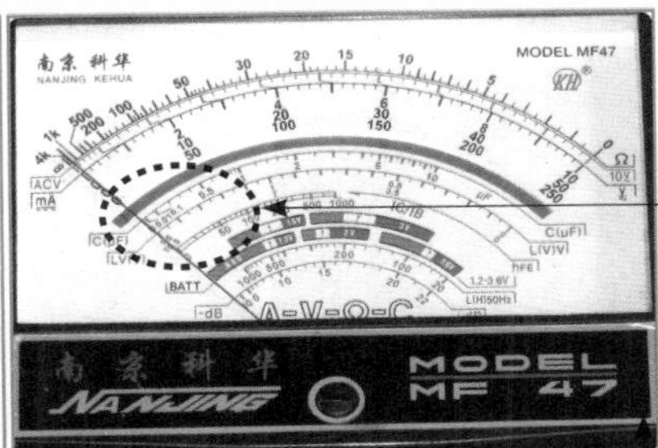

⓰ 然后观察表盘，发现测量的三极管（PNP）发射结反向电阻的电阻值为“无穷大”。

图 10-25　主板电路中的贴片三极管的测量方法（续）

⑰ 测量完反向电阻后，将万用表的红、黑表笔互换位置，将红表笔接在三极管基极（B）引脚上，黑表笔接在三极管发射极（E）引脚上。

⑱ 观察表盘，发现测量的三极管（PNP）发射结正向电阻的电阻值为“8k”。

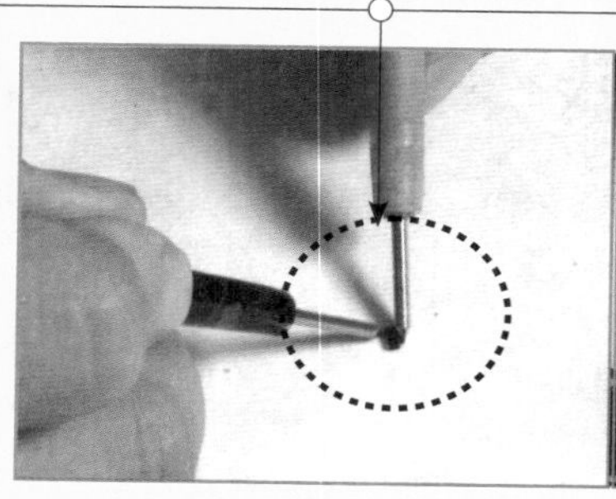

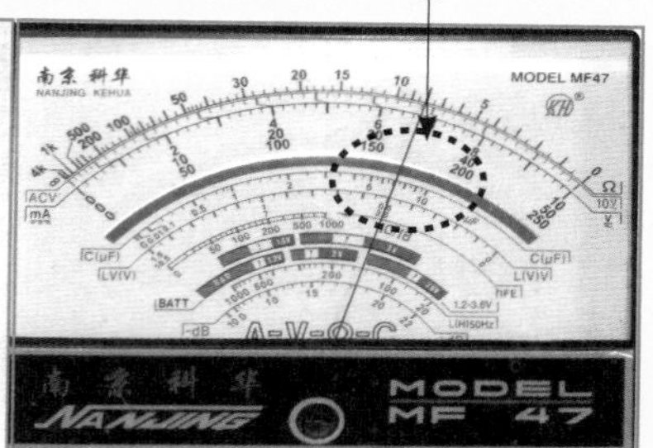

⑲ 将万用表的黑表笔接在三极管的基极（B）引脚上，红表笔接在三极管的集电极（C）引脚上。

⑳ 观察表盘，发现测量的三极管集电结的反向电阻的电阻值为“无穷大”。

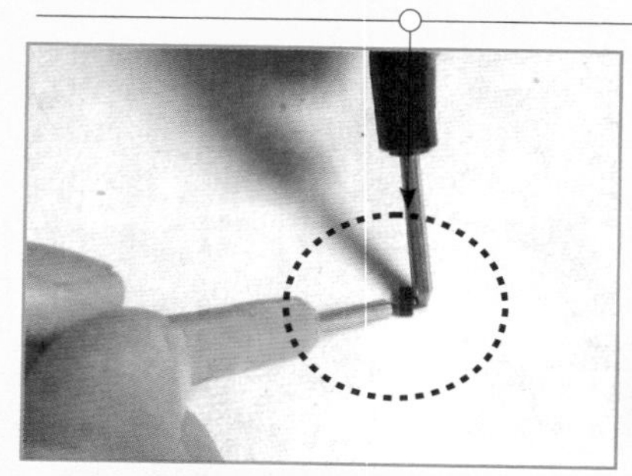

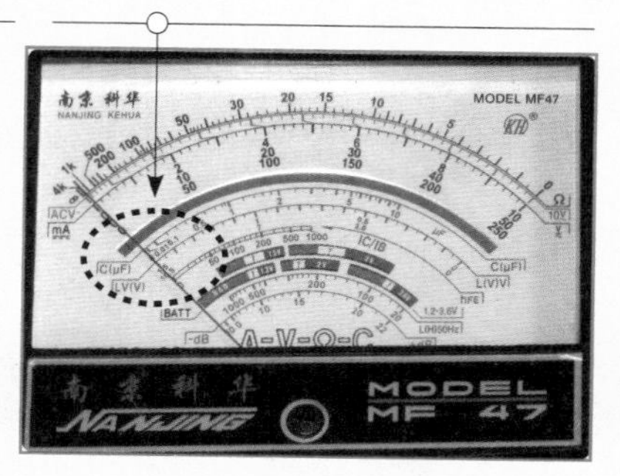

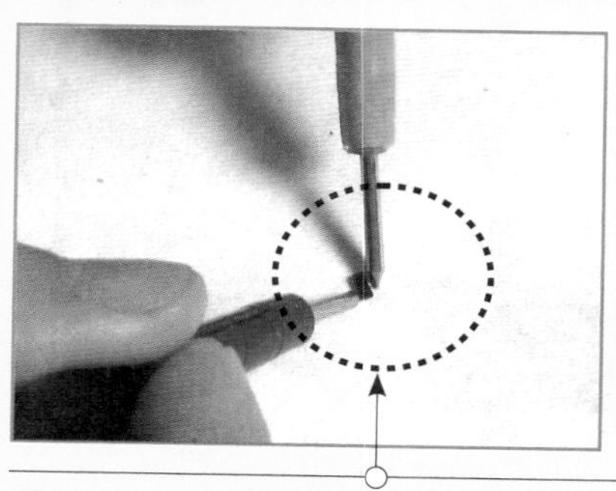

㉑ 将红、黑表笔互换位置，黑表笔接在三极管基极（B）引脚上，红表笔接在三极管集电极（C）引脚上。

㉒ 测量的三极管集电结的正向电阻的电阻值为“7.9k”。

图 10-25　主板电路中的贴片三极管的测量方法（续）

总结：由于测量的三极管集电结的反向电阻的电阻值为“无穷大”，远大于集电结正向电阻的电阻值“8k”。另外，三极管发射结的反向电阻的电阻值为“无穷大”，远大于发射结正向电阻的电阻值“7.9k”。且发射结正向电阻与集电结正向电阻的电阻值基本相等，因此可以判断该 PNP 型三极管正常。

提示：如果上面三个条件中有一个不符合，则可以判断此三极管不正常。

10.7.7 三极管检测经验总结

经验一：万用表的黑表笔接三极管的b极，红表笔接c极，测量的为集电结的反向电阻。将红、黑表笔反过来测量的为集电结的正向电阻。黑表笔接三极管的b极，红表笔接e极，测量的为发射结的反向电阻。将红、黑表笔反过来测量的为发射结的正向电阻。

经验二：对于PNP型三极管，将红表笔接基极b，黑表笔接发射极e，然后观察测量的电阻值。如果测量的电阻值小于1kΩ，则三极管为锗管；如果测量的电阻值为5~10kΩ，则三极管为硅管。

经验三：对于NPN型三极管，将红表笔接发射极e，黑表笔接基极b，然后观察测量的电阻值。如果测量的电阻值小于1kΩ，则三极管为锗管；如果测量的电阻值为5~10kΩ，则三极管为硅管。

第11章 神奇的半导体——场效应管

在一些电路的供电电路部分，通常可以看到场效应管的身影，场效应管在这些电路中主要起控制电压的作用。也因如此，场效应管通常发热量较大，比较容易出现损坏。要掌握场效应管的维修检测方法，首先要掌握各种场效应管的构造、特性、参数、标注规则等基本知识，然后还需掌握场效应管在电路中的应用特点、场效应管好坏检测和代换方法等内容，本章将一一讲解这些内容。

11.1 结型场效应管的结构及原理

场效应晶体管（Field Effect Transistor，FET）简称场效应管，是利用控制输入回路的电场效应来控制输出回路电流的一种半导体器件。场效应管是电压控制电流器件，其放大能力较差，而三极管是电流控制电流器件，其放大能力较强。

场效应管分为结型场效应管（JFET）和绝缘栅场效应管（MOSFET 管）两大类。按沟道材料型和绝缘栅型各分为 N 沟道和 P 沟道两种；按导电方式分为耗尽型与增强型，结型场效应管均为耗尽型，绝缘栅型场效应管既有耗尽型，也有增强型。图 11-1 所示为电路中常见的场效应管。

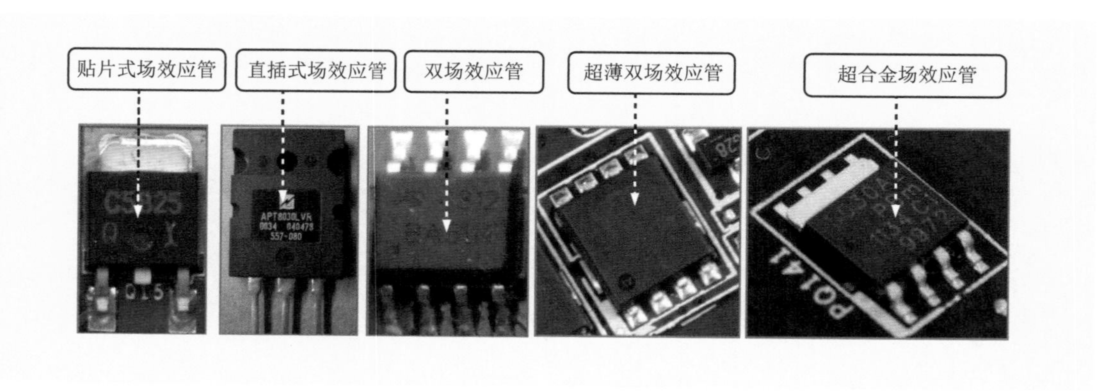

图 11-1　电路中常见的场效应管

11.1.1 结型场效应管的结构

结型场效应管是三只引脚的半导体器件，它有三个极，即栅极 G、漏极 D 和源极 S。结型场效应管不需要偏置电流，只有电压控制。当结型场效应管的栅极 G 和源极 S 之间没有电压差时，它是导通的。但如果这两极间有电压差，就会对电流产生更大的阻碍，因此结型场效应管属于耗损器件。

结型场效应管有 N 沟道和 P 沟道两种结构，对于 N 沟道结型场效应管，当一个负电压加在栅极时，流经漏极到源极的电流就会减小；对于 P 沟道结型场效应管，加在栅极的正电压会使它从源极到漏极的电流减小。图 11-2 所示为结型场效应管的结构图及电路图形符号。

在一块 N 型（或 P 型）半导体棒两侧各做一个 P 型区（或 N 型区），就形成两个 PN 结。把两个 P 区（或 N 区）并联在一起，引出一个电极，称为栅极（G），在 N 型（或 P 型）半导体棒的两端各引出一个电极，分别称为源极（S）和漏极（D）。夹在两个 PN 结中间的 N 区（或 P 区）是电流的通道，称为沟道。这种结构的管子称为 N 沟道（或 P 沟道）结型场效应管。

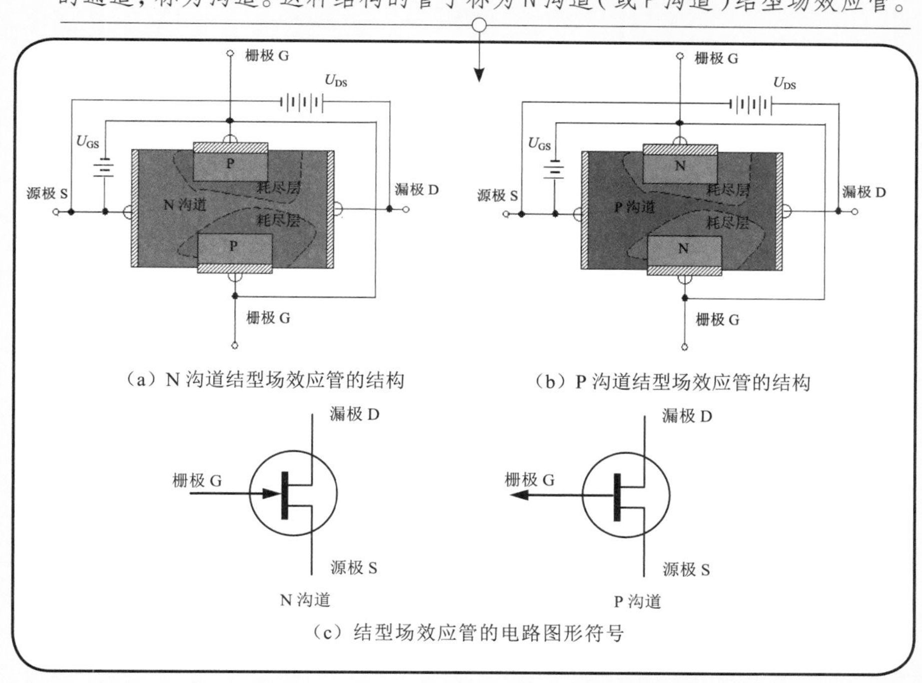

（a）N 沟道结型场效应管的结构　（b）P 沟道结型场效应管的结构

（c）结型场效应管的电路图形符号

图 11-2　结型场效应管的结构及电路图形符号

11.1.2 结型场效应管是如何工作的

下面以 N 沟道结型场效应管为例进行介绍，如图 11-3 所示，

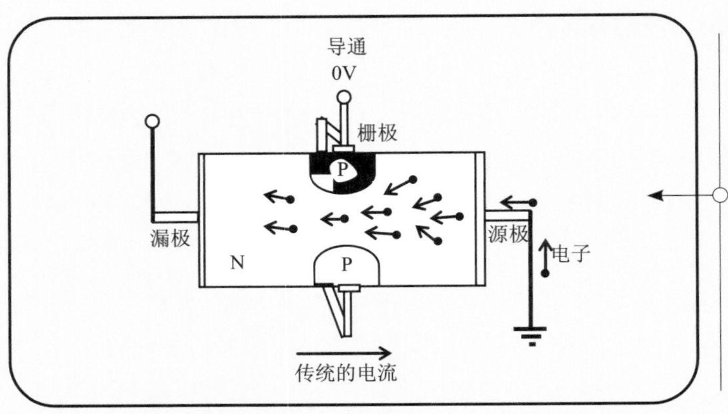

当结型场效应管的栅极G没有加电压时，电流自由地流经中间的N沟道，那里已经存在着许多带负电荷的载流子，等待着流动的条件。

当结型场效应管栅极G接上负电压时，在P型半导体凸块和N型沟道之间就会形成两个反偏置的PN结（一个是上方的，一个是下方的）。这个由反向偏置条件形成了一个耗尽区在沟道中扩展。栅极电压越“负”，耗尽区就会越大，所以电子要通过这个沟道就更困难，即漏极电流受栅极电压的控制，因此结型场效应管是电压控制器件。

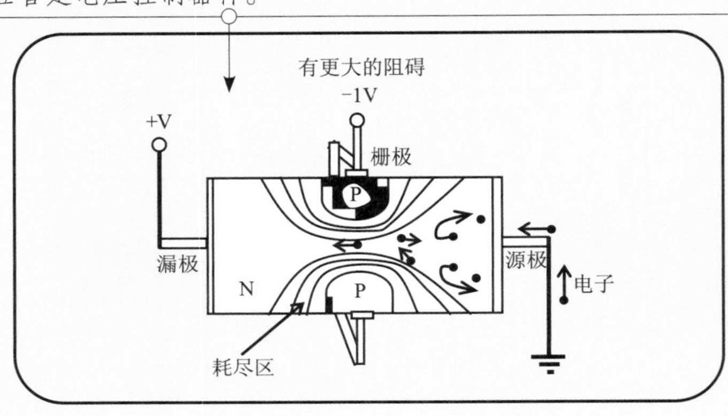

图 11-3　结型场效应管工作原理

对于P沟道结型场效应管，一切都是相反的，意味着用正电压去取代负的栅极电压，用P型半导体沟道去取代N沟道，用N型半导体凸块去取代P型半导体凸块，用正电荷载流子（空穴）去取代负电荷载流子（电子）。

11.2 MOSFET 的结构及原理

MOSFET是金属氧化物半导体场效应管的简称，它在某些方面与JFET场效应管类似，如当MOSFET栅极加小电压时，通过其漏源通道的电流被改变。但有些方面与JFET场效应管不同，如MOSFET有更大的栅极阻抗，这意味着栅极几乎没有电流流入。

11.2.1 MOSFET 的结构

MOSFET根据其栅极电压幅值可分为耗尽型和增强型，耗尽型和增强型都有电子占多数的N沟道和空穴占多数的P沟道两种形式。图11-4所示为MOSFET的结构及符号。

（1）N沟道增强型MOSFET是用一块掺杂浓度较低的P型薄硅片作为衬底，在它上面做两个高掺杂浓度的N型区，并用金属铝引出两个电极，分别作为源极S和漏极D。然后在半导体表面覆盖一层很薄的二氧化硅绝缘层，在漏－源极间的绝缘层上再装一个金属铝电极，作为栅极G。这样就形成了N沟道增强型MOSFET。

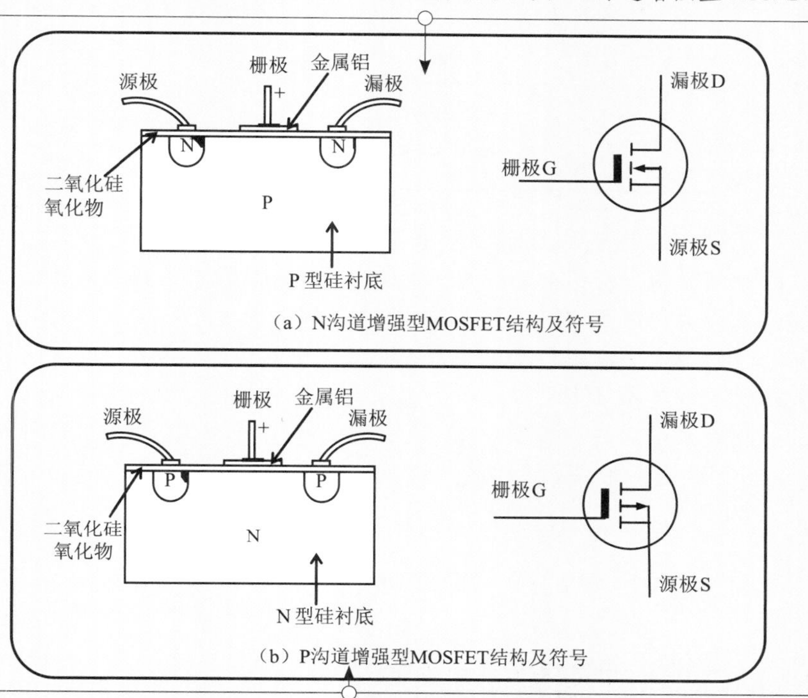

（2）P沟道增强型MOSFET是用一块N型薄硅片作为衬底，在它上面做两个高掺杂浓度的P型区，并用金属铝引出两个电极，分别作为源极S和漏极D。然后在半导体表面覆盖一层很薄的二氧化硅绝缘层，在漏－源极间的绝缘层上再装一个金属铝电极，作为栅极G。这样就形成了P沟道增强型MOSFET。

（3）N沟道耗尽型MOSFET是用一块掺杂浓度较低的P型薄硅片作为衬底，在它上面做两个高掺杂浓度的N型区，并用金属铝引出两个电极，分别作为源极S和漏极D。然后在半导体表面覆盖一层很薄的二氧化硅绝缘层，并通过工艺使绝缘层中出现大量正离子，在漏－源极间的绝缘层上再装一个金属铝电极，作为栅极G。这样就会在绝缘层的另一侧感应出较多的负电荷，这些负电荷将高掺杂的N区接通，形成导电沟道（感应沟道），就形成了N沟道耗尽型MOSFET。

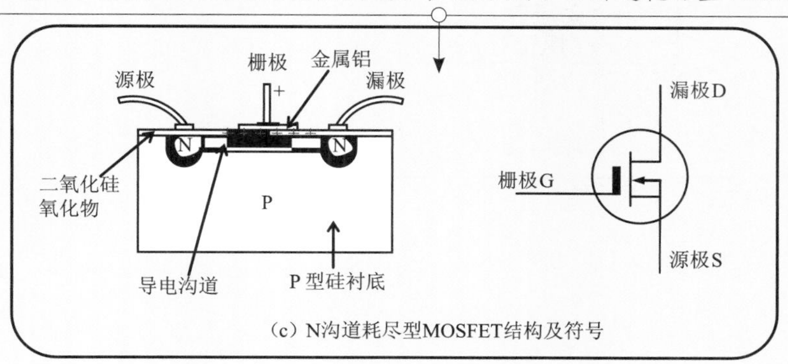

图11-4 MOSFET的结构及符号

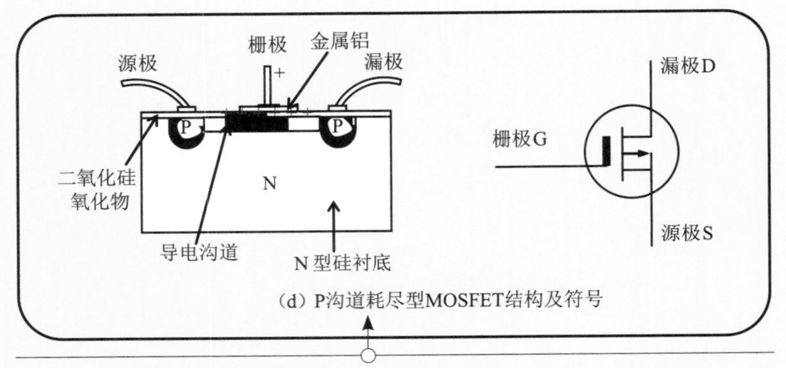

(d) P沟道耗尽型MOSFET结构及符号

(4) P 沟道耗尽型 MOSFET 是用一块 N 型薄硅片作为衬底，在它上面做两个高掺杂浓度的 P 型区，并用金属铝引出两个电极，分别作为源极 S 和漏极 D。然后在半导体表面覆盖一层很薄的二氧化硅绝缘层，并通过工艺使绝缘层中出现大量正离子，在漏－源极间的绝缘层上再装一个金属铝电极，作为栅极 G。这样就会在绝缘层的另一侧感应出较多的负电荷，这些负电荷将高掺杂的 N 区接通，形成导电沟道（感应沟道），就形成了 P 沟道耗尽型 MOSFET。

图 11-4　MOSFET 的结构及符号（续）

11.2.2 MOSFET 是如何工作的

耗尽型 MOSFET 和增强型 MOSFET 都是用由栅极电压产生的电场来改变其半导体漏源通道中的载流子流量。耗尽型 MOSFET 的漏源通道本身导电。载流子如电子（N 沟道）或空穴（P 沟道）本身已经存在于 N 沟道或 P 沟道中，如图 11-5 所示。

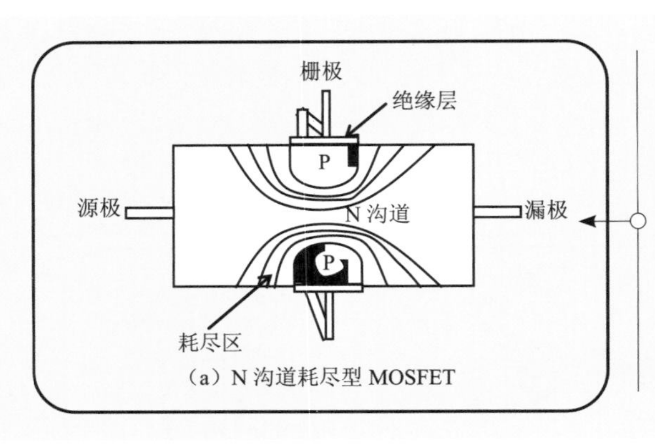

(a) N 沟道耗尽型 MOSFET

(1) 如果在一个 N 沟道耗尽型 MOSFET 上的栅极加一个负电压，将导致电场试图夹断流过通道的电子流；P 沟道耗尽型 MOSFET 以正的栅源电压来夹断空穴流过的通道。

图 11-5　MOSFET 工作原理

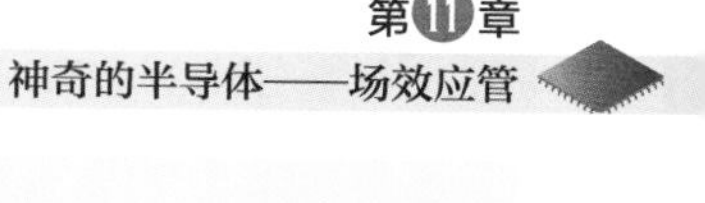

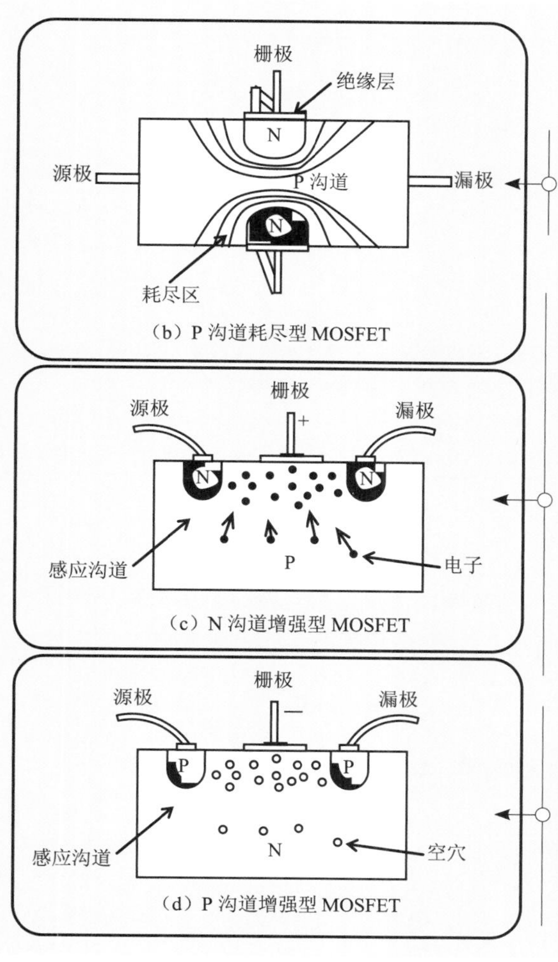

(2) P 沟道耗尽型 MOSFET 以正的栅源电压来夹断空穴流过的通道。

(3) 增强型 MOSFET 与耗尽型 MOSFET 不同，通常它的通道电阻很大，通道的载流子数目极少。如果在一个 N 沟道耗尽型 MOSFET 上的栅极加一个正电压，P 型半导体区域中的电子将移入通道，结果增加了通道的导电性。

(4) 对于 P 沟道增强型 MOSFET，如果在一个 N 沟道耗尽型 MOSFET 上的栅极加一个负电压，负的栅源电压将吸引空穴进入通道以增加其电导。

图 11-5 MOSFET 工作原理（续）

11.3 场效应管的主要指标

本节主要讲解场效应管的夹断电压、开启电压、饱和漏电流、击穿电压、功率等重要参数指标，具体说明如表 11-1 所示。

表 11-1 场效应管的主要指标

指标名称	说　明
夹断电压（U_P）	在结型场效应管或耗尽型绝缘栅场效应管中，当栅源间反向偏压 U_{GS} 足够大时，会使耗尽层扩展，沟道堵塞，此时的栅源电压称为夹断电压
开启电压（U_T）	在增强型绝缘栅场效应管中，当 U_{DS} 为某一固定数值时，使沟道可以将漏、源极导通的最小 U_{GS}，即为开启电压
直流输入电阻（R_{GS}）	直流输入电阻是指在栅源间所加电压 U_{GS} 与栅极电流的比值。结型场效应管的 R_{GS} 可达 10^3MΩ，而绝缘栅场效应管的 R_{GS} 可超过 10^7MΩ
饱和漏电流（I_{DSS}）	在耗尽型场效应管中，当栅源间电压 U_{GS}=0，漏源电压 U_{DS} 足够大时，漏极电流的饱和值称为饱和漏电流

续表

指标名称	说　　明
漏源击穿电压（$U_{(BR)DSS}$）	在场效应管中，当栅源电压一定，增加漏源电压时的过程中，使漏电流 I_D 开始急剧增加时的漏源电压，称为漏源击穿电压
栅源击穿电压（$U_{(BR)GSS}$）	在结型场效应管中，反向饱和电流急剧增加时的栅源电压，称为栅源击穿电压
跨导（g_m）	在漏源电压 U_{DS} 一定时，漏电流 I_D 的微小变化量与引起这一变化量的栅源电压的比值称为跨导，即 $g_m=\Delta I_D/\Delta U_{GS}$。它是衡量场效应管栅源电压对漏极电流控制能力的一个重要参数，也是衡量放大作用的一个重要参数，它反映了场效应管的放大能力，g_m 的单位是 μA/V
最大漏源电流（I_{DSM}）	最大漏源电流是一项极限参数，它是指场效应管正常工作时漏源间所允许通过的最大电流。场效应管的工作电流不能超过 I_{DSM}，以免发生烧毁
最大耗散功率（P_{DSM}）	在保证场效应管性能不变坏的情况下，所允许承载的最大漏源耗散功率。最大耗散功率是一项极限参数，使用时场效应管实际功耗应小于 PDSM 并留有一定余量

11.4 场效应管的检测方法

在维修场效应管时，判断其极性非常重要，也是继续电路分析的基础；除此之外，数字万用表和指针万用表在检测场效应管的相关方法和判断思路上也有差别，掌握这些基本维修检测方法可以快速高效地处理场效应管的故障。

11.4.1 判别场效应管极性的方法

根据场效应管的 PN 结正、反向电阻值不一样的特性，可以判别出结型场效应管的 3 个电极。

判别场效应管极性的方法如图 11-6 所示。

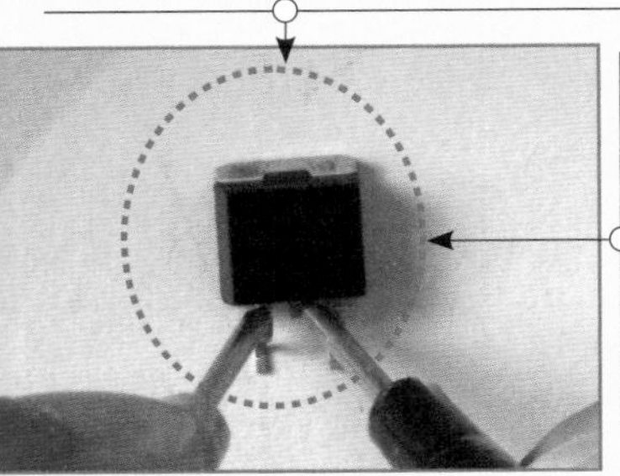

第 2 步：当出现两次测得的电阻值近似或相等时，则黑表笔所接触的电极为栅极 G，其余两电极分别为漏极 D 和源极 S。
第 3 步：如果没有出现两次测得的电阻值近似或相等，则将黑表笔接到另一个电极，重新测量。
第 1 步：将指针万用表拨在 R×1k 挡上，然后将万用表的黑表笔（红表笔也行）任意接触一个电极，另一支表笔依次去接触其余的两个电极，测量其电阻值。

图 11-6　判别场效应管极性的方法

第 4 步：将两表笔分别接在漏极 D 和源极 S 的引脚上，测量其电阻值。之后，再调换表笔测量其电阻值。在两次测量中，电阻值较小的一次（一般为几至十几千欧）测量中，黑表笔接的是源极 S，红表笔接的是漏极 D。

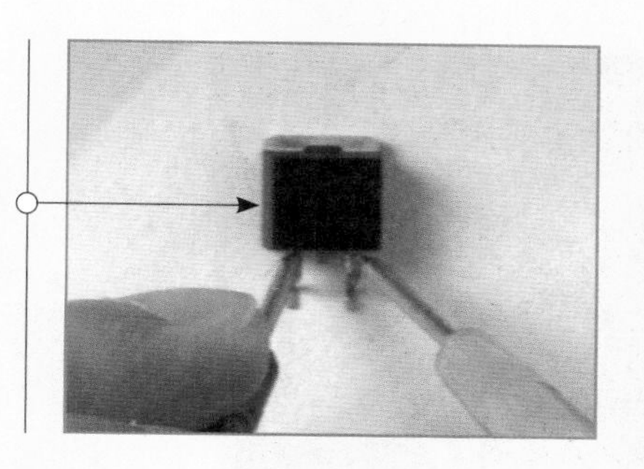

图 11-6　判别场效应管极性的方法（续）

11.4.2 用数字万用表检测场效应管的方法

用数字万用表检测场效应管的方法如图 11-7 所示。

方法：将数字万用表拨到二极管挡（蜂鸣挡），然后将场效应管的三只引脚短接放电。接着用两表笔分别接触场效应管三个引脚中的两个，测量三组数据。

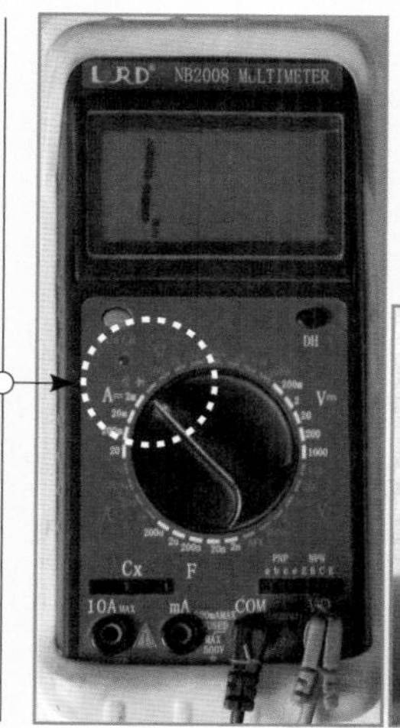

判断：如果其中两组数据为 1，另一组数据为 300 ~ 800，说明场效应管正常；如果其中有一组数据为 0，则说明场效应管被击穿。

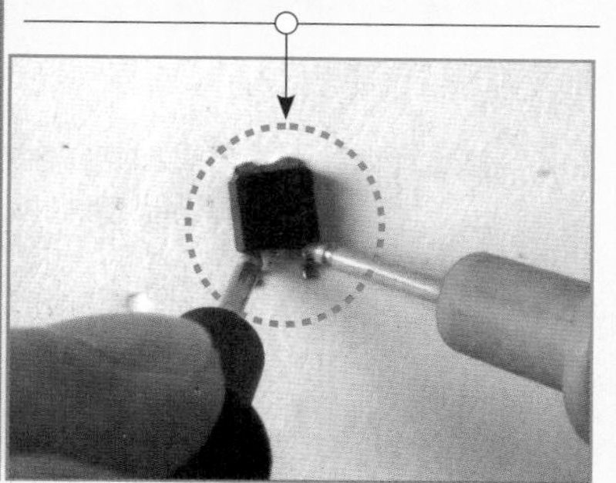

图 11-7　用数字万用表检测场效应管的方法

11.4.3 用指针万用表检测场效应管的方法

用指针万用表检测场效应管的方法如图 11-8 所示。

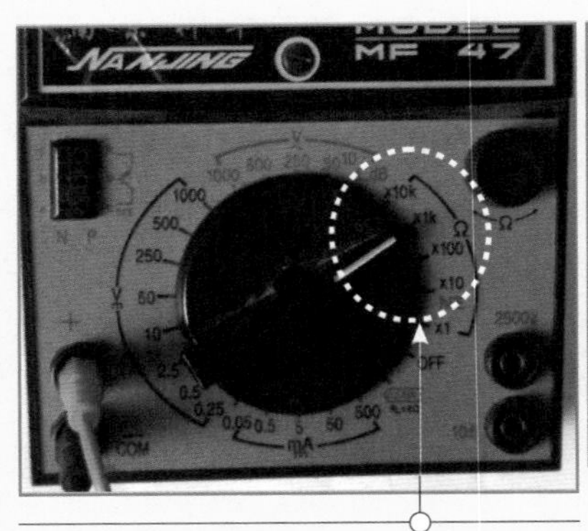

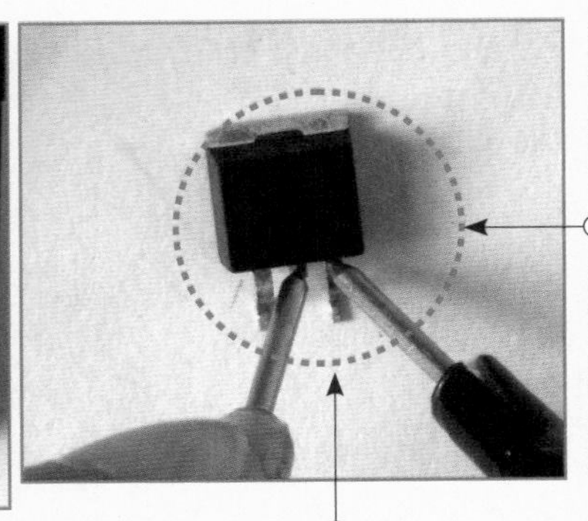

第 2 步：用万用表的两表笔任意接触场效应管的两个引脚，好的场效应管测量结果应只有一次有读数，并且值为 4～8k，其他均为无穷大。

第 1 步：测量场效应管的好坏也可以使用万用表的“R×1k”挡。测量前同样将三个引脚短接放电，以避免测量中发生误差。

判断：如果在最终测量结果中测得只有一次有读数，并且为“0”时，须短接该组引脚重新测量；如果重测后阻值为 4～8k，则说明场效应管正常；如果有一组数据为 0，说明场效应管已经被击穿。

图 11-8　用指针万用表检测场效应管的方法

11.5 场效应管的代换方法

在具体实践中，如果没有同型号的场效应管替换；在代换时，在沟通型号和功率方面有一些注意事项。场效应管的代换方法如图 11-9 所示。

场效应管损坏后，最好用同类型、同特性、同外形的场效应管更换。如果没有同型号的场效应管，则可以采用其他型号的场效应管代换。

图 11-9　场效应管的代换方法

场效应管代换注意事项：一般 N 沟道的与 N 沟道的场效应管代换，P 沟道的与 P 沟道的场效应管代换。功率大的可以代换功率小的场效应管。小功率场效应管代换时，应考虑其输入阻抗、低频跨导、夹断电压或开启电压、击穿电压等参数；大功率场效应管代换时，应考虑击穿电压（应为功放工作电压的 2 倍以上）、耗散功率（应达到放大器输出功率的 0.5~1 倍）、漏极电流等参数。

11.6 场效应管动手检测实践

前面内容主要学习了场效应管的基本知识、结构和原理、故障判断以及检测思路等，本节将主要通过各种场效应管的检测实战来讲解场效应管的检修方法。

11.6.1 用数字万用表检测场效应管动手实践

用数字万用表测量主板中的场效应管的方法如图11-10所示。

❶ 观察场效应管，看待测场效应管是否损坏，有无烧焦或针脚断裂等情况。

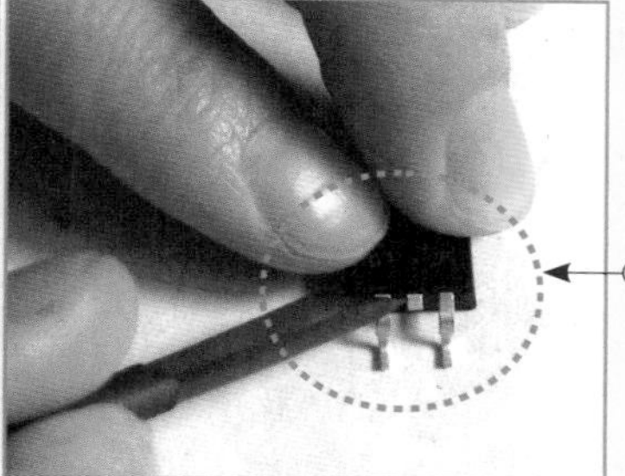

❷ 将场效应管从主板中卸下，并清洁场效应管的引脚，去除引脚上的污物，确保测量时的准确性。

❸ 将数字万用表的功能旋钮旋至“二极管”挡。

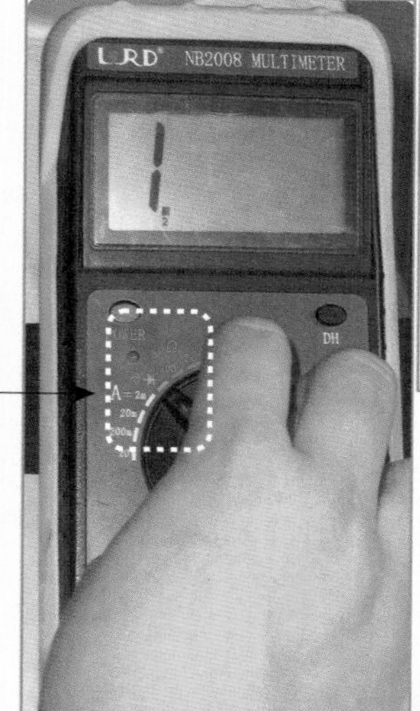

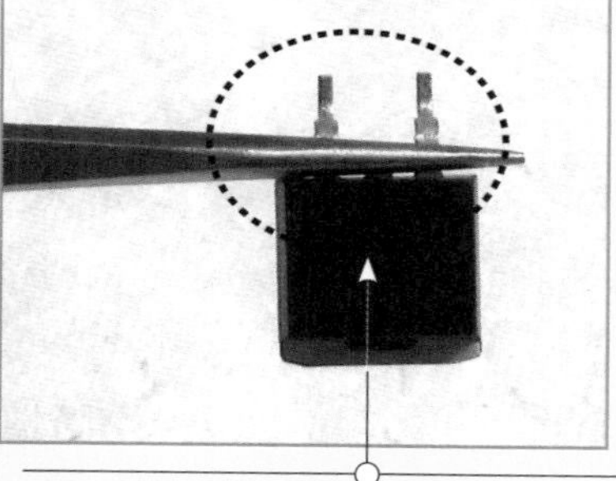

❹ 将场效应管的3个引脚短接放电。

❺ 将数字万用表的黑表笔任意接触场效应管一个引脚，红表笔接触其余的两个引脚中的一个，测量其电阻值。

❻ 观察测量的电阻值，测量值为1（无穷大）。

图11-10 用数字万用表测量主板中的场效应管的方法

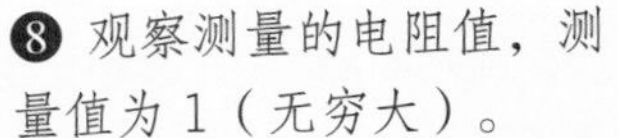

❽ 观察测量的电阻值，测量值为 1（无穷大）。

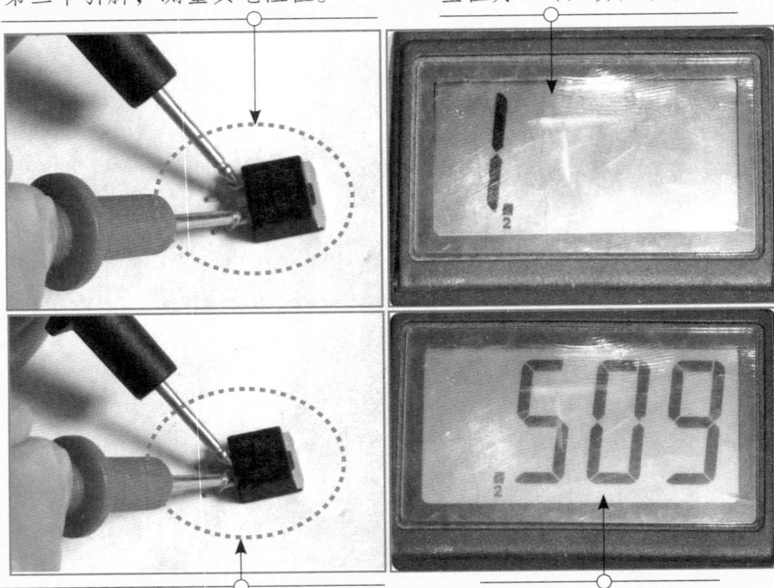

❼ 黑表笔不动，红表笔接剩余的第三个引脚，测量其电阻值。
2
509
2
❾ 红表笔不动，黑表笔移到没测量的另一个引脚上，测量电阻值。
❿ 观察测量的电阻值，测量值为“509”。

图 11-10　用数字万用表测量主板中的场效应管的方法（续）

总结：由于 3 次测量的电阻值中，有两组电阻值为 1，另一组电阻值为 300~800，因此可以判断此场效应管正常。

提示：如果其中有一组数据为 0，则场效应管被击穿。

11.6.2 用指针万用表检测场效应管动手实践

用指针万用表检测场效应管的方法如图 11-11 所示。

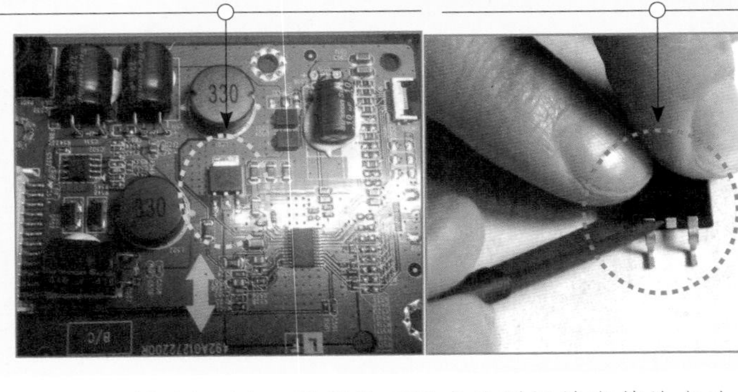

图 11-11　用指针万用表检测场效应管的方法

❸ 选用 R×10k 挡并调零，然后将万用表的黑表笔任意接触场效应管一个引脚，红表笔去接触其余的两个引脚中的一个。

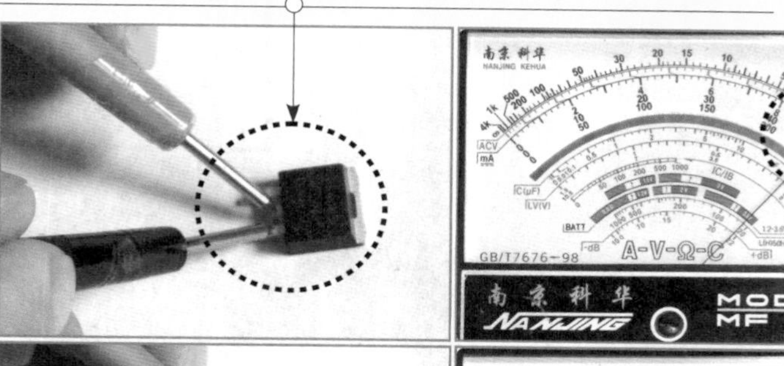

❹ 观察表指针，发现测量的电阻值为“6k”。

❺ 黑表笔不动，红表笔去接触剩余的第三个引脚，测量其电阻值。

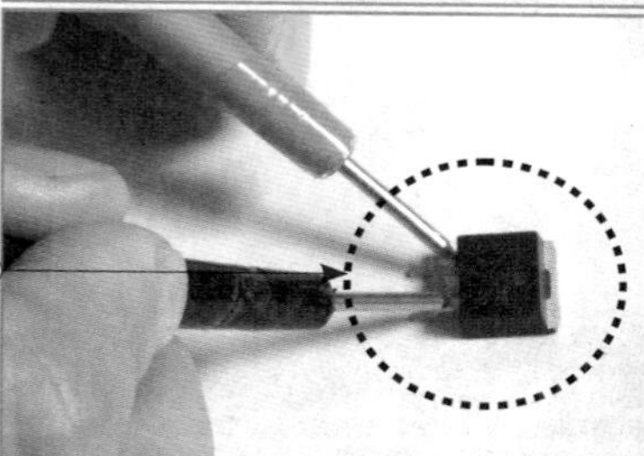

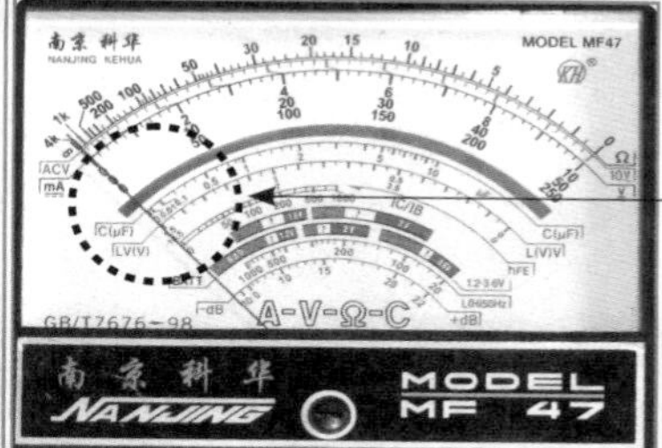

❻ 观察表指针，发现测量的电阻值为无穷大。

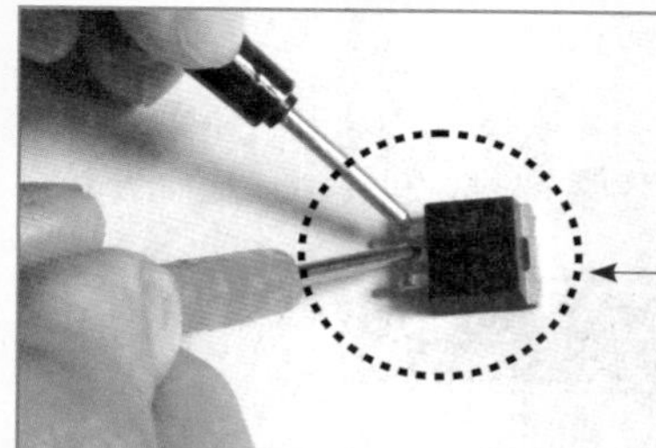

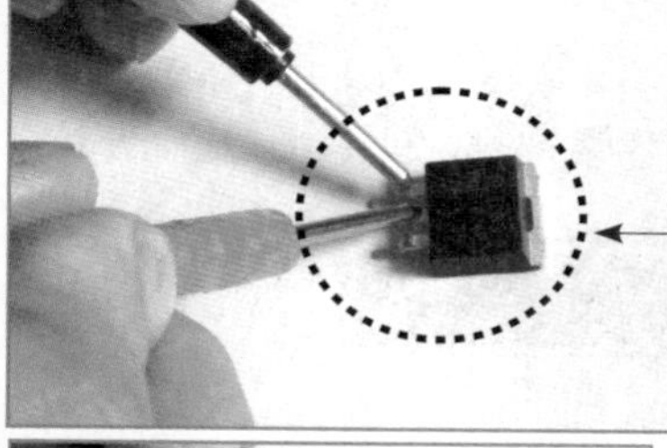

❽ 观察表指针，发现测量的电阻值为无穷大。

❼ 由于测量的电阻值不相等，将黑表笔换一个引脚，红表笔去接触其余的两个引脚中的一个。

❿ 观察表指针，发现测量的电阻值为无穷大。

❾ 黑表笔不动，红表笔去接触剩余的第三个引脚，测量其电阻值。

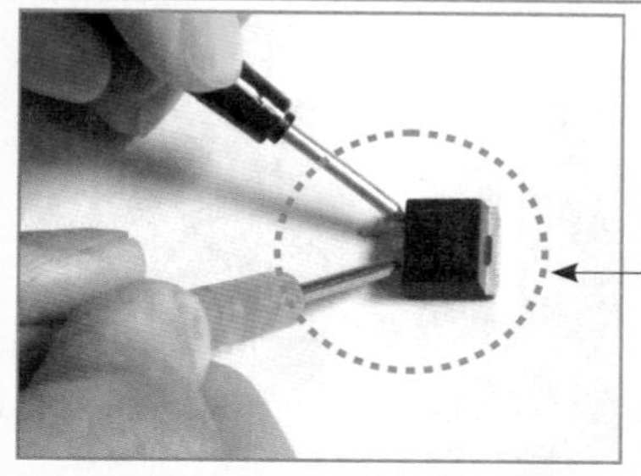

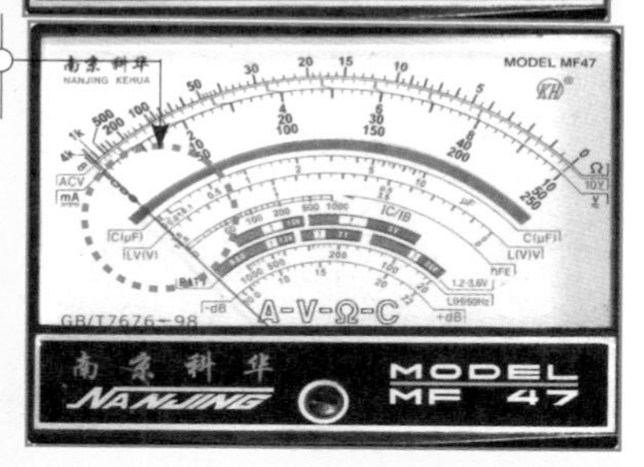

测量分析 1：由于两次测得的电阻值相等，因此可以判断黑表笔所接触的电极为栅极 G，其余两电极分别为漏极 D 和源极 S。

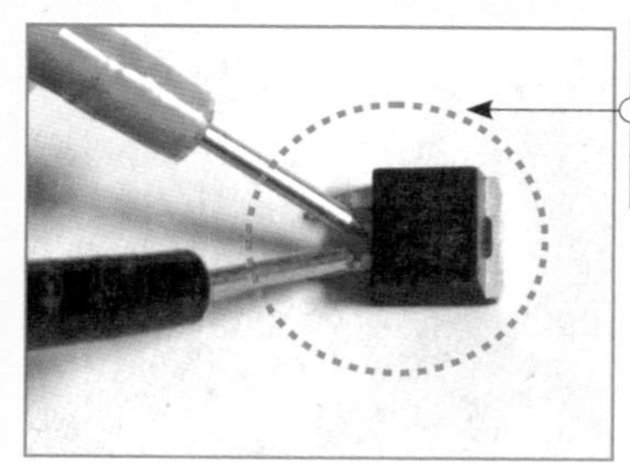

⓫ 将两表笔分别接在漏极 D 和源极 S 的引脚上，测量其电阻值。

⓬ 观察表指针，发现测量的电阻值为 6k。

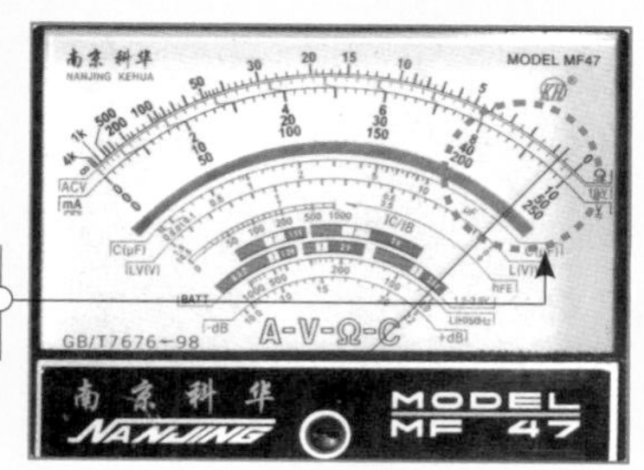

图 11-11　用指针万用表检测场效应管的方法（续）

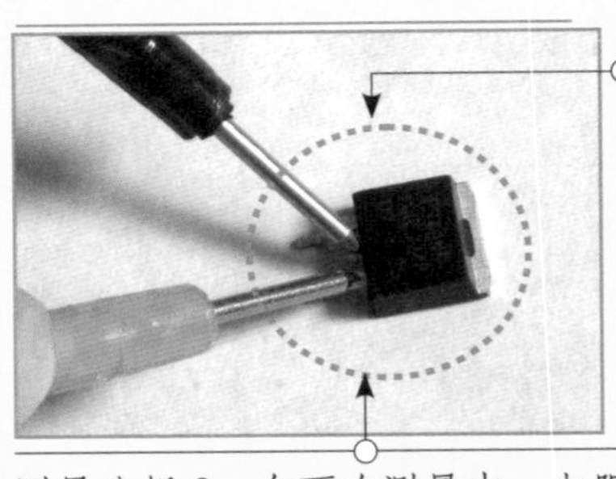

⑬ 再调换表笔测量其电阻值。

⑭ 观察表指针，发现测量的电阻值为 400k。

测量分析 2：在两次测量中，电阻值为“6k”的一次（较小的一次）测量中，黑表笔接的是源极 S，红表笔接的是漏极 D。

⑮ 将万用表的黑表笔接 D 极，红表笔接 S 极，G 极悬空，然后用手指触摸 G 极。

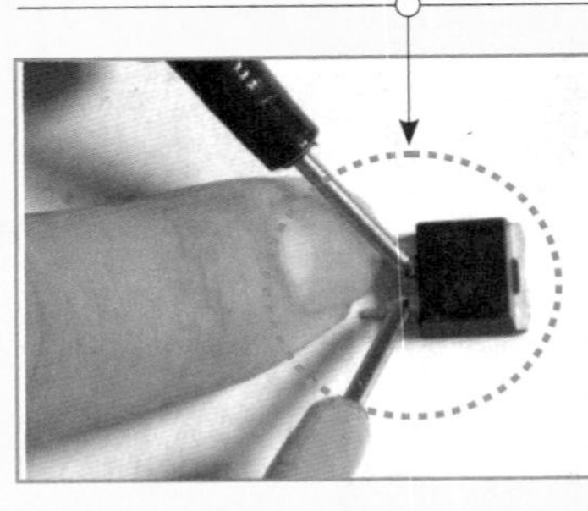

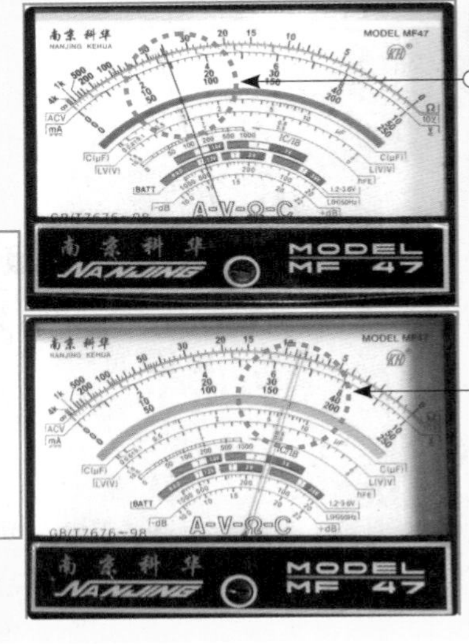

⑯ 测量中发现万用表的指针发生较大的偏转。

图 11-11　用指针万用表检测场效应管的方法（续）

总结：由于测量场效应管时，万用表的表针有较大偏转，因此可以判断此场效应管正常。

11.6.3 场效应管检测经验总结

经验一：用万用表场效应管时，如果两次测出的电阻值均很大，说明是 PN 结的反向，即都是反向电阻，可以判定是 N 沟道场效应管，且黑表笔接的是栅极；如果两次测出的电阻值均很小，说明是正向 PN 结，即是正向电阻，判定为 P 沟道场效应管，黑表笔接的也是栅极。若不出现上述情况，可以调换黑、红表笔按上述方法进行测试，直到判别出栅极为止。

经验二：对于双栅 MOS 场效应管有两个栅极 G_1、G_2。为区分之，可用手分别触摸 G_1、G_2 极，其中表针向左侧偏转幅度较大的为 G_2 极。

经验三：用数字万用表测量场效应管各个引脚间的电阻值时，如果其中两组数据为 1，另一组数据为 300~800，说明场效应管正常；如果其中有一组数据为 0，则场效应管被击穿。

第 12 章 神奇的半导体——晶闸管

晶闸管是一种开关元器件，通常应用在高电压、大电流的控制电路中，它是典型的小电流控制大电流的电子元器件，同时也是故障易发的元器件。要掌握晶闸管的维修检测、代换方法，首先要掌握各种晶闸管的构造、特性、参数、标注规则等基本知识，然后还需掌握晶闸管在电路中的应用特点、晶闸管好坏检测方法等内容，下面重点讲解。

12.1 晶闸管的结构及原理

晶闸管（Thyristor）也称为可控硅整流器（俗称可控硅）是一种四层结构（PNPN），二到四端的大功率半导体器件。晶闸管具有硅整流器件的特性，它可以用加在其控制端的小电流或电压，去控制通过其他两个端子大得多的电流。被广泛应用于速度控制电路、大功率开关电路、无触点电子开关、交流调压、振荡电路、逆变电路、断路器电路、变频电路等电子电路中。图 12-1 所示为电路中常见的晶闸管。

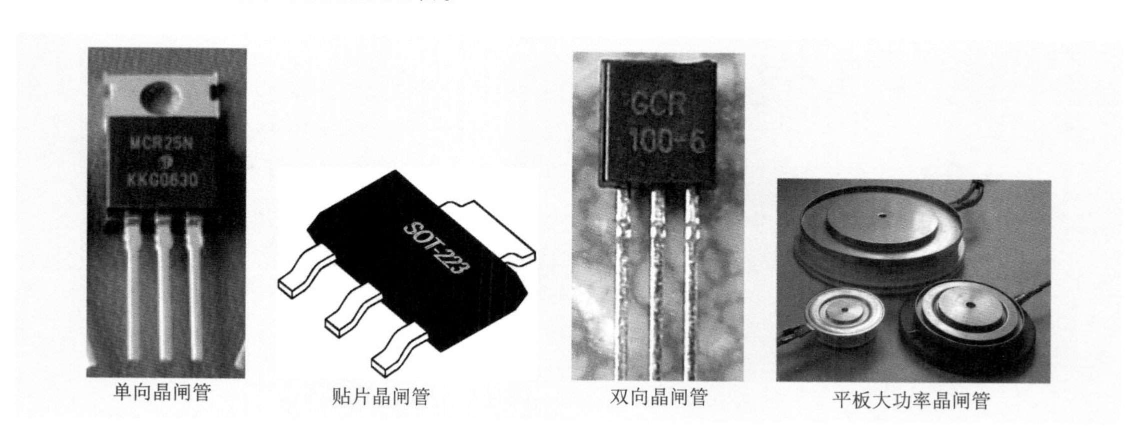

图 12-1　电路中常见的晶闸管

12.1.1 晶闸管的内部结构

晶闸管由 PN 结构成，是一个由 PNPN 四层半导体结构组成的三端器件。晶闸管包括阳极（用 A 表示）、阴极（用 K 表示）和控制极（用 G 表示），其内部结构如图 12-2 所示。

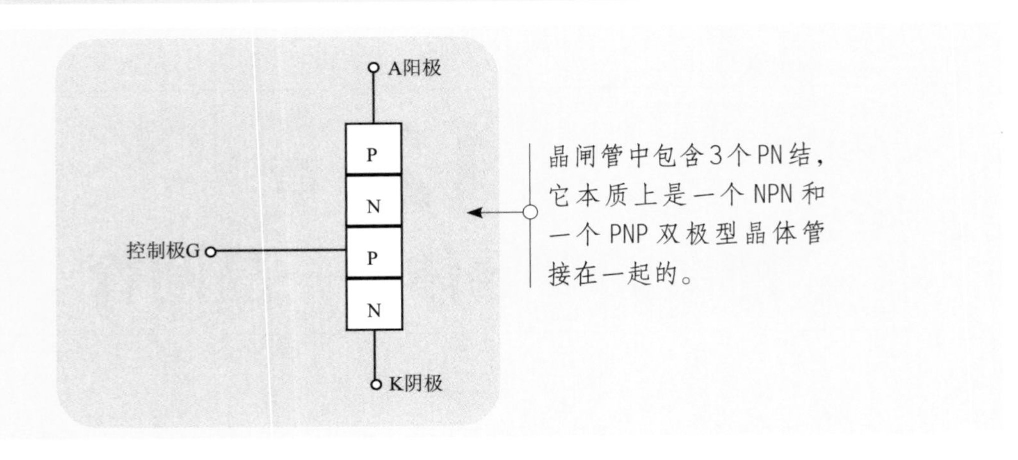

图 12-2　晶闸管内部结构

12.1.2 晶闸管是如何工作的

图 12-3 所示为晶闸管的等效电路（由一个 NPN 和一个 PNP 三极管组成）。晶闸管类似于一个由电控制的开关，当特定的触发电压或电流加在三极管的控制极 G 时，在阳极 A 和阴极 K 之间的导电通电就形成了，电流只能单方向流动，从阳极到阴极。

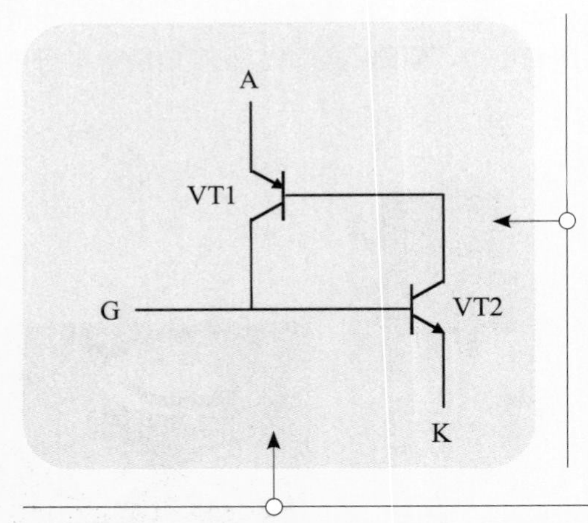

（1）如果在阳极 A 和阴极 K 之间加一个正电压，晶闸管都没有电流流过，是因为晶闸管中有一个 PN 结总是处于反向偏置状态。

（2）如果同时在控制极 G 加一个正电压，就会使晶闸管中的 NPN 晶体管导通，同时 PNP 晶体管基极会有电流流出通过 NPN 集电极，既而使 PNP 晶体也导通。这时晶闸管被导通，电流就可以从阳极 A 自由地流向阴极 K。

（3）晶闸管一旦导通，即使去掉控制极的电压，晶闸管仍可保持导通的状态。如果此时想使导通的晶闸管截止，只有使其电流降到某个值以下或将阳极与阴极间的电压减小到零。

图 12-3　晶闸管工作原理

12.2 常见的晶闸管

晶闸管种类繁多分类方式也不一，具体分类方法如下。

按照关断、导通及控制方式可将晶闸管划分为可关断晶闸管、BTG晶闸管、逆导晶闸管、温控晶闸管、单向晶闸管、双向晶闸管和光控晶闸管等。

按照封装形式可将晶闸管划分为陶瓷封装晶闸管、塑封晶闸管和金属封装晶闸管3类。

按照电流容量可将晶闸管划分为小功率晶闸管、中功率晶闸管和大功率晶闸管3类。通常，中、小功率晶闸管多采用塑封或陶瓷封装，而大功率晶闸管则多采用金属壳封装。

电路中应用最多的是单向晶闸管和双向晶闸管，下面对这两种晶闸管进行介绍。

12.2.1 单向晶闸管

单向晶闸管（SCR）是由P-N-P-N 4层3个PN结组成的。在单向晶闸管阳极（用A表示）、阴极（用K表示）两端加上正向电压，同时给控制极（用G表示）加上合适的触发电压，晶闸管即可被导通。常见的单向晶闸管如图12-4所示。

单向晶闸管被广泛应用于可控整流、逆变器、交流调压和开关电源等电路中。

图12-4 单向晶闸管

12.2.2 双向晶闸管

双向晶闸管是由N-P-N-P-N 5层半导体组成的，相当于两个反向并联的单向晶闸管。双向晶闸管有3个电极，它们分别为第一电极T_1、第二电极T_2和控制极G。

双向晶闸管的第一电极T_1与第二电极T_2间，无论所加电压极性是正向还是反向，只要控制极G和第一电极T_1（或第二电极T_2）间加有正、负极性不同的触发电压，满足其必需的触发电流，双向晶闸管即可触发导通。此时，第一电极T_1、第二电极T_2间压降约为1V。

双向晶闸管一旦导通，即使失去触发电压，也能继续维持导通状态。当第一电极T_1、第二电极T_2电流减小至维持电流以下，或T_1、T_2间电压改变极性，且无触发电压时，双向晶闸管阻断。常见的双向晶闸管如图12-5所示。

双向晶闸管相当于两个反向并联的单向晶闸管。

图12-5 双向晶闸管

12.3 晶闸管的符号及主要指标

我们了解了常见的晶闸管以及其工作原理，那么在具体的电路图中它们是如何表示的呢，本节中我们将细致地讲述晶闸管的图形符号及参数指标，掌握了它们，对于我们快速高效地分析电路原理，找到故障原因非常有用。

12.3.1 晶闸管的文字符号和图形符号

晶闸管是电子电路中最常用的电子元器件之一，一般用字母“K”“VS”加数字表示。晶闸管的电路图形符号如图 12-6 所示。

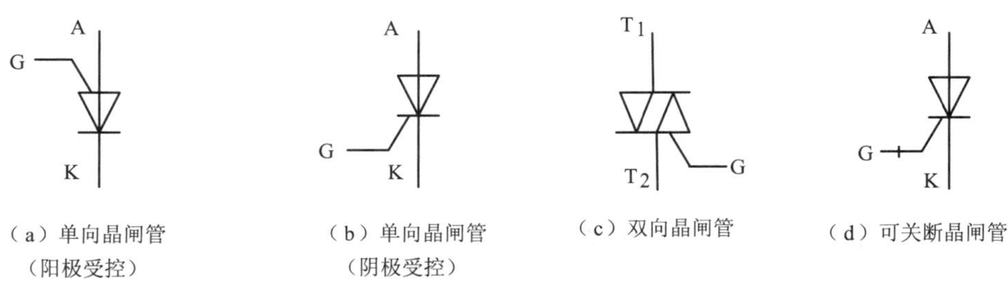

图 12-6 晶闸管的图形符号

12.3.2 晶闸管的主要指标

晶闸管的主要指标有额定正向平均电流、正向阻断峰值电压、反向阻断峰值电压、通态平均电流、正向平均压降等，具体如表 12-1 所示。

表 12-1 晶闸管的主要指标

指标名称	功 能
额定正向平均电流（I_F）	晶闸管的额定正向平均电流是指在规定的环境温度、标准散热和全导通的情况下，允许连续通过晶闸管阴极和阳极的工频（50Hz）正弦波半波电流的最大平均值
正向阻断峰值电压（U_{DRM}）	正向阻断峰值电压是指晶闸管在正向阻断时，允许加在 A、K（或 T_1、T_2）极间最大的峰值电压
反向阻断峰值电压（U_{PRM}）	反向阻断峰值电压是指在控制极开路，结温为额定值时允许重复加在该器件上的反向峰值电压
通态平均电流（I_T）	通态平均电流是指晶闸管在规定的环境温度和标准散热条件下，正常工作时 A、K（或 T_1、T_2）极间所允许通过的电流平均值
正向平均压降	正向平均压降是指在规定条件下，晶闸管正常工作时，通过正向额定平均电流，在阴阳两极间所消耗电压降的平均值
维持电流（I_H）	晶闸管的维持电流是指可以维持晶闸管导通状态的最小电流。当正向电流小于 I_H 时，晶闸管会自动关断
门极触发电压（U_{GT}）	晶闸管的门极触发电压是指在规定环境温度且晶闸管阳极与阴极之间接有合适的正向电压情况下，使晶闸管从阻断状态导通所需的最小门极直流电压

续表

指标名称	功　能
反向击穿电压（U_{BR}）	晶闸管的反向击穿电压是指在额定结温下，晶闸管阳极A极与阴极K极之间施加反向正弦半波电压时，其反向漏电电流急剧增加情况下所对应的峰值电压
断态重复峰值电流（I_{DR}）	晶闸管的断态重复峰值电流是指晶闸管在断态下的正向最大平均漏电电流值，一般小于100μA

12.4 晶闸管应用电路

了解了晶闸管的主要参数指标，接下来我们就可以分析一下应用电路了，常见的晶闸管应用电路包括晶闸管振荡器电路和晶闸管整流电路，其中整流电路可以分为单向和双向两类。

12.4.1 晶闸管振荡器电路

如图12-7所示为晶闸管振荡器电路，其中R_3为阳极电阻，R_4为阴极电阻。控制极G的电位由电源E经电阻R_1、R_2分压获得。

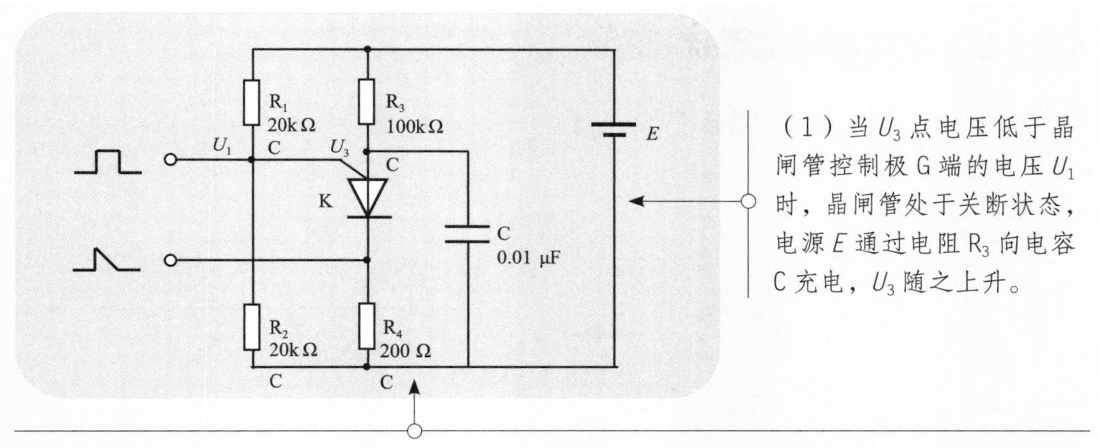
R1
20kΩ
R3
100kΩ
E
U1
C
U3
C
K
C
0.01 μF
R2
20kΩ
R4
200 Ω
C
C
（1）当U_3点电压低于晶闸管控制极G端的电压U_1时，晶闸管处于关断状态，电源E通过电阻R_3向电容C充电，U_3随之上升。
（2）当U_3点电压超过U_1点电压约0.6V时，晶闸管由截止变为导通，电容C所充电压迅速通过晶闸管的阳极A向阴极K放电。
（3）当U_3点电压放电至晶闸管控制端G电压U_1时，晶闸管由导通变回截止。这样周而复始，产生张弛振荡。

图12-7　晶闸管振荡器电路

12.4.2 单向晶闸管整流电路

图12-8所示为单向晶闸管整流电路。图中，R_L为负载，K为晶闸管，R_1为可调电阻，电源为一个正弦交流电。

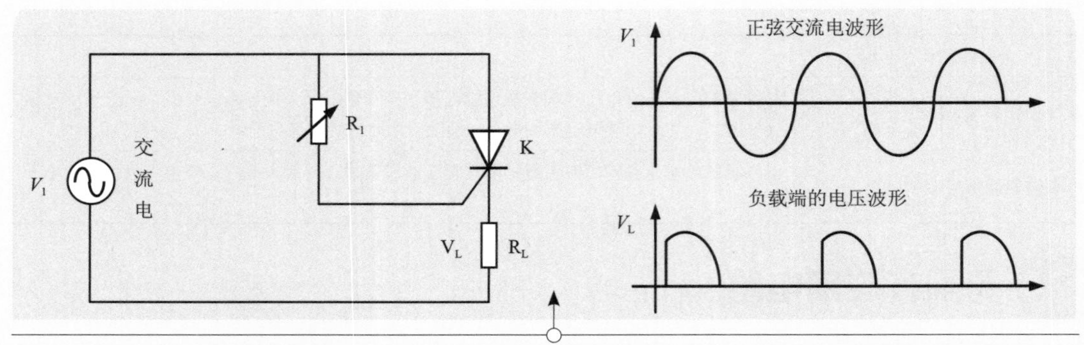

（1）当处于交流电正半周时，正弦交流电通过可调电阻 R_1 后，加在晶闸管控制极 G，使晶闸管导通。此时交流电通过阳极 A 流向阴极 K 后为负载 R_L 供电。

（2）当处于交流电负半周时，晶闸管类似反向偏置的二极管，晶闸管关断，停止向负载 R_L 供电。

（3）增加可调电阻 R_L 的阻值，会降低提供给晶闸管控制极 G 的电流或电压，这使晶闸管阳极 A 到阴极 K 的导通产生一个时间的滞后。结果使晶闸管在一个周期中导通的部分可以控制，这意味着通过负载 R_L 的平均功率可以调整。

图 12-8　晶闸管整流电路

12.4.3 双向晶闸管整流电路

图 12-9 所示为双向晶闸管整流电路。图中，R_L 为负载，K_2 为双向晶闸管，R_1 为可调电阻，电源为一个正弦交流电。

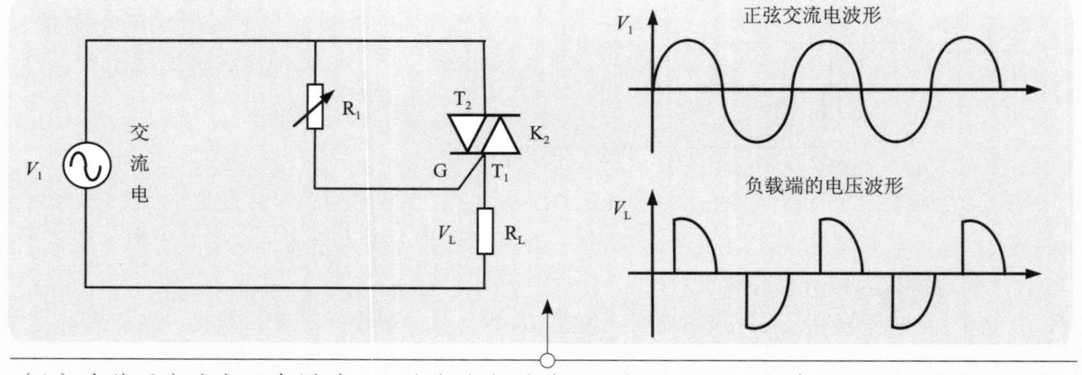

（1）当处于交流电正半周时，正弦交流电通过可调电阻 R_1 后，加在双向晶闸管控制极 G，使双向晶闸管导通。此时交流电通过第二电极 T_2 流向第一电极 T_1 后为负载 R_L 供电。

（2）当处于交流电负半周时，双向晶闸管导通。此时交流电通过第一电极 T_1 流向第二电极 T_2 后，为负载 R_L 供电。

（3）如果加在控制极 G 的电压被消除，当第一电极 T_1 和第二电极 T_2 两端的交流波形经过零位时，双向晶闸管被关断，停止向负载 R_L 供电。

（4）增加可调电阻 R_L 的阻值，会降低提供给晶闸管控制极 G 的电流或电压，这使晶闸管主电极 T_1 和主电极 T_2 导通产生一个时间的滞后。结果使晶闸管在一个周期中导通的部分可以控制，这意味着通过负载 R_L 的平均功率可以调整。

图 12-9　双向晶闸管整流电路

12.5 晶闸管的检测方法

具体实践中，晶闸管的检测主要集中极性识别、绝缘性检测和触发电压检测等三个方面；不过单向晶闸管和双向晶闸管的检测方法会有所区别；掌握它们的基本维修检测方法可以快速高效地处理晶闸管的故障。

12.5.1 识别单向晶闸管引脚的极性

选择万用表的“R×1”挡，依次测量任意两引脚间电阻值。当指针发生偏转时，黑表笔接的是单向晶闸管控制极G，红表笔所接的是单向晶闸管的阴极K，余下那只便是单向晶闸管的阳极A。

12.5.2 单向晶闸管绝缘性的检测方法

将指针式万用表调到欧姆挡的“R×1”挡，分别检测单向晶闸管阴极与阳极、控制极与阳极、控制极与阴极之间的正反向电阻。除控制极与阴极之间的正向电阻较小外，其余阻值均应趋于无穷大；否则说明单向晶闸管已损坏，不能继续使用。

12.5.3 单向晶闸管触发电压的检测方法

将指针式万用表调到欧姆挡的“R×1”挡，黑表笔接单向晶闸管的阳极，红表笔接单向晶闸管阴极，此时指针应无变化。将黑表笔与控制极短接，然后离开可测得阴极与阳极之间有一较小的阻值。

提示：如果控制极与阴极之间的正、反向电阻均接近于0，说明单向晶闸管的控制极与阴极之间已发生短路；如果控制极与阴极之间的正、反向电阻均趋于无穷大，说明单向晶闸管的控制极与阴极之间发生开路；如果控制极与阴极之间的正、反向电阻相等接近，说明单向晶闸管的控制极与阴极之间的PN结已失去单向导电性。

12.5.4 识别双向晶闸管引脚的极性

选择万用表的“R×1”挡，依次测量任意两引脚间的电阻值，测量结果中，会有两组读数为无穷大，一组读数为数十欧姆。其中，读数为数十欧姆的一次测量中，红、黑表笔所接的两引脚可确定一极为T_1，一极为G（但具体还不清楚），另一空脚为第二电极T_2。

排除第二电极T_2后，测量T_1、G间正反向电阻值，其中读数相对较小的那次测量中，黑表笔所接引脚为第一阳极T_1，红表笔所接引脚为控制极G。

12.5.5 双向晶闸管绝缘性的检测方法

将指针式万用表调到“R×1”挡，分别检测双向晶闸管 T_1 与 T_2、G 与 T_2 之间的正反向电阻。检测结果均应为无穷大，否则双向晶闸管已不能正常使用。

12.5.6 双向晶闸管触发电压的检测方法

将指针式万用表调到欧姆挡的“R×1”挡，黑表笔接双向晶闸管的 T_1 极，红表笔接双向晶闸管的 T_2 极，此时指针应无变化。将红表笔与控制极 G 短接，然后离开可测得 T_1 与 T_2 之间有数十欧姆的阻值。

交换红黑表笔，将红表笔接双向晶闸管的 T_1 极，黑表笔接双向晶闸管的 T_2 极，此时指针应无变化。将黑表笔与控制极 G 短接，然后离开可测得 T_1 与 T_2 之间有数十欧姆的阻值。

12.6 晶闸管的代换方法

晶闸管的种类繁多，根据使用的不同需求，通常采用不同类型的晶闸管。在对晶闸管进行代换时，主要考虑其额定峰值电压、额定电流、正向压降、门极触发电流及触发电压、开关速度等参数。最好选用同类型、同特性、同外形的晶闸管进行代换。

逆变电源、可控整流、交直流电压控制、交流调压、开关电源保护等电路，一般使用普通晶闸管。

交流调压、交流开关、交流电动机线性调速、固态继电器、固态接触器及灯具线性调光等电路，一般使用双向晶闸管。

超声波电路、电子镇流器、开关电源、电磁灶及超导磁能储存系统等电路，一般使用逆导晶闸管。

光探测器、光报警器、光计数器、光电耦合器、自动生产线的运行监控及光电逻辑等电路，一般使用光控晶闸管。

过电压保护器、锯齿波发生器、长时间延时器及大功率晶体管触发等电路，一般使用 BTC 晶闸管。

斩波器、逆变电源、各种电子开关及交流电动机变频调速等电路，一般使用门极关断晶闸管。

另外，代换用的晶闸管应与损坏的晶闸管的开关速度一致，如高速晶闸管损坏后，只能选用同类型的高速晶闸管，而不能用普通晶闸管来代换。

12.7 晶闸管动手检测实践

前面内容主要学习了晶闸管的基本知识、应用电路、故障判断以及检测思路等，本节将主要通过各种晶闸管的检测实战来讲解晶闸管的检修方法。

12.7.1 单向晶闸管动手检测实践

对于电路中的单向晶闸管，可以采用如图 12-10 所示的方法进行检测。

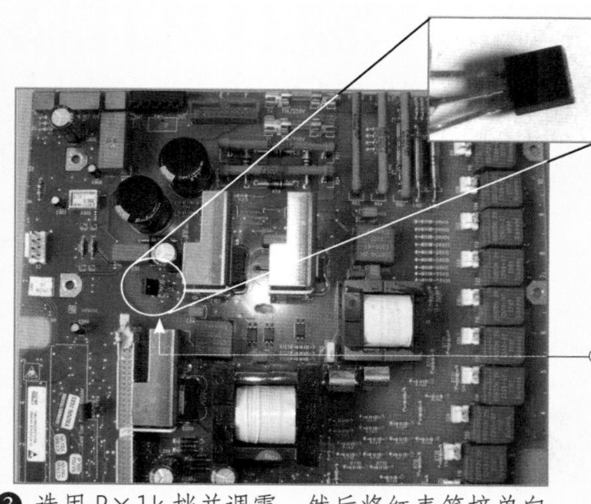

❷ 接着将待测单向晶闸管从电路板上卸下，并清洁单向晶闸管的引脚，去除引脚上的污物，确保测量时的准确性。

❶ 观察单向晶闸管外观，看待测单向晶闸管是否损坏，有无烧焦或针脚断裂等情况。如果有，则单向晶闸管损坏。

❸ 选用 R×1k 挡并调零，然后将红表笔接单向晶闸管的控制极 G，黑表笔接单向晶闸管的阴极 K，测量控制极 G 与阴极 K 之间的反向电阻值。

❹ 观察表盘，测量的控制极 G 与阴极 K 之间的反向电阻值为无穷大。

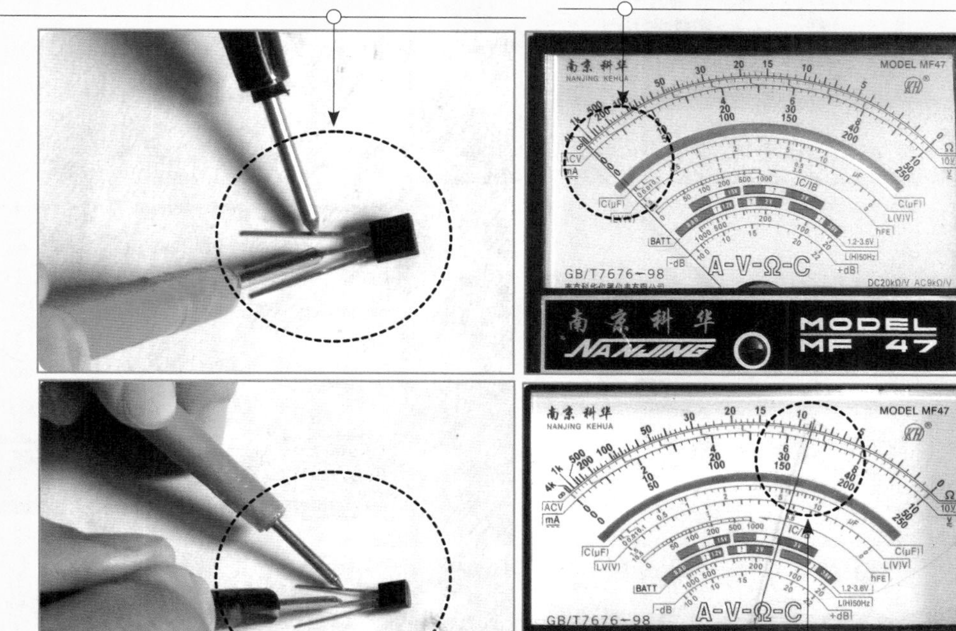

❺ 将表笔对调，黑表笔接单向晶闸管的控制极 G，将红表笔接单向晶闸管的阴极 K，测量控制极 G 与阴极 K 之间的正向电阻值。

❻ 观察表盘，测量的控制极 G 与阴极 K 之间的正向电阻值为 9kΩ。

图 12-10 检测单向晶闸管

总结：由于测量的控制极 G 与阴极 K 之间的反向电阻值（无穷大）远大于控制极 G 与阴极 K 之间的反向电阻值（9kΩ），因此可以判断此晶闸管正常。

提示：如果控制极 G 与阴极 K 之间的正、反向电阻值均趋于无穷大，则说明单向晶闸管的控制极 G 与阴极 K 之间存在开路现象；如果控制极 G 与阴极 K 之间的正、反向电阻值均趋于 0，则说明单向晶闸管的控制极 G 与阴极 K 之间存在短路现象；如果控制极与阴极 K 之间的正、反向电阻值相等或接近，则说明单向晶闸管的控制极 G 与阴极 K 之间的 PN 结已失去单向导电性。

12.7.2 双向晶闸管动手检测实践

对于电路中的双向晶闸管，可以采用如图 12-11 所示的方法进行检测。

❷ 将待测双向晶闸管从电路板上卸下，并清洁双向晶闸管的引脚，去除引脚上的污物，确保测量时的准确性。

❶ 观察双向晶闸管外观，看待测双向晶闸管是否损坏，有无烧焦或针脚断裂等情况。如果有，则双向晶闸管损坏。

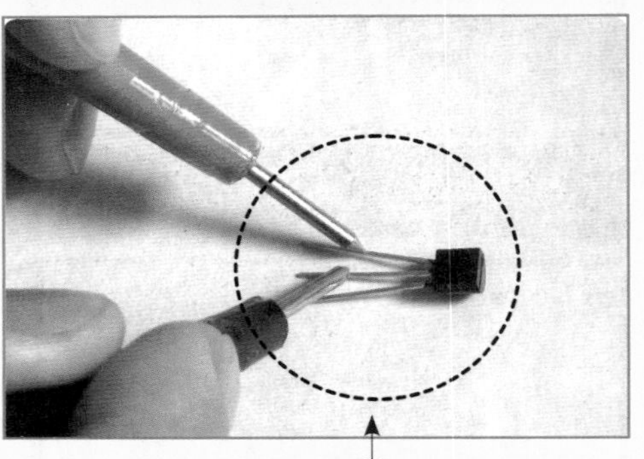

❸ 选用 R×1k 挡并调零，然后将红表笔接双向晶闸管的第一阳极 T1，黑表笔接双向晶闸管的控制极 G 进行测量。

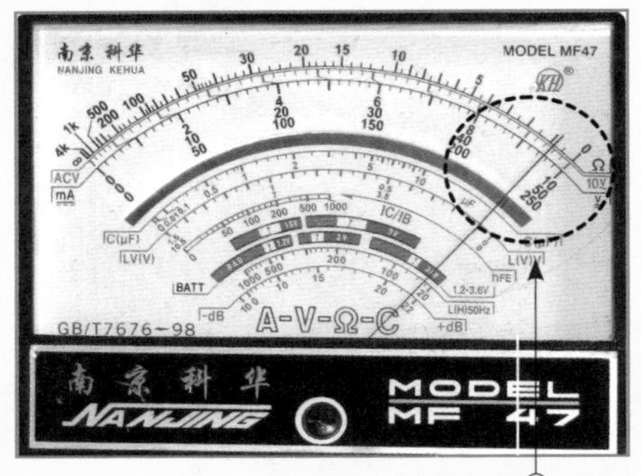

❹ 测得第一阳极 T1 与控制极 G 之间的反向电阻值为 0.9kΩ。

图 12-11 检测双向晶闸管

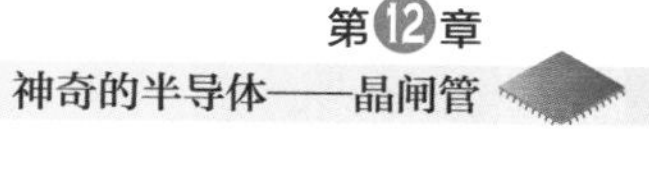

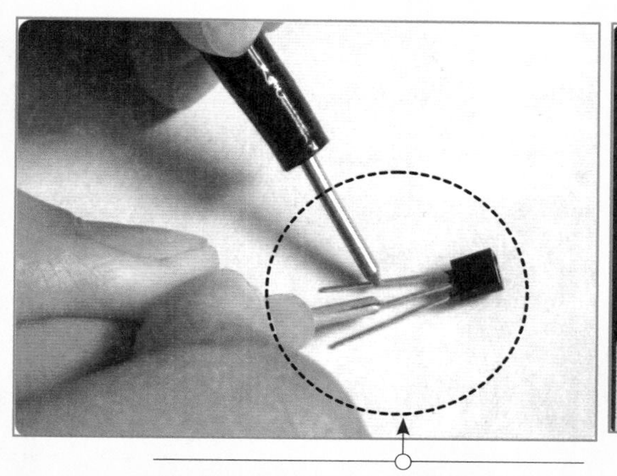

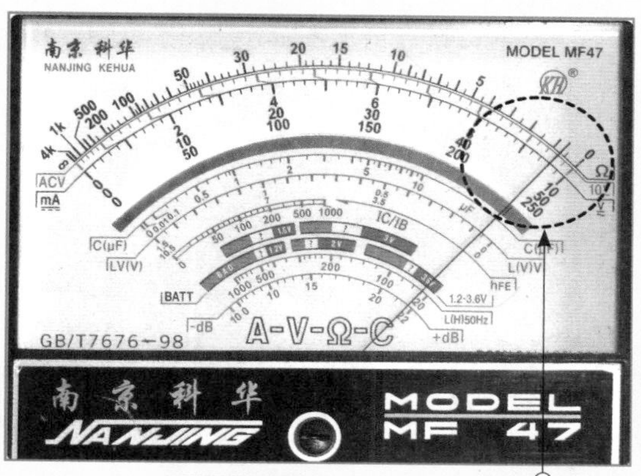

❺ 将表笔对调，红表笔接双向晶闸管的控制极 G，黑表笔接双向晶闸管的阴极 K。

❻ 测得控制极 G 与阴极 K 之间的正向电阻值为 0.7kΩ。

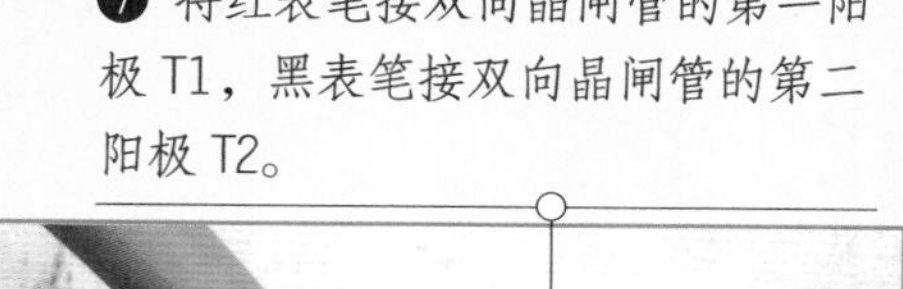

❼ 将红表笔接双向晶闸管的第一阳极 T1，黑表笔接双向晶闸管的第二阳极 T2。

❽ 测得第一阳极 T1 与第二阳极 T2 之间的正向电阻值为无穷大。

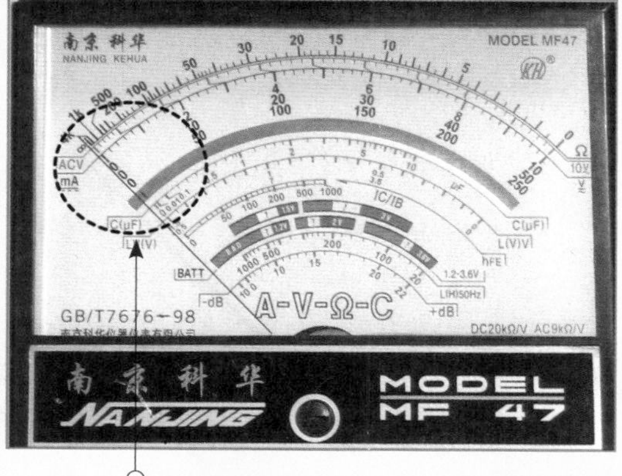

❾ 将表笔对调，黑表笔接双向晶闸管的第一阳极 T1，红表笔接双向晶闸管的第二阳极 T2。

❿ 测得第一阳极 T1 与第二阳极 T2 之间的反向电阻值为无穷大。

图 12-11　检测双向晶闸管（续）

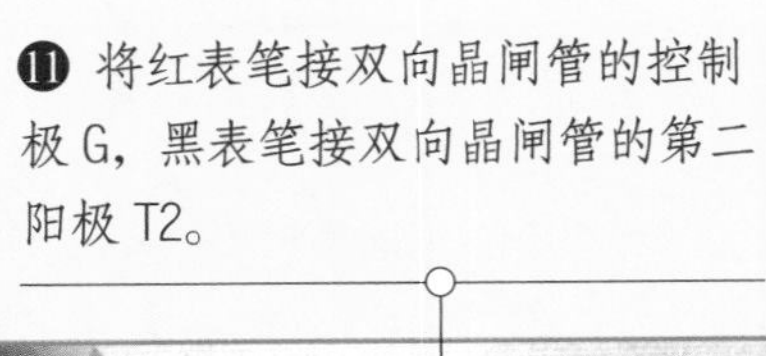

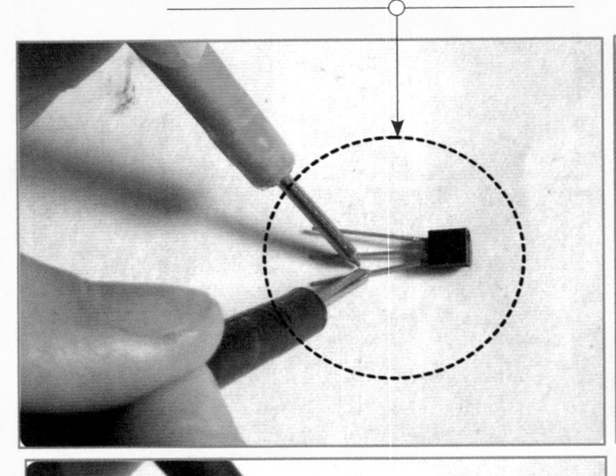

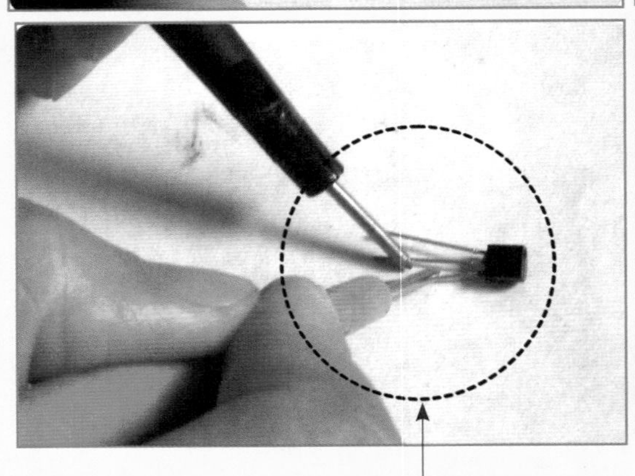

图 12-11　检测双向晶闸管（续）

总结：由于第一阳极 T1 与控制极 G 之间的正向电阻值（0.7kΩ）小于第一阳极 T1 与控制极 G 之间的反向电阻值（0.9kΩ），且第一阳极 T1 与第二阳极 T2 间的正、反向电阻值，控制极 G 与第二阳极 T2 间的正、反向电阻值均为无穷大，因此可以判断此双向晶闸管正常。

提示：如果第一阳极 T1 与第二阳极 T2 间的正、反向电阻值均很小或控制极 G 与第二阳极 T2 间的正、反向电阻值均很小，则该双向晶闸管的电极间有漏电或被击穿短路。

12.7.3 晶闸管检测经验总结

经验一：用指针万用表 R×1 挡依次测量任意两脚间的电阻值，当指针有偏转时，黑表笔

接的是控制极 G。

经验二：测量双向晶闸管各电极之间的电阻值时，如果第一阳极 T1 与第二阳极 T2 间的正、反向电阻值均很小或控制极 G 与第二阳极 T2 间的正、反向电阻值均很小，则该双向晶闸管的电极间有漏电或被击穿短路。

经验三：用指针万用表 R×1 挡，依次测量任意两脚间的电阻值，测量结果中，有两组读数为无穷大，一组读数为数十欧姆。其中，读数为数十欧姆的一次测量中，红、黑表笔所接的两引脚分别为第一阳极 T1 和控制极 G，另一空脚为第二阳极 T2。

第13章 继电器轻松实现电路控制

继电器广泛应用于遥控、遥测、通信、自动控制、机电一体化及电力电子设备中，是最重要的控制元器件之一。继电器同时也是易发故障的元器件之一，要掌握继电器的维修检测方法，就要认真学习本章内容。

13.1 继电器的功能与作用

继电器是日常生活中常用的一种控制设备，通俗地说就是开关，在条件满足的情况下关闭或者开启。继电器是自动控制中常用的一种电子元器件，它是利用电磁原理、机电或其他方法实现接通或断开一个或一组接点的一种自动开关，以完成对电路的控制功能。正是继电器的这种功能，才使它能在电路中起到自动操作、自动调节及安全保护等作用。

除此之外，继电器还可以用小电流来控制较大电流或高电压的转接变换；继电器合理的组合还可以构成逻辑电路及时序电路。因此，继电器在各种电子设备、自动控制装置、计算机、通信设备及遥控装置等方面均得到了广泛的应用。图13-1所示为电路中常见的继电器。

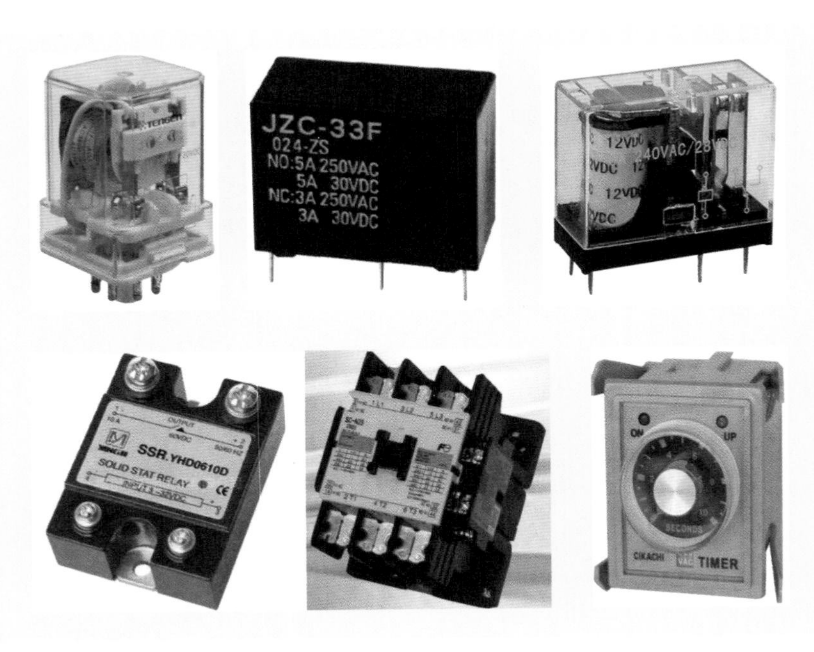

图13-1 电路中常见的继电器

13.1.1 继电器的结构

继电器是在自动控制电路中起控制与隔离作用的执行部件，它实际上是一种可以用低电压、小电流来控制大电流、高电压的自动开关。

电磁继电器由铁心、电磁线圈、衔铁、动铁片、复位弹簧、动触点、静触点及引脚等组成，如图 13-2 所示。

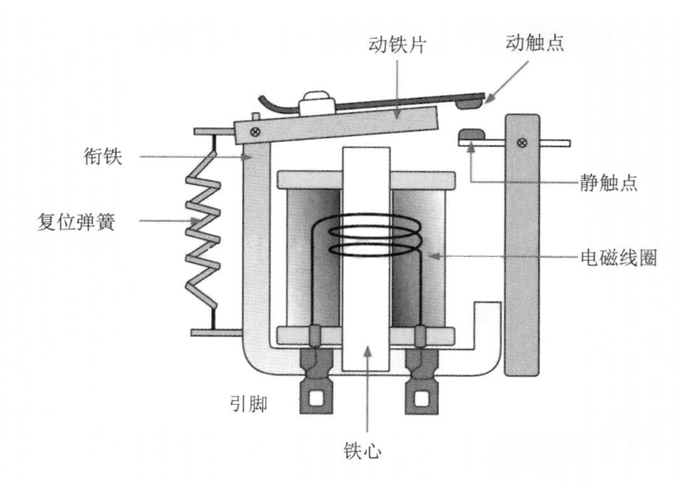

图 13-2 电磁继电器的结构

13.1.2 继电器的工作原理

继电器主要是利用电磁感应原理而工作的，下面用一个电路来说明，其中，电磁铁、弹簧、低压电源和开关组成控制电路，电动机、高压电源和继电器的触点部分组成工作电路，如图 13-3 所示。

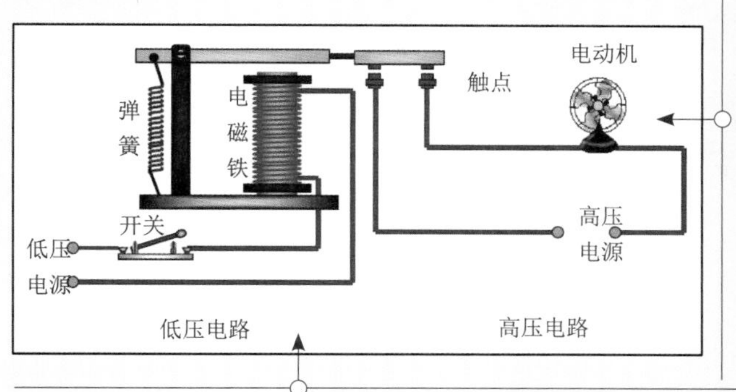

（1）当闭合控制电路开关，电磁铁线圈中有控制电流通过时，线圈中就会流过一定的电流，从而产生电磁效应，衔铁就会在电磁力吸引的作用下克服弹簧片的应力吸向铁心，从而带动衔铁的动触点与静触点（常开触点）吸合，使工作电路触点闭合，电动机启动。

（2）当线圈断电后，电磁吸力也随之消失，衔铁就会在弹簧片的应力作用下返回原来的位置，使动触点与原来的静触点（常闭触点）断开（称为“释放”），切断工作电路，电动机停止工作。

图 13-3 继电器工作原理

继电器通过吸合、释放，达到接通或切断电路的目的。利用继电器可以用低电压、弱电流的信号电路来控制高电压、强电流的工作电路。继电器的种类繁多，但其基本原理都是利用电磁铁控制电路的通 / 断来控制继电器触点的分离和接触。继电器在自动控制、远距离操纵系统中被广泛应用。

13.2 常用的继电器

继电器是一种电子控制器件，具有控制电路的功能。继电器的分类方法较多，一般把继电器分为直流继电器、交流继电器、舌簧继电器、时间继电器和固态继电器 5 种。按照用途来分，可以分为启动继电器、中间继电器、步进继电器、过载继电器、限时继电器以及温度继电器等；按照继电器动作的时间来分，又把动作时间小于 50ms 的继电器称为快速继电器，动作时间在 50ms~1s 的继电器称为标准继电器，动作时间大于 1s 的继电器称为延时继电器。

另外，通常又将功率在 25W 以下的继电器称为小功率继电器，把功率在 25~100W 的继电器称为中功率继电器，功率在 100W 以上的继电器则称为大功率继电器。

下面介绍一些常用的继电器。

13.2.1 电磁继电器

电磁继电器由控制电流通过线圈所产生的电磁吸力驱动磁路中的可动部分而实现触点开、闭或转换功能的继电器。电磁继电器主要包括直流电磁继电器、交流电磁继电器和磁保持继电器 3 种。图 13-4 所示为交流电磁继电器。

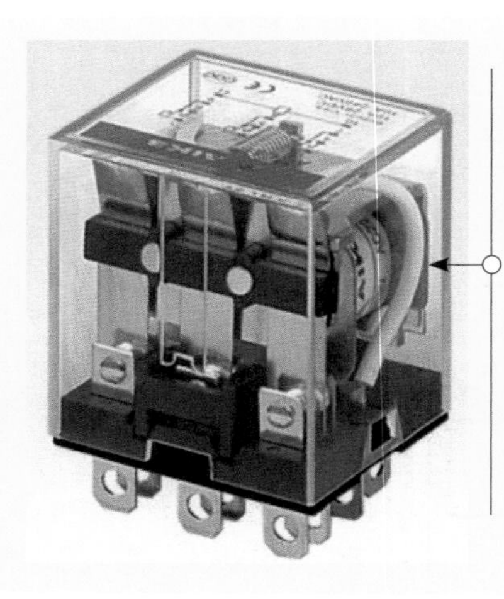

（1）控制电流为直流的电磁继电器。按触点负载大小分为微功率、弱功率、中功率和大功率 4 种；控制电流为交流的电磁继电器为交流电磁继电器。

（2）按线圈电源频率高低分为 50Hz 和 400Hz 两种；利用永久磁铁或具有很高剩磁特性的零件，使电磁继电器的衔铁在其线圈断电后仍能保持在线圈通电时的位置上的继电器为磁保持继电器。

图 13-4　交流电磁继电器

13.2.2 舌簧继电器

利用密封在管内，具有触点簧片和衔铁磁路双重作用的舌簧的动作来开、闭或转换线路的继电器。

13.2.3 固态继电器

固态继电器是一种能够像电磁继电器一样执行开、闭线路的功能，且其输入和输出的绝缘程度与电磁继电器相当的全固态器件。图 13-5 所示为固态继电器。

图 13-5 固态继电器

13.2.4 热继电器

利用热效应而动作的继电器为热继电器。热继电器又包括温度继电器和电热式继电器。其中，当外界温度达到规定要求时而动作的继电器称为温度继电器；而利用控制电路内的电能转变成热能，当达到规定要求时而动作的继电器称为电热式继电器。图 13-6 所示为热继电器。

通常使用的热继电器适用于交流 50Hz、60Hz、额定电压至 660V、额定电流至 80A 的电路中，供交流电动机的过载保护用。它具有差动机构和温度补偿环节，可与特定的交流接触器插接安装。

图 13-6 热继电器

13.2.5 时间继电器

当加上或除去输入信号时，输出部分需延时或限时到规定的时间才闭合或断开其被控线路的继电器称为时间继电器。图 13-7 所示为时间继电器。

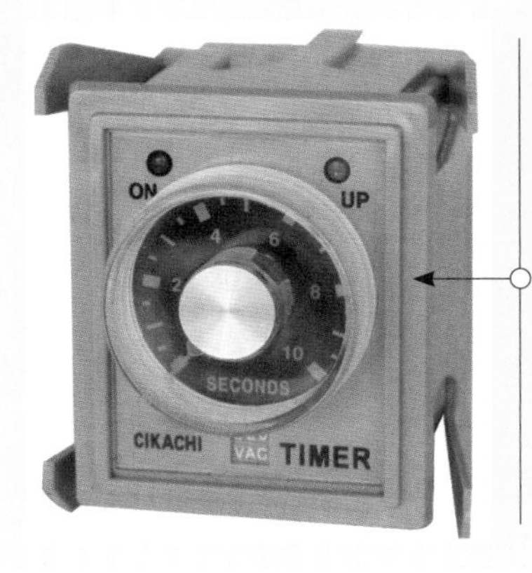

时间继电器也是很常用的一种继电器，其作用是作延时元器件，通常它可以在交流 50Hz、60Hz、电压至 380V、直流至 220V 的控制电路中作延时元器件，按预定的时间接通或分断电路。可广泛应用于电力拖动系统，自动程序控制系统及在各种生产工艺过程的自动控制系统中起时间控制作用。

图 13-7 时间继电器

13.3 继电器的电路符号及触点形式

了解了常用的继电器，我们从实物转到电路图，透彻地弄明白继电器的电路符号，更重要的是要清楚继电器的三种触点形式，这对于正确地分析继电器应用电路非常有用。

13.3.1 继电器的电路符号

继电器在电路中常用字母“J”加数字表示，而不同继电器在电路中有不同的图形符号。图 13-8 所示为继电器的图形符号。

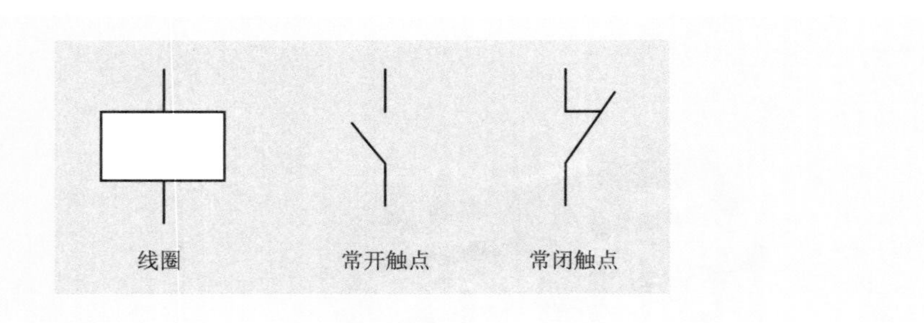

图 13-8 继电器的图形符号

13.3.2 继电器的触点形式

常用继电器的触点主要有 3 种基本形式：动合型（H 型）、动断型（D 型）和转换型（Z 型）。图 13-9 所示为 3 种触点形式的符号。

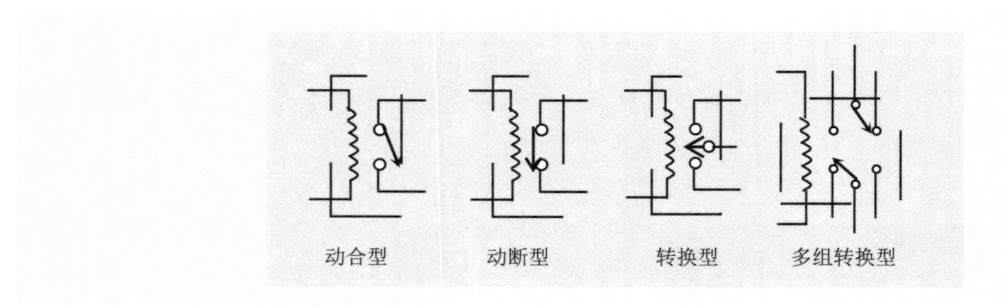

图 13-9 3 种触点形式的符号

（1）动合型（H 型）

动合型继电器线圈不通电时，触点断开，通电后触点闭合，用字母“H”表示。

（2）动断型（D 型）

动断型继电器线圈不通电时触点闭合，通电后触点断开，用字母“D”表示。

（3）转换型（Z 型）

转换型继电器是多触点型，一般有三个触点，即中间是动触点，上下各一个静触点。线圈

不通电时，动触点与其中一个静触点断开，而与另一个静触点闭合。线圈通电后，动触点就移动，使原来断开的成闭合状态，原来闭合的成断开状态，达到转换的目的。这样的触点组称为转换触点。用字母“Z”表示。

此外，一个继电器还可以有一个或多个触点组，但均不外乎以上 3 种形式。在电路图中，触点和触点组的画法，规定一律是按不通电时的状态画出。

13.4 继电器的命名和主要指标

在常见继电器的名称中含有很多不同的字母，这些字母代表着不同的特性和尺寸，对于我们了解继电器很有用处；除此之外，在继电器的检测实践中，有很多参数指标可以帮助我们判断继电器的好坏。

13.4.1 继电器的命名

在国产继电器中，继电器的型号主要由 5 部分组成，如图 13-10 所示。

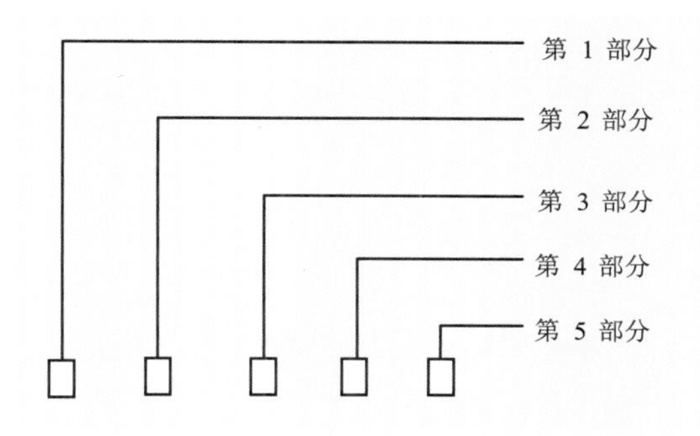

图 13-10 国产继电器命名

第 1 部分为主称部分，用多个字母表示继电器的类别。表 13-1 所示为继电器符号与类别。

表 13-1 继电器符号与类别

符号	类别	符号	类别
JW	微功率	JPT	同轴继电器
JR	弱功率	JPK	真空继电器
JZ	中功率	JU	温度继电器
JQ	大功率	JE	电热式继电器
JL	交流继电器	JF	光电继电器
JM	磁保持继电器	JT	特种继电器
JA	舌簧继电器	JH	极化继电器
JG	固态继电器	JSB	电子时间继电器
JP	高频继电器		

第 2 部分为外形代号，用字母表示。表 13-2 所示为字母符号与外形尺寸。

表 13-2　字母符号与外形尺寸

符　　号	外形尺寸
W	微型继电器，其外形不大于 10mm
C	超小型继电器，其外形尺寸不大于 25mm
X	小型继电器，其外形尺寸不大于 50mm

第 3 部分为短画线。

第 4 部分为序号，用 1~2 个数字表示序号。

第 5 部分为封装形式，用字母表示。其中，M 表示密封，F 表示封闭，（无）表示敞开式。

示例：型号 JZX-10M，表示中功率小型密封式继电器。

13.4.2 继电器的主要指标

继电器的常用指标参数主要包括额定工作电压、直流电阻、吸合电流、释放电流、触点切换电压和负载电流等，下面详细讲解。

1．额定工作电压

额定工作电压是指继电器正常工作时线圈所需要的电压。根据继电器的型号不同，可以是交流电压，也可以是直流电压。

2．直流电阻

直流电阻是指继电器中线圈的直流电阻，可以通过万能表测量。

3．吸合电流

吸合电流是指继电器能够产生吸合动作的最小电流。在正常使用时，给定的电流必须略大于吸合电流，这样继电器才能稳定地工作。而对于线圈所加的工作电压，一般不超过额定工作电压的 1.5 倍，否则会产生较大的电流而把线圈烧毁。

4．释放电流

释放电流是指继电器产生释放动作的最大电流。当继电器吸合状态的电流减小到一定程度时，继电器就会恢复到未通电的释放状态。这时的电流远远小于吸合电流。

5．触点切换电压和负载电流

触点切换电压和负载电流是指继电器允许加载的电压和电流。它决定了继电器能控制电压和电流的大小，使用时不能超过此值，否则很容易损坏继电器的触点。

13.5 继电器的检测方法

在维修继电器时，不同的继电器在检测思路和具体方法上会有所差异，我们选取了电磁继电器、固态继电器和舌簧继电器等常用继电器来讲解继电器的基本维修检测方法，以期帮助读者快速高效地处理继电器的故障。

13.5.1 电磁继电器的检测方法

检测电磁继电器时，可以通过检测继电器电磁线圈的电阻值、检测触点的接触电阻、测量吸合电压和吸合电流的大小、测量释放电压和释放电流的大小等来判断电磁继电器是否正常。

1．检测电磁线圈的电阻值

一般电磁继电器正常时，其电磁线圈的电阻值为 25Ω~2kΩ。而额定电压较低的电磁式继电器，其线圈的电阻值较小；额定电压较高的电磁继电器，线圈的电阻值相对较大。

测量时，用指针万用表欧姆挡的 R×10 挡进行测量，如果测得电磁继电器电磁线圈的电阻值为无穷大，则说明该继电器的线圈已开路损坏。如果测得线圈的电阻值低于正常值许多，则说明线圈内部有短路故障。

2．检测触点的接触电阻

首先用万用表 R×1Ω 挡，测量继电器常闭触点的电阻值，正常值应为 0。然后将衔铁按下，同时用万用表测量常开触点的电阻值，正常值也应为 0。如果测出某组触点有一定阻值或为无穷大，则说明该触点已氧化或触点已被烧蚀。

3．测量吸合电压和吸合电流

将被测电磁继电器电磁线圈的两端接上 0~35V 可调式直流稳压电源（电流为 2A）后，再将稳压电源的电压从低逐步调高，当听到继电器触点吸合动作声时，此时的电压值即为（或接近）继电器的吸合电压，电流值即为继电器的吸合电流。正常情况下，额定工作电压为吸合电压的 1.3 倍，额定工作电流为吸合电流的 1.5 倍。如果吸合电压或吸合电流过大或过小，电磁继电器都存在问题。

4．测量释放电压和释放电流

也像上述那样连接测试，当继电器发生吸合后，再逐渐降低供电电压，当听到继电器再次发生释放声音时，记下此时的电压和电流，亦可尝试多几次而取得平均的释放电压和释放电流。一般情况下，继电器的释放电压为吸合电压的 10% ~50%，如果释放电压太小（小于 1/10 的吸合电压），则电磁继电器存在故障，工作不可靠。

13.5.2 固态继电器的检测方法

在检测固态继电器时，首先要辨别继电器的输入和输出端，然后用万用表检测继电器输入端的电阻和输出端的电阻，并以此判断继电器的好坏。

1. 识别固态继电器的输入、输出端

一般固态继电器都会标注输入端和输出端，对无标识或标识不清的固态继电器的输入、输出端的确定方法如下：

（1）首先将指针万用表置于 R×10k 挡，然后将两表笔分别接固态继电器的任意两只引脚上，看其正、反向电阻值的大小。

（2）当检测出其中一对引脚的正向阻值为几十欧姆至几十千欧姆，反向阻值为无穷大时，此时测量的两个引脚即为输入端。黑表笔所接的为输入端的正极，红表笔所接的为输入端的负极。

（3）确定输出端，如果是交流固态继电器，剩下的两引脚便是输出端且没有正、负之分；如果是直流固态继电器，则判断输出端的正、负极，一般与输入端的正、负极平行相对的就是输出端的正、负极。

2. 判别固态继电器的好坏

判断固态继电器好坏的方法如下：

首先将指针万用表调至欧姆挡的 R×10k 挡，然后测量继电器的输入端电阻。如果正向电阻值在十几千欧姆左右，反向电阻为无穷大，则表明输入端是好的。

用同样挡位测量继电器的输出端，如果阻值均为无穷大，则表明输出端是好的。

13.5.3 舌簧继电器检测方法

舌簧继电器好坏检测方法如下：

首先将指针万用表调至 R×1 挡，然后将两表笔分别接舌簧式继电器靠近永久磁铁（或“万用表”中心调节螺钉处）时，万用表指示阻值为 0Ω。

而将舌簧式继电器离开永久磁铁后，万用表指针返回，阻值变为无穷大，则说明干簧继电器正常，其触点能在磁场的作用下正常接通与断开。如果将舌簧式继电器靠近永久磁铁后，其触点不能闭合，则说明该舌簧式继电器已损坏。

13.6 继电器动手检测实践

前面内容主要学习了继电器的基本知识、功能作用、故障判断及检测思路等，本节将主要通过各种继电器的检测实战来讲解继电器的检修方法。

13.6.1 继电器动手检测实践

一般在空调、汽车、电力设备等设备的电路板中有多种继电器，下面对电路中常见的继电器进行实战检测。电路板中的继电器检测方法如图 13-11 所示。

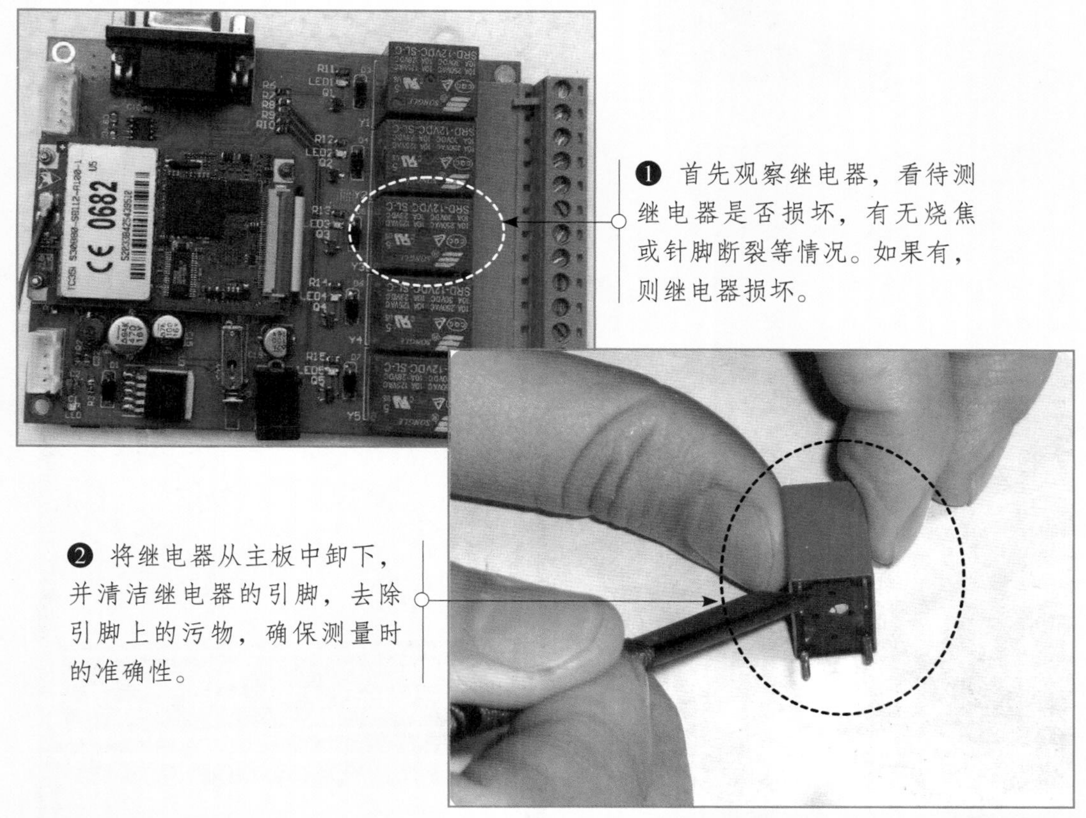

❶ 首先观察继电器，看待测继电器是否损坏，有无烧焦或针脚断裂等情况。如果有，则继电器损坏。
❷ 将继电器从主板中卸下，并清洁继电器的引脚，去除引脚上的污物，确保测量时的准确性。
SRD-12VDC-SL-C
CE 0682

❸ 选用 R×1k 挡并调零，然后将两表笔分别接固态继电器的任意两个引脚上进行测量其。

❹ 观察测量值，发现测量的值为无穷大。

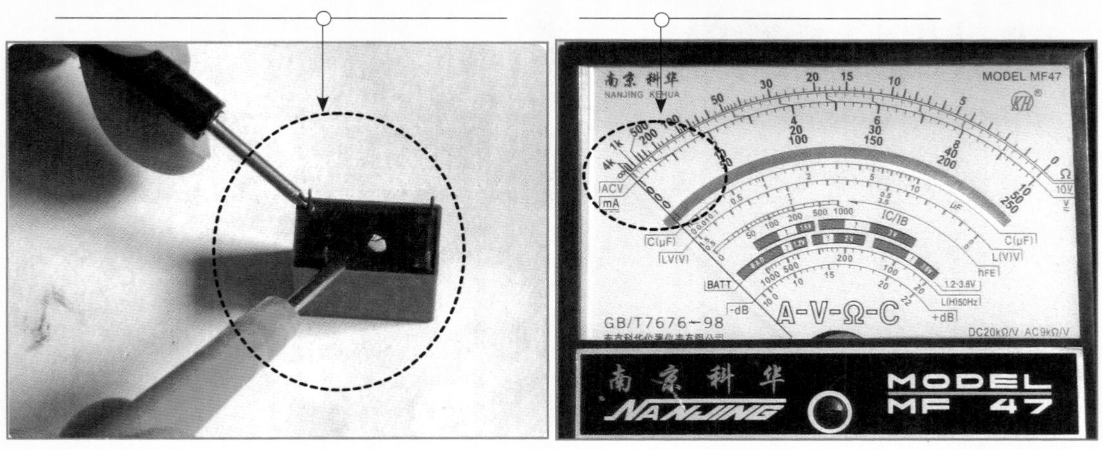

图 13-11 测量电路中的继电器

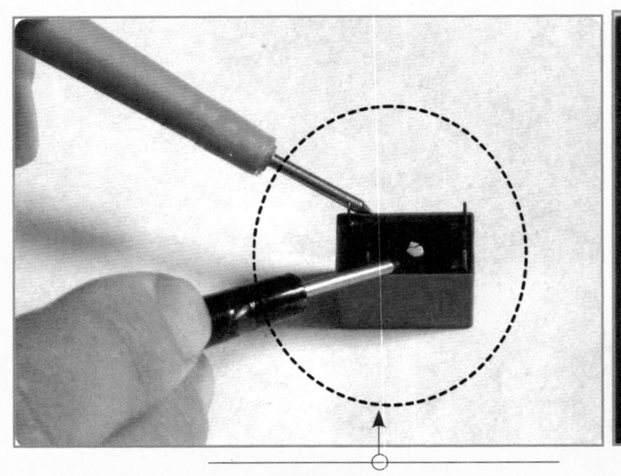

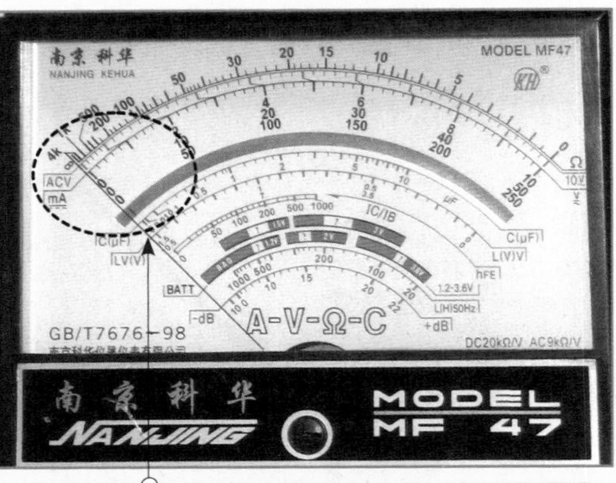

❺ 将两表笔对调继续测量。

❻ 观察测量值，发现测量的值为无穷大。

❼ 由于测量的电阻值均为“无穷大”，将表笔更换到另外两个引脚测量其正、反向电阻值。

❽ 观察测量值，发现测量的值为 1.3kΩ。

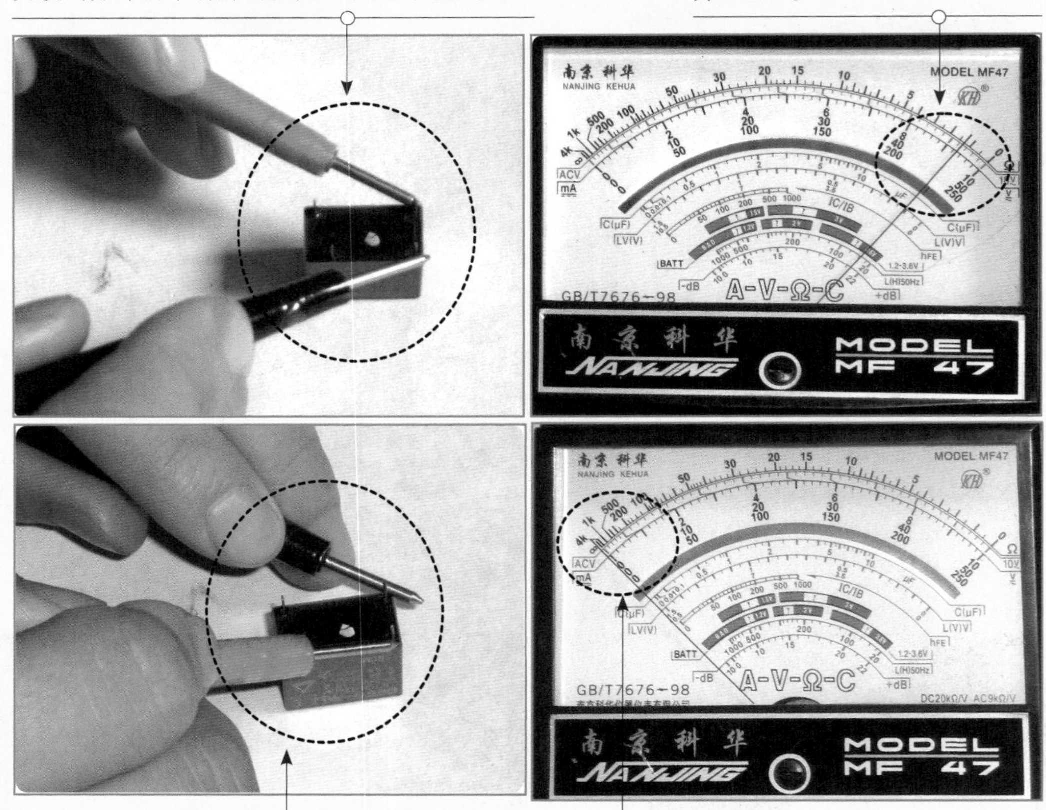

❾ 将两表笔对调继续测量。

❿ 观察测量值，发现测量的值为无穷大。由于测量的引脚的正向电阻值为一个固定值，而反向电阻值为无穷大。因此可以判断，此时测量的两个引脚即为输入端。黑表笔所接为输入端的正极，红表笔所接为输入端的负极。

图 13-11 测量电路中的继电器（续）

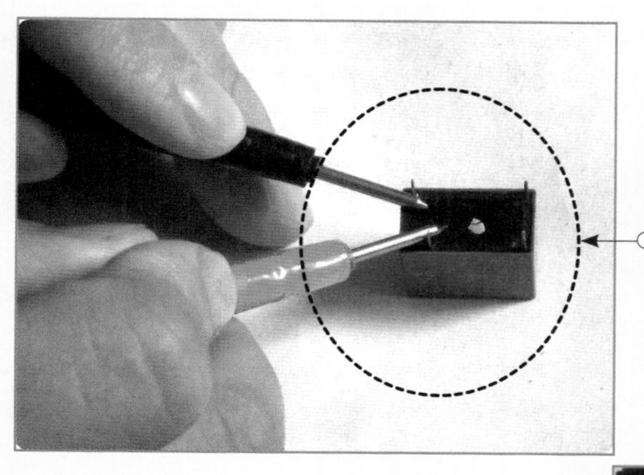

⑪ 将万用表的红、黑表笔分别接继电器的输出端引脚测量。

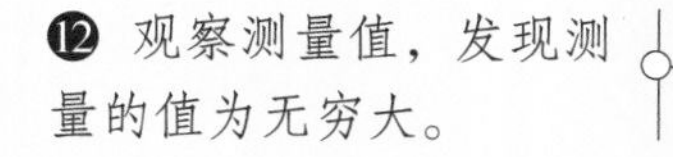

⑫ 观察测量值，发现测量的值为无穷大。

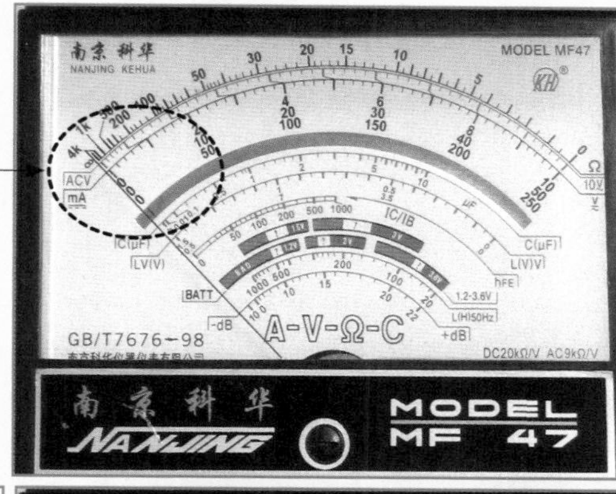

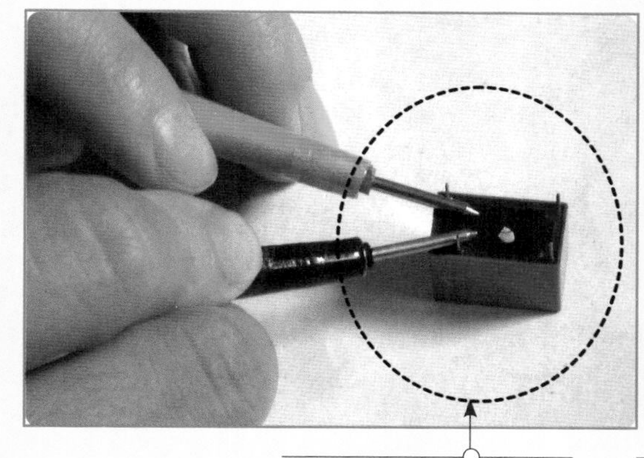

⑬ 将两表笔对调继续测量。
⑭ 观察测量值，发现测量的值为无穷大。

图 13-11　测量电路中的继电器（续）

总结：由于继电器的输入端正向电阻值为一个固定值，反向电阻值为无穷大。而输出端的正、反向电阻值均为无穷大，因此可以判断此继电器正常。

13.6.2 继电器检测经验总结

经验一：用万用表测量电磁继电器的电阻值时，如果测得电磁继电器电磁线圈的电阻值为无穷大，则说明该继电器的线圈已开路损坏。如果测得线圈的电阻值低于正常值许多，则说明线圈内部有短路故障。

经验二：一般情况下，继电器的释放电压为吸合电压的 10% ~50%，如果释放电压太小（小于 1/10 的吸合电压），则电磁继电器存在故障，工作不可靠。

经验三：用万用表测量舌簧式继电器的电阻值时，如果将舌簧式继电器靠近永久磁铁后，其触点不能闭合，则说明该舌簧式继电器已损坏。

第三篇

那些像元器件的电路

本篇共 6 章内容，主要讲解了数字电路、集成电路、放大电路、开关电路、稳压电路、整流滤波电路、升压电路、逆变电路、开关电源电路、放大器电路、RC 滤波电路、LC 滤波电路、RC 振荡电路、LC 振荡电路、555 计时器等常用基本电路的功能结构、工作原理及基本应用。

通过本篇内容的学习，应拾级而上，透彻理解常见基本电路在整个电路中的重要作用，并找到不同基本电路之间的逻辑关联，为高效的电路维修夯实基础。

第14章 集成电路

集成电路几乎在所有的电子电路中都会用到，它是用半导体材料制成的电路的大型集合，功能也多种多样。我们在电路板上看到的各种黑色长方形或者方形的元器件一般都是集成电路，集成电路的好坏直接影响电路的正常运行，因此掌握各种集成电路的特性、参数、故障诊断方法，检测代换方法等知识，对维修集成电路非常重要。

14.1 数字电路与模拟电路

在集成电路中，由于电子信号的差异，分为数字电路和模拟电路两种电路；本节中我们将详细分析数字信号和模拟信号区别以及它们的不同特点。

14.1.1 数字信号与模拟信号

电子电路中的信号包括模拟信号和数字信号两种，模拟信号是时间连续的信号，如正弦波信号、锯齿波信号等。图 14-1 所示为模拟信号图。数字信号是时间和幅度都是离散的信号，如产品数量的统计、数字表盘的读数、数字电路信号等。图 14-2 所示为数字信号图。

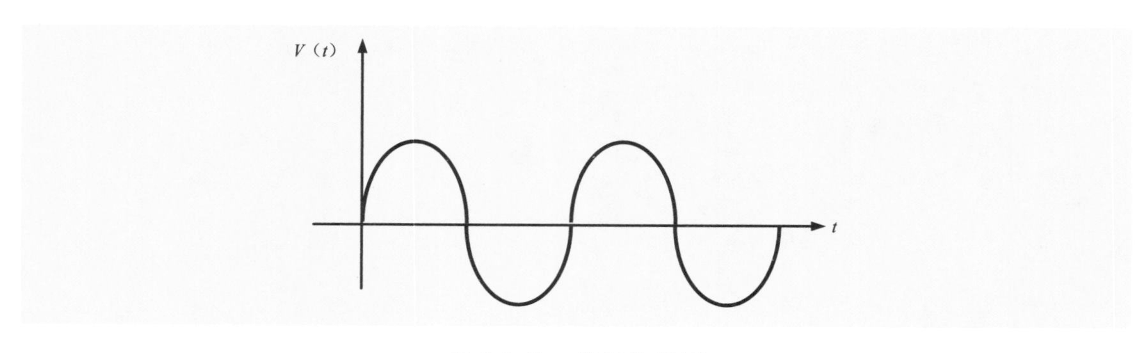

图 14-1 模拟信号图

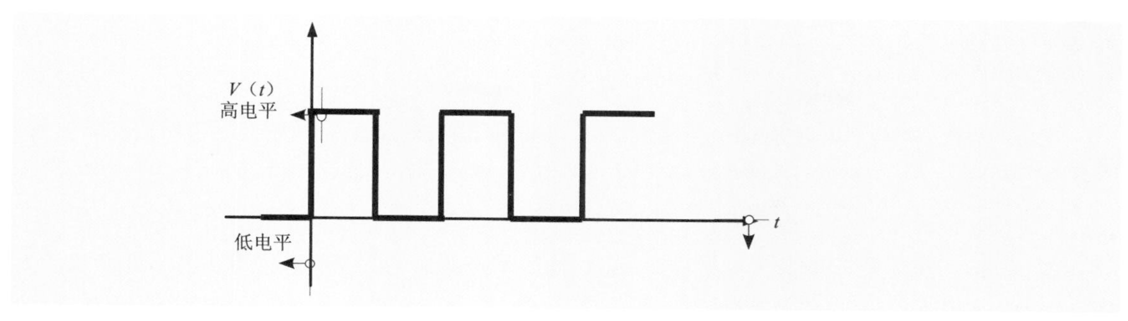

图 14-2　数字信号图

14.1.2 数字电路与模拟电路的特点

模拟电路和数字电路在特点上的最大差别就是信号是否连续变化，这样决定了它们的分析方法有着明显的差异，本节将重点讲解数字电路和模拟电路的特点。

1. 数字电路的特点

在电子设备中，通常把电路分为模拟电路和数字电路两类。其中，用来传输、控制或变换数字信号的电子电路称为数字电路。数字电路工作时通常只有两种状态：高电位（又称高电平）或低电位（又称低电平）。通常把高电位用代码“1”表示，称为逻辑“1”；低电位用代码“0”表示，称为逻辑“0”（按正逻辑定义的）。

注意：有关产品手册中常用“H”代表“1”，“L”代表“0”。实际的数字电路中，到底要求多高或多低的电位才能表示“1”或“0”，这要由具体的数字电路来定。例如，一些 TTL 数字电路的输出电压不大于 0.2V，均可认为是逻辑“0”，不小于 3V，均可认为是逻辑“1”（电路技术指标）。CMOS 数字电路的逻辑“0”或“1”的电位值与工作电压有关。

数字电路的特点如下：

数字电路的信号是不连续变化的数字信号，所以在数字电路中工作的元器件多数工作在开关状态，即工作在饱和区和截止区，而放大区只是过渡状态。数字电路的主要研究对象是电路输入和输出之间的逻辑关系，因而在数字电路中就不能采用模拟电路的分析方法，例如，微变等效电路法等就不适用。这里的主要分析工具是逻辑代数，表达电路的功能主要用真值表、逻辑表达式及波形图等。

2. 模拟电路的特点

模拟电路的电信号是连续变化的电量，其幅值的大小在一定范围内是任意的。要求电路要对这种信号不失真地进行放大或处理，因而对元器件及电路参数和外界条件的要求比较严格。例如，放大电路中的半导体器件通常要工作在线性放大状态。

14.2 集成电路的基本知识

集成电路（Integrated Circuit），简称为IC，采用一定的工艺，把一个电路中所需的晶体管、二极管、电阻器和电容器等元器件及布线互连，制作在一小块或几小块半导体晶片或或介质基片上，然后封装在一个管壳内，成为具有所需电路功能的微型结构；其中所有元器件在结构上已组成一个整体，这样，整个电路的体积大大缩小，且引出线和焊接点的数目也大为减少，从而使电子元器件向着微小型化、低功耗和高可靠性方面迈进了一大步。图14-3所示为电路中常见的集成电路。

图 14-3 电路中常见的集成电路

14.2.1 集成电路的特点

集成电路具有体积小，重量轻，引出线和焊接点少，寿命长，可靠性高，性能好等优点，同时成本低，便于大规模生产。它不仅在工、民用电子设备如收录机、电视机、计算机等方面得到广泛的应用，同时在军事、通信、遥控等方面也得到广泛的应用。用集成电路来装配电子设备，其装配密度比晶体管可提高几十倍至几千倍，设备的稳定工作时间也可大大提高。

与分立元器件电阻器、电容器等相比，集成电路元器件有以下特点：

（1）单个元器件的精度不高，受温度影响也较大，但在同一硅片上用相同工艺制造出来的元器件性能比较一致，对称性好，相邻元器件的温度差别小，因而同一类元器件温度特性也基本一致；

（2）集成电阻及电容器的数值范围窄，数值较大的电阻器、电容器占用硅片面积大。集成电阻器一般在几十欧至几十千欧内，电容器一般为几十皮法。由于集成电路内制作晶体管比制作电阻器节省硅片且工艺简单，故集成电路中晶体管用得多，而电阻用得少；

（3）元器件性能参数的绝对误差比较大，而同类元器件性能参数的比值比较精确；

（4）纵向NPN型管 β 值较大，占用硅片面积小，容易制造。而横向PNP型管的 β 值很小，但其PN结的耐压高。

14.2.2 集成电路的分类

集成电路的分类方法较多，主要分类依据有晶体管数量、功能结构、制作工艺以及导电类型等，接下来本节将详细了解不同分类依据下的集成电路。

1．按照内含晶体管数量分类

如果按照内含的晶体管数量来分类，集成电路可以分为小型集成电路、中型集成电路、大规模集成电路和超大规模集成电路四类，具体如表 14-1 所示。

表 14-1　不同集成电路的晶体管数量

序号	集成电路种类	晶体管数量
1	小型集成电路	10~100
2	中型集成电路	100~1,000
3	大规模集成电路	1,000~100,000
4	超大规模集成电路	100,000 以上

2．按功能结构分类

按集成电路的功能、结构的不同，可分为模拟集成电路和数字集成电路两大类。

（1）模拟集成电路

模拟集成电路用来产生、放大和处理各种模拟信号（指幅度随着时间变化的信号，如半导体收音机的音频信号、录放机的磁带信号等）。模拟集成电路又包括集成运算放大器、稳压集成电路、音响集成电路、电视集成电路、CMOS 集成电路、电子琴集成电路等。图 14-4 所示为电路中常用的集成运算放大器和集成稳压器。

（a）集成运算放大器

（b）集成稳压器

图 14-4　电路中常用的集成运算放大器和集成稳压器

（2）数字集成电路

数字集成电路用来产生、放大和处理各种数字信号（指在时间上和幅度上离散取值的信号，如 VCD、DVD 重放的音频信号和视频信号）。数字集成电路又包括门电路、触发器、功能部件、存储器、微处理器、可编程器等。图 14-5 所示为电路中的门电路和微处理器。

图 14-5　电路中的门电路和微处理器

3. 按制作工艺分类

按制作工艺可分为半导体集成电路和膜集成电路。其中，膜集成电路又分为厚膜集成电路和薄膜集成电路。

4. 按导电类型不同分类

按导电类型可分为双极型集成电路和单极型集成电路。

（1）双极型集成电路的制作工艺复杂，功耗较大，代表集成电路有 TTL、ECL、HTL、LST-TL、STTL 等类型。

（2）单极型集成电路的制作工艺简单，功耗也较低，易于制成大规模集成电路，代表集成电路有 CMOS、NMOS、PMOS 等类型。

14.2.3 集成电路的封装技术

所谓封装技术是一种将集成电路用绝缘的塑料或陶瓷材料打包的技术。以 CPU 为例，我们实际看到的体积和外观并不是真正的 CPU 内核的大小和面貌，而是 CPU 内核等元器件经过封装后的产品。

封装技术的好坏直接影响集成电路自身性能的发挥和与之连接的印制电路板（PCB）的设计和制造，因此它是至关重要的。封装也可以说是安装半导体集成电路用的外壳，它不仅起着安放、固定、密封、保护芯片和增强导热性能的作用，而且还是沟通芯片内部世界与外部电路的桥梁——芯片上的接点用导线连接到封装外壳的引脚上，这些引脚又通过印制电路板上的导线与其他器件建立连接。因此，对于很多集成电路产品而言，封装技术都是非常关键的一环。

目前，采用的集成电路封装多是用绝缘的塑料或陶瓷材料包装，能起到密封和提高芯片电热性能的作用。由于现在集成电路芯片的内频越来越高，功能越来越强，引脚数越来越多，封装的外形也不断在改变。下面介绍几种常见的封装技术。

1. DIP 封装技术

DIP（DualIn — line Package）封装技术是指采用双列直插形式封装的集成电路芯片，绝大多数中小规模集成电路（IC）均采用这种封装形式，其引脚数一般不超过 100 个。采用 DIP 封装的集成电路芯片有两排引脚，需要插入到具有 DIP 结构的芯片插座上。当然，也可以直接插在有相同焊孔数和几何排列的电路板上进行焊接。DIP 封装的芯片在从芯片插座上插拔时应特别小心，以免损坏引脚。图 14-6 所示为 DIP 封装的集成电路芯片。

图 14-6　DIP 封装的集成电路芯片

和其他封装技术相比，DIP 封装技术具有以下特点：

（1）适合在印制电路板（PCB）上穿孔焊接，操作方便；

（2）芯片面积与封装面积之间的比值较大，故体积也较大。

2. PLCC/QFP 封装技术

PLCC（Plastic Leaded Chip Carrier）封装技术为带引线的塑料芯片载体封装。此封装为表面贴装型封装之一，外形呈正方形，32 引脚封装，引脚从封装的 4 个侧面引出，呈丁字形，是塑料制品，外形尺寸比 DIP 封装小得多。PLCC 封装适合用 SMT 表面安装技术在 PCB 上安装布线，具有外形尺寸小、可靠性高的优点。

QFP（Plastic Quad Flat Package）封装技术为塑料方形扁平式封装，采用此封装的集成电路芯片引脚之间距离很小，引脚很细，一般大规模或超大型集成电路都采用这种封装形式，其引脚数一般在 100 个以上。用这种形式封装的集成电路芯片必须采用 SMD（表面安装设备技术）将芯片与主板焊接起来。采用 SMD 安装的芯片不必在电路板上打孔，一般在主板表面上有设计好的相应引脚的焊点。将芯片各引脚对准相应的焊点，即可实现与电路板的焊接。用这种方法焊上去的集成电路芯片，如果不用专用工具是很难拆卸下来的。

QFP 与 PLCC 从外形上看四边都有脚，QFP 引脚向外弯，PLCC 引脚向内伸；LCC 的封装通常是陶瓷的，陶瓷基板的 4 个侧面只有电极接触而无引脚的表面贴装型封装。图 14-7 所示为采用 PLCC 和 QFP 封装的集成电路芯片。

图 14-7 采用 PLCC 和 QFP 封装的集成电路芯片

和其他封装技术相比，PLCC/ QFP 封装技术具有以下特点：

（1）适用于 SMD 表面安装技术在印制电路板上安装布线；

（2）适合高频使用，如 486 处理器；

（3）操作方便，可靠性高；

（4）芯片面积与封装面积之间的比值较小。

3. PGA 封装技术

PGA（Pin Grid Array Package）封装技术为插针网格阵列封装，此封装形式在芯片的内外有多个方阵形的插针，每个方阵形插针沿芯片的四周间隔一定距离排列。根据引脚数目的多少，可以围成 2~5 圈。安装时，将芯片插入专门的 PGA 插座。图 14-8 所示为采用 PGA 封装的集成电路芯片。

图 14-8 采用 PGA 封装的集成电路芯片

和其他封装技术相比，PGA 封装技术具有以下特点：

（1）插拔操作更方便，可靠性高；

（2）可适应更高的频率。

4. BGA 封装技术

BGA（Ball Grid Array）封装技术为球状引脚栅格阵列封装，此封装技术为高密度表面装配封装技术。在封装的底部，引脚都成球状并排列成一个类似于格子的图案，由此命名为 BGA。目前的主板控制芯片组多采用此类封装技术，材料多为陶瓷。图 14-9 所示为采用 BGA 封装的集成电路芯片。

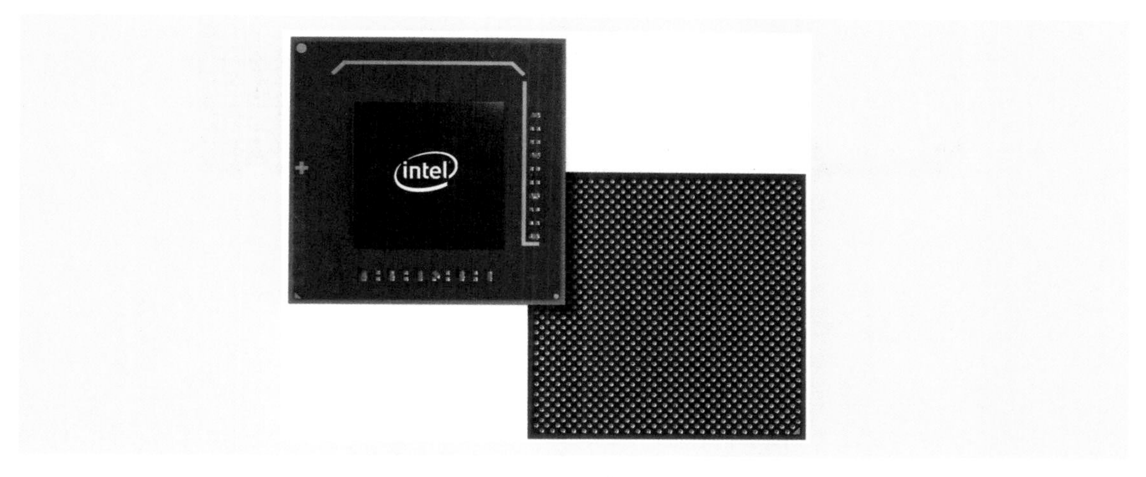

图 14-9 采用 BGA 封装的集成电路芯片

BGA 封装技术又可分为五大类，具体如表 14-2 所示。

表 14-2 BGA 封装技术分类

序号	封装技术	说明
1	PBGA（Plasric BGA）封装	一般为 2~4 层有机材料构成的多层板
2	CBGA（CeramicBGA）封装	陶瓷基板，芯片与基板间的电气连接通常采用倒装芯片（FlipChip，简称 FC）的安装方式
3	FCBGA（FilpChipBGA）封装	硬质多层基板
4	TBGA（TapeBGA）封装	带状软质的 1~2 层印制电路板
5	CDPBGA（Carity Down PBGA）封装	封装中央有方形低陷的芯片区（又称空腔区）

与其他封装技术相比，BGA 封装技术具有以下特点：

（1）I/O 引脚数虽然增多，但引脚之间的距离远大于 QFP 封装方式，提高了成品率；

（2）虽然 BGA 的功耗增加，但由于采用可控塌陷芯片法焊接，从而可以改善电热性能；

（3）信号传输延迟小，适应频率大大提高；

（4）组装可用共面焊接，可靠性大大提高。

5. LGA 封装技术

LGA（Land Grid Array）封装，采用 LGA 封装技术的集成电路芯片，下层只有金属圆点作接触之用。它依靠一个包含安装扣具的插座，用下层的金属原点和插座上的弹性针脚接触，从而与主板连成一体。图 14-10 所示为采用 LGA 封装的集成电路芯片。

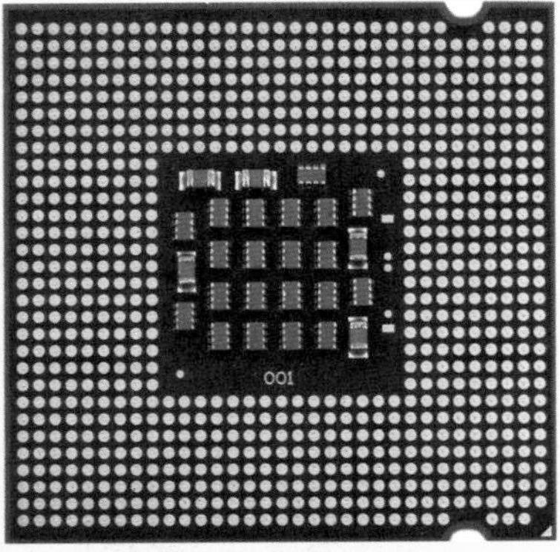

图 14-10　采用 LGA 封装的集成电路芯片

6. SOP 封装技术

SOP（Small Outline Package）封装技术为小型电路封装。这种封装的集成电路引脚均分布在两侧，其引脚数目多在 28 个以下。SOP 封装技术的应用范围很广，而且以后逐渐派生出 SOJ（J 型引脚小外形封装）、TSOP（薄小外形封装）、VSOP（甚小外形封装）、SSOP（缩小型 SOP）、TSSOP（薄的缩小型 SOP）及 SOT（小外形晶体管）、SOIC（小外形集成电路）等在集成电路中都起到举足轻重的作用。图 14-11 和图 14-12 所示为采用 TSOP 封装的集成电路芯片和采用 SOT 封装的集成电路芯片。

图 14-11　采用 TSOP 封装的集成电路芯片

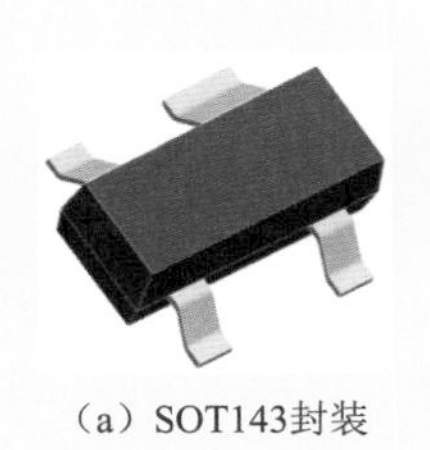

（a）SOT143封装

（b）SOT223封装

（c）SOT23封装

图 14-12　采用 SOT 封装的集成电路芯片

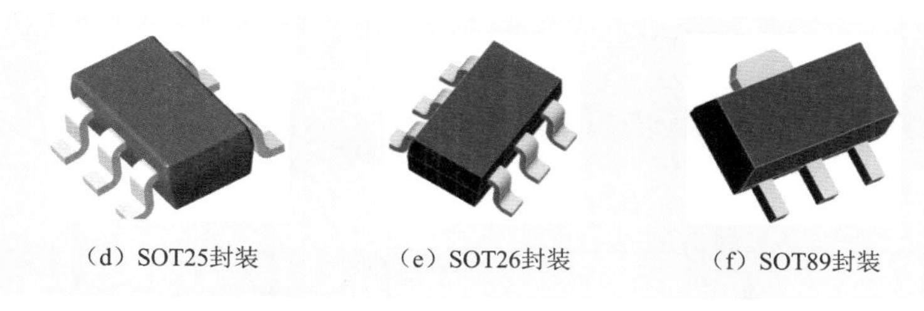

(d) SOT25封装　(e) SOT26封装　(f) SOT89封装

图 14-12　采用 SOT 封装的集成电路芯片（续）

提示：TSOP（Thin Small Outline Package）封装技术为薄型小尺寸封装。TSOP 封装技术采用 SMT 技术（表面安装技术）直接附着在 PCB 的表面。TSOP 封装外形尺寸时，寄生参数（电流大幅度变化时，引起输出电压扰动）减小，适合高频应用，操作比较方便，可靠性也比较高。同时 TSOP 封装具有成品率高，价格便宜等优点，因此得到了极为广泛的应用。

14.2.4 集成电路的引脚分布

在集成电路的检测、维修、替换过程中，经常需要对某些引脚进行检测。而对引脚进行检测，首先要做的是对引脚进行正确的识别，必须结合电路图能找到实物集成电路上相对应的引脚。无论哪种封装形式的集成电路，引脚排列都会有一定的排列规律，可以依靠这些规律迅速进行判断。

1. DIP 封装、SOP 封装的集成电路的引脚分布规律

DIP 封装、SOP 封装的集成电路的引脚分布规律如图 14-13 所示。

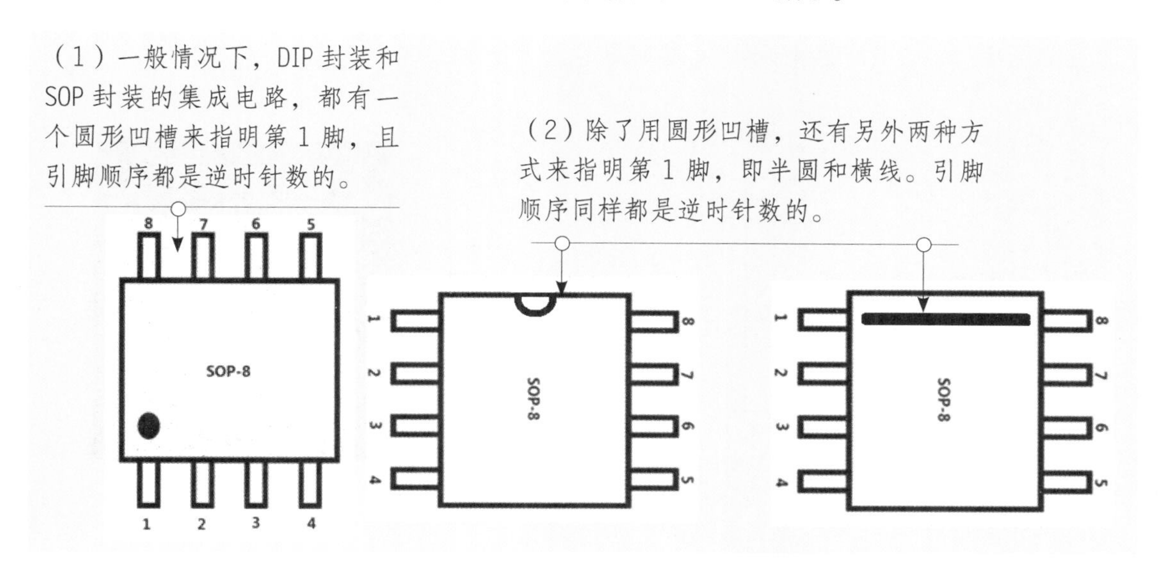

（1）一般情况下，DIP 封装和 SOP 封装的集成电路，都有一个圆形凹槽来指明第 1 脚，且引脚顺序都是逆时针数的。
（2）除了用圆形凹槽，还有另外两种方式来指明第 1 脚，即半圆和横线。引脚顺序同样都是逆时针数的。
8
7
6
5
SOP-8
1
2
3
4
SOP-8
SOP-8

图 14-13　DIP 封装、SOP 封装的集成电路的引脚分布规律

2. TQFP 封装的集成电路的引脚分布规律

TQFP 封装的集成电路的引脚分布规律如图 14-14 所示。

TQFP44
ALC650
3A270T1 344F
TQFP 封装的集成电路，有一个圆形凹槽或圆点来指明第 1 脚，这种封装的集成电路四周都有引脚，且引脚顺序都是逆时针数的。

图 14-14 TQFP 封装的集成电路的引脚分布规律

3. BGA 封装的集成电路的引脚分布规律

BGA 封装的集成电路的引脚分布规律如图 14-15 所示。

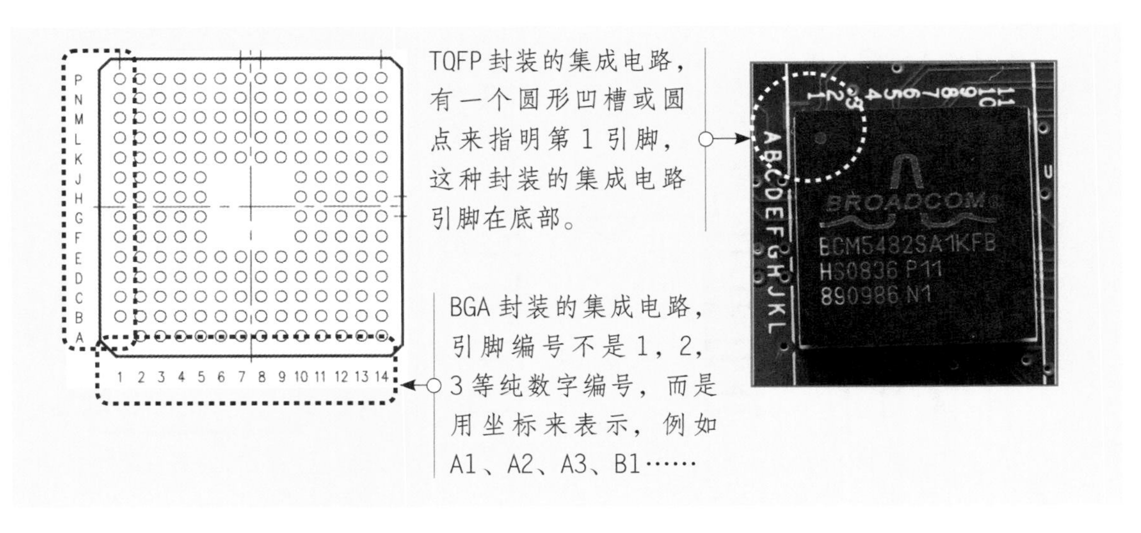

TQFP 封装的集成电路，有一个圆形凹槽或圆点来指明第 1 引脚，这种封装的集成电路引脚在底部。
BGA 封装的集成电路，引脚编号不是 1，2，3 等纯数字编号，而是用坐标来表示，例如 A1、A2、A3、B1……
BROADCOM
BCM5482SA1KFB
HS0836 P11
890986 N1

图 14-15 BGA 封装的集成电路的引脚分布规律

14.2.5 集成电路的主要指标

不同功能的集成电路，其参数指标各不相同，但多数集成电路均有最基本的几项参数指标，下面讲解一般集成电路常用的几种参数指标。

1. 静态工作电流

静态工作电流是指集成电路信号的输入引脚不加输入信号的情况下，电源引脚回路中的直流电流，该参数对确认集成电路故障具有重要意义。通常，集成电路的静态工作电流均给出典型值、最小值、最大值。如果集成电路的直流工作电压正常，且集成电路的接地引脚也已接地，当测得集成电路静态电流大于最大值或小于最小值时，则说明集成电路发生故障。

2. 增益

增益是指集成电路内部放大器的放大能力，通常标出开环增益和闭环增益两项，也分别给出典型值、最小值、最大值 3 项指标。一般集成电路的增益用万用表无法测量，只有使用专门仪器才能测量。

3. 最大输出功率

最大输出功率是指输出信号的失真度为额定值时（通常为 10%），功放集成电路输出引脚所输出的电信号功率，也分别给出典型值、最小值、最大值 3 项指标，该参数主要针对功率放大集成电路。当集成电路的输出功率不足时，某些引脚的直流工作电压也会变化，若经测量发现集成电路引脚直流电压异常，就能循迹找到故障部位。

4. 最大电源电压

最大电源电压是指可以加在集成电路电源引脚与接地引脚之间直流工作电压的极限值，使用中不允许超过此值，否则将会永久性损坏集成电路。

5. 允许功耗

允许功耗是指集成电路所能承受的最大耗散功率，主要用于各类大功率集成电路。

6. 工作环境温度

工作环境温度是指集成电路能维持正常工作的最低环境温度和最高环境温度。

7. 储存温度

储存温度是指集成电路在储存状态下的最低温度和最高温度。

14.3 数字集成电路

数字集成电路是将电子元器件和连线集成于同一半导体芯片上而制成的数字逻辑电路或系统。常见的数字集成电路包括：门电路、译码器、触发器、计数器、移位寄存器等，下面本节将详细讲解数字集成电路的分类、特点以及工作原理。

14.3.1 数字电路的分类

数字集成电路的种类较多，分类依据主要有电路结构和逻辑功能等，我们来详细了解一下。

1．按照电路结构分类

按照电路结构来分，可分成 TTL 型、CMOS 型和 ECL 型 3 类。

其中，ECL、TTL 为双极型集成电路，构成的基本元器件为双极型半导体器件，其主要特点是速度快、负载能力强，但功耗较大、集成度较低。双极型集成电路主要有 TTL（Transistor-Transistor Logic）电路、ECL（Emitter Coupled Logic）电路和 I^2L（Integrated Injection Logic）电路等类型。

ECL 电路，即发射极耦合逻辑电路，也称为电流开关型逻辑电路，是利用运放原理通过晶体管射极耦合实现的门电路。在所有数字电路中，它的工作速度最高，其平均延迟时间可小至 1ns。这种门电路输出阻抗低，负载能力强。其主要缺点是抗干扰能力差，电路功耗大。

CMOS 型数字集成电路与 TTL 型数字电路相比，前者的工作电源电压范围宽，静态功耗低、抗干扰能力强、输入阻抗高。工作电压为 3~18V（也有 7~15V 的），输入端均有保护二极管和串联电阻构成的保护电路，输出电流（指内部各独立功能的输出端）一般为 10mA，所以在实际应用时输出端需要加上驱动电路，但输出端若连接的是 CMOS 电路，则因 CMOS 电路的输入阻抗高，在低频工作时，一个输出端可以带动 50 个以上的输入端。

2．按照逻辑功能分类

按照逻辑功能来分，数字集成电路可分为组合逻辑电路（也称为组合电路）和时序逻辑电路两种。其中，组合逻辑电路包括门电路、译码器等；时序逻辑电路包括触发器、计数器、寄存器等。

14.3.2 门电路

门电路是指对脉冲通路上的脉冲起着开关作用的电子线路，门电路是基本的逻辑电路。门电路可以有一个或多个输入端，但只有一个输出端。门电路的各输入端所加的脉冲信号只有满足一定的条件时，“门”才打开，即才有脉冲信号输出。从逻辑学上讲，输入端满足一定的条件是“原因”，有信号输出是“结果”，门电路的作用是实现某种因果关系——逻辑关系。所以门电路是一种逻辑电路。

电路中的门电路主要有：与门、或门、非门、与非门和或非门等。其中，非门、与门和或门是最基本的 3 种门电路。这 3 种基本门电路组合起来可以得到各种复合门电路，如与门加非门成与非门，或门加非门成或非门。

各种门电路有着不同的功能，即针对不同的输入数值给出输出数值（如或门要求两个输入值中有一个或以上为 1 时输出 1；与门在两个输入值都为 1 时输出 1，否则输出 0；非门只有一个输入，而输出与输入反相），就像数学上简单的方程式。

门电路可用分立元器件组成，也可做成集成电路，但目前实际应用的都是集成电路。由于单一品种的与非门可以构成各种复杂的数字逻辑电路，而器件品种单一，给备件、调试都带来很大的方便，所以集成电路工业产品中并没有与门、或门，而是供应与非门。

1. 与门

与门是指能够实现与逻辑关系的门电路。与门具有两个或多个输入端，一个输出端。与门的电路符号如图 14-16 所示。

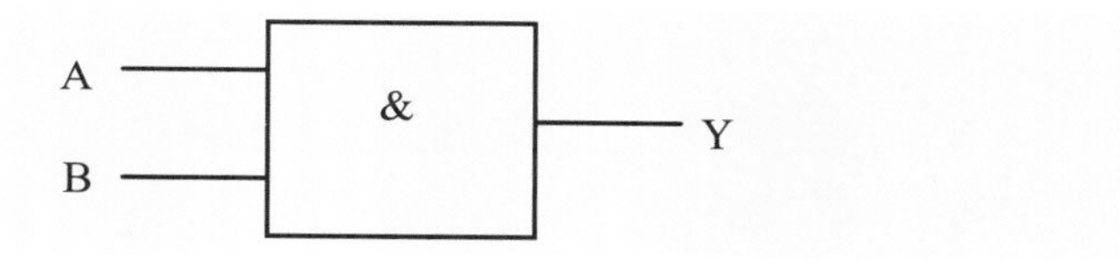

图 14-16　与门的电路符号

与门的关系式为：Y=AB，即只要输入端 A 和 B 中有一个为“0”时，Y 即为“0”；所有输入端均为“1”时，Y 才为“1”。表 14-3 所示为与门的真值表。

表 14-3　与门的真值表

A	B	Y
0	0	0
0	1	0
1	0	0
1	1	1

常见的与门集成电路主要有：74LS20、74F08、74F10、74HC20 等。

2. 或门

或门是指能够实现或逻辑关系的门电路。或门具有两个或多个输入端，一个输出端。或门的电路符号如图 14-17 所示。

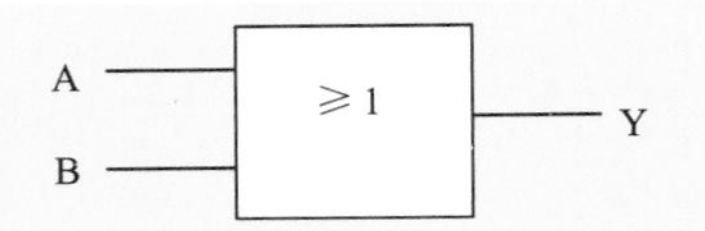

图 14-17　或门的电路符号

或门的关系式为：Y=A+B，即只要输入端 A 和 B 中有一个为“1”时，Y 即为“1”；所有输入端 A 和 B 均为“0”时，Y 才为“0”。表 14-4 所示为或门的真值表。

表 14-4　或门的真值表

A	B	Y
0	0	0
0	1	1
1	0	1
1	1	1

常用的或门集成电路主要有：74LS33、74F32、74F38 等。

3．非门（反相器）

非门是指能够实现非逻辑关系的门电路，也称为反相器。非门具有一个输入端和一个输出端。非门的电路符号如图 14-18 所示。

图 14-18　非门的电路符号

非门的关系式为：Y=A，即输出端 Y 总是与输入端 A 相反，当输入端为“0”时，输出端为“1”；当输入端为“1”时，输出端为“0”。表 14-5 所示为非门的真值表。

表 14-5　非门的真值表

A	Y
0	1
1	0

常用的非门集成电路主要有：74LS05、74F04、74HC04、74HC05、74HCT04 等。

4．与非门

与非门是指有与门和非门复合而成的门电路。与非门具有两个或多个输入端，具有一个输出端。与非门的电路符号如图 14-19 所示。

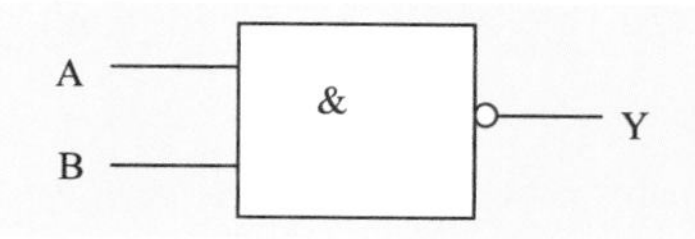

图 14-19　与非门的电路符号

与非门的关系式为：Y=AB，即输入端 A 和 B 全部为“1”时，输出端 Y 为“0”；当输入端 A 和 B 有一个为“0”时，输出端为“1”。表 14-6 所示为与非门的真值表。

表 14-6　与非门的真值表

A	B	Y
0	0	1
0	1	1
1	0	1
1	1	0

常用的与非门集成电路主要有：74LS00、74LS01、74LS03、74F00、74HC04、74HC10、74HC27 等。

5．或非门

或非门是指有或门和非门复合而成的门电路。或非门具有两个或多个输入端，具有一个输出端。或非门的电路符号如图 14-20 所示。

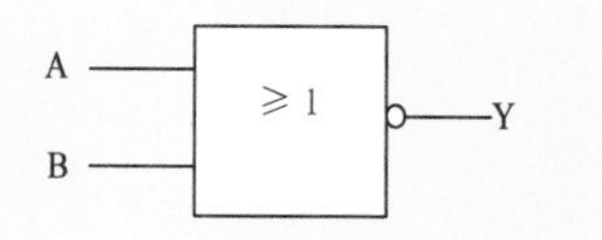

图 14-20　或非门的电路符号

或非门的关系式为：Y=A+B，即输入端 A 和 B 全部为“0”时，输出端 Y 为“1”；当输入端 A 和 B 有一个为“1”时，输出端为“0”。表 14-7 所示为或非门的真值表。

表 14-7　或非门的真值表

A	B	Y
0	0	1
0	1	0
1	0	0
1	1	0

常用的或非门集成电路主要有：74LS54、74LS260、74F02 等。

14.3.3 译码器

译码是编码的逆过程，在编码时，每一种二进制代码，都赋予了特定的含义，即都表示一个确定的信号或者对象。把代码状态的特定含义“翻译”出来的过程叫作译码，实现译码操作的电路称为译码器。

译码器的种类很多，但其工作原理和分析设计方法大同小异，其中二进制译码器、代码转换译码器和显示译码器是 3 种最典型、使用十分广泛的译码电路。

二进制码译码器，也称为最小项译码器，N 中取一译码器，最小项译码器一般是将二进制码译为十进制码。

代码转换译码器，是从一种编码转换为另一种编码。

显示译码器，一般是将一种编码译成十进制码或特定的编码，并通过显示器件将译码器的状态显示出来。

电路中常用的译码器主要有：74LS49、74LS131、74HC42、74HC238、74F139 等。图 14-21 所示为电路中常见的译码器。

图 14-21　电路中常见的译码器

14.3.4 触发器

触发器是一种能够存储 1 位二进制数字信号的基本单元电路。触发器具有两个稳定状态，用来表示逻辑 0 和 1，在输入信号作用下，两个稳定状态可以相互转换，输入信号消失后，建立起来的状态能长期保存下来。

触发器可分为 RS 触发器、D 型触发器、JK 触发器、单稳态触发器和施密特触发器等。

1. RS 触发器

RS 触发器是最基本的二进制数存储单元，同时也是构成其他复杂结构触发器的组成部分之一。RS 触发器具有两个输入端：置“0”输入端 R 和置“1”输入端 S；两个输出端：输出端 Q 和反相输出端 $\overline{Q}$。图 14-22 和表 14-8 所示为 RS 触发器的电路符号和真值表。

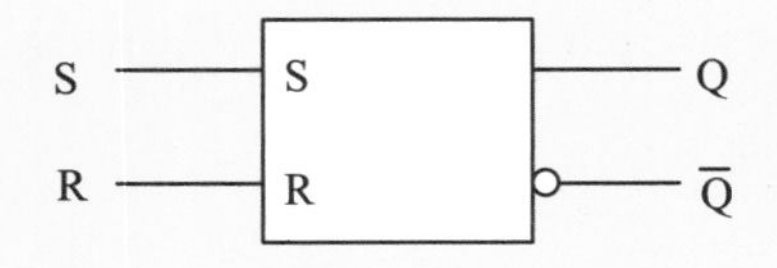

图 14-22　RS 触发器

表 14-8 RS 触发器真值表

R	S	Q	$\overline{Q}$
1	0	0	1
0	1	1	0
0	0	不变	不变
1	1	不确定	不确定

RS 同步触发器的工作状态不仅要由 R、S 端的信号来决定，同时还接有 CP 端用来调整触发器节拍翻转。只有在 CP 端上出现时钟脉冲时，触发器的状态才能变化。

具有时钟脉冲控制的触发器状态的改变与时钟脉冲同步，所以称为同步触发器。图 14-23 所示为 RS 同步触发器的引脚图。

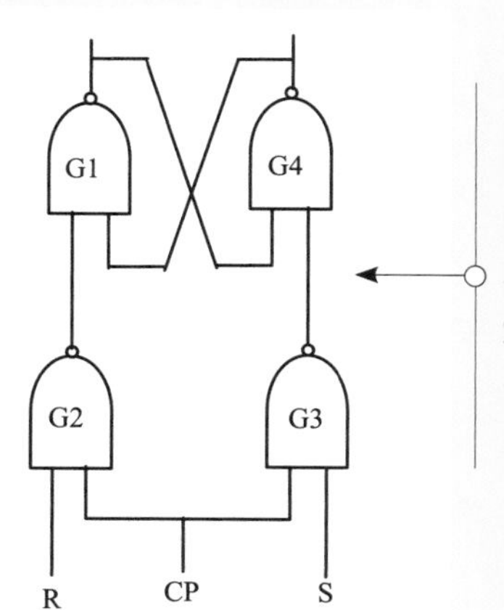

当电路中 CP＝0 时，控制门 G3、G4 处于关闭状态，输出均为 1。此时，无论 R 端和 S 端的信号如何发生改变，触发器的状态都保持不变。当 CP＝1 时，G3、G4 打开，R 端和 S 端的输入信号才可以通过这两个门，使 RS 触发器的状态翻转，其输出状态由 R、S 端的输入信号决定。

图 14-23 RS 同步触发器

2. D 型触发器

D 触发器又称为 D 锁存器，它只有一个输入端 D，另外还有一个时钟输入端 CP，用来控制是否接收输入信号。两个输出端：输出端 Q 和反相输出端 $\overline{Q}$。D 型触发器输出状态的改变依赖于时钟脉冲的触发，即在时钟脉冲的触发下，数据由输入端 D 传输到输出端 Q。D 型触发器常用来数据锁存、控制电路中。图 14-24 和表 14-9 所示为 D 型触发器电路符号和真值表。

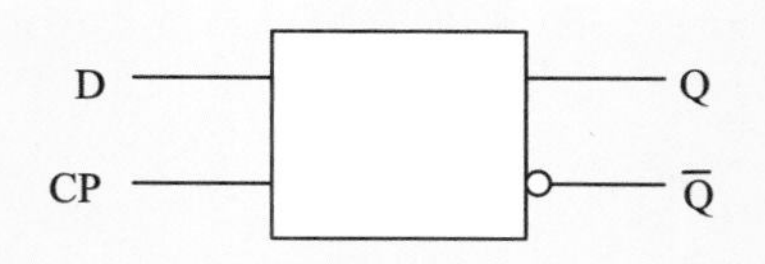

图 14-24 D 型触发器电路符号

表 14-9　D 型触发器真值表

输入	输入	输出	输出
CP	D	Q	$\overline{Q}$
1	0	0	1
1	1	1	0
0	任意	不变	

常用的 74 系列 D 型触发器主要有：74LS74、74LS574、74HC74、74HC174、74F74、74F174 等。

3．JK 触发器

JK 触发器是最常用的触发器之一，它有两个数据输入端 J 和 K，另外还有一个时钟输入端 CP，用来控制是否接收输入信号。两个输出端：输出端 Q 和反相输出端 $\overline{Q}$。图 14-25 和表 14-10 所示为 JK 触发器的电路符号和真值表。

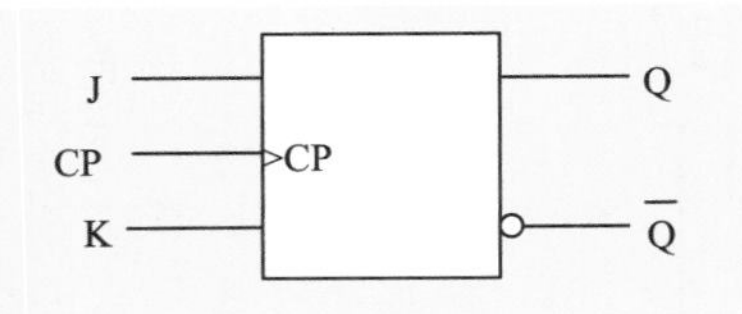

图 14-25　JK 触发器的电路符号

表 14-10　JK 触发器的真值表

J	K	Q	$\overline{Q}$
—	—	1	0
—	—	0	1
0	0	不变	不变
1	0	1	0
0	1	0	1
1	1	不变	不变

常用的 74 系列 JK 触发器主要有：74LS107、74LS76、74HC107、74HC73 等。

4．单稳态触发器

单稳态触发器是一种重要的时序逻辑电路，它只有一个稳定状态，另一个是暂稳态，经过一段延迟时间后，将自动返回稳定状态。图 14-26 所示为单稳态触发器的电路符号。

图 14-26　单稳态触发器的电路符号

单稳态触发器中，TR 为触发端，R 为清零端，Q 和 $\overline{Q}$ 为输出端。单稳态触发器进入暂稳态，需要靠触发脉冲的触发，有的单稳态触发器是由触发脉冲的上升沿触发翻转的；有的单稳态触发器是靠触发脉冲的下降沿触发翻转的。当在 TR 端输入一个触发脉冲后，其输出端即输出一个恒定宽度的矩形脉冲。

5. 施密特触发器

施密特触发器是最常用的脉冲整形电路之一，其功能是可将缓慢变化的电压信号转换为边沿陡峭的矩形脉冲。同时，施密特触发器还可以利用其回差电压来提高电路的抗干扰能力。施密特触发器的电路符号如图 14-27 所示。

图 14-27 施密特触发器的电路符号

施密特触发器常用于脉冲整形、电压幅度鉴别、模 - 数转换、接口电路等。常用的 74 系列施密特触发器主要有：74LS14、74HC14、74F14 等。

计数器是数字系统中应用最多的时序电路。计数器是一个记忆装置，它能对输入的脉冲按照一定的规则进行计数，并由输出端的不同状态予以表示。计数器还可用于分频、定时、数字运算等。

计数器可分为同步计数器和异步计数器。

计数器的电路符号如图 14-28 所示。其中，CP 为串行数据输入端，Q_1~Q_n 为输出端。

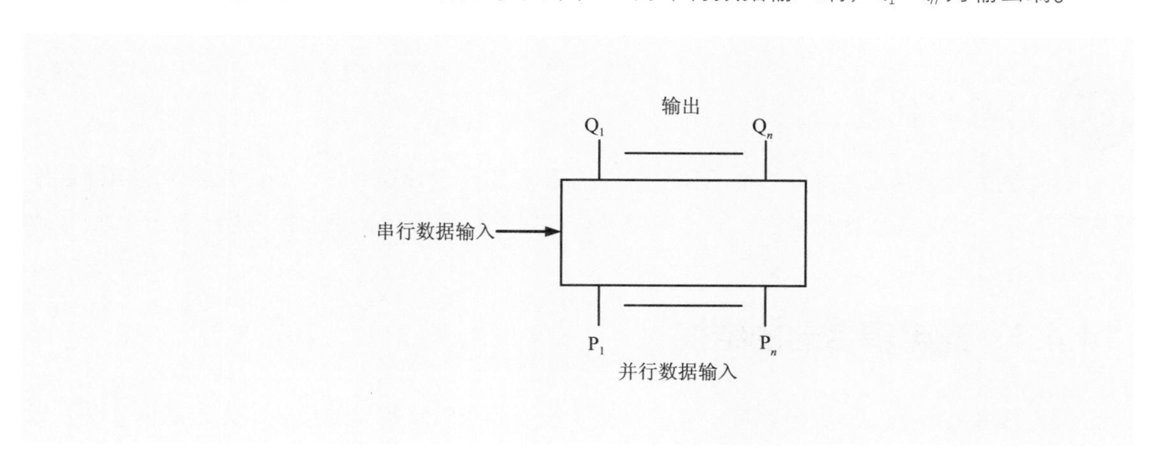

图 14-28 计数器的电路符号

图 14-29 所示为一计数器芯片结构。

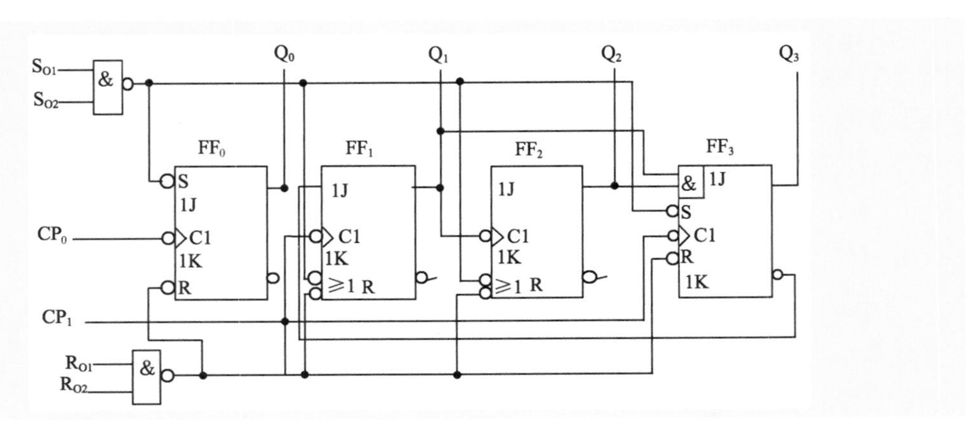

图 14-29 计数器芯片结构

14.3.5 移位寄存器

在数字电路中，用来存放二进制数据或代码的电路称为寄存器。寄存器是由具有存储功能的触发器组合构成的。一个触发器可以存储一位二进制代码，存放 *N* 位二进制代码的寄存器，需用 *n* 个触发器来构成。

在时钟信号控制下，将所寄存的数据能够向左或向右进行移位的寄存器叫作移位寄存器。向右移位的叫右移位寄存器，向左移位的叫作左移位寄存器。具有右移、左移并行置数功能的寄存器叫作通用移位寄存器。移位寄存器中的数据可以在移位脉冲作用下依次逐位右移或左移，数据既可以并行输入、并行输出，也可以串行输入、串行输出，还可以并行输入、串行输出，串行输入、并行输出，十分灵活，用途也很广。

常用的 74 系列移位寄存器主要有：74HC164、74HC165、74LS96、74LS165、74LS166 等。

14.4 光电耦合器

光电耦合器是以光为媒介传输电信号的一种电 – 光 – 电转换器件，即用光将两个电路连接起来的器件。光电耦合器对输入、输出电信号有良好的隔离作用，因此常应用在对干扰信号敏感的电路中。

14.4.1 光电耦合器的结构

光电耦合器一般由两部分组成：光的发射（发光二极管）和光的接收（光电晶体管）。然后将它们组装在同一不透光的密闭的壳体内，彼此间用透明绝缘体隔离。光电耦合器中的发光二极管部分引脚为输入端，与电源相连，而光电晶体管部分引脚为输出端，与检测电路相连。图 14-30 所示为光电耦合器。

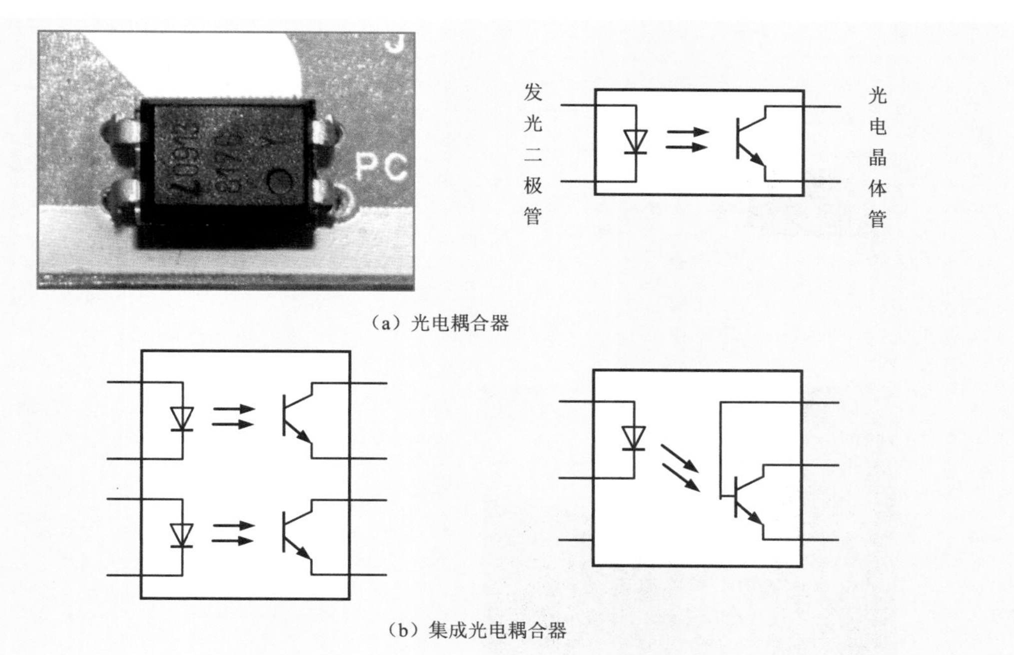

（a）光电耦合器

（b）集成光电耦合器

图 14-30　光电耦合器及内部结构

14.4.2 光电耦合器是如何工作的

由于光电耦合器输入/输出间互相隔离，电信号传输具有单向性等特点，因而具有良好的电绝缘能力和抗干扰能力。又由于光电耦合器的输入端属于电流型工作的低阻元器件，因而具有很强的共模抑制能力。所以，它在长线传输信息中作为终端隔离元器件可以大大提高信噪比。在计算机数字通信及实时控制中作为信号隔离的接口器件，在电源电路中接收误差反馈信号，可以大大增加设备工作的可靠性，如图 14-31 所示。

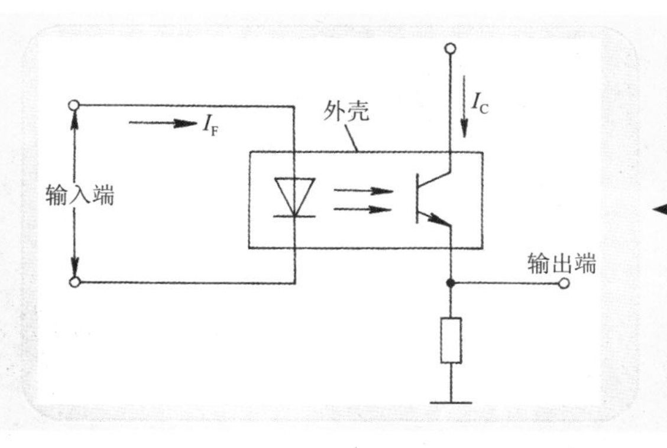

光电耦合器的工作原理是：在光电耦合器输入端加电信号驱动发光二极管（LED），使之发出一定波长的光（光的强度取决于激励电流的大小），被光电晶体管接收而产生光电流，再经过进一步放大后输出。这就完成了电—光—电的转换，从而起到输入、输出、隔离的作用。

图 14-31　光电耦合器的工作原理

14.4.3 光电耦合器的检测方法

光电耦合器是电路中的重要元器件，如果光电耦合器损坏，则会引起输出电压不稳、通信问题等故障。光电耦合器可以通过测量其引脚阻值的方法判断其好坏，如图 14-32 所示。

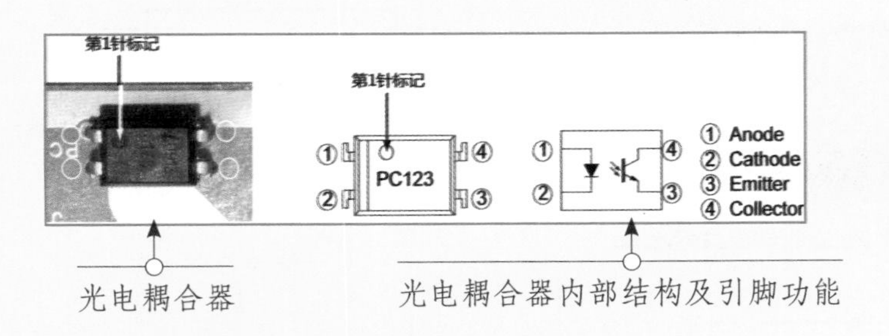

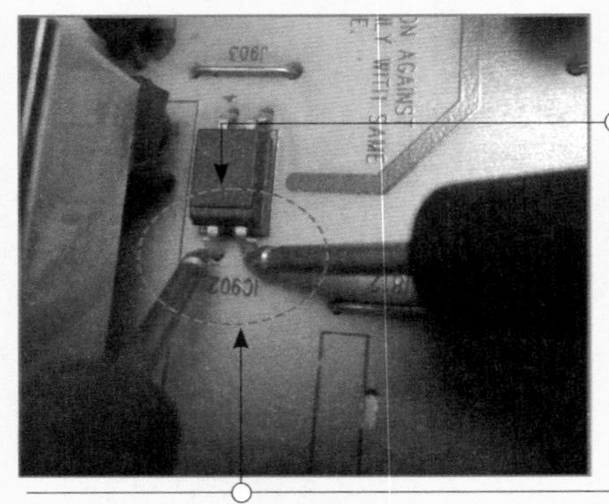

测量时，将数字万用表调到欧姆挡 200k 量程，然后测量内部光敏晶体管端引脚的阻值（第 3、4 引脚）。正常情况下，测量的正向阻值为 15kΩ，对调表笔测量反向阻值正常为 60kΩ。

然后测量内部发光二极管端的阻值（光电耦合器的第 1、2 脚）。正常情况下，测量的正向阻值为 1.5kΩ，反向阻值为 1（无穷大）。否则此光电耦合器损坏。

图 14-32　检测光电耦合器

也可以通过测量光电耦合器输入 / 输出端电压变化来判断好坏，我们以空调机的光电耦合器为例，如图 14-33 所示。

先将空调开机，将数字万用表调到直流 40V 电压挡，将红表笔接第 1 脚，黑表笔接第 2 脚测量。如果有通信信号，则能测得 0 ~ 0.7V 变化的电压；测量输出端时，将红表笔接第 4 脚，黑表笔接第 3 脚，所测得的也是一个变化的电压。如果输出端第 4、3 脚间测得为 0V 或 5V 且数值不变化，表明其输出端已经击穿或断路。另外，光电耦合器连接的电阻损坏率较高，测量时，可通过测量电阻端电压来判断，或测量阻值来判断。

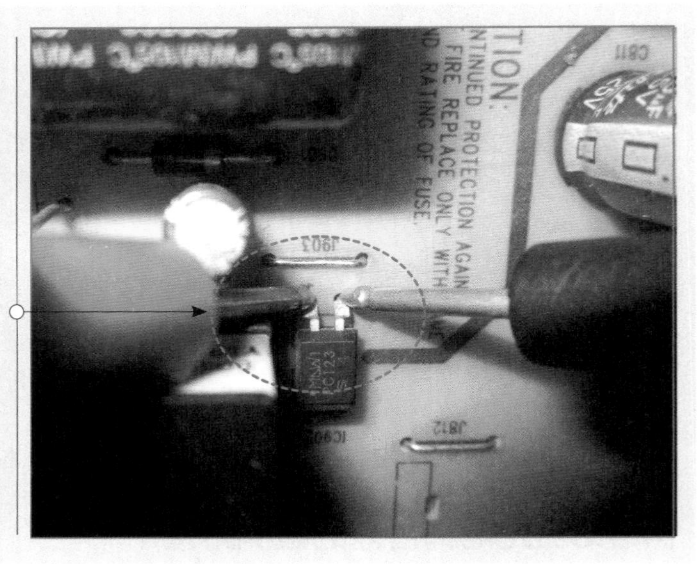

图 14-33　测量光电耦合器电压

14.5 数字集成电路的检测及代换方法

数字集成电路的故障分析和检测是电路维修实践中的重要模块，也是读者要着重掌握的技能，接下来我们详细分析和讲解数字集成电路的常见故障现象和基本维修检测方法，以期帮助读者快速高效地处理集成电路的故障。

14.5.1 数字集成电路故障分析

电路中的数字集成电路一般会出现集成电路烧坏、引脚折断和虚焊、增益严重不足、噪声大、性能变劣、内部局部电路损坏等故障，下面分别进行分析。

1. 数字集成电路被烧坏

此故障通常由过电压或过电流引起。集成电路烧坏后，从外表一般看不出明显的痕迹。严重时，集成电路可能会有烧出一个小洞或有一条裂纹之类的痕迹。 集成电路烧坏后，某些引脚的直流工作电压也会明显变化，用常规方法检查能发现故障部位。集成电路烧坏是一种硬性故障，对这种故障的检修很简单：只能更换。

2. 引脚折断和虚焊

数字集成电路的引脚折断故障并不常见，造成引脚折断的原因往往是插拔集成电路不当所致。如果集成电路的引脚过细，维修中很容易扯断。另外，因摔落、进水或人为拉扯造成断脚、虚焊也是常见现象。

3. 增益严重不足

当数字集成电路增益下降较严重时，集成电路即已基本丧失放大能力，需要更换。对于增益略有下降的集成电路，大多是集成电路的一种软故障，一般检测仪器很难发现，可用减小负反馈量的方法进行补救，不仅有效，且操作简单。当集成电路出现增益严重不足故障时，某些引脚的直流电压也会出现显著变化，所以采用常规检查方法就能发现。

4. 噪声大

数字集成电路出现噪声大故障时，虽能放大信号，但噪声也很大，结果使信噪比下降，影响信号的正常放大和处理。若噪声不明显，大多是集成电路的软故障，使用常规仪器检查相当困难。由于集成电路出现噪声大故障时，某些引脚的直流电压也会变化，所以采用常规检查方法即可发现故障部位。

5. 性能变劣

性能变劣是一种软故障，故障现象多种多样，且集成电路引脚直流电压的变化量一般很小，所以采用常规检查手段往往无法发现，只有采用替换法进行检查。

6．内部局部电路损坏

当集成电路内部局部电路损坏时，相关引脚的直流电压会发生很大变化，检修中很容易发现故障部位。对这种故障，通常应更换。但对某些具体情况而言，可以用分立元器件代替内部损坏的局部电路，但这样的操作往往相当复杂。如果对电子基础知识掌握不深，就不可能完成。

14.5.2 数字集成电路的检测方法

测量数字集成电路时，可以测量集成电路引脚间的电阻值，还可以测量数字集成电路输出端的电压。

1．测量数字集成电路引脚间的电阻值

测量数字集成电路引脚间的电阻值的方法如下：

将指针万用表调到 R×1kΩ 挡或 R×100Ω 挡，然后分别测量集成电路各引脚与接地引脚之间的正、反向电阻值（内部电阻值），并与正品的内部电阻值相比较。如果测量的电阻值与正品的电阻值完全一致，则数字集成电路正常；否则，数字集成电路损坏。如图 14-34 所示。

2．测量数字集成电路输出端的电压值

测量数字集成电路输出端的电压值的方法如下（以与非门集成电路为例）：

将指针万用表调到直流电压挡的 10V 挡，将与非门集成电路的输入端悬空（相当于输入高电平），然后测量输出端的电压值（输出端应为低电平）。如果测量的输出端电压值低于 0.4V，则此集成电路正常；如果高于 0.4V，则此数字集成电路损坏。如图 14-35 所示。

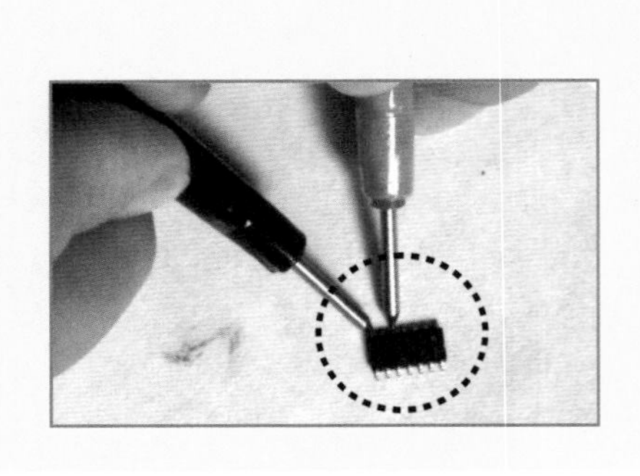

图 14-34　测量数字集成电路引脚间的电阻值

图 14-35　测量输出端的电压值

14.6 数字集成电路动手检测实践

接下来，我们通过一个具体的检测实例来了解一下数字集成电路的故障检测流程，并总结数字集成电路的检测经验。

14.6.1 开路检测数字集成电路（对地电阻检测法）

电路中的数字集成电路通常采用开路检测对地电阻的方法进行检测，数字集成电路的检测方法如图 14-36 所示。

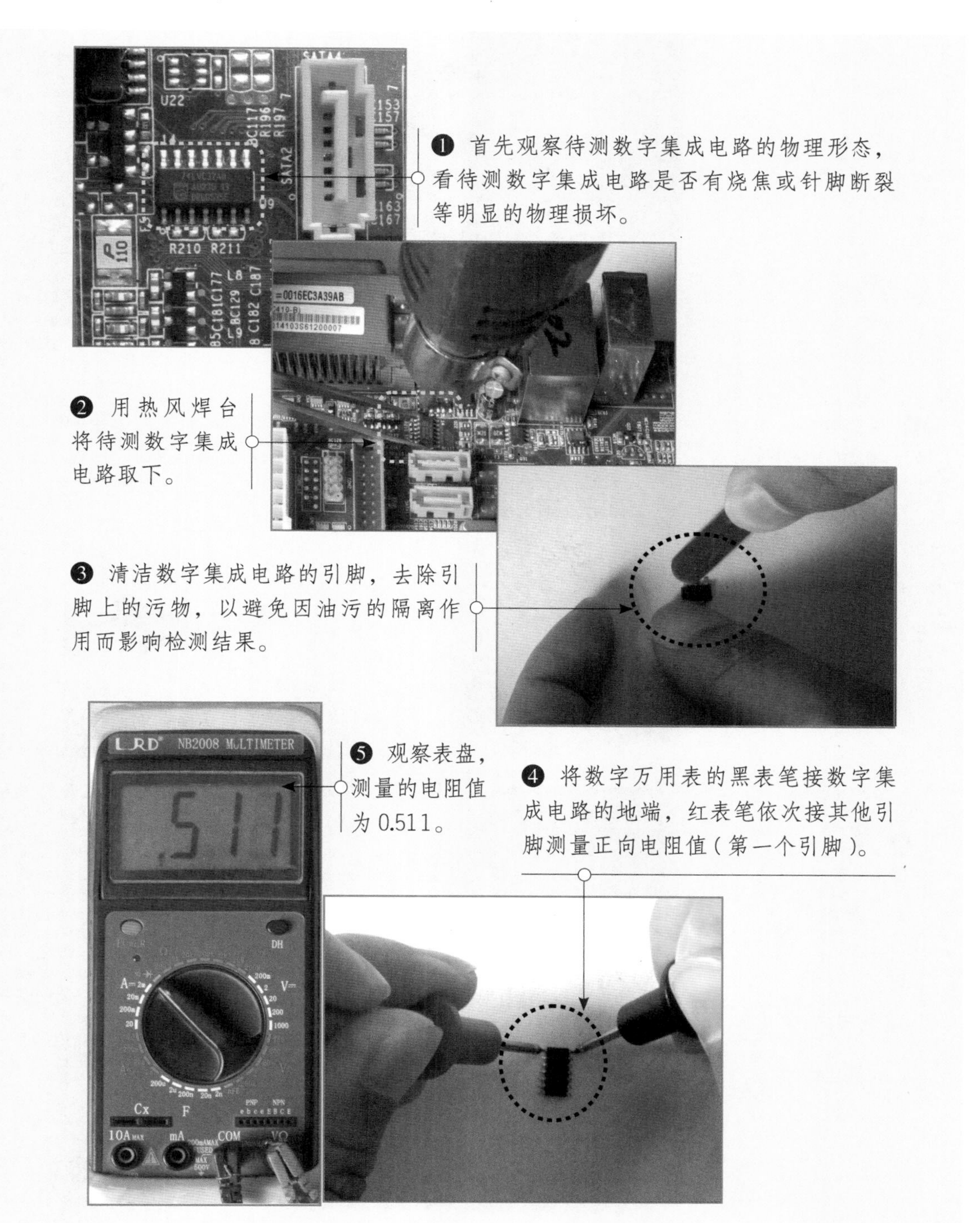

❶ 首先观察待测数字集成电路的物理形态，看待测数字集成电路是否有烧焦或针脚断裂等明显的物理损坏。
❷ 用热风焊台将待测数字集成电路取下。
❸ 清洁数字集成电路的引脚，去除引脚上的污物，以避免因油污的隔离作用而影响检测结果。
❹ 将数字万用表的黑表笔接数字集成电路的地端，红表笔依次接其他引脚测量正向电阻值（第一个引脚）。
❺ 观察表盘，测量的电阻值为 0.511。
NB2008 MULTIMETER

图 14-36 数字集成电路的检测方法

❼ 观察表盘，测量的电阻值为0.516。

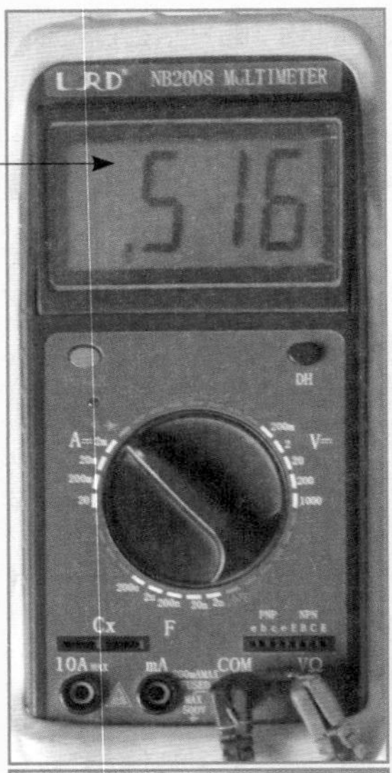

❻ 将数字万用表的黑表笔接数字集成电路的地端，红表笔依次接其他引脚测量正向电阻值（第二个引脚）。

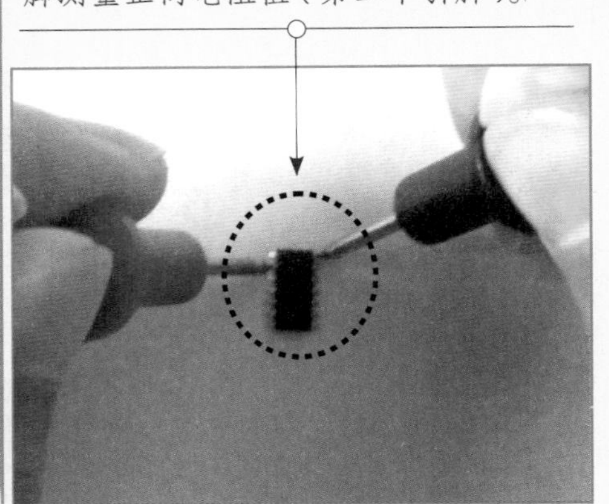

❾ 观察表盘，测量的电阻值为0.514。

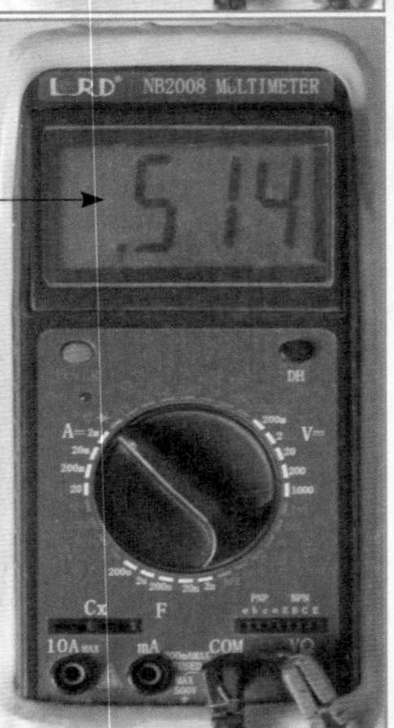

❽ 将数字万用表的黑表笔接数字集成电路的地端，红表笔依次接其他引脚测量正向电阻值（最后一个引脚）。

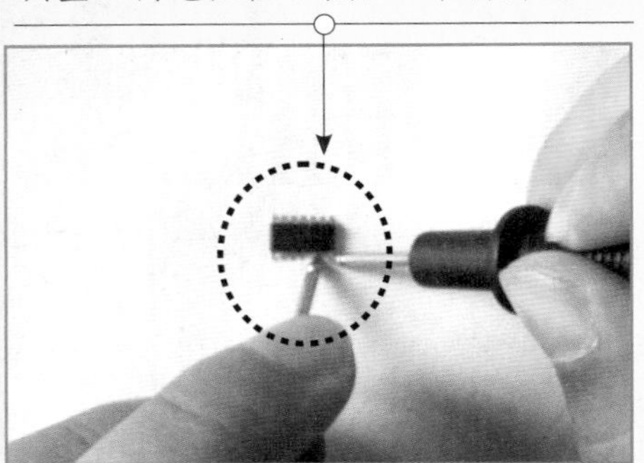

⓫ 观察表盘，测量的电阻值为1（无穷大）。

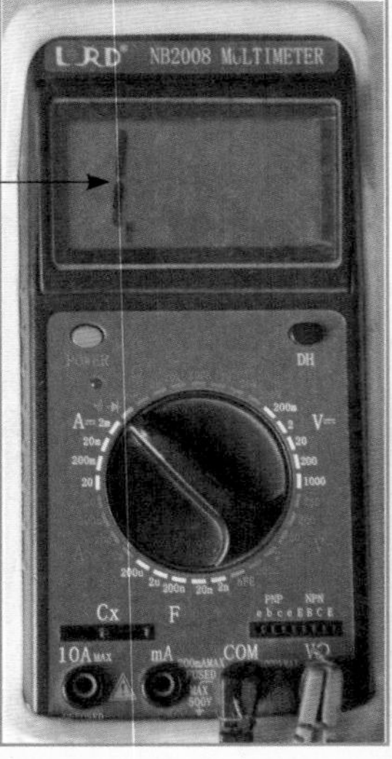

❿ 将数字万用表的红表笔接数字集成电路的接地端，黑表笔依次接其他引脚测量正向电阻值（第一个引脚）。

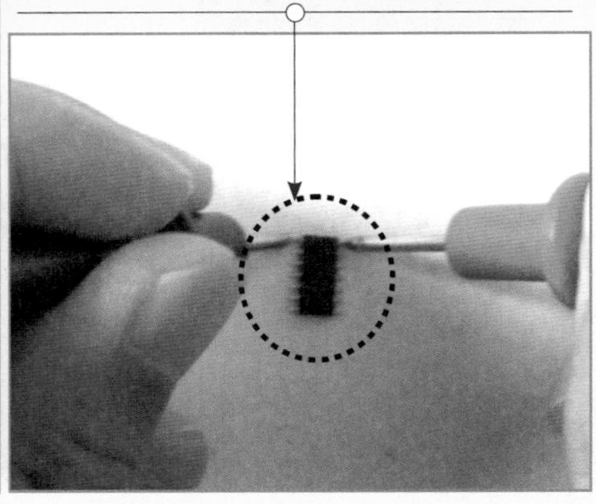

图 14-36　数字集成电路的检测方法（续）

⑫ 将数字万用表的红表笔接数字集成电路的接地端，黑表笔依次接其他引脚测量正向电阻值(第二个引脚)。

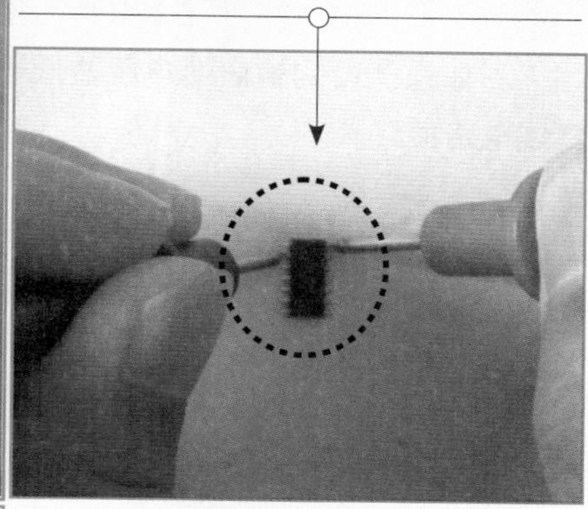

⑬ 观察表盘，测量的电阻值为1（无穷大）。

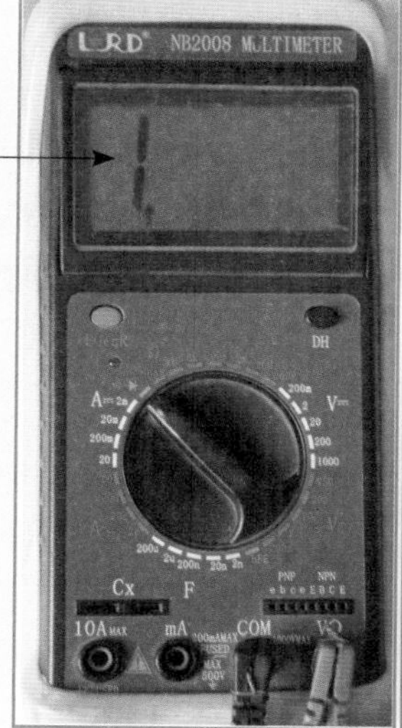

⑭ 将数字万用表的红表笔接数字集成电路的接地端，黑表笔依次接其他引脚测量正向电阻值(最后一个引脚)。

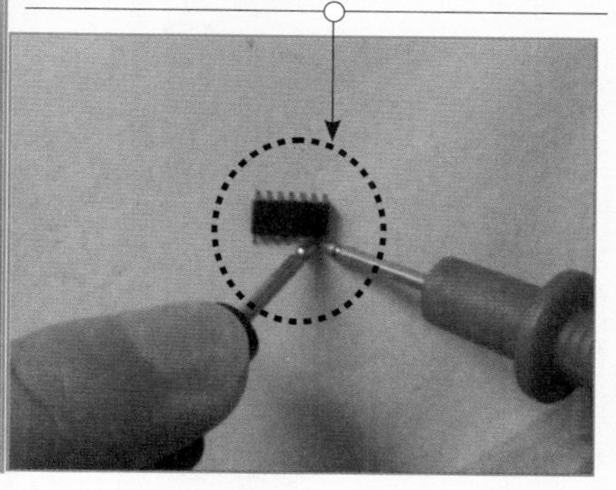

⑮ 观察表盘，测量的电阻值为1（无穷大）。

图14-36　数字集成电路的检测方法（续）

总结：由于测得接地端到其他引脚间的正向电阻值为固定值，反向电阻值为无穷大，因此该数字集成电路功能正常。

14.6.2 集成电路检测经验总结

经验一：测量集成电路的电压时，一般测量集成电路的电源脚、信号输入脚、信号输出脚和一些重要的控制脚等关键测试点。

经验二：当集成电路的电源引脚电压异常时，如果其他各引脚电压也不正常时，应先重点检查电源引脚的外围电路。

经验三：代换法是用已知完好的同型号、同规格的集成电路来代换被测集成电路，此方法可以判断出被测集成电路是否损坏。

经验四：测量集成稳压器的稳压值时，如果输出的稳压值正常，则集成稳压器正常。如果输出的稳压值不正常，则集成稳压器损坏。

经验五：测量数字集成电路输出端的电压值时，将指针万用表调到直流电压挡的 10V 挡，将与非门集成电路的输入端悬空（相当于输入高电平），然后测量输出端的电压值（输出端应为低电平）。如果测量的输出端电压值低于 0.4V，则此数字集成电路正常；如果高于 0.4V，则此数字集成电路损坏。

第 15 章 放大电路与开关电路

电子电路本身有很强的规律性，不管多复杂的电路，经过分析可以发现，它是由少数几个单元电路组成的，好像孩子们玩的积木，虽然只有十几种积木块，可是在孩子们手中却可以搭成几十乃至几百种平面图形或立体模型。放大电路能够将一个微弱的交流小信号通过一个装置（核心为三极管、场效应管）增大为波形相似的交流大信号。开关电路是指具有“接通”和“断开”两种状态的电路，它的原理由开关管和PWM控制芯片构成振荡电路，产生高频脉冲。像放大电路、开关电路等都是基本的单元电路，掌握这些电路的工作原理，对于深入学习电子电路非常有帮助。

15.1 放大电路

放大电路也称为放大器，是电子设备中最基本的单元电路。在学习放大电路之前，首先了解放大电路的组成、元器件的作用及放大原理等，然后简要介绍由场效应管构成的放大电路，最后再介绍用三极管构成的开关电路。

15.1.1 放大电路的组成

放大电路一般由三极管、电阻、电源、耦合电容、负载等构成。图 15-1 所示为电路原理图，三极管是放大电路的核心元器件，担负着电流放大作用。

（1）图中 V_{BB} 是基极偏置电源，V_{CC} 是集电极偏置电源，使三极管具备放大条件。R_b 叫作基极偏置电阻，通过 V_{BB} 为三极管提供合适的基极电流（I_b）。这个电流通常叫作基极偏置电流。R_b 过大或过小都会造成三极管不能正常放大。偏置，就是为放大电路建立条件，交流就是要放大的信号。R_c 为集电极负载电阻，一方面给集电极提供适当的直流电位（静态电位），还能防止 I_c 过大使三极管过热而损坏，另一方面通过它将电流变化转换为电压变化。

（2）C_1 和 C_2 为隔直耦合电容。我们已经知道电容对高频信号呈短路（电阻很小），对直流呈高电阻，相当于不通（直流电被隔断）。在实际应用电路中，使用两个电源很不方便，一般从 V_{CC} 中通过电阻分压获取 V_{BB}，即使用同一个电源，这时要适当改变 R_b 的阻值，以提供合适的 I_b。

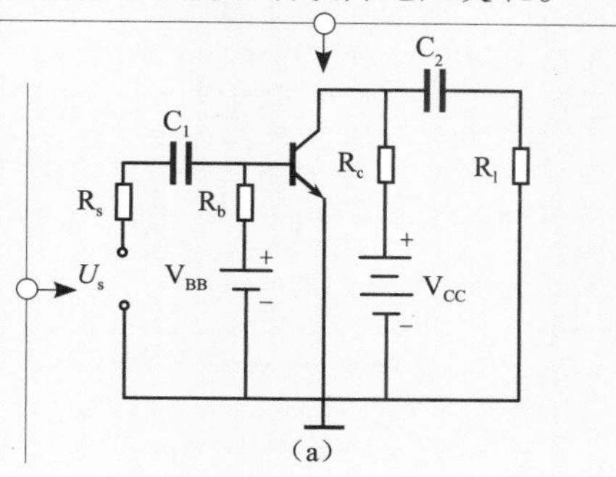

图 15-1 放大电路的组成

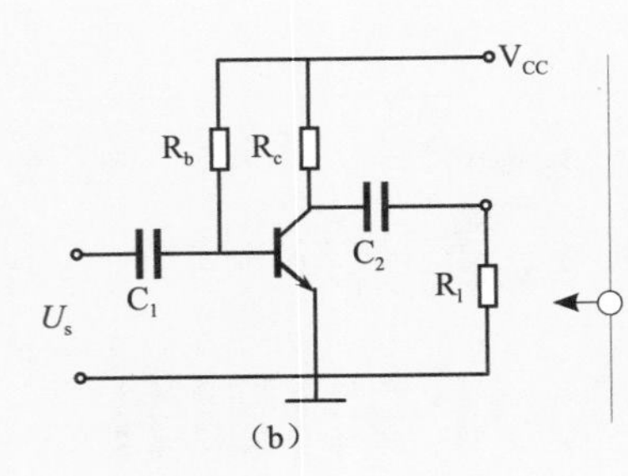

（3）在描绘电路图时习惯用图（b）所示形式，不再画出电源符号。输入端（输入回路）接信号源电压 U_s，R_s 表示信号源内阻，输入信号电压为 U_i；输出端（输出回路）接负载电阻 R_l，输出电压为 U_o。

图 15-1　放大电路的组成（续）

15.1.2 共射极放大电路

共射电路是放大电路中应用最广泛的三极管接法，信号由三极管基极和发射极输入，从集电极和发射极输出。因为发射极为共同接地端，故命名共射极放大电路。共射极放大电路的种类有很多，下面重点讲解固定偏置放大电路和分压偏置放大电路。

1．固定偏置放大电路

固定偏置放大电路结构如图 15-2 所示。当电路接通时，就有 I_b 和 I_c 产生，并且 I_b 是固定不变的，I_b=（$V_{CC}-U_{be}$）/R_b，U_{be}=0.6~0.7V，因此 $I_b \approx V_{CC}/R_b$。$I_c=\beta \times I_b$，受 I_b 控制变化，$I_e=I_b+I_c$。这 3 个电流一定要合适。集电极电流流过 R_c 产生压降，集电极电压 $U_c=V_{CC}-I_c \times R_c$。

这里需要注意的是，集电极输出的信号波形与输入信号波形是相反的，也就是呈反相。

（1）在输入端加上正弦波信号源后，信号源电压（U_s）通过电容 C_1、三极管的 b-e 结形成的回路产生信号电流 i_b（变化的），信号电流是随着信号内容变化的。

（2）在信号电压的正半周，信号电流 i_b 通过电容 C_1、三极管的 b-e 结回到信号源的负极，对电容 C_1 充电（电容对高频信号呈低电阻），其充电电流就是信号电流 i_b，加到 I_b 上使基极电流增大为 $I'_b=i_b+I_b$。由三极管的电流放大原理可知，集电极电流也增大，集电极电流增大为 $I'_c=\beta \times I'_b$，集电极电压 $U_c=V_{CC}-I'_c \times R_c$。

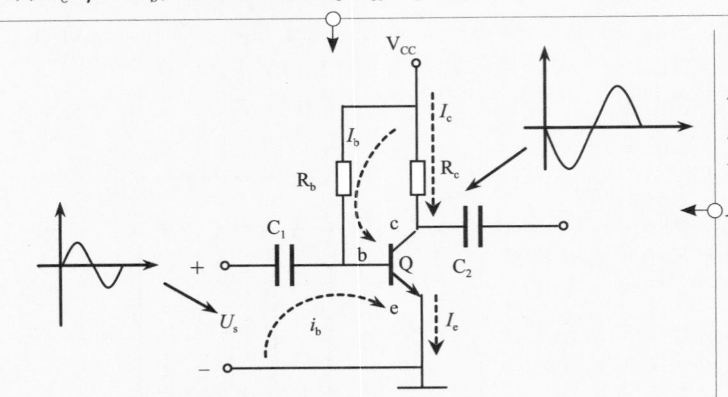

（3）在信号电压的负半周，信号电流 i_b 使 I_b 减小，从而使三极管的基极电流减小。同时集电极电流 I_c 也减小，集电极电压跟着减小。可见，基极电流变化了，集电极电压也变化了，这就是三极管的电流和电压放大原理。

图 15-2　固定偏置放大电路

这种放大电路由于基极偏置电流是由固定电阻 R_b 提供的，R_b 的阻值确定后，I_B 和 I_C 就确定了，$I_b=V_{CC}/R_b$，所以属于固定偏压放大电路。另外，环境温度变化、电源电压波动、元器件老化等因素，都会使原来设置好的静态工作点（偏置电流）发生改变，从而影响放大器的正常工作。比如，温度上升时，三极管的穿透电流增大，导致电路不能正常工作。

2．分压偏置放大电路

分压偏置放大电路如图 15-3 所示。

该电路中，R_{b1}、R_{b2} 对电源电压串联分压得到 $U_b=V_{CC}/(R_{b1}+R_{b2})\times R_{b2}$，所以基极电压 U_b 不随温度发生变化。$U_e=U_b-0.7V$，$I_e=U_e/R_e$，$I_c\approx I_e$，$U_{ce}=V_{CC}-I_c\times(R_c+R_e)$。其放大原理与固定偏置放大电路相同，即变化的集电极电压通过负载 R_L 对电容 C_2 充、放电，在 R_L 上得到被放大的信号。

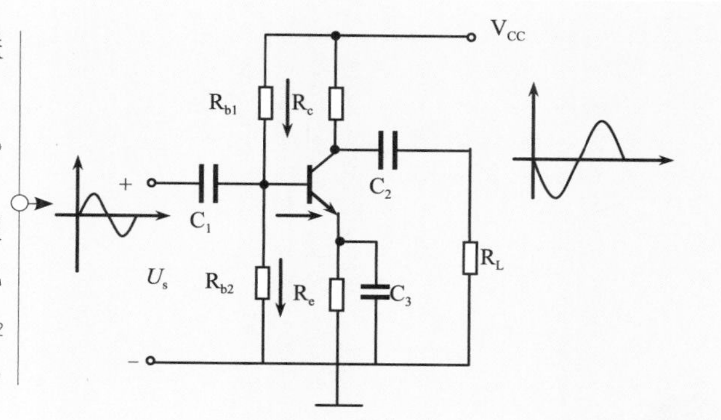

图 15-3　分压偏置放大电路

15.1.3 共集电极放大电路

与共射极放大电路不同的是，集电极上没有接电阻。输入信号为 U_i，输出信号从 R_e 两端取出。共集电极放大电路原理如图 15-4 所示。

（1）共集电极放大电路的特点是：偏置固定，由 R_b、R_e 和三极管的 b-e 结内阻决定基极电压 U_b。电压放大特点是：从固定偏置上可看出，输出电压 U_e 在任何时候都比 U_b 低 0.6V。所以该电路的电压放大倍数略小于 1。电流放大特点是：$I_c=\beta\times I_b$，与前述电路相同。

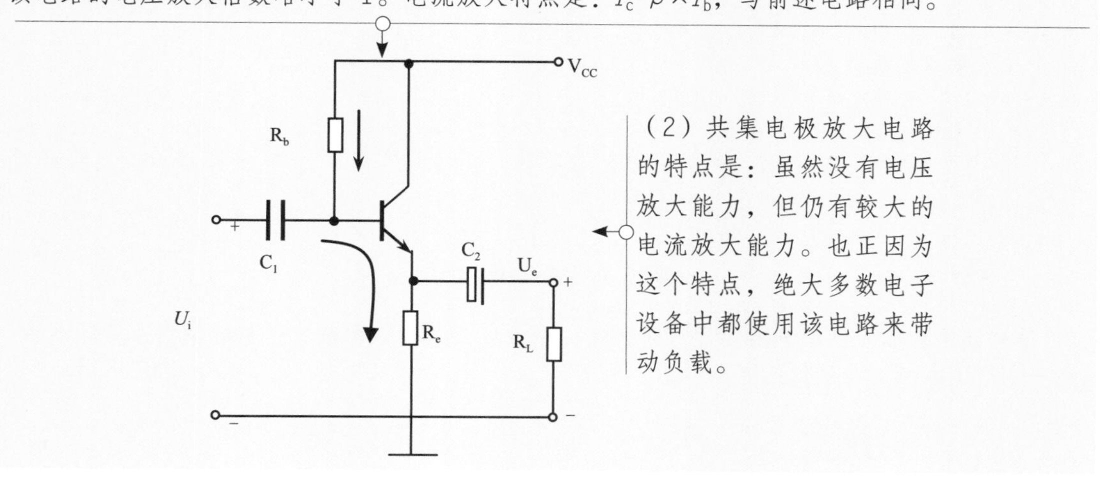

（2）共集电极放大电路的特点是：虽然没有电压放大能力，但仍有较大的电流放大能力。也正因为这个特点，绝大多数电子设备中都使用该电路来带动负载。

图 15-4　共集电极放大电路原理

15.1.4 共基极放大电路

共基极放大电路原理如图 15-5 所示。

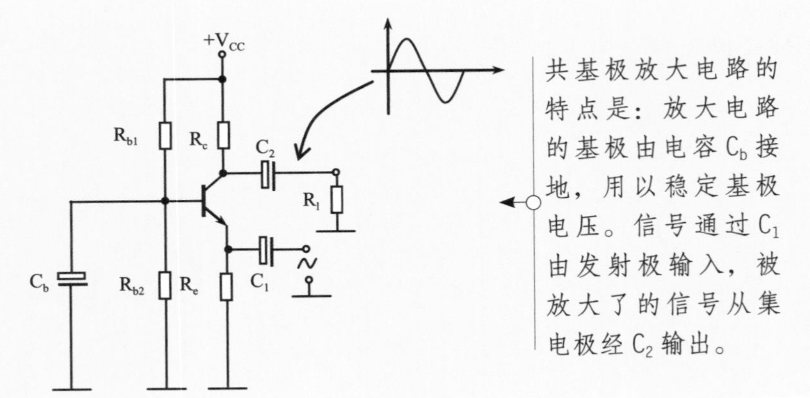

+V_{CC}
R_{b1}
R_c
C₂
R_l
C_b
R_{b2}
R_e
C₁
共基极放大电路的特点是：放大电路的基极由电容 C_b 接地，用以稳定基极电压。信号通过 C_1 由发射极输入，被放大了的信号从集电极经 C_2 输出。

图 15-5 共基极放大电路

15.2 多级放大电路

多级放大电路如图 15-6 所示。

（1）多级放大电路是由若干个单级放大电路串联构成的。单级放大电路的放大倍数不大，一般不超过 200，在实际应用的电子设备中，放大倍数往往要高达成千上万，这样单级放大电路就不能胜任，需要把若干个单级放大电路串联构成多级放大电路。

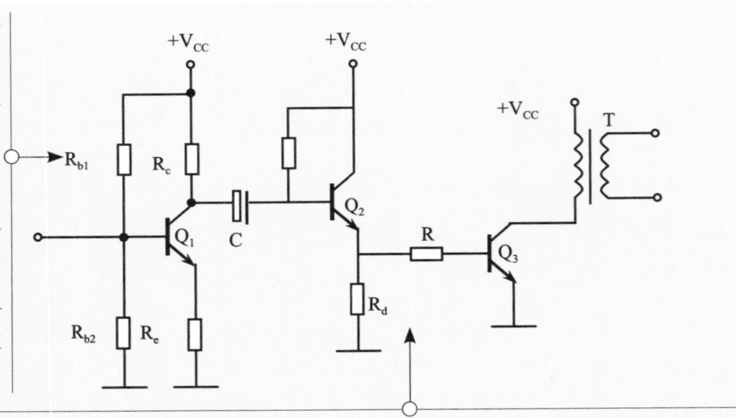

（2）信号在 Q_1 和 Q_2 二级放大电路间通过电容器 C 传递；信号在 Q_2 与 Q_3 二级放大电路间通过电阻器 R 传递；经 Q_3 放大的信号由变压器 T 输送到下级。

图 15-6 多级放大电路

信号在多级放大器之间的传递称为耦合，耦合的方式有阻容耦合、直接耦合、变压器耦合 3 种方式，下面逐一介绍其特点。

1．阻容耦合

阻容耦合就是用电容器、电阻器将前后两级放大器连接起来。如图 15-16 所示电路中的 Q_1 与 Q_2 之间的电容器 C。

阻容耦合的特点如下：

（1）前后两级工作点互不影响，方便检修；

（2）由于电容器对低频信号的衰减大，不适合传送变化缓慢的信号；

（3）由于电容器的体积较大，不能集成化。

2．直接耦合

直接耦合就是将前级与后级直接连接或中间串联一个小阻值电阻。如图 15-16 中 Q_2 和 Q_3 之间的电阻器 R（很多电路不用电阻器）。

直接耦合的特点如下：

（1）元器件少，便于集成；

（2）前后级工作点互相影响，任一级有问题，整个电路工作点都将发生变化，易产生“零漂”。“零漂”就是输入级短路（无信号输入）时，输出端直流电位出现缓慢变化。“零漂”对放大电路非常有害。

3．变压器耦合

变压器耦合是利用变压器将前后两级连接起来，信号通过变压器在两级之间传送，如图 15-16 中的 T。

变压器耦合的特点如下：

（1）能够进行阻抗变换，前后级工作点互不影响；

（2）变压器体积稍大，不能集成，频率特性差。

15.3 低频功率放大器

前面介绍的放大器，一般属于电压放大器，任务是将微弱的信号进行电压放大，输入和输出的电压电流都比较小，不能直接驱动功率较大的设备。这就要在放大器的末级增加功率放大器，功率放大器的任务是放大信号的功率（电压和电流都要放大），因此属于大信号放大器。

在本节中，将介绍电子设备中常用的几种功率放大器。

15.3.1 双电源互补对称功率放大器（OCL 电路）

双电源互补对称功率放大器（OCL 电路）电路原理图如图 15-7 所示。

（1）该电路主要由 Q_1（NPN 型）和 Q_2（PNP 型）及负载构成，采用正、负相等的两组电源供电，信号为 U_i，从两管的基极输入，负载为 R_1，Q_1 又称为上功率管，Q_2 称为下功率输出管。

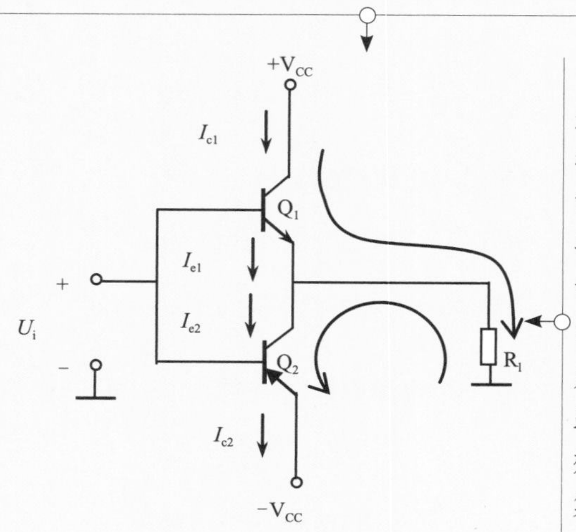

（2）双电源互补对称功率放大器的工作原理是：当信号电压为正半周时，Q_1 正向导通，Q_2 截止。V_{CC} 通过 Q_1 的 c-e 结，流过负载，在负载上得到放大的正半周信号；当信号电压为负半周时，Q_1 截止，Q_2 正向导通，$-V_{CC}$ 通过负载 Q_2 的 e-c 结到负电源，在负载上得到放大的负半周信号，正、负半周信号在负载上合成为全波。两管交替工作，互为补充，所以该电路称为互补对称电路。这种电路输出功率大，效率高，应用广。在显示器中主要用于场输出集成电路、平行四边形校正电路中。

图 15-7　双电源互补对称功率放大器电路原理图

15.3.2 单电源互补对称功率放大器（OTL 电路）

由于 OCL 电路需要两个电源，在某些场合使用不便，为此，可采用单电源供电的互补对称功放电路，又称 OTL 电路。

图 15-8 所示为单电源互补对称功率放大器电路原理图。

（1）图中，Q_3 为前置放大管，Q_1、Q_2 组成互补对称输出级，VD_1、VD_2 提供偏置，并有温度补偿作用。C_1 为信号输入耦合电容，C_L 为输出耦合电容。R_1、R_2、R_3 提供偏置。A 点为功放中点，其正常工作电压为 $1/2V_{CC}$，C_L 容量很大，相当于一个 $1/2V_{CC}$ 的电源。

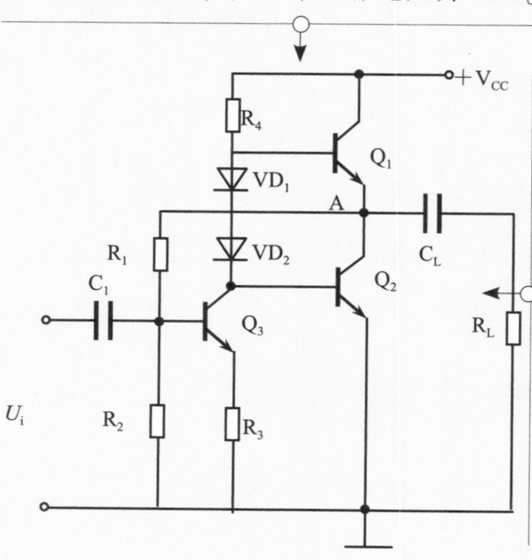

（2）单电源互补对称功率放大器（OTL）电路的工作原理是：在 U_i 的负半周，Q_3 导通程度减弱，其集电极电压升高。引起 Q_1 导通加强，Q_2 截止，V_{CC} 经过 Q_1、R_L 对 C_L 充电，其充电电流在负载 R_L 上产生自上而下的电流（i_{C1}），在负载上形成输出电压 U_0 正半周。同时，电容 C_L 被充上了左正右负的电压；在 U_i 的正半周，Q_3 导通程度增大，Q_1 截止，Q_2 导通，C_L 上的电压经 Q_2、R_L 放电，其放电电流在负载 R_L 上产生自下而上的电流（i_{C2}），在负载上形成输出电压 U_o 负半周。其结果在负载上得到放大的输出信号 U_0。

图 15-8　单电源互补对称功率放大器（OTL）电路原理图

该电路存在动态范围小、最大输出电压幅值不够的问题。当 Q_3 集电极电压升高时，Q_1 因基极电位升高而导通，导通越强，中点电压上升越多，这样会使正偏电压 V_{BE1} 下降，Q_1 动态范围变小，最大输出电压偏小。解决办法是增加一个自举电容 C_2 和电阻 R_5。图 15-9 所示为增加电容和电阻后的单电源互补对称功率放大器（OTL）电路原理图。

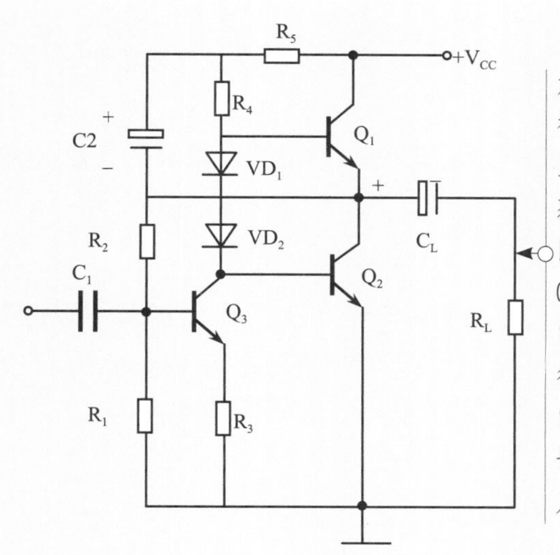

加入 C_2 后，由于其容量较大，其两端电压可视为不变。当 Q_1 导通使中点电压升高时，C_2 正极电压也跟着升高，使 Q_1 基极电位升高而获得正常偏压，保证了 Q_1 的大电流输出。电阻 R_5 为隔离电阻，将电源与电容 C_2 隔开，使 C_2 上自举的电压不被电源吸收。正是因为加入电容 C_2 和电阻 R_5 后使 Q_1 基极电位自动升高获得正常偏压，所以，电容 C_2 和电阻 R_5 组成的电路又称为自举电路，C_2 称为自举升压电容。该电路被广泛应用在显示器、彩电场输出电路及各种音频功率放大电路。

图 15-9　增加电容和电阻后的单电源互补对称功率放大器电路原理图

15.3.3 单电源互补对称功率放大器电路故障检修

单电源互补对称功率放大器电路应用极为普遍，常见故障现象为：中点电压不正常。

易损坏元器件主要有：上功率输出管和下功率输出管及自举升压电容 C_2。

OTL 电路与 OCL 电路都是直接耦合，直流工作点互相影响，电路中任何一个元器件发生故障都会使中点电压不正常。

单电源互补对称功率放大器电路故障检修方法为：在加电情况下检测中点电压，如果电压不正常，说明电路中有损坏的元器件，需要断电，用检测电阻法逐个检查电路的每个元器件。

15.4 开关电路

顾名思义，开关电路具有“接通”和“断开”两种状态。在实际电路中，经常由三极管组成这种开关电路，通过控制三极管的导通与断开，进而接通和切断电路，来实现电路的无触点开关。

15.4.1 开关管的开关特性

前面介绍了晶体管构成的放大电路，在实际应用中，晶体管除了用作放大器外（在放大区），还可以利用其开关特性用作开关。

1. 截止状态

所谓截止，就是三极管在工作时，集电极电流始终为 0，接近无穷大。此时，集电极与发射极间电压（U_{CE}）接近电源电压。

对于 NPN 型硅三极管来说：当 U_{BE} 为 0~0.5V 时，I_B 很小，无论 I_B 怎样变化 I_C 都为 0。此时，三极管的内阻（R_{CE}）很大，三极管截止。

在维修过程中，测量到 U_{be} 低于 0.5V 或 U_{CE} 接近电源电压时，即可知道三极管处在截止状态。

2. 放大状态

当 U_{be} 为 0.5~0.7V 时，U_{be} 的微小变化就能引起 I_b 的较大变化，I_b 随着 U_{be} 基本呈线性变化，从而引起 I_c 的较大变化，$I_c=\beta\times I_b$，这时三极管处于放大状态，此时，集电极与发射极间电阻（R_{CE}）随着 U_{be} 可变。在维修过程中测量到 U_{be} 为 0.5~0.7V 时，即可知道三极管处在放大状态。

3. 饱和状态

所谓饱和，是指当三极管的基极（I_b）电流达到某一值后，三极管的基极电流无论怎样变化，集电极电流不再增大，达到最大值，这时三极管处于饱和状态。

三极管的饱和状态是以三极管集电极电流来表示的，但测量三极管的电流很不方便。可以通过测量三极管的 U_{be} 电压及 U_{CE} 电压来判断三极管是否进入饱和状态。

当 U_{be} 略大于 0.7V 后，无论 U_{be} 怎样变化，三极管的 I_c 将不能再增大。此时三极管内（R_{CE}）阻很小，U_{ce} 低于 0.1V，这种状态称为饱和。三极管在饱和时的 U_{ce} 称为饱和压降。当在维修过程中测量到 U_{be} 在 0.7V 左右、而 U_{CE} 低于 0.1V 时，即可知道三极管处在饱和状态。

三极管的 3 个工作状态对于维修来说有很重要的指导意义，请读者认真领会。

15.4.2 三极管构成的开关电路

三极管构成的开关电路是把三极管的截止与饱和当作机械开关的“开和关”来使用。当三极管截止时，集电极电流为 0，相当于开关“断开”；而三极管在饱和时，由于饱和压降很小，相当于开关的“接通”。因此，三极管广泛用作开关器件，主要用于数字电路中。

图 15-10 所示为三极管构成的开关电路原理图。

当三极管接通 U_1 信号时，U_1 为上正下负，在输入电路中，三极管因 b-e 结反偏而截止，三极管处于截止，此时 I_b=0，I_c=0，$U_{ce}=U_o=V_{CC}$。三极管的 3 个电极间相当于开路，等效于图 15-10（b）。

当三极管输入正极性信号 U_2 时，三极管处于饱和状态，流过三极管的基极电流不小于基极临界饱和基极电流，集电极电流不随 I_b 变化；U_{ce} 一般低于 0.1V。c、e 二极近似短路，等效于图 15-10（c）。可见，三极管相当于一个由基极电流控制的无触点开关，截止时相当于断开，饱和时相当于闭合。

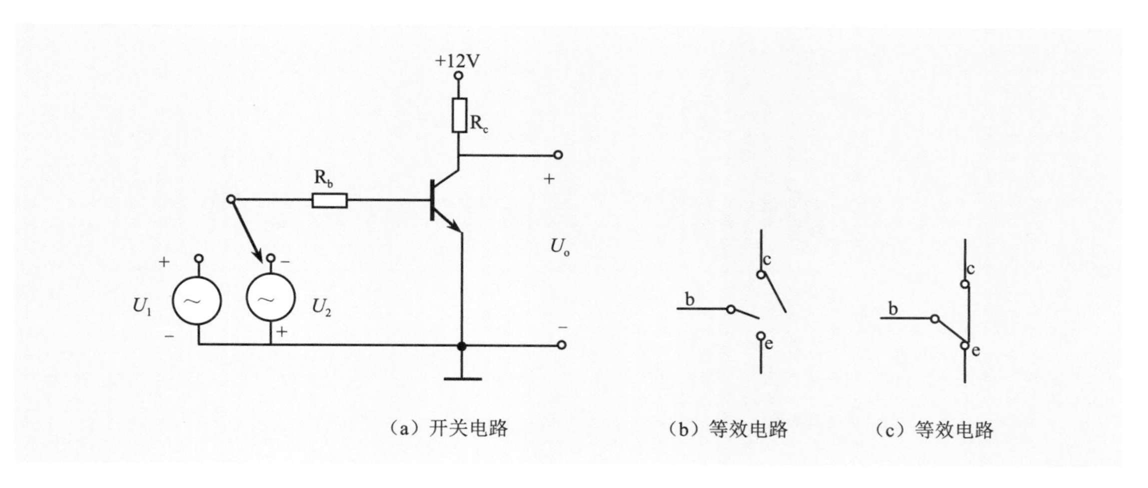

图 15-10　三极管构成的开关电路原理图

当三极管用作开关来使用时，三极管从截止到饱和的过程需要一定的时间，尽管用时很短。在维修代换管子时一定要注意管子的开关参数，如行输出电路中的行输出管对管子的开关时间要求就高一些。为了加速三极管的开关速度，常在开关电路中的 R_1 上并接一个电容 C_1，这个电容称为加速电容，如图 15-11 中的电容 C_1。

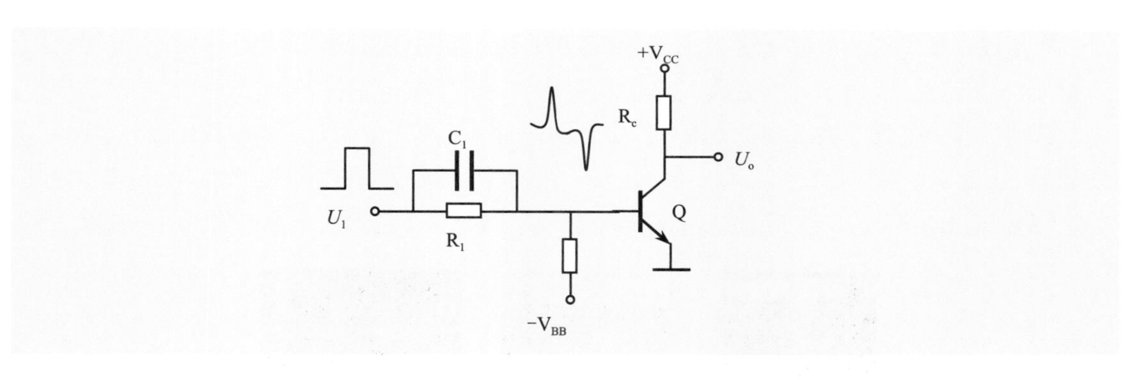

图 15-11　三极管开关电路中的加速电容

场效应管有比普通三极管更好的特性，被大量用在数字电路中，这里不再举例。

第 16 章 电源电路是基础中的基础

每个电子设备都有一个供给能量的电源电路，电子电路中的电源既有交流电源也有直流电源。根据电源电路的电路形式和特点，电源电路一般可分为稳压电路、整流滤波电路、升压电路、逆变电路等。

16.1 稳压电路

稳压电路是指在输入电网电压波动或负载发生改变时仍能保持输出电压基本不变的电源电路。稳压电路通常分为线性稳压电路和开关稳压电路。线性稳压电路又包括固定稳压电路和可调稳压电路（输出电压可调）。

而集成稳压电路的集成电路称为集成稳压器。由于集成稳压器具有稳压精度高、工作稳定可靠、外围电路简单、体积小、重量轻等显著优点，在各种电源电路中得到了越来越普遍的应用。

目前国际上的集成稳压器已有数百多个品种，常见的有三端固定式集成稳压器、三端可调式集成稳压器、多端可调式集成稳压器等。从外形上看，集成串联型稳压器有 3 个引脚，分别为输入端、输出端和公共端，因而又称为三端稳压器。图 16-1 所示为电路中常见的集成稳压器。

APM3055L
GE256

（a）三端稳压器

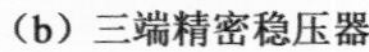

（b）三端精密稳压器

（c）多端稳压器

图 16-1　电路中常见的集成稳压器

16.1.1 集成稳压器的分类与电路符号

集成稳压器一般分为线性集成稳压器和开关集成稳压器两大类。线性集成稳压器又可分为低压差和一般压差集成稳压器；开关集成稳压器可分为降压型、升压型和输入与输出极性相反型稳压器。

图 16-2 是集成稳压器的电路图形符号，分为三端式和多端式。

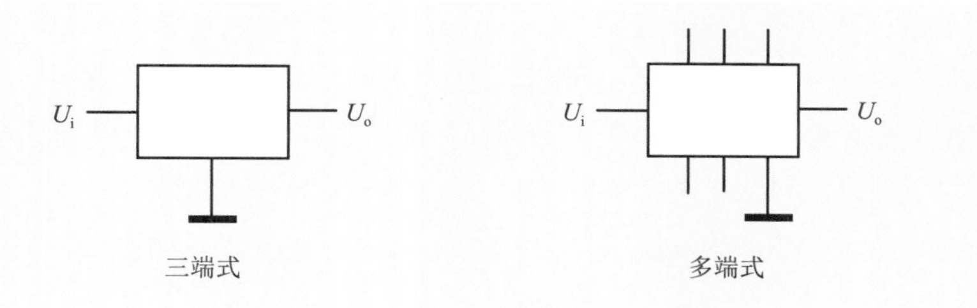

图 16-2 集成稳压器的电路图形符号

16.1.2 集成稳压器的主要指标

集成稳压器的主要技术指标包括：输出电压、输出电压偏差、最大输出电流、最小输入电压、最大输入电压、电压调整率、电流调整率等，表 16-1 中体现了这些主要指标的作用。

表 16-1 集成稳压器的主要指标

主要指标	说明
输出电压	输出电压是指稳压器的各工作参数符合规定时的输出电压值。对于固定输出稳压器，它是常数；对于可调式输出稳压器，它是输出电压范围
输出电压偏差	对于固定输出稳压器，实际输出的电压值和规定的输出电压 U_o 之间往往有一定的偏差。这个偏差值一般用百分比表示，也可以用电压值表示
最大输出电流（I_{OM}）	最大输出电流是指稳压器能够保持输出电压不变的最大电流
最小输入电压（U_{imin}）	输入电压值在低于最小输入电压值时，稳压器将不能正常工作
最大输入电压（U_{imax}）	最大输入电压是指稳压器安全工作时允许外加的最大电压值
电压调整率（S_U）	电压调整率是指当稳压器负载不变而输入的直流电压变化时，所引起的输出电压的相对变化量
电流调整率（S_I）	电流调整率是指当输入电压保持不变而输出电流在规定范围内变化时，稳压器输出电压相对变化的百分比

16.1.3 固定稳压电路

固定稳压电路是将功率调整管、误差放大器、取样电路、保护电路等元器件集成在一块芯片内，构成一个由输入端（输入电压在一定范围）、输出端（输出电压固定）和公共接地端构成的三脚集成电路。

常见的固定稳压电路以三端稳压器居多，如固定正电压输出的有 78XX 系列，固定负电压输出的有 79XX 系列等。固定输出三端稳压器的 78XX、79XX 系列中的 XX 表示固定电压输出的数值。如 7805、7806、7809、7812、7815、7818、7824 等三端稳压器，后两位数字分别指输出电压是 +5V、+6V、+9V、+12V、+15V、+18V、+24V。

1. 78XX 系列集成稳压器

78XX 系列集成稳压器最大输出电流为 1.5A，其中，塑料封装（TO-220）最大功耗为 10W（加散热器），金属壳封装（TO-3）外形，最大功耗为 20W（加散热器）。另外，78XX 系列集成稳压器的内部含有限流保护、过热保护和过电压保护电路，采用噪声低、温度漂移小的基准电压源，工作稳定可靠。

78XX 系列集成稳压器为三端稳压器，共有 3 个引脚。图 16-3 和图 16-4 所示为 7805 三端稳压器和应用电路图。

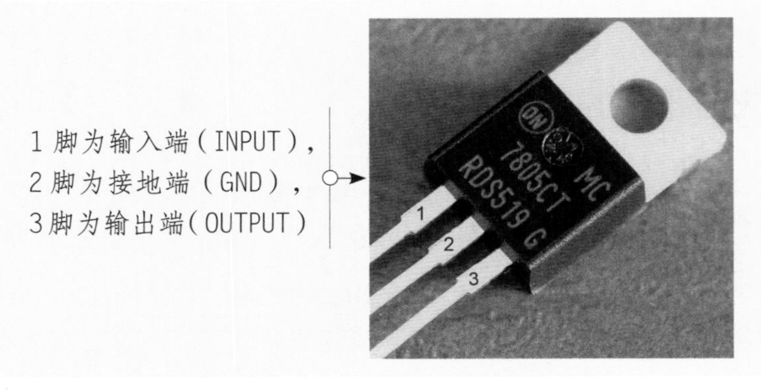

图 16-3　7805 三端稳压器

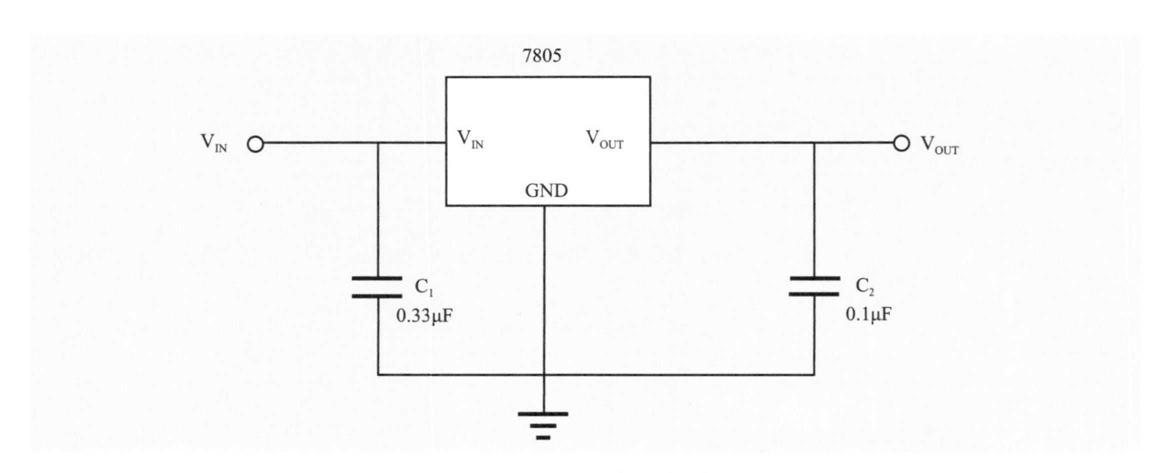

图 16-4　7805 应用电路图

2. 79XX 系列集成稳压器

79XX 系列集成压器是常用的固定负输出电压的三端集成稳压器，除输入电压和输出电压均为负值外，其他参数和特点与 78XX 系列集成稳压器相同。

79XX 系列集成稳压器为三端稳压器，共有 3 个引脚。图 16-5 和图 16-6 所示为 7905 三端稳压器和应用电路图。

集成稳压的 3 个引脚分别为：1 脚为接地端（GND），2 脚为输入端（INPUT），3 脚为输出端（OUTPUT）。

KA7905 352 1 2 3

图 16-5　7905 三端稳压器

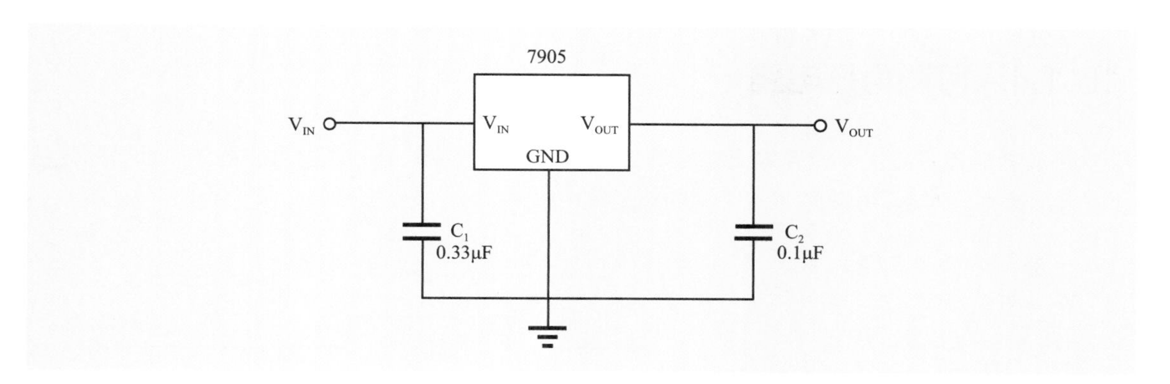

图 16-6　7905 应用电路图

3. 集成稳压器构成的稳压电路

图 16-7 所示为 78XX 系列集成稳压器构成的稳压电路。

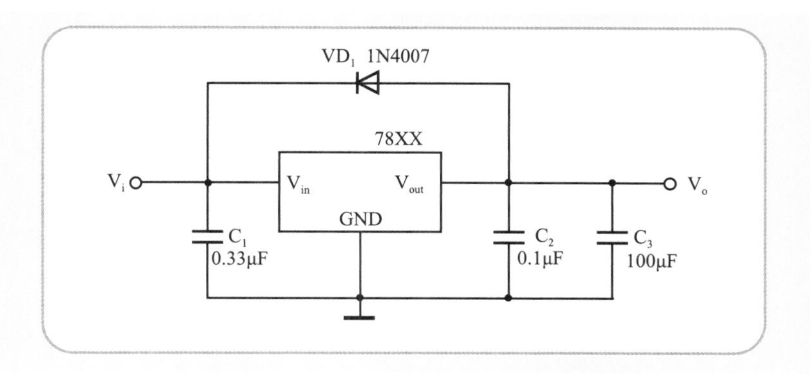

图 16-7　78XX 系列集成稳压器构成的稳压电路

图 16-8 所示为显示器电路中的 3.3V 稳压电路。此稳压电路采用 LM1117 三端稳压器及三个电容器组成，将 5V 电压转换为 3.3V 电压。

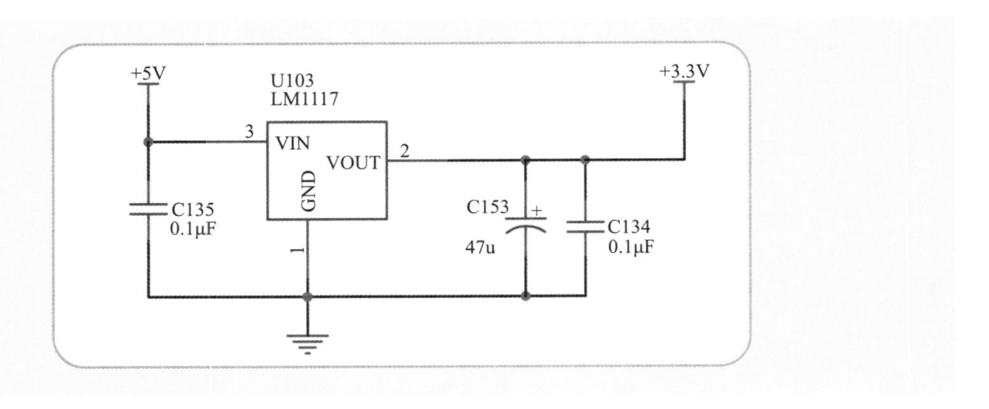

图 16-8　5 ~ 3.3V 稳压电路

16.1.4 可调稳压电路

可调稳压电路是指可调整输出电压的稳压电路。输出电压一般通过稳压器的 ADJ 引脚连接的电阻来调整。图 16-9 所示为一个可调稳压器电路。

（1）LM317 为一个可调稳压器，电容器 C_1 用来抑制输入侧的高频脉冲干扰，此电容一般选择 0.1 ~ 1μF 的陶瓷电容器。电容器 C_2 的作用是消除高频噪声，一般选择 0.1 ~ 1μF 的陶瓷电容器。

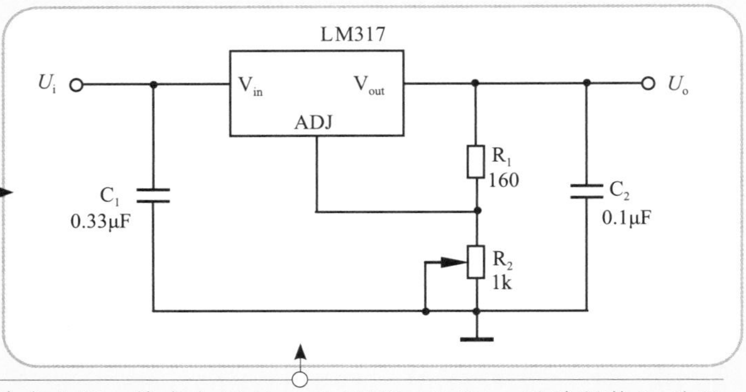

（2）电阻 R_1 和 R_2 主要用来调整输出电压。输出电压 $U_o \approx 1.25V(1+R_2/R_1)$，通过调整 R_2 的阻值，该电路可在 5 ~ 12V 稳压内实现输出电压连续可调。

图 16-9　可调稳压器电路

图 16-10 所示为一个可调稳压电源电路，此稳压电路采用三端可调稳压集成电路 LM317，可调电压为 1.5 ~ 25V，最大负载电流为 1.5A。

（1）电路开始工作后，220V 交流电经变压器 T_1 降压后，得到 24V 交流电；再经整流二极管 VD_1 ～ VD_4 整流和滤波电容器 C_1 滤波后，得到 33V 左右的直流电压。

（2）该电压首先点亮发光二极管 LED，然后经滤波电容器 C_2 滤除高频干扰信号后，输入到稳压器 LM317 经其内部电路稳压处理后，经滤波电容器 C_4 滤波后，输出直流电压。

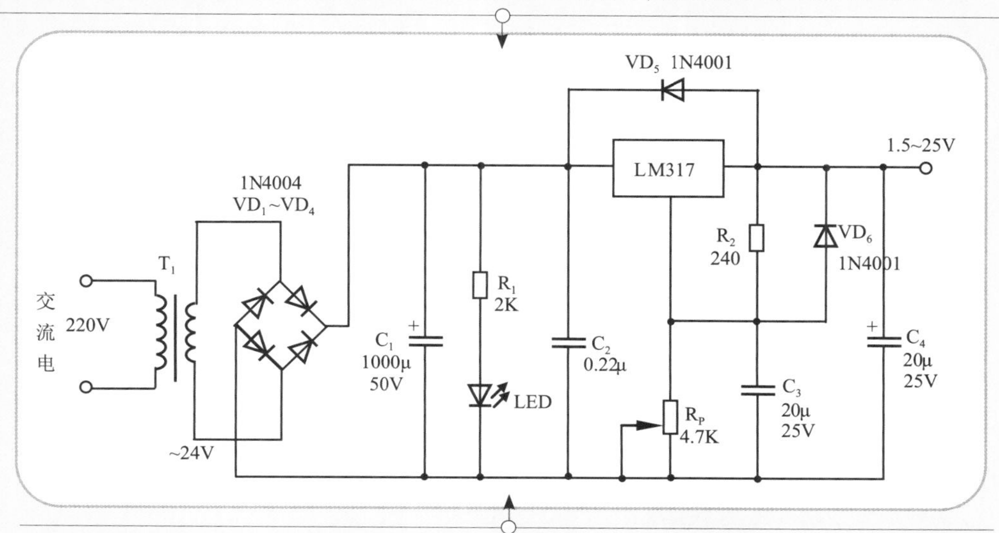

（3）调节电位器 R_P，即可连续调节输出电压，输出电压为 1.5 ～ 25V。二极管 VD_5、VD_6 的作用是在输出端电容漏电或调整端短路时起保护作用。

图 16-10　可调稳压电源电路

16.1.5 精密电压基准集成稳压器

电路中常用的精密电压基准集成稳压器主要有 TL431、WL431、KA431、μA431、LM431 等。

其中，TL431 是一个有良好的热稳定性能的三端可调分流基准源，TL431 的输出电压为 2.5~36V，工作电流为 1~100mA，典型动态阻抗为 0.2Ω，在很多应用中可以用它代替齐纳二极管，例如，数字电压表、运放电路、可调压电源、开关电源等。图 16-11 和图 16-12 所示为 TL431 集成稳压器和电路符号。

图 16-11　TL431 集成稳压器

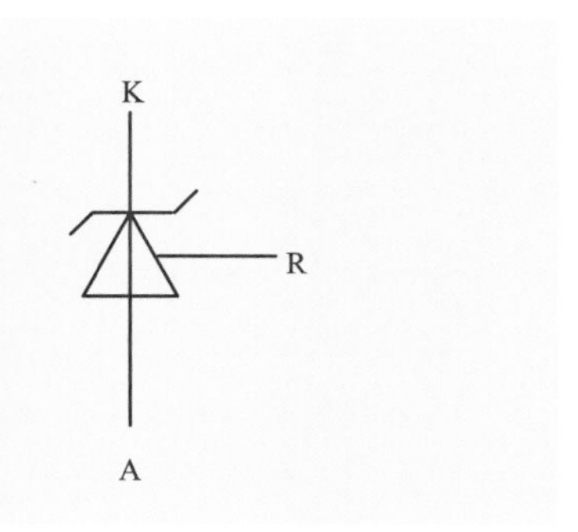

图 16-12　TL431 集成稳压器电路符号

TL431 的封装形式有两种：一种为 TO-92 封装，它的外形和小功率塑封三极管相同；另一种为双列直插 DIP-8 塑封。TL431 有 3 个引出脚，分别为阴极（CATHODE）、阳极（ANODE）和参考端（REF），用 K、R、A 表示，如图 16-13 所示。

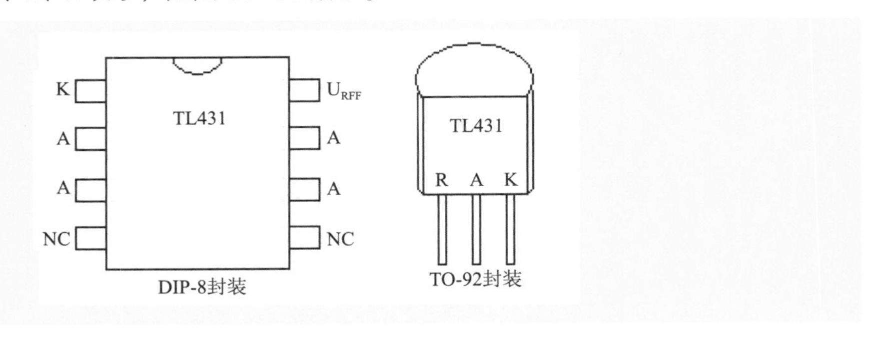

图 16-13 TL431 的封装形式

由于 TL431 控制精度高，温度系数很小，所以被广泛应用于 VCD、DVD、计算机显示器、彩色电视机和卫星接收机等开关电源电路中。

16.1.6 稳压二极管构成的稳压电路

稳压二极管用作调整电子元器件构成的稳压电路，如图 16-14 所示。

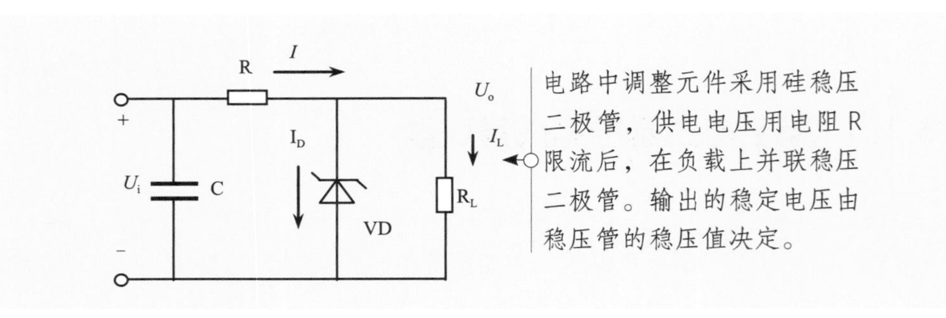

R
I
U_o
+
I_D
I_L
U_i
C
R_L
VD
-
电路中调整元件采用硅稳压二极管，供电电压用电阻 R 限流后，在负载上并联稳压二极管。输出的稳定电压由稳压管的稳压值决定。

图 16-14 稳压二极管构成的稳压电源

下面分析稳压二极管构成的稳压电路工作过程。

（1）负载电流不变，输入电压变高时的稳压过程

当输入电压升高时，输出电压也略增加，稳压管的工作电流（I_D）将增加，使流过限流电阻 R 的电流也增大，同时电阻 R 上电压降也增大，而输出电压 $U_o=U_i-U_R$，U_R 增加，U_o 必减小，从而保持输出电压 U_o 基本不变。

（2）输入电压不变，负载电流变化时的稳压过程

当负载电流增大时，在 R 上的压降增大，引起输出电压 U_o 下降，稳压管的工作电流 I_D 下降，最后使通过 R 的电流基本不变。

稳压二极管构成的稳压电路的优点是：电路简单，稳压效果好，但是输出电压值不能调整，且输出电流小。

16.1.7 串联稳压电源

图 16-15 所示为串联稳压电路。

包含三极管 Q、电阻 R、稳压二极管 VD_Z 稳压电源。U_i 为输入电压，U_o 为输出电压。电阻为稳压二极管提供基础电流，稳压二极管提供基准电压 V_z，三极管 Q 为调整元件。从电路中，可以看出：$U_o = U_i - U_{ce}$，$U_o = V_z - U_{be}$

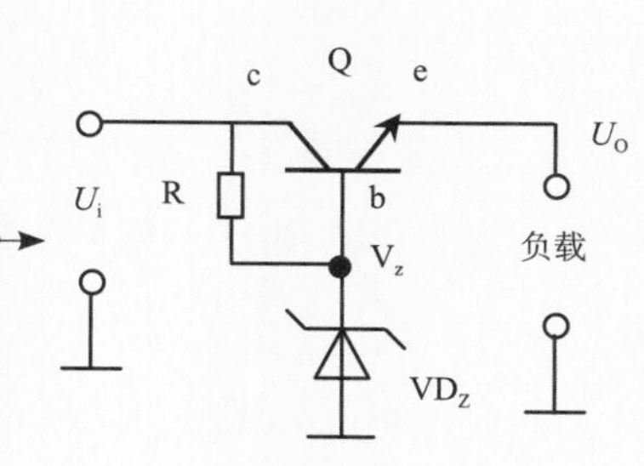

图 16-15 简单串联稳压电源

若输入电压 U_i 升高时，可能会引起输出电压升高，稳压电源电路将通过自动调整，使输出电压降低，达到稳定输出电压。简述如下：当 U_o 升高时，根据 $U_o = V_z - U_{be}$，V_z 不变，因此 U_{be} 下降，又根据三极管的特性，U_{be} 降低使三极管基极电流 I_b 减小，三极管导通程度降低，I_c 减小，使 U_{ce} 升高。根据 $U_o = U_i - U_{ce}$ 可知，U_o 也将降低，从而使输出电压稳定。其稳压控制过程如下：

$U_i\uparrow \rightarrow U_o\uparrow \rightarrow U_{be}\downarrow \rightarrow I_b \rightarrow I_c\downarrow \rightarrow U_{ce}\uparrow \rightarrow U_o\downarrow$

从而使输出电压稳定。

相反，当输入电压降低时，输出电压可能降低，其稳压控制过程与上述相反。

当负载变重时，会引起输出电压降低；当负载减轻时又会使输出电压有所升高。同样，稳压电源都会通过自动调整使输出电压得到稳定。

从稳压过程可看出，稳压电源由以下几部分组成：取样环节、基准电压源、比较环节及调整环节等。输出电压 U_o 被用作样品（取样），与基准电压（V_z）比较，产生的误差就是 U_{be}，三极管 Q 根据误差电压调整导通程度（改变输出电流），使输出电压稳定。

16.1.8 具有放大环节的稳压电源

一般情况下，稳压电源输出电压的变化量是很微弱的，它对调整管的控制作用也很弱，因此稳压效果不够好。为了解决这个问题，就在电路中增加一个直流放大器，把微弱的输出电压变化量先放大，再去控制调整管，从而提高对调整管的控制作用，使稳压电源的稳定性能得到改善。这种增加直流放大器的稳压电源就是具有放大环节的稳压电源。

1. 稳压电源组成

具有放大环节的稳压电源如图 16-16 所示。从电路功能上看，该稳压电源也是由取样环节、基准电压源、比较放大环节及调整环节组成。

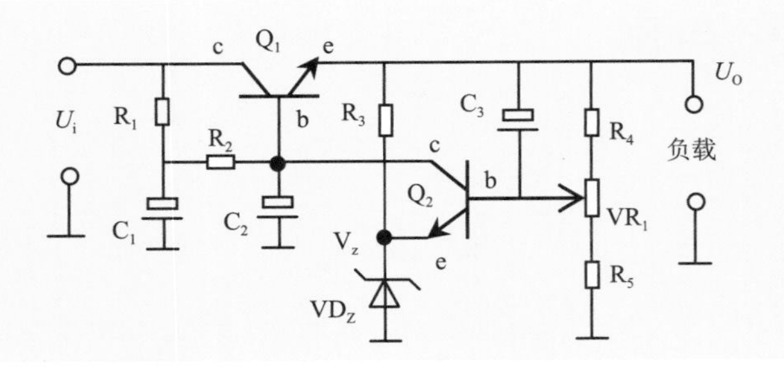

图 16-16　具有稳压环节的直流稳压电源

（1）取样环节

取样环节由电阻 R_3、VR_1 及电阻 R_4 组成。取样环节对输出电压分压，在 VR_1 的中间端获得样品电压，加到三极管 Q_2 的基极。该电压与输出电压成比例，即

$$U_{b2}=\frac{\left(R_4+VR_{1下}\right)\times U_o}{R_3+VR_1+R_4}$$

（2）基准电压源

电阻 R_2 为稳压二极管 VD_z 提供基础电流，稳压二极管为电路提供基准电压 V_z。

（3）比较放大环节

样品电压 U_b 经三极管 Q_2 的 b-e 结与基准电压 V_z 相比较，产生误差电压 U_{be}。误差电压被三极管 Q_2 放大，其导通程度受 U_{be} 控制，流过 Q_2 的集电极电流发生改变（U_{ce} 改变）。

（4）调整环节

调整电路由三极管 Q_1 组成。通过控制 Q_1 的基极电流，进而改变 Q_1 的集电极电流，调整 U_{ce} 使输出电压得到控制。

提示： $\frac{R_4+VR_{1下}}{R_3+VR_1+R_4}$ 称为分压比，用 n 表示。$U_b=V_z+U_{be}$（Q_2），因 V_z 远远大于 U_{b2} 忽略不计，则输出电压 $U_o=\frac{V_z}{n}$。

2．稳压控制过程

设负载变重，引起输出电压降低。当输出电压 U_o 降低时，样品电压 U_b 与 U_o 成比例降低，经 Q_2 的 b-e 结与基准电压 V_z 相比较，因 $U_b=V_z+U_{be}$，产生的误差电压 U_{be} 必将减小。减小的 U_{be} 使误差放大三极管 Q_2 的基极电流 I_b 减小，引起 Q_2 集电极电流 I_c 变小（U_{ce} 增大），输入电压 U_i 流经 R_1 进入三极管 Q_1 的基极电流被 Q_2 集电极电流分流减少，Q_2 基极电压升高，使 Q_2 集电极电流增大，U_{ce} 减小，根据 $U_o=U_i-U_{ce}$，输出电压 U_o 将升高，结果输出电压被调整升高，弥补负载变重引起的下降，从而使输出电压得以稳定不变。这一过程如下：

负载重 U_o 降低 $\rightarrow U_b(Q_1)\downarrow\rightarrow U_{be}(Q_1)\downarrow\rightarrow I_b(Q_1)\downarrow\rightarrow I_c(Q_1)\downarrow\rightarrow U_{ce}(Q_1)\uparrow\rightarrow U_b(Q_2)\uparrow\rightarrow Ib(Q_2)\uparrow\rightarrow I_c(Q_2)\uparrow\rightarrow U_{ce}(Q_2)\downarrow\rightarrow U_o\uparrow$。

相反，负载变轻引起输出电压升高时的稳压控制过程与上述相反。

16.2 整流滤波电路

我们知道，日常生活中普遍使用的市电是220V的正弦波交流电。交流市电的特性是：有效值为220V，峰值等于有效值的$\sqrt{2}$倍，频率为50Hz，周期（T）是0.02s。而绝大多数电子设备使用的是低压直流电，所以，交流市电必须要经过降压，再经变换成为直流电，才能用于电子设备。在电路中，将交流电压（电流）变换为单向脉动直流电压（电流）的过程叫作整流，通常称为AC-DC转换。下面将分析整流滤波电路。

16.2.1 单相半波整流电路

半波整流电路主要由变压器T、整流二极管VD和负载R_L组成。半波整流的电路工作原理如图16-17所示。

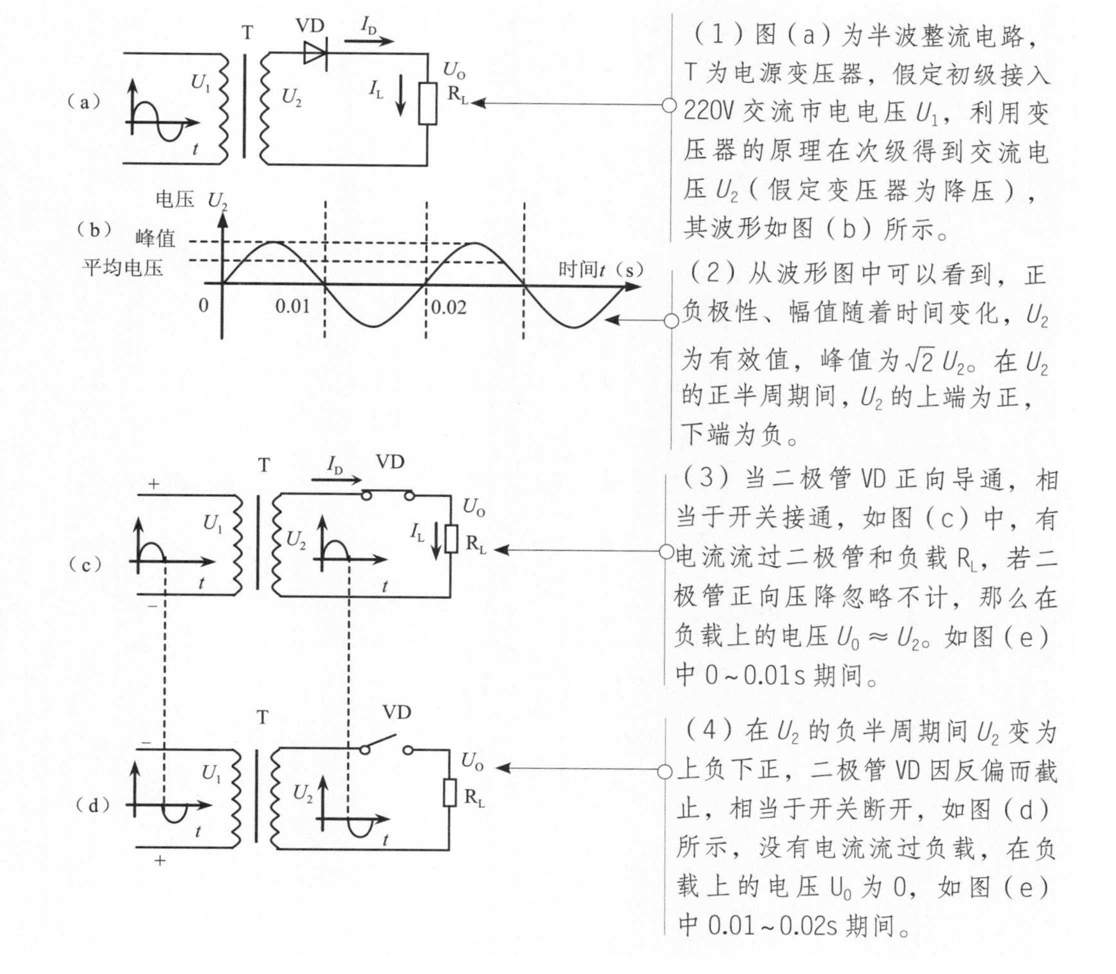

T
VD
I_D
U_O
R_L
U_1
U_2
I_L
(a)
t
电压 U_2
(b)
峰值
平均电压
0
0.01
0.02
时间t（s）
(c)
(d)
+
−
（1）图（a）为半波整流电路，T为电源变压器，假定初级接入220V交流市电电压U_1，利用变压器的原理在次级得到交流电压U_2（假定变压器为降压），其波形如图（b）所示。
（2）从波形图中可以看到，正负极性、幅值随着时间变化，U_2为有效值，峰值为$\sqrt{2}U_2$。在U_2的正半周期间，U_2的上端为正，下端为负。
（3）当二极管VD正向导通，相当于开关接通，如图（c）中，有电流流过二极管和负载R_L，若二极管正向压降忽略不计，那么在负载上的电压$U_0 \approx U_2$。如图（e）中0~0.01s期间。
（4）在U_2的负半周期间U_2变为上负下正，二极管VD因反偏而截止，相当于开关断开，如图（d）所示，没有电流流过负载，在负载上的电压U_0为0，如图（e）中0.01~0.02s期间。

图16-17 半波整流电路的工作原理

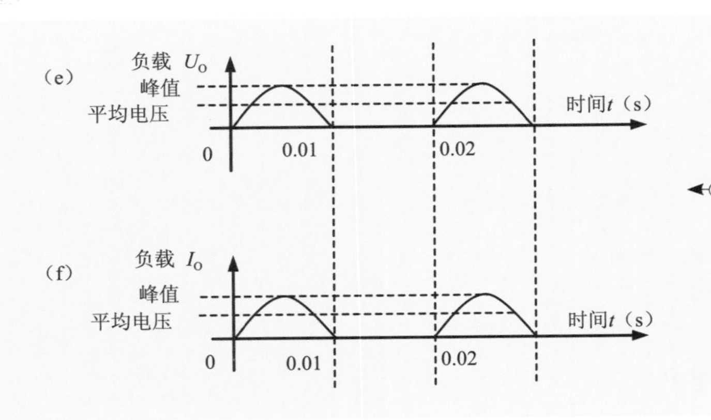

（5）由此可看出，半波整流只用了交流电的半个周期，另半个周期没有利用，而且负载有0.01s的缺电期。在负载上形成的平均电压为 $U_0(AV)=0.45U_2$。这里以交流电压为例来说明，实际上也可以对脉冲电压进行整流。对脉冲电压进行整流在开关电路中应用很多。

图 16-17　半波整流电路的工作原理（续）

16.2.2 单相全波整流电路

由于半波整流存在输出电压脉动大、电源利用率低等缺点，因而常采用全波整流。其电路组成如图 16-18 所示。与半波整流不同的是，变压器多了一个中间抽头，其 1~0 绕组与 0~2 绕组匝数相等。

（1）图(a)和图(b)中，输入交流电压 U_1 为正半周时，变压器次级感应电压 U_2 被分为两部分，U_{2a} 和 U_{2b}。U_{2a} 由变压器次级 1 ~ 0 绕组产生，设极性为“1 正 0 负”；U_{2b} 由变压器次级 0 ~ 2 绕组产生，极性为“0 正 2 负”。二极管 VD_1 因正偏而导通（相当于开关接通），电流自上而下流经负载 R_L 到变压器器中心抽头 0 端；二极管 VD_2 因反偏而截止（相当于开关断开）。当输入交流电压 U_1 为负半周时，变压器次级感受应电压极性为“1 负 0 正”“0 正 2 负”，因而，VD_1 截止，VD_2 导通，电流还是自上而下流经负载到中心抽头 0 端。

（2）当交流电进入下一个周期时，又重复上述过程。可见，交流电的正负半周使 VD_1 与 VD_2 轮流导通，在负载上总是得到自上而下的单向脉动直流电电流。与半波整流相比，它有效地利用了交流电的负半周。

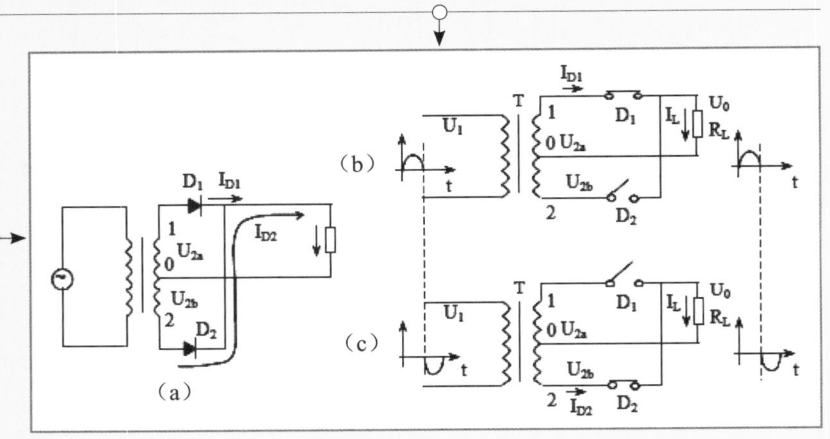

图 16-18　单相全波整流电路

单相全波整流电路的波形如图 16-19 所示。

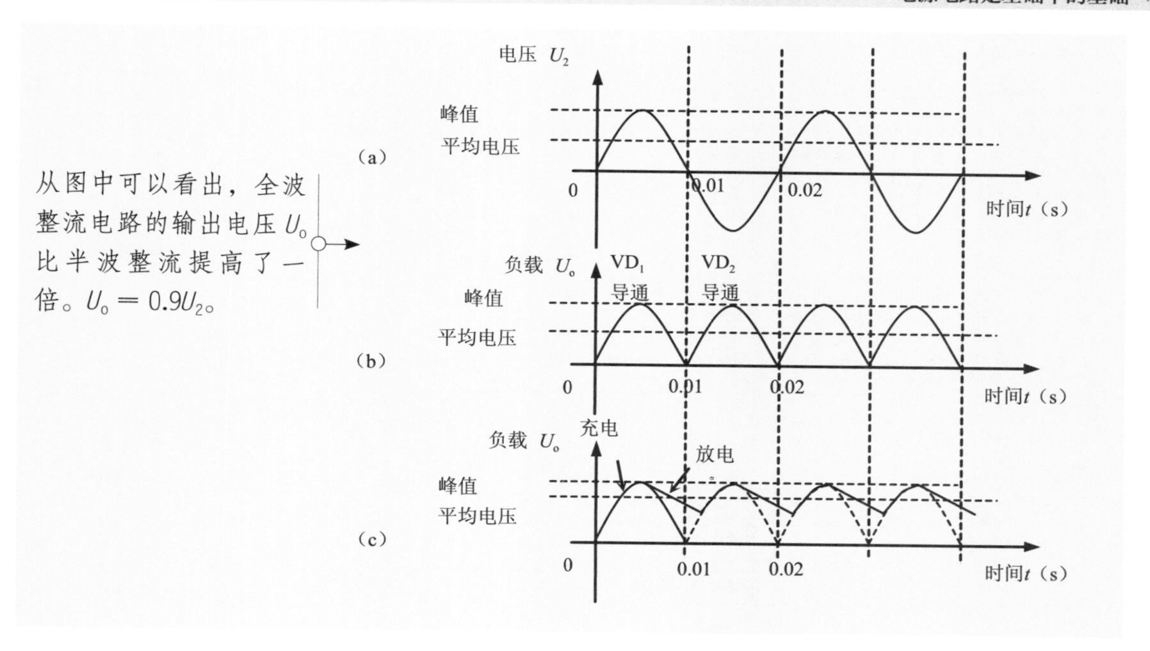

从图中可以看出，全波整流电路的输出电压 U_o 比半波整流提高了一倍。$U_o = 0.9U_2$。

图 16-19　单相全波整流电路的波形

16.2.3 桥式整流滤波电路

由于半波整流电路中，电源电压只在半个周期内有输出，电源利用率低，脉冲成分比较大。所以为了克服半波整流的缺点，实际设计电路时，多采用桥式整流滤波电路。桥式整流滤波电路原理图如图 16-20 所示。

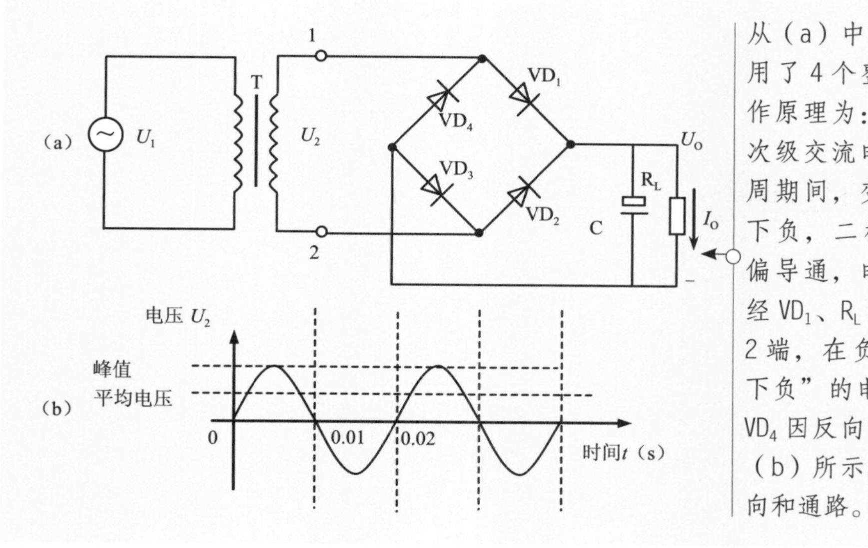

从（a）中可以看出，该电路用了 4 个整流二极管，其工作原理为：假设 U_2 为变压器次级交流电压，在 U_2 的正半周期间，变压器次级为上正下负，二极管 VD_1、VD_3 因正偏导通，电流由 1 端流出，经 VD_1、R_L 和 VD_3 回到变压器 2 端，在负载上得到“上正下负”的电压，此时，VD_2 和 VD_4 因反向而截止，波形如图（b）所示。请注意电流的方向和通路。

图 16-20　桥式整流及滤波电路原理图

在 U_2 的负半周期间，变压器次级为上负下正，二极管 VD_2、VD_4 导通，VD_1、VD_3 截止，电流由 2 端流出，经 VD_2、R_L 和 VD_4 回到变压器 1 端，在负载上得到的还是“上正下负”的电压。可见，在 U_2 的整个周期内 VD_1、VD_3 和 VD_2、VD_4 各工作半周，两组轮流导通，在负载上总是得到上正下负的单向脉动直流电压，其波形变化如图 16-20（c）所示。

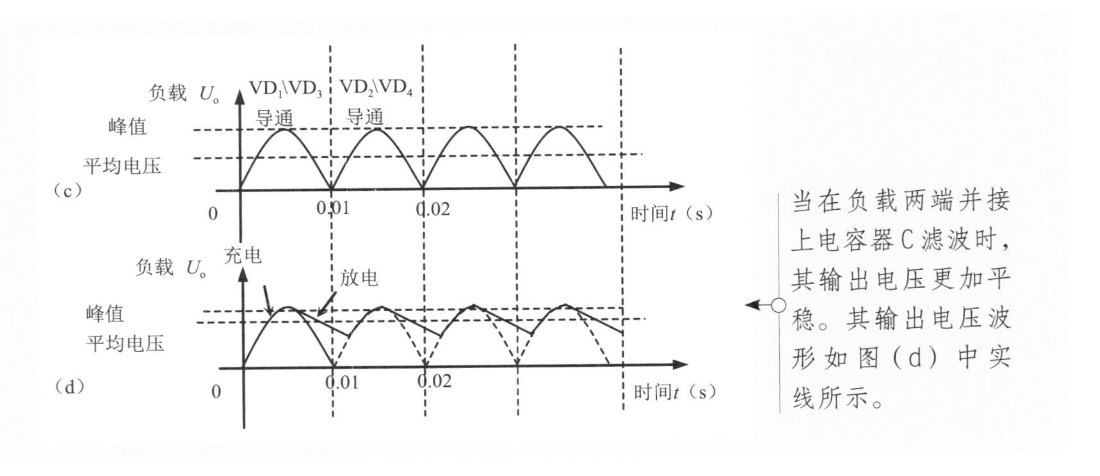

图 16-20　桥式整流及滤波电路（续）

桥式整流及滤波电路的特点是：脉动减小，电源利用率提高。桥式整流电路的输出电压在无电容时约为 $0.9U_2$。

桥式整流后的滤波电路同单相滤波电路。滤波后的输出电压 $U_o=\sqrt{2}U_2$。

16.3 升压电路

升压电路一般指自举电路。自举电路也称为升压电路，是利用自举升压二极管，自举升压电容等电子元件，使电容放电电压和电源电压叠加，从而使电压升高，有的电路升高的电压能达到数倍电源电压。

16.3.1 直流升压电路

目前，在手机等电子设备的应用电路中，通常需要通过升压电路来驱动 LED 或显示屏背光灯等。升压电路在电路中应用较多，升压电路又称为升压斩波电路，斩波的意思是将直流电变为另一固定电压或可调直流电压的过程。

如图 16-21 所示的升压电路由电感器 L、二极管 VD、开关管 Q、电容器 C 组成。升压电路的升压机制主要是通过开关管导通和关断来控制电感储存和释放能量，从而使输出电压比输入电压高。

图 16-22 所示为一个由 LTC1872 组成的直流升压电路。图中，LTC1872 的工作频率为 550kHz、输入电压为 2.5~9.8V、负载电流高达 2A。此电路可以为电子设备锂电池供电的电路。如 PDA、GPS 系统和网络系统用的板级升压变换。

(1)当开关管Q驱动电压为高电平时,开关管Q导通,这时输入电源 V_{in} 流过电感器L,将电能储存在电感器L中。在这个过程中,二极管VD反偏截止,由电容器C给负载提供能量,负载靠储存在电容器C中的能量维持工作。

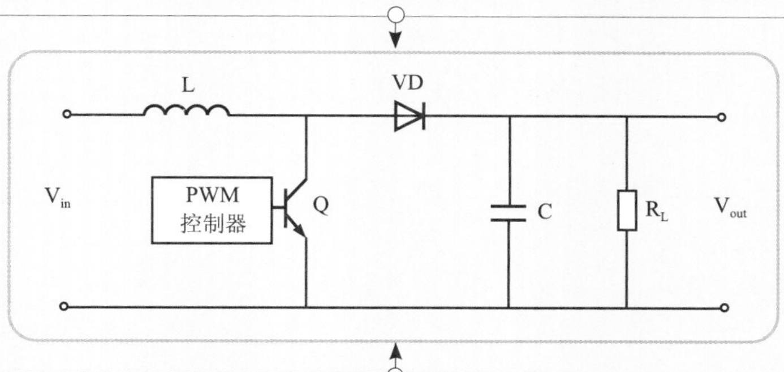

(2)当开关管断开时,由于电感器的电流不能突变,也就是说,流经电感器L的电流不会马上变为零,而是缓慢地由充电完毕时的值变为零,这需要一个过程,而原来的电路回路已经断开,于是电感器只能通过新电路放电,即电感器开始给电容器C充电,电容器两端电压升高,此时电压已经高于输入电压。如果电容器C电容量足够大,那么在输出端就可以在放电过程中保持一个持续的电流。如果这个通/断的过程不断重复,就可以在电容两端得到高于输入电压的电压。

(3)实际上升压过程就是一个电感器的能量传递过程。充电时,电感器L吸收能量,放电时电感器L放出能量,只要开关管的通/断过程不断重复,就可以在电容器两端得到高于输入电压的电压。

(4)一般输出电容器C的容量要足够大,这样在输出端才能保证电容器放电时能够保持一个持续的电流,同时二极管VD最好采用快恢复二极管。

图 16-21 升压式(Boost)电路工作原理

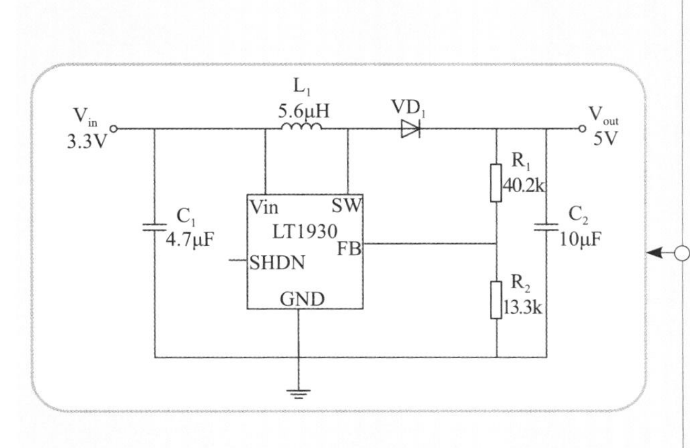

(1)当电路开始工作时,3.3V输入电压通过 V_{in} 引脚为LT1930提供工作电压,使其内部电路开始工作,控制SW引脚连接的开关不断地导通和断开。

(2)当SW引脚连接的开关导通时,V_{in} 电压通过SW引脚接地。V_{in} 输入电压流过电感器 L_1,将电能储存在电感器 L_1 中。在这个过程中,二极管 VD_1 反偏截止,由电容器 C_2 给负载提供能量,负载靠储存在电容器 C_2 中的能量维持工作。

(3)当SW引脚连接的开关断开时,电感 L_1 通过二极管 VD_1 放电,输出5V电压,同时给电容器 C_2 充电。SW引脚连接的开关不断地导通和断开,控制电路输出5V电压。

图 16-22 3 ~ 5V升压电路

16.3.2 交流倍压电路

通俗地讲，倍压电路是一切能够将输入电压成倍数地提升或降低至输出电压的电路。倍压电路主要利用输入电压将电容器充电，并且利用电路的切换，在理想情形下，可以使电容器的电压正好为输入电压的二倍。倍压电路的核心是电容器电压不能突变，以及利用了电容器的储能作用。

图 16-23 所示为二倍压整流电路。

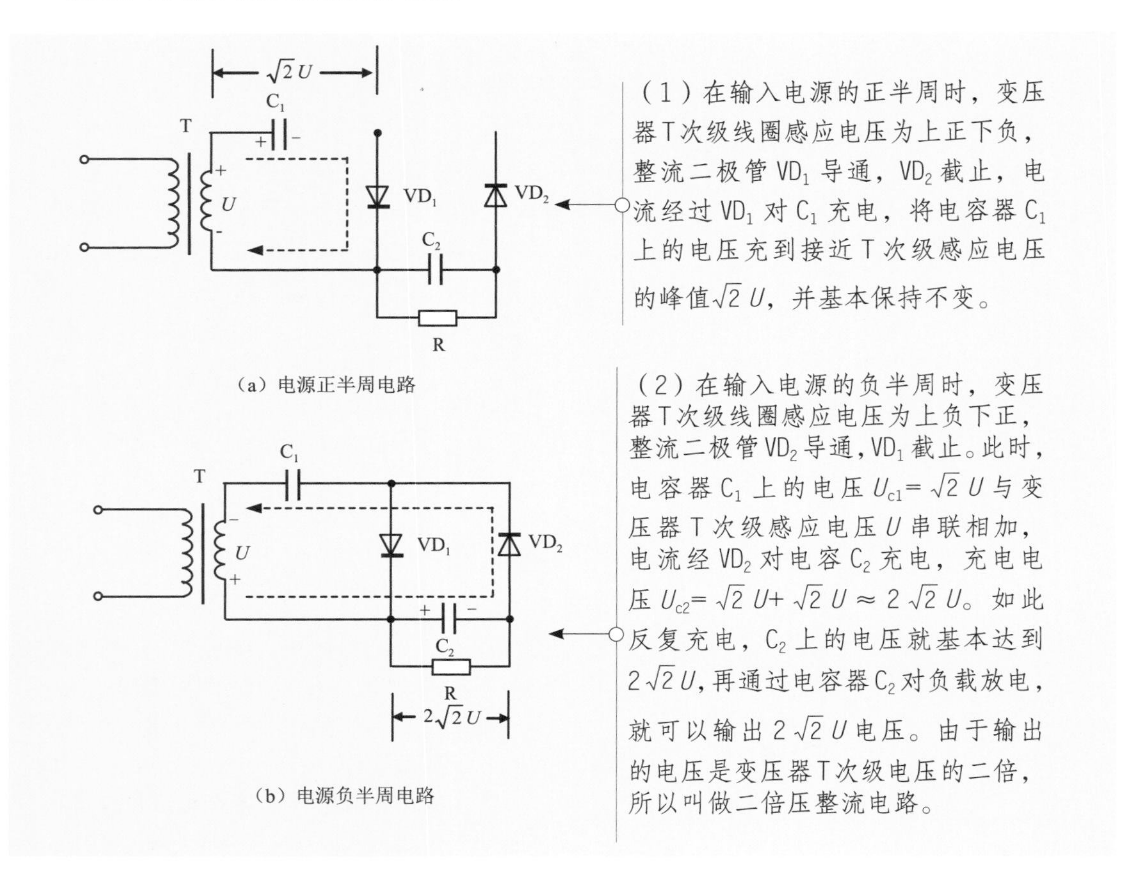

$\sqrt{2}U$
C1
T
U
VD1
VD2
C2
R
（a）电源正半周电路
（1）在输入电源的正半周时，变压器T次级线圈感应电压为上正下负，整流二极管 VD_1 导通，VD_2 截止，电流经过 VD_1 对 C_1 充电，将电容器 C_1 上的电压充到接近 T 次级感应电压的峰值$\sqrt{2}U$，并基本保持不变。
C1
T
U
VD1
VD2
C2
R
$2\sqrt{2}U$
（b）电源负半周电路
（2）在输入电源的负半周时，变压器T次级线圈感应电压为上负下正，整流二极管 VD_2 导通，VD_1 截止。此时，电容器 C_1 上的电压 $U_{c1}=\sqrt{2}U$ 与变压器 T 次级感应电压 U 串联相加，电流经 VD_2 对电容 C_2 充电，充电电压 $U_{c2}=\sqrt{2}U+\sqrt{2}U\approx 2\sqrt{2}U$。如此反复充电，$C_2$ 上的电压就基本达到 $2\sqrt{2}U$，再通过电容器 C_2 对负载放电，就可以输出 $2\sqrt{2}U$ 电压。由于输出的电压是变压器T次级电压的二倍，所以叫做二倍压整流电路。

图 16-23 二倍压整流电路

在二倍压电路中，整流二极管 VD_1 和 VD_2 所承受的最高反向电压均为$\sqrt{2}U$。电容器上的直流电压 $U_{c1}=\sqrt{2}U$，$U_{c2}=\sqrt{2}U$。

16.3.3 直流倍压电路

直流倍压电路一般由定时器、整流二极管、滤波电容等组成。图 16-24 所示为由计时器 NE555、电容器 C_3、C_4 和整流二极管 VD_1、VD_2 组成了直流倍压电路。

该电路中，NE555 集成电路、电阻器 R_1 和 R_2 以及电容器 C_1 组成无稳态多谐振荡器（图中的振荡频率约为 5kHz）。

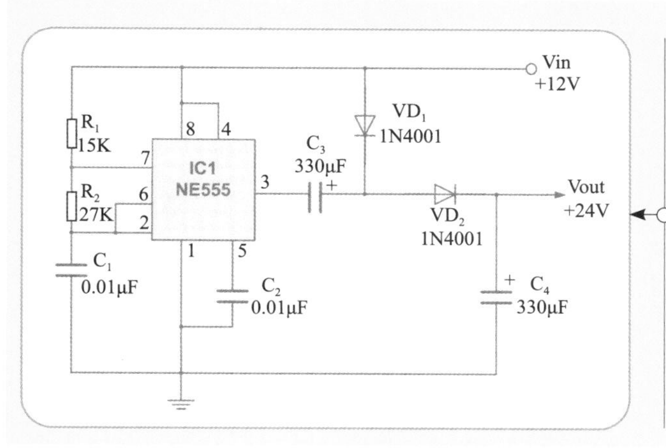

（1）当接通电源，NE555 芯片的第 3 脚输出脉冲的下降沿时（此时输出低电平），12V 电压通过整流二极管 VD_1 向电容器 C_3 充电，一直充到电容器 C_3 电压接近 12V。

（2）当 NE555 芯片第 3 引脚输出脉冲的上升沿时（此时输出高电平），电容器 C_3 开始放电，此时 12V 电源电压和电容器 C_3 电压叠加通过整流二极管 VD_2 向负载输出约 24V 的电压。

图 16-24 直流倍压电路

16.3.4 正负电压发生器

电压的正负是相对于零电压来区分的，也就是高于零电压的称为正电压，低于零电压的称为负电压。正负电压的用处是在功率放大器上，或者电源逆变器上，用作正弦电信号的放大电源。图 16-25 所示为一个负电压发生电路。电路由单片机 HT46R47、三极管 VT_1 和 VT_2、整流二极管 VD_1 和 VD_2、电容器 C_2 和 C_3 组成。

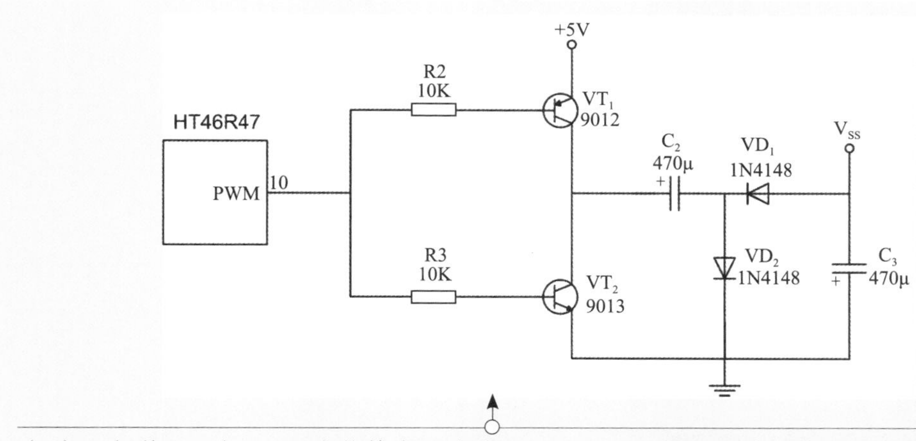

（1）三极管 VT_1 和 VT_2 组成推挽式缓冲放大器。当 HT46R47 芯片的第 10 脚输出低电平时，三极管 VT_1 导通，三极管 VT_2 截止，5V 电压通过三极管 VT_1 和整流二极管 VD_2 为电容器 C_2 充电。

（2）当 HT46R47 芯片的第 10 脚输出高电平时，三极管 VT_1 截止，三极管 VT_2 导通，电容器 C_2 通过三极管 VT_2、整流二极管 VD_1 向电容器 C_3 充电，这样重复几次后，V_{SS} 可达到 −4V 左右的负电压。

图 16-25 正负电压发生器

由 NE555 芯片组成的正负电压发生器如图 16-26 所示。图中，NE555 芯片和电阻器 R_1、R_2、电容器 C_1 组成约 3kHz 的多谐振荡器，电容器 C_3、C_4、整流二极管 VD_1、VD_2 组成倍压整流电路。

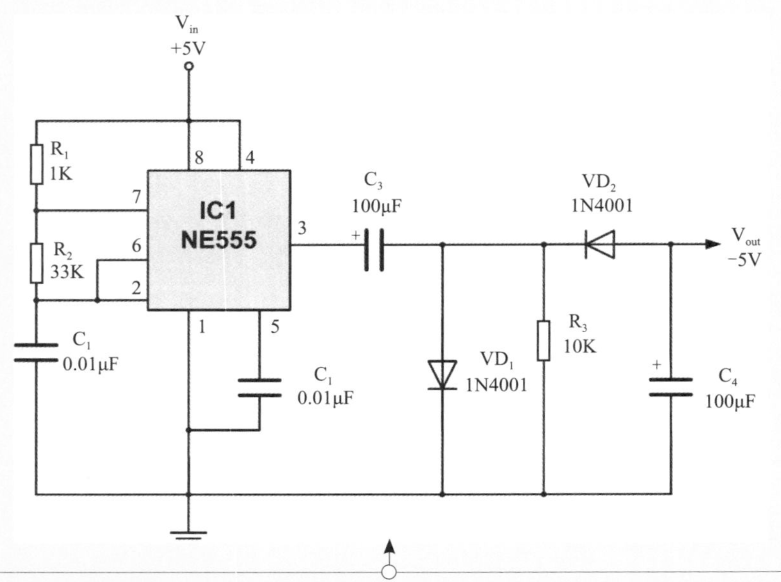

（1）当 NE555 的第 3 脚输出高电平时，通过第 3 脚向电容器 C_3 充电，使电容器 C_3 上电压达到 5V 以上。

（2）当 NE555 输出低电平时第 1、3 脚导通，电容器 C_3 通过 NE555 第 3、1 脚、整流二极管 VD_2 向电容器 C_4 充电。经过反复充、放电，C_4 上就输出负电压。

图 16-26　由 NE555 芯片组成的正负电压发生器

16.4 逆变电路

逆变电路是与整流电路相对应的电路，交流电转换为直流电的方法称为整流，而直流电转换为交流电的方法称为逆变。逆变电路就是把直流电变成交流电的电路。逆变电路可用于构成各种交流电源，在工业中得到广泛应用。

16.4.1 节能灯逆变电路

图 16-27 所示为一个简单的节能灯逆变电路。该节能灯电路主要由以共模电感 L_1、三极管 VT_1、VT_2、双向触发二极管 VD_6、高频振荡升压变压器 T_1 等为核心的元器件构成。

（1）在正常情况下，220V 交流电压经共模电感 L_1 滤除电网高频干扰信号后，再经过整流二极管 VD_1 ~ VD_4 整流和滤波电容器 C_1 滤波后，输出 310V 左右的直流电压。

（2）由电阻器 R_1、电容器 C_2、二极管 VD_5、双向触发二极管 VD_6（击穿电压是 16V）、三极管 VT_1、VT_2 和高频变压器 T_1 组成了开关型高频振荡电路。

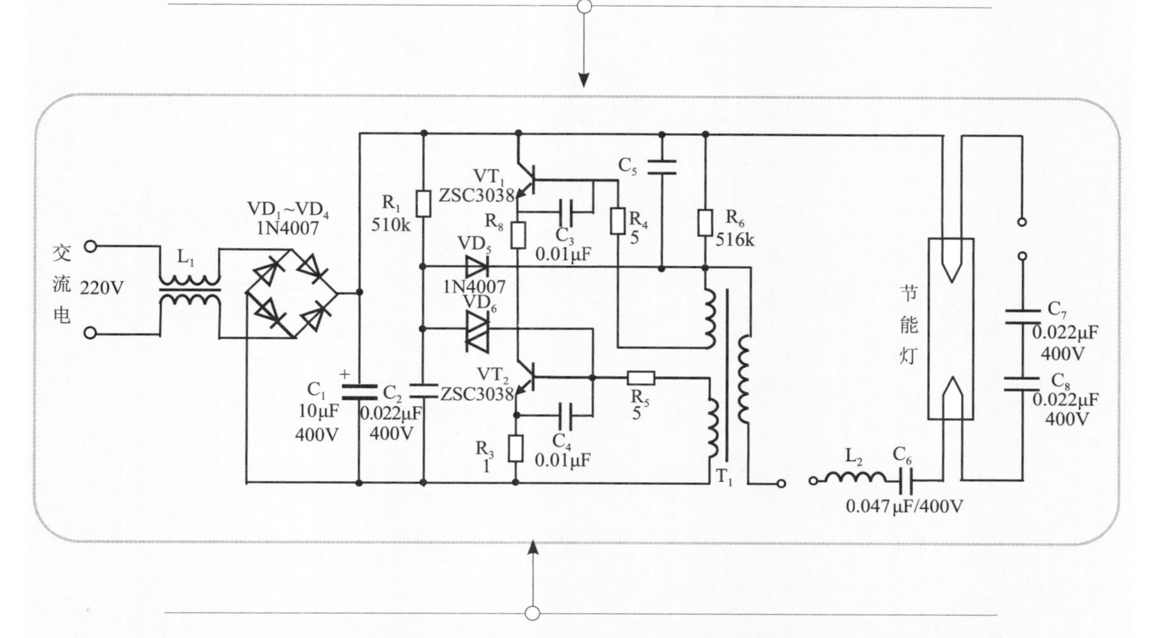

（3）在每次接通电源时，电容器 C_2 充电。当 C_2 上的电压超过 16V 时，二极管 VD_6 导通，此时三极管 VT_2 也导通。由于高频变压器 T_1 的正反馈作用，三极管 VT_1 与 VT_2 轮流导通，使电路产生自激振荡，经电感器 L_2（调节 L_2 匝数可配不同功率的节能灯）、电容器 C_6 提供给日光灯丝预热电流。电容器 C_7、C_8 上取得高电平，在 2s 内启辉点亮灯管。

图 16-27　节能灯逆变电源电路

16.4.2 应急灯逆变电路

图 16-28 所示为一个 6V 应急灯逆变电路。此电路主要由 NE555 计时器、三极管 VT601、变压器 T601、T602 等组成。其中，变压器 T601 选择容量 6~8VA 的变压器，高频变压器 T602 用 EE25 铁氧体磁心，一次绕组用 15 匝，二次绕组用 160 匝。

（1）在正常情况下，220V 交流电压经变压器 T601 变压后，变为 6V 的交流电。此电压将发光二极管 VD601 点亮。同时，此电压经整流二极管 VD602 ～ VD605 整流后，变为 8V 左右的直流电压为蓄电池 GB 充电（充电电流约为 200mA）。

（2）当按下 SB 按钮后，8V 直流电压经 NE555 第 8 引脚为其提供工作电压。NE555 第 3 引脚输出 5.8kHz 的方波信号，与三极管 VT601、变压器 T602 组成振荡电路，使变压器 T602 次级输出 90V 左右的交流电，点亮 U 型节能灯进行日常照明。

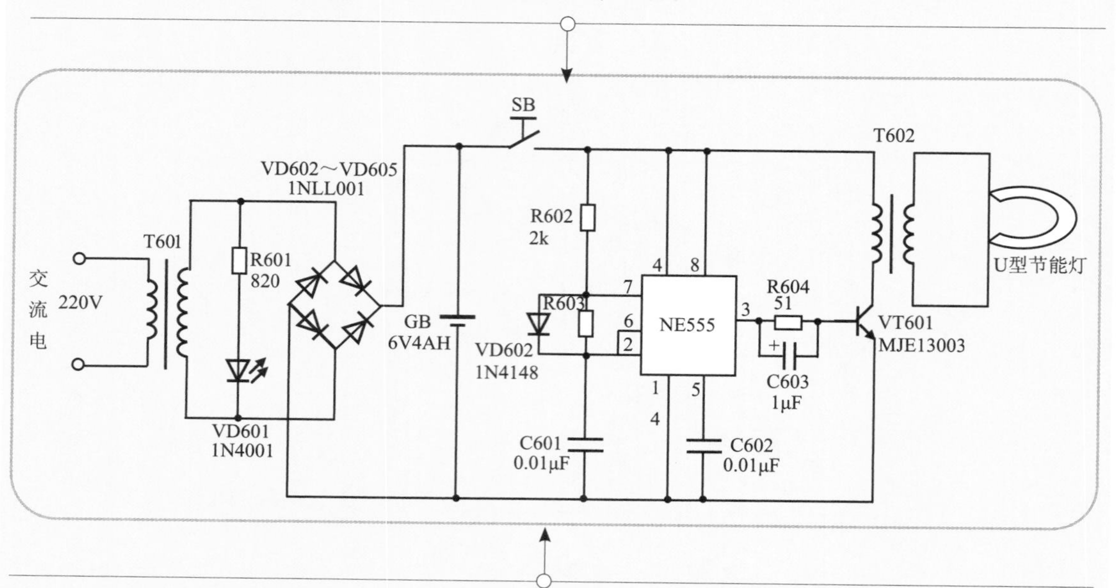

（3）如遇 220V 市电电源异常或停电，蓄电池 GB 为电路提供 6V 供电电压。经 NE555、VT601、T602 组成的振荡电路后，在变压器 T602 次级感应出 60V 左右的交流电为 U 型节能灯供电，用于应急照明。

（4）220V 市电恢复正常后，转换控制电路就又自动恢复常态，蓄电池重新进入充电状态，应急灯可恢复到日常照明状态。

图 16-28　应急灯逆变电路

16.4.3 直流（12V）－交流（220V）逆变器

逆变器是通过半导体功率开关的开通和关断作用，把直流电转换成交流电的一种变换装置，是整流变换的逆过程。

图 16-29 所示为一个 12V 直流电转换为 220V 交流电的逆变器电路。该电路使用 12V 蓄电池作电源，其最大输出功率约为 20W。

(1) 图中的两个三极管 VT_1 和 VT_2、电阻器 R_1 和 R_2、电容器 C_2 和 C_3、变压器 T_1 组成一个振荡电路。该电路输出约 220V 交流电，频率为 500 ~ 1 000Hz。

(2) 当闭合开关 K_1 时，蓄电池的 12V 直流电经滤波电容器 C_1 滤波，经电阻器 R_1 和 R_2 分压后，分别连接到三极管 VT_1 和 VT_2 的基极，使其中一个三极管先导通（哪一个先导通都可以）。

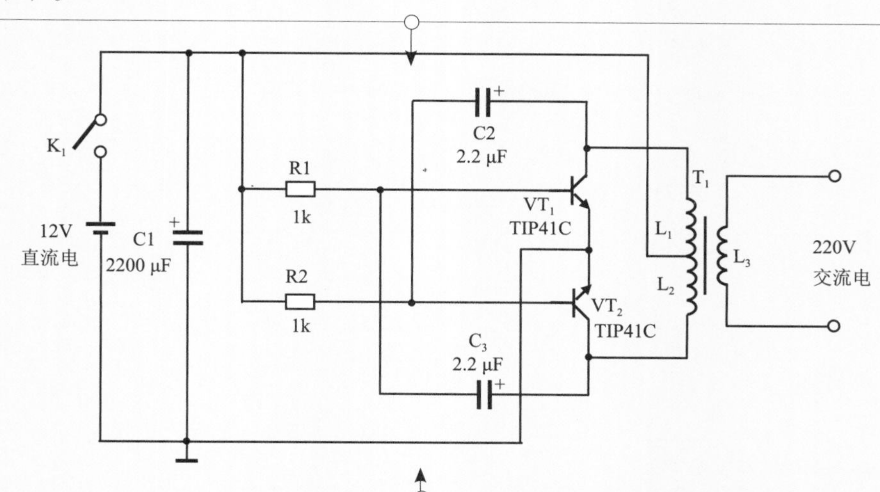

(3) 假设三极管 VT_1 先导通，则 12V 直流电源通过变压器 T_1 初级线圈 L_1 及 VT_1 的 c-e 两极构成回路。这时变压器 T_1 的初级线圈 L_1 中会有电流通过，同时在变压器 T_1 的初级线圈 L_2 中将产生一个反向的感生电压。此反向的感生电压会促使三极管 VT_1 截止，VT_2 导通。

(4) 在三极管 VT_2 导通后，变压器 T_1 的 L_2 线圈将会有电流流过，同样在 L_1 线圈中会产生反向感生电压。就这样，两个三极管轮流导通与截止，在变压器 T_1 的次级输出的便是升高的交流电压。

图 16-29 直流（12V）- 交流（220V）逆变器

16.5 AC/DC 开关电源电路

什么是开关电源呢？开关电源是用半导体开关管作为开关，通过控制开关管开通和关断的时间比率，维持稳定输出电压的一种电源。开关电源又分析 AC/DC（交流转直流）和 DC/DC（直流转直流）开关电源。

16.5.1 AC/DC 开关电源电路常见拓扑结构

电路拓扑是指电路的连接关系，或组成电路的各个电子元件相互之间的连接关系，即电路的组成架构。开关电源电路也有很多拓扑结构，其中最基本的拓扑是单端反激式、单端正激式、双端正激式、自激式、推挽式、半桥式、全桥式等。

1．单端反激式开关电源

单端是指只有一个脉冲调制信号功率管（开关管）。反激，是指当开关管 Q 截止时，变压器次级输出电压的电路结构。

如图 16-30 所示，当开关管 Q 导通时，高频变压器 T 初级绕组的感应电压为上正下负，整流二极管 VD 处于截止状态，在初级绕组中储存能量；当开关管 Q 截止时，变压器 T 初级绕组中储存的能量，通过次级绕组及 VD 整流和电容器 C 滤波后向负载输出。由于开关频率高达 100kHz，使得高频变压器能够快速储存、释放能量，经高频整流滤波后即可获得直流连续输出。

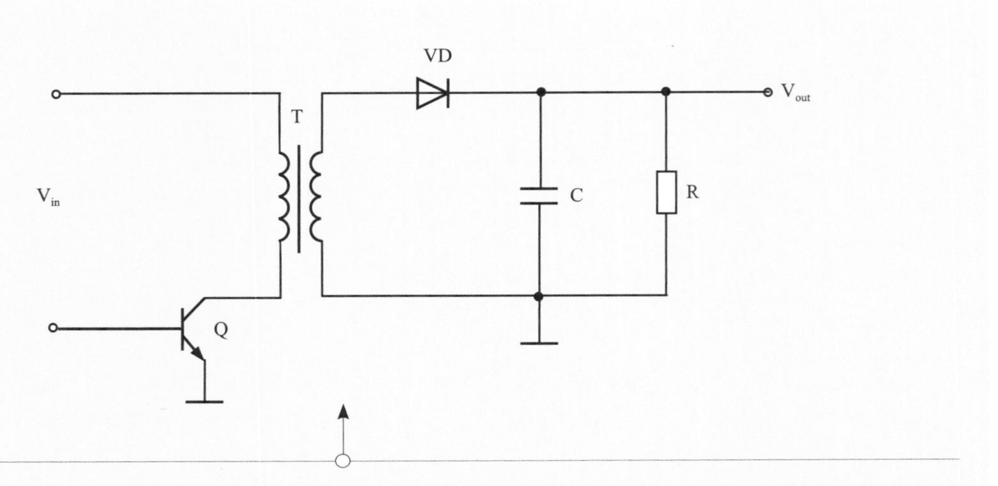

（1）当开关管 Q 导通时，高频变压器 T 初级绕组的感应电压为上正下负，整流二极管 VD 处于截止状态，在开关变压器 T 中储存能量。

（2）当开关管 Q 截止时，变压器 T 初级绕组中储存的能量，通过次级绕组及 VD 整流和电容器 C 滤波后向负载输出。

（3）单端反激式开关电源是一种成本最低的电源电路，输出功率为 20 ~ 100 W，可以同时输出不同的电压，且有较好的电压调整率。唯一的缺点是输出的纹波电压较大，外特性差，适用于相对固定的负载。

图 16-30　单端反激式电路

2．单端正激式开关电源

正激是指当开关管 Q 导通时，变压器次级输出电压。如图 16-31 所示，当变压器初级侧开关管 Q 导通时，输出端整流二极管 VD_2 也导通，输入电源向负载传送能量，电感器 L 储存能量；当开关管 Q 截止时，电感器 L 通过续流二极管 D3 继续向负载释放能量。单端正激电路可输出 50~200 W 的功率，但电路使用的变压器结构复杂，体积也较大，因此这种电路的实际应用较少。

（1）单端正激式电路中，变压器T起着隔离和变压作用，在输出端加一个电感器L（续流电感），起能量储存及传递作用。变压器初级需有复位绕组T-2。输出回路中需有一个整流二极管VD_2和一个续流二极管VD_3。

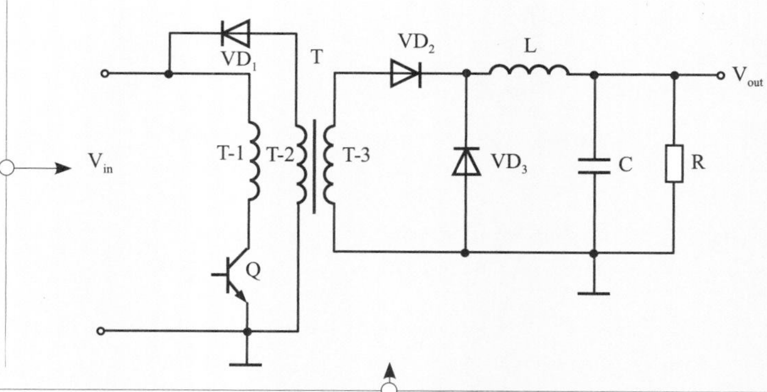

（2）当开关管Q导通时，输入电压V_{in}全部加到变压器T初级线圈T-1两端产生上正下负的感应电压，去磁线圈T-2上产生的上负下正感应电压使二极管VD_1截止，而次级线圈T-3上感应的上正下负电压使VD_2导通，并将输入电流的能量传送给电感器L和电容器C及负载R，与此同时在变压器T中建立起磁化电流。

（3）当开关管Q截止时，二极管VD_2截止，电感器L上的电压极性反转并通过续流二极管VD_3继续向负载供电，变压器T中的磁化电流则通过T-1、二极管VD_1向输入电源V_{in}释放而去磁；T-2具有钳位作用，其上的电压等于输入电压V_{in}，在开关管Q再次导通前，变压器T中的去磁电流必须释放到零，即T中的磁通必须复位，否则，变压器T将发生饱和导致开关管Q损坏。

图16-31　单端正激式电路

3．双端正激式开关电源

双端正激式开关电源的特点是两个开关管同时导通和关闭，这种结构的开关电源在大功率开关电源中应用比较广泛，如图16-32所示。

（1）双端正激式电路中，变压器T起着隔离和变压作用，在输出端加一个电感器L（续流电感），起着能量储存及传递作用。输出回路中需有一个整流二极管VD_3和一个续流二极管VD_4。

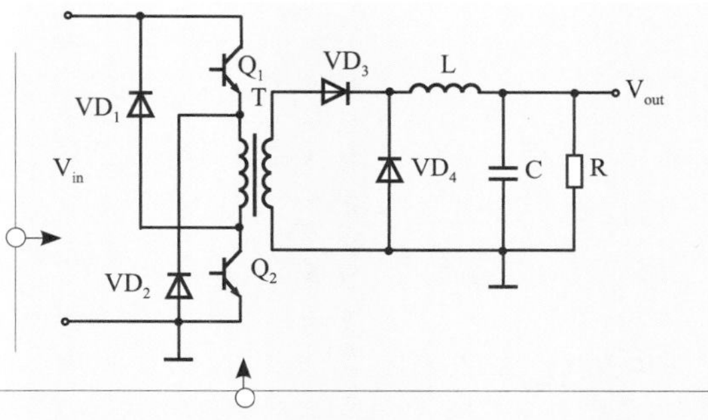

（2）当开关管Q_1和Q_2同时导通时，输入电压V_{in}全部加到变压器T初级线圈上产生的感应电压，使二极管VD_1和VD_2截止，而次级线圈上感应的电压，使整流二极管VD_3导通，并将输入电流的能量传送给电感器L和电容器C及负载R，与此同时在变压器T中建立起磁化电流。

（3）当开关管Q_1和Q_2截止时，整流二极管VD_3截止，电感器L上的电压极性反转并通过续流二极管VD_4继续向负载供电。变压器T中的磁化电流则通过初级线圈、二极管VD_1和VD_2向输入电源V_{in}释放而去磁。这样，在下次两个开关管导通时不会损坏开关管。

图16-32　双端正激式开关电路

4．自激式开关电源

自激式开关电源是一种利用间歇振荡电路组成的开关电源，也是目前广泛使用的基本电源之一，如图 16-33 所示。

（1）当接入电源后在 R_1 给开关管 Q 提供启动电流，使开关管 Q 开始导通，其集电极电流 I_c 在变压器 T 的 L_1 线圈中线性增长，在线圈 L_2 中感应出使开关管 Q 基极为正，发射极为负的正反馈电压，使开关管 Q 很快饱和。与此同时，感应电压给电容器 C_1 充电，随着电容器 C_1 充电电压的增高，开关管 Q 基极电位逐渐变低，致使 Q 退出饱和区，I_c 开始减小，在变压器的 L_2 线圈中感应出使开关管 Q 基极为负、发射极为正的电压，使 Q 迅速截止，这时二极管 VD 导通，高频变压器 T 初级绕组中的储能释放给负载。

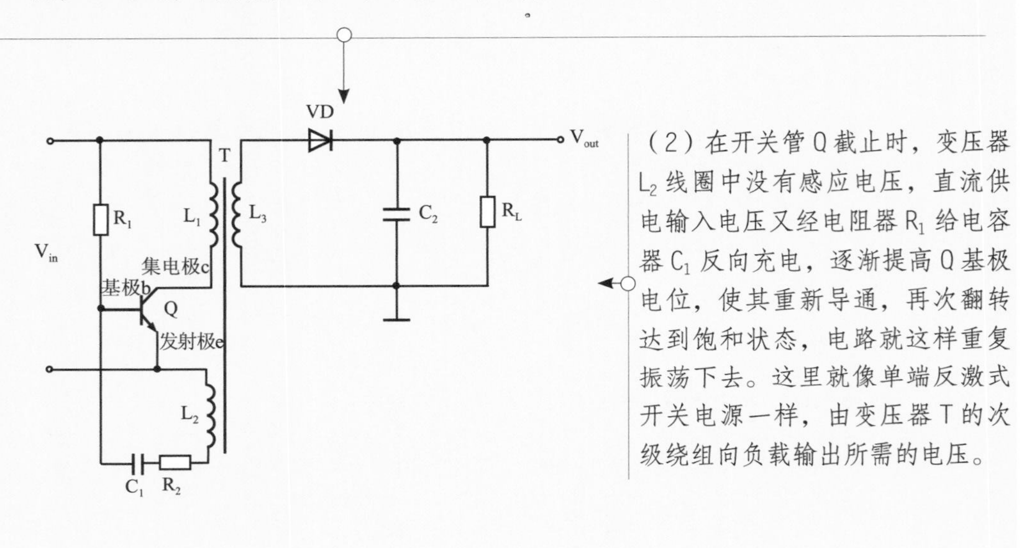
VD
V_out
T
R_1
L_1
L_3
C_2
R_L
V_in
集电极c
基极b
Q
发射极e
L_2
C_1
R_2
（2）在开关管 Q 截止时，变压器 L_2 线圈中没有感应电压，直流供电输入电压又经电阻器 R_1 给电容器 C_1 反向充电，逐渐提高 Q 基极电位，使其重新导通，再次翻转达到饱和状态，电路就这样重复振荡下去。这里就像单端反激式开关电源一样，由变压器 T 的次级绕组向负载输出所需的电压。

图 16-33　自激式开关电路

自激式开关电源中的开关管起着开关及振荡的双重作用，也省去了控制电路。电路中由于负载位于变压器的次级且工作在反激状态，具有输入和输出相互隔离的优点。这种电路不仅适用于大功率电源，亦适用于小功率电源。

5．推挽式开关电源

推挽电路主要作用是增强驱动能力，为外部设备提供大电流。推挽电路是由两个不同极性的晶体管连接的输出电路。推挽电路采用两个参数相同的晶体管或者场效应管，以推挽方式存在于电路中，各负责正负半周的波形放大任务。电路工作时，两只对称的功率开关管每次只有一个导通，这样交替导通，在变压器 T 两端分别形成相位相反的交流电压，改变占空比就可以改变输出电压，如图 16-34 所示。

（1）当开关管 Q_1 导通、Q_2 截止时，电流从 V_{in} 正极流过变压器 T 初级线圈 N_{p1}、开关管 Q_1 形成回路。此时，在变压器 T 的次级线圈 N_{s2} 感应出电流，电流经过二极管 VD_1、电感器 L 为电容器 C 充电，电能储存在电感器 L 的同时也为外接负载 R 提供电能。

（2）当开关管 Q_1 截止、Q_2 仍未导通时，两管同时处于关断状态。整流管 VD_1 中电流逐渐减小，VD_2 中电流逐渐增大，直到两管中电流相等（忽略变压器激磁电流），此时电容器 C 对负载 R 放电，为其提供电能。

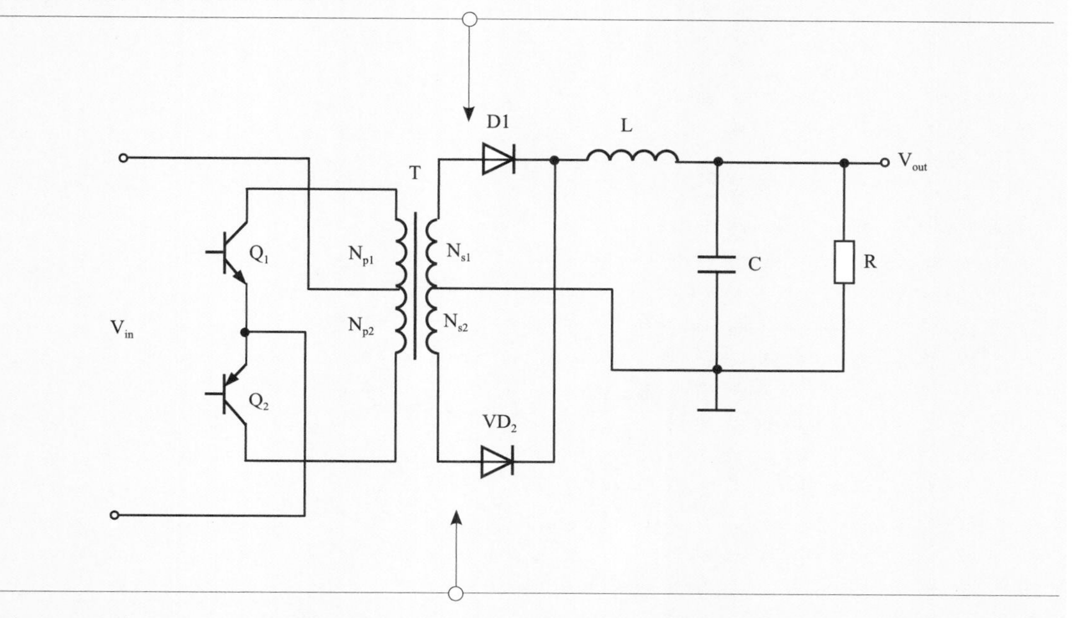

（3）当开关管 Q_1 截止、Q_2 导通时，电流从 V_{in} 正极流过变压器 T 初级线圈 N_{p2}、开关管 Q_2 形成回路。此时在变压器 T 的次级线圈 N_{s1} 感应出电流，电流经过二极管 VD_2、电感器 L 为电容器 C 充电，电能储存在电感器 L 的同时也为外接负载 R 提供电能。

（4）当开关管 Q_1 仍未导通、Q_2 截止时，两管同时处于关断状态。整流管 VD_2 中电流逐渐减小，VD_1 中电流逐渐增大，直到两管中电流相等（忽略变压器励磁电流），此时电容器 C 对负载 R 放电，为其提供电能。

（5）如果 Q_1 和 Q_2 同时导通，就相当于变压器一次绕组短路，因此应避免两个开关管同时导通，每个开关管各自的占空比应不能超过 50%，所以要保留有一定的死区，防止两管同时导通。推挽变换器通常用于中小功率场合，一般使用的功率为几百瓦到几千瓦。

图 16-34　推挽式电路

6．半桥式开关电源

半桥电路由两个功率开关器件组成，它们以图腾柱的形式连接在一起，并进行输出。

图 16-35 所示为半桥式开关电路原理图。

（1）电容器 C_1 和 C_2 与开关管 Q_1、Q_2 组成桥，桥的对角线接变压器 T 的初级绕组 N_p，故称半桥电路。如果此时电容器 $C_1=C_2$，那么当某一开关管导通时，变压器初级绕组上的电压只有电源电压的一半，即 $V_{in}/2$。

（2）当开关管 Q_1 导通时，电容器 C_1 通过 Q_1 向变压器初级绕组 N_p 放电，同时电容器 C_2 通过 Q_1、变压器 N_p 绕组被电源 V_{in} 充电。此时在变压器 T 的次级线圈 N_{s1}、N_{s2} 感应出电流，电流经过二极管 VD_1、电感器 L 为电容器 C_3 充电，电能储存在电感器 L 的同时也为外接负载 R 提供电能。

（3）当开关管 Q_1 截止、Q_2 仍未导通时，两管同时处于关断状态。整流二极管 VD_1 中电流逐渐减小，VD_2 中电流逐渐增大，直到两管中电流相等（忽略变压器励磁电流），此时电容器 C_3 对负载 R 放电，为其提供电能。

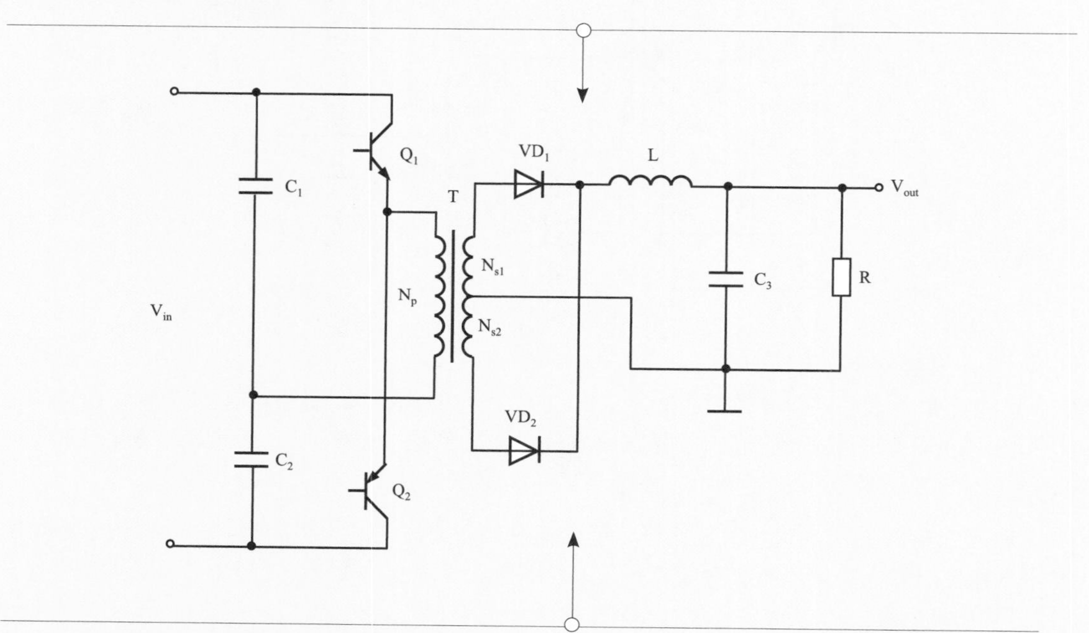

（4）当开关管 Q_1 截止，Q_2 导通时，电容器 C_2 向变压器初级绕组 N_p 放电，同时电容器 C_1 通过开关管 Q_2、变压器 N_p 绕组被充电。此时在变压器 T 的次级线圈 N_{s1}、N_{s2} 感应出电流，电流经过二极管 VD_2、电感器 L 为电容器 C_3 充电，电能储存在电感器 L 的同时也为外接负载 R 提供电能。

（5）当开关管 Q_1 仍未导通、Q_2 截止时，两管同时处于关断状态。整流管 VD_2 中电流逐渐减小，VD_1 中电流逐渐增大，直到两管中电流相等（忽略变压器励磁电流），此时电容器 C_3 对负载 R 放电，为其提供电能。

图 16-35　半桥式开关电路原理图

7. 全桥式开关电源

全桥电路也称为 H 桥电路，由 4 个三极管或 MOS 管连接而成。然后这 4 个开关管两个一组同时导通，且两组轮流交错导通的电路，如图 16-36 所示。

（1）当开关管 Q_1 和 Q_4 导通，开关管 Q_2 和 Q_3 截止时，输入电压 V_{in} 经过开关管 Q_1、变压器初级线圈 N_p、开关管 Q_4 回到电源负极。此时在变压器 T 的次级线圈 N_{s1}、N_{s2} 感应出电流，电流经过二极管 VD_1、电感器 L 为电容器 C 充电，电能储存在电感器 L 的同时也为外接负载 R 提供电能。

（2）当开关管 Q_1 和 Q_4 截止，开关管 Q_2 和 Q_3 未导通时，4 个管同时处于关断状态。整流二极管 VD_1 中电流逐渐减小，VD_2 中电流逐渐增大，直到两管中电流相等（忽略变压器励磁电流），此时电容器 C 对负载 R 放电，为其提供电能。

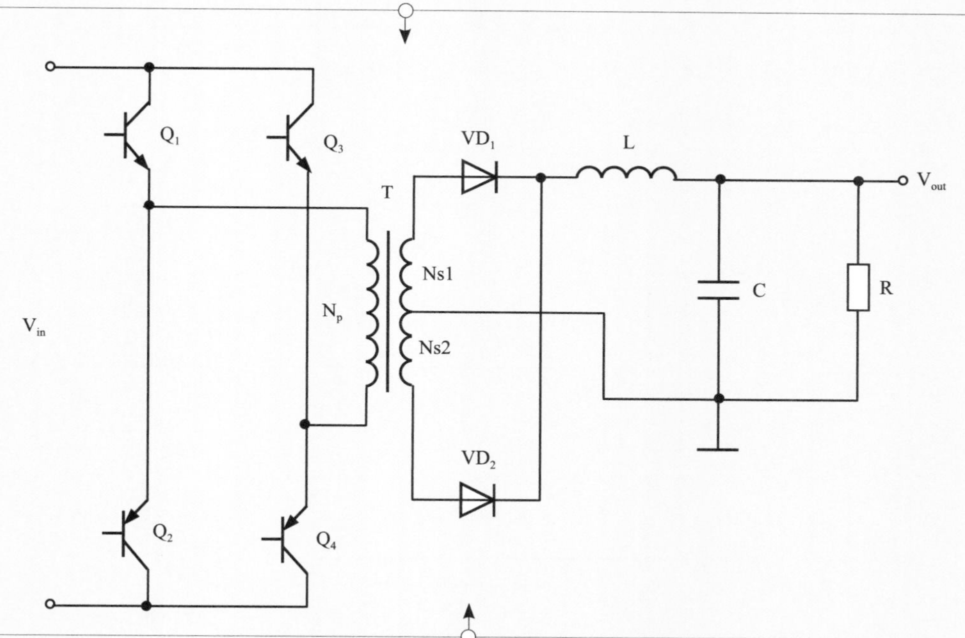

（3）当开关管 Q_1 和 Q_4 截止，开关管 Q_2 和 Q_3 导通时，输入电压 V_{in} 经过开关管 Q_3、变压器初级线圈 N_p、开关管 Q_2 回到电源负极。此时在变压器 T 的次级线圈 N_{s1}、N_{s2} 感应出电流，电流经过二极管 VD_2、电感器 L 为电容器 C 充电，电能储存在电感器 L 的同时也为外接负载 R 提供电能。

（4）当开关管 Q_1 和 Q_4 未导通，开关管 Q_2 和 Q_3 截止时，4 个管同时处于关断状态。整流二极管 VD_2 中电流逐渐减小，VD_1 中电流逐渐增大，直到两管中电流相等（忽略变压器励磁电流），此时电容器 C 对负载 R 放电，为其提供电能。

图 16-36　全桥式开关电路

16.5.2 AC/DC 开关电源电路基本结构

AC/DC 开关电源工作时，交流电压经整流电路及滤波电路整流滤波后，变成含有一定脉动成分的直流电压，该直流电压进入高频变换器被转换成低压直流电压，最后这个直流电压再经过整流滤波电路变换为所需要的直流电压。

开关电源的三个特点如下：

- 开关：电力电子器件工作在开关状态而不是线性状态；
- 高频：电力电子器件工作在高频而不是接近工频的低频；
- 直流：开关电源输出的是直流而不是交流，也可以输出高频交流如电子变压器。

开关电源的优缺点：开关电源工作在高频状态，整体体积较小，效率较高，结构简单，成本低。但是输出纹波较线性电源要大，是目前的主流供电电源。

图 16-37 所示为最基本的开关电源电路原理框图。

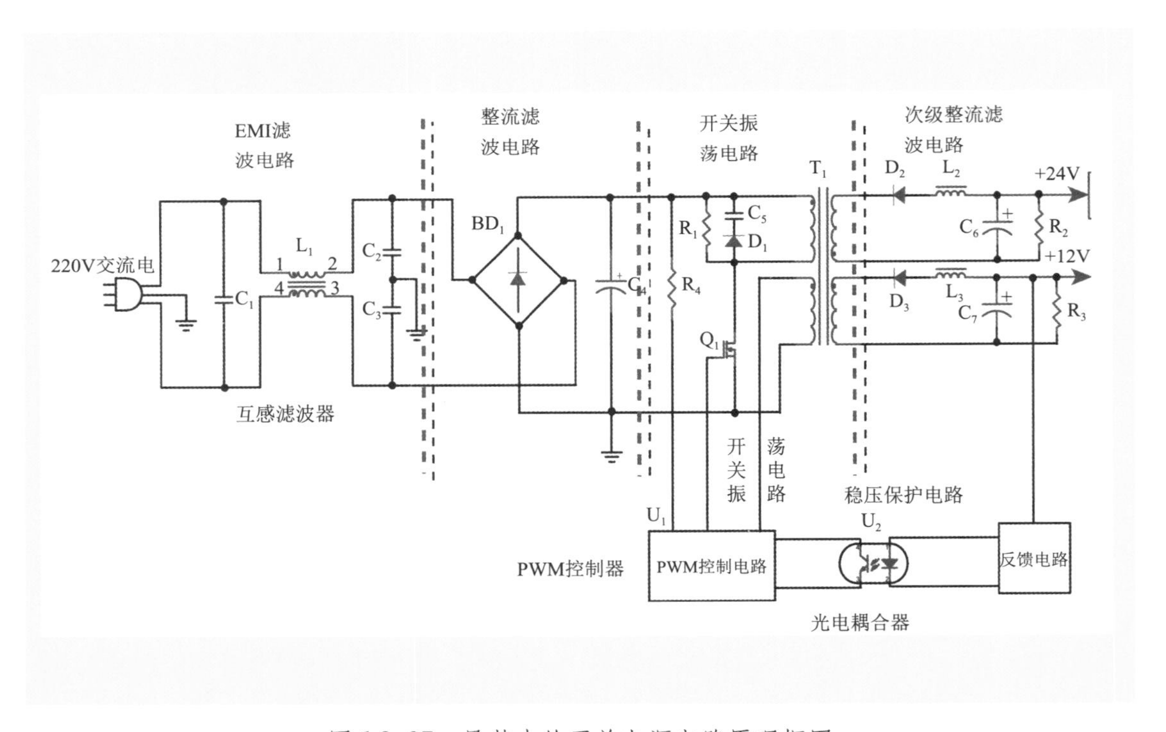

图 16-37　最基本的开关电源电路原理框图

图 16-37 中 C_1、L_1、C_2、C_3 组成一个 EMI 滤波电路，L_1 为一个互感电感滤波器；BD_1、C_4 组成了一个整流滤波电路，BD_1 为一个桥式整流堆；Q_1、U_1、T_1 组成了一个开关振荡电路，Q_1 为开关管，U_1 为 PWM 控制器，T_1 为开关变压器；D_2、L_2、C_6、R_2 组成了次级整流滤波电路；D_3、

L_3、C_7、R_3 组成了另一组次级整流滤波电路；反馈电路、U_2 和 U_1 组成了稳压保护电路，U_2 为光电耦合器。

开关电源电路的基本工作机制如下：

当 220V 交流电接入开关电源板后，220V 交流电经过 C_1、L_1、C_2、C_3 组成一个 EMI 滤波电路，过滤掉电网中交流电的高频脉冲信号，防止电网中的高频干扰信号对开关电源的干扰，同时也起到减少开关电源本身对外界的电磁干扰。EMI 滤波电路实际上是利电感和电容的特性，使频率为 50Hz 左右的交流电可以顺利通过滤波器，但高于 50Hz 以上的高频干扰杂波被滤波器滤除，因此 EMI 滤波电路又被称为低通滤波器，意义是低频可以通过，而高频则被滤除。

经过滤波后的 220V 交流电压 BD_1、C_4 组成了一个桥式整流滤波电路后，在 C_4 两端产生 310V 左右的直流电压。

310V 直流电压被分成几路，一路经过启动电路 R_4 分压后，加到 PWM 控制器 U_1 的供电引脚，为 PWM 控制器提供工作电压；另一路被加到开关变压器的初级和开关管的漏极 D。PWM 控制器获得工作电压后，内部电路开始工作，输出矩形脉冲电压信号，此脉冲电压信号被加到开关管 Q_1 的栅极 D，控制开关管的导通与截止。

当开关管 Q_1 开始导通后，310V 直流电压流过开关变压器 T_1 的初级、开关管 Q_1。此时，在开关变压器 T_1 的次级线圈中产生感应电压，感应电压为上负下正，因此整流二极管 D_2、D_3 截止，感应的电能以磁能的形式储存在开关变压器 T_1 中。

当开关管 Q_1 截止时，开关管 Q_1 的集电极电位上升为高电平。此时，开关变压器 T_1 的次级感应电压是上正下负，整流二极管 D_2 和 D_3 正向偏置而导通。此时，开关变压器 T_1 中储存的能量经整流二极管 D_2 和 D_3 整流后，向电感器 L_2、L_3，电容器 C_6、C_7，负载电阻 R2、R3 释放，产生 24V 直流输出电压和 12V 直流输出电压，为其他负载电路提供供电电压。

同时，输出的电压经过反馈电路、U_2 和 U_1 组成的稳压保护电路后，达到稳定电压、过电流保护，过电压保护的作用。

在这里，开关变压器 T_1 可看作储能元件，当开关管 Q_1 导通，但整流二极管 D_2 和 D_3 截止时，初级线圈储存能量；当开关管 Q_1 截止时，T_1 则释放能量，此时整流二极管 D_2 和 D_3 导通，向负载提供能量。

16.5.3 AC/DC 开关电源电路工作原理

图 16-38 所示为 LD7575PWM 控制器芯片组成的 AC/DC 开关电源电路。

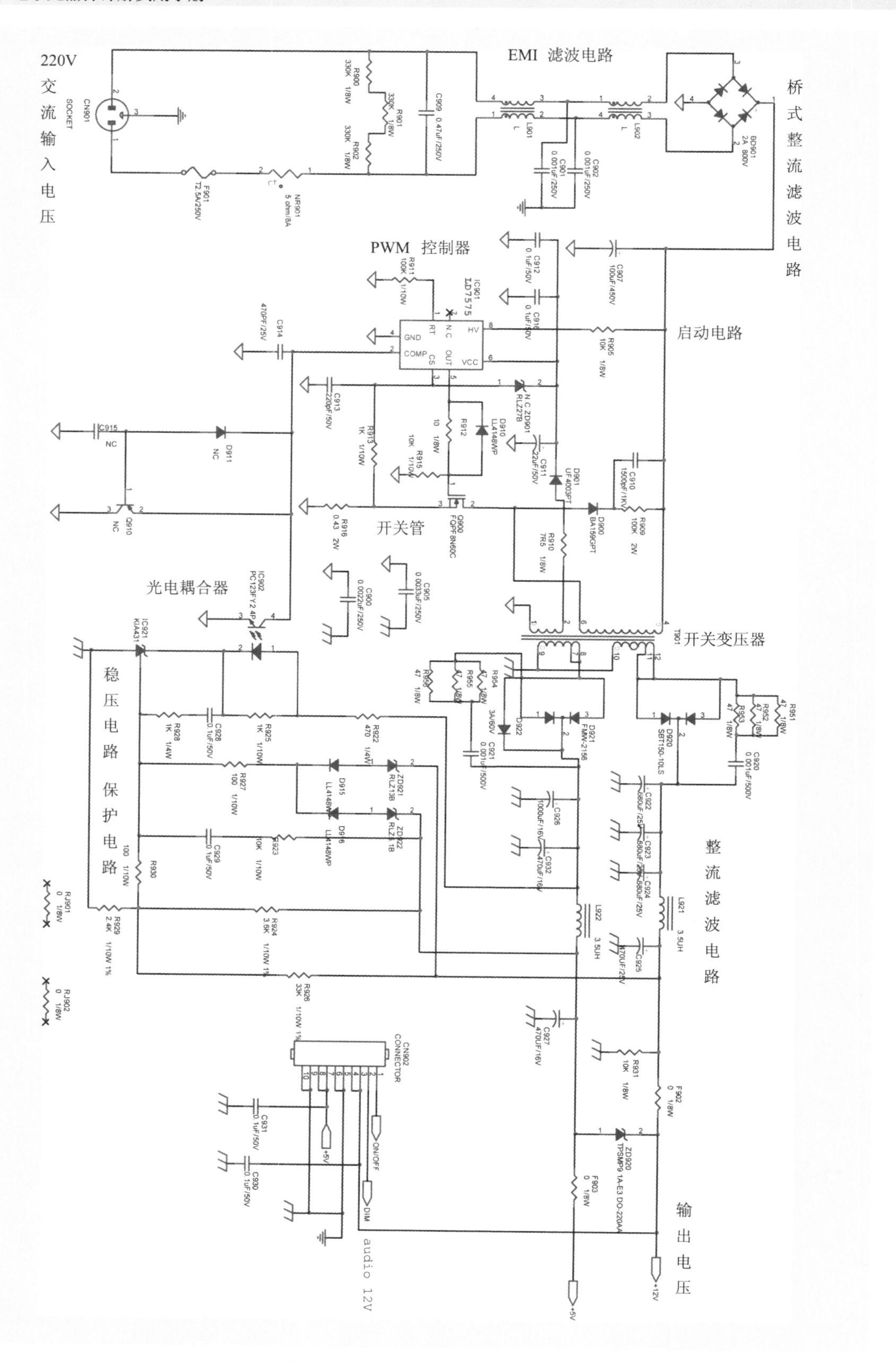

图 16-38 开关电源电路

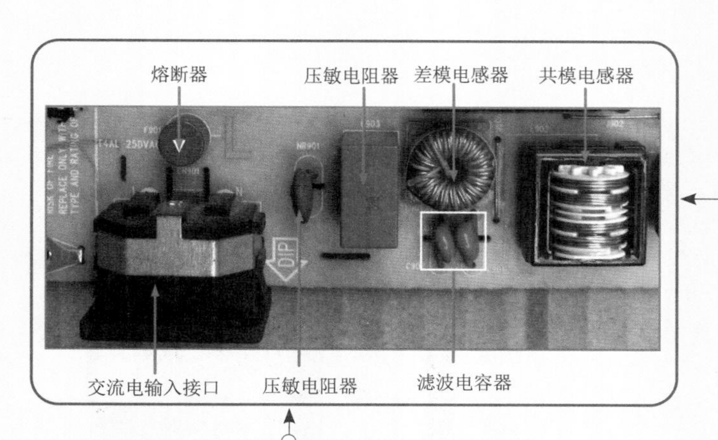

（1）当交流电输入接口接通市电220V后，220V交流电先通过熔断器F901和压敏电阻器NR901，再通过由电容器C909、C901、C902和限流电阻器R900、R902、R901、电感器L901、L902组成的EMI滤波抗干扰电路充分滤波后，使电流变成比较稳定、平滑、干净的交流电。

（2）如果电路在工作过程中，输入的交流电电压过高时，压敏电阻器NR901通过的电流突然增大，同时串联的熔断器F901的电流也突然增大。当电流过高时，F901自动熔断，切断电流，以保护开关电源电路中的关键元器件。

（3）当经过交流滤波电路过滤后的220交流电进入桥式整流堆BD901后，桥式整流堆220V交流电进行全部整流，之后转变为200V左右的直流电压进行输出，接在输出的200V直流电压再经过C907高压滤波电容滤波后，输出310V左右的直流电压，最后输出给开关电源电路中的其他电路。

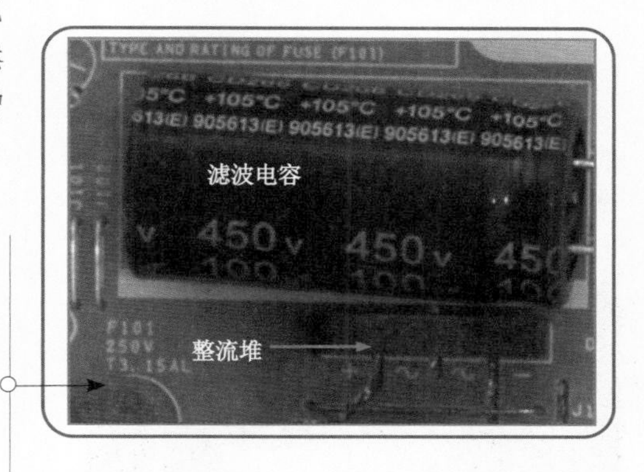

（4）当开关电源电路开始工作时，桥式整流滤波电路输出的310V直流电压，经过启动电阻器R905降压后，为PWM控制器（IC901）的启动电压输入端（HV端口）提供启动电压。PWM控制器得到启动电压经内部电阻降压后，除了加到电源输入端VCC外，还加到内部偏压源的输入端，通过偏压源给内部电路供电。内部电路得到供电电压后，开始工作。

（5）PWM控制器启动后，输出脉冲电压，驱动开关管开始工作，并在开关变压器的反馈绕组产生脉冲电压，这个电压经过限流电阻器R910降压后，再经过整流二极管D901、滤波电容器C911整流滤波后，为PWM控制器的VCC端提供工作电压，至此整个启动过程结束。

图16-38　开关电源电路（续）

（6）当 PWM 控制器的 OUT 端输出高电平时，开关管 Q900 处于导通状态，此时开关变压器 T901 的初级线圈有电流，产生上正下负的电压；同时，开关变压器的次级线圈产生上负下正的感应电动势，这时次级线圈上的二极管 D920 处于截止状态。此时为储能状态。

（7）当 PWM 控制器的 OUT 端输出低电平时，开关管 Q900 处于截止状态，此时开关变压器 T901 的初级线圈上的电流瞬间变成 0，初级线圈的电动势为下正上负，而在次级线圈上感应出上正下负的电动势，二极管 D920 处于导通状态，开始输出电压。

（8）由于在开关管 Q900 截止时，开关变压器 T901 的初级线圈还有电流，为防止随着开关开 / 闭所发生的电压浪涌，电路中设置了由二极管 D900、电阻器 R909 和电容器 C910 组成的滤波缓冲电路。

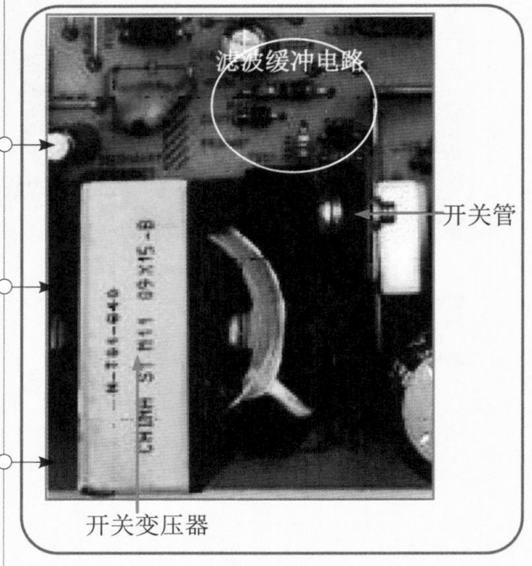

（9）当开关变压器 T901 的次级产生下正上负的感应电动势时，次级上连接的二极管 D920 和 D921 处于截止状态，此时能量被储存起来。当开关变压器 T901 次级为上正下负的电动势时，变压器次级上连接的整流二极管 D920 和 D921 被导通，然后开始输出直流电压。

（10）当开关变压器的次级线圈通过整流二极管 D920 开始输出 12V 电压时，12V 电压通过由电阻器 R951、R952、R953 及电容器 C920 组成的滤波电路过滤后，过滤掉因为整流二极管 D920 产生的浪涌电压。然后 12V 电压再经过电感器 L921、电容器 C922、C923、C924 构成的滤波电路过滤掉交流干扰信号，再输出纯净的 12V 直流电压。

（11）同时，当开关变压器的次级通过整流二极管 921 开始输出 5V 电压时，5V 电压先经过 R954、R955、R956 及电容器 C921 组成的滤波电路过滤掉整流二极管 D921 上产生的浪涌电压，经过电感器 L922、电容器 C926、C932 构成的 LC 滤波电路过滤掉交流干扰信号，再输出纯净的 5V 直流电压。

图 16-38　开关电源电路（续）

（12）由精密稳压器IC921、光电耦合器IC902、PWM控制器芯片LD7575、稳压二极管ZD921和ZD922组成了稳压控制电路。

（13）工作时，直流电压输出的+12V电压经过电阻器等元器件分压后，到达精密稳压器IC921的R端。经过分压后的2.5V电压输入到精密稳压器，使其导通，于是12V电压就可以通过光电合耦合器和精密稳压器，使光电耦合器发光，光电耦合器开始工作，完成工作电压的取样。

（14）当220V市电电压升高时，导致输出电压随之升高，直流电压输出端电压超过12V，此时经过电路电阻等元器件分压输入到IC921 R端的电压也将超过2.5V。由于R端电压升高，精密稳压器内部比较器也将输出高电平，从而使内部NPN型管导通。与之连接的光电耦合器IC902的两端引脚电位随之降低，此时流过光电耦合器内部的发光二极管的电流逐渐增大，发光二极管的亮度也逐渐增强，光电耦合器内部的光敏三极管的内阻同时变小，光敏三极管的导通程度也逐渐加强，最终导致光电耦合器第4脚的输出电流增大。

（15）光电耦合器第4脚电流增大，与之相连接的PWM控制器芯片的反向输入端电压降低，于是PWM控制芯片就会控制开关变压器的次级输出电压降低，从而达到降压的目的，整个运行就构成了过电压输出反馈电路，最终实现了稳定输出的作用。

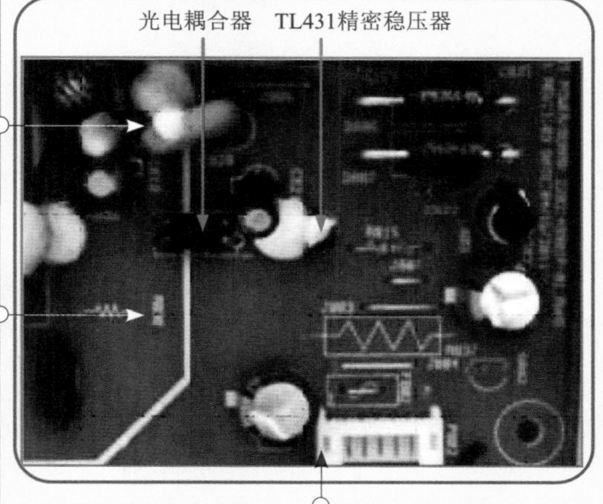

（16）而当220V交流电电压降低，直流输出端的电压低于12V时，输入IC921精密稳压器R端的电压变为小于2.5V。精密稳压器内部比较器开始输出低电平，使内部的NPN型管截止，从而使流过光电耦合器发光二极管的电流减小，而PWM控制器反向输入端电压就会增大，PWM控制器控制开关变压器次级输出电压升高，起到了高频补偿的作用。

图16-38　开关电源电路（续）

16.6 DC/DC开关电源电路

DC/DC开关电源电路是指直流－直流变换电路，是通过控制开关管的开通与关断的时间比率，维持稳定输出电压的一种电源。

16.6.1 DC/DC开关电源电路常见拓扑结构原理

要理解DC/DC开关电源的工作原理，首先要了解开关电源的3种基本拓扑：降压式（Buck）

开关电源、升压式（Boost）开关电源、升压/降压式（Buck/Boost）开关电源及 Buck 和 Boost 组合型开关电源。

1. 降压式（Buck）开关电源

降压式（Buck）电路也称为降压式变换器，是一种输出电压小于输入电压的单管不隔离直流变换器，如图 16-39 所示。

（1）Q 为开关管，其驱动电压一般为 PWM 驱动信号，电感器 L 和电容器 C 组成低通滤波器。
（2）当开关管 Q 驱动电压为高电平时，开关管 Q 导通，输入电源 V_{in} 通过储能电感器 L 对电容器 C 进行充电，电能储存在电感器 L 的同时也为外接负载 R 提供电能。
（3）当开关管 Q 驱动电压为低电平时，开关管关断，由于流过电感器 L 的电流不能突变，电感器 L 通过二极管 VD 形成导通回路（二极管 VD 也因此称为续流二极管），从而对输出负载 R 提供电能，此时，电容器 C 也对负载 R 放电提供电能。

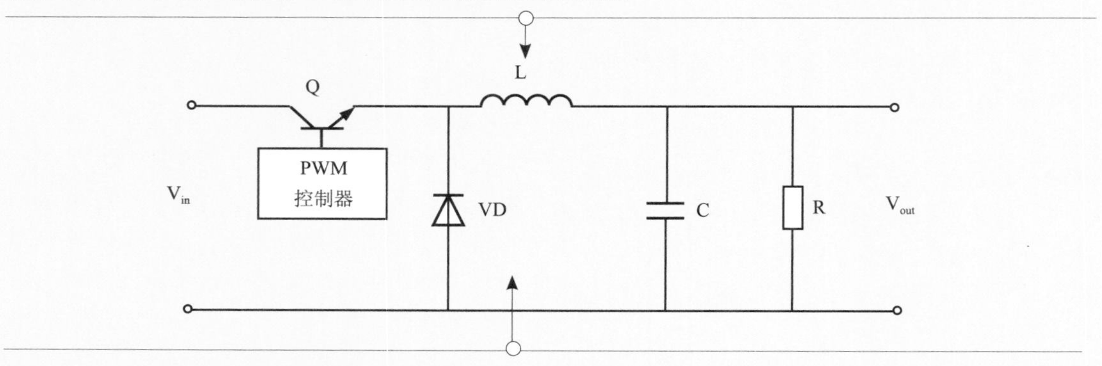

（4）通过控制开关管 Q 的导通时间（占空比）即可控制输出电压的大小（平均值），当控制信号的占空比越大时，输出电压的瞬间峰值越大，则输出平均值越大；反之，输出电压平均值越小。

图 16-39　降压式（Buck）电路

2. 升压式（Boost）开关电源

升压式（Boost）电路又称为升压变换器，是一种常见的开关直流升压电路，通过开关管导通和关断来控制电感器储存和释放能量，从而使输出电压比输入电压高。图 16-40 所示为升压式（Boost）电路。

3. 降压/升压式（Buck/Boost）开关电源

降压/升压式（Buck/Boost）电路也称为升降压式变换器，是一种输出电压既可低于也可高于输入电压的单管不隔离直流变换器，但它的输出电压的极性与输入电压相反。Buck/Boost 电路可以看作是 Buck（降压式）电路和 Boost（升压式）电路串联而成，合并开关管。图 16-41 所示为降压/升压式（Buck/Boost）电路。

（1）当开关管 Q 驱动电压为高电平时，开关管 Q 导通，这时输入电源 V_{in} 流过电感器 L，将电能储存在电感器 L 中。在这个过程中，二极管 VD 反偏截止，由电容器 C 给负载提供能量，负载靠存储在电容器 C 中的能量维持工作。

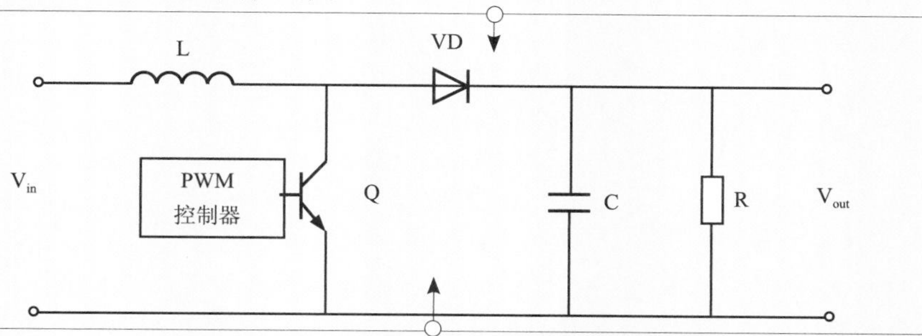

（2）当开关管断开时，由于电感器的电流不能突变，也就是说流经电感器 L 的电流不会马上变为零，而是缓慢地由充电完毕时的值变为零，这需要一个过程，而原来的电路回路已经断开，于是电感器只能通过新电路放电，即电感器开始给电容器 C 充电，电容器两端电压升高，此时电压已经高于输入电压。如果电容器 C 电容量足够大，那么在输出端就可以在放电过程中保持一个持续的电流。如果这个通 / 断的过程不断重复，就可以在电容器两端得到高于输入电压的电压。

（3）实际上升压过程就是一个电感器的能量传递过程。充电时，电感器 L 吸收能量，放电时电感器 L 放出能量。

图 16-40　升压式（Boost）电路工作原理

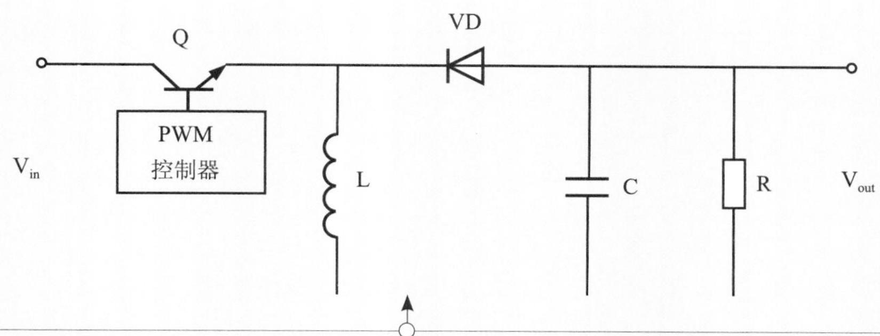

（1）当开关管 Q 接通时，输入电压 V_{in} 流过电感器 L，电感器 L 电流线性增加，将电能储存在电感器中；在此过程中，由电容器 C 给负载提供能量，负载靠储存在电容器 C 中的能量维持工作。

（2）当开关管 Q 关闭时，电感器 L 电流减小，电感器 L 两端电压极性反转，且其电流同时提供输出电容器 C 电流和输出负载 R 电流。根据电流流向可知输出电压为负，即与输入电压极性相反。因为输出电压为负，因此电感电流是减小的，而且由于加载电压必须是常数，所以电感电流线性减小。

图 16-41　降压 / 升压式（Buck/Boost）电路

4．Buck 与 Boost 组合开关电源

如果将 Buck 式开关电源与 Boost 式开关电源相结合，会得到什么样的电路呢？如图 16-42 所示。根据不同的控制，这个电路既可以让电源从高压降到低压，也可以将低压升到高压。注意：两个 MOS 管不能同时导通，否则将会发生短路，运行时通过 PWM 控制器同时控制两个 MOS 开关管轮流导通和截止。

（1）Q_1 和 Q_2 为 MOS 开关管，其驱动电压一般为 PWM 驱动信号，电感器 L 和电容器 C 组成低通滤波器。

（2）当开关管 Q_1 驱动电压为高电平，Q_2 驱动电压为低电平时，开关管 Q_1 导通，Q_2 截止，输入电源 V_{in} 通过开关管 Q_1、二极管 VD_1、储能电感器 L 对电容器 C 进行充电，电能储存在电感器 L 的同时也为外接负载 R 提供电能。

（3）当开关管 Q_1 驱动电压为低电平，Q_2 的驱动电压为高电平时，开关管 Q_1 截止，Q_2 导通，由于流过电感器 L 的电流不能突变，电感器 L 通过开关管 Q_2 和 VD_2 形成导通回路，从而对输出负载 R 提供电能。此时，电容器 C 也对负载 R 放电提供电能。

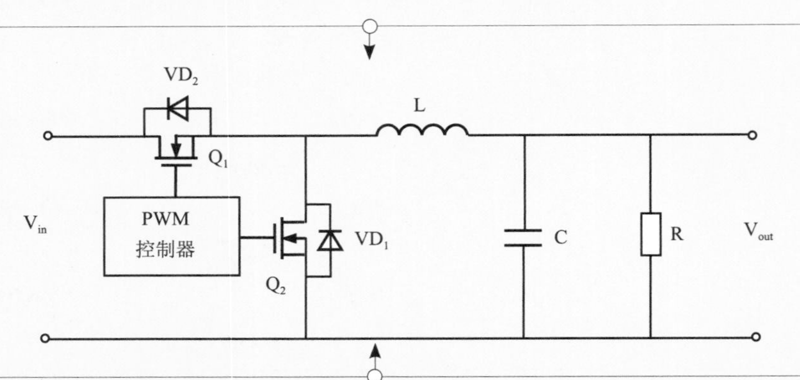

（4）通过控制开关管 Q_1 和 Q_2 的导通时间（占空比）即可控制输出电压的大小（平均值），当控制信号的占空比越大时，输出电压的瞬间峰值越大，则输出平均值越大；反之，输出电压平均值越小。

图 16-42 Buck 与 Boost 组合开关电源

16.6.2 DC/DC 开关电源工作原理

如图 16-43 所示的 DC/DC 开关电源电路中，U14 为 PWM 控制芯片，UGATE 引脚为高端门驱动脉冲输出端，连接 MOS 管 Q15，通过向 MOS 管发送驱动脉冲控制信号控制 MOS 管的导通与截止；LGATE 引脚为低端门驱动脉冲输出端，连接 MOS 管 Q17，通过向 MOS 管发送驱动脉冲控制信号控制 MOS 管的导通与截止。

DC/DC 开关电源电路的工作原理如下：

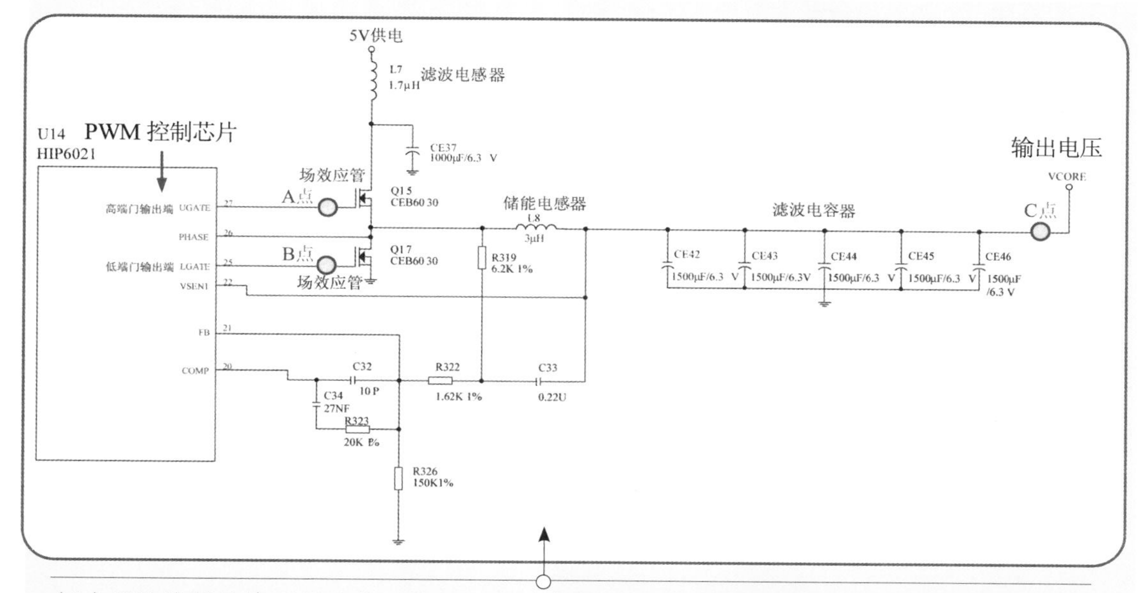

（1）PWM控制芯片开始工作，从UGATE引脚和LGATE引脚分别输出3～5V且互为反相的驱动脉冲控制信号（UGATE引脚输出高电平时，LGATE引脚输出低电平，或相反），这样将使场效应管Q15和Q17分别导通。

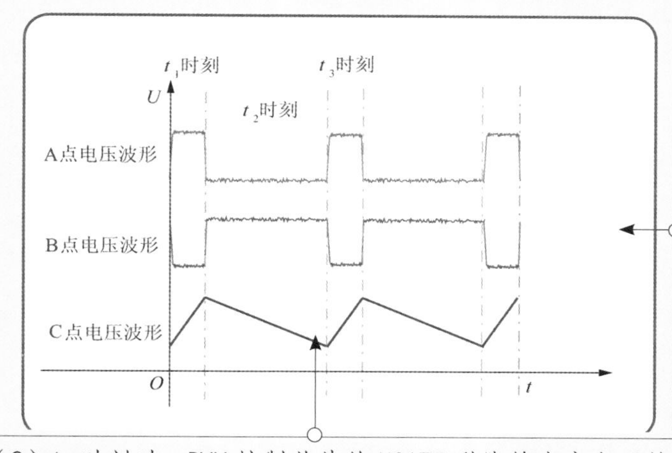

（3）当t_1时刻结束，进入t_2时刻时，PWM控制芯片的UGATE引脚输出低电平控制信号，LGATE引脚输出高电平控制信号。这时MOS管Q15截止，Q17导通。由于MOS管Q17的S极接地，Q17将Q15送来的多余的电量以电流的形式对地释放，从而保证输出的供电电压的幅值。同时储能电感器L8和滤波电容器CE42～CE46开始放电。储能电感器L8和滤波电容器CE42～CE46组成的低通滤波系统通过滤波输出较平滑的纯净电流。

（2）t_1时刻时，PWM控制芯片的UGATE引脚输出高电平控制信号给MOS管Q15的G极（图中的A点电压波形），LGATE引脚输出低电平控制信号给MOS管Q17的G极（图中的B点电压波形）。这时Q15导通，Q17截止，电流通过滤波电感器L7流入储能电感器L8，并输出供电电压。同时，PWM控制芯片的电压反馈端（FB和COMP）将输出的供电电压反馈给PWM控制芯片同标准电压作比较。如果输出电压与标准电压不相同（误差在7%以内视为正常），PWM控制芯片将调整UGATE引脚和LGATE引脚输出的方波的幅宽，调整输出的供电电压，直到与标准电压一致（MOS管Q15导通的时间长短，将影响S极的电压高低，时间越长，电压越高）。供电电路在给负载供电的同时，还会给储能电感器L8和滤波电容器CE42～CE46充电。

图16-43　各个时刻不同地点的电压波形

在 t_2 时刻结束后，进入 t_3 时刻，又重复 t_1 时刻的工作。图 16-44 所示为输出的供电电压的完整电压波形。

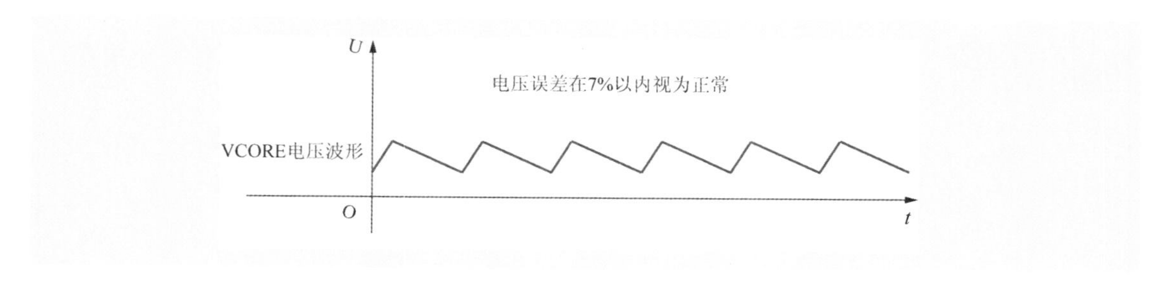

图 16-44　为输出电压的最终电压波形

16.6.3 LED 背光 DC/DC 电源电路工作原理

图 16-45 所示为 NCP1396 电源管理芯片组成的 LED 背光供电电压电路。

（1）220V 交流电压经过整流滤波，进行功率因数校正后得到 380V 左右的直流电压（图中的 PFC）送入由电源管理芯片 N802(NCP1396) 组成的 DC-DC 变换电路。

（2）380V 的 PFC 电压经过电阻器 R874、R875、R876、R877 分压后送入 N802 第 5 脚进行欠电压检测，经运算放大输出跨导电流。同时，第 10 脚得到 VCC1 供电，软启动电路开始工作，内部控制器对频率、驱动定时等设置进行检测，正常后输出振荡脉冲。

（3）电源管理芯片 M802 的第 4 脚外接定时电阻器 R880；第 2 脚外接频率钳位电阻器 R878，电阻大小可以改变频率范围；第 7 脚为死区时间控制，可以从 150ns 到 1μs 改变。第 1 脚外接软启动电容器 C855；第 6 脚为稳压反馈取样输入；第 8 脚和第 9 脚分别为故障检测脚。

（4）当 N802 第 12 脚得到供电，第 5 脚的欠电压检测信号也正常时，N802 开始正常工作。VCC1 电压加在 N802 第 12 脚的同时，还经过稳压二极管 VD839、电阻器 R885 供给 N802 第 16 脚，C864 为倍压电容，经过倍压后的电压为 195V 左右。

（5）从 N802 第 11 脚输出的低端驱动脉冲通过电阻器 R860 送入 MOS 管 V840 的 G 极，稳压二极管 VD837、R859 为灌流电路；第 15 脚输出的高端驱动脉冲通过电阻器 R857 送入 MOS 管 V839 的 G 极，稳压二极管 VD836、R856 为灌流电路。

（6）当 MOS 管 V839 导通时，380V 的 PFC 电压流过 V839 的 D-S 极、变压器 T902 初级绕组、C865 形成回路，在变压器 T902 初级绕组形成下正上负的电动势；同理，当 MOS 管 V840 导通，MOS 管 V839 截止时，在变压器 T902 初级绕组形成上正下负的感应电动势，感应电压由变压器耦合给次级。其中一路电压经过稳压二极管 VD853、C848 整流滤波后得到 100V 直流电压送往 LED 驱动电路，作为其工作电压。

（7）次级另一绕组经过 R835、VD838、VD854、C854、C860 整流滤波后得到 AUDIO（12V）电压给主板伴音部分提供工作电压。次级还有一路绕组经过 VD852、C851、C852、C853 整流滤波后得到 12V 电压。

（8）由 R863、R864、R865、R832、R869、N842 组成的取样反馈电路通过光电耦合器 N840

控制 N802 第 6 脚，使其次级输出的各路电压稳定。C866、R867 组成取样补偿电路。

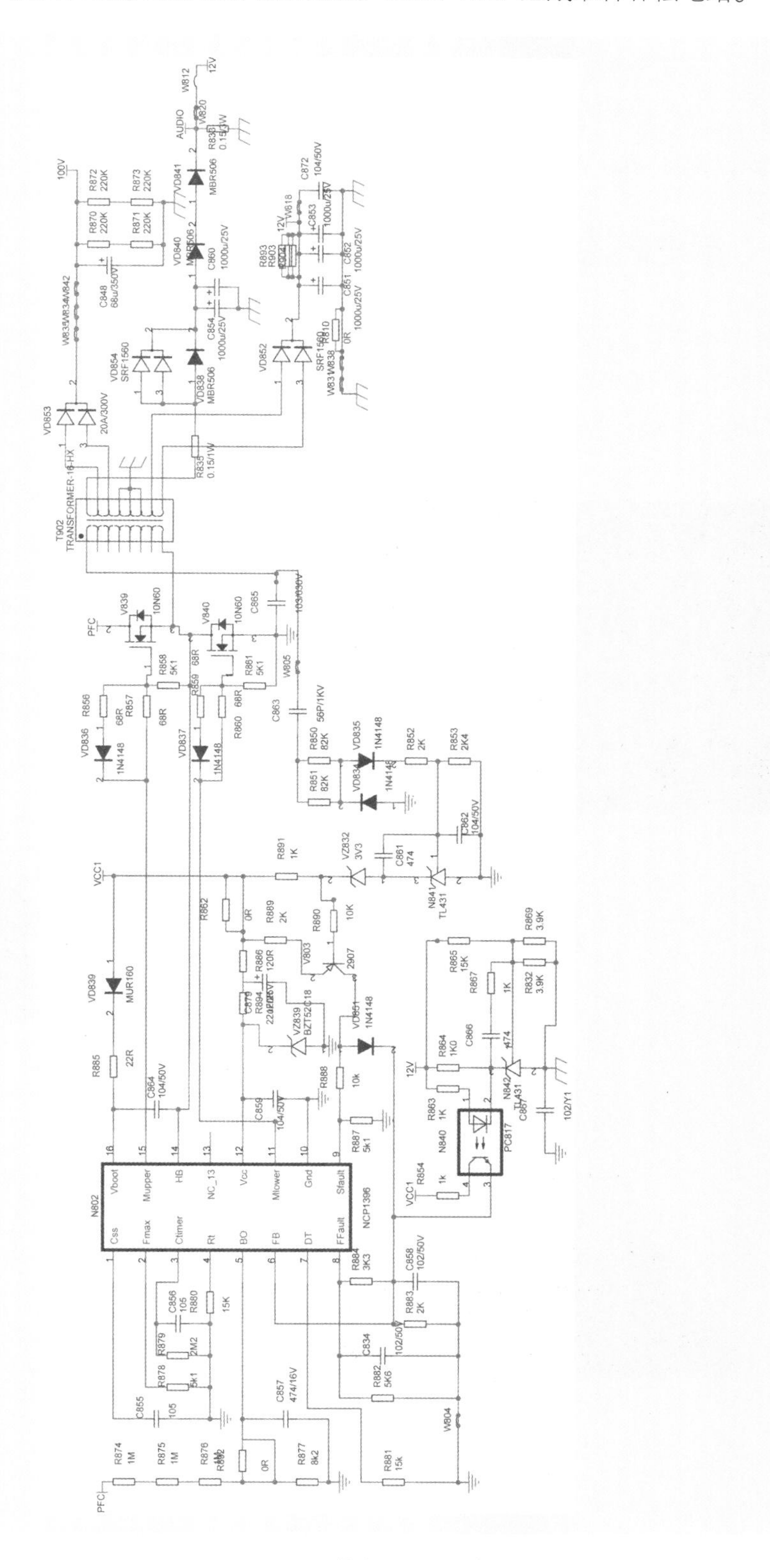

图 16-45　LED 供电电压电路图

16.7 集成稳压器动手检测实践

前面内容主要学习了集成电路的基本知识和封装技术，并重点讲解数字集成电路原理、故障判断及检测思路等，本节将主要通过各种集成电路的检测实战来讲解集成电路的检修方法。

16.7.1 用电阻法检测集成稳压器

通过检测集成稳压器引脚间电阻值可以判断集成稳压器是否正常。检测时可以采用数字万用表的二极管挡进行检测，也可以使用指针万用表欧姆挡的 R×1k 挡进行检测。

使用指针万用表检测集成稳压器的方法如图 16-46 所示。

❶ 首先观察待测集成稳压器是否有烧焦或针脚断裂等明显的物理损坏。

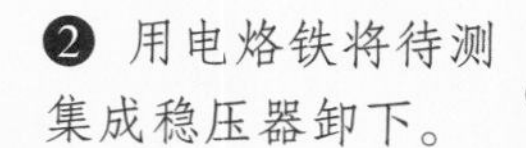
❷ 用电烙铁将待测集成稳压器卸下。

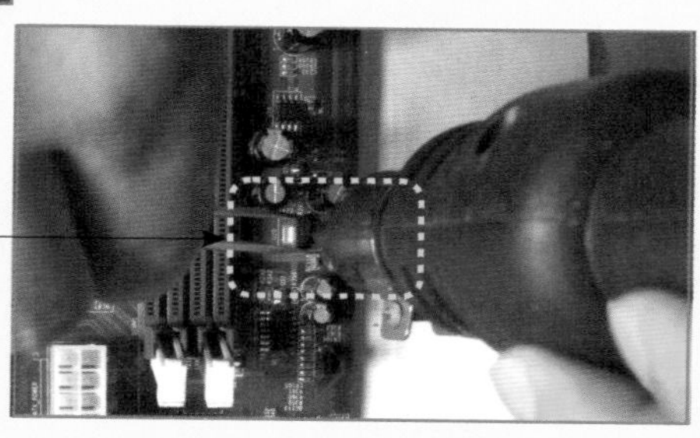

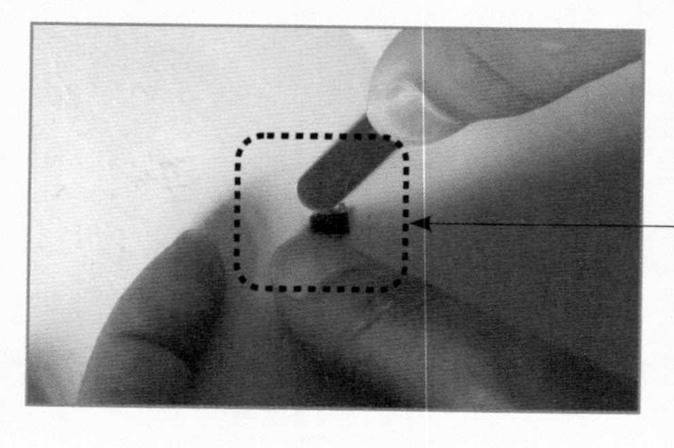

❸ 清洁集成稳压器的引脚，去除引脚上的污物，以避免因油污的隔离作用影响检测结果。

图 16-46　使用指针万用表检测集成稳压器的方法

❹ 选用R×1k挡并调零，然后将万用表的黑表笔接触集成稳压器GND引脚（中间引脚），红表笔接触其他两个引脚中的一个引脚测量电阻值。

❺ 观察表盘，测量的电阻值为20.5kΩ。

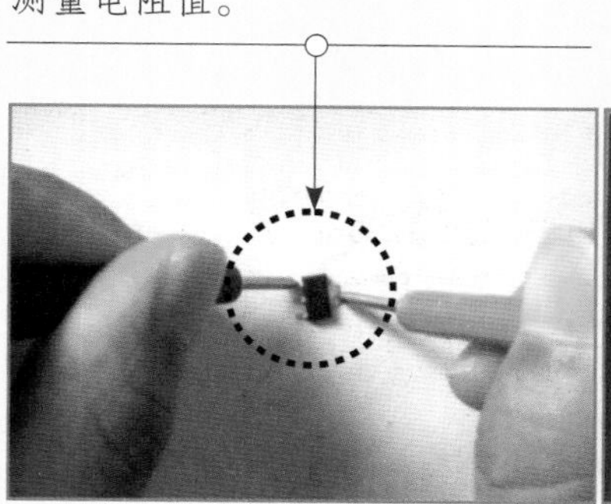

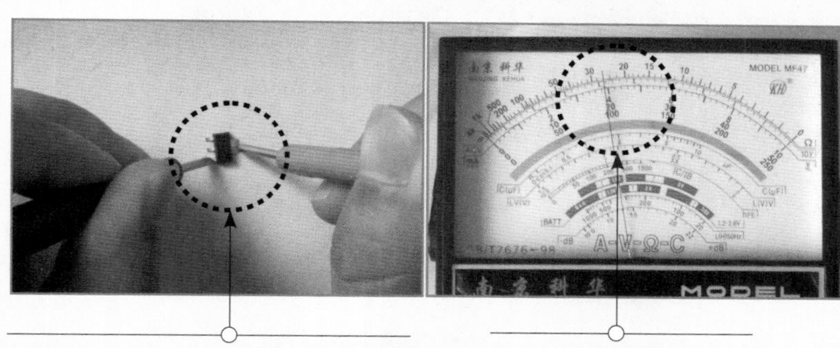

❻ 黑表笔不动，红表笔接触剩余的第三只引脚测量电阻值。

❼ 观察表盘，测量的电阻值为26kΩ。

图16-46 使用指针万用表检测集成稳压器的方法（续）

总结：由于测量的电阻值不为“0”和“无穷大”，因此可以判断此集成稳压器基本正常，不存在开路或短路故障。

16.7.2 用电压法检测集成稳压器

使用测电压的方法检测集成稳压器也是常用的方法，具体检测方法如图16-47所示。

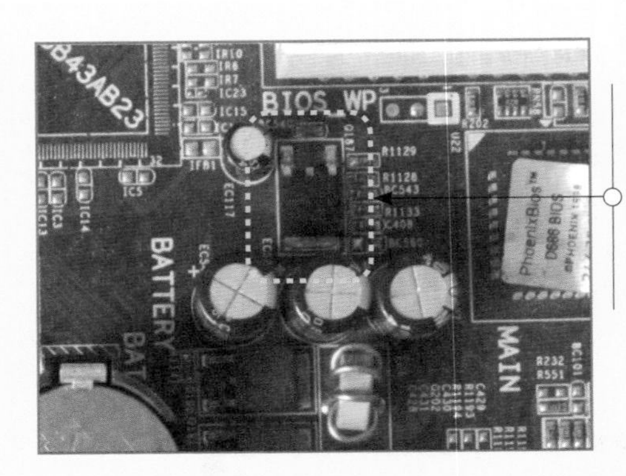

❶ 首先检查待测集成稳压器的外观，看待测集成稳压器是否有烧焦或针脚断裂等明显的物理损坏。

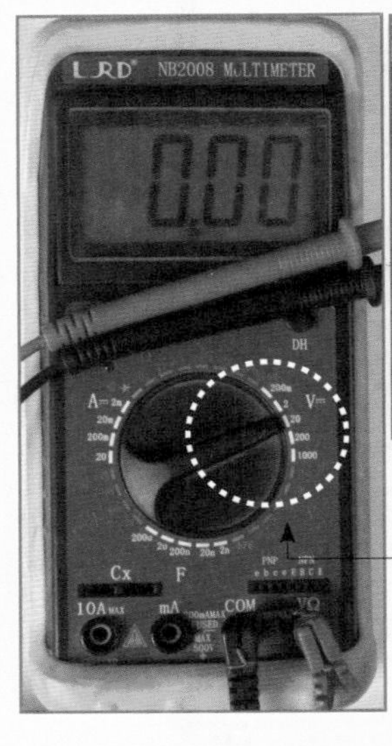

❷ 清洁待测集成稳压器的引脚，以避免因油污的隔离作用而影响测量的准确性。

❸ 将待测集成稳压器电路板接上正常的工作电压。并将数字万用表旋至直流电压挡的量程 20 挡。

❺ 记录读数 3.38V。

❹ 给电路板通电，将数字万用表的红表笔接集成稳压器电压输出端引脚，黑表笔接地。

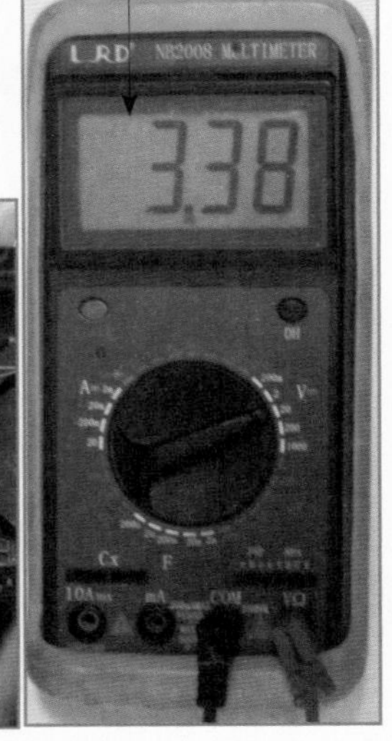

图 16-47 主板电路中集成稳压器的检测方法

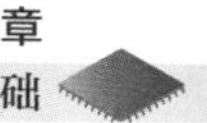

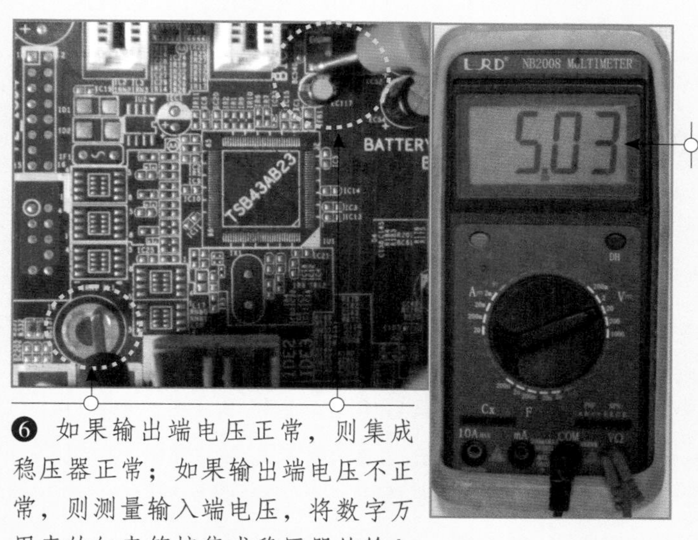

TSB43AB23
BATTERY
NB2008 MULTIMETER
5.03
❼ 记录读数 5.03V。
❻ 如果输出端电压正常，则集成稳压器正常；如果输出端电压不正常，则测量输入端电压，将数字万用表的红表笔接集成稳压器的输入端，黑表笔接地。

图 16-47　主板电路中集成稳压器的检测方法（续）

总结：如果输入端电压正常，输出端电压不正常，则集成稳压器或集成稳压器周边的元器件可能有问题。接着检查集成稳压器周边的元器件，如果周边元器件正常，则集成稳压器有问题，需更换集成稳压器。

第 17 章 运算放大器用途广

运算放大器是一种具有很高放大倍数的集成电路，是将电阻器、电容器、二极管、三极管等全部集成在一小块半导体基片上的完整电路。运算放大器是一种带有特殊耦合电路及反馈的放大器。其输出信号可以是输入信号加、减或微分、积分等数学运算的结果。由于早期应用于模拟计算机中，用以实现数学运算，故得名“运算放大器”。

运算放大器的种类繁多，广泛应用于电子行业中。下面将重点讲解运算放大器的正负反馈、虚短/虚断及常用的运算放大器电路。

17.1 集成运算放大器

集成运算放大器（Operational Amplifier）简称集成运放或运放，是由多级直接耦合放大电路组成的高增益模拟集成电路。集成运算放大器是线性集成电路中最通用的一种，集成运算放大器是一种可以进行数学运算的放大电路。

与用分立元件构成的电路相比，集成运算放大器具有稳定性好、电路计算容易、成本低等优点。图 17-1 所示为电路中常见的集成运算放大器。

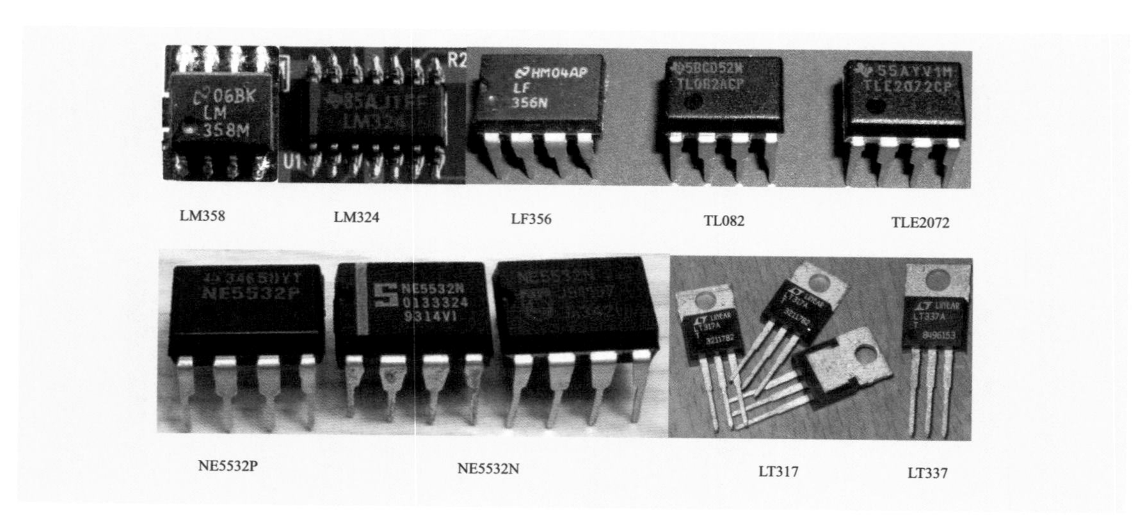

图 17-1　电路中常见的集成运算放大器

17.1.1 集成运算放大器的结构及原理

典型的集成运算放大器具有一个同相输入端，一个反相输入端，两个直流电源一脚（正极和负极），一个输出端。在电路图中，为了简化电路，电源的正、负极经常被省略。如果图中电源引脚未画出，通常默认它为双极性供电，如图 17-2 所示。

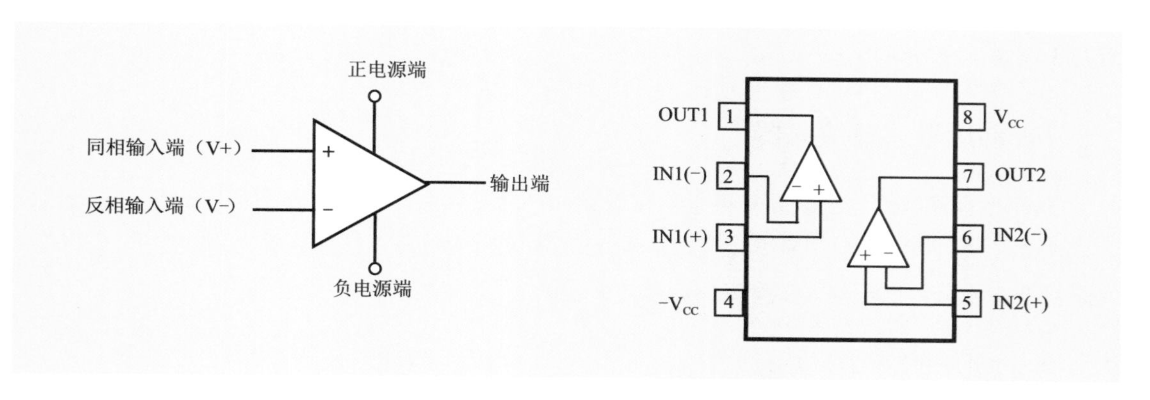

图 17-2　典型运算放大器

集成运算放大器主要由 4 部分组成：偏置电路、输入级、中间级和输出级等。图 17-3 所示为集成运算放大器的组成框图。

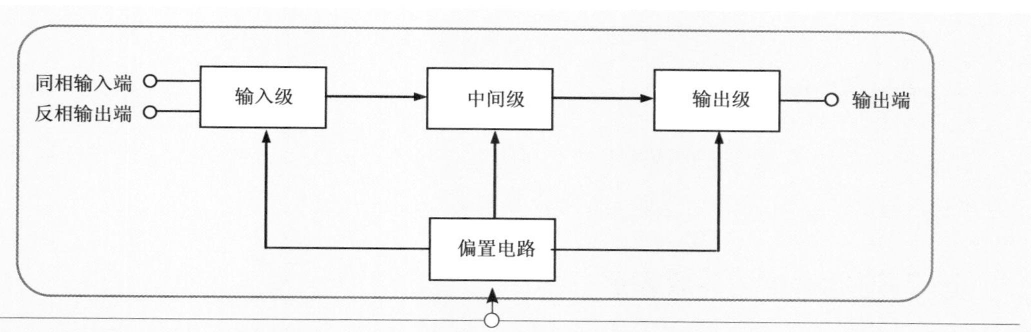

（1）偏置电路的作用是为各级提供所需的静态工作电流。

（2）输入级的作用是提供同相和反相两个输入端，并应有较高的输入电阻和一定的放大倍数，同时零点漂移要尽量小。通常采用差动放大电路作为集成运算放大器的输入级。

（3）中间级的作用是提供足够高的放大倍数。常采用共发射极放大电路作为集成运算放大器的中间级。

（4）输出级的作用是为负载提供一定幅度的信号电压和信号电流，并应具有一定的保护功能。集成运算放大器的输出级一般采用输出电阻很低的射极输出器或由射极输出器组成的互补对称输出电路。

图 17-3　集成运算放大器的组成框图

运算放大器的工作原理其实并不复杂。如果反相端 V- 的电压比同相端 V+ 的电压高，输出端的电压将趋于负电源电压 $-V_{CC}$。反之，如果 V+ ＞ V-，则输出电压将趋于正电源电压 $+V_{CC}$。

也就是说，只要两个输入端电压有微小的不同，运算放大器便会有最大输出电压。

17.1.2 集成运算放大器的分类

集成运算放大器的种类较多，按其性能参数的不同可分为通用型运算放大器、高阻型运算放大器、高速型运算放大器、高速低噪声运算放大器、低功耗型运算放大器、高压大功率型运算放大器等。

1．通用型运算放大器

通用型运算放大器的主要特点是价格低廉、产品量大面广，其性能指标能适合于一般性使用。例如 μA741（单运放）、LM358（双运放）、LM324（四运放）及以场效应管为输入级的 LF356 等，均是目前应用最为广泛的通用型集成运算放大器。

2．高阻型运算放大器

高阻型运算放大器采用 FET 场效应管组成运算放大器的差分输入级，其优点是差模输入阻抗较高，输入偏置电流较小，运算速度快，频宽带，噪声低；缺点是输入失调电压较大。常见的高阻型运算放大器有 CA3130、CA3140、LF356、LF355、TL082（双运放）、TL084 （四运放）等型号。

3．高速型运算放大器

高速型运算放大器具有转换速率高和频率响应宽等优点，可用在快速 A/D、D/A 转换器和视频放大器等电路中。常用的高速型运算放大器有 LM318、μA715 等型号。

4．高速低噪声运算放大器

高速低噪声运算放大器通常用在各种高保真音频电路中。常用的高速低噪声运算放大器有 NE5532（双运放）、NE5534（单运放）等型号。

5．低功耗型运算放大器

低功耗型运算放大器主要用于采用低电源电压供电、低功率消耗的便携式仪器和电子产品中。常用的低功耗型运算放大器有 TL-022C、TL-060C 等型号。

6．高压大功率型运算放大器

高压大功率型运算放大器的特点是外部不需附加任何电路，即可输出高电压和大电流。常用的高压大功率型运算放大器有 D41、μA791 等型号。

17.1.3 集成运算放大器的电路符号及主要指标

1. 集成运算放大器的电路符号

集成运算放大器在电路中常用字母“U”加数字表示，而集成运算放大器在电路中有不同的图形符号。图 17-4 所示为集成运算放大器的图形符号。

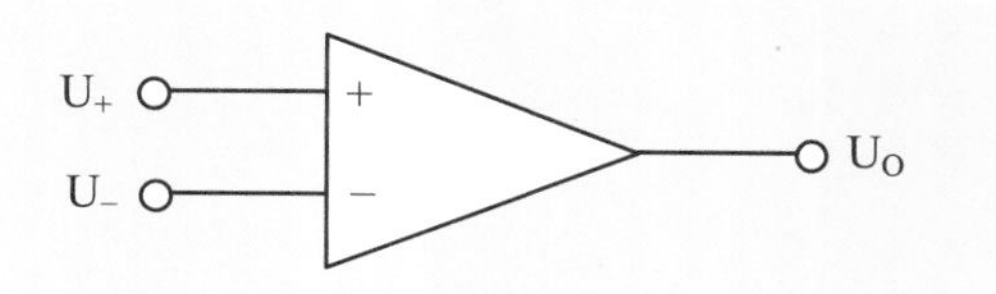

图 17-4 集成运算放大器的图形符号

2. 集成运算放大器的参数

集成运算放大器的参数较多，一些常用的参数如表 17-1 所示。

表 17-1 集成运算放大器的参数

参数名称	功能
开环差模电压放大倍数（A_{U0}）	开环差模电压放大倍数是指集成运放在无外加反馈回路的情况下的差模电压的放大倍数
最大输出电压（U_{OPP}）	最大输出电压是指一定电压下，集成运放的最大不失真输出电压的峰—峰值
差模输入电阻（R_{id}）	差模输入电阻的大小反映了集成运放输入端向差模输入信号源索取电流的大小。要求此电阻愈大愈好
输出电阻（R_0）	输出电阻的大小反映了集成运放在小信号输出时的负载能力
共模抑制比（C_{MRR}）	共模抑制比反映了集成运放对共模输入信号的抑制能力，其定义同差动放大电路。C_{MRR} 越大越好

17.1.4 常用集成运算放大器

常用的集成运算放大器主要有单算运放大器集成电路、双运算放大器集成电路、四运算放大器集成电路等。

1. 单运算放大器集成电路

单运算放大器集成电路是指内部包含一个独立、高增益的运算放大器，单运算放大器集成电路采用 8 脚 DIP-8 封装或 SO-8 封装。图 17-5 所示为单运算放大器外形及内部结构。

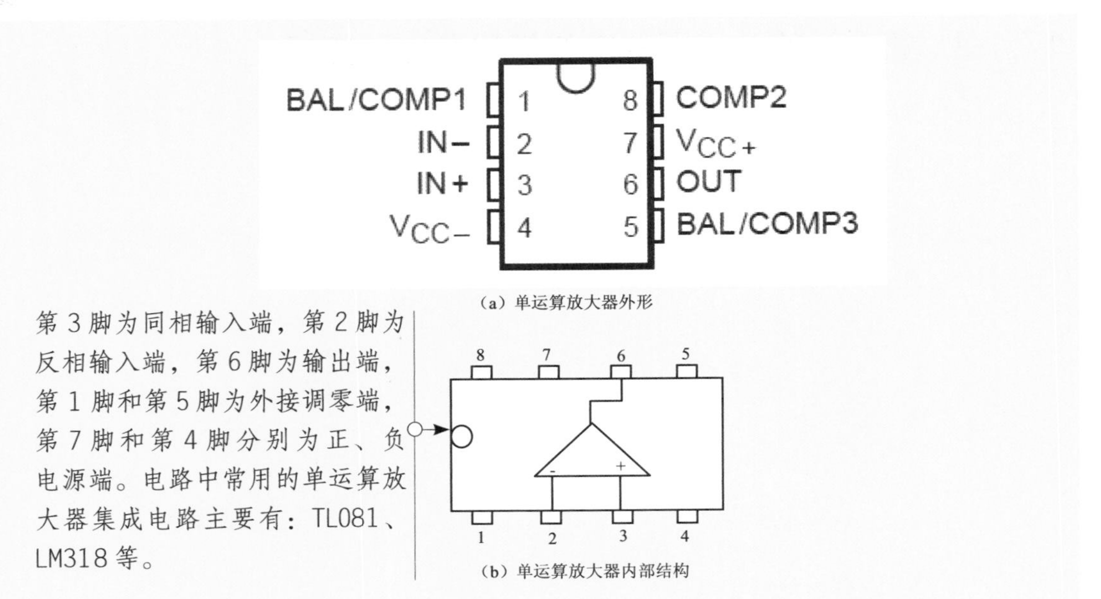

图 17-5　单运算放大器外形及内部结构

2. 双运算放大器集成电路

双运算放大器集成电路是指内部包含两个独立、高增益的、完全相同的运算放大器，除电源共用外，两组运放相互独立。图 17-6 所示为双运算放大器外形及内部结构。

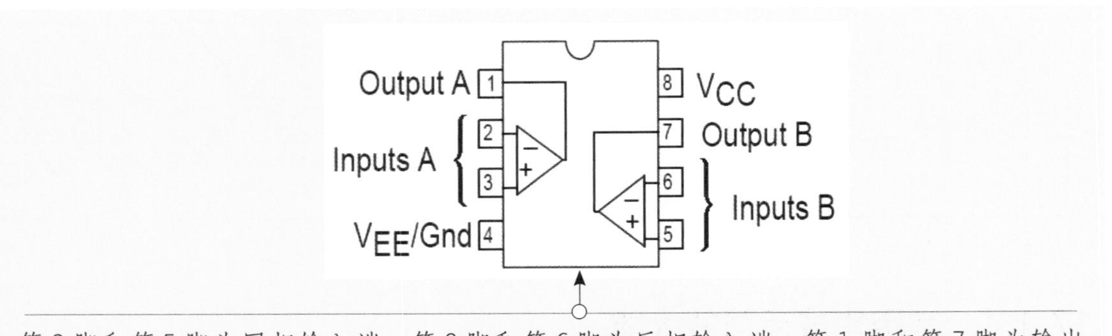

第 3 脚和第 5 脚为同相输入端，第 2 脚和第 6 脚为反相输入端，第 1 脚和第 7 脚为输出端，第 8 脚和第 4 脚分别为正、负电源端。电路中常用的双运算放大器集成电路主要有：TL082、LM393、LM358 等。

图 17-6　双运算放大器外形及内部结构

3. 四运算放大器集成电路

四运算放大器集成电路是指内部包含 4 个独立、高增益的、完全相同的运算放大器，除电源共用外，两组运放相互独立。图 17-7 和图 17-8 所示为四运算放大器外形及内部结构。

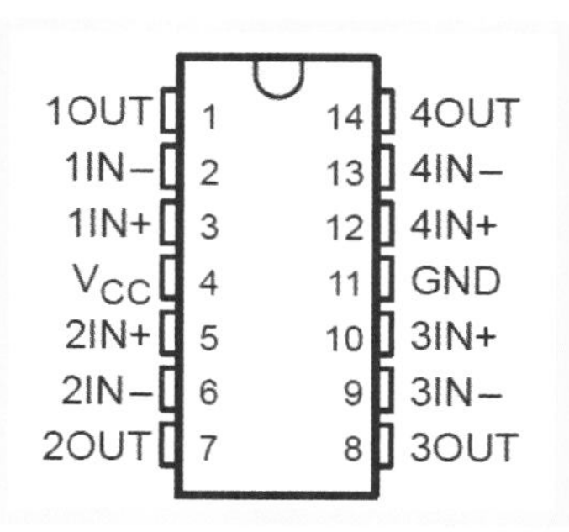

图 17-7　四运算放大器外形

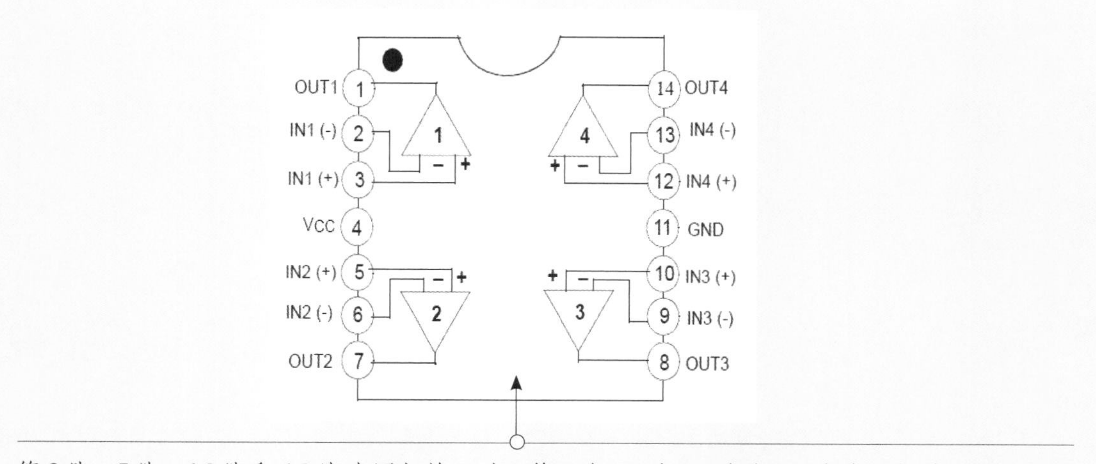

第 3 脚、5 脚、10 脚和 12 脚为同相输入端，第 2 脚、6 脚、9 脚和 13 脚为反相输入端，1 脚、7 脚、8 脚和 14 脚为输出端，4 脚和 11 脚分别为正、负电源端。电路中常用的四运算放大器集成电路主要有：TL084、LF347、LM324、LM339 等。

图 17-8　四运算放大器内部结构

17.2 运算放大器的正反馈与负反馈

将一个系统输出信号的一部分或全部以一定方式和路径送回到系统的输入端作为输入信号的一部分，这个作用过程叫反馈。按反馈的信号极性分类，反馈可分为正反馈和负反馈。接下来本节将重点讲解运算放大器的正反馈与负反馈作用。

17.2.1 运算放大器的负反馈

运算放大器最大的特点是引入负反馈，将运算放大器输出端的信号通过反馈网络连接到反相输入端，放大器电路就处在负反馈的状态（反馈网络可以是一根导线，将输出端直接连接到反相端，也可以是电阻、电容或其他复杂电路）。通常将电路简单地称为闭环放大器。引入负反馈后，运算放大器的放大倍数即可得到控制——防止运放输出饱和。

图 17-9 所示为带负反馈的运算放大器。R_f 为一个反馈电阻，连接在输出端和反相输入端之间。当反馈电阻 R_f 的阻值为 33kΩ 时，输出电压 V_{out} 的幅值如图 17-9（c）所示；当反馈电阻 R_f 的阻值为 75kΩ 时，输出电压 V_{out} 的幅值如图 17-9（d）所示。

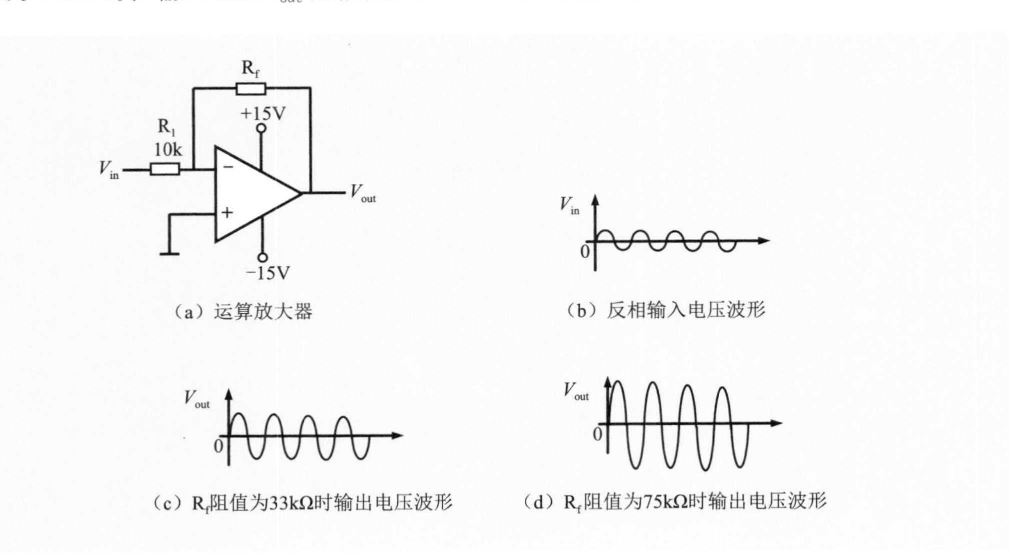

图 17-9 带负反馈的运算放大器

从图 17-9（c）、17-9（d）中的波形可以看出，调整反馈电阻 R_f 阻值的大小，可以调整输出电压的幅值大小，即调整放大倍数。

假设图 17-9（a）中的运算放大器使用理想的运算放大器，则因为其开环增益为无限大，所以运算放大器的两输入端为虚接地，其输出电压与输入电压的关系可以用公式 $V_{out}=-V_{in}(R_f/R_1)$ 表示。

为了掌握运算放大器的特点，理解下面的公式很有必要。

$$V_{out}=A_o(V_+-V_-)$$

这是一个基本的公式，它给出了输出电压与输入电压 V_+ 与 V_- 和运算放大器的开环放大倍数（A_o）的函数关系。该表达式说明一个理想的运算放大器可看作一个理想的电压源，输出的电压等于 $A_o(V_+-V_-)$。

也可以表达为：

$$V_{out}/A_o=(V_+-V_-)$$

由于理想运算放大器的开环放大倍数 A_o 是无穷大的，即上式中，左边为零。因此可以得到：

$$V_+-V_-=0，V_+=V_-$$

当运算放大器的同相和反相输入的电压存在差异时，反馈电路将起作用，使两端的电压差为 0，即 $V_+=V_-$。

17.2.2 运算放大器的正反馈

正反馈与负反馈相反，其输出电压反馈连接到运算放大器的正相输入端，放大器电路就处在正反馈的状况。由于反馈到正输入端的电压，使运算放大器输出更大，趋于饱和。因此常认为正反馈是不利的，而期望放大倍数得到控制的负反馈是有利的。

尽管如此，正反馈也不是一点用处没有，正反馈通常应用于比较器。

17.2.3 理想运算放大器和理想运算放大器的条件

在分析和综合运放应用电路时，大多数情况下，可以将运算放大器看成一个理想运算放大器。

理想运算放大器，顾名思义是将集成运放的各项技术指标理想化。由于实际运放的技术指标比较接近理想运算放大器，因此由理想化带来的误差非常小，在一般的工程计算中可以忽略。

理想运算放大器各项指标具体如下：

- 开环电压放大倍数无穷大；
- 输入阻抗无穷大；
- 输入端电流为零；
- 没有内部干扰和噪声。

实际运算放大器的参数如达到如下水平，即可按理想运算放大器对待：

- 电压放大倍数达到 10^4~10^6 倍；
- 输入电阻达到 105Ω；
- 输出电阻小于几百欧姆；
- 外电路中的电流远大于偏置电流；
- 失调电压、失调电流及温漂很小，造成电路的漂移在允许范围内，电路的稳定性复合要求；
- 输入最小信号时，有一定的信噪比，共模抑制比不小于 60dB。

17.2.4 运算放大器中的虚短和虚断含义

运算放大器的工作状态大致可以分为线性工作状态和非线性工作状态。一般来说，有负反馈的都是在线性区（反馈电阻连接在反相输入端的），如各种同相、反相、差分放大电路。无反馈（亦称开环），或正反馈工作在非线性区（反馈电阻连接在同相输入端的），如比较器、振荡器电路，如图 17-10 所示。

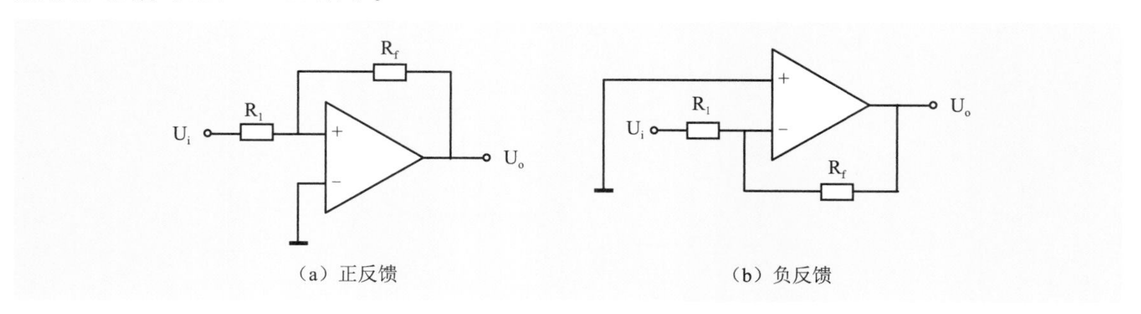

图 17-10　运算放大器电路

在理想化条件下，当运算放大器线性工作时，同相输入端与反相输入端电压相等。由于理想运算放大器的差模输入电阻趋于无穷大，所以流进运算放大器的同相、反相输入端电流可以视为 0。

通过以上分析，可以得到理想运算放大器两个重要的特点：一个是虚短，另一个是虚断。

（1）虚短：由于运算放大器的电压放大倍数很大，一般通用型运算放大器的开环电压放大倍数都在 80 dB 以上。而运算放大器的输出电压是有限的，一般为 10 ~ 14 V。因此运算放大器的差模输入电压不足 1 mV，两输入端近似等电位，即同相、反相输入端之间的电压差为 0，相当于两输入端短路，但又不是真正的短路，故称为“虚短”，虚短实际上是指两输入端的电压相同。

（2）虚断：由于运算放大器的差模输入电阻很大，一般通用型运算放大器的输入电阻都在 1 MΩ 以上。因此流入运算放大器输入端的电流往往不足 1 μA，远小于输入端外电路的电流。故通常把运算放大器的两输入端视为开路，且输入电阻越大，两输入端越接近开路。但又不是真正地断开，故称为”虚断”，虚断表明两输入端没有电流。

显然，理想运算放大器是不存在的，但只要实际运算放大器的性能较好，其应用效果与理想运算放大器很接近，就可以把它近似看成理想运算放大器。

17.3 常用运算放大器电路

在当前的技术条件下，运算放大器的数学运算功能已不再突出，其主要应用于信号放大及有源滤波器设计。常用的运算放大器包括比较放大器、反相放大器、同相放大器、反相加法器、同相加法器、减法器、差分放大电路、电流 - 电压转换电路以及电压 - 电流转换电路等。下面本节将详细讲解这些电路的工作原理。

17.3.1 比较放大器

比较器，顾名思义就是可以对两个或多个数据进行比较的装置，比较器的功能是比较两个电压的大小。

比较器电路可以看作是运算放大器的一种应用电路，比较器对两个或多个数据项进行比较，以确定它们是否相等，或哪个比较大，或一个信号何时超出预设的电压，或确定它们之间的大小关系。

如图 17-11 所示，反馈电阻 R_f 连接到同相输入端，为正反馈，此电路称为比较器电路（注意，如果反馈电阻 R_f 连接到反相输入端，为负反馈，称为放大器电路）。

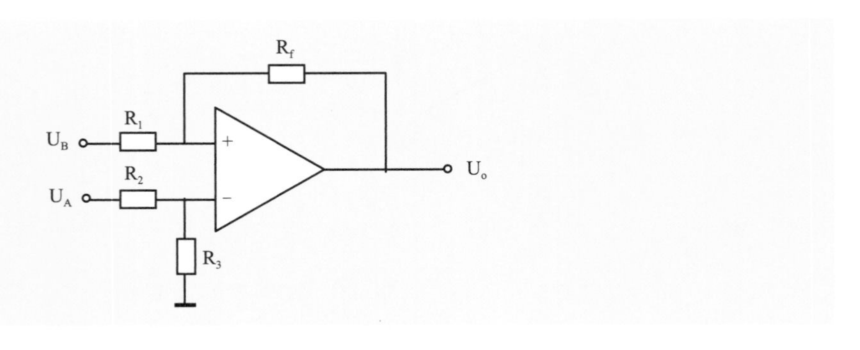

图 17-11　比较器电路

电路中，U_A 经电阻器 R_2 和 R_3 串联分压后加在比较器的反相输入端；U_B 经电阻器 R_1 加到比较器同相输入端。两路电压进行比较，如果同相电压高于反相电压，则输出高电平，U_o 接近电源电压；反之输出低电平，U_o 接近 0V 或负电压（取决于是单电源还是双电源）。

比较器一般用于模数转换。典型应用时在比较器的一个输入端连接磁性传感器或光电二极管，另一输入端接参考电压，用传感器驱动比较器的输出端产生适合驱动逻辑电路的高、低电平。

17.3.2 反相放大器

如果输入电压是从运算放大器的反相输入端输入的，这样的电路称为反相放大器电路。反相放大器电路具有放大输入信号并反相输出的功能。“反相”的意思是正、负号颠倒。反相放大器应用了负反馈技术。所谓负反馈，即将输出信号的一部分返回输入端。如图 17-12 所示电路中，把输出 U_o 经由 R_f 连接（返回）反相输入端（-）的连接方法就是负反馈。

分析反相放大器电路时，把放大器看成理想运算放大器，根据其电压传输特性，可以利用虚短和虚断的方法判断。

由于放大器同相输入端接地，因此 $U_+=0$；假设放大器 A 为理想放大器（处于线性状态），由于同相输入端和反相输入端虚短，所以 $U_-=U_+=0$；由于同、反相输入端虚断（反相输入端电流为 0），即

$I_1=I_f$。由此可得：$U_i/R_1=U_o/R_f$，则电压放大倍数 $A_o=U_o/U_i=R_f/R_1$。

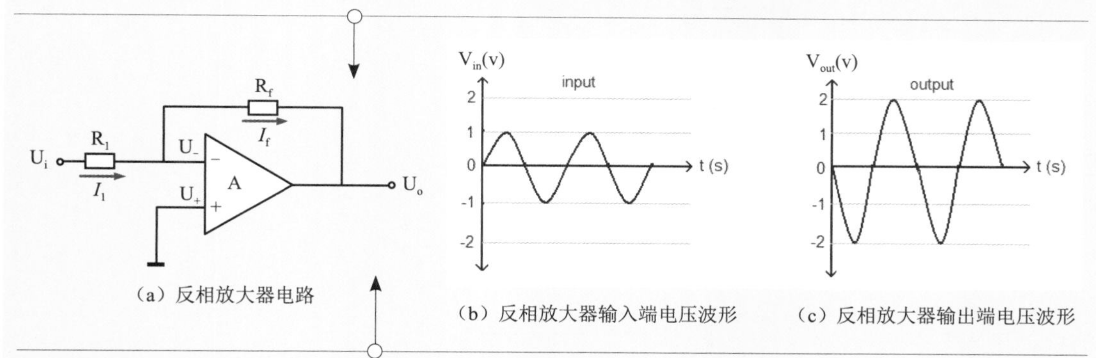

（a）反相放大器电路

（b）反相放大器输入端电压波形

（c）反相放大器输出端电压波形

当 $R_f > R_1$ 时，$U_o > U_i$，此电路为反相放大器电路。

当 $R_f=R_1$ 时，$U_o=U_i$，此电路为倒相器电路。对输入信号起到倒相输出作用，无电压放大倍数，如输入 +2.5V 信号，输出电压为 -2.5V，起到信号倒相作用。

当 $R_f < R_1$ 时，$U_o < U_i$，电路变为反相衰减器电路。若输入 0 ~ 10V 信号，输出 0 ~ -3.3V 的反相信号，是一个比例衰减器。

图 17-12 反相放大器电路

17.3.3 同相放大器

如果运算放大器电路的输入信号是从同相输入端输入的，这样的放大电路称为同相放大器电

路。在同相放大器电路中，输出电压按一定比例衰减以后，再反馈入反相输入端，如图 17-13 所示。

图中当 R_f 短接或 R_2 开路时，输出信号与输入信号的相位一致且大小相等，因而图 17-13 的电路可进一步“进化”为图 17-14 所示的电路。

假设放大器为理想放大器（处于线性状态），由于同相输入端和反相输入端虚短，所以 $U_-=U_+$；由于同、反相输入端虚断（反相输入端电流为 0），所以 $U_i=U_+$，同时 $I_2=I_f$，由此可得：$U_i/R_2=U_o/(R_2+R_4)$，则电压放大倍数 $A_o=U_o/U_i=R_f/R_2$，放大量大小取决于 R_f 与 R_2 的比值。当取 $R_2=R_f$ 时，输出电压为输入电压的 2 倍；当取 $R_f<R_2$ 时，此同相放大器电路成为 1 倍以上的放大电路。

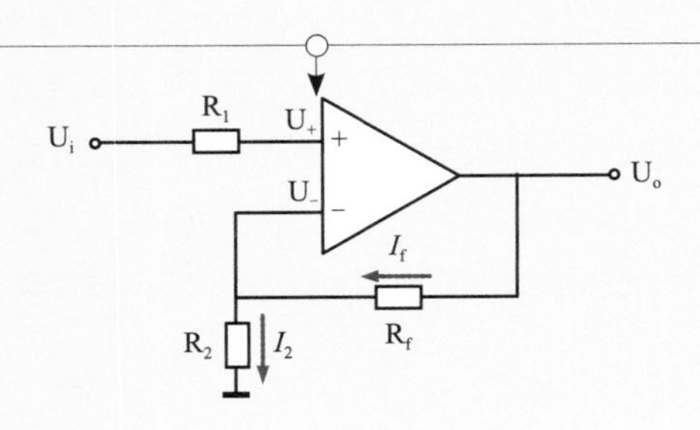

图 17-13　同相放大器电路

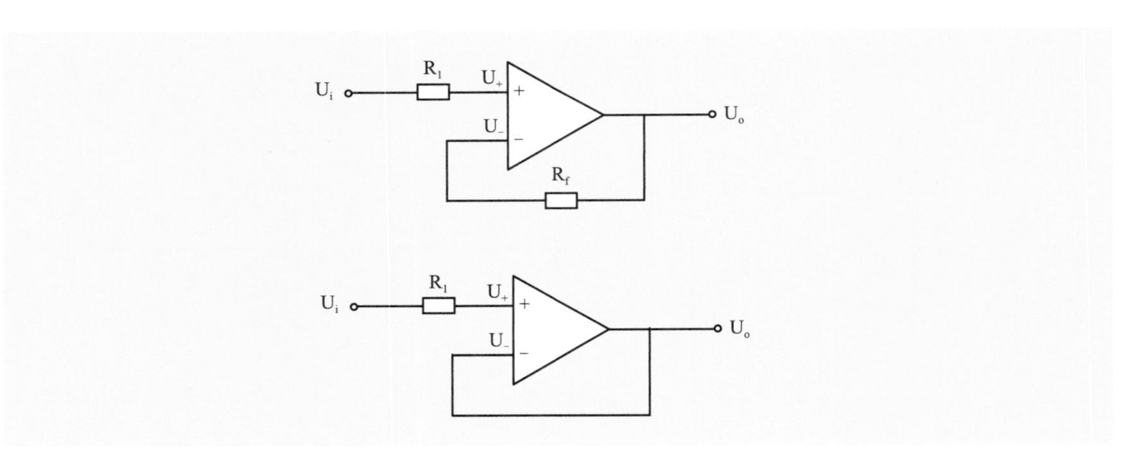

图 17-14　电压跟随器电路

图 17-14 中的电路为电压跟随器电路，输出电压完全跟踪于输入电路的幅度与相位，故电压放大倍数为 1，虽无电压放大倍数，但有一定的电流输出能力。电路起到了阻抗变换作用，提升电路的带负载能力，将一个高阻抗信号源转换成一个低阻抗信号源。减弱信号输入回路高阻抗和输出回路低阻抗的相互影响，又起到对输入、输出回路的隔离和缓冲作用。只要求输出正极性信号时，也可以采用单电源供电。

17.3.4 反相加法器

反相加法器电路又称为反相求和电路，是指一路以上输入信号进入反相输入端，输出结果为多路信号相加之和的绝对值。图 17-15 所示为反相加法器电路。

假设放大器 A 为理想放大器，由于放大器同、反相输入端虚断，输入阻抗无穷大输入电流为零，所以电阻器 R_3 上无压降，即 $U_+=0$；由于同、反相输入端虚短，同相输入端和反相输入端电压相等，所以 $U_-=U_+=0$。再根据虚断特性，反相输入端电流为 0，所以 $I_1+I_2=I_f$，由此可得，$U_{i1}/R_1+U_{i2}/R_2=U_o/R_f$，即 $-U_o=R_f\times U_{i1}/R_1+R_f\times U_{i2}/R_2$。当 $R_1=R_2=R_f$ 时，$-U_o=U_{i1}+U_{i2}$，即输出电压的反相为两个输入电压的和。

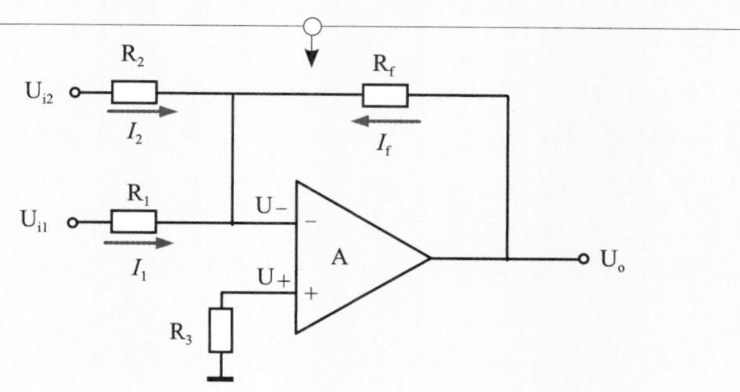

图 17-15　反相加法器电路

17.3.5 同相加法器

同相加法器电路是指一路以上输入信号进入同相输入端，输出结果为多路信号相加之和。图 17-16 所示为同相加法器电路。

假设放大器为理想放大器（处于线性状态），由于同相输入端和反相输入端虚短，则 $U_-=U_+$；由于同、反相输入端虚断（反相输入端电流为 0），所以 $I_3=I_f$，由此可得，$U_-/R_3=U_0/(R_3+R_f)$，即 $U_-=U_0R_3/(R_3+R_f)$；同时，$I_1+I_2=0$，即 $(U_{i1}-U_+)/R_1+(U_{i2}-U_+)/R_2=0$，所以 $U_+=(U_{i1}R_2+U_{i2}R_1)/(R_1+R_2)$。

由于 $U_-=U_+$，因此，$(U_{i1}R_2+U_{i2}R_1)/(R_1+R_2)=U_0R_3/(R_3+R_f)$。

当 $R_1=R_2=R_3=R_f$，$U_0=U_{i1}+U_{i2}$，即输出电压为两个输入电压的和。

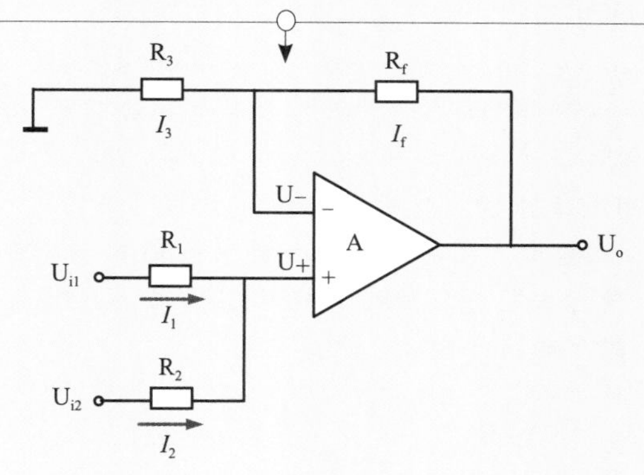

图 17-16　同相加法器电路

17.3.6 减法器

减法器电路是指输出电压为输入电压之差。图 17-17 所示为减法器电路。

假设放大器为理想放大器（处于线性状态），由于同相输入端和反相输入端虚短，则 $U_- = U_+$；由于同、反相输入端虚断（反相输入端电流为 0），所以 $I_1=I_f$，由此可得，$(U_{i1}-U_-) / R_1=(U_- - U_0) / R_f$，即 $U_- = (U_{i1}R_f+U_0R_1) / (R_1+R_f)$。同时，$I_2=I_3$，所以 $(U_{i2}-U_+) / R_2= U_+ / R_3$，即 $U_+ =U_{i2}R_3 / (R_2+R_3)$。

由于，$U_-= U_+$，所以，$(U_{i1}R_f+U_oR_1) / (R_1+R_f) = U_{i2}R_3 / (R_2+R_3)$。即

$U_o= U_{i2} R_3 (R_1+R_f) / R_1(R_2+R_3) - U_{i1}R_f / R_1$。

当 $R_1=R_2=R_3=R_f$ 时，$U_o= U_{i2} - U_{i1}$，即输出电压为两个输入电压的差。

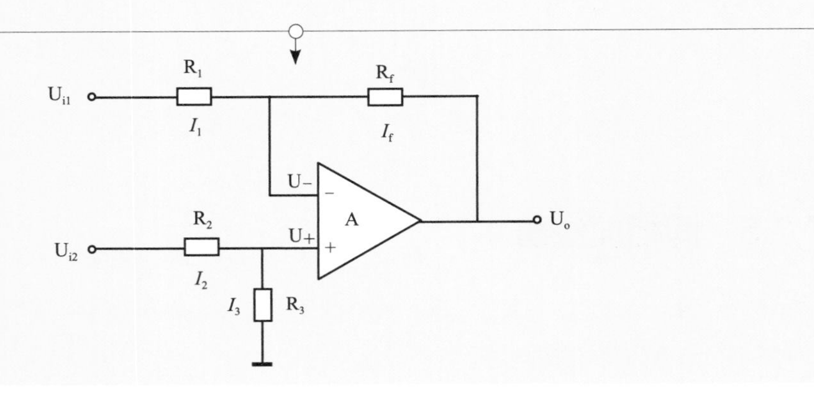

图 17-17 减法器电路

17.3.7 差分放大电路

差分放大电路也称为差动放大电路，是一种对零点漂移具有很强抑制能力的基本放大电路。差分放大电路如图 17-18 所示。

从图中可以看到 A_1、A_2 两个同相运算放大器电路构成输入级，在与差分放大器 A_3 串联组成三运放差分放大电路。首先每个运算放大器都有负反馈电阻，所以虚短成立。因为虚短，运算放大器 A_1 的同相反相输入端电压相等，运算放大器 A_2 的同相反相输入端电压相等，所以，R_p 两端的电压差就是 U_{i1} 和 U_{i2} 的差值。因为虚断，A_1 的反相输入端没有电流进出，A_2 的反相输入端也没有电流进出，所以流过电阻器 R_5、R_p、R_6 的电流相同，都是 I_p。它们可以视为串联，串联电路每一个电阻上的分压与阻值成正比，所以：

$(U_{i11}- U_{i21}) / R_5+R_p+R_6 = (U_{i1}- U_{i2}) / R_p$

得：$U_{i11}- U_{i21}= (U_{i1}- U_{i2})(R_5+R_p+R_6) / R_p$

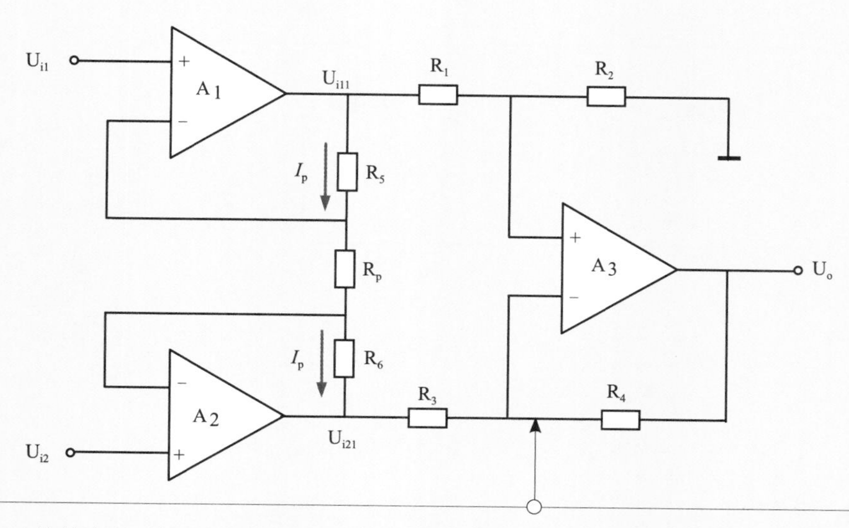

对于A_3运算放大器，由于同相输入端和反相输入端虚短，则$U_- = U_+$；由于同、反相输入端虚断，通过R_1的电流和通过R_2的电流相等，所以，$(U_{i11}-U_+)/R_1 = U_+/R_2$，即$U_+ = U_{i11}R_2/(R_1+R_2)$。

同时，通过R_3的电流和通过R_4的电流相等，所以：$(U_{i21}-U_-)/R_3=(U_--U_o)/R_4$，

即$U_- = (U_{i21}R_4 + U_oR_3)/(R_3+R_4)$。

由于，$U_- = U_+$，所以，$U_{i11}R_2/(R_1+R_2)=(U_{i21}R_4+U_oR_3)/(R_3+R_4)$。

当$R_1=R_2=R_3=R_4$时，$U_o= U_{i11}- U_{i21}$。由于，$U_{i11}- U_{i21}= (U_{i1}- U_{i2})(R_5+R_p+R_6)/R_p$

所以，$U_o= (U_{i1}- U_{i2})(R_5+R_p+R_6)/R_p$

由上可知，此电路是一个差分放大器电路，它可将两个输入电压的差值放大指定的增益。

图 17-18　差分放大电路

17.3.8 反相加法器

电流－电压转换电路是将输入的电流信号转换为电压信号，是电流控制的电压源，在工业控制与传感器应用场合使用比较多。在工业控制器中，有很多控制器接收来自各种检测仪表的0~20mA或4~20mA电流，电路将此电流转换成电压后再送ADC转换成数字信号。图17-19所示为电流电压转换电路。

图17-19中，4~20mA电流流过100Ω采样电阻器R_1，在R_1上会产生0.4~2V的电压差。

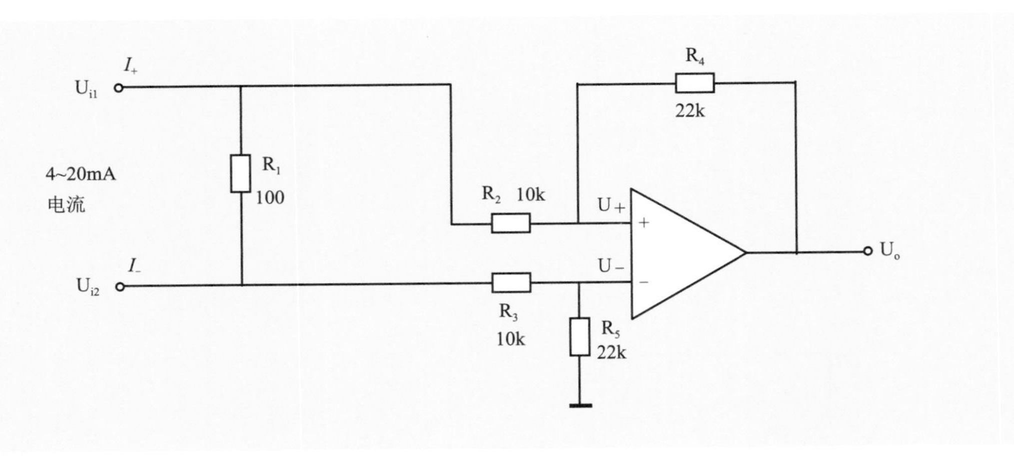

图 17-19 电流电压转换电路

由虚断知，运算放大器同、反相输入端没有电流流过，则流过电阻器 R_3 和 R_5 的电流相等，流过电阻器 R_2 和 R_4 的电流相等。故：

$$(U_{i2}-U_+)/R_3=U_+/R_5 \tag{17-1}$$

$$(U_{i1}-U_-)/R_2=(U_--U_o)/R_4 \tag{17-2}$$

由虚短知：

$$U_-=U_+ \tag{17-3}$$

电流从 0~20mA 变化，则：

$$U_{i1}=U_{i2}+(0.4\sim2) \tag{17-4}$$

由式（17-3）、式（17-4）代入式（17-2）得：

$$(U_{i2}+(0.4\sim2)-U_+)\ /\ R_2=(U_+-U_o)/R_4 \tag{17-5}$$

如果 $R_3=R_2$，$R_4=R_5$，则，由式（18-5）、式（18-1）得：

$$U_o=-(0.4\sim2)R_4/R_2 \tag{17-6}$$

由于：R_4/R_2=22kΩ/10kΩ=2.2，则式（18-6）：

$$U_o=-(0.88\sim4.4)\text{V}$$

即是说，当输入 4~20mA 电流时，电阻器 R_1 上产生 0.4~2V 的电压，U_o 输出一个反相的 -0.88~-4.4V 电压，此电压可以送 ADC 去处理。注意：若将图中电流反接即得：U_o=+(0.88~4.4)V。

17.3.9 电压-电流转换电路

电压-电流转换电路是将输入的电压信号转换成满足一定关系的电流信号，转换后的电流相当一个输出可调的恒流源，其输出电流应能够保持稳定而不会随负载的变化而变化。一般来说，电压-电流转换电路是通过负反馈的形式来实现的，可以是电流串联负反馈，也可以是电流并联负反馈，主要用于工业控制和许多传感器的应用，如图 17-20 所示。

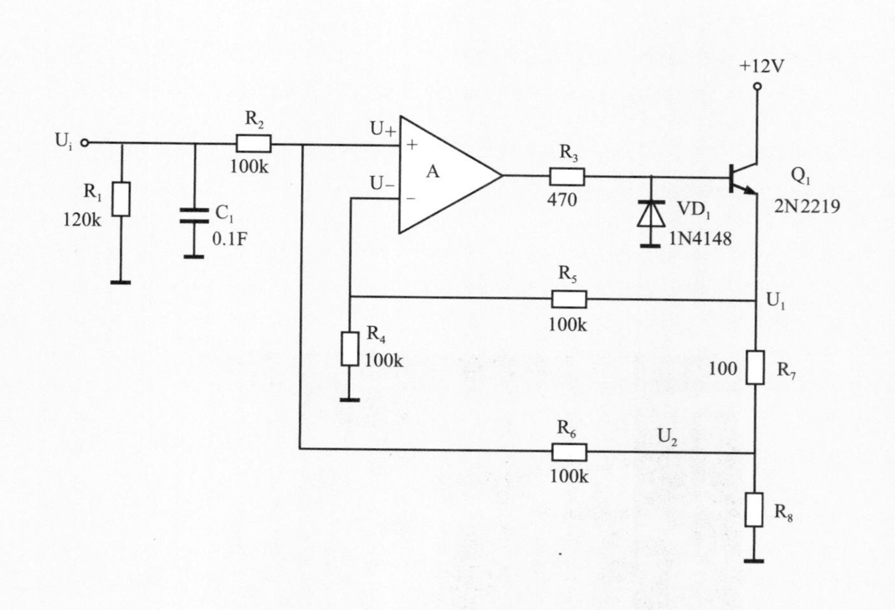

图 17-20　电压－电流转换电路

图 17-20 中，运算放大器 A 的负反馈没有通过电阻直接反馈，而是串联了三极管 Q_1 的发射结。由于有负反馈电路，因此虚短、虚断的规律仍然可以用。

由虚断知，运算放大器同、反相输入端没有电流流过，则：

$$(U_i - U_+)/R_2=(U_+ - U_2)/R_6 \tag{17-7}$$

同理：

$$(U_1 - U_-)/R_5=U_-/R_4 \tag{17-8}$$

由虚短知：

$$U_+=U_- \tag{17-9}$$

如果 $R_2=R_6$，$R_4=R_5$，则由式（17-7）～式（17-9）得：

$$U_1-U_2=U_i \tag{17-10}$$

式（17-10）说明电阻器 R_7 两端的电压与输入电压 U_i 相等，则通过电阻器 R_7 的电流为：

$$I=U_i/R_7 \tag{17-11}$$

如果负载电阻器 R_8<<100kΩ，则通过电阻器 R_1 和通过电阻器 R_7 的电流基本相同。也就是说，当负载 R_8 取值在某个范围内时，其电流是不随负载变化的，而是受 U_i 所控制。

17.4 运算放大器的类型

按输入电流分类，运算放大器分为双极型、JFET、MOSTET，或其他混合型（如 BiFET）等。一般双极型运算放大器的输入偏置电流比 JFET 型和 MOSTET 型的输入偏置电流大。也就是说，输入端有较大的“漏电流”，输入偏置电流在反馈网络电阻、偏置电路电阻或信号源电阻上会产生电压降，导致输出电压偏移。对于补偿电压指标，双极型运算放大器小，JFET 中等，MOSFET 较高；漂移补偿指标，双极型运算放大器小，JFET 中等；偏置匹配指标，双极型运算放大器，JFET 较小；偏置 / 温度变化指标双极型运算放大器，JFET 中等。

按参数分类，运算放大器分为通用型、精密型、高速型、可编程型等，如图 17-21（电路中运算放大器）和图 17-22 所示。

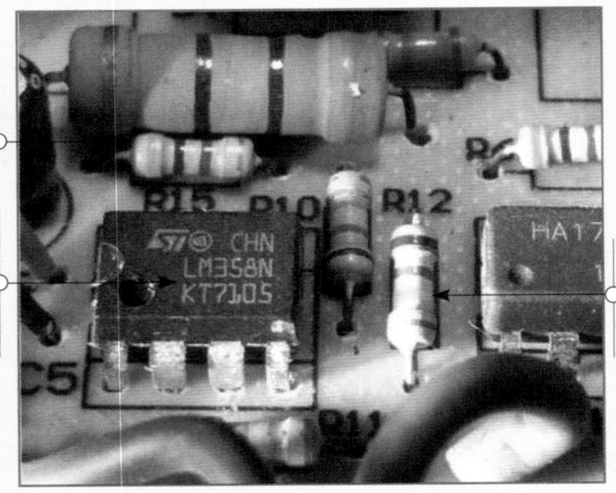

（a）电路板中的运算放大器电路

（b）运算放大器芯片

图 17-21　电路中的运算放大器

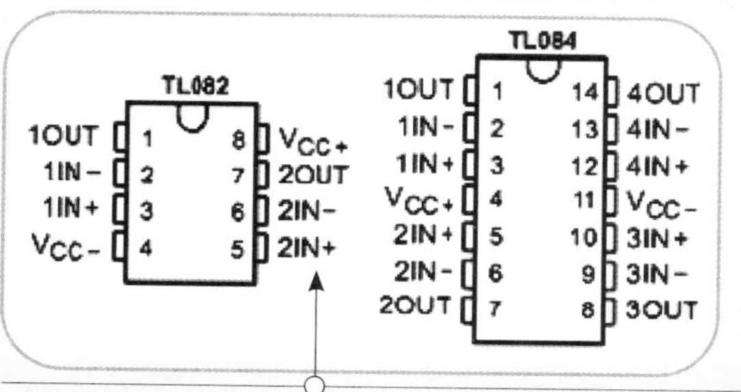

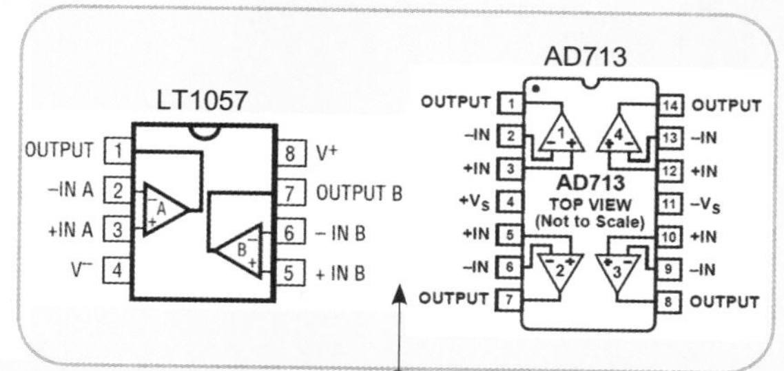

（1）通用型运算放大器就是以通用为目的而设计的运算放大器，应用较为广泛。目前市面上有大量通用的和精密的运算放大器可供选择。这类运放价格低廉、性能指标能适合于一般性（偏移电压、稳定性等指标一般）使用，如μA741（单运放）、LM358(双运放)、TL082(双运放)、TL084(四运放)、LM324（四运放）等。

（2）精密型运算放大器稳定性高、偏移电压低、偏置电流小。一般JFET运算放大器的偏置电流很小，MOSTET运算放大器偏置电流更小。常见的精密型运算放大器，如OP27（单运放）、LT1057(双运放)、AD713(四运放)等。

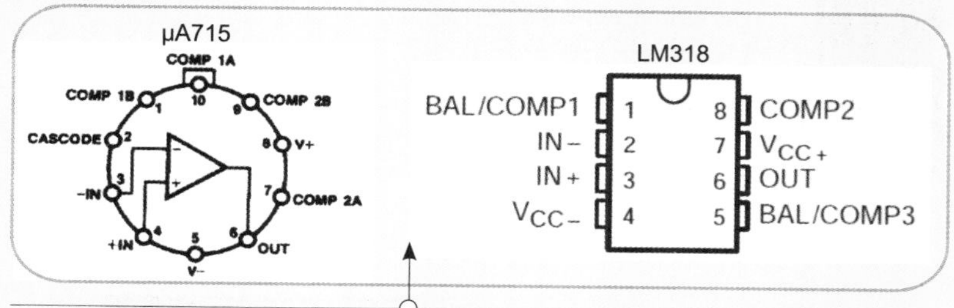

（3）高速型运算放大器具有高的转换速率和宽的频率响应。一般在快速A/D和D/A转换器、视频放大器中，要求集成运算放大器的转换速率SR一定要高，单位增益带宽BWG一定要足够大，像通用型运算放大器是不适用于高速应用的场合的。常见的高速型运算放大器主要有μA715（单运放）、LM318（双运放）等。

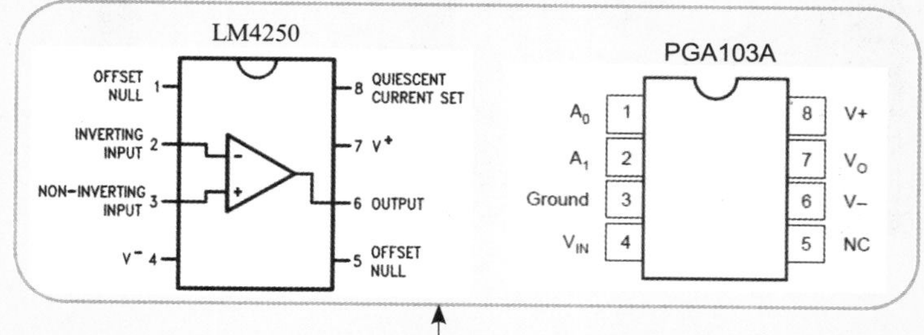

（4）可编程控制型运算放大器主要应用在低压场合（如电池供电电路）。这类运放器可以通过外部电流来编程，以获得需要的特性(如放大倍数、输入补偿、偏置电流、转换速度等)，一般通过控制引脚电流来实现。常见的可编程控制型运算放大器包括LM4250（单运放）、PGA103A（单运放）等。

图17-22　运算放大器的类型

17.5 集成运算放大器动手检测实践

主板中的集成运算放大器主要是双运算放大器集成电路（如 LM358、LM393 等）和四运算放大器集成电路（如 LM324 等）。

主板中的集成运算放大器一般采用在路测量电压或开路测量各引脚间的电阻值，下面以在路测量为例讲解（以 LM393 为例），如图 17-23 所示。

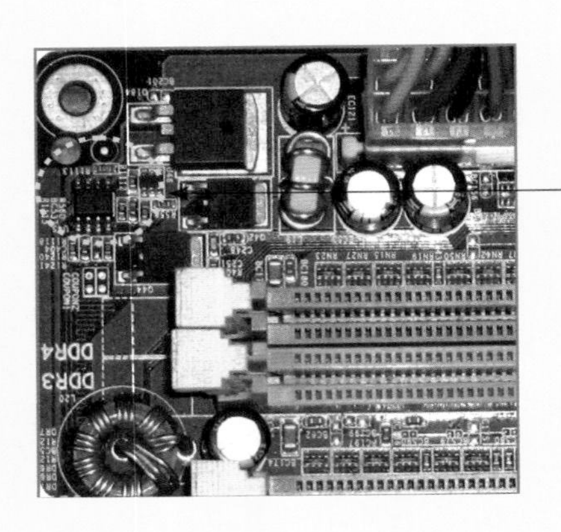

❶ 观察集成运算放大器，看待测集成运算放大器是否损坏，有无烧焦或针脚断裂等情况。

❷ 清洁集成运算放大器的引脚，去除引脚上的污物，确保测量时的准确性。

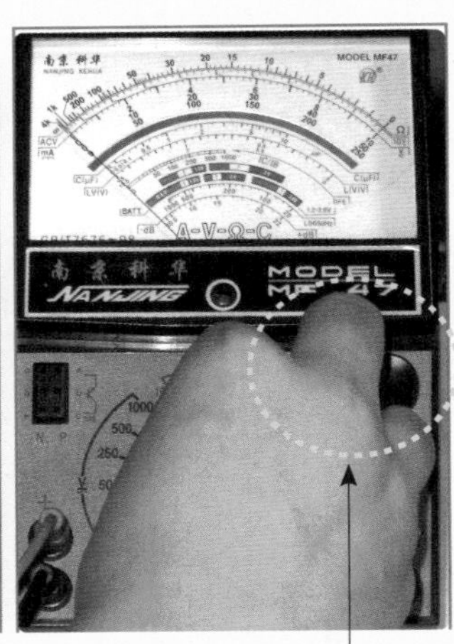

❸ 指针万用表的功能旋钮旋至直流电压挡的“10V”挡。

图 17-23　主板电路中的集成运算放大器检测方法

❹ 给主板通电，将万用表的黑表笔接 LM393 的第 4 脚（负电源端），红表笔接 LM393 的第 1 脚（输出端 1）。

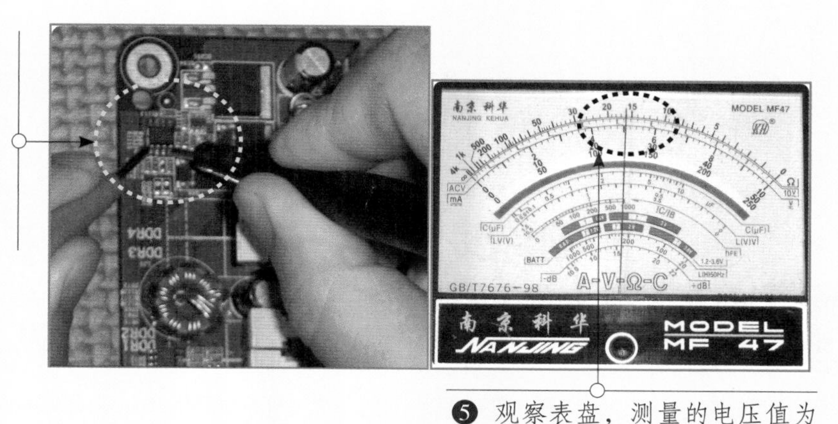

❺ 观察表盘，测量的电压值为“5.1V”。

❻ 用金属镊子依次点触运算放大器的第 2 脚和第 3 脚两个输入端（加入干扰信号），发现万用表的表针有较大幅度的摆动。

图 17-23 主板电路中的集成运算放大器检测方法（续）

总结：由于万用表的表针有较大幅度的摆动，说明该运算放大器 LM393 正常。

提示：如果万用表的表针不动，则说明运算放大器已损坏。

第 18 章 滤波电路谁都离不了

滤波器是一种只允许一定频率范围内的信号成分正常通过，而阻止另一部分频率成分通过的电路。通常在电路中利用滤波器滤除干扰噪声或进行频谱分析，比如在无线电通信中，滤波器使收音机只提供听众所需信号，同时屏蔽掉其他信号。

滤波器在电子学上有许多实际应用，例如在直流供电情况下，滤波器可用于消除由交流电路带来的高频噪声，并且能够平滑整流器输出的直流电压。

总之，滤波器在电路中的作用主要包括：

（1）将有用的信号与噪声分离，提高信号的抗干扰性及信噪比；

（2）滤掉不需要的频率成分，提高分析精度；

（3）从复杂频率成分中分离出单一的频率分量。

18.1 无源滤波器电路

常用的滤波电路有无源滤波和有源滤波两大类。无源滤波器，顾名思义就是该滤波器不需要额外供电电源。实际上若滤波电路仅由电阻器、电容器、电感器等无源电子元器件组成，则称为无源滤波电路。无源滤波器通常用在电源电路中整流后的滤波电路。

无源滤波的主要形式有：电容滤波、电感滤波、RC 滤波、LC 滤波等。

18.1.1 电容滤波原理

由于滤波电容有“阻直流通交流”及储能的特性，因此利用此特性可以滤除电压中的交流成分。电容滤波电路通常应用在电源电路中，用来获得纯净的直流电压。图 18-1 所示为一个电容滤波电路。

电容滤波的优点是输出电压高，在小电流时滤波效果好。缺点是带负载能力差，电源接通瞬间，充电电流大，整流管承受很大的浪涌电流。电容滤波适用于电流较小的电路。

（1）图中，由于电容器C对直流电相当于开路，这样整流电路输出的直流电压成分不能通过电容器C输出到接地端，会直接加载到负载R_L上。

（2）对于整流电路输出的交流电压成分，因电容器C容量较大，容抗较小，交流成分通过电容器C输出到接地端，而不能加载到负载R_L上。这样，通过电容器C的滤波，从单向脉动性直流电中滤除了不需要的交流电成分，保留所需要的直流电压成分。

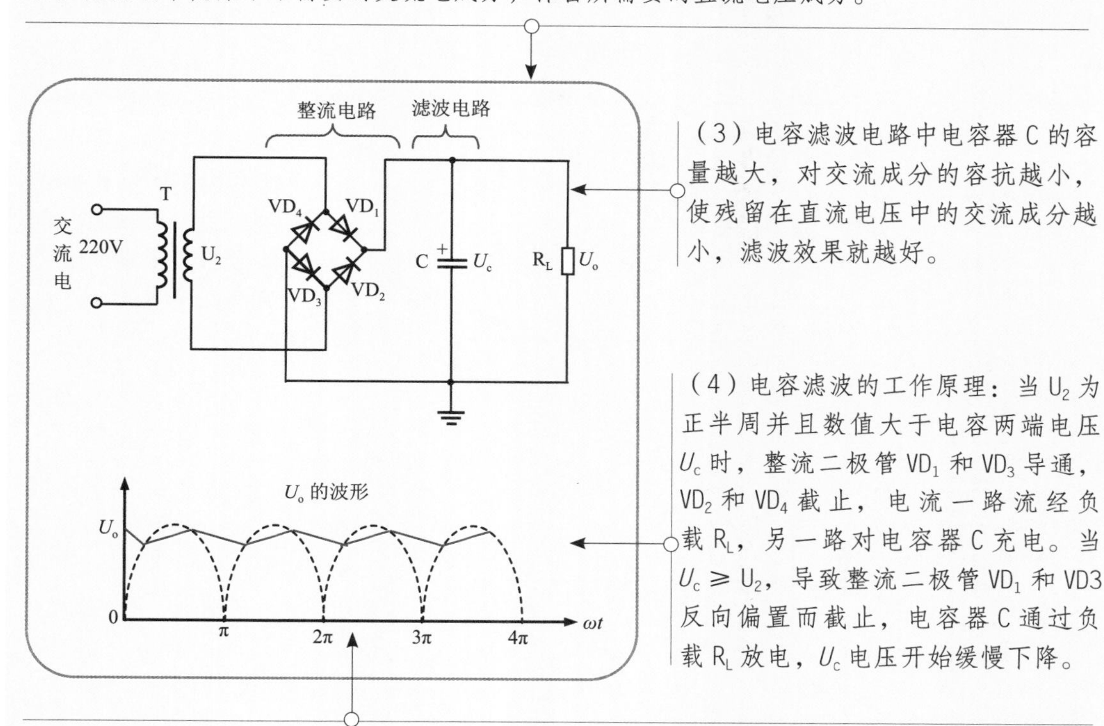

（3）电容滤波电路中电容器C的容量越大，对交流成分的容抗越小，使残留在直流电压中的交流成分越小，滤波效果就越好。

（4）电容滤波的工作原理：当U_2为正半周并且数值大于电容两端电压U_c时，整流二极管VD_1和VD_3导通，VD_2和VD_4截止，电流一路流经负载R_L，另一路对电容器C充电。当$U_c \geqslant U_2$，导致整流二极管VD_1和VD3反向偏置而截止，电容器C通过负载R_L放电，U_c电压开始缓慢下降。

（5）当U_2为负半周幅值变化到恰好大于U_c时，整流二极管VD_2和VD_4因加正向电压变为导通状态，U_2再次对电容器C充电，U_c上升到U_2的峰值后又开始下降；下降到一定数值时整流二极管VD_2和VD_4变为截止，电容器C对负载R_L放电，U_c电压开始缓慢下降；放电到一定数值时整流二极管VD_1和VD_3变为导通，重复上述过程。

图 18-1　电容滤波电路

18.1.2 电感滤波原理

和电容器一样，电感器也是储能元器件，由于电感器有“通直流，阻交流，通低频，阻高频”及储能的特性，因此利用此特性将电感器与负载串联对电路中的直流电压进行滤波，可以滤除电压中的交流成分，获得纯净的直流电压。

图 18-2 所示为一个电感滤波电路。

（1）从能量的观点看，当电源提供的电流增大（由电源电压增加引起）时，电感器 L 把能量储存起来；而当电流减小时，又把能量释放出来，使负载电流平滑，所以电感器 L 有平波作用。电感滤波电路一般应用在大电流的电路中，而且电感线圈的电感量要足够大，最好采用有铁心的线圈。采用电感滤波以后，延长了整流二极管的导电角，从而避免了过大的冲击电流。

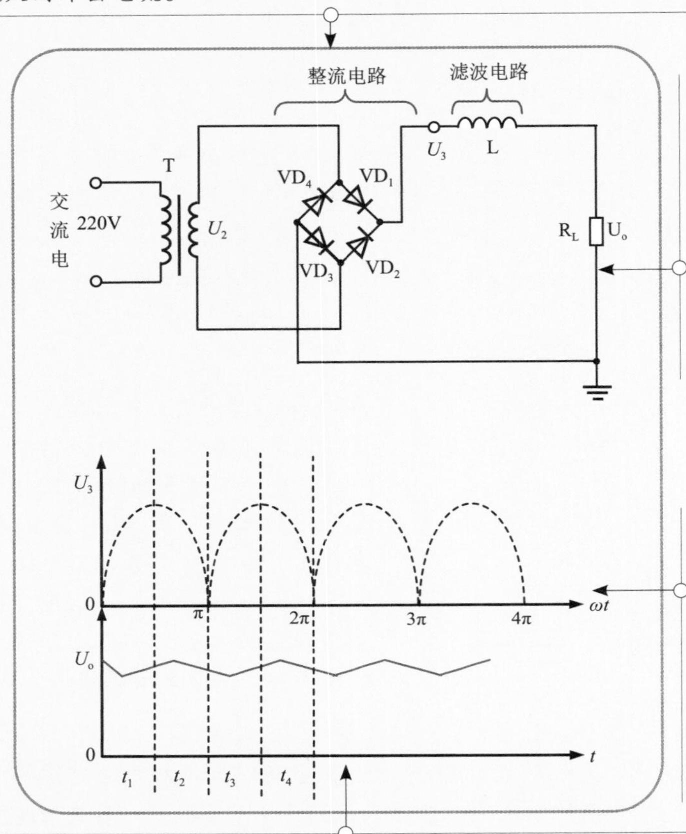

（2）当 U_2 为正半周 t_1 时刻时，整流二极管 VD_1、VD_3 导通，通过电感器 L 中的电流开始增大，电感器 L 产生的自感电动势与电流方向相反，阻止电流的增加。在为负载 R_L 供电的同时，将一部分电能转化成磁场能储存于电感中。

（3）当 U_2 为正半周 t_2 时刻时，整流二极管 VD_1、VD_3 继续导通，通过电感器 L 中的电流开始减小，电感器 L 产生的自感电动势与电流方向相同，阻止电流的减小，同时释放出储存的能量，为负载 R_L 供电。

（4）当 U_2 为负半周 t_3 时刻时，整流二极管 VD_2、VD_4 导通，整流二极管 VD_1、VD_3 截止。通过电感器 L 中的电流开始增大，电感器 L 产生的自感电动势与电流方向相反，阻止电流的增加。在为负载 R_L 供电的同时，将一部分电能转化成磁场能储存于电感中。

（5）当 U_2 为负半周 t_4 时刻时，整流二极管 VD_2、VD_4 继续导通，通过电感器 L 中的电流开始减小，电感器 L 产生的自感电动势与电流方向相同，阻止电流的减小，同时释放出储存的能量，为负载 R_L 供电。下一个时刻，重复上述过程。

图 18-2　电感滤波电路

电感滤波的优点是带负载能力较好，对频繁变动的负载滤波效果好，不冲击整流管。缺点是输出电压低，负载电流大时扼流圈铁心要很大。电感器产生的反电动势可能击穿元器件。电感滤波适用于负载变动大，电流大的场合。

18.1.3 RC 滤波电路

如图 18-3 所示，通过将一个电阻器 R 与信号路径串联，并将一个电容器 C 与信号路径并联，组成一个 RC 滤波电路。

由于 RC 滤波电路中电容器容量太大，体积和重量会很大，实现起来也不现实。因此 RC 滤波电路一般用于负载电流比较小的场合。

（1）对直流电：由于电容器 C 具有隔直流特性，直流电流不能流过电容器 C，而只能流过电阻器 R，所以电阻器 R 和电容器 C 分压电路对直流电压不存在分压衰减的作用，直流电压通过电阻器 R 输出。

（2）对交流电：因为电容器 C 具有通交流的特性，所以在电阻器 R 将交流成分电压降落在电阻器两端后，再通过电容器 C 接地被衰减掉了，达到滤波的作用。

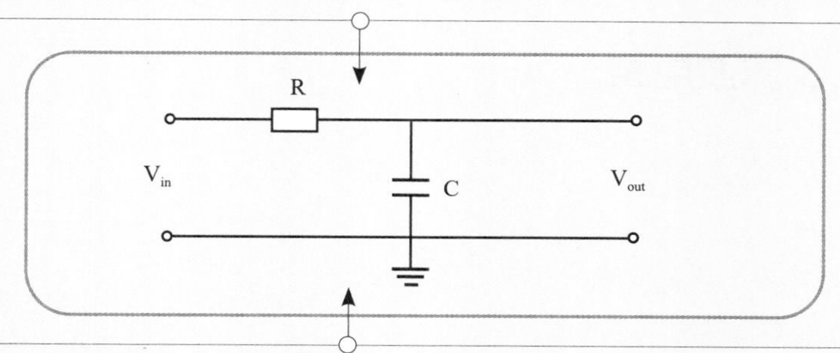

（3）电阻器 R 阻值变大：在 RC 滤波电路中，通常电阻器 R 阻值越大，电容器 C 容量越大，则滤波效果就越好。而电阻器 R 阻值增大时，电阻器上的直流压降会增大，这样就增大了直流电源的内部损耗。

（4）电阻器 R 阻值不变，电容器 C 容量大：加大电容器 C 的容量可以提高滤波效果，因为电容器 C 容量大容抗小，对交流成分的衰减更大。

图 18-3　RC 滤波电路

RC 滤波电路的优点是滤波效果好，比较经济，滤波同时能够起到降压限流的作用。缺点是负载能力差，输出电流较小。

18.1.4 LC 滤波电路

我们知道，电容器具有“阻直流，通交流”的特性，而电感器则有“通直流，阻交流，通低频，阻高频”的特性。利用电感器这个特性，在整流电路的负载回路中串联一个电感器 L，与并接的电容器 C 一起，组成 LC 滤波电路。图 18-4 所示为 LC 滤波电路。

LC 滤波的优点是输出电流较大，负载能力较好，滤波效果好。缺点是扼流圈体积大，成本高。这种滤波适用于负载变动较大，负载电流较大的电路滤波。

（1）对直流电：由于电感器具有“通直流”的特性，直流电可以顺利通过电感器。由于电容器 C 具有隔直流特性，直流电流不能流过电容器 C，而只能通过电感器 L 后输出。

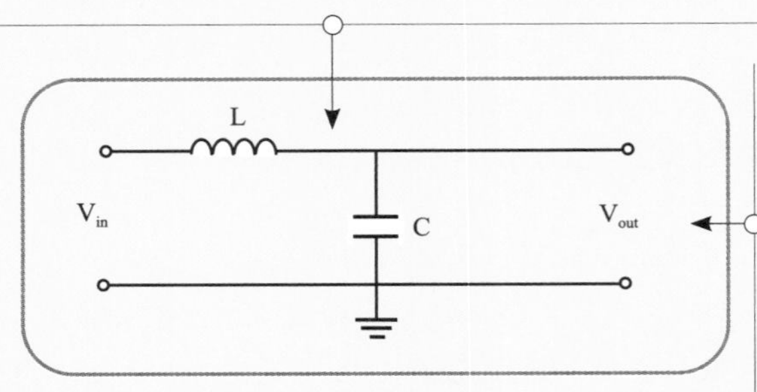

（2）对交流电：由于电感器具有“阻交流”的特性，因此交流电会被电感器 L 阻止吸收变成磁感和热能。而电容器 C 具有通交流的特性，所以经过电感器 L 后剩下的交流干扰信号，再通过电容器 C 接地被衰减掉，这样就达到滤波的作用，在输出端获得比较纯净的直流电。

图 18-4 LC 滤波电路

18.1.5 π 型 LC 滤波电路

π 型 LC 滤波电路由两个电容器和一个电感器组成，如图 18-5 所示。

（1）从整流电路输出的直流电压首先经过电容器 C_1 滤波，将大部分的交流成分滤除。

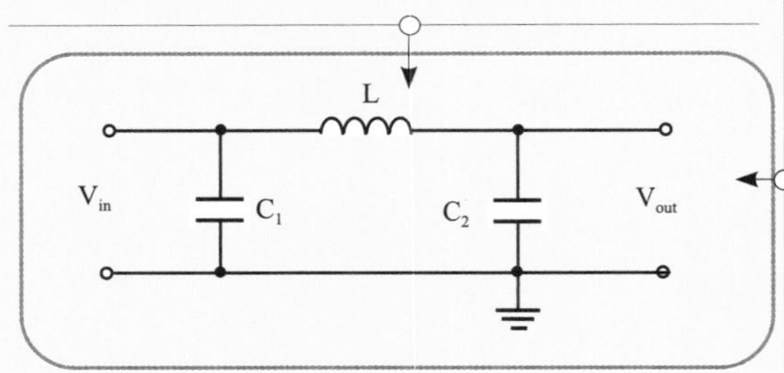

（2）经过电容器 C_1 滤波后的直流电压，再加到由电感器 L 和电容器 C_2 构成的滤波电路中，电感器 L 和电容器 C_2 进一步对交流成分进行滤波。交流成分经过电感器 L 后，变成磁感和热能，剩下少量的交流电流通过电容器 C_2 接地被衰减掉。这样就可以输出比较纯净的直流电。

（3）电容器 C_1 容量不能太大。电容器 C_1 是第一滤波电容，加大它的容量可以提高滤波效果，但是电容器 C_1 太大后，在开机时对电容器 C_1 的充电时间很长，这一充电电流如果是流过整流二极管的，将会损坏整流二极管。

图 18-5 π 型 LC 滤波电路

π 型 LC 滤波的优点是输出电压高，滤波效果好。缺点是输出电流小，负载能力差。这种滤波适用于负载电流较小，要求稳定的场合。

18.2 4 种基本类型的滤波器

根据滤波器工作信号的频率范围，可以将滤波器分为低通滤波器、高通滤波器、带通滤波器以及带阻滤波器。图 18-6 所示为 4 种滤波器的过滤特性。

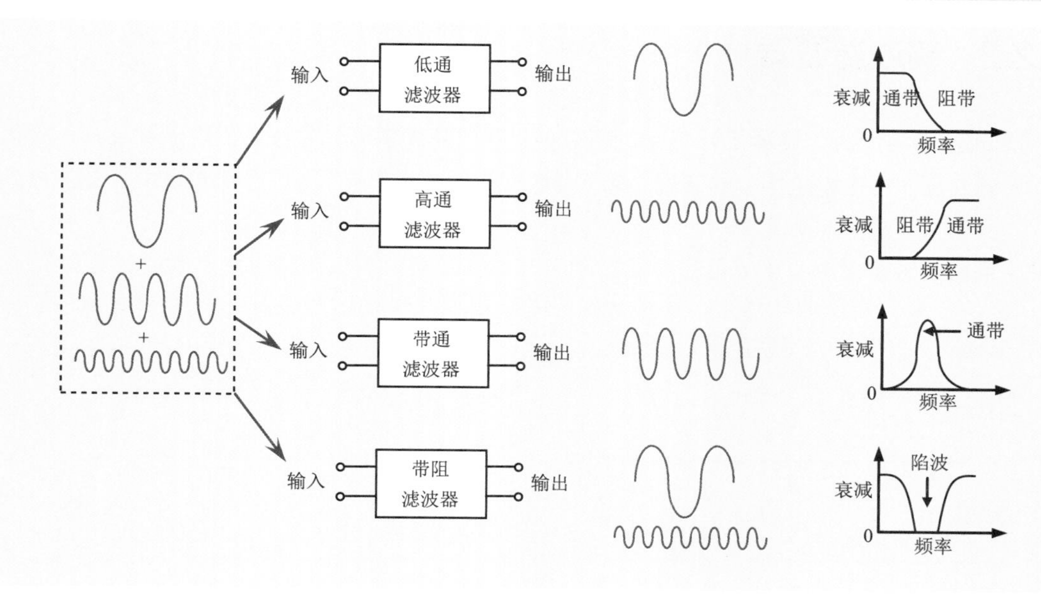

图 18-6　4 种滤波器的过滤特性

18.2.1 低通滤波器

低通滤波器是一种允许低频信号通过，但阻值或衰减高频信号的滤波器。低通滤波器主要由电阻器、电容器、电感器等元件组成，如图 18-7 所示。

（1）低通滤波器原理很简单，就是利用电容器通高频阻低频、电感器通低频阻高频的原理。对于需要截止的高频，利用电容吸收及电感阻碍的方法不使它通过；对于需要放行的低频，利用电容高阻、电感低阻的特点让它通过。

（2）在电路中经常利用电阻器、电容器组成的 RC 低通滤波电路和电感器、电容器组成的 LC 低通滤波电路来滤除电路中的高频信号，得到比较纯净的直流电。

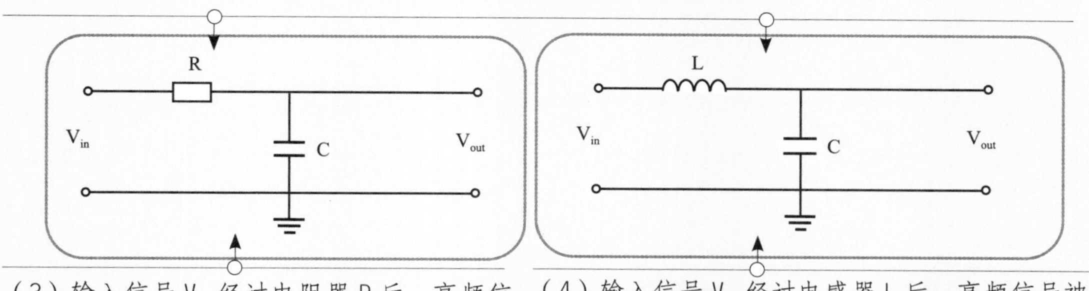

（3）输入信号 V_{in} 经过电阻器 R 后，高频信号经过电容器 C 接地被滤除，低频信号直接输出。

（4）输入信号 V_{in} 经过电感器 L 后，高频信号被转换成磁能和热能，剩余的高频信号再经过电容器 C 接地被滤除，低频信号直接输出。

图 18-7　低通滤波器

18.2.2 高通滤波器

高通滤波器与低通滤波器正好相反，高通滤波器允许高频信号通过，但阻值或衰减低频信号。高通滤波器主要由电阻器、电容器、电感器组成。图 18-8 所示为一个简单的高通滤波器。

（1）高通滤波器是利用电容器通高频阻低频、电感器通低频阻高频的原理制成。对于需要截止的低频，利用电容阻止及电感吸收的方法不使它通过；对于需要放行的高频，利用电容低阻、电感高阻的特点让它通过。

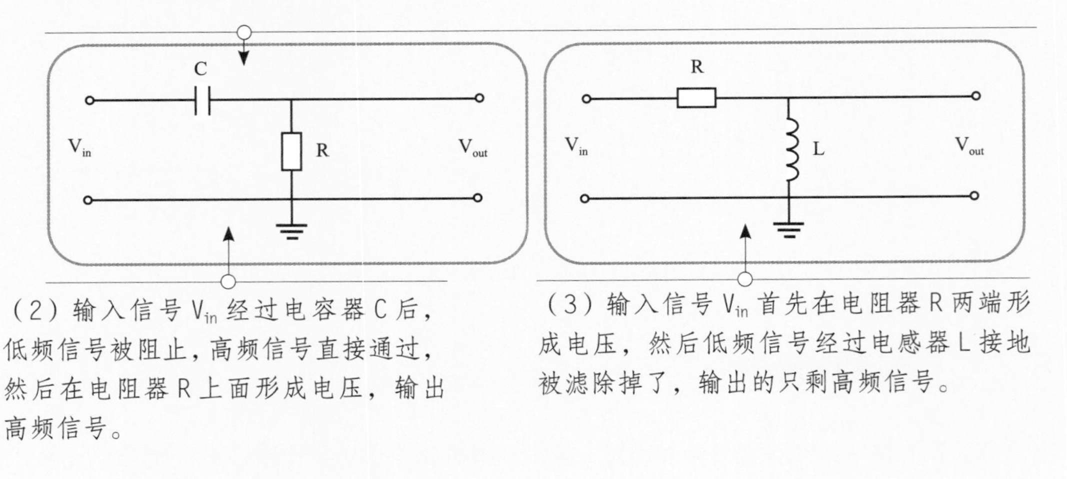

C
R
V_{in}
V_{out}
R
L
V_{in}
V_{out}
（2）输入信号 V_{in} 经过电容器 C 后，低频信号被阻止，高频信号直接通过，然后在电阻器 R 上面形成电压，输出高频信号。
（3）输入信号 V_{in} 首先在电阻器 R 两端形成电压，然后低频信号经过电感器 L 接地被滤除掉了，输出的只剩高频信号。

图 18-8　高通滤波器

18.2.3 带通滤波器

带通滤波器是一种仅允许特定频率通过（小频率范围），同时对其余频率的信号进行有效抑制的电路。由于它对信号具有选择性，故而被广泛地应用在电子设计中。带通滤波器一般由电感器、电容器、电阻器等组成。图 18-9 所示为 RLC 带通滤波器电路。

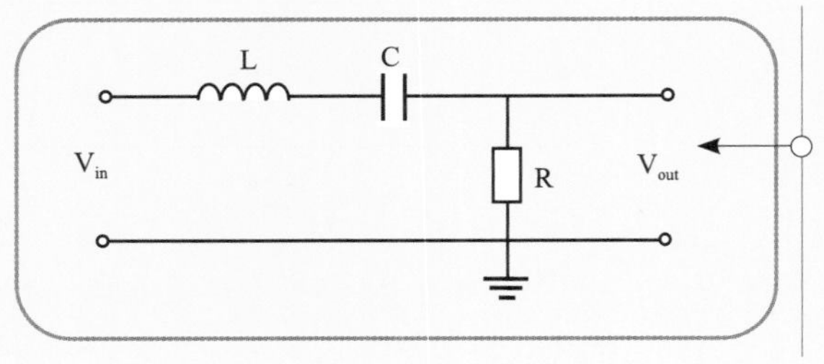

在此滤波器电路中，电感器 L 和电阻器 R 可以看成一个低通滤波器电路，电容器 C 和电阻器 R 可以看成一个高通滤波器电路，这两个滤波电路组合在一起形成一个 RLC 带通滤波电路。

图 18-9　RLC 带通滤波器电路

18.2.4 带阻滤波器

带阻滤波器是指能通过大多数频率信号、但将某些小范围的频率信号衰减到极低水平的滤波器，带阻滤波器与带通滤波器的概念相对。带阻滤波器也是由电阻器、电容器、电感器组成，如图 18-10 所示。

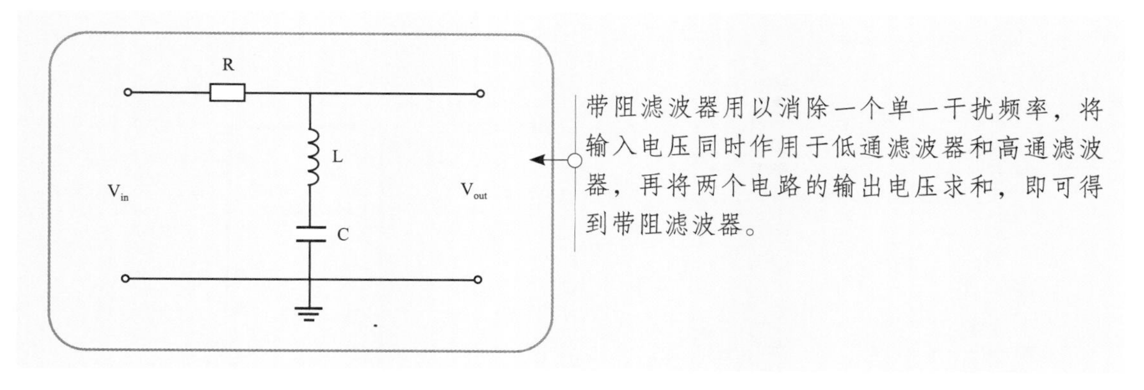

R
L
C
Vin
Vout
带阻滤波器用以消除一个单一干扰频率，将输入电压同时作用于低通滤波器和高通滤波器，再将两个电路的输出电压求和，即可得到带阻滤波器。

图 18-10 带阻滤波器

18.3 有源滤波器电路

有源滤波是指滤波电路中使用了双极型管、单极型管、运算放大器等有源元器件的滤波电路，有源滤波器需要供电才能工作。有源滤波电路不仅包括有源元器件，还包括无源元器件。有源滤波电路的主要形式是有源 RC 滤波电路，也称为电子滤波器。图 18-11 所示为有源滤波器。

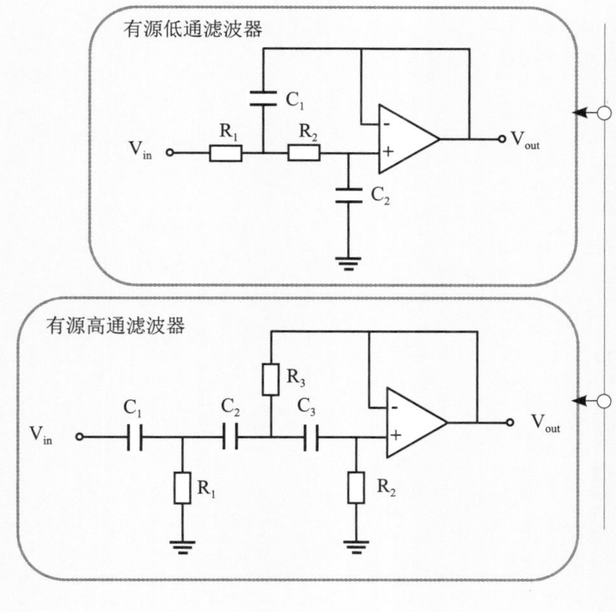

有源滤波器的主要作用是缓冲基波和谐波的能量，并按一定规律输入输出电压或电流。有源滤波器可动态滤除各次谐波，不受频率变化的影响，不受系统阻抗变化的影响，不受负载变化对谐波补偿效果的影响，有源滤波器目前最高适用于电网电压不超过 450V（低压无源滤波器可达到 3 000V）。

图 18-11 有源滤波器

18.4 集成滤波器电路

集成滤波器是指将分立元件和电路集成到一个小芯片里，然后进行封装的滤波器。集成滤波器可以做到体积小，性能稳定，使用方便。集成滤波器主要分为集成模拟滤波器、集成数字滤波器和集成开关电容滤波器。图 18-12 所示为常用集成滤波电路。

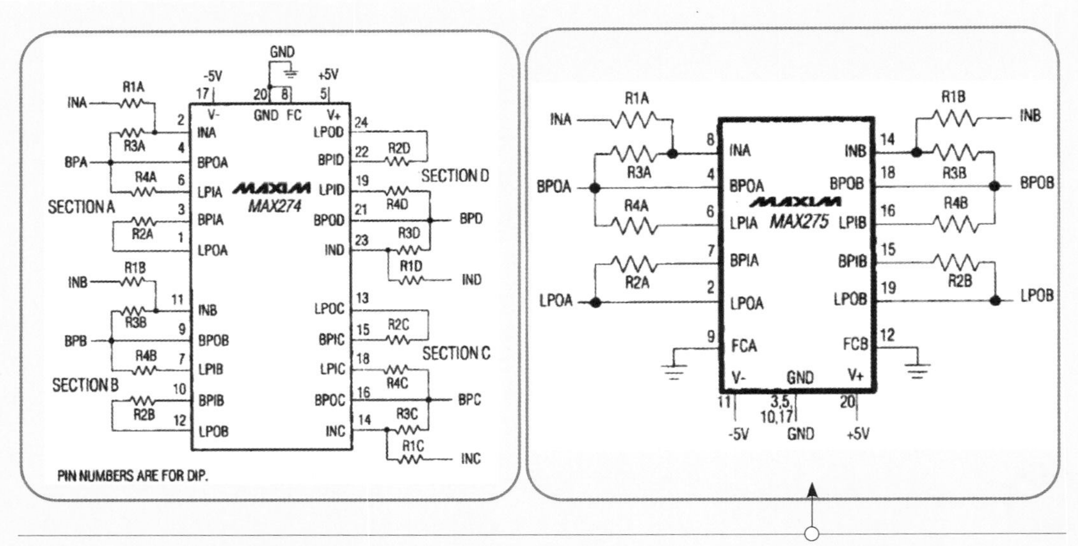

MAX274 和 MAX275 为两个四阶 / 八阶连续时间模拟滤波器。模拟滤波器是能对模拟或连续时间信号进行滤波的电路和器件。模拟滤波器对信号滤波的方法是：由给定的待设计滤波器技术要求，将其转换为原型低通滤波器的技术要求，设计原型低通滤波器，根据得到的原型低通的技术要求，求出参数，进而利用查表法、拉氏变换函数、频率变换函数得到待设计滤波器的转移函数。

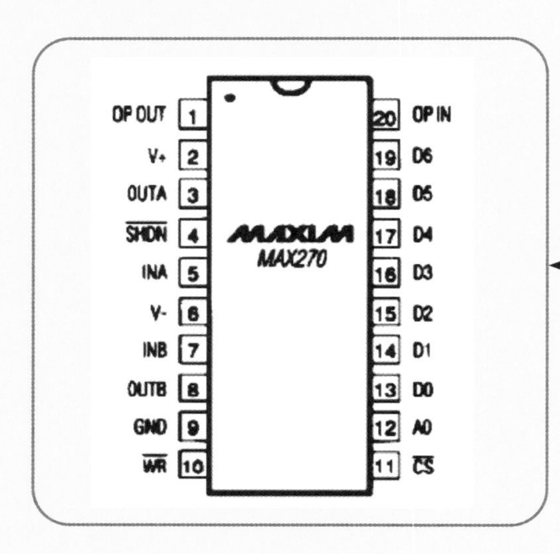

MAX270 为一个数字控制双二阶连续低通滤波器的数字滤波器。数字滤波器是由数字乘法器、加法器和延时单元组成的一种算法或装置。数字滤波器对信号滤波的方法是：用数字计算机对数字信号进行处理，就是按照预先编制的程序进行计算。它的核心是数字信号处理器。

图 18-12　常用集成滤波电路

第 19 章 好似心脏的振荡器与晶振

振荡器用来产生所需形状、频率和幅值的周期性波形，用于驱动其他电路。实际上，在每种电子设备的电路中，都有一些某种类型的振荡器，它就好比电路的心脏。本章将主要讲解几种振荡器，如 RC 振荡器、LC 振荡器及晶体振荡器等。

19.1 什么是振荡器

振荡器（oscillator）是用来产生重复电子信号（如正弦波、方波等）的能量转换装置。由振荡器构成的电路叫作振荡电路，它能将直流电转换为具有一定振幅和一定频率的交流电信号。

振荡器用来产生所需形状、频率和幅值的周期性波形，用于驱动其他电路。振荡器产生的波形通常有脉冲波、正弦波、方波、锯齿波和三角波等，如图 19-1 所示。

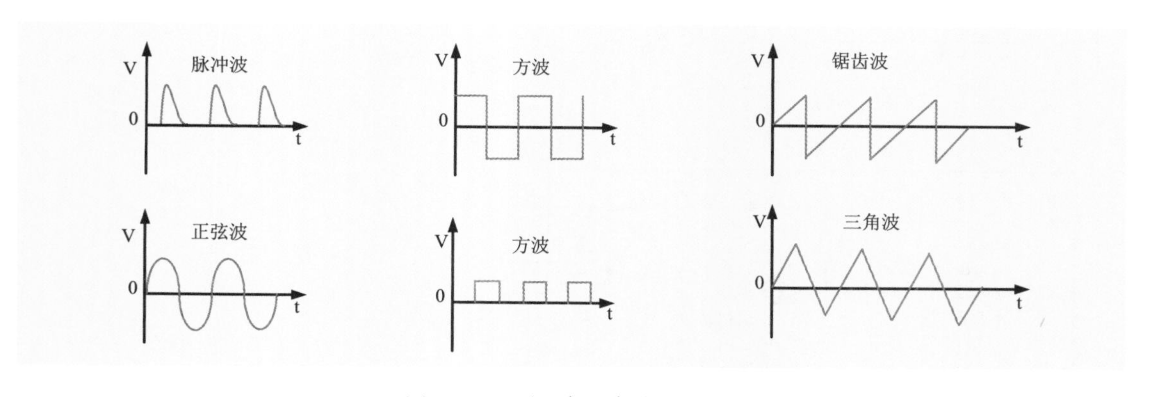

图 19-1　振荡器产生的波形

在数字电路中，振荡器产生的方波，可以用来驱动通过逻辑门的信息位，且振荡器的时钟频率决定了信息位通过逻辑门和触发器的速率。

在无线电电路中，高频正弦波振荡器被用来产生载波，以运载经编码的信息。

在示波器中，锯齿波发生器用来产生电子束水平扫描的基线。

振荡器按振荡频率的高低可分为超低频（20Hz 以下）、低频（20Hz ~ 200kHz）、高频（200kHz ~ 30Mhz）和超高频（10 ~ 350MHz）等几种。按振荡波形可分为正弦波振荡和非正弦波振荡两类。

19.2 RC 振荡器

RC 振荡电路是指用电阻器 R、电容器 C 组成选频网络的振荡电路。RC 振荡电路一般用来产生 1Hz~1MHz 的低频率信号，适用于低频振荡。

RC 振荡电路由放大器、正反馈网络和选频网络组成，常见的 RC 振荡电路有 RC 移相式振荡电路和 RC 桥式振荡电路。

19.2.1 RC 移相式振荡器

如图 19-2 所示，RC 移相式振荡器由一个反相输入比例电路和三级 RC 移相电路组成。

（1）这是一个典型的超前型 RC 移相式振荡器。由电容器 C_1、C_2、C_3，电阻器 R_1、R_2、R_3 组成三级移相网络，同时起到选频和正反馈的作用。三极管 VT 是共发射极放大器，电阻 R_3、R_4 是三极管 VT 的偏置电阻。

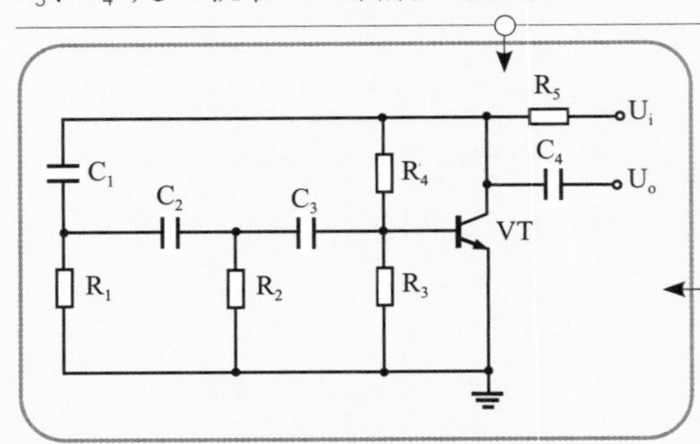

（a）反相输入比例电路

（2）由于一级的 RC 移相电路的最大相移小于 90°，所以需要三级 RC 移相电路将三极管 VT 输出的电压移相 180°。此三级移相网络作为正反馈电压加到三极管 VT 的基极，满足了实现振荡的相位平衡条件。因此在移相式振荡电路中，至少要用三级 RC 电路才能满足振荡的相位平衡条件。

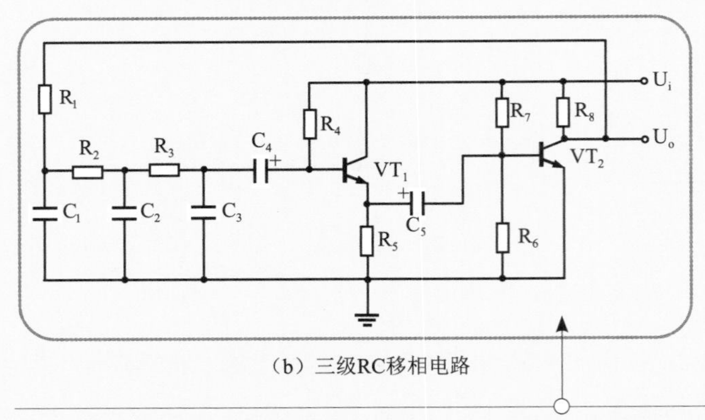

（b）三级RC移相电路

（1）将超前型 RC 移相式振荡器电路中的电阻器 R 和电容器 C 的位置互换，就构成滞后型 RC 移相式振荡器。

（2）此类振荡器为了减小三极管 VT_2 的输入电阻对 RC 移相电路的频率特性的影响，在移相网络与 VT_2 间加了一级由 VT_1 等组成的共集电极放大器作为缓冲级。

图 19-2 RC 移相式振荡器

总之，RC 移相式振荡器具有结构简单、成本低的优点。缺点是稳定性不高，输出波形质量差、不易调节等。RC 移相式振荡器一般用作固定频率振荡器和要求不太高的场合。

19.2.2 RC 桥式振荡器

RC 桥式振荡器又称文氏电桥振荡器，此类振荡器具有容易起振、输出波形好、输出功率大、频率调节方便等优点。典型的 RC 桥式振荡器如图 19-3 所示。

（1）三极管 VT_1、VT_2 组成两级共发射极耦合放大器，电阻器 R_1 和电容器 C_1 组成串联选频网络，电阻器 R_2 和电容器 C_2 组成并联选频网络，共同组成选频网络，这个选频网络又是正反馈电路的一部分。电阻器 R_6 和 R_{11} 是串联负反馈电阻，电容器 C_7 是输出电压反馈电容，电阻器 R_3、R_4 和 R_7、R_8 分别是三极管 VT_1、VT_2 的偏置电阻。在实际应用中，电阻器 R_6 常采用热敏电阻器，以保证电路在温度变化时能稳定工作。

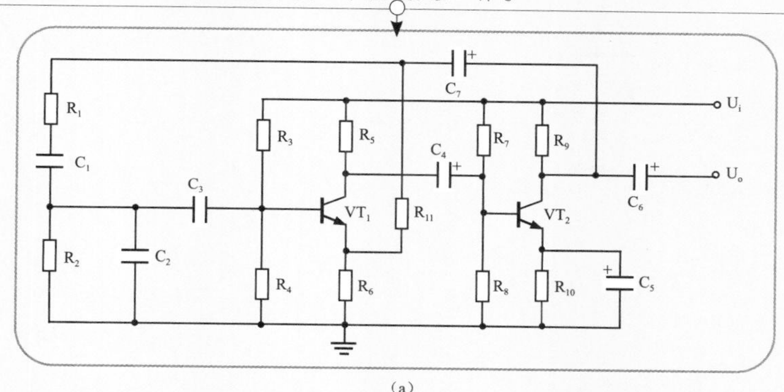

(a)

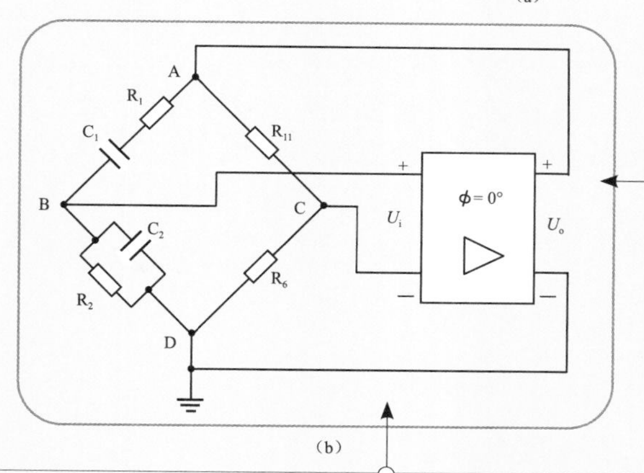

(b)

（2）此图为图（a）的等效电路。电阻器 R_1、电容器 C_1、电阻器 R_2、电容器 C_2 构成的正反馈回路和电阻器 R_6、R_{11} 构成的负反馈回路共同组成一个四臂电桥，它可以很方便地得到频率范围较宽且连续可调的振荡频率。

（3）而三极管 VT_1、VT_2 组成移相角 $\phi = 0°$ 的放大器。电桥的 A、D 端接放大器的输出端，B、C 端接放大器的输入端，当正反馈电路的谐振频率等于输入信号频率时，输出电压 U_o 与输入电压同相后，VT_1 在正反馈电压的作用下进入振荡状态。

图 19-3　典型 RC 桥式振荡器

RC桥式振荡电路的性能比RC移相式振荡电路好，其稳定性高、非线性失真小，频率调节方便，频率为 1Hz ~ 1MHz。

19.3 555 定时器

555 定时器是一种非常精确的定时器集成电路芯片，它可以产生单脉冲、方波、三角波等波形。因此它既能作为定时器使用，也可以作为振荡器、脉冲发生器使用。

19.3.1 555 定时器的工作原理

图 19–4 所示为 555 定时器内部电路图，从图中可以看出，555 定时器主要由比较器、触发器、反相器和 3 个 5kΩ 电阻器组成的分压器等构成。

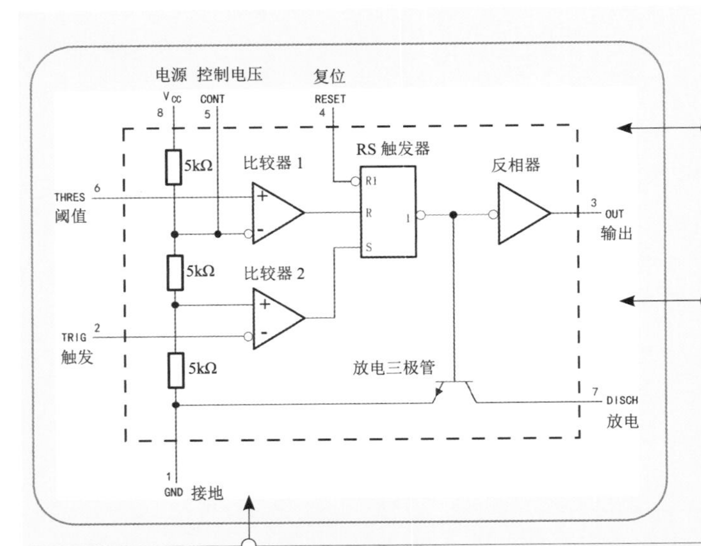

（1）555 定时器的名字是由其内部 3 个 5kΩ 电阻器而来，这些电阻在电源电压 V_{CC} 和地之间充当一个三级分压的作用。

（2）555 定时器的功能主要由两个比较器决定，两个比较器的输出电压控制 RS 触发器和放电三极管的状态。在电源 V_{CC} 与地之间加上电压，且当第 5 脚（CONT）悬空时，则比较器 1 的同相输入端的电压为 $2/3V_{CC}$，比较器 2 反相输入端的电压为 $1/3V_{CC}$。

（3）两个比较器输出端的电平高、低，取决于它们输入端的模拟电压。如果比较器同相端的电压比反相端的电压高，那么它的输出逻辑电平为高；否则，输出逻辑电平为低，比较器的输出送往 RS 触发器的输入端。触发器的输出由 RS 输入端的电压状态决定。

（4）如果 RS 触发器置 1，则第 3 脚输出端输出高电平；如果 RS 触发器置 0，则第 3 脚输出端输出低电平。

图 19–4　555 定时器内部电路图

表 19–1 所示为 555 定时器各个引脚详细功能。

表 19-1　555 各引脚详细功能

引　脚	名　　称	功　　能
1	GND（接地端）	芯片接地端
2	TRIG（触发端）	当此引脚电压降至 $1/3V_{CC}$ 时，比较器转为高电平，触发器置位
3	OUT（输出端）	芯片的输出端，由一个反相缓冲器驱动。输出电流决定输出电平，电压约比输入电压低 1.5V
4	RESET（复位端）	低电平复位。当引脚接低电平时，会使输出端输出电压变为低电平

续表

引　脚	名　　称	功　　能
5	CONT（控制端）	该引脚外接电压，则可改变内部两个比较器的基准电压。 当该引脚不用时，通常连接一只 0.01μF（103）的旁路电容接地，以防引入高频干扰
6	THRES（阈值端）	当该引脚电压升至 $2/3V_{CC}$ 时，输出端输出低电平
7	DISCH（放电端）	内接放电三极管的集电极，用于给该脚连接的电容放电
8	V_{CC}（电源端）	外接电源电压给芯片供电。电源电压典型值为 4.5~16V，CMOS 型时基电路 V_{CC} 为 3~18V，一般用 5V

19.3.2 555 定时器应用电路

图 19-5 所示为 555 芯片组成的触摸定时开关电路。

（1）此电路接成了单稳态电路（单触发方式）。平时由于触摸片 P 端无感应电压，电容器 C_1 通过 555 第 7 脚放电完毕，第 3 脚输出为低电平，继电器 KS 辅助开关 KS-1 分离，电灯供电电路被断开，电灯没有供电而熄灭。

（2）当需要开灯时，用手触碰一下触摸片 P，人体感应的杂波信号电压由电容器 C_2 加至 555 的第 2 脚触发端，使 555 的第 3 脚输出由低电平变成高电平，继电器 KS 电磁线圈吸合，其辅助开关 KS-1 吸合，电灯供电电路接通，电灯被点亮。

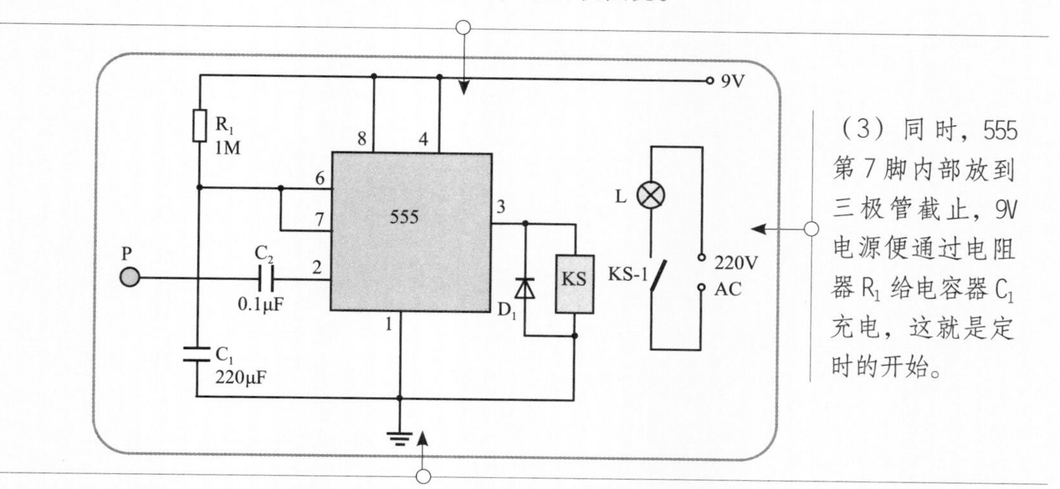

（3）同时，555 第 7 脚内部放到三极管截止，9V 电源便通过电阻器 R_1 给电容器 C_1 充电，这就是定时的开始。

（4）当电容器 C_1 上电压上升至电源电压的 2/3 时（6V 时），555 第 7 脚内部放到三极管导通，通过第 1 脚接地，电容器 C_1 开始放电，使 555 第 3 脚输出由高电平变为低电平，继电器 KS 电磁线圈失电分离，电灯供电电路被断开，电灯熄灭，定时结束。

（5）定时长短由电阻器 R_1、电容器 C_1 决定。计算方法为 $t=1.1\times R_1\times C_1$，此电路中的定时时间约为 4min。

图 19-5　555 芯片组成的触摸定时开关电路

19.4 LC 振荡器

前面讲解的 RC 振荡器适用于低频正弦波的产生，若要产生高频正弦波信号（一般在 1MHz 以上），最常用的方法是使用 LC 振荡器。

LC 振荡电路，也称为谐振电路，由一个电感器 L 和一个电容器 C 组成的一个选频网络的振荡电路。

LC 振荡器的基本原理是：电感器和电容器并联在一起，电容器放电产生电流时，电感器会阻碍电流通过，把电场转换为磁场储存起来；电容器放电结束后，电感器就会阻碍电流的消失，电感器中的磁场转换为电场，产生的电流对电容器的另一个电极充电；充电完成后，电容器又开始反向放电；形成振荡的能量。如果不考虑能量的损耗，这个振荡会一直持续下去。

下面将讲解几种流行的 LC 振荡器电路。

19.4.1 电感三点式 LC 振荡器

电感三点式 LC 振荡器也称为哈特莱 LC 振荡器，使用电感分压器来确定反馈系数，如图 19-6 所示。

（1）图中谐振电路由电感器 L 和电容器 C_4 并联组成。电路中的电感器 L 有首端、中间抽头、尾端 3 个端点，并分别与三极管 VT 的集电极、接地端、基极相连，L_1 和 L_2 是电感器 L 线圈的两个部分，反馈信号取自电感器 L_2 上的电压。

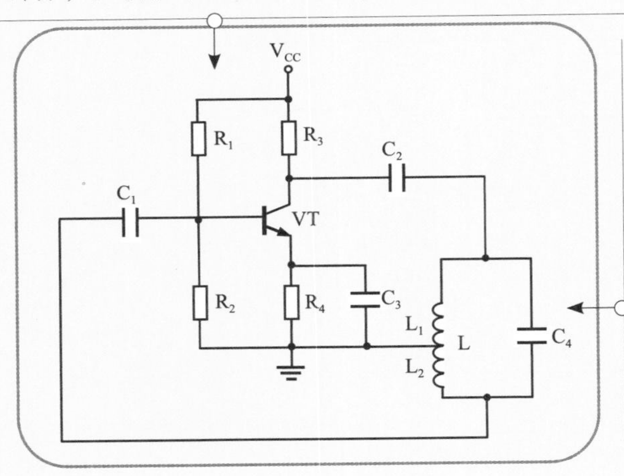

（2）相对于接地端来说，电感线圈 L 的两个末端，相电压相差 180°。电感器 L_2 两端的反馈信号经电容器 C_1 耦合到达三极管 VT 的基极。抽头电感线圈基本上相当于一个自耦变压器，L_1 是初级，L_2 是次级。通过改变电容器 C_4 的容量来调整 LC 振荡器的频率，电容器 C_3 用来改善三极管 VT 的稳定性。

图 19-6　电感三点式 LC 振荡器

19.4.2 电容三点式 LC 振荡器

电容三点式 LC 振荡器也称为考毕兹 LC 振荡器，其结构与电感三点式振荡电路相似，只是将电感器、电容器互换了位置，使用两个串联电容器之间的抽头来确定反馈系数，如图 19-7 所示。

（1）电容三点式振荡电路由电感器 L、电容器 C_1、电容器 C_2 组成谐振回路，作为三极管 VT 的负载阻抗。从图中可以看出，LC 谐振回路的 3 个端点分别与三极管 VT 的 3 个电极相连。

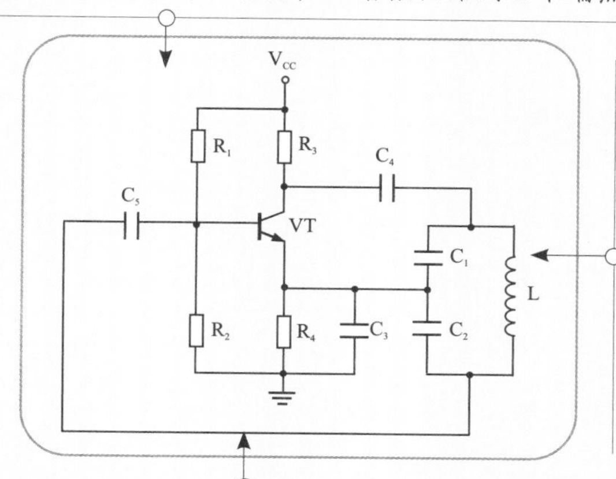

（2）三极管 VT 的输出电压，将在 LC 并联回路上分配。电容支路是由电容器 C_1 和 C_2 串联后组成，其上电压与电容的容量成反比分配，电路的反馈电压是从电容器 C_2 上取出（电容器 C_2 对地的电压）送回三极管 VT 的基极上。如果反馈电压不足，应适当减小 C_1 和 C_2 的电容量。

（3）电容三点式 LC 振荡电路的优点是输出波形好、振荡频率可达 100MHz 以上。缺点是调节频率时需同时调整电容器 C_1、C_2 容量，很不方便。适用于作固定的振荡器。

图 19-7　电容三点式 LC 振荡器

19.5 晶体振荡器

石英晶体振荡器是利用石英晶体的压电效应制成的一种谐振器件，其基本结构是从一块石英晶体上按一定方位切割薄片，在两个面上装金属板并引出电极，再加上封装外壳就构成了石英晶体谐振器。图 19-8 所示为电路中常见的晶振。

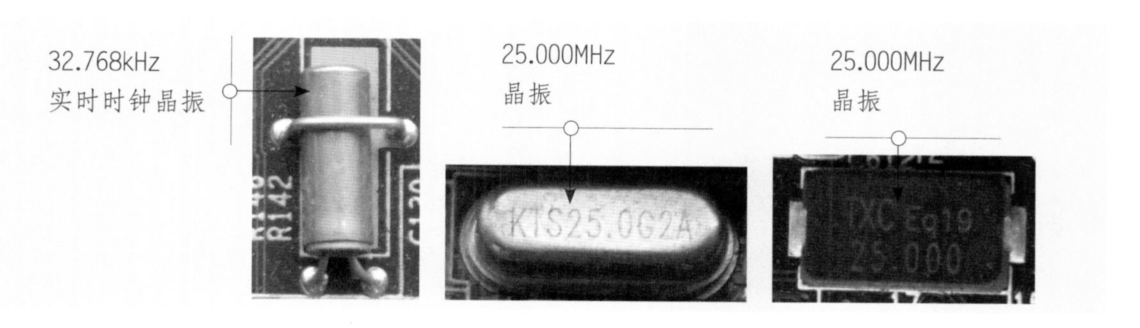

图 19-8　电路中常见的晶振

19.5.1 晶振的原理

晶振的工作原理如下：

若在石英晶体的两个电极上加一个电场，晶片就会产生机械变形；反之，若在晶片的两侧施加机械压力，则在晶片相应的方向上产生电场，这种物理现象称为压电效应。由于这种效应是可逆的，如果在晶片的两极上加交变电压，晶片就会产生机械振动，同时晶片的机械振动又会产生交变电场。

晶振是一种能把电能和机械能相互转换的晶体，在通常工作条件下，普通的晶振频率绝对精度可达百万分之五十，可以提供稳定、精确的单频振荡。利用该特性，晶振可以提供较稳定的脉冲，被广泛应用于微芯片时钟电路里。

19.5.2 晶振的符号及等效电路

晶振是电子电路中最常用的电子元器件之一，一般用字母“X”“Y”或“Z”表示，单位为 Hz。在电路图中每个电子元器件都有其电路图形符号，晶振的电路图形符号及等效电路如图 19-9 所示。

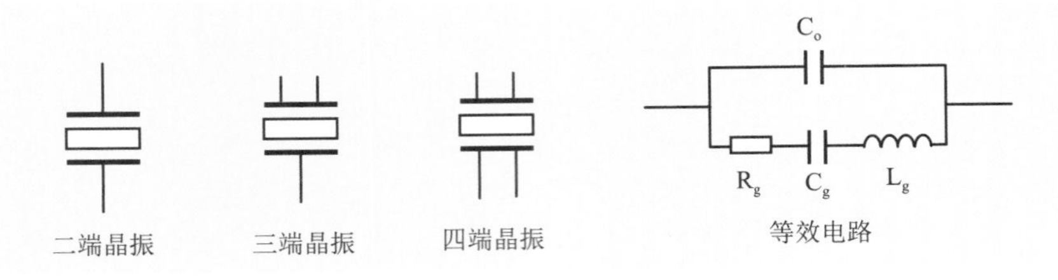

图 19-9　晶振的图形符号及等效电路

19.5.3 晶振的种类

常见的晶振主要有恒温晶体振荡器、温度补偿晶体振荡器、普通晶体振荡器、压控晶体振荡器等。

1. 恒温晶体振荡器

恒温晶体振荡器（OCXO）是一种将晶体置于恒温槽内，通过设置恒温工作点，使槽体保持恒温状态，在一定范围内不受外界温度影响，达到稳定输出频率效果的晶振。图 19-10 所示为恒温晶体振荡器内部结构及外形。

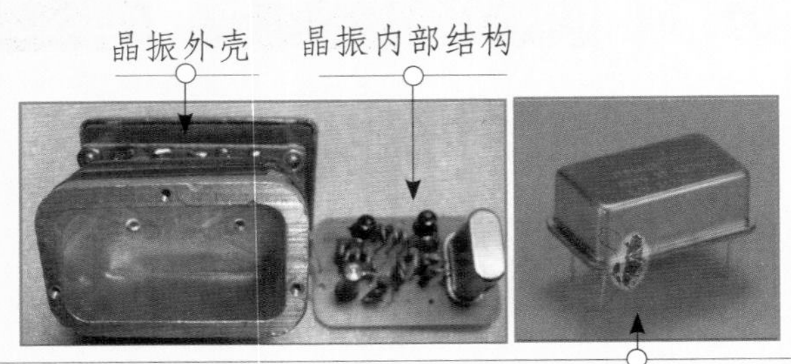

OCXO 的主要优点是频率温度特性在所有类型晶振中是最好的，由于电路设计精密，其短期频率稳定度和相位噪声都较好。不足之处在于消耗功耗大、体积大，使用时还需预热 5min。OCXO 主要用于各种类型的通信设备、数字电视及军工设备等。

图 19-10　恒温晶体振荡器内部结构及外形

2．温度补偿晶体振荡器

温度补偿晶体振荡器（TCXO）是一种通过感应环境温度，将温度信息做适当变换后控制输出频率的晶振。图 19-11 所示为温度补偿晶体振荡器。

TCXO 的输出频率会随着温度的不同有一些微小的变化，但是这个变化会弥补其他元器件随着温度产生的变化让整体的变化减小。

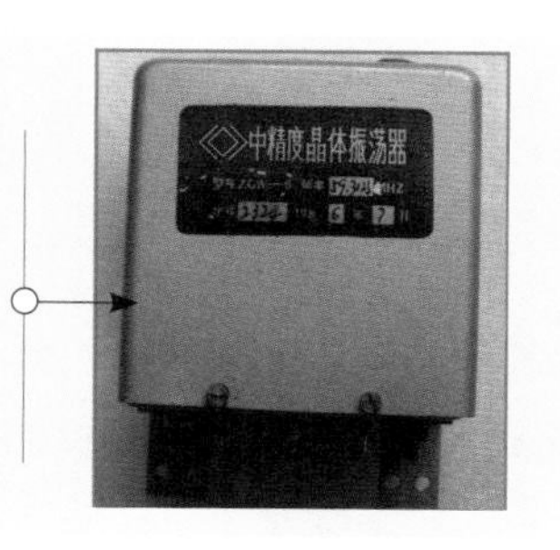

图 19-11　温度补偿晶体振荡器

3．普通晶体振荡器

普通晶体振荡器（SPXO）是一种简单的晶体振荡器，通常称为钟振，是一种完全由晶体自由振荡完成工作的晶振。图 19-12 所示为普通晶体振荡器。

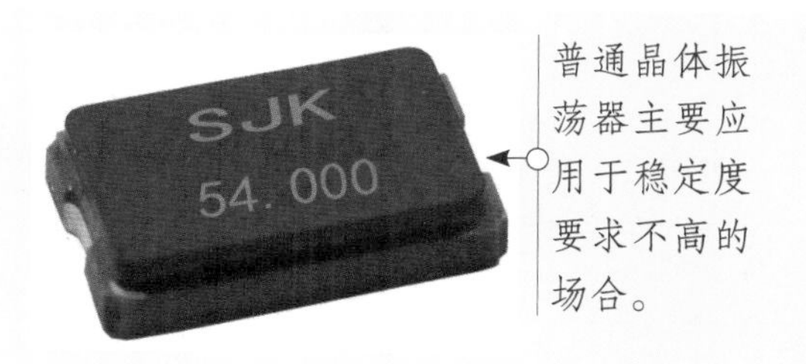

普通晶体振荡器主要应用于稳定度要求不高的场合。

图 19-12　普通晶体振荡器

4．压控晶体振荡器

压控晶体振荡器(VCXO)是一种通过红外控制电压使振荡效率可变或可调的石英晶体振荡器，前面提到的 3 种晶振也可以带压控端口。图 19-13 所示为压控晶体振荡器。

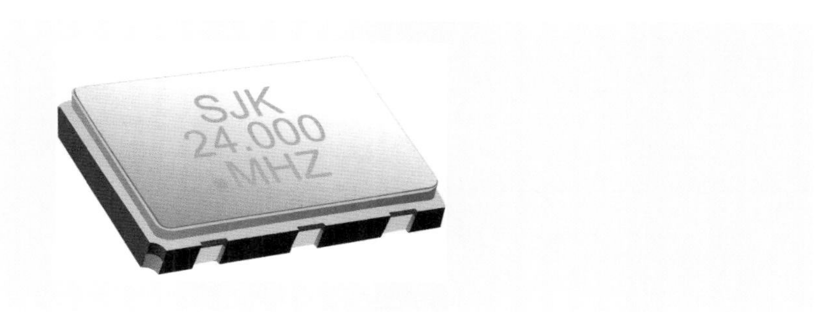

图 19-13　压控晶体振荡器

19.5.4 晶振的命名方法和重要指标

晶振外壳的形状和材料以及石英切片型都会以不同的字母体现在其命名中，同时晶振性能对温度较为敏感，因此掌握晶振的命名规则及重要指标，可以轻松识别各种晶振上标注的参数，便于维修代换晶振。

1. 晶振的命名方法

国产晶振型号命名一般由 3 部分构成，分别为外壳的形状和材料、石英切片型和主要性能及外形尺寸，如图 19-14 所示。

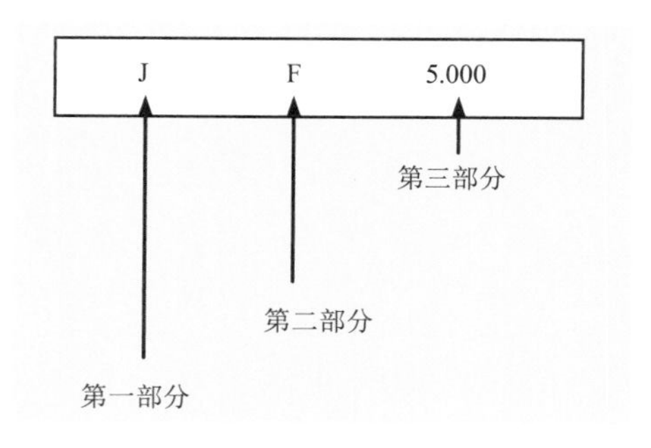

图 19-14 晶振的命名

第一部分为外壳的形状和材料，J 表示金属壳。

第二部分为石英切片型，用字母表示。F 表示为 FT 切割方式。

第三部分为主要功能和外形尺寸，用数字表示。5.000 表示谐振频率为 5MHz。

因此，JF5.000 为 FT 切割方式金属外壳谐振频率为 5MHz 的谐振晶振。

为了方便读者查阅，表 19-2 和表 19-3 分别列出了晶振外壳的形状和材料字母含义、石英切片型的表示方法字母含义。

表 19-2 晶振外壳的形状和材料字母含义

字　母	含　义
B	玻璃壳
S	塑料壳
J	金属壳

表 19-3 石英切片型的表示方法字母含义

字　母	含　义	字　母	含　义
A	AT 切型	H	HT 切型
B	BT 切型	I	IT 切型
C	CT 切型	J	GT 切型
D	DT 切型	K	KT 切型
E	ET 切型	L	LT 切型
F	FT 切型	M	MT 切型
G	GT 切型	N	NT 切型
U		音叉弯曲振动形 WX 切型	
X		伸缩震动 X 切型	
Y		Y 切型	

2. 晶振的重要指标

晶振的主要指标如表 19-4 所示。

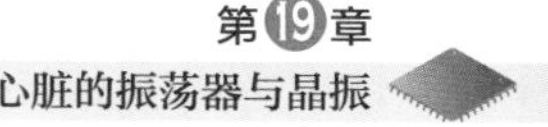

表 19-4 晶振的主要指标

指标名称	功能
频率温度特性	晶振自身的谐振频率固然稳定，但也会受到温度的干扰，即晶振固有频率会随温度变化而变化。频率温度特性的好坏一般用温度频差的大小表示
温度频差	在规定条件下，某温度范围内的工作频率相对于基准温度时工作频率的最大偏离值。频差越小，晶振越稳定
调整频差	在规定条件下，基准温度时的工作频率相对于标称频率的最大偏离值。调整频差越小，晶振的质量越好
总频差	在规定条件下，工作温度范围内的工作频率相对于标称频率的最大偏离值。总频差越小，晶振的质量越好
工作温度	可以使晶振正常行使自身功能的一个温度范围，如果工作温度超过这一范围晶振将无法正常工作
基准温度	测量晶振各种参数时指定的环境温度。恒温晶振的基准温度一般为工作温度范围的中心点，非恒温晶振的基准温度一般为 25±2℃

19.5.5 晶振的检测与代换方法

根据晶振的性能特点，对晶振的检测主要集中在电压、阻值和波形等方面，因此晶振的常用检测方法包括测电压法、测对地阻值法、测正反向阻值、测量波形及代换检测等。

1. 测量晶振的电压

检测时，先给电路板加电，然后用万用表测量晶振两引脚的电压，正常情况下两引脚电压不一样，会有一个压差。如果无压差，说明晶振已损坏，如图 19-15 所示。

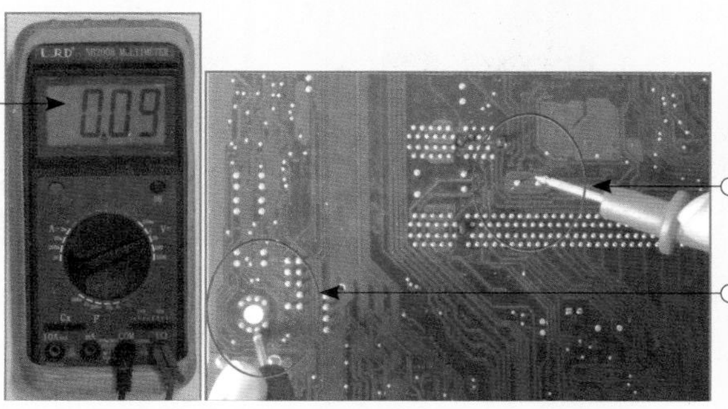

第 1 步：将万用表调到直流电压 2V 挡，记录两次测量的电压值。
0.09
第 2 步：将数字万用表的黑表笔接地，红表笔分别接晶振的两个引脚，测量两个引脚的电压。

图 19-15 测量晶振电压

2. 测量对地电阻值

检测时，分别测量两个引脚的对地电阻值，正常情况下，晶振两引脚的对地电阻值应在 300 ~ 800Ω。如果超过这一范围，说明晶振已损坏，如图 19-16 所示。

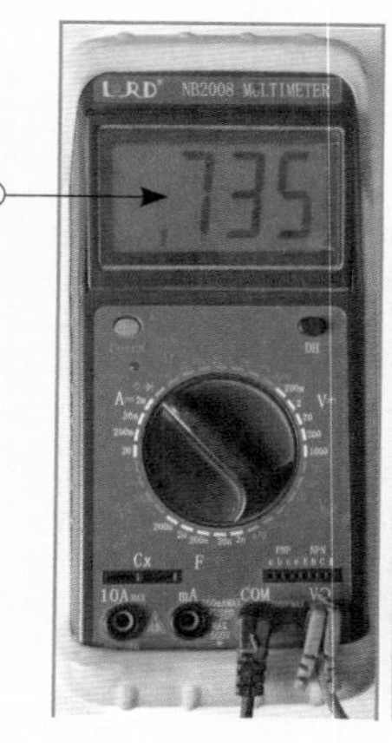

第 1 步：将万用表调到蜂鸣挡，记录两次测量的电阻值。

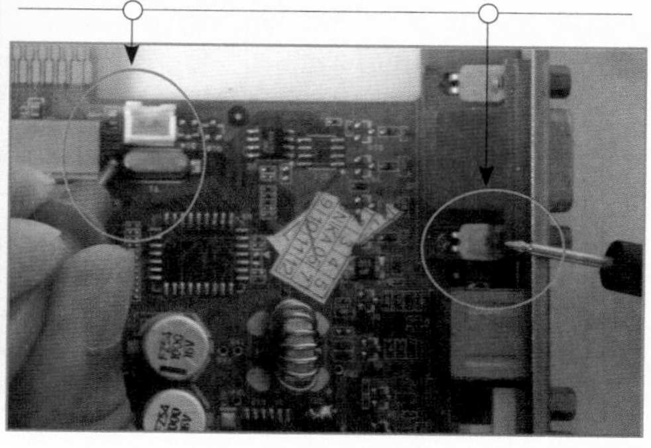

第 2 步：将数字万用表的黑表笔接地，红表笔分别接晶振的两个引脚，测量两个引脚的电阻值。

图 19-16　测量晶振对地电阻值

3．测量晶振引脚间的正反向阻值

检测时，开路检测晶振两个引脚间的正反向阻值，正常情况下，无论是正向电阻还是反向电阻均应为无穷大；否则说明晶振已损坏，如图 19-17 所示。

第 1 步：将万用表调到欧姆挡 40k 挡（或指针万用表的 R×10k 挡）测量，记录两次测量的电阻值。

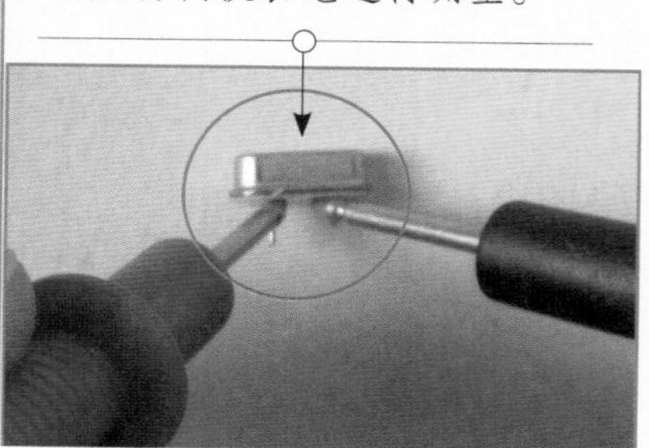

第 2 步：将两表笔任意接在晶振的两引脚上测量其阻值，之后再调换表笔进行测量。

图 19-17　测量晶振引脚间的正反向阻值

4．测量晶振的波形

将测量的电路板通电，然后用频率表或示波器测量其工作频率；正常情况下，其工作频率应在标识频率范围内。如图 19-18 所示。

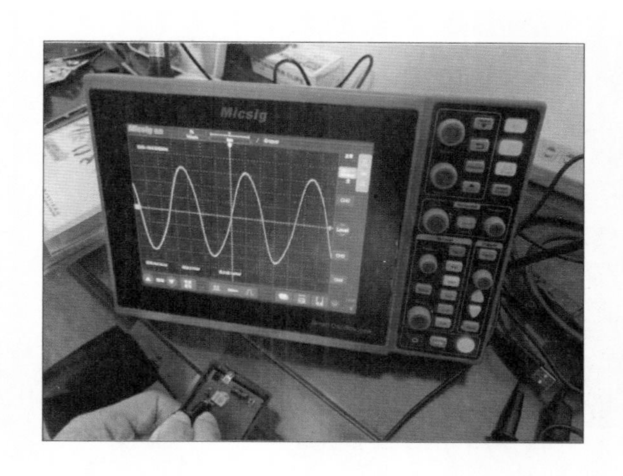

图 19-18　测量晶振的波形

5. 代换检测

在受条件限制的情况下，也可以用一个好的晶振替换原先的晶振，看能否正常工作。如果能，则是晶振损坏。

6. 晶振的选配与代换方法

由于晶振的工作频率及所处的环境温度普遍都比较高，所以晶振比较容易出现故障。通常在更换晶振时都要用原型号的新品，因为相当一部分电路对晶振的要求都是非常严格的，否则将无法正常工作。

19.6 晶振动手检测实践

前面内容主要学习了振荡器的基本知识和不同振荡器的工作原理，并重点讲解了晶振的种类、故障判断及检测思路等，本节将主要通过各种晶振的检测实战来讲解晶振的检修方法。

19.6.1 晶振动手检测实践（电压法）

检测晶振的好坏可以通过电阻值或频率来判断，也可以通过两脚的电压来判断。下面详细讲解通过测量晶振引脚的电压检测晶振好坏的方法。

晶振两脚对地电压检测方法如图 19-19 所示。

❶ 检查待测晶振的外观，看待测晶振是否有烧焦或针脚断裂等明显的物理损坏。

❷ 清洁待测晶振的引脚，以避免因油污的隔离作用而影响测量的准确性。

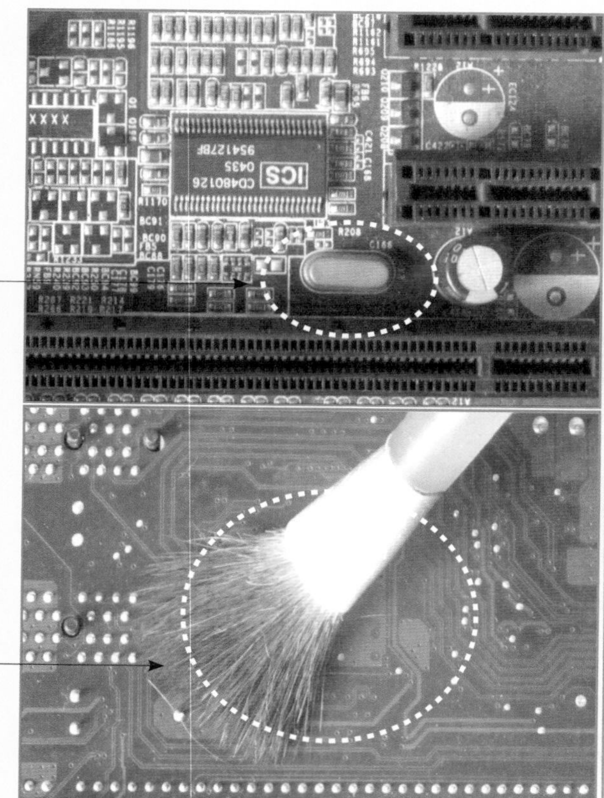

❸ 将数字万用表旋至直流电压挡的量程 2。

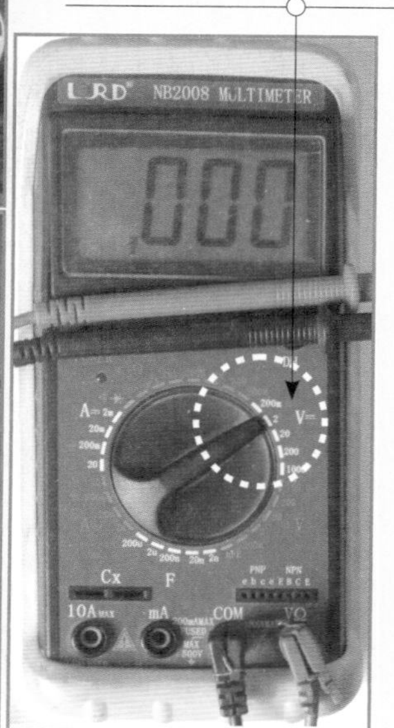

❺ 观察其读数为 0.03。

❹ 将数字万用表的红表笔接晶振的其中一个引脚，黑表笔接地。

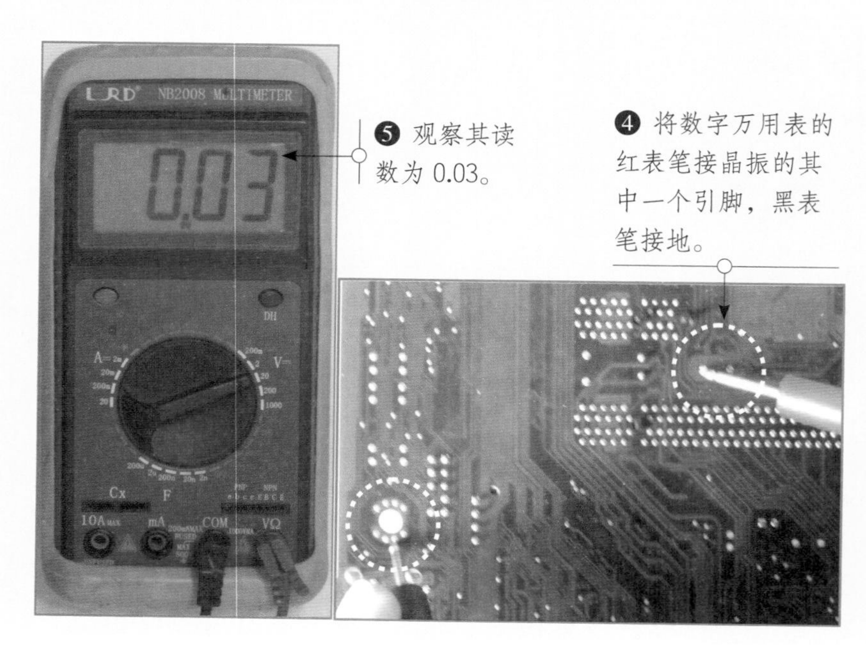

图 19-19　晶振两脚对地电压检测方法

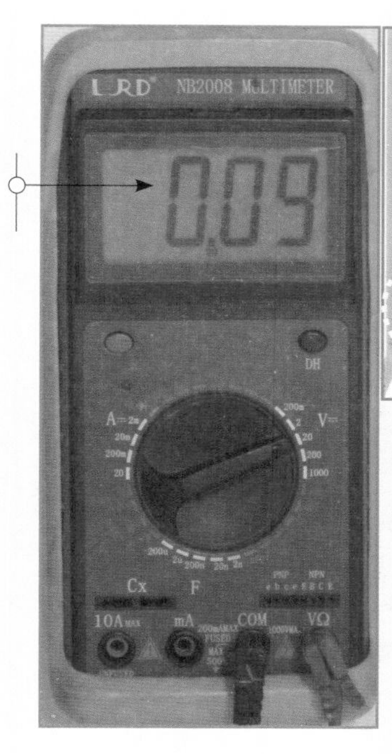

❼ 观察其读数为 0.09。

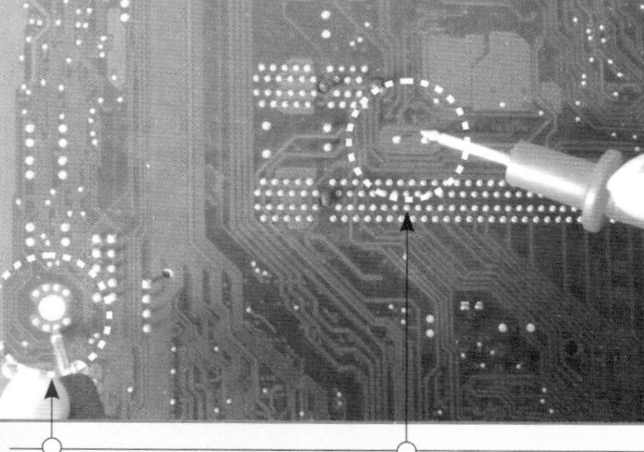

❻ 将数字万用表的红表笔接晶振的另一个引脚，黑表笔接地。

图 19-19　晶振两脚对地电压检测方法（续）

总结：由于两次测量的电压差为 0.06，说明晶振正常。如果两次测量的结果完全一样，说明该晶振已经损坏。

19.6.2 晶振动手检测实践（电阻法）

本例中将用指针万用表开路检测晶振的电阻值，通过电阻值来判断晶振的好坏。

用指针万用表开路检测晶振的方法如图 19-20 所示。

❶ 检查待测晶振是否有烧焦或针脚断裂等明显的物理损坏。

❷ 用电烙铁将待测晶振从电路板上焊下，将晶振的两引脚清洁干净，以避免污物的隔离作用而影响检测的结果。

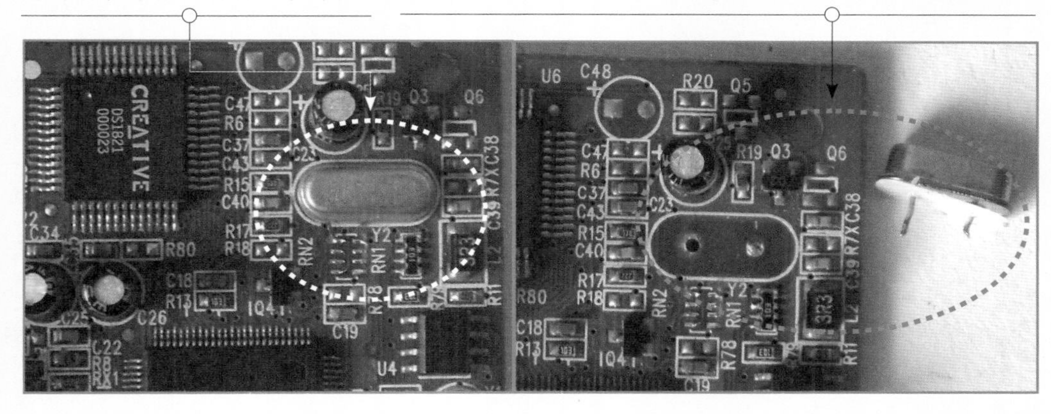

图 19-20　用指针万用表开路检测晶振的方法

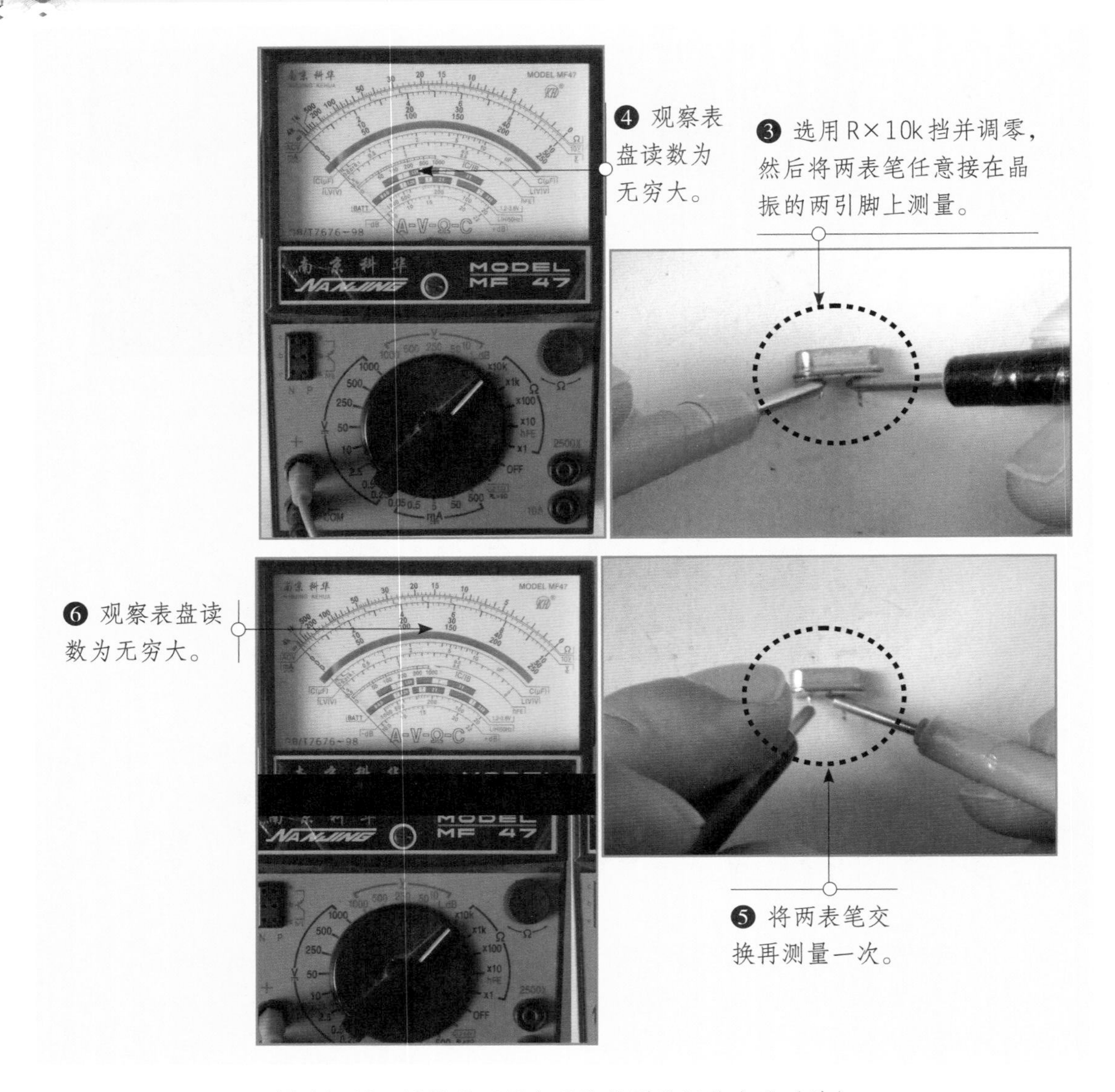
❹ 观察表盘读数为无穷大。
❸ 选用R×10k挡并调零，然后将两表笔任意接在晶振的两引脚上测量。
❻ 观察表盘读数为无穷大。
❺ 将两表笔交换再测量一次。
MODEL MF 47
NANJING

图 19-20　用指针万用表开路检测晶振的方法（续）

总结：两次所测的结果均为无穷大，说明晶振未发生漏电或短路故障。

19.6.3 晶振检测经验总结

经验一：还可以在路测量晶振两个引脚的对地电阻值，如果电阻值很小（小于 50Ω），则可能与晶振连接的谐振电容器或控制芯片损坏。

经验二：在检测晶振电压的过程中，要注意电路板上的元器件引脚比较多，晶振的焊脚一般要到电路板的背面才能找到，所以在测量时不能接错了引脚，导致电路板其他的电子元器件损坏。

第四篇

焊接技术是必修课

本篇主要讲解了电子元器件的焊接技术实践；包括焊接原理、工具使用方法和规范的焊接流程，并通过具体实例展示了不同电子器件的焊接操作。通过这部分实践内容，提高读者的动手能力，同时积累电子元器件检测维修的经验。

通过本篇内容的学习，应掌握常用焊接工具的使用技巧，并熟悉常见电子器件的焊接方法。

第20章 焊接技术与实践

焊接技术是电路维修的一项常用和基本技能，更是维修人员的一项基本功，要很好的掌握。本章将主要讲解焊接原理、焊接工具、焊接材料、焊接方法及焊接问题处理方法等，最后会通过具体的焊接实例来帮助读者了解实践焊接技巧。

20.1 焊接基础

在学习实践焊接技术前，要先学习一些焊接的基础知识，如焊接原理、焊接工具、焊接材料、焊接姿势及基本的操作方法等，这些内容对于我们更加高效处理电路故障大有裨益。

20.1.1 焊接原理

目前电子元器件的焊接主要采用锡焊技术。锡焊是一门科学，采用以锡为主的锡合金材料作焊料，通过加热的烙铁将固态焊锡丝加热熔化，再借助于助焊剂的作用，使其流入被焊金属之间。由于金属焊件与锡原子之间相互吸引、扩散、结合，形成浸润的结合层，因此待冷却后形成牢固可靠的焊接点。

从外表看焊接好的焊点，印刷板铜箔及元器件引线都是很光滑的，实际上它们的表面都有很多微小的凹凸间隙，熔流态的锡焊料借助于毛细管吸力沿焊件表面扩散，形成焊料与焊件的润湿现象。伴随着润湿现象的发生，焊料逐渐向金属铜扩散，在焊料与金属铜的接触面形成附着层，把元器件与印刷板牢固地黏合在一起，而且具有良好的导电性能。所以焊锡是通过润湿、扩散和冶金结合这三个物理、化学过程来完成的。下面分别详细讲解。

1．润湿过程

润湿过程是指已经熔化的焊料借助毛细管力沿着母材金属表面细微的凹凸和结晶的间隙向四周漫流，从而在被焊母材表面形成附着层，使焊料与母材金属的原子相互接近，达到原子引力起作用的距离。

引起润湿的环境条件为：被焊母材的表面必须是清洁的，不能有氧化物或污染物。

2．扩散过程

伴随着润湿的进行，焊料与母材金属原子间的相互扩散现象开始发生。通常原子在晶格点阵中处于热振动状态，一旦温度升高、原子活动加剧，使熔化的焊料与母材中的原子相互越过接触面进入对方的晶格点阵，原子的移动速度与数量决定于加热的温度与时间。

3．冶金结合

由于焊料与母材相互扩散，在2种金属之间形成了一个中间层——金属化合物，要获得良好的焊点，被焊母材与焊料之间必须形成金属化合物，从而使母材达到牢固的冶金结合状态。

20.1.2 手工焊接工具

手工焊接的主要工具是电烙铁、热风焊台、熔锡炉等，下面分别介绍。

1．电烙铁

电烙铁是手工焊接时使用最多的设备，电烙铁根据不同的功率，可以分为15W、20W、35w、60W……300W等多种，主要根据焊件大小来决定。一般元器件的焊接以20W内热式电烙铁为宜；集成电路及易损元器件的焊接，可以采用储能式电烙铁；焊接大焊件时可用150~300W大功率外热式电烙铁。

根据不同的加热方式，电烙铁可分为直热式电烙铁、恒温式电烙铁、感应式电烙铁、储能式电烙铁等多种。

（1）直热式电烙铁

直热式电烙铁又可分为外热式（烙铁芯安装在烙铁头外面）和内热式（烙铁芯安装在烙铁头里面）。图20-1所示为直热式电烙铁。

直热式电烙铁主要由发热元器件、烙铁头、手柄、接线柱等几部分组成。其中发热元器件俗称烙铁芯，它是将镍铬电阻丝缠绕在陶瓷等耐热、绝缘材料上构成的。内热式电烙铁与外热式电烙铁的主要区别在于外热式电烙铁的发热元器件在传热的外部。而内热式电烙铁体积、重量却小于外热式电烙铁。

图20-1　直热式电烙铁

烙铁头是用来储存和传递热量的烙铁头，一般用紫铜制成。常用烙铁头的形状如图20-2所示。

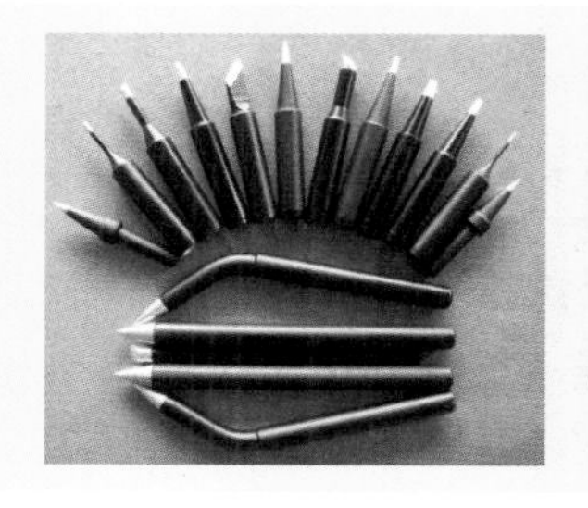

图20-2　各种形状的烙铁头

手柄一般用木料或胶木制成，设计不良的手柄若温升过高，会影响操作。接线柱是发热元器件同电源线的连接处。一般烙铁有三个接线柱，其中一个是接金属外壳的。接线时用三芯线将外壳接保护零线。使用新烙铁或换烙铁心时，应判明接地端，最简单的办法是用万用表测量外壳与接线柱之间的电阻器。如果电烙铁不发热时，也可用万用表快速判定烙铁心是否损坏。

（2）恒温式电烙铁

恒温式电烙铁头内，一般装有电磁铁式的温度控制器，通过控制通电时间而实现温度控制。恒温式电烙铁的结构如图 20-3 所示。

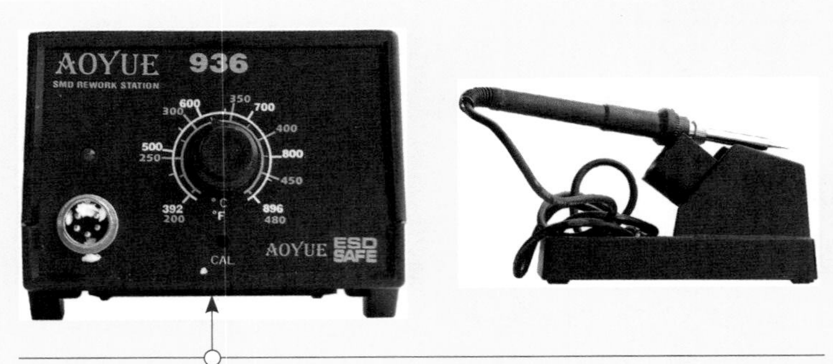

当给恒温电路图通电时，电烙铁的温度上升，当到达预定温度时，其内部的强磁体传感器开始工作，使磁心断开停止通电。当温度低于预定温度时，强磁体传感器控制电路接通控制开关，开始供电使电烙铁的温度上升。如此往复，便得到了温度基本恒定的恒温式电烙铁。

图 20-3　恒温式电烙铁

因为恒温式电烙铁具有恒温的特点，在焊接对焊接温度、时间有要求的元器件，如集成电路、晶体管等尤为适宜，不会因焊接温度高而对元器件造成损坏。

（3）感应式电烙铁

感应式电烙铁也称为速热烙铁，俗称焊枪。在它里面实际是一个变压器，该变压器的次级只有 1~3 匝，当初级通电时，次级感应的大电流通过加热体，使同它相连的烙铁头迅速达到焊接所需的温度。

感应式电烙铁的特点是加热速度快，一般通电几秒即可达到焊接温度。因而，不需像直热式电烙铁那样持续通电。工作时只需按手柄上的开关几秒即可焊接，特别适用于断续工作使用。但由于电烙铁头实际是变压器次级，因而对一些电荷敏感器件，如绝缘栅 MOS 电路，不宜使用这种电烙铁。

（4）储能式电烙铁

储能式电烙铁特别适用于焊接时对电荷敏感的场效应管电路。储能式电烙铁的特点是电烙铁本身不接电源，当把电烙铁插到配套的供电器上时，电烙铁处于储能状态，焊接时拿下电烙铁，靠储存在电烙铁中的能量一次焊接若干焊点。

2．热风焊台

热风焊台是维修电子设备的重要工具之一，其主要作用是拆焊小型贴片元器件和贴片集成电路。热风焊台外形如图 20-4 所示。

图 20-4　热风焊台

3．熔锡炉

熔锡炉是一个金属炉，炉内有电热棒，通电加热后将锡放到炉内，锡受热熔解成锡水。在拆卸针脚较多的插槽或接口等时，将插槽或接口的引脚适当浸入锡水中，稍稍用力左右移动使插槽或接口松开，然后就可以把它拆卸下来。图 20-5 所示为熔锡炉外形。

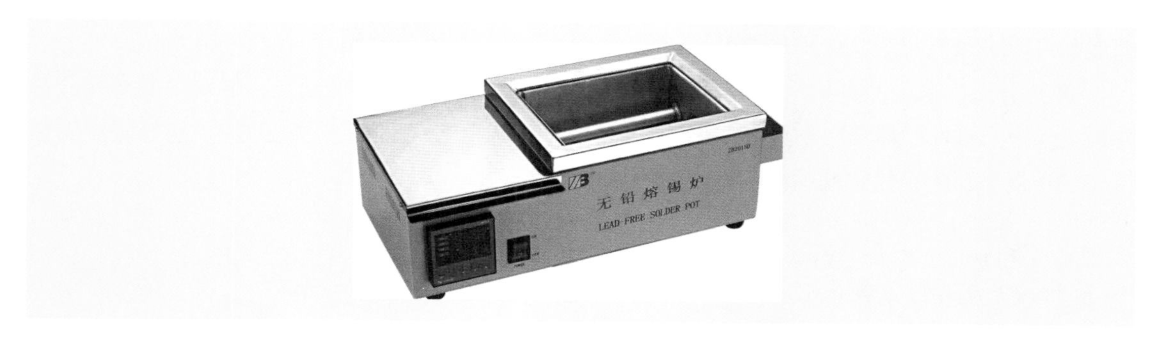

图 20-5　熔锡炉

20.1.3 焊料、焊剂与清洗液

焊料、焊剂与清洗液是焊接元器件时，经常用到的材料，其中焊料是必须的材料，焊剂是焊接时帮助去除氧化层的材料，清洗液是焊接完成后清洁电路板的材料。它们都是焊接常用材料，本节将介绍这些材料的特性和作用。

1．焊接材料

凡是用来熔合两种或两种以上的金属面，使之成为一个整体的金属或合金都称为焊料。焊接时，常用的材料是焊锡，如图 20-6 所示。

常用的锡焊材料主要包括以下几种：

（1）管状焊锡丝；

（2）抗氧化焊锡；

（3）含银的焊锡；

（4）焊膏。

焊锡实际上是一种锡铅合金，不同的锡铅比例焊锡的熔点温度不同，一般为 180～230℃。手工焊接中最适合使用的是管状焊锡丝，焊锡丝中间夹有优质松香与活化剂，使用起来异常方便。管状焊锡丝有 0.5、0.8、1.0、1.5 等多种规格，可以方便地选用。

图 20-6　焊锡

2．助焊剂

焊剂又称为助焊剂，是一种在受热后能对金属表面起清洁及保护作用的材料。在空气中金属表面很容易被氧化生成氧化膜，这种氧化膜能阻止焊锡对焊接金属的浸润作用。适当地使用助焊剂可以去除氧化膜，使焊接质量更可靠，焊点表面更光滑、圆润。

焊剂有无机系列、有机系列和松香系列 3 种，其中无机焊剂活性最强，但对金属有强腐蚀作用，电子元器件的焊接中不允许使用。有机焊剂（如盐酸二乙胺等）活性次之，也有轻度腐蚀性。应用最广泛的是松香助焊剂，如图 20-7 所示。

（1）将松香熔于乙醇（1∶3）形成“松香水”，焊接时在焊点处蘸以少量松香水，就可以达到良好的助焊效果。用量过多或多次焊接，形成黑膜时，松香已失去助焊作用，需清理干净后再行焊接。

（2）对于用松香焊剂难于焊接的金属元器件，可以添加 4% 左右的盐酸二乙胺或三乙醇胺（6%）。

（3）至于市场上销售的各种助焊剂，一定要了解其成分和对元器件的腐蚀作用后，再行使用。切勿盲目使用，以免日后造成对元器件的腐蚀，后患无穷。

图 20-7　助焊剂

3. 电路板清洗液

常用的电路板清洗液主要有洗板水、天那水（香蕉水）、双氧水、无水乙醇、异丙醇、硝基涂料等（注意有些溶液有毒，使用时避免接触皮肤）。图 20-8 为部分清洗液。

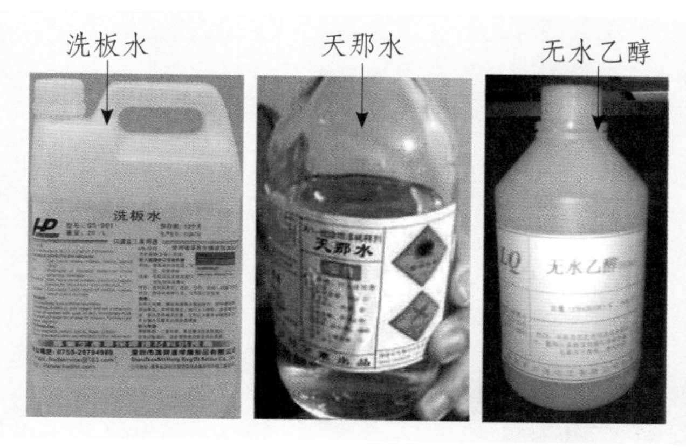

图 20-8　清洗液

20.1.4 焊接操作正确姿势

手工锡焊接技术是一项基本功，即在大规模生产的情况下，维护和维修也必须使用手工焊接。因此，必须通过学习和实践操作练习才能熟练掌握。图 20-9 所示为电烙铁的几种握法。

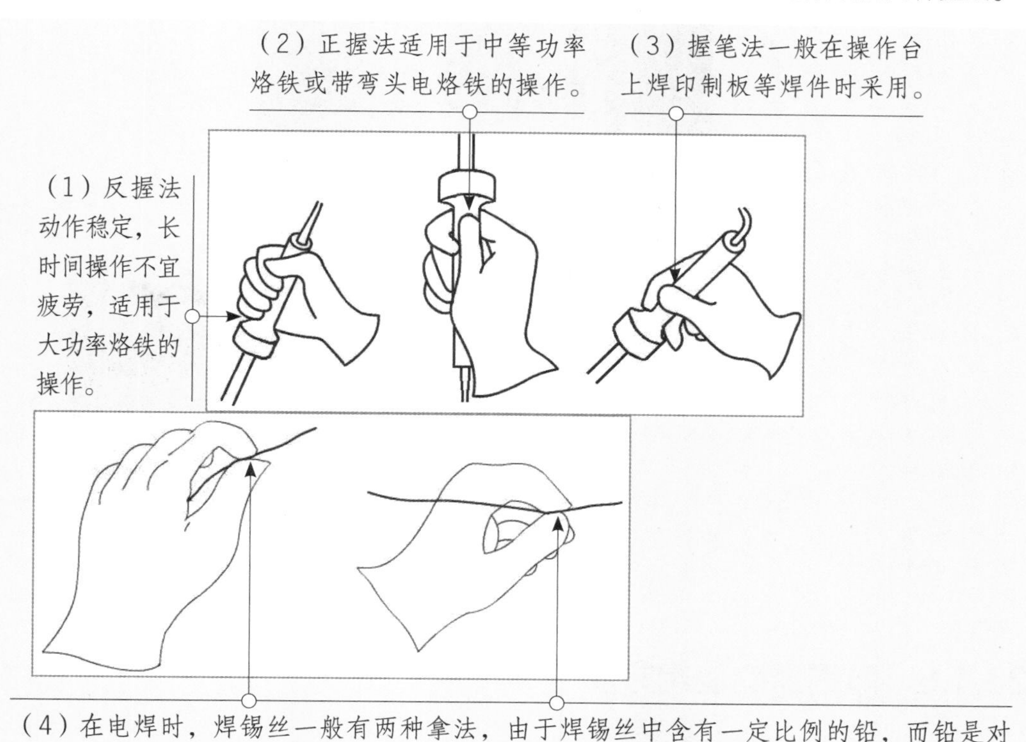

（2）正握法适用于中等功率烙铁或带弯头电烙铁的操作。
（3）握笔法一般在操作台上焊印制板等焊件时采用。
（1）反握法动作稳定，长时间操作不宜疲劳，适用于大功率烙铁的操作。
（4）在电焊时，焊锡丝一般有两种拿法，由于焊锡丝中含有一定比例的铅，而铅是对人体有害的一种重金属，因此操作时应该戴手套或在操作后洗手，避免食入铅尘。

图 20-9　电烙铁和焊锡丝的握法

为减少焊剂加热时挥发出的化学物质对人的危害，减少有害气体的吸入量，一般情况下，电烙铁距离鼻子的距离应该不少于 20cm，通常以 30cm 为宜。

20.1.5 电烙铁的使用方法

新买来的电烙铁在使用前都要将铁头上均匀地镀上一层锡，这样便于焊接并且防止烙铁头表面氧化。

在使用前一定要认真检查确认电源插头、电源线无破损，并检查烙铁头是否松动。如果出现上述情况，则排除后使用。

电烙铁的使用方法如图 20-10 所示。

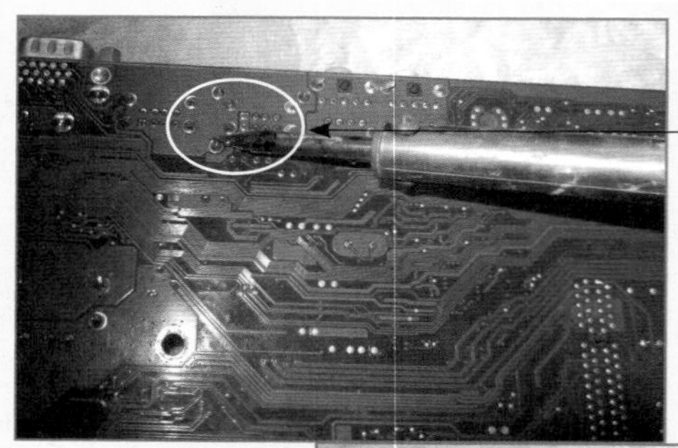

第 1 步：将电烙铁通电预热，然后将烙铁接触焊接点，并要保持烙铁加热焊件各部分，以保持焊件均匀受热。

第 2 步：当焊件加热到能熔化焊料的温度后将焊丝置于焊点，焊料开始熔化并润湿焊点。

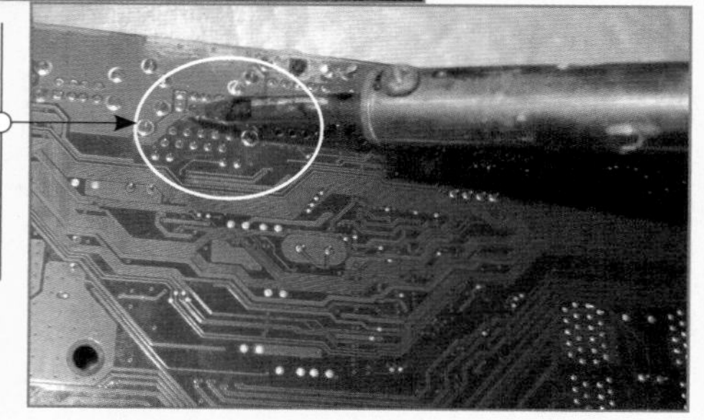

第 3 步：当熔化一定量的焊锡后将焊锡丝移开。当焊锡完全润湿焊点后移开烙铁，注意移开烙铁的方向应是大致 45° 的方向。

图 20-10 电烙铁的使用方法

20.1.6 吸锡器的使用方法

吸锡器是拆除电子元器件时，用来吸收引脚焊锡的一种工具。吸锡器包括手动吸锡器和电动吸锡器两种，如图 20-11 所示。

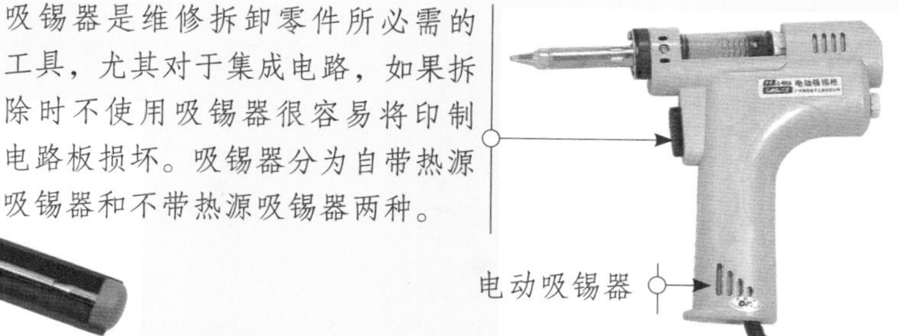

吸锡器是维修拆卸零件所必需的工具，尤其对于集成电路，如果拆除时不使用吸锡器很容易将印制电路板损坏。吸锡器分为自带热源吸锡器和不带热源吸锡器两种。
电动吸锡器

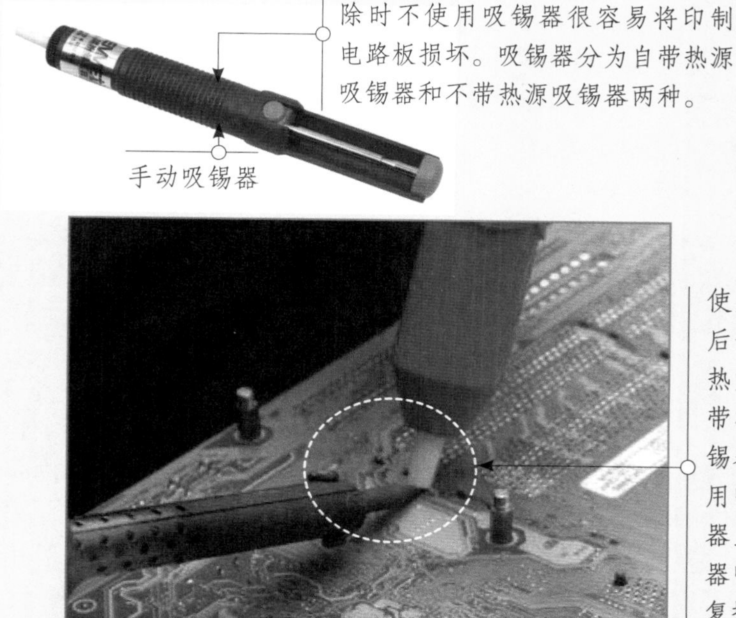

手动吸锡器
使用吸锡器时，首先按下吸锡器后部的活塞杆，然后用电烙铁加热焊点并熔化焊锡（如果吸锡器带有加热元器件，可以直接用吸锡器加热吸取）。当焊点熔化后，用吸锡器嘴对准焊点，按下吸锡器上的吸锡按钮，锡就会被吸锡器吸走。如果未吸干净可对其重复操作。

图 20-11　使用吸锡器

20.1.7 焊接操作的基本方法

焊接电路板时，一般需要进行焊前处理、焊接、检查焊接质量和清理工具 4 个步骤，下面进行详细讲解。

1．焊前处理

焊前处理主要包括焊盘处理和清洁电子元器件引脚两方面工作。处理焊盘时，将印制电路板焊盘铜箔用细砂纸打光后，均匀地在铜箔面涂一层松香乙醇溶液。若是已焊接过的印制电路板，应将各焊孔扎通（可用电烙铁熔化焊点焊锡后，趁热用针将焊孔扎通）；而清洁电子元器件引脚时，可用小刀或细砂纸轻微刮擦一遍，然后对每个引脚分别镀锡。

2．焊接

我们了解一下焊接操作的基本流程。

（1）焊接时，首先准备好被焊件、焊锡丝和电烙铁，并清洁电烙铁头。

（2）预热电烙铁，待电烙铁变热后，用电烙铁给元器件引脚和焊盘同时加热。加热时，烙铁头要同时接触焊盘和引脚，尤其一定要接触到焊盘；电烙铁头的椭圆截面的边缘处要先镀上锡，否则不便于给焊盘加热；加热时，烙铁头切不可用力压焊盘或在焊盘上转动，由于焊盘是由很薄的铜箔贴敷在纤维板上的，高温时，机械强度很差，稍一用力焊盘就会脱落，造成无法挽回的损失。

（3）给元器件引脚和焊盘加热 1~2s 后，这时仍保持电烙铁头与它们的接角，同时向焊盘上送焊锡丝，随着焊锡丝的熔化，焊盘上的锡将会注满整个焊盘并堆积起来，形成焊点。

正常情况下，焊接形成的焊点应该焊锡流满整个焊盘，表面光亮、无毛刺，形状如干沙堆，焊锡与引脚及焊盘能很好地融合，看不出界限。

（4）在焊盘上形成焊点后，先将焊锡丝移开，电烙铁在焊盘上再停留片刻，然后迅速移开，使焊锡在熔化状态下恢复自然形状。电烙铁移开后要保持元器件不动，电路板不动。因为此时的焊点处在熔化状态，机械强度极弱无件与电路板的相对移动会使焊点变形，严重影响焊接质量。

3．检查焊接质量

焊接时，要保证每个焊点焊接牢固、接触良好，要保证焊接质量。好的焊点应是光亮、圆滑、无毛刺、锡量适中，如图 20-12 所示。元器件引脚尽量伸出焊点外，锡和被焊物融合牢固。不应有“虚焊”和“假焊”。“虚焊”是焊点处只有少量锡焊住，时间久了，会因振动造成焊点脱开，引起接触不良，时通时断。“假焊”是指表面上好像焊住了，但实际上并没有焊上，有时用手一拔，引线就可以从焊点中拔出，这称为“夹焊”。这两种情况都会给维修和调试带来极大的困难。只有经过大量的、认真的焊接实践，才能避免这两种情况。

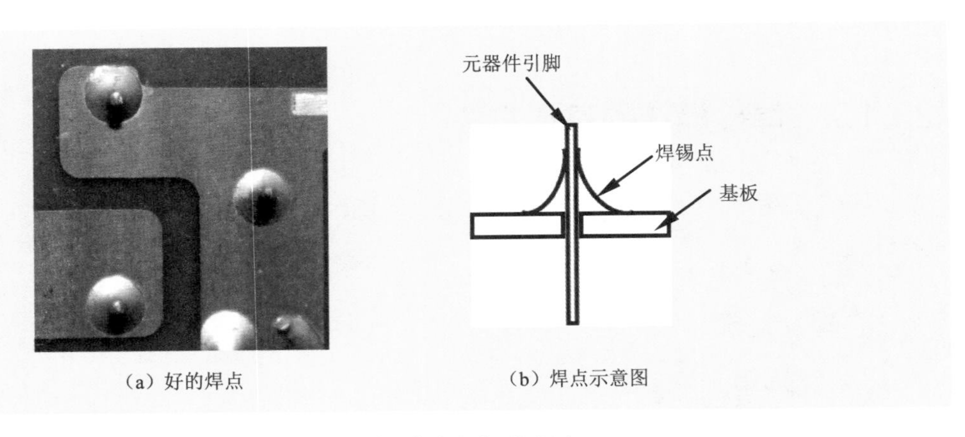

（a）好的焊点　（b）焊点示意图

图 20-12　焊接质量良好的焊点

另外，相邻两个焊点不可因焊锡过多而互相连在一起，或焊点与相邻导电铜箔相接触。

4．清理工具

焊完后，将电烙铁放到专用架上，以防将其他物品烧坏。长时间不用时，最好拔下电路铁电源插头，以防电烙铁被烧“老化”。

电烙铁使用时间较长时，烙铁头上会有黑色氧化物和残留的焊锡渣，将影响以后的焊接。应该用松香不断地清洁烙铁头，使它保持良好的工作状态。

20.2 直插式元器件焊接技术

直插式元器件包括直插式电阻器、直插式电容器、直插式电感器、直插式二极管、直插式三极管等，它们的焊接方法基本相同，下面详细分析直插式元器件的焊接方法。

20.2.1 直插式元器件引脚处理方法

对于直插式元器件，元器件的引脚是焊接的关键部位，由于直插式元器件在生产、运输、储存等各个环节中，其引线接触空气，表面容易产生氧化膜，使引脚的可焊性严重下降。因此需要在焊接前，对元器件的引脚进行处理。

对直插式元器件引脚处理的方法如图 20-13 所示。

第 1 步：对引脚进行校直，校直时，使用平嘴钳将元器件的引脚沿原始角度拉直，直至引脚没有凹凸块为止。

第 2 步：清洁直插式元器件的表面（由于直插式元器件的引脚上通常都会形成氧化层影响焊接质量，因此，在焊接前必须清洁元器件引脚表面）。一般较轻的污垢可以用乙醇或丙酮擦洗，较严重的腐蚀性污点可以用刀刮或用砂纸打磨去除。镀金引脚可以使用绘图橡皮擦除引线表面的污物；镀铅锡合金引脚一般不会被氧化，因此一般不用清洁；镀银引脚容易产生不可焊接的黑色氧化膜，必须用小刀轻轻刮去镀银层。刮引脚时可采用手工刮或自动刮净机刮。

第 3 步：在清洁完直插式元器件引线后，还要将元器件的引线浸蘸助焊剂。助焊剂的作用是去除引脚表面的氧化膜，防止氧化，减少液体焊锡表面张力，增加流动性，有助于焊锡润湿焊件。在引线浸蘸助焊剂后，焊接后的焊点表面上会浮一层助焊剂，形成隔离层，防止焊接面的氧化。

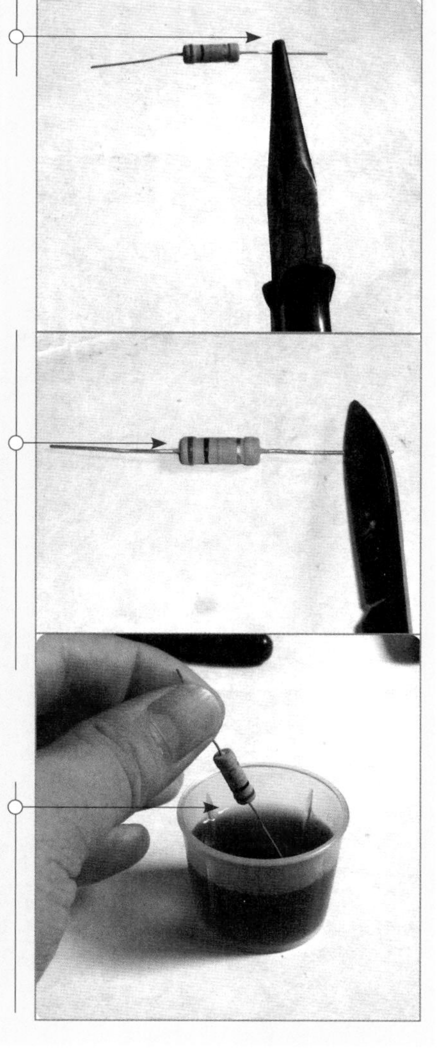

图 20-13 安装元器件

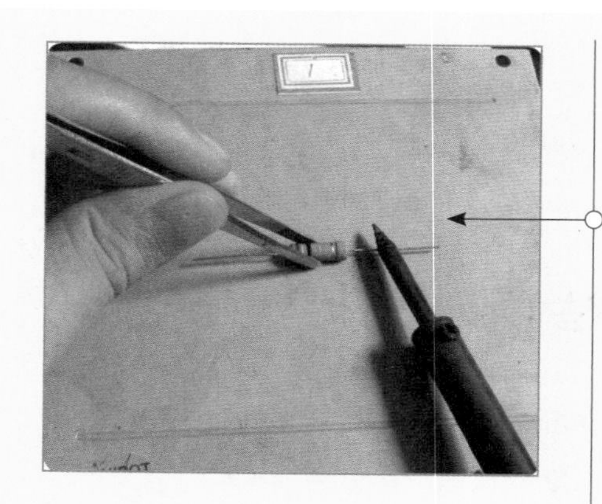

第 4 步：在为引脚浸蘸助焊剂后，为引脚镀锡。为引线镀锡可以提高焊接的质量和速度，尤其是对于一些可焊性差的元器件，镀锡是非常重要的一步。焊接单个元器件时，可以使用电烙铁将元器件引脚加热，然后将锡熔到引脚上即可。在小批量焊接时，可以使用锡锅进行镀锡，将元器件适当长度的引脚插入熔融的锡铅合金中，待润湿取出即可，元器件外壳距离液面保持3mm以上，浸涂时间为 2~3s。

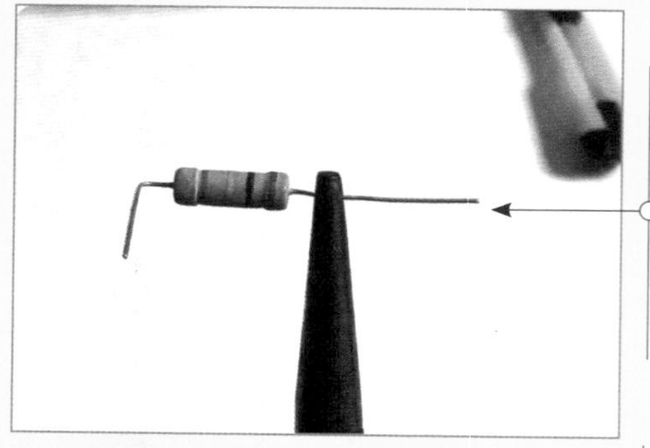

第 5 步：完成元器件引脚镀锡后，在正式焊接前，还需要根据焊盘插孔的设计要求，将元器件引脚加工成需要的形状。一般情况下，都是将元器件引脚折弯，使元器件能迅速而准确地插入印制电路板的插孔内。

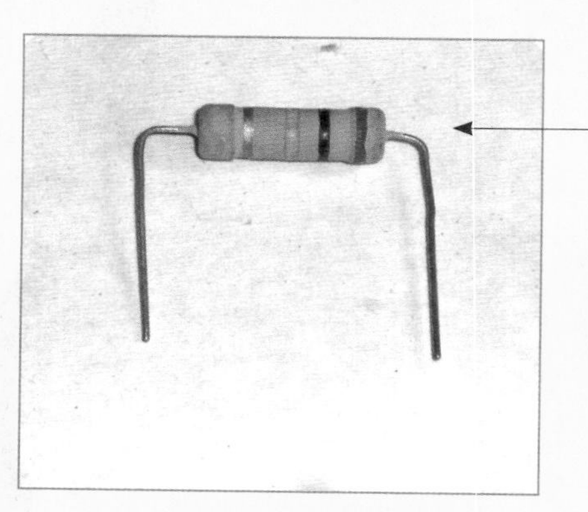

第 6 步：将元器件插入电路板中。插入时元器件安装高度应符合规定要求，同一规格的元器件应尽量安装在同一高度上；安装顺序一般为先低后高，先轻后重，先易后难，先一般元器件后特殊元器件；元器件外壳与引脚不能相碰，要保持 1mm 左右的安全间隙，无法避免时，应套绝缘套管；元器件的引脚直径与印制电路板焊盘孔径应有 0.2~0.4mm 的合理间隙。

第 7 步：元器件的极性不能装错，根据电路板标识或安装前应套上相应的套管；应注意元器件安符标识方向一致，易于辨认，并按从左到右、从下到上的顺序符合阅读习惯；安装时尽量不要用手直接碰元器件引线和印制电路板上的铜箔；安装操作尽量在电位工作台上进行，以免产生静电损坏器件。

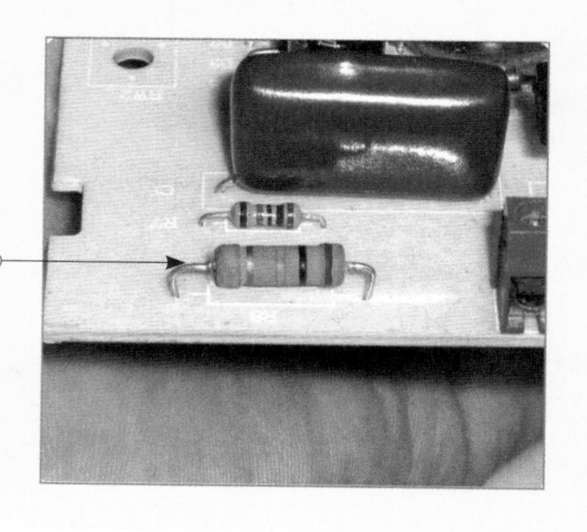

图 20-13　安装元器件（续）

20.2.2 直插式元器件焊接操作方法

直插式元器件焊接操作方法如图 20-14 所示。焊接前的准备工作做完后，准备焊锡丝和电烙铁，并清洁电烙铁头。

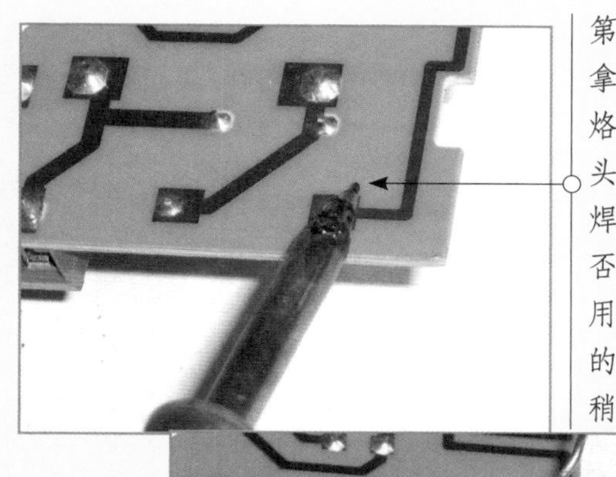

第 1 步：预热电烙铁，待电烙铁变热后，用左手拿焊锡丝，右手握经过预上锡的电烙铁，并用电烙铁给元器件引脚和焊盘同时加热。加热时，烙铁头要同时接触焊盘和引脚，尤其是一定要接触到焊盘；电烙铁头的椭圆截面的边缘处要先镀上锡，否则不便于给焊盘加热；加热时，烙铁头切不可用力压焊盘或在焊盘上转动，由于焊盘是由很薄的铜箔贴敷在纤维板上的，高温时，机械强度很差，稍一用力焊盘就会脱落，造成无法挽回的损失。

第 2 步：给元器件引脚和焊盘加热 1 ~ 2s 后，这时仍保持电烙铁头与它们的接角，同时向焊盘上送焊锡丝，随着焊锡丝的熔化，焊盘上的锡将会注满整个焊盘并堆积起来，形成焊点。

第 3 步：在焊盘上形成焊点后，先将焊锡丝移开，电烙铁在焊盘上再停留片刻，然后迅速移开，使焊锡在熔化状态下恢复自然形状。电烙铁移开后要保持元器件不动，电路板不动。

第 4 步：焊接好一个引脚后，接着焊接其他引脚，操作方法同上，最后完成电阻器的焊接。

图 20-14 元器件焊接操作

20.3 贴片式元器件焊接技术

贴片式元器件一般包括贴片电阻器、贴片电容器、贴片电感器、贴片二极管、贴片三极管、贴片集成电路等。其中贴片电阻器、贴片电容器和贴片电感器、贴片二极管、贴片三极管等的焊接方法基本相同，而贴片集成电路的则有所不同，下面分别介绍这些贴片元器件的焊接方法。

20.3.1 贴片电阻器焊接技术

贴片电阻器一般耐高温性能较好，可以采用热风焊台进行焊接。在使用热风焊台焊接时，温度不要太高，时间不要太长，以免损坏相邻元器件或使电路板另一面的元器件脱落。风量不要太大，以免吹跑元器件或使相邻元器件移位。

焊接贴片电阻器的方法如图 20-15 所示。

第 1 步：首先将热风焊台的温度开关调至3级，风速调至 2 级，然后打开热风焊台的电源开关。

第 2 步：用镊子夹着贴片元器件，将电阻器的两端引脚蘸少许焊锡膏。然后将电阻器件放在焊接位置，将风枪垂直对着贴片电阻器加热。

第 3 步：将风枪嘴在元器件上方 2 ~ 3cm 处对准元器件，加热 3s 后，待焊锡熔化停止加热。最后用电烙铁给元器件的两个引脚补焊，加足焊锡。

图 20-15　使用热风焊台焊接贴片电阻器的方法

提示： 对于贴片电阻器的焊接一般不用电烙铁，用电烙铁焊接时，由于两个焊点的焊锡不能同时熔化可能焊斜。另外焊第二个焊点时，由于第一个焊点已经焊好，如果下压第二个焊点会损坏电阻器或第一个焊点。

提示： 用电烙铁拆焊贴片电容器时，要用两个电烙铁同时加热两个焊点使焊锡熔化，在焊点熔化状态下用烙铁尖向侧面拨动使焊点脱离，然后用镊子取下。

20.3.2 贴片电容器焊接技术

对于普通贴片电容器（表面颜色为灰色、棕色、土黄色、淡紫色和白色等），焊接的方法与贴片电阻器相同，请参考贴片电阻器的焊接方法进行焊接，这里不再赘述。对于上表面为银灰色、侧面为多层深灰色的涤纶贴片电容器和其他不耐高温的电容器，不能用热风枪加热，用热风焊台加热可能会损坏电容器，而要用电烙铁进行焊接。

贴片电容器焊接方法如图 20-16 所示。

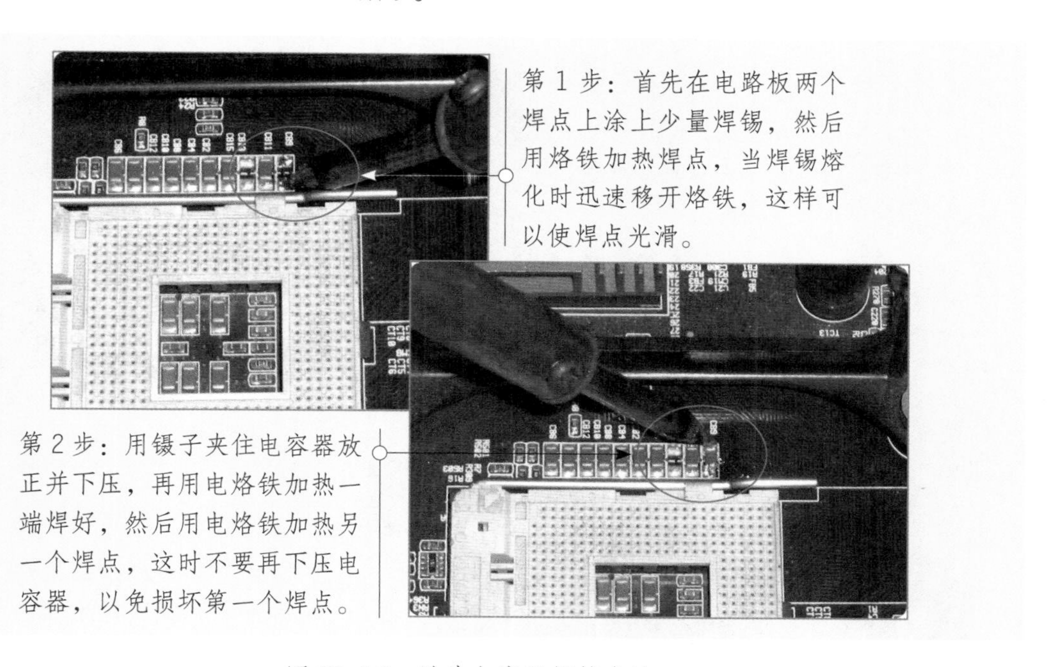

第 1 步：首先在电路板两个焊点上涂上少量焊锡，然后用烙铁加热焊点，当焊锡熔化时迅速移开烙铁，这样可以使焊点光滑。
第 2 步：用镊子夹住电容器放正并下压，再用电烙铁加热一端焊好，然后用电烙铁加热另一个焊点，这时不要再下压电容器，以免损坏第一个焊点。

图 20-16 贴片电容器焊接方法

提示： 采用上述方法焊接的电容器，一般不正，如果要焊正，可以将电路板上的焊点用吸锡线将锡吸净，再分别焊接。如果焊锡少，则可以用烙铁尖从焊锡丝上带一点锡补上，焊接体积小的电容器时，不要把焊锡丝放到焊点上用烙铁加热取锡，以免焊锡过多引起连锡。

20.3.3 贴片二极管、贴片三极管、贴片场效应管焊接技术

贴片二极管、贴片三极管、贴片场效应管的耐热性较差，加热时需要注意温度不能过高，时间不能过长。

焊接贴片二极管、贴片三极管、贴片场效应管的方法如图 20-17 所示(以贴片二极管为例)。

第 1 步:首先将热风焊台的温度开关调至3级,风速调至2级,然后打开热风焊台的电源开关。

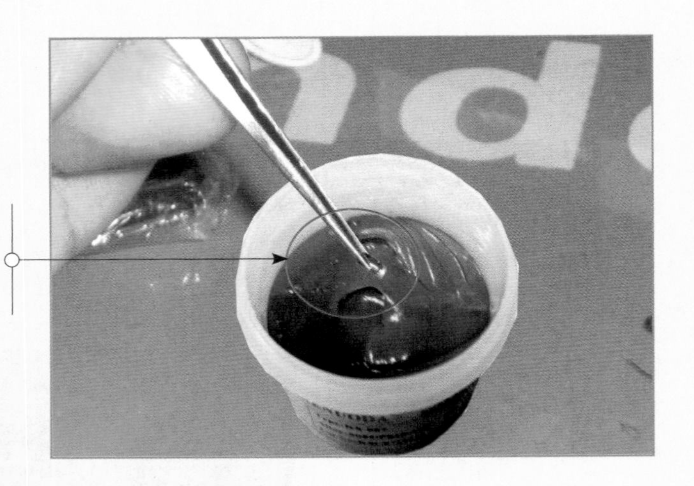

第 2 步:用镊子夹着贴片二极管,然后将贴片二极管的两端引脚蘸少许焊锡膏。

第 3 步:将此元器件放在焊接位置,然后将风枪垂直对着贴片元器件加热。

第 4 步:待焊锡熔化后迅速移开热风枪停止加热。最后用电烙铁给元器件的两个引脚补焊,加足焊锡。

图 20-17 焊好的贴片二极管

提示:拆卸这类元器件时,用热风枪垂直于电路板均匀加热,焊锡熔化时迅速用镊子取下。

由于体积稍大的镊子对热风阻挡作用不大，可以用镊子夹住元器件并略向上提，同时用热风枪加热，当焊点焊锡刚一熔化时即可分离。取下前注意记下元器件的方向，必要时要标在图上。

20.3.4 两面引脚贴片集成电路焊接技术

两面引脚贴片集成电路的焊接方法如图 20-18 所示。

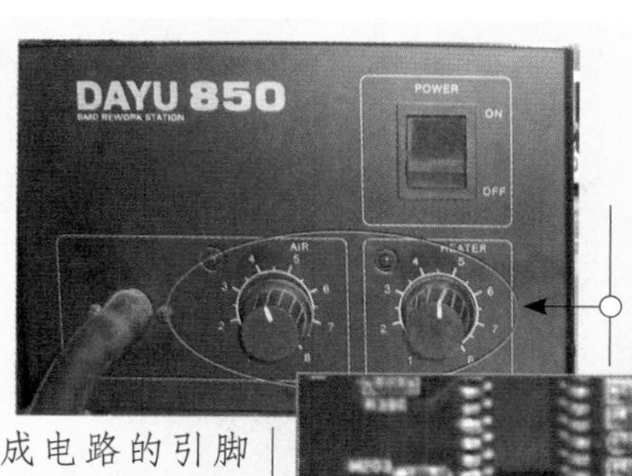

第 1 步：首先将热风焊台的温度开关调至 5 级，风速调至 4 级，然后打开热风焊台的电源开关。

第 2 步：向贴片集成电路的引脚上蘸少许焊锡膏，用镊子将元器件放在电路板上的焊接位置，并紧紧按紧，然后用电烙铁焊牢集成电路的一个引脚（注意，如果电路板上的焊锡高低不平，先用电烙铁蘸少许松香，一一刮平凸出的焊锡）。

第 3 步：风枪垂直对着贴片集成电路旋转加热，待焊锡熔化后，迅速停止加热，并关闭热风焊台。

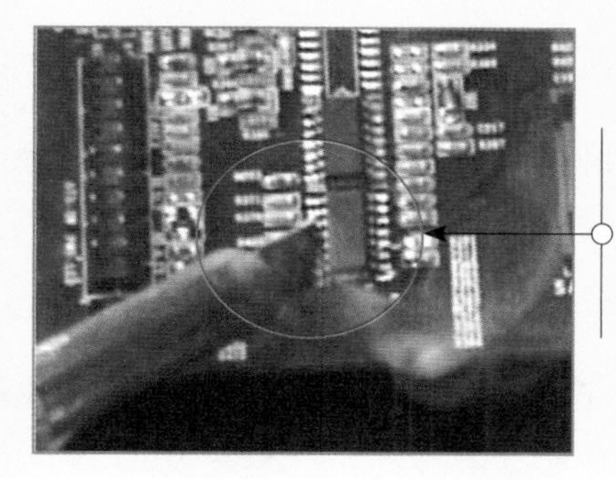

第 4 步：焊接完毕后，检查一下有无焊接短路的引脚。如果有，用电烙铁修复，同时为贴片集成电路加补焊锡。

图 20-18　两面引脚贴片集成电路焊接方法

20.3.5 四面引脚贴片集成电路焊接技术

四面引脚贴片集成电路的焊接方法如图 20-19 所示。

第 1 步：首先将热风焊台的温度开关调至5级，风速调至 4 级，然后打开热风焊台的电源开关。

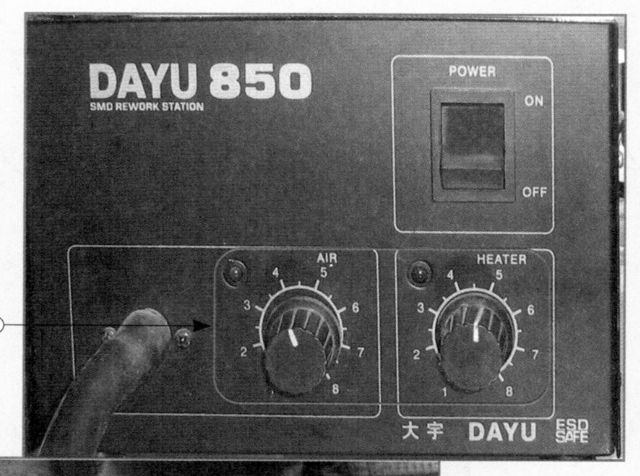

第 2 步：向贴片集成电路的引脚上蘸少许焊锡膏，用镊子将元器件放在电路板上的焊接位置，并紧紧按住，然后用电烙铁将集成电路 4 个面各焊一个引脚。

第 3 步：风枪垂直对着贴片集成电路旋转加热，待焊锡熔化后，停止加热，并关闭热风焊台。

第 4 步：焊接完毕后，检查一下有无焊接短路的引脚。如果有，用电烙铁修复，同时为贴片集成电路加补焊锡。

图 20-19　四面引脚贴片集成电路的焊接方法

提示：这类元器件耐热较差，加热时注意温度不要过高，时间不要过长。

20.4 BGA 拆焊技术

目前在一些新型电子设备中（如数码相机、手机等），普遍采用了先进的 BGA 芯片。BGA 是球栅阵列封装（Ball grid arrays）的缩写，BGA 技术可大大缩小电子设备的体积，增强功能，减小功耗，降低生产成本。不过由于 BGA 封装的特点，BGA 芯片故障一般是由芯片损坏或虚焊引起的。由于电子设备中使用 BGA 焊接的元器件越来越多，因此，只有更好地掌握 BGA 芯片的拆焊技术，才能适应未来电子设备维修的发展方向，使维修水平上一个新的台阶。

20.4.1 植锡工具的选用

在植锡操作时，需要用到植锡板、锡浆、刮浆工具等，这些工具的好坏会影响植锡的质量，本节主要讲解这些工具材料的选用技巧。

1．植锡板

目前市面上出售的植锡板大体分为两类：一类是把所有型号都做在一块大的连体植锡板上；另一类是每种芯片一块板，这两种植锡板的使用方式不同。

（1）连体植锡板

连体植锡板的使用方法是将锡浆印到BGA芯片上后，就把植锡板扯开，然后用热风焊台吹成球。这种方法的优点是操作简单，成球快，缺点是：锡浆不能太稀；对于有些不容易上锡的芯片，例如软封的flash或去胶后的CPU，吹球时锡球会乱滚，极难上锡；一次植锡后不能对锡球的大小及空缺点进行二次处理；植锡时不能连植锡板一起用热风枪吹，否则植锡板会变形隆起，造成无法植锡，如图20-20所示。

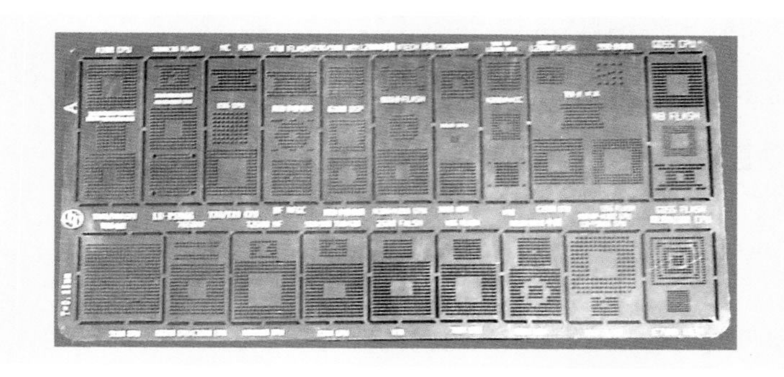

图20-20 连体植锡板

（2）小植锡板

小植锡板的使用方法是将芯片固定到植锡板下面后，刮好锡浆后连板一起吹，成球冷却后再将芯片取下。其优点是：热风吹时植锡板基本不变形，一次植锡后若有缺脚或锡球过大、过小现象可进行二次处理，特别适合新手使用，如图20-21所示。

图20-21 小植锡板

2．锡浆

建议使用瓶装的锡浆，多为0.5~1kg一瓶。颗粒细腻均匀，稍干的为上乘。不建议购买那种注射器装的锡浆。

3. 刮浆工具

刮浆工具用于刮除锡浆，可选用 GOOT 六件一套的助焊工具中的扁口刀。一般的植锡套装工具都配有钢片刮刀或胶条。

20.4.2 植锡操作

在准备好植锡工具后，接下来可以开始植锡操作了，本节将主要讲解植锡操作的流程和方法。

1. 准备工作

首先在芯片表面加上适量的助焊膏。拆下的芯片，建议不要将芯片表面上的焊锡清除，只要不是过大，且不影响与植锡钢板配合即可，如果某处焊锡较大，可在 BGA 芯片表面加上适量的助焊膏，用电烙铁将芯片上的过大焊锡去除，然后用天那水洗净。

2. 芯片的固定

将芯片对准植锡板的孔后，可以用标签贴纸将芯片与植锡板贴牢，芯片对准后，把植锡板用手或镊子按牢不动，然后准备上锡。

3. 上锡浆

如果锡浆太稀，吹焊时比较容易沸腾导致成球困难，因此锡浆干一些较好。如果锡浆太稀，可将锡浆放在锡浆瓶的内盖上，让它自然晾干一点或可用餐巾纸压一压吸干一点儿。

接下来用平口刀挑适量锡浆到植锡板上，用力往下刮，边刮边压，使锡浆均匀地填充于植锡板的小孔中。上锡浆时的关键在于要压紧植锡板，如果不压紧使植锡板与芯片之间存在空隙，空隙中的锡浆将会影响锡球的生成。

4. 吹焊成球

上锡完成后，将热风焊台的风量调至最大，将温度调至 330 ~ 340℃。对着植锡板旋转缓缓均匀加热，使锡浆慢慢熔化。当看见植锡板的个别小孔中已有锡球生成时，说明温度已经到位，这时应当抬高热风枪的风嘴，避免温度继续上升。过高的温度会使锡浆剧烈沸腾，造成植锡失败;严重的还会使芯片过热损坏。

20.4.3 BGA 芯片的定位与焊接

植锡完成后，准备焊接芯片。先将芯片有焊脚的那一面涂上适量助焊膏，用热风焊台轻轻吹一吹，使助焊膏均匀分布于 IC 的表面，为焊接作准备。

焊接 BGA 芯片的方法如下：

（1）将芯片在电路板中定好位（提示：如果电路板中没有定位线，可以用笔或针头沿 BGA 芯片的周围画好线，记住方向，做好记号）。

（2）在 BGA 芯片定好位后，即可焊接。先把热风焊台调节至合适的风量和温度，让风嘴的中央对准芯片的中央位置，缓慢加热。当看到芯片往下一沉且四周有助焊膏溢出时，说明锡球已和线路板上的焊点熔合在一起。这时可以轻轻晃动热风枪使加热均匀充分，由于表面张力的作用，BGA 芯片与线路板的焊点之间会自动对准定位。注意：在加热过程中切勿用力按住 BGA 芯片，否则会使焊锡外溢，极易造成脱脚和短路。

提示： 拆焊时，如果四周和底部涂有密封胶，可以先涂专用溶胶水溶掉密封胶，不过由于密封胶种类较多，适用的溶胶水不易找到。一般集成电路的对角有定位标记，如果没有定位标记，还要在集成电路周围用划针划线以保证焊接时的精确定位，划线时不要损坏铜箔导线，也不要太浅；如果太浅涂松香焊油处理后会看不清划线，要记住集成电路的方向。

20.5 电路板焊接问题处理

在焊接电路板时，可能会遇到很多问题，如线路断裂、焊盘脱落、焊接导致接触不良、漏电问题等；本节将主要讲解这些问题的处理方法。

20.5.1 铜箔导电线路断裂问题处理

铜箔导电线路断裂问题一般是由于电路板受外力被折断，使导电铜箔断开所致。此故障通常会引起电路不能导电。图 20-22 所示为出现线路断裂的电路板。

修复此电路板问题时，首先用小刀刮去断点两端的铜质导电铜箔上的绝缘漆。从铜质导线中抽出几根细铜线，将其拧在一起，先镀上一次锡。然后将导线焊在导电铜箔上，最后，将多余长出来的导线剪掉即可，如图 20-23 所示。

图 20-22 线路断裂的电路板

图 20-23 修复线路断裂后的电路板

20.5.2 焊盘脱落问题处理

焊盘脱落问题一般是由于某种原因或在检修过程中，对某一点进行了多次焊接，导致焊接点处的焊盘脱开，从而造成不能直接焊接的问题。图 20-24 所示为电路板中焊盘脱落现象。

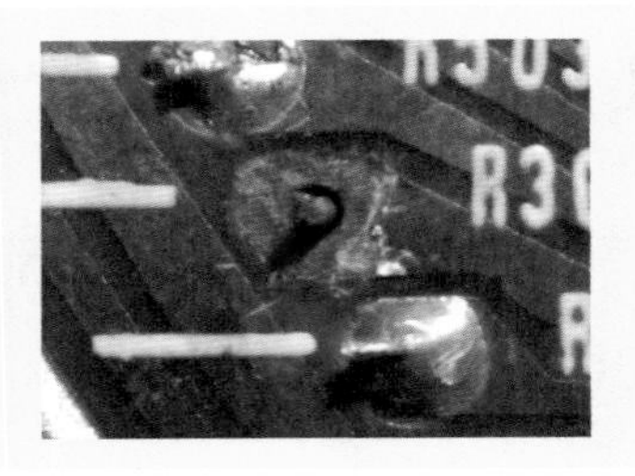

图 20-24 电路板中焊盘脱落现象

当焊盘出现脱落情况后，首先用小刀将断点处铜箔上的绝缘漆，从铜质导线中抽出几根细铜线，将其拧在一起，先镀上一次锡。然后将一个端头剪齐，焊在导电铜箔上，另一端绕在元器件引脚上，再焊接好。最后，将多余长出来的导线剪掉即可，如图 20-25 所示。

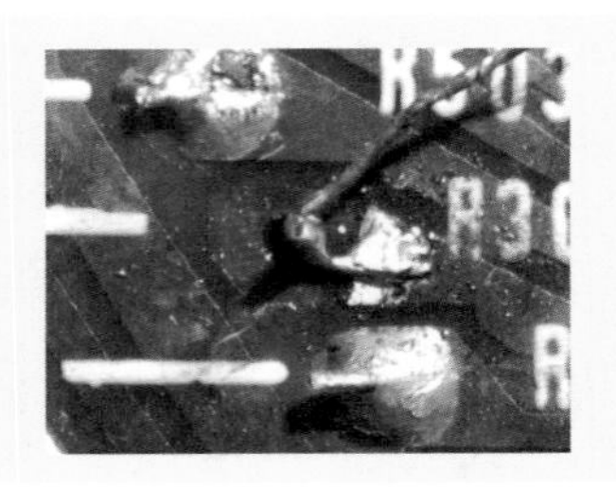

图 20-25 焊盘脱落后的修复

20.5.3 脱焊导致接触不良产生打火问题处理

脱焊导致接触不良产生打火，电路板被烧焦碳化问题，主要发生在电压较高区域。电路板原本是不导电的，但电路因接触不良或其他原因产生打火后，火花将电路板烧焦碳化。碳化物在高电压下可以导电，从而使高电压幅度不够，造成故障。

处理此问题时，首先将被烧焦碳化的区域用小刀清除干净，然后将元器件用导线连接，在各焊接点刷上一层绝缘漆，或者用绝缘纸将各焊点隔离开即可，同时要排除产生电火花的原因。

20.5.4 电路板漏电问题处理

电路中经常使用大容量电解电容器，当电容器两端电压过高将其击穿损坏时，其内部的电解液泄漏出来，一般会引起电路板漏电。

对于电路板的漏电问题，一般用无水乙醇仔细清洗电路板即可。